건 축 시 공

최준오·윤봉기 공저

SEOWOO
PUBLICATIONS

머리말

고강도 콘크리트, 탄소 나노 튜브 등 새로운 건설 재료의 개발과 시공의 자동화는 건설 구조물의 대형화를 이루고 있다. 또한 초고속 엘리베이터와 같은 첨단 장비를 갖춘 인텔리젼트 빌딩과 각종 센서 및 정보 통신 기술이 도입 되어 더욱더 편리하고 쾌적한 건물이 건설 될 것으로 전망 된다.

아울러 산업화, 도시화의 가속으로 이에 따른 새로운 공간의 필요성이 요구되고 친환경적인 재료의 개발로 인간 중심적이고 에너지 절약형 건물이 요구되는 것이 현재의 건설 분야이다.

이에 본서에서는 새로 개정된 국토교통부 건축공사 표준 시방(2013년 개정)과 새로 개발된 자재, 장비 및 공법을 중심으로 내용을 정리 하였다.

특히, 각 단원의 첫머리에는 표준 시방에서 소개하는 용어와 해설 중간에 새로운 용어 풀이를 첨부하여 이해를 돕고자 하였으며, 실무에서 빈번히 사용되는 자재, 장비 등을 사진과 그림을 넣어 생동감 있게 표현하고자 노력 하였다.

부족한 이 책이 사회 처음 발을 딛는 초급기술자들에게는 물론 대학 및 실무에서도 도움이 되기를 바란다.

끝으로 어려운 경제 상황 속에서도 본서가 나올 수 있도록 해주신 도서출판 서우 사장님과 직원분들께 감사드리며, 학업으로 바쁜 가운데도 원고정리를 도와준 제자 '유정현, 김소현, 홍성민'에게도 지면을 통해 감사를 표한다.

또 무엇보다도 또 하나의 저서를 낼 수 있게 인도하신 하나님께 감사드립니다.

"집 지은 자가 그 집보다 더욱 존귀함 같으니라" 〈히브리서 3장3절〉

2017년

저자

목 차

제 1 장 건축시공의 개요

제 2 장 건설관리조직

제 3 장 건설계약

제 4 장 건축공정의 관리

제9장 강구조공사

제10장 조적공사

제11장 석공사

제12장 타일 및 테라코타공사

제13장 목공사

제14장 방수 및 방습공사

제15장 지붕 및 홈통공사

제16장 금속공사

제17장 외벽공사

제18장 미장공사

제19장 유리 및 창호공사

제20장 도장공사

제21장 수장공사

제22장 합성수지(플라스틱)공사

제 1 장

건축시공의 개요

1. 건축시공의 의미
2. 건설업의 발전방향
3. 건축생산의 합리화 방안
4. 건설의 생력화(省力化 : Labor Saving) 시공
5. 린 건설(Lean Construction)
6. 건설의 정보화

1. 건축시공의 의미

1.1 건축시공의 의의

건축시공은 건축의 3요소, 즉 구조, 기능, 미를 갖춘 건축물을 최적의 공사비용으로 최적의 시간에 건축주가 요구하는 품질을 확보하여 건물을 완성하는 것을 말한다.

1.2 건축시공의 특징

1) 수주에 의한 주문생산이 대부분이고 공기가 길다.
2) 노동집약적 산업이다.
3) 기능, 미적, 예술적 풍모를 지녀야 한다.
4) 종합적인 공업이고 단일공업이 아니다.
5) 주문생산, 도급식 또는 직영식으로 이루어지고 예기상품이 생산될 수 없다.
6) 한 위치에 시작하여 육체노동이 주가 되므로 대량생산, 계속생산이 될 수 없다.
7) 구성, 공사비, 공사기일 등의 제약을 받는다.
8) 두뇌노동이 적고 육체노동이 많은 산업이다.
9) 옥외이동 생산으로 조건이 다르다.
10) 기계적 상품이 아니고 인위적 상품으로 건축에 종사하는 사람의 정신에 의하여 질이 나타나는 산업이다.

1.3 건축시공 시 갖추어야 할 사항

1) 완벽한 시공
2) 정밀한 시공
3) 기능적인 건물의 시공
4) 미적인 건물의 시공
5) 유지관리가 쉬운 건물의 시공
6) 경제적인 시공

2. 건설업의 발전방향

2.1 개요

건설 경영혁신이란 기업의 업무방식 등 모든 경영을 개선 재구축하여 생산성 향상, 이윤의 극대화, 대외 경쟁력 강화, 나아가서 우량기업으로 발전시키기 위해 혁신적으로 실시하는 것을 말한다.

2.2 건설 경영 혁신의 종류

1) Business Reengineering

기존의 업무방식을 근본적으로 재고려 기업의 제반관리 및 운영체계를 급진적으로 재구축

2) Bench Marking

창조적 모방을 통해 우량기업으로 발전

3) Down Sizing

구조조정을 의미하는 경영 혁신기법으로 기업이 위기에 처했을 경우 이를 해결하기 위한 방안으로 많이 활용

4) Restructuring

기존의 업무방식을 현실에 맞게 개조 재구성하여 발전시키는 방법

2.3 건설경영혁신의 방안(건설업의 발전방안)

1) 기업의 체질 개선

㉮ 설계 시공의 엔지니어링 능력을 배양

㉯ 기술개발 투자로 기술능력을 보유

2) 건설업의 국제화

㉮ 국제 계약제도의 숙지 및 시방서를 보완

㉯ 언어능력 배양

3) 건설업의 EC화 능력배양

㉮ 턴키 도급화

㉯ 기술의 종합화, 시스템화-EC화에 의한 수주능력 향상

4) 기술개발투자

㉮ 소프트 요소기술 개발

㉯ 부가가치가 높은 프로젝트 개발

5) 경영의 과학화

㉮ 공정관리, 노무관리, 자재관리 등의 전산화 시스템화

㉯ 품질관리, VE기법의 도입, TQC의 확대시행

6) 시공의 근대화

㉮ 설계의 MC(Modular Coordination)화, 부재의 규격화, 표준화, 고강도화

㉯ 시공의 기계화, 자동화, 시스템화

7) 시공공법의 과학화

㉮ 복합화 공법, PC공법

㉯ 대형거푸집 공법, 철근 프리패브 공법

8) Subcon의 계열화

㉮ 업종별 전문화

㉯ 원 하도급자간의 관계 개선

9) 기능의 종합화

㉮ 다기능공화–모든 기능을 종합적으로 활용

㉯ 최소의 인원을 투입하여 원활한 진행과 품질향상

3. 건축생산의 합리화 방안

3.1 E.C (Engineering Construction) 화

1) 정의

종래의 단순 시공에서 벗어나 사업의 발굴 및 타당성 분석, 기획, 설계, 시공, 유지관리에 이르는 사업 전반의 종합적인 기획, 관리를 담당하는 업무 영역의 확대, 즉 종합건설업화를 뜻한다.

2) E.C의 업무 영역

☞ 그림 3.1.2.1 건설사업의 단계별 요소 기술 개념도

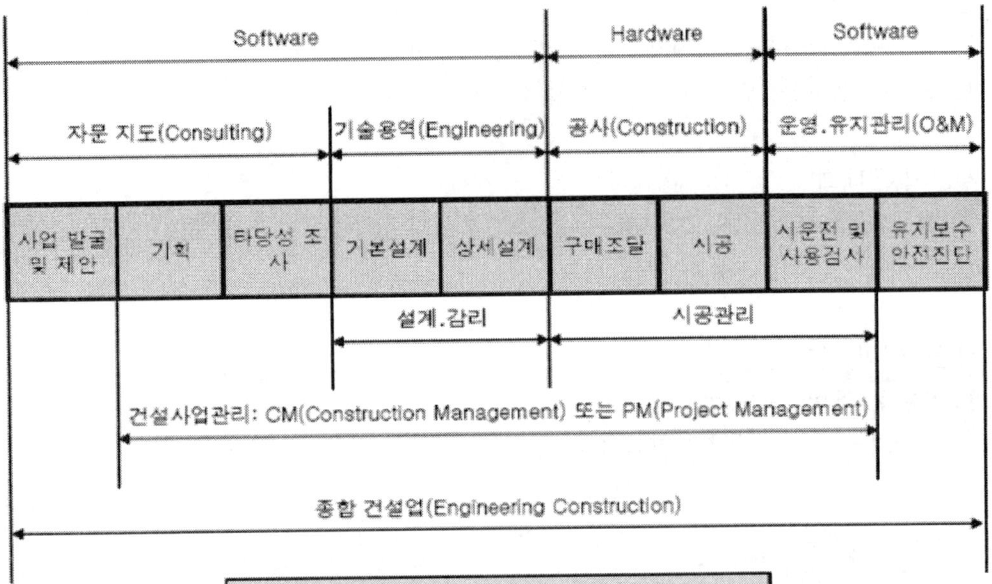

건설사업의 단계별 요소 기술 개념도

3) 필요성

㉮ 신기술 개발유도 및 공공 공사의 턴키(Turn-key) 발주방식 증가

㉯ 건설공사의 고층화, 대형화, 복잡화, 다양화

㉰ 기술개발을 통한 원가절감 및 전문 업종개발

㉱ 해외공사의 단순 건설공사의 감소

㉲ 국제 수주 경쟁력 강화

㉳ 건설업의 환경변화에 맞는 제도적 개선

㉴ 건설사업의 패키지(package)화

3.2 V.E (Value Engineering) : 가치공학

1) 정의

㉮ 기능(Function)을 향상 또는 유지하면서 비용(Cost)을 최소화하여 가치(Value)를 극대화시키는 것

㉯ 수요자가 요구하는 품질, 소정의 성능, 신뢰성, 안전을 유지하면서 적용공법, 설비나 자재, Service, 절차 등으로부터 불필요한 Cost를 찾아내고 제거하는 것

㉰ 최저의 생애주기비용(Life Cycle Cost)으로 최상의 가치를 얻기 위한 목적으로 수행되는 건설사업의 기능 분석을 통한 대안창출의 노력으로, 여러 전문분야의 협력을 통하여 수행되는 체계적 프로세스

2) 기본공식

$$V(Value : 가치) = \frac{F(Function : 기능)}{C(Cost : 비용)}$$

3) VE의 사고방식

㉮ 발주자, 사용자 중심의 사고로 필요한 기능을 달성
㉯ 기능분석에 의한 기능 중심의 사고
㉰ 비용 절감에 의한 원가관리 방법
㉱ 조직적 활동에 의한 노력으로 목표 달성
㉲ 건물의 가치에 착안한 가치 제고 노력

4) VE의 방법

☞ 표 3.2.4.1 VE의 방법

구분	ⓐ	ⓑ	ⓒ	ⓓ	ⓔ
Function(기능)	↗	↗	→	↗	↘
Cost(비용)	→	↗	↘	↘	↘

위의 방법에서 ⓔ방식처럼 기능을 내리는 방법은 VE의 대상에서 제외한다.

5) VE의 대상

☞ 그림 3.2.5 VE의 대상

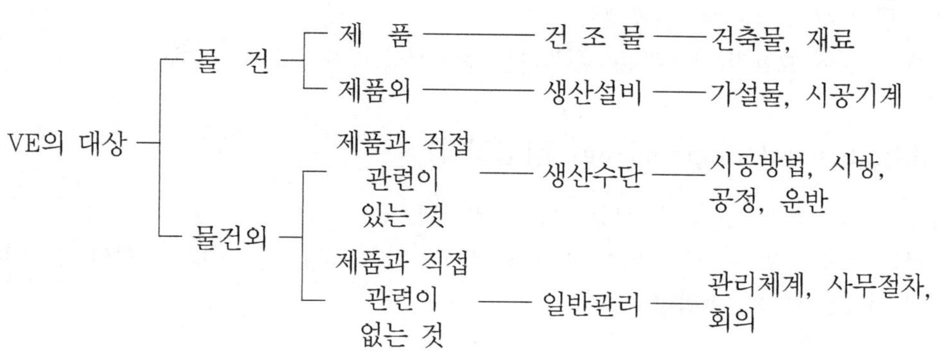

6) VE의 적용시기

☞ 그림 3.2.6.1 건설 프로젝트의 Life Cycle과 VE 효과

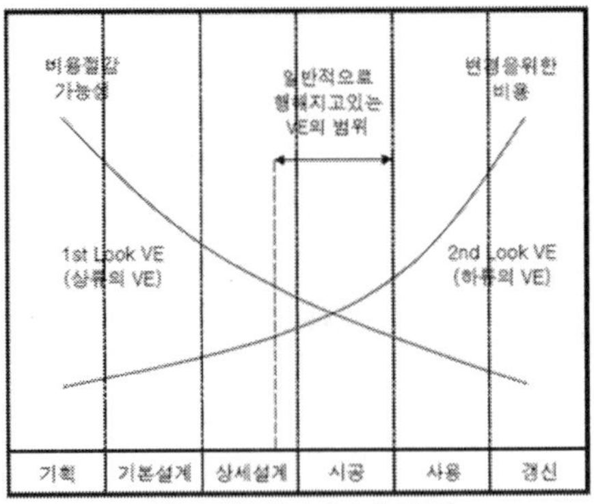

건설 프로젝트의 Life Cycle과 VE효과

☞ **Life Cycle Cost(LCC:건축물의 생애 주기 비용)**
1. 개요
① Life Cycle Cost는 생애비용이라고도 하는 것으로 건축물의 수명이 긴 만큼 그사이에 일어나는 건물의 기능 전체의 경제성에 착안.
② 건물의 건설시점에서 저가격을 추구하는 것보다는 초기건설 공사비와 유지관리비와의 Total Cost로 경제성을 평가하는 기법
2. LCC 활용 및 효과
① 새로운 건물 설계시,기존건물 구입시,그 건물의 효과적인 운영체계 수립시에 중요한 역할 수행.
② 설계단계,시공단계,건물유지관리 전반에 걸쳐서 적용함으로서 총체적인 관점에서 비용 절감을 기대한다.
③ 합리적인 설계자의 선택,설계자의 노동력 절감,건축주의 총비용 절감 및 입주자의 유지관리비 절감 효과.
④ 경제적이고 효율적인 Energy 이용의 결정.

3.3 Expert System(전문가 시스템)

1) 경영진의 합리적인 의사결정을 유도하기 위해서 현 공사관련 정보와 함께 해당 분야 전문가가 가지고 있는 지식 기반을 저장해 두었다가, 사용자에게 제공해 주는 정보체계를 전문가 시스템이라고 한다.
2) 인공지능의 응용 분야 중 가장 활발한 연구가 되어지는 분야 중의 하나로 지식기반 전문가 시스템(KBES : Knowledge Based Expert System)이라고도 한다.

3.4 Order Entry System

고객의 Needs를 정확히 파악하여 고객 및 공급자의 효율적 생산 및 수요공급을 하기위한 시스템

3.5 SE(System Engineering : 시스템공학)

1) 보다 합리적이고 쾌적한 시공계획 발견
2) 설계, 시공에 효율적으로 적용, 운영하는 총체적인 상세시방 제작 기법

3.6 IE(Industrial Engineering : 산업공학)

1) 가장 적은 노력과 시간으로 생산 수단을 알아냄.
2) 생산의 효율적 업무추진을 위한 분석 및 개선방안을 설계하는 기법 (작업연구, 표준시간 분석, 공정분석, 방법연구 등)

3.7 OR(Operation Research)

생산 계획이나 생산 수단에 대해서 복수의 방법을 합리적으로 비교 검토해서 가장 최적의 방법을 찾아냄.

3.8 TQC(Total Quality Control)

생산의 각 과정에서 불량품, 불합격품을 발생시키지 않게 하기 위하여 통계적 관리기법을 사용하여 조기에 불량원인을 찾아내고 대책을 강구한다.

3.9 FAST TRACK SYSTEM(고속궤도 방식)

1) 설계와 시공을 동시에 수행하는 방식 즉, 설계가 끝나면 시공에 착수하는 것이 아니고 기본 설계가 어느 정도 되면 시공에 착수 하는 것.
2) 공기단축을 목적으로 공정에 따라 부분적으로 완성된 도면만을 가지고 각 분야(건축, 토목, 기계, 전기등)의 전문가들로 구성하여 Fast Track 공사를 진행하므로 라인스탭 조직에 적합하다.

☞ 그림 3.9.2.1 Fast Track System

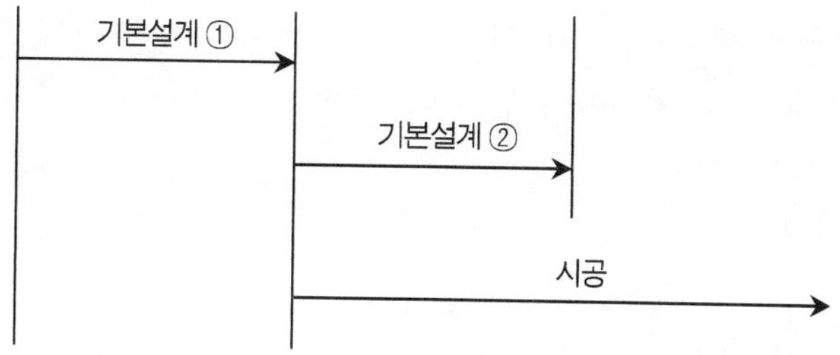

4. 건설의 생력화(省力化 : Labor Saving) 시공

4.1 정의

건축공사에서 생력화는 투입자원 전체를 검토하여 작업 및 생산 과정에서 불필요한 요소를 없애며, 단순화·기계화로 생산성을 높여 인력감소, 원가절감을 하는 것을 말한다.

4.2 생력화의 필요성

1) 건축공사의 고층화, 대형화, 다양화
2) 3D(dirty, difficult, dangerous) 기피 현상으로 기능인력 부족 및 고임금
3) 산업발달에 의한 기계화, 자동화, 로봇(robot) 시공이 가능
4) 노동인력감소, 원가절감 추구
5) 고품질 및 안전성 요구

5. 린 건설(Lean Construction)

5.1 개요

1) Lean Construction(린 건설)은 영국의 Laurikoskela가 1992년 린 생산방식의 건설 프로젝트 적용가능성을 제시한 이래 현재는 건설관리학계에 하나의 연구 분야로 자리 잡고 있다.
2) 건설 프로젝트를 하나의 생산과정으로 보고 그 과정에서 발생되는 전반적인 낭비요소들을 도요다 생산방식(TPS : Toyota Production System)이 제시하는 여러 기법들을 건설프로젝트 현실에 맞게 응용하여 체계적인 개선을 꾀하는 것이다.
3) Lean 건설 방식은 세부작업 단위의 작업 정의를 통하여 작업 선후행간의 규칙적인 연결을 기준으로 공정계획을 수립, 관리함으로써
   ㉮ 재고의 최소화
   ㉯ 낭비의 최소화
   ㉰ 관리능률 향상
   ㉱ 변이 관리능률 향상
   ㉲ 공기단축
   ㉳ 비용절감 효과
   ㉴ 특히 현장세부 작업과 설계 및 자재를 Pull 방식으로 연계하여 JIT(Just in-Time) 입고 및 설치를 구축하여 신뢰도 중심의 운영평가를 중시한다.

5.2 린 건설 생산방식

1) Pull 방식에 의한 자재 입고
   ㉮ 현장이 필요로 하는 자재를 필요할 때에 필요한 만큼 생산할 것을 권장한다.
   ㉯ 이는 자재의 불필요한 재고를 최소화 할뿐만 아니라 건설프로젝트 특성상 설계 변경 및 돌발 상황에 의해 생기는 자재의 장시간 야적과 누락을 막을 수 있다.

㉰ 이를 위해서는 자재가공 및 조립, 시간의 표준화 및 로트 싸이드 리드타임의 단축이 중요하다.

2) 흐름 위주의 협업작업 구축

㉮ 현장의 여러 선후행 작업자들 간에 작업의 연속성을 중시하고 이러한 작업속도의 유지를 통한 공기단축가능

㉯ 작업 착수 전 제약요인 분석은 정기적으로 실시하여 준비 항목을 추려내고 실천을 통해 상호이행 작업을 실천한다.

3) 선후행 작업자간 협업관리

㉮ 기존 EVM 방식은 계획 단위의 작업들을 대상으로 진도지수/원가지수를 측정하여 공사관리를 행한다.

㉯ 다양한 작업자간 연결된 세부준비 작업들은 작업자간 협업관리에 의해서 계획대로 실행되어야만 해당공사 공기 및 공사비 관리가 가능할 것이다.

4) 현장세부작업과 자재의 연계

㉮ 현장의 작업 프로세스들을 세부작업 단위에서 계획하고 이 작업들과 자재의 조달 프로세스(주문, 조립, 가공, 운송, 입고)를 직접 연계하여 관리하여야한다.

㉯ 즉 자재를 대량 주문이 아니고 세부작업에 필요한 만큼 자재를 주문한다.

㉰ 이를 위해서는 현장 및 조달 Process들의 표준화가 중요하다.

5) 신뢰도 중심의 핵심성 지수 (KPI : Key Per-formance index)로 성과측정

㉮ 자재의 pull방식 입고 및 선후행 작업자들 간의 연속 흐름의 체계구축 그리고 이의 세부작업 단위에서의 운영 및 관리를 위해서 EVM 중심이 아닌 신뢰도 중심의 평가를 중시한다.

㉯ 현장 일일작업 신뢰도 (PPC : Planned percent complete) 및 자재 야적 대기시간 등의 KPI를 통해 현장 공정 진도를 평가한다.

5.3 Push 방식과 Pull 방식

1) Push 방식

㉮ 개념

① 대량 생산 방식을 Push 방식이라고도 하는데 포드식 대량 주의에 입각한 방식으로 재고를 쌓아두고 생산하는 방식이다.

② Push 방식은 수요예측을 통해 자재소요 계획을 짜고 그에 상응하는 원자재를 일괄처리 형식으로 조립라인에 투입한도 각기계의 단위처리 수용량이 다르기 마련이므로 자연히 재고가 누적되며 처리를 대기하는 줄이 형성된다.

㉯ Push방식의 특징

① 수요가 안정된 경우 저비용으로 단일품종의 대량 생산에 이상적이다.

② 하지만 Push 방식은 각각 기계의 1회 작업처리량은 많지만 모든 기계를 통과해서 완성제품이 나오기까지 Lead Time은 길어진다.

2) Pull 방식

㉮ 개념

① 재고를 최소화하기 위해서 고객의 주문발생에 의해서만 생산이 개시되는 것이다.

② 로트 size가 큰 하나의 주생산 line을 지양하고 여러 개의 작업 셀(work cell)을 구축하여 각 cell은 한 가지 품종만 전담 생산해낸다.

③ 하나의 cell은 다기능 작업 팀(cross functional team)으로 구성되어 완제품까지 여러 생산과정을 독자적으로 처리한다.

㉯ Pull 방식의 특징

① 재고를 최소화하고 연속 흐름 생산이 진행된다.

② 로트 size를 최소화하고 준비시간 단축 작업장간 부하 균일화 가능

③ 부품과 작업방식의 표준화 납품업체와의 유대강화를 지속적 개선의 목표로 삼았다.

④ 수송재고가 감소하고 대기 또는 유휴시간 없애고 lead time을 줄여준다.

⑤ JIT(Just in time) 실현위해 필수적인 조건인 단시간 다품종을 생산해 낼 수 있는 체계가 가능하다.

5.4 린 건설 적용 방안

1) 실천을 위한 운영 체계

㉮ 현재 대부분 EVM 방식 및 CPM을 근거로 한 공정관리 시스템을 기본으로 사용하고 있다.

㉯ 세부 단위에서 작업들을 정의하고 이를 자재 조달 프로세스와 연계하여 관리 할 수 있는 시스템 구축이 필요하다.

2) Push/Pull 방식 혼용 체계 구축

린 생산 방식에서는 자재의 가치 흐름 전반에 풀 방식의 적용을 이상적으로 보고 있으나 현실적으로는 Push/Pull 방식의 적당한 혼합체계 구축이 필요하다.

3) 적정한 안전재고 확보

㉮ 린 생산방식은 궁극적으로 무재고를 지향하지만 건설에서는 불확실성 때문에 어느 정도의 안전재고를 확보해야하는 현실측면도 있다.

㉯ 현장 조건을 고려한 재고량을 최소화 하는 방향으로 설정되어야한다.

4) 발주자 및 원도급자의 주도적 역할

㉮ 발주자가 주도적 역할을 하여 시공사들이 효과적으로 일할 수 있는 기반을 마련해 주어야 한다.

㉯ 새로운 기법을 성공적으로 실행하기 위하여 발주자 또는 원도급자의 리더십이 가장 중요하다.

6. 건설의 정보화

6.1 정의

1) 건설정보란 건설 활동의 전 과정, 즉 프로젝트의 기획, 설계, 시공, 유지관리, 해체에 발생되는 데이터와 이를 목적에 따라 가공한 인포메이션과 인텔리젼스로서 건설생산 활동의 플랫폼에 쓰이는 것이다.
2) 건설정보 시스템은 건설 활동 과정의 참가자들에게 정확한 시간과 장소에 적절한 형태로 정보를 제공해 주어 설계, 시공, 유지관리의 전 과정에서 최소의 비용으로 최대의 효율을 가진 건물을 짓기 위한 것이다.

6.2 건설정보의 특성

1) 계획단계는 입찰과정과 공사계획 가운데 어떤 형태로든지 발생하는 모든 공사 활동에 관한 정보를 다양한 설계기법 속에 집약시키는 단계이다.
2) 관리단계에서는 설계단계와 현장공사에 대한 내용을 포함한다.
3) 마지막단계인 공사조정단계에서는 모든 관계자들이 포함되는데, 이때 모든 팀들은 자신들의 공사수행 업무에 대해 평가 받게 된다.
4) 건설공사 정보는 다양한 서류형식으로 작성되고 전달되는데, 최종적이고 가장 중요한 자료들은 설계단계에서 시공단계까지 정보로서 전달된다.
5) 건설공사의 복잡한 공정을 성공적으로 관리하고 최종적으로 완성할 수 있는 하나의 열쇠는 발생정보의 형태, 정보의 질, 정보의 내용, 그리고 이들 정보를 효과적으로 전달하고 각자의 특성에 맞도록 변환시키는 것이다.

6.3 CIC(Computer Integrated Construction : 건설 산업 정보통합화 생산)

1) 정의

㉮ 컴퓨터, 정보통신 및 자동화 생산, 조립기술 등을 토대로 건설행위를 수행하는데 필요한 기능들과 인력들을 유기적으로 연계하여 각 건설업체의 업무를 각사의 특성에 맞게 최적화하는 것이다.

㉯ 건설의 전 과정(계획, 설계, 운영, 유지관리, 재수선, 철거)에 걸쳐 품질개선과 비용의 효과, 공기달성의 자동화와 통합화를 위한 정보기술의 사용이다.

2) 개념도

☞ 그림 6.3.2.1 CIC 개념도

CIM : Computer Integrated Manufacture
CAE : Computer Aided Engineering
CIT : Computer Integrated Transportation
CAD : Computer Aided Design
CAM : Computer Aided Manufacture
SA : Site Automation

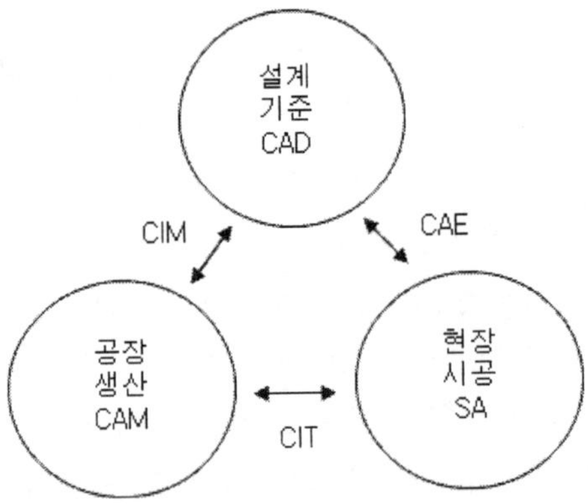

3) 목적

☞ 표 6.3.3.1 CIC의 목적

① 고품질 건물의 빠른 생산	설계와 건설에 필요한 전체시간을 생산품의 품질을 저하시키거나 프로젝트 비용의 증가 없이 단축시키는 것으로 CIC의 동시조작 기술과 통합기술은 더 짧은 시간에 고품질의 설계를 달성한다.
② 생산품의 건설비 절감 및 정확한 준공	3D 모델(3차원 모델)의 사용은 설계 실수와 오류에 의한 시공상 변경을 최소화하는 더 정확한 설계를 할 수 있도록 도와준다. 각 분야의 엔지니어들은 컴퓨터에서 건설공정 및 비용 등을 미리 산정하여 봄으로써 건설의 신뢰성 및 안정성을 증진한다.
③ 효율적인 시설물 유지관리	CIC로부터 얻을 수 있는 가장 큰 이익 중 하나는 시설물 유지관리에 필요한 정보를 건설과정의 각 단계에서 발생된 정보에서 습득할 수 있다는 것이다.

6.4 CALS(Continuous Acquisition & Life-Cycle Support)

1) 정의

건설생산 활동의 전 과정에서 건설관련 주체가 초고속 정보통신망이나 전자상거래 등 정보의 실시간 공유를 통해 공기단축, 원가절감 등을 도모하려는 건설 분야 통합정보 시스템을 말한다.

2) CALS 구현을 위한 기반요소

㉮ 표준화

㉯ 업무프로세스의 혁신

㉰ 정보기술 인프라의 구축

6.5 PMIS(Project Management Information System)

1) 정의

사업전반에 있어서 수행 조직을 관리 운영하고 경영의 계획 및 전략을 수립하도록 관련정보를 신속 정확하게 경영자에게 전해줌으로써, 합리적인 경영을 유도하는 Project별 경영정보 체제를 말한다.

2) 개념도

☞ 그림 6.5.2.1 PMIS 개념도

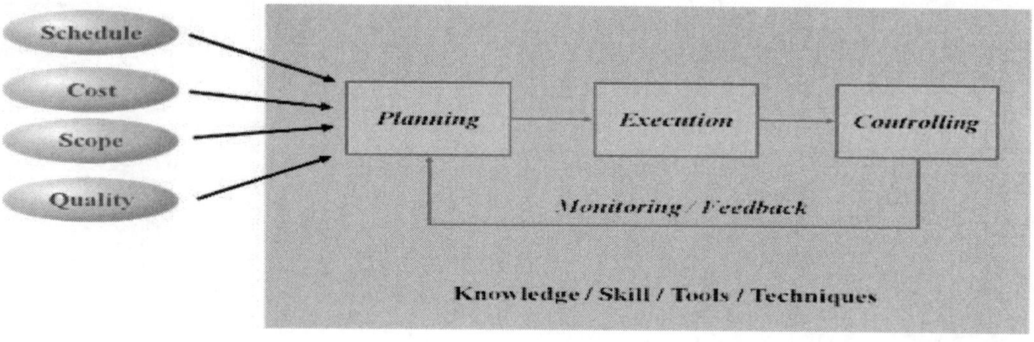

제2장

건설관리조직

1. 공사관계자의 개요
2. 공사관리자(현장대리인, 현장소장)의 업무
3. 공사감리자의 업무
4. 건설 노무자
5. 건설관리 조직의 종류와 특징

1. 공사관계자의 개요

☞ 그림 1.1.1.1 개요

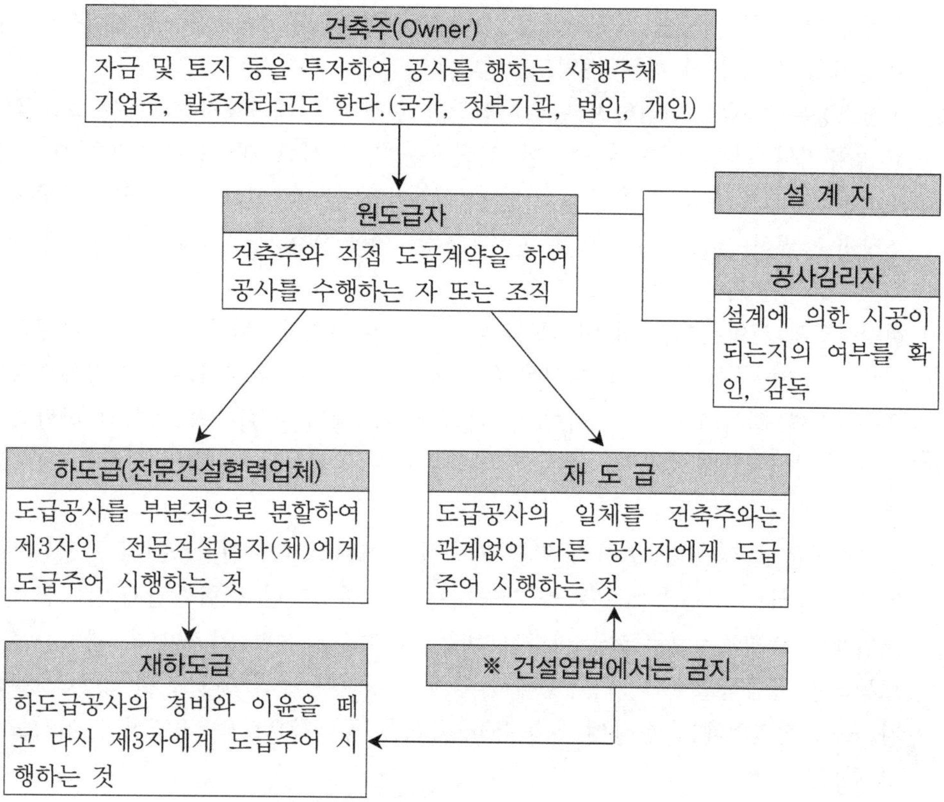

☞ 노무자는 공사관계자에서 제외한다.

2. 공사관리자(현장대리인, 현장소장)의 업무

2.1 정의

현장소장이란 한 회사를 대표하는 현장대리인으로서 공사현장 업무처리에 대한 일체의 권한을 갖는 자를 말한다. 현장소장은 당해공사의 규모와 성격을 충분히 파악하여 공사현장의 전반적인 관리책임을 다하도록 해야 한다. 따라서 현장소장은 공사의 종류 및 규모에 적합한 경력과 지식을 고루 갖추고 모든 직원을 통솔할 수 있는 자질이 있어야 한다.

2.2 책임 및 역할

1) 현장은 건설회사에서 이익을 창출하는 제일선의 조직이다. 물론 건설회사의 영업활동이 단순히 현장 시공에만 국한되는 것이 아니라 수주, 분양, 개발사업, 임대사업 등 그 영역이 넓고 다양하지만 현장의 시공 부문이 건설회사의 매출발생이나 이익구현 차원에서 가장 큰 비중을 차지하므로 현장은 건설회사의 핵심이며 건설회사가 기업으로서 존재할 수 있도록 하는 수익모델이다.
2) 현장소장은 사장을 대리하여 단위사업장인 현장의 이해관계자들에게는 회사를 대표하고 발주자나 건축주에게는 막대한 임면권을 가진 사람이며 현장조직을 이끌어나가는 조직관리자이자 풍부한 경험을 가진 기술자라고 할 수 있다. 건설현장은 일의 성격상 소장의 강력한 추진력을 필요로 한다. 조직관리에 있어서 리더로서의 역할뿐만 아니라 조정자로서의 역할 또한 중요하다.
3) 현장소장의 책임은 회사의 이익목표를 달성하는 것이다. 회사는 영리를 추구하는 법인이므로 수익을 회사경영의 최고목표로 하지만 공익에 위배되는 경영활동으로 이익을 추구한다면 회사의 존립이 어렵고, 이러한 부실경영은 회사의 이미지 하락과 금전적 손해로 이어지므로 회사의 존속과 이익추구를 위해서는 정당한 이익을 목표로 해야 한다.
4) 현장소장은 조직관리자로서의 역할을 충실히 해야 한다. 현장조직의 구성원은 현장관리를 담당하는 직원과 노동력을 제공하는 근로자, 그리고 협력업체인데 근로자와 협력업체가 현장조직으로부터 바라는 바는 당연히 금전적 이익이다. 근로자는 현장에 노동력을 제공함으로써 다른 곳에서 일하는 것보다 조금이라도 더 많은 보수를 받고자 하고 협력업체는 현장에 노동력과 자재를 공급함으로써 경영상의 이익을 취하고자 한다.
5) 현장소장은 시공기술능력과 경영관리능력을 갖추어야 한다. 건설산업은 전 산업분야의 제품이 동원되고 사용되는 기술의 영역이 방대하여 현장소장의 기술적 능력은 건설기술의 기본요소인 건축, 토목, 기계, 전기 분야에 국한되는 것이 아니라 다른 산업 분야의 모든 영역을 망라하는 기본적인 이해를 가져야 하는데 이러한 요구조건은 소장이 특정 분야의 전문가인 스페셜리스트(Specialist)이기 보다는 다양한 분야를 폭넓게 이해하고 기본적인 지식을 가진 제너럴리스트(Generalist)이기를 요구하고 있다. 소장이 시공기술에만 집착하여 장인과 같은 자세와 감각으로 현장운영에 임한다면 전반적인 문제점과 상황에 대한 파악이 어렵고 회사에서 기대한 이익도 달성하기 어려우므로 경영관리능력은 소장에게 반드시 필요한 능력이다.

3. 공사감리자의 업무

3.1 감리자의 분류 : 건설기술관리법 시행령

1) 책임감리
2) 시공감리
3) 검측감리

3.2 책임감리의 업무범위

1) 시공계획의 검토
2) 공정표의 검토
3) 건설업자나 주택건설등록업자가 작성한 시공 상세도면의 검토·확인
4) 시공이 설계도면 및 시방서의 내용에 적합하게 이루어지고 있는지에 대한 확인
5) 구조물 규격에 관한 검토·확인
6) 사용자재의 적합성 검토·확인
7) 건설업자나 주택건설등록업자가 수립한 품질관리계획의 검토·확인 및 지도, 품질시험 및 검사성과에 관한 검토·확인
8) 재해예방대책의 확인, 안전관리계획에 대한 검토·확인, 그 밖에 안전관리 및 환경관리의 확인
9) 설계 변경에 관한 사항의 검토·확인
10) 공사 진척 부분에 대한 조사 및 검사
11) 완공도면의 검토 및 준공검사
12) 하도급에 대한 타당성 검토
13) 설계내용의 현장조건 부합성 및 실제 시공 가능성 등의 사전검토
14) 그 밖에 공사의 질적 향상을 위하여 필요한 사항으로서 국토교통부령으로 정하는 사항

3.3 시공감리의 업무범위

1) 시공계획의 검토
2) 공정표의 검토
3) 건설업자나 주택건설등록업자가 작성한 시공 상세도면의 검토·확인
4) 시공내용이 설계도면 및 공사시방서의 내용에 적합하게 이루어지고 있는지에 대한 확인
5) 구조물 규격의 적합성 검토
6) 사용자재의 적합성 검토

7) 건설업자나 주택건설등록업자가 수립한 품질관리계획의 검토·확인·지도 또는 품질시험 계획에 대한 확인, 지도
8) 건설업자나 주택건설등록업자가 실시한 품질시험 또는 검사에 대한 검토·확인
9) 재해예방대책, 안전관리 및 환경관리의 지도
10) 설계 변경에 관한 사항의 검토
11) 공사 진척 부분에 대한 조사 및 검사
12) 완공도면의 검토 및 완공사실의 확인
13) 하도급에 대한 타당성 검토
14) 설계내용의 현장조건 적합성 및 시공 가능성 등의 사전검토
15) 그 밖에 건설공사의 질적 향상을 위하여 필요한 사항으로서 국토교통부령으로 정하는 사항

3.4 검측감리의 업무범위

1) 시공내용이 설계도면 및 공사시방서의 내용에 적합하게 이루어지고 있는지에 대한 확인
2) 구조물 규격의 적합성 검토
3) 사용자재의 적합성 검토
4) 품질시험 및 그 성과에 관한 검토·확인
5) 공사 진척 부분에 대한 조사 및 검사
6) 완공도면의 검토 및 완공사실의 확인
7) 그 밖에 건설공사의 질적 향상을 위하여 필요한 사항

3.5 책임감리원의 배치

1) 총예정공사비 500억 원 이상인 건설공사의 책임감리원
   총공사비 300억 원 이상인 건설공사에 대한 감리경력 1년 이상인 수석감리사
2) 총예정공사비 300억 원 이상 500억원 미만인 건설공사의 책임감리원
   총공사비 200억 원 이상인 건설공사에 대한 감리경력 1년 이상인 수석감리사
3) 총예정공사비 100억 원 이상 300억원 미만인 건설공사의 책임감리원
   총공사비 100억 원 이상인 건설공사에 대한 감리경력 1년 이상인 감리사

4. 건설 노무자

4.1 고용형태

☞ 표 4.1.1.1 건설 노무자의 고용 형태

직용(영)노무자	원도급자에 직접 고용되어 임금을 받는 노무자로서 잡역 등 미숙련자가 많다.
정용노무자	직종별 전문 업자 또는 하도급자에게 상시 종속되어 있는 기능노무자로 출력일수로 임금을 받는다.
임시고용노무자	날품 노무자로서 보조노무자이고 임금도 싸다.

4.2 임금형태

☞ 표 4.2.1.1 건설 노무자의 임금 형태

정액임금제	출력일수에 따라 1일 정해진 금액을 지급(일급제)
기성고임금제	일정한 작업량의 완수에 따라 노동시간에 관계없이 임금을 지급(개인 도급제)

5. 건설관리 조직의 종류와 특징

5.1 라인조직(Line Organzation : 직계식 조직)

1) 건설사업에서 전통적으로 사용되어 온 것으로, 사업성격이 분명하고 단순하며 각 업무가 분절되어서도 서로 큰 영향을 미치지 않는 경우에 적합하다. 대규모 복잡공사에서는 부적절하다.
2) 장·단점

☞ 표 5.1.2.1 라인조직의 장단점

장 점	단 점
① 각자의 책임, 권한이 명확하다. ② 명령·전달이 신속하고 확실하다. ③ 운영상의 경비가 들지 않는다. ④ 질서·규율을 지키기 쉽다.	① 횡적인 연락과 협조가 잘 되지 않는다. ② 라인의 책임자는 이질의 업무까지 담당 ③ 조직 운영의 성패는 소수 또는 강력한 인간의 능력에 의존하게 된다.

5.2 기능식 조직(Functional Organization)

1) 직무를 기능별로 나누어 분할하여 복수의 책임자를 만들고, 각 책임자가 작업자에게 분담 업무에 대해 지시하는 형태
2) 기업이 한정된 사업분야에서 사업을 추진하고, 환경이 상당히 안정되고 업무상 고도의 전문화를 요구하는 경우에 정합한 조직

☞ 표 5.2.2.1 기능직 조직의 장단점

장 점	단 점
① 각자의 책임, 권한이 명확하다. ② 명령·전달이 신속하고 확실하다. ③ 운영상의 경비가 들지 않는다. ④ 질서·규율을 지키기 쉽다.	① 횡적인 연락과 협조가 잘 되지 않는다. ② 라인의 책임자는 이질의 업무까지 담당 ③ 조직 운영의 성패는 소수 또는 강력한 인간의 능력에 의존하게 된다.

5.3 라인·스탭 조직(Line & Staff Organization : 조합식 조직)

1) 직계식 조직에 전문적인 사업관리 지식을 갖춘 전문 관리자(Staff)들의 지원을 받는 조직형태이다.
2) 공기단축을 목적으로 패스트 트랙(Fast Track)공사를 진행하기에 적합한 구조이다.
3) 장·단점

☞ 표 5.3.3.1 라인·스텝 조직의 장단점

장 점	단 점
① 전문분야에 기능별 조직의 장점을 살릴 수 있다.(CM조직) ② 스탭의 권고 및 조언을 존중하면 독선에 빠지지 않는다. ③ 라인 본래의 주임무에 정진 가능 ④ 스탭에 의해 라인을 객관적으로 평가할 수 있다.	① 스탭의 월권행위 우려 ② 스탭에 의한 조직력의 낭비, 혼돈 우려 ③ 스탭이 주된 의사 결정권을 갖거나 역으로 스탭 활용이 안 되는 경우가 있다.

5.4 태스크 포스 조직(Task Force Organization : 전담반 조직)

1) 각 분야의 전문가들이 모인 한시적 조직이다.
2) 긴급공사, 중요한 공사를 할 때처럼 조직이 해결해야 할 과업의 성격이 그 조직의 사활을 좌우할만큼 중요할 때 필요한 조직이다.
3) 상호 의존적인 기능을 요하는 경우에 효과적인 역할을 한다.

5.5 매트릭스 조직(Matrix Organization)

1) 기능조직과 전담반조직을 결합한 조직형태이다.
2) 지하철, 공항, 발전소 등 대규모 복합 사업에 적합하다.
3) 각 부분의 전문가를 효과적으로 배치하여 업무조정이 용이하고, 최대효과를 얻을 수 있는 장점이 있다.

5.6 부문별 조직

1) 각 부문이 하나의 자주적, 독립채산적인 운영을 한다.
2) 플랜트사업부, 주택사업부, SOC사업부, 토목사업부, 건축사업부 등

제3장

건설계약

1. 건설공사의 입찰제도
2. 입찰자 선정방식
3. 낙찰자 선정방식
4. 계약의 의의 및 유효성
5. 계약의 종류 및 계약내용
6. 클레임(Claim) 및 분쟁

1. 건설공사의 입찰제도

1.1 입찰의 의미

1) 입찰이란 건축주(발주자)가 시공자를 선택하는 방법
2) 시공자는 해당공사의 공사비를 입찰서로 제출하면 입찰과정을 거쳐서 낙찰이 되어야만 계약이 가능하다.

1.2 입찰방식의 종류

☞ 표 1.2.1.1 입찰방식의 종류

<table>
<tr><td rowspan="2">입찰방식</td><td>경쟁입찰</td><td>공개경쟁입찰
제한경쟁입찰
지명경쟁입찰</td><td>지역 제한경쟁입찰
군(Group) 제한경쟁입찰
도급한도액 제한경쟁입찰
실적 제한경쟁입찰
P.Q 제도</td></tr>
<tr><td colspan="3">특명입찰(수의계약)</td></tr>
</table>

1.3 우리나라건설의 입찰제도

우리나라 건설공사의 입찰제도는 공사의 적정품질확보를 목적으로 제한경쟁입찰방법이 대부분이고 군별 도급한도액에 의한 제한이 주로 가해지고 있다. 도급한도액이란 건설업 또는 전문건설업 면허를 가진 건설업자의 공사실적, 재정상태 등을 고려하여 특정업체가 도급받아 시공할 수 있는 1건 공사의 공사비 상한을 정한 것이다. 이것은 개별 건설업체의 시공능력과 경영능력을 평가하는 일종의 공인된 평가기준 역할을 수행하고 있다. (선진국에서는 지명경쟁이나 사전자격심사 시에 업체평가의 참고자료로 활용하고 있음). 앞으로 과당경쟁으로 인한 부실시공 요소를 없애기 위해 입찰제도의 획기적인 개선이 필요하다.

■ 수의계약
공개경쟁입찰시 유찰되어 재입찰 결과에도 예정가격을 초과할 때에는 최저입찰자로부터 순차적으로 교섭하여 예정가격 이하의 금액으로 계약을 체결하는 방식이다. 즉 발주자가 시공업자의 기술, 자산, 신용, 능력과 공사의 내용, 발주자와 시공업자간의 특별한 관계 등을 고려해서 가장 적합하다고 생각되는 하나의 시공회사를 지명하여 그 회사에게 공사를 도급하는 방식이다. 또한 연차적으로 계속되는 공사의 경우 공사 진행상 이미 선정된 시공업자에게 공사의 도급을 주는 것이 있다.

1.4 입찰방식의 종류별 정의

☞ 표 1.4.1.1 입찰방식의 종류별 정의

종 류	정 의
공개(일반) 경쟁입찰	입찰에 붙이는 공사의 내용, 공사현장의 위치, 입찰집행 장소, 일시, 입찰보증금에 관한 사항 등을 관보, 신문, 게시 등의 방법으로 공고하고, 최소한 3개 이상의 시공자를 선의의 경쟁을 시켜서 가장 합당한 시공자에게 낙찰, 도급시키는 입찰제도이다.
지명경쟁입찰	건축주의 판단 기준에 의하여 공사에 가장 적격하다고 인정되는 시공자를 선정 후 입찰시키는 방식이다.
특명입찰	건축주가 시공회사의 기술, 신용, 자산, 공사의 내용, 보유자재 등을 고려하여 가장 적절한 특정업자를 선정하여 발주하는 방식으로 일종의 수의계약이다.

1.5 입찰방식의 장단점

☞ 표 1.5.1.1 입찰방식의 장단점

종 류	장 점	단 점
공개경쟁입찰	㉮ 경쟁으로 인한 공사비 절감 ㉯ 담합의 우려가 적다. ㉰ 시공자에 균등한 기회	㉮ 입찰수속이 복잡 ㉯ 과다경쟁으로 부실공사 우려 ㉰ 부적격자에게 낙찰될 우려
지명경쟁입찰	㉮ 부적격자의 사전제거 ㉯ 시공의 신뢰성이 있다.	㉮ 담합의 우려가 있다. ㉯ 공사비가 공개경쟁입찰보다 상승
특명입찰 (수의계약)	㉮ 입찰수속이 간단하다. ㉯ 공사기밀의 유지 가능 ㉰ 우량공사의 기대	㉮ 공사비가 높아진다. ㉯ 공사비 결정이 불명확 ㉰ 불공평한 일이 내재

1.6 입찰의 순서 및 공고

1) 입찰순서

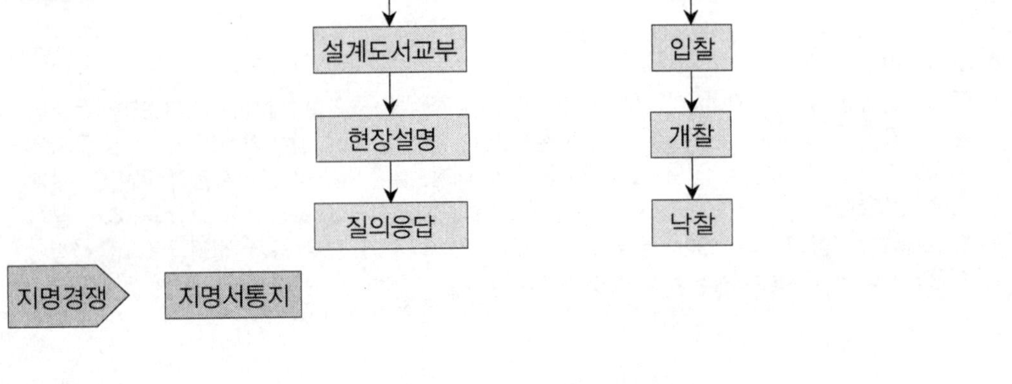

2) 입찰공고

㉮ 신문, 관보(官報), 잡지 등에 공고된다.

㉯ 공고에 포함되는 내용

① 공사의 명칭과 장소
② 발주자(처)와 설계자의 명칭과 소재지
③ 개략적인 공사의 특성, 유형 및 규모
④ 입찰일시와 장소
⑤ 입찰도서의 입수방법과 장소
⑥ 계약도서 열람 장소의 명칭과 소재지
⑦ 입찰조건, 입찰보증 등
⑧ 낙찰의 공개 여부
⑨ 응찰자의 자격심사에 관한 사항

☞ 그림 1.6.2.1 신축공사 입찰공고

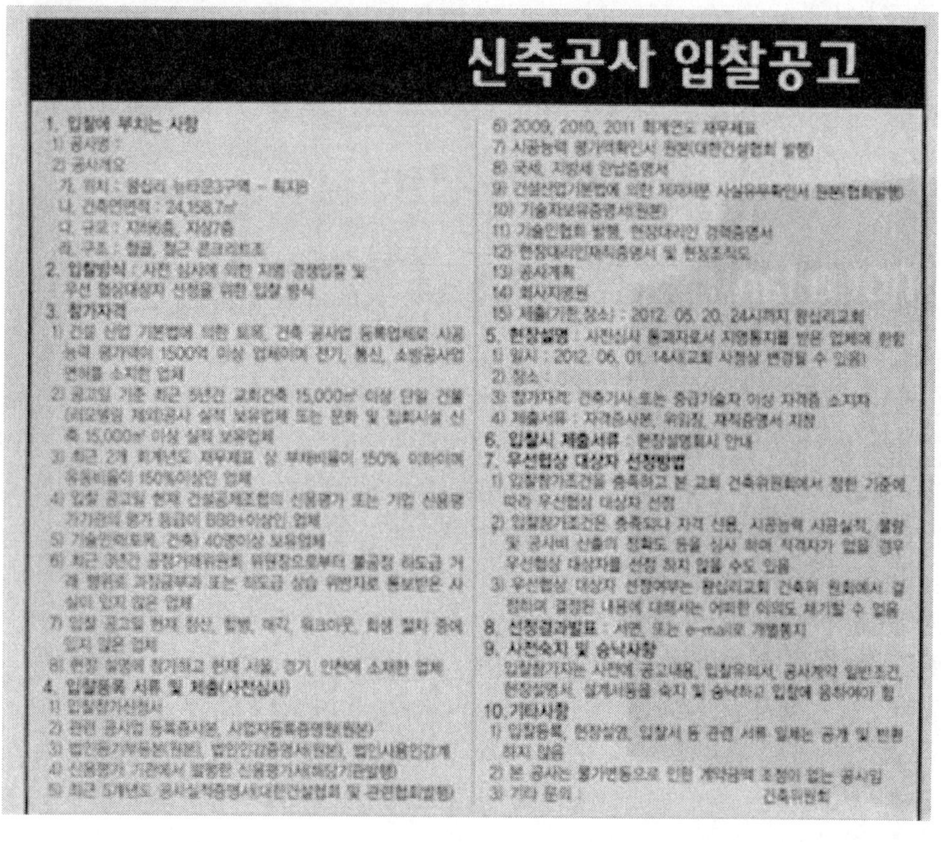

신축공사 입찰공고

1. 입찰에 부치는 사항
2. 입찰방식
3. 참가자격
4. 입찰등록 서류 및 제출(사전심사)
6) 2009, 2010, 2011 회계연도 재무제표
15) 제출(기한,장소) : 2012. 05. 20. 24시까지
5. 현장설명
1) 일시 : 2012. 06. 01.
2) 장소 :
6. 입찰시 제출서류 : 현장설명회시 안내
7. 우선협상 대상자 선정방법
8. 선정결과발표 : 서면 또는 e-mail로 개별통지
9. 사전숙지 및 승낙사항
10. 기타사항
2) 본 공사는 물가변동으로 인한 계약금액 조정이 없는 공사임
3) 기타 문의 : 건축위원회

3) 현장설명사항

㉮ 대지의 위치 고저차 등

㉯ 인접대지 상황 및 주변안전사항

㉰ 지하매설물의 유무

㉱ 공사비 지불방식 및 공사기간

㉲ 기타 공사의 특수성 등

■ 입찰도서의 서류와 도면

① 입찰초청 또는 입찰안내서
② 입찰양식
③ 계약서 서식
④ 계약조건
⑤ 자격심사 관계서류
⑥ 보증서류 서식(입찰보증, 공사이행보증, 선수금보증, 지불보증)
⑦ 설계도면 및 시방서
⑧ 발주자 제공품목
⑨ 공정계획

2. 입찰자 선정방식

2.1 PQ제도(Pre-Qualification) : 입찰참가자격 사전심사제도

1) 정의

건설공사가 다양화되고 기술수준도 복잡하며 고도화되는 추세에 있어서 공사실적 및 가격경쟁 위주의 도급한도액제도는 업체의 시공능력과 기술능력을 실질적으로 평가하기가 불가능하므로 건설업자가 설계도서 및 계약조건에 따라서 해당 프로젝트를 성실하게 수행할 수 있는지 판단하기가 곤란하다. 따라서 도급업자 선정의 초기단계에서 공사실적을 비롯하여 재정상태, 기술능력 등을 심사하는 체계가 요구된다.

PQ제도는 입찰참여자격을 발주관서가 사전 심사하여 적격자만을 입찰에 참여시키는 제도로 1993년 7월 1일부터 시행되고 있다. 이 제도는 국제적인 관행에 부합하는 입찰 자격심사 체계를 구축해야 할 필요뿐만 아니라, 외국 업체의 무분별한 입찰참가를 사전에 방지하기 위한 제도적 장치도 된다. 입찰 및 낙찰과정에서 불합리한 점을 많이 내포하고 있는 현행 설계·시공 일괄입찰(Turn-Key Base)제도 개선책의 일환으로써 입찰참가업체의 자격을 사전에 제한할 필요에서 적용된다.

2) 주요 심사내용

㉮ 조달청 시설공사 집행기준

㉯ 국가를 당사자로 하는 계약에 관한 법률에 따라 각 부문에 대한 배점은 조달청 시설공사 집행기준에 따른다.

3) PQ제도의 장·단점

㉮ 장점

① 도급자의 태만으로 인한 공사지연의 가능성을 최소화할 수 있다.

② 발주자와 유자격업자를 무자격업자로부터 보호할 수 있다.

③ 입찰자의 수를 감소시킴으로써 심사에 소요되는 비용과 시간을 절약할 수 있다.

④ 최종 평가가 유자격업자에게 한정됨으로써 평가과정이 신속·간결하다.

⑤ 공사의 추진과정에서 발생 가능한 계약사항 불이행 등의 문제점을 예방할 수 있다.

⑥ 입찰자가 효율적으로 완수할 수 없는 공사에는 자원을 소비하지 않음으로써 투자회수율(rate of return)을 최적화할 수 있다.

⑦ 입찰이 건실한 기술능력, 재무상황, 건설관습과 실질적으로 관련이 깊다는 것을 응찰업체들이 확신하게 됨으로써 부적격한 입찰자가 무모하게 투찰하는 것을 방지할 수 있다.

⑧ 입찰과정에서 경쟁이 감소됨으로써 낙찰 가능성이 상승한다.

⑨ 자격미달업체는 심사단계에서 사전에 탈락됨으로써 불필요한 입찰비용의 낭비를 최소화 한다.

㉯ 단점

① 객관적인 PQ기준을 개발, 이행, 평가하고 입찰자를 평가하는 데 많은 비용이 소요된다.

② 정확하고 완전하며 일관성 있는 결정이 이루어지도록 해당 프로젝트 환경에 적합한 정량적인 기준의 개발이 어렵다.

③ 주관적 판단과 편견을 배제하면서 객관적이고 올바른 결정을 내릴 수 있는 의사결정과정의 정형화가 어렵다.

④ 입찰자 수와 경쟁의 축소는 공사비용의 증대를 초래할 위험이 있다.

⑤ 발주의 임의성이 존재할 가능성이 있다.

⑥ 제출된 자료의 신뢰성을 검정하기가 곤란하고 평가의 공정성을 확보하기가 어렵다.

⑦ 입찰참여가 편파적으로 거절될 가능성이 있다.

⑧ 입찰에 참가할 기회를 보장받기 위한 공적 관계의 증진에 자원을 소비할 우려가 있다.

⑨ 신규업체가 입찰에 참여하는데 PQ가 장벽으로 작용할 가능성이 있다.

2.2 부대입찰 제도

건설업계의 하도급 계열화를 도모하기 위하여 입찰참가자로 하여금 산출내역서에 입찰금액을 구성하는 공종 중 하도급할 부분, 하도급 금액 및 사수급인 등 하도급에 관한 사항을 기재하여 제출한 후 입찰하도록 하는 방식이다. 일반건설업체에서 입수한 공사정보에 따라 입찰에 응하고자 할 경우 해당공사를 전문공종별로 분류하여 계열화된 전문업체로 하여금 견적에 임하도록 하여 공사비 산출서를 제출토록 한다. 일반건설업체는 각 공종별로 분리, 산출된 공사비 산출서를 직영공사 부분과 취합하고 거기에다 일반건설업체의 관리비 및 적정이윤을 부가한 금액으로 입찰에 임하게 된다.

1) 덤핑에 의한 입찰을 사전 예방하고 건전한 공사계약이 이루어지게 한다.
2) 건설업체의 전문화를 유도하고, 공사의 품질향상을 기한다.
3) 악용 시 계약제도의 자율성을 저해하고, 이중계약 등으로 형식적인 계약이 될 수 있다.
4) 전문건설업체의 견적능력이 미흡한데다 견적기간 부족으로 견적부실이 우려된다.

2.3 대안입찰 제도

발주기관이 작성한 설계서 상의 공종 중에서 기본방침의 변동 없이 발주기관이 작성한 설계에 대체될 수 있는 동등 이상의 기능 및 효과를 가진 신공법, 신기술에 의한 설계와 당초의 설계가격, 공사기간을 초과하지 아니하는 공법으로 시공할 수 있는 설계로 대안이 허용된 공사의 입찰을 말한다.

입찰에 참여하는 자가 당초설계에서 기본방침의 변경 없이 동등이상의 효과와 예정가격, 예정공기를 초과하지 않는 공법으로 제안하여 입찰하는 방식이다.

1) 건설회사의 기술개발에 따른 경쟁력 강화와 신기술 개발에 따른 경쟁력 강화
2) 부실공사 방지 및 덤핑입찰을 해소하고, 시공능력에 따른 낙찰 및 계약이 가능
3) 심사에 따른 기술적 평가기준이 미비하고, 심의기간에 따른 행정력 필요
4) 중소건설업체의 경쟁력이 약화되고, 미선정업체의 경제적 손실이 크다.
5) 시공상 분쟁의 소지가 발생할 수 있다.

2.4 전자입찰 제도

조달청에서 시행하고 있는 입찰방식으로 입찰참가를 희망하거나 입찰결과를 확인하고자 하는 자는 인터넷 조달청 전자입찰홈페이지(http://www.ebid.go.kr)를 통하여 정보를 얻

을 수 있다.

1) 전자입찰에 참가하고자 하는 자는 기획재정부 회계예규 공사입찰 유의서, 조달청 공사입찰 특별유의서 및 조달청 공고 이용약관, 조달청 전자입찰 홈페이지 의 전자입찰집행절차 등 관련규정을 숙지 준수하여야 한다.

2) 입찰참가절차 및 전자서명

㉮ 전자입찰에 참여하고자 하는 자는 지정공인 인증기관에서 발급받은 인증서로 전자입찰시스템에 접속하여야 하며 접속 중에는 전자입찰시스템의 안내에 따라야 한다.

㉯ 입찰에 참여하는 자는 전자입찰시스템의 안내에 따라 15개의 예비가격 중에서 2개의 예비가격 번호를 반드시 선택하여야 한다.

3) 기대효과

㉮ 업무 process의 개선과 업무의 편리성, 투명성, 신속성, 효율성, 경쟁력 강화, paperless 화가 가능하다.

㉯ 인지세의 절감, 통합구매로 인한 구매원가 절감 등 부대비용이 절감된다.

㉰ 투명한 구매로 기업이미지와 신뢰도가 제고된다.

2.5 내역입찰 제도

입찰시 입찰자로 하여금 별지서식에 단가 등 필요한 사항을 기입한 산출내역서를 제출하게 하는 방식이다.

■ 계약의 성립시기
건축주(발주자)와 도급자 쌍방이 서명 날인 했을 때 계약성립 시기로 본다.

3. 낙찰자 선정방식

3.1 **추정가격이 고시금액 미만인 경우** : 예정가격 이하로서 예정가격의 90% 이상인 입찰금액 중 최저가를 낙찰(제한적 최저가 낙찰제)

3.2 **추정가격이 고시금액 이상인 경우** : 예정가격 이하로서 최저가 순으로 당해 계약이행능력을 심사하여 낙찰(적격심사낙찰제)

3.3 **2단계 경쟁입찰의 경우** : 예정가격 이하로서 최저가를 낙찰

3.4 동일 입찰금액의 낙찰 : 추첨에 의함

3.5 제한적 최저가낙찰제는 1백억원 미만의 일반공사와 55억원 미만의 전문공사, 전기 및 전기통신공사에 대해 적용되는데 10개의 복수예정가를 작성하여 사전공개토록 하고 (30억원 미만 공사는 예가 15개 중 4개) 이 중 3개를 추첨, 이를 산술평균한 가격을 낙찰 예정가로 확정하며, 제한적 최저낙찰기준인 88% 이상을 써낸 투찰자 가운데 직상위자를 낙찰자로 결정하는 것으로 재수보기식 입찰이나 마찬가지여서 시공능력이 부족한 업체들이 공사를 수주한 뒤 선수금을 떼고 일괄하도급을 주는 등 잡음의 소지가 많다.

이를 보완하기 위해서는 간이적격심사제가 도입되어야 하는데 이 제도는 58억3천만원~30억원 이상 공사는 입찰가격점수(70%)에다 기술점수 30%를 적용하는 것으로 실질적인 시공능력을 보유한 견실한 업체들이 수주할 수 있게 하는 것이다. 그러나 30억원 미만 공사는 여기에 해당되지 않으므로 제도적 보완책이 요구된다.

■ 최고가치 낙찰제

1. 최고가치 낙찰제도는 Life Cycle Cost의 최소화를 통해 투자 효율성을 얻기 위해 입찰가격과 기술능력을 종합적으로 평가하며 발주자에게 최고가치를 줄 수 있는 업체를 낙찰자로 선정하는 방식이다.
2. 입찰가격과 다른 요소를 포함하고 있기 때문에 기술발전이나 품질수준의 제고에도 기여할 수 있다.
3. 발주자의 품질향상과 장기적 비용감소에 만족할 수 있으며 업계에서도 기술개발역량 강화를 통해 수익성을 확대할 수 있다.
4. 비가격 요소에 대한 평가의 공정성과 객관성 및 투명성 확보에 대해서 약간은 회의적이다. 또 대기업에 유리하고 중소기업에 불리하다는 우려도 많다.

4. 계약의 의의 및 유효성

4.1 계약의 효력발생 요건

☞ 표 4.1.1.1

동 의	한편의 당사자로부터의 청약과 이에 대한 다른 편의 승인
당 사 자	계약의 이행을 가능하게 할 수 있는 당사자가 존재할 것
합 법 성	계약상 위법이 없을 것
정당한 계약서식	계약의 내용이 법률적으로 인정되는 서식을 구비할 것

4.2 계약의 성립 및 종료

1) 건설공사 도급계약에서는 도급자가 설계도면, 시방서, 계약서, 공사도급규정 등이 정하는 바에 따라 공사를 완성할 것을 약속함으로써 계약이 성립된다.
2) 건설공사에서 도급계약의 종료는 완성된 건물을 발주자에게 인도하고 발주자가 이에 대한 공사비를 도급자에게 지불함으로써 건물의 소유권이 도급자로부터 발주자에게 이전될 때를 말하며 도급계약은 이로써 완료된다.

4.3 건축주와 도급자의 의무

☞ 표 4.3.1.1

구 분	건 축 주	도 급 자
권 리	완성된 건축물을 인수	건축공사의 공사비를 청구
의 무	건축공사의 공사비를 지급	건축공사를 기간 내에 완성

5. 계약의 종류 및 계약내용

건설공사는 일반적으로 전체 건설 프로젝트의 관리방식에 따라 설계와 시공이 분리된 전통적인 방식과 설계, 시공이 일체화된 방식으로 나눌 수 있으나, 최근 대규모 프로젝트에서는 설계, 시공뿐만 아니라 프로젝트 전반에 걸친 사항을 일식으로 하는 Turn-key 계약방식이 증가하고 있다.

5.1 건설공사 계약방식의 분류

☞ 표 5.1.1.1 계약방식에 의한 분류

<table>
<tr><td rowspan="3">설계와 시공의
분리 계약제도
(전통적 방식)</td><td colspan="3">직영공사</td></tr>
<tr><td rowspan="2">도급공사</td><td>공사실시방식</td><td>일식도급
분할도급
공동도급(Joint Venture)</td></tr>
<tr><td>도급금액지불방식</td><td>정액도급
단가도급
실비정산보수가산 도급</td></tr>
</table>

업무범위에 따른 계약방식 (설계, 시공 포함)	Turn Key 방식(일괄수주방식) 건설사업관리(CM)방식(설계와 시공을 관리하는 전문가 집단) 프로젝트관리(PM)방식 파트너링(Partnering)방식 성능발주방식 BOT(Build Operate Transfer)방식
혁신적 계약방식	Cost+Time 계약 Lane Rental(차선임대)계약 Incentive/Disincentive계약 Warranty계약

5.2 공사실시방식에 따른 분류

1) 직영공사

㉮ 정의

공사를 도급업자에게 위탁하지 않고 건축주 자신이 자재조달, 기능공, 인부의 고용, 기타의 실무를 담당하고, 공사부를 조직하여 자기의 책임 하에 직접공사를 지휘감독하는 방식

㉯ 적용

발주자가 어느 정도 현장관리 능력이 있을 때 유리하며 대규모공사에는 불리

㉰ 장·단점

장 점	단 점
① 영리를 도외시한 확실성 있는 공사 기능 ② 계약에 구속됨이 없이 임기응변 처리가 가능하다. ③ 입찰, 계약 등의 수속 간단(사무절감)	① 공사비 증대 ② 재료의 낭비 또는 잉여 ③ 시공관리 능력부족으로 공사기간 연장의 우려

2) 일식도급

㉮ 정의

공사 전부를 한 도급자에게 맡겨 현장 시공업무 일체를 일괄하여 시행하는 방식이다. 원도급자가 하도급자에 의해 시공시키고 감독하여 완성하므로 하도급된 금액이 낮아져 공사가 조잡해질 우려가 있다.

㉯ 장·단점

장 점	단 점
① 계약, 감독이 간단하고 현장관리가 용이 ② 전체공사 진척 원활 ③ 가설재의 중복이 없음	① 건축주의 의향이나 설계도상의 취지가 충분히 이행되지 못한다.(하도급 관행에 따른 단점) ② 부실공사의 우려(시공의 품질 저하)

3) 분할도급

㉮ 정의

공사를 유형별로 분류하여 각기 따로 전문 도급자를 선정하고 도급계약을 맺는 방식이다.

㉯ 장·단점

장 점	단 점
① 우량시공 기대 ② 건축주와 시공자와의 의사소통 원활 ③ 업체간 경쟁으로 공사비 저하	① 공사감독자 노무 증대·경비 증가 ② 현장 종합관리사무 복잡 ③ 후속공사의 연체(공정별 분할 도급 시)

4) 공동도급(Joint Venture)

㉮ 정의

하나의 수급자가 단독으로 공사를 수행하기에는 규모가 클 경우 또는 특수공사일 때 둘 이상의 수급자가 어느 특정공사에 대하여 협정을 체결하고 협동으로 공사를 도급 받는 형식이다. 각 참가업자의 관계는 원도급, 하도급의 관계 등과는 달리 각각이 상호 대등하며 다만 자금, 자재, 기술 및 기타 시공상 필요한 자원들을 제공하여 이들 공동의 여러 개의 회사 간에 이루어진 협정을 기초로 하는 공사 계약방식이다.

㉯ 장·단점

장 점	단 점
① 융자력 증대 ② 기술의 확충 ③ 위험의 분산 ④ 공사시공의 확실성 ⑤ 신용도의 증대	① 한 회사의 도급공사보다 경비 증대 ② 도급자 상호간의 이해 충돌

5.3 도급금액 지불방식에 따른 분류

1) 정액도급(총액도급 : Lump Sum Contract)

㉮ 정의

입찰 또는 계약단계에서 대상업무의 범위, 내용, 규모가 명확한 경우에 일반적으로 채용되는데 과에 수행된 공사자료가 많은 정형적인 공사에 효과적이다. 총액계약은 계약에서 정해진 범위의 업무에 대해 일정한 계약금액을 대가로써 계약자가 인수하는 형태이며 작업성과에 대한 보상을 정액으로 지불하기로 하는 방식이다.

㉯ 장·단점

장 점	단 점
① 공사관리 업무가 간단 ② 경쟁 입찰로 공사비 절약 ③ 총공사비가 판명되어 건축주가 자금계획 수립 ④ 도급자는 자금, 공사계획 등의 수립이 명확하여 공사원가를 절감시키도록 노력 가능	① 최저입찰가격이 반드시 합리적인 가격이 아닐 수도 있음 ② 입찰 전에 공사완성에 필요한 설계도서가 완성되어야하므로 사전에 상당한 기일이 필요 ③ 공사변경에 따른 도급금액의 증감이 곤란하고 이로 인하여 건축주와 도급자 사이에 분쟁이 일어나기 쉽다.

2) 단가도급

㉮ 정의

재료단가, 노무단가 또는 재료 및 노무를 합산한 길이, 면적, 체적단가만을 결정하여 공사를 도급시키는 것으로 공사범위, 내용, 규모는 명확하나 공사수량이 불분명할 때 채용된다. 요소작업별로 단위물량 당 단가를 확정해서 계약되므로 하나의 입찰총액과 물량명세서(BOQ : Bill Of Quantity) 또는 금액명세서(SOR : Schedule Of Rate)를 제출하는 것이다.

㉯ 장·단점

장 점	단 점
① 시급한 공사의 경우 계약을 간단히 할 수 있고 공사를 빨리 착공 할 수 있다. ② 설계변경으로 인한 수량 증감이 용이하며 일식도급보다 편리하다.	① 공사완성까지 소요되는 총공사비를 예측하기 곤란하다. ② 공사수량에 대한 관념이 희박하여 공사비 증대의 우려가 있다. ③ 단순한 작업, 단일공사일 때 채용하는 것이 좋다.

3) 실비정산보수가산 도급(Cost +Fee)

㉮ 정의

공사의 범위, 내용, 규모 등에 관해 설계도서에서 명확하게 규정하지 않은 상태로 계약을 체결할 경우에 채용되는 총액계약과 대비되는 방식이다. 발주자가 도급자에게 실비베이스로 상환하는 Cost와 도급자에 대한 보수인 fee로 계약금액이 결정된다. 실비는 순공사비와 직접경비(현장)로 구성되며 Fee는 보통 도급자의 일반관리비 및 이윤을 포함한다.

㉯ 장·단점

장 점	단 점
① 신용계약의 기초가 되며, 양심시공 기대 ② 우수한 시공 기대, 시공자가 손해 볼 여지가 적다.	① 공사기간 연장의 우려가 크다. ② 공사비 절감 노력이 없어지고, 공사비 증가가 우려된다.

5.4 성능발주방식 : 일종의 특명입찰방식

1) 정의

성능을 확인할 수 있는 공사의 경우 건축주는 발주 시에 설계도서를 사용치 않고 요구성능만을 표시하고 시공자는 거기에 맞는 시공법, 재료 등을 자유로이 선택할 수 있게 하는 발주방식이다. 시공자의 창조적 활동을 가능케 하며 신기술, 신공법을 최대한 활용 가능하고, 설계와 시공의 의사소통 개선 방안이 된다.

2) 장·단점

장 점	단 점
① 설계와 시공의 관계 개선 기능 ② 시공자 기술 향상	① 성능의 확인, 표현이 어렵다. ② 공사비 증대 우려

5.5 업무범위에 따른 계약방식

1) 턴키(Turn Key Base) 방식

㉮ 정의

일괄시공업자가 시설물의 계획, 금융조달, 부지확보, 설계, 구매조달, 시공, 기계기구 설치, 시운전, 유지관리 등의 모든 서비스를 제공한 후 완전한 상태로 시설물을 발주자에게 인계하는 형태로 All-in Contract 또는 Package Contract라고도 한다.

㉯ 계약방식의 종류

① 설계도서 없이 성능만을 제시하고 설계도서 요구

② 기본설계도서에 따라 구체적인 설계도서 요구

③ 상세설계도서에 따라 특정한 부분의 대안 요구

㉰ 장·단점

장 점	단 점
① 설계와 시공의 의사소통 개선 ② 창의적인 설계, 신공법 개발 유도 ③ 책임시공으로 책임한계 명확 ④ 공기단축, 공사비 절감 노력 ⑤ 공법의 연구개발, 기술개발 촉진	① 건축주 의도가 제대로 반영되기 어려움 ② 대규모 회사 유리, 중소업체 육성 저해 ③ 최저가 낙찰제인 경우 공사품질 저하 ④ 공사비 사전파악이 어려움 ⑤ 우수한 설계 의도 반영이 어려움

2) 건설사업관리(CM : Construction Management)방식

㉮ 정의

건설의 사업초기 기획단계에서부터 설계, 시공, 시운전, 사후관리단계에 이르기 까지 과학적이고 체계적인 관리기법을 적용하여 건설사업의 목표를 보다 효율적이고 경제적으로 수행하고자 하는 새로운 건설생산방식이다. 즉 기존의 생산방식에서 설계자, 감리자, 시공자를 개별적으로 선정함으로 인해 발생하는 설계와 시공의 불일치의 문제점을 CM전문회사에게 일괄발주하여 내역단가와 입찰의 문제점 까지도 해결하고자 하는 방식이 이를 위하여 각 부문의 전문가들로 구성된 Construction Manager 또는 CM회사의 통합된 관리기술을 건축주에게 서비스하는 방식이다. 건설사업의 대형화와 고도의 기술이 요구될 경우 설계와 시공의 병행 발주 또는 단계별발주방식이 가능하게 하여 공기단축의 대안으로 활용되는 방식이다. CM은 발주자의 대리인으로서 발주자의 권익을 최대한 보장하도록 노력하게 된다.

㉯ CM의 기본 형태

① 대리인형 CM(CM for Fee)

발주자와 하도급업체는 직접 계약을 체결하며, CM은 발주자의 대리인 역할을 수행하며 서비스에 대한 수수료를 받는다.

② 시공자형 CM(CM at Risk)

하도급업체와의 계약을 CM이 원도급자 입장에서 체결하여 공사의 품질, 원가, 공정 등을 직접 관리하고 CM 자신의 이익을 추구한다.

㉰ CM의 업무범위

① 설계전 단계(Pre-Design Phase)

㉠ 설계용역 입찰참가 요청서 작성
㉡ 설계용역 계약체결 업무 협조
㉢ 설계용역 성과품의 처리, 유지, 관리절차 개발
㉣ 사업 이행능력 평가 수행
㉤ 사업 총괄일정 수립
㉥ 총 사업비 산정

② 설계단계(Design Phase)
　㉠ 설계도서 검토
　㉡ 설계일정 및 진척상황 관리
　㉢ 가치공학(Value Engineering) 기법을 통한 비용절감(Cost Down) 활동
　㉣ 시공성 검토
　㉤ 공사비 산정
　㉥ 시공단계의 공사일정, 기자재 구매일정 작성
　㉦ 사업비용 보고서 작성

③ 입찰 및 계약 단계(Procurement Phase)
　㉠ 입찰공고 및 입찰서류 배포
　㉡ 입찰참가자 안내 및 설명회 실시
　㉢ 사전 자격심사 수행
　㉣ 낙찰자 선정에 대한 협조
　㉤ 사업총괄일정 및 사업비용 보고서 갱신

④ 시공단계(Construction Phase)
　㉠ 시공단계의 각종문서 기록유지 절차서 마련 및 수행
　㉡ 공정관리 검토, 공정회의 실시, 공정진행 보고
　㉢ 기성검사
　㉣ 시공자가 작성한 종합품질관리시스템 검토 및 확인
　㉤ 안전관리 계획검토 및 시행확인
　㉥ 각종 시험 입회
　㉦ 하도급관련 법적 규정항목 감독
　㉧ Claim 방지 또는 처리
　㉨ 준공도면 관리
　㉩ 시운전 협조

⑤ 시공후 단계(Post Construction Phase)
　㉠ 운영 및 유지관리 Manual 작성
　㉡ 사업관련 각종 문서의 정리, 전달, 교육
　㉢ 사업에 대한 전반적 사후 평가
　㉣ 총사업비 요약보고서 작성
　㉤ 기타 마무리 보고서 작성

3) 프로젝트 관리(Project Management)방식

㉮ 정의

초대형 공사에서 주로 사용되고 있는 개념으로 건축주가 최고 경영자가 되고 CM 회사에서 나온 전문인력과 A/E(Architect/Engineer) 또는 컨설턴트를 이용하여, 건축주가 통합된 프로젝트를 관리 하는 것.

㉯ PM의 관리 분류 및 단계

PM의 관리 분류	㉠ 업무영역관리 ㉡ 공정관리 ㉢ 품질관리 ㉣ 원가관리 ㉤ 인사관리 ㉥ 계약 및 구매관리 ㉦ 정보관리 ㉧ 위험도관리
PM의 관리단계	㉠ 제안단계 ㉡ 착수 초기단계 ㉢ 실행단계 ㉣ 인계단계 ㉤ 보증단계

4) 파트너링(Partnering)방식

㉮ 정의

발주자와 수급자 모두 상호 신뢰를 바탕으로 팀을 구성해서 프로젝트의 성공과 상호이익 확보를 목표로 공동으로 프로젝트를 집행 및 관리하는 새로운 방식.

발주자와 수급자와의 관계는 기본적으로 공동 혹은 동맹관계일 뿐 파트너링의 주요업무 내용에 대하여 실질적인 계약이 체결되는 것은 아니다. 유형으로는 수년간에 걸친 장기적인 파트너링 협정과 프로젝트 단위로 수행되는 단기적인 파트너링이 있다. 일반적으로 건설공사에 적용되는 형식은 후자이다.

㉯ 기대효과

① 능률 향상과 비용 절감

② 공사기간의 단축

③ 건설분쟁(Claim)의 축소

④ VE(Value Engineering)의 활성화

⑤ 지속적인 품질의 향상

5) BOT(Build Operate Transfer)방식

㉮ BOT(Build Operate Transfer)

BOT 방식은 건설, 운영, 양도를 약칭하는 사업진행 형태로써 흔히 적용되는 턴키방식에 추가해서 계약에 앞서 프로젝트의 자금도달과 공사완성 후 일정한 기간의 운영, 그 후의 양도까지 포함된다는 점에서 단순한 건설공사계약을 넘는 것이라고 볼 수 있다. 즉 수입을 수반한 공공 혹은 공익프로젝트(유료도로, 도시철도, 발전소 등)에 있어서 BOT 방식은 자금을 조달하고 설계, 엔지니어링 그리고 시공의 전부를 도급받아 시설물을 완성하고 그 시설을 일정 기간 운영하는 것으로 운영수입으로부터 투자자금을 회수한 후 발주자에게 그 시설을 인도하는 방식이다. 발주자가 BOT계약자에 대해서 운영수입을 어느 정도 보증하느냐 하는 것이 핵심적인 관심사항이고 계약자는 금융기관 및 운영전문관 및 운영전문가와 긴밀하게 협력해서 위험을 해소해야한다.

㉯ BTL(Build Transfer Lease)

민간이 공공시설을 짓고 정부가 이를 임대해서 쓰는 민간투자방식

① 민간이 자금을 투자해 공공시설을 건설(Build)

② 민간은 시설완공시점에서 소유권을 정부에 이전(Transfer)하는 대신 일정기간 동안 시설의 사용·수익권한을 획득

③ 민간은 시설을 정부에 임대(Lease)하고 그 임대료를 받아 시설투자비를 회수

④ 민간이 시설소유권을 갖는 BOO(Build-Own-Operate)방식과 구별

⑤ 시민들에게 시설이용료를 징수해서 투자자금을 회수하는 BTO(Build-Transfer-Operate) 방식과 구별

☞ 표 5.5.5.1 BTO/BTL 방식의 비교

추진방식	Build Transfer Operate	Build Transfer Lease
대상시설	최종수요자에게 사용료 부과로 투자비 회수가 가능한 시설	최종수요자에게 사용료 부과로 투자비 회수가 어려운 시설
투자비회수	최종사용자의 사용료	정부의 시설임대료
사업리스크	민간이 수요위험 부담	민간의 수요위험 배제

■ SOC(Social Overhead Capital : 사회간접자본)
사회간접시설인 도로·철도·항만·공항 등을 건설할 때 소요되는 자본

6. 클레임(Claim) 및 분쟁

6.1 클레임이란 이의신청 또는 이의제기로서 계약하의 양 당사자 중 어느 일방이 일종의 법률상 권리로서 계약 하에서 혹은 계약과 관련하여 발생하는 제반 분쟁에 대하여 금전적인 지급을 구하거나 계약조항의 조정이나 해석의 요구 또는 그 밖의 다른 구제 조치를 요구하는 서면 청구 또는 주장을 말한다.

6.2 클레임은 계약 당사자의 권리주장이라고 할 수 있으므로 건설사업의 진행과정에서 필연적으로 발생하게 된다.

6.3 건설공사에서는 발주자와 도급자간에 후자에 의해서 공사비 증액, 공기연장을 위한 분쟁이 흔히 발생된다. 도급자가 발주자 측에 의한 계약위반에 근거하여 발주자에 대해 유효한 클레임을 제기하거나, 계약상에 요구되는 것 이상의 작업이 진행되었을 때 유효한 클레임을 제기하는 것은 전혀 이상한 일이 아니다. 분쟁과 클레임은 건설공사가 본질적으로 가지고 있는 작업조건의 광범위함과 다양함에서 연유된다고 볼 수 있다.

계약 당사자들 간의 의견대립은 계약 해석상의 차이, 발주자에 의한 변경, 발주자의 잘못으로 인한 공기지연, 상이한 현장조건, 조건변경, 작업가속, 작업중단, 도면, 시방서의 하자 등에서 연유한다.

6.4 클레임의 유형

클레임의 근본적인 원인제공자는 계약서류 혹은 계약문서라 할 수 있다. 계약서류 조항간의 제점이나 계약서류와 현장조건 또는 시공조건의 차이점에 의해 발생되는 문제점에 대해 발주자나 시공자가 의의를 제기함으로써 클레임이 시작되는 것이다. 이와 같은 클레임의 유형은 다음과 같이 크게 네 가지로 분류할 수 있다.

1) 지연에 의한 클레임(Delay Claim)

가장 높은 빈도로 발생하는 클레임의 유형으로 자재 및 인력조달의 지연, 공사 진행의 방해, 과다한 설계변경, 작업지시 또는 작업진행상 필요한 정보의 지연, 공사현장 매입 또는 각종 허가취득의 지연으로 인한 공사 착공의 지연 등이 이러한 클레임의 사유가 된다.

2) 작업범위 관련 클레임(Scope-of-Work Claim)

시공자가 계약 당시 수행키로 한 범위 이외의 작업을 수행토록 요구받거나 계약조건에 있는 업무일지라도 그것이 명확히 정의 되어 있지 않아 입찰시 내역서에 포함시킬 수 없었던 업무를 수행했을 때 제기될 수 있다.

3) 작업기간 단축에 대한 클레임(Acceleration Claim)

발주자가 계약 시 계획했던 공사기간을 일방적으로 단축시킬 것을 시공자에게 요구할 경우 공기단축을 위해 투입해야 하는 추가인력, 장비, 자재 등에 대한 클레임이다.

4) 현장조건 변경에 따른 클레임(Changing-Site-Condition Claim)

주로 예상 못했던 지하 구조물의 출현이나 지반형태로 인해 시공자가 작업수행을 위해 입찰시 책정된 예정 가격을 초과 부담해야 할 경우 발생한다.

6.5 클레임의 해결방안

☞ 표 6.5.1.1 클레임의 해결방안

종 류	방 법
협상(Negotiation)	분쟁 당사자간의 협의를 통한 일차적인 해결방법
조정(Mediation)	객관적인 조정자의 도움으로 분쟁을 해결하는 방법
중재(Arbitration)	중재위원회의 판결에 따라 분쟁을 해결하는 방법
소송(Litigation)	재판에 의한 최종적인 분쟁의 해결방법

제**4**장

건축공정의 관리

1. 개요
2. 공정표의 종류별 특징
3. PERT와 CPM의 비교
4. Network에 쓰이는 용어
5. Network의 일정계산
6. 진도관리 : 계획진도 곡선

1. 개 요

1.1 공정관리의 현황

1) 현상

건설 프로젝트는 반복적인 생산 제조 시스템(Product System)과 구별되며, 프로젝트를 완료하기 위한 정해진 기간과 비 반복적인 작업의 연속으로 복잡하고 다양한 작업 및 소(小)프로젝트의 조합이라 할 수 있다. 오늘날 프로젝트의 규모가 커지고 복잡화, 고기능화가 되면서 새로운 프로젝트에 대한 준비 부족, 작업간의 관계불명확, 기존의 Bar-Chart등의 도표가 공정관리인 것으로 인식 되어 왔다. 건축시공은 건축의 3요소, 즉 구조, 기능, 미를 갖춘 건축물을 최적의 공사비용으로 최적의 시간에 건축주가 요구하는 품질을 확보하여 건물을 완성하는 것을 말한다.

2) 원인

이러한 원인은 과거 경험에 의한 관리, 관리 기법의 지식 부족, 통계나 분석 자료의 불신, Update미비, 일부 특정인만의 참여, 전략이나 정책의 부재 등이 원인 요소로 작용 된다.

3) 결과

이에 따른 결과 매 프로젝트 발생 시 새로운 계획 업무로 자원의 중복적인 소모, 업무협조의 과다한 시간과 자원 허비, 회의 시간 및 회수 증가로 업무의 효율성 저하 및 경쟁력이 약화되어 있는 실정이다. 앞으로 프로젝트의 규모가 더욱 커지고 복잡해지는 점을 감안 한다면 이러한 작업의 효율적인 관리를 위해 공정관리의 필요성이 절실히 요구된다. 따라서 업무의 효율을 높이기 위한 관리 프로그램이 꾸준히 발전되어 며칠씩 소요되던 자료 작성이 몇 분이면 처리될 수 있는 시스템이 지속적으로 개발되고 있는 실정이다.

1.2 관리의 의미

1) 관리의 개념

프로젝트의 계획에 의해 행하여지는 모든 행위를 목표 달성과 일정한 목적을 효과적으로 실현하기 위하여 인적, 물적 여러 요소를 적절히 결합하여 통제하고 제어하는 활동

2) 관리의 본질

관리가 계획, 실시, 검토, 시정 즉 Plan, Do, Check, Action을 그 본질로 삼는 점에는

변화가 없으나 통제 부분을 내포하게 된다. 통제는 계획과 실적을 대비하여 차이가 있을 때는 그 원인을 규명하고 필요에 따라 시정 조치를 하며, 또 실적을 다음 계획에 반영시키는 것을 말한다. 관리 기술은 계획, 조직, 통제에 관하여 발달해 왔다. 계획을 위한 관리 기술은 예측, 대체안의 설계 및 대체안에 관한 선택 등에 관해서, 조직을 위한 관리 기술은 활동의 분석이나 평가, 인사 등에 대하여, 또한 통제를 위한 관리 기술은 계산, 비교분석, 감사 등에 관하여 각각 발달해 왔다. 관리의 유효성은 최종적으로 목적의 달성도에 따라 판정되지만 직접적으로는 시간과 금액을 척도로 한 능률에 따라 판단한다.

☞ 그림 1.2.2.1 Deming's Cycle

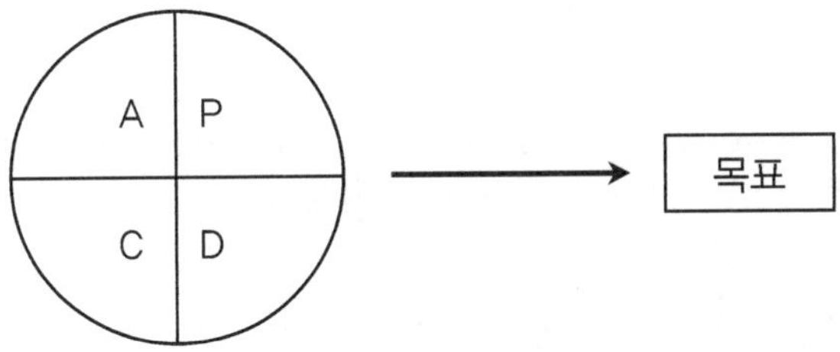

P-D-C-A Deming's Cycle

3) 전사적 자원관리

생산, 판매, 자재, 인사, 회계 등 기업의 전반적인 업무 과정을 하나의 체계로 통합, 구축하여 관련 정보를 서로 공유하고 이를 통해 신속한 의사 결정 및 업무 수행이 가능하도록 도와주는 시스템을 명칭한다.

1.3 공정관리의 개요

건설공사에서 공정관리라 함은 주어진 시간 내에 품질, 안전, 환경을 확보하여 최소의 비용으로 사업과 관련한 모든 활동을 논리적, 체계적으로 관리하는 시스템을 말한다. 이러한 공정관리에 대한 시스템은 과거의 경험이나 자료와 일부 특정인만의 참여에만 의존하여 오다가 PERT/CPM 기법이 개발된 1950년대 말부터 실용화되기 시작하였으며 국내에는 해외 공사가 한창인 1970대부터 본격적으로 사용하게 되었다.

1) 공정관리의 정의

공정관리는 위에 언급한 바와 같이 필요한 자원을 합리적으로 통제, 관리하는 시스템을 의미하며 넓은 의미로는 CM(Construction Management)과 일맥상통하는 의미가 있다. 수많은 제약 조건과 변수 속에 공사 중 복잡다단한 문제가 계속적으로 야기되는 현재의 실상을 감안하면 종합적인 공정관리야 말로 한 프로젝트의 지난 역사를 보전하며 파악 할 수 있는 시스템으로 볼 수 있다.

2) 공정관리의 목표

프로젝트 진행 과정 중 공정관리는 종합적인 관리 수단이라고 말할 수 있다. 즉, 기획 단계부터 시공 후 유지 보수 단계까지 단순한 시간적 관리가 아니라 사업과 관련된 모든 활동을 평가, 측정하는 기준을 시간과 연결 시켜 자원을 효과적으로 활용하는 방법과 수단이라고 할 수 있다. 특히 공사 진행 중에 중요한 요소의 작업이 지연되어 전체 공기에 영향을 미칠 경우 특별한 변수가 없는 한 시공자는 준공일을 맞추기 위하여 공사를 서두르게 되어, 품질이 저하되는 원인이 되고 이로 인해 직접 투입되는 원가가 상승되며, 안전관리에도 악영향을 미치게 된다. 따라서 공정관리의 목표를 다음 2가지로 구분하여 관리 할 수 있다.

㉮ 외(外)적인 목표

외적인 목표는 건물주 또는 발주처의 요구를 만족하는데 목표를 둔다.
첫째 건물주 발주처가 요구하는 공사기간을 만족시켜야하며,
둘째 건물주 발주처가 요구하는 품질을 확보 하며,
셋째 정해진 금액으로 공사를 완성해야 한다.

㉯ 내(內)적인 목표

내적인 목표는 시공자 또는 도급자의 능률 향상에 목표를 둔다.
첫째 인력 장비 등의 가동률 향상으로 대기 시간 또는 운휴에 의한 손실을 감소시키는 것이다.
둘째 생산속도 즉, 시공속도의 향상이다. 위의 두 가지는 서로 모순된 경향을 가지기 쉬우므로 이들 상호 모순된 요구를 조화 있게 만족시키는 것이 용이하지 않은 일로써 그만큼 공정관리의 필요성이 중요하게 인식 된다.

2. 공정표의 종류별 특징

1) 횡선식 공정표(GANTT CHART)

㉮ 각 작업의 착수일과 종료일이 명기되어 보기 쉽다.
㉯ 각 작업 위치가 명료함
㉰ 공정표 작성 간단
㉱ 작업간의 상호관계나 순서 표기 불가
㉲ 각 시점의 추진상태 명확치 않음
㉳ 작 작업의 전체 공기에 미치는 영향 파악 불가

☞ 그림 2.1.1.1 횡선식 공정표

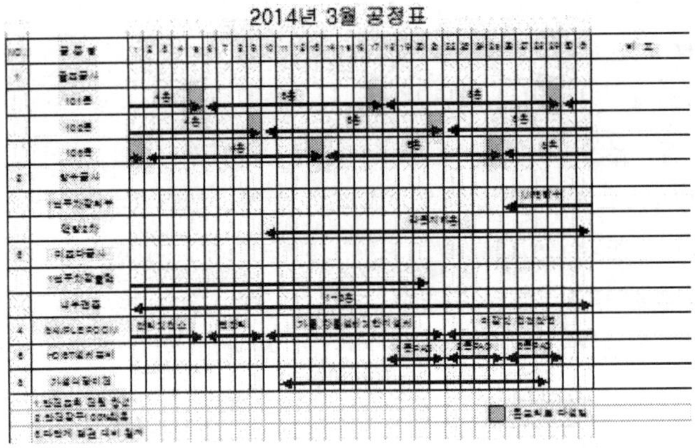

2) 도표식 공정표

㉮ 도면 및 단면도에 예정 및 실시 등을 공종별 색으로 기입

㉯ 건물 각 부분의 진척사항 파악용이

㉰ 시간 경과가 명백하지 못함.

☞ 그림 2.2.1.1 도표식 공정표

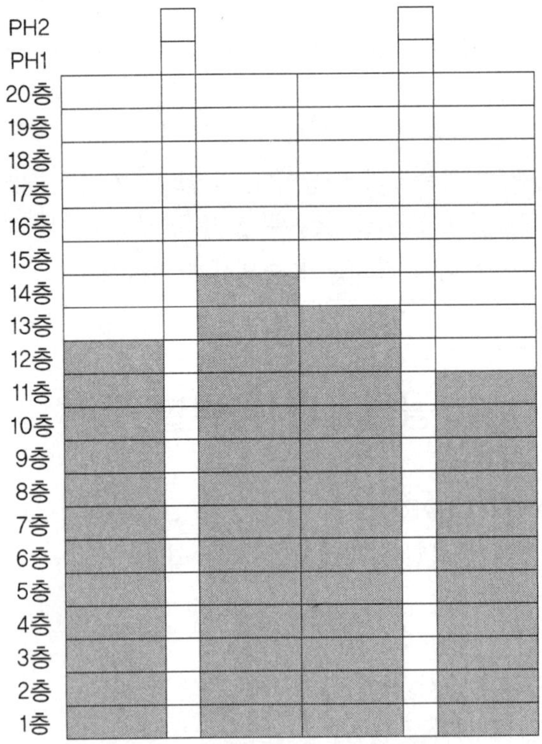

2014년 3월 10일 현재 욕실 벽타일 진행현황

3) 사선식 공정표

㉮ 부분 공정표에 적용

㉯ 작업의 관련성 표기 불가

㉰ 기성고 표기 시 편리

☞ 그림 2.3.1.1 사선식 공정표

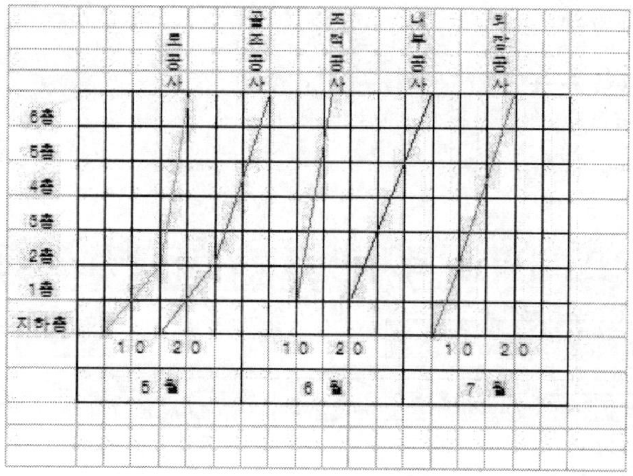

4) 열거(기)식 공정표

㉮ 공사의 착수와 완료일을 문자로 열거

㉯ 일기식 공정표

㉰ 인부 및 재료준비에 적합

㉱ 각 공사 상호관계 파악 불가

☞ 표 2.4.1.1 열거식 공정표

공종명	작업착수일	자재청구일
	작업완료입	자재입고일
방수공사	10월 10일	9월 15일
	10월 31일	10월 7일
미장공사	11월 5일	10월 20일
	11월 20일	11월 2일

5) NETWORK 공정표

㉮ 공사전체 내용 파악이 용이

㉯ 각 작업의 흐름과 공정이 분해 됨

㉰ 작업 상호간의 관계가 명확
㉱ 작업 전 수정이 가능
㉲ 계획 중 문제 파악이 명확
㉳ 공사 진척사항 파악용이
㉴ 중점관리가 용이
㉵ 검사에 특별한 기능이 필요
㉶ 작업 세분화에 한계
㉷ 공정표 작성시간 소요

☞ 그림 2.5.1.1 Network 공정표

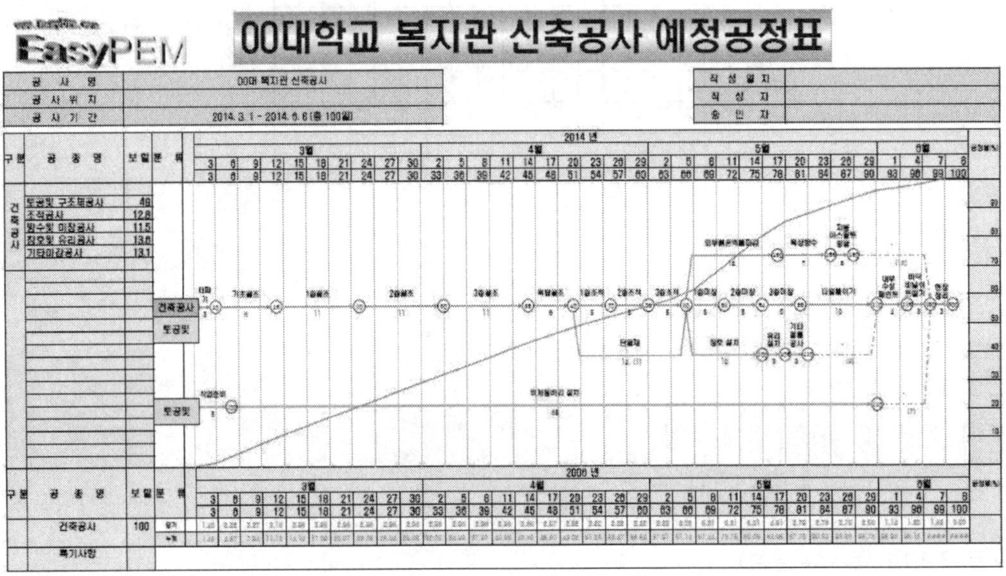

3. PERT와 CPM의 비교

3.1 실무적 차이

PERT와 CPM은 모두 계획공정을 Network에 의하나 PERT는 작업단계(Event)를 중심으로 작성, CPM은 작업 활동(Activity)을 중심으로 작성한다는 점에서 약간의 차이가 있다.

3.2 개념적 차이

CPM은 작업시간에 비용을 부가시키는 M.C.X(Minimum Cost Expediting) 공사의 일정계획을 자금 효율 면에서 평가 산정할 수 있는 비용곡선을 구함으로써 급속계획에 따르는 비용의 증가를 최소한으로 하는 이론을 채택한 것 이다. PERT는 비용과 결부 시키지 않고 시간만을 대상으로 개발되었으나 근래에 와서는 PERT에서도 MCX를 채택하고 있어, 이점에서는 별 차이가 없다. 다만, PERT는 확립된 표준이 없는 조건하에서 주로 작업을 수행하는 신규사업에 많이 이용되고 CPM은 비교적 경험이 있는 즉, 반복사업이나 신규사업이라도 작업표준이 확립된 사업이 통상 이용된다는 점에 약간의 차이가 있을 뿐 비슷하게 사용되고 있다.

☞ 표 3.2.1.1 PERT와 CPM의 차이

PERT : Program Evaluation Review Technique CPM : Critical Path Method 의 약자임.

구 분	PERT	CPM
개 발	1958년 미해군 핵잠수함 건조시	1956년 미 듀폰사 공장 건설시
주 목 적	공기단축	공사비 절감
사업대상	신규, 비반복, 무경험 등의 사업	반복, 유경험 등의 사업
공기추정	3점 시간추정(낙관, 정상, 비관시간)	1점 시간추정(정상시간)
일정계산	단계중심(ET, LT)	작업중심(EST, EFT, LST, LFT)
여유시간	결합점 중심의 여유(Slack)	작업중심의 여유(Float)
주 공 정	TL−TE=0	TF=FF=0
MCX(최소비용)	이론이 없다	핵심이론

4. Network에 쓰이는 용어

☞ 표 4.1.1.1 용어 및 기호

NO	용 어	영 어	기 호	내 용
1	프로젝트	Project		Network에 표현하고자 하는 대상공사
2	네트워크	Network		작업의 순서 관계를 →표와 ○표로 표현한 망상도
3	작 업	Activity Job	——→	Project를 구성하는 단위
4	더 미	Dummy	- - -→	Arrow형 Network에서 정상표현으로 할 수 없는 작업 상호관계를 표시한 화살표
5	결합점	Event Node	○	작업과 작업을 연결하는 점
6	소요시간	Duration	D	작업에 필요한 시간
7	가장빠른 시작시간	Earliest Starting Time	EST	가장 빨리 작업을 시작할 수 있는 시간
8	가장빠른 완료시간	Earliest Finishing Time	EFT	가장 빨리 작업을 완료할 수 있는 시간
9	가장늦은 시작시간	Latest Starting Time	LST	작업시작을 공기에 영향이 없는 범위에서 가장 늦게 시작해도 되는 시간
10	가장늦은 완료시간	Latest Finishing Time	LFT	작업완료를 공기에 영향이 없는 범위에서 가장 늦게 완료해도 되는 시간
11	크리티칼 패스	Critical Path	CP	개시 결합점에서부터 종료 결합점까지 가장 작업시간이 긴 작업들의 경로
12	플로우트	Float	F	작업의 여유시간(CPM기법)
13	슬랙	Slack	SL	결합점이 가진 여유시간(PERT기법)

5. Network의 일정계산

1) 일정계산의 개요

Network공정표는 도해적(圖解的)으로서 작업순서가 프로젝트 시행 전 명확하게 결정되므로 필요한 자세한 정보를 관리자에게 제공하는 데 있다. 작업의 시작시간, 완료시간을 예정할 수 있고, 여유시간과 주공정선을 파악할 수 있는 등 컴퓨터의 이용과 아울러 과학적인 관리가 가능하다.

㉮ 시간의 단위(單位)

① 시간의 단위(分, 時, 日, 週, 月등)는 원칙적으로 하나의 네트워크에 한 종류로 한다.

② 적용한 시간단위에 충족되지 않는 작업은 반올림하거나 다른 작업에 포함시킨다.(예 : 1층 콘크리트 타설의 일정은 하루인데, 주간단위의 네트워크를 작성 한다면 1층 콘크리트 타설은 1층 골조공사에 포함을 시킨다.)

㉯ 작업소요 시간의 결정

① 작업의 수량과 품셈 등에서 그 작업에 필요한 총 인원(또는 장비)을 산출한다.

② 작업 공간의 크기, 동원할 수 있는 인원 또는 장비 등의 조건을 고려하여 단위시간당의 투입인원 또는 장비의 가장 능률적인 투입량을 구한다.

③ 작업 불가능 시간(명절, 동절기 등)은 별도로 산정하여 해당 기간에 관련된 작업은 그 기간을 포함 시키거나, Time Lag 더미를 사용하여 표기한다.

④ 공기를 염두에 두지 말고 표준적인 상태에서 우선 작성한다.

⑤ 공정표 작성 후 지정공기가 초과한 경우 '공기단축' 방법에 의거 공기를 조성한다.

2) Network의 일정계산

네트워크의 일정 계산은 프로젝트 관리를 위한 필수 사항이며, 이로 인해 얻을 수 있는 장점은 자원의 집중방지, 공사기간의 효율적인 단축, 자금의 원활한 운용 등을 들을 수 있다. 일정계산법은 EST(Earliest Starting Time), EFT(Earliest Finishing Time)를 구하기 위한 전진계산법과 LST(Latest Starting Time), LFT(Latest Finishing Time)를 구하기 위한 역진 계산법, 위의 값을 이용하여 구할 수 있는 Float(TF, FF, DF)값이 있다.

아래 그림 5.2.1.1 에서 A작업의 실지 소요일은 2일이고 작업할 수 있는 시간은 5일이 주어졌을 때 Float 값은 3일이 됨을 알 수 있다. 다만, EST와 EFT에 의하여 작업을 했을 때는 작업 후 3일의 여유가 생기고 LST와 LFT에 의하여 작업을 하는 경우에는 작업 전 3일의 여유가 생긴다.

또한 EST와 LFT에 의하여 작업을 하여도 중간에 3일의 여유시간이 발생되는 것을 알 수 있다. 위와 같이 네트워크에서는 하나의 Activity에 EST, EFT, LST, LFT, Float 값이 발생되는데 이 값을 구하고, 주공정선(Critical Path)을 구하는 것을 일정계산이라고 한다.

☞ 그림 5.2.1.1 EST, EFT, LST, LFT의 관계

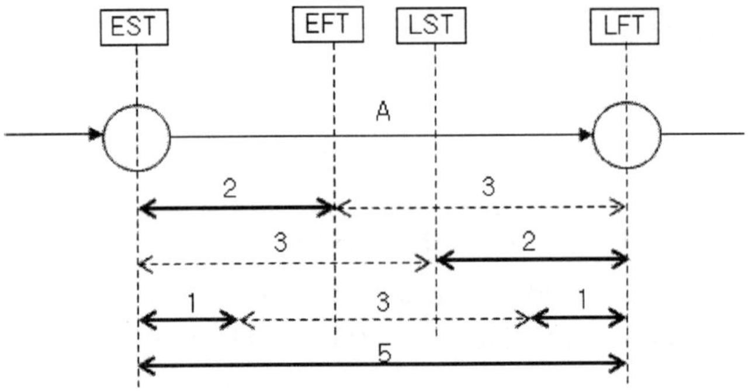

㉮ EST와 EFT의 계산

① EST의 계산

해당 ACTIVITY의 시작 결합점에 모인 ACTIVITY들 중에 EST + 작업소요일(直前 ACTIVITY들의 EFT)의 가장 큰 값이 해당 ACTIVITY의 EST가 된다.

② EFT의 계산

해당 ACTIVITY의 EST + 작업 소요일이 해당 ACTIVITY의 EFT가 된다.

EST와 EFT의 계산은 시점으로부터 시작하여 종점으로 향하는 전진계산을 하여 구한다.

㉯ LST와 LFT의 계산

① LST의 계산

해당 ACTIVITY의 끝 결합점에서 진행되어있는 ACTIVITY들 중에 LFT - 작업소요일(直後 ACTIVITY들의 LST)의 가장 작은 값이 해당 ACTIVITY의 LFT가 된다.

② LST의 계산

해당 ACTIVITY의 LFT - 작업소요일이 해당 ACTIVITY의 LST가 된다.

LST와 LFT의 계산은 종점으로부터 시작하여 시점으로 향하는 역진 계산을 하여 구한다.

㉰ 여유시간(Float)의 계산

CPM공정표에서는 각 ACTIVITY(작업)의 시간을 알면 작업이 갖는 여유시간을 계

산할 수 있다. 작업이 갖는 여유시간을 플로트(Float)라 하고 여유시간에는 다음과 같은 종류가 있다.

① TF (Total Float) : 한 Activity(작업)의 전체여유 시간

② FF (Free Float) : 한 Activity(작업)의 자유여유 시간

③ DF (Dependent Float) : 한 Activity(작업)의 후속작업에 종속된 여유 시간

㉠ Total Float의 의미와 계산

각 Path의 총 여유시간 중 그 Path에 속한 각각의 Activity가 최대로 가질 수 있는 여유 시간

☞ 그림 5.2.1.2

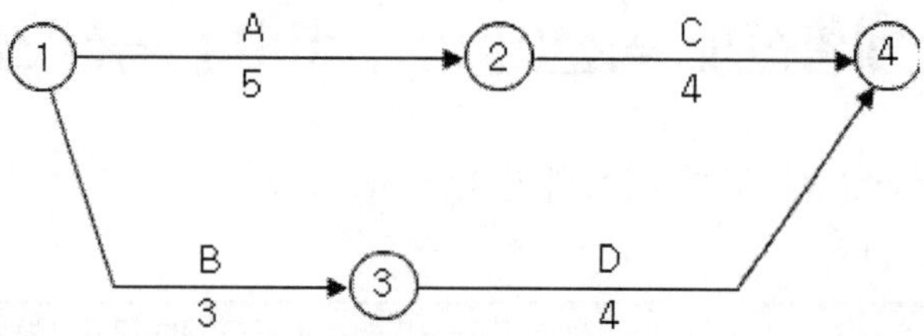

위의 공정표에서 Path를 구해보면 첫 번째 Path Activity A, C 는 9일이 소요되고, 두 번째 Path Activity B, D는 7일이 소요된다.

여기서 첫 번째 Path가 소요일수가 많음으로 Critical Path가 됨을 알 수 있다. 따라서 두 번째 Path에서 여유시간 2일이 발생됨을 알 수 있는데 그 Path에 속해있는 'B'작업에서 2일의 여유시간을 가질 수 있고 또는 'D'작업에서도 2일의 여유시간을 가질 수 있다. 이처럼 작업 'B'와 'D' 각각의 작업에서 가질 수 있는 최대의 여유 시간을 Total Float(TF)라 한다. 위 공정표에서 TF의 값은 'B'작업에 2일 or 'D'작업에 2일이 된다.

㉡ Free Float의 의미와 계산

위의 Total Float 내(內)에는 Free Float(FF)와 Dependent Float(DF)가 존재한다. FF는 TF값을 지닌 작업 중에 해당 작업을 가장 빨리 시작(EST)해서 가장 빨리 종료(EFT)를 하고, 후속작업이 가장 빨리 시작(EST)이 되어도 여유가 있는 시간을 의미 한다.

〈계산식은 해당 작업의 FF = 후속작업의 EST - 해당 작업의 EFT〉

㉢ Dependent Float의 의미와 계산

DF는 해당 작업이 LFT로 종료를 하여도 전체 소요기간에 영향을 주지 않으면서 후속작업의 EST를 해당 작업의 LFT로 시작할 때 차이가 나는 여유시간을 의미한다.

〈계산식은 해당 작업의 DF = 해당 작업의 LFT - 후속작업의 EST〉

☞ 표 5.2.1.1 여유시간의 계산방법

TF	FF+DF LST−EST LFT−EFT 후속작업의 LST−해당 작업의 EST
FF	TF−DF 후속작업의 EST−해당 작업의 EFT
DF	TF−FF 해당 작업의 LFT−후속작업의 EST

6. 진도관리 : 계획진도 곡선(일명 : 바나나 곡선 또는 S-커브)

아래의 자료로 Network 공정표를 작성하면 다음과 같다.

☞ 표 6.1.1.1 Network 자료

작업명	시점	종점	작업기간(일)	소요계획금액(원)	비율(%)
A	1	2	5	1,000,000	8.70
B	2	3	4	2,000,000	17.39
C	1	3	6	3,000,000	26.09
D	3	4	3	3,000,000	26.09
E	2	4	5	2,500,000	21.73
합계				11,500,000	100

1) Network 공정표

☞ 그림 6.1.1.1 Network 공정표

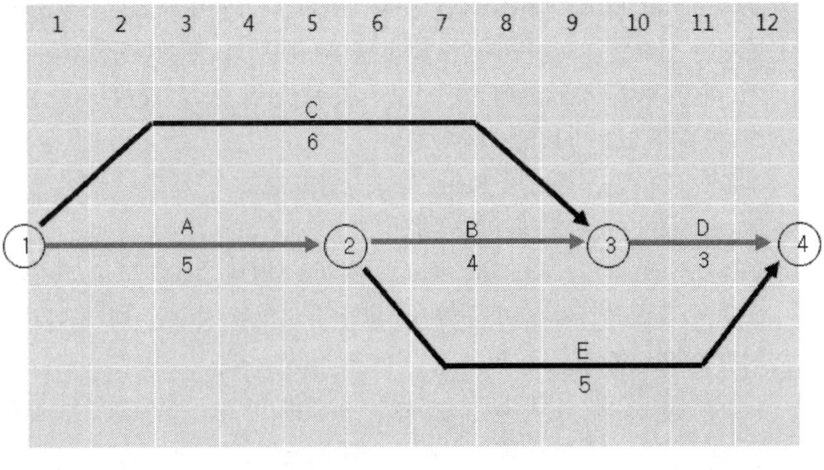

2) EST(Earliest Starting Time)에 의한 계획진도곡선(관리상한선)
(단, 작업기간 중 소요계획금액은 일별로 동일하다고 가정함.)

☞ 그림 6.2.1.1 EST(Earliest Starting Time)에 의한 계획진도곡선

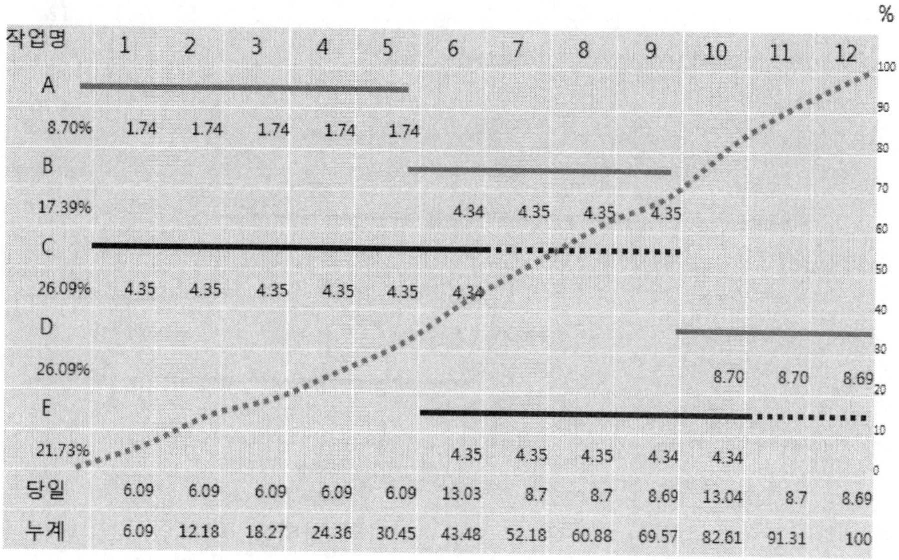

3) LST(Latest Starting Time)에 의한 계획진도곡선(관리하한선)
(단, 작업기간 중 소요계획금액은 일별로 동일하다고 가정함.)

☞ 그림 6.3.1.1 LST(Latest Starting Time)에 의한 계획진도곡선

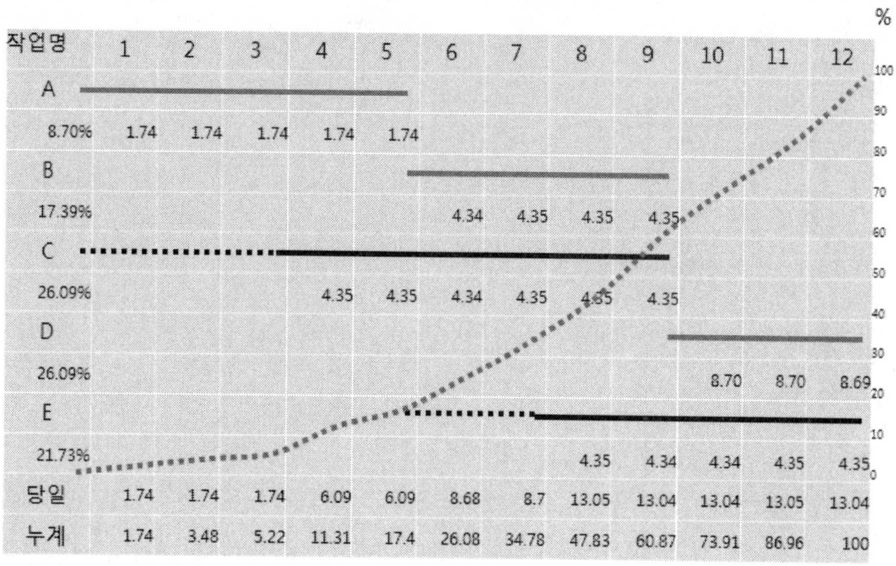

4) 계획진도곡선의 완성 (바나나곡선)

☞ 그림 6.4.1.1 계획진도곡선의 완성

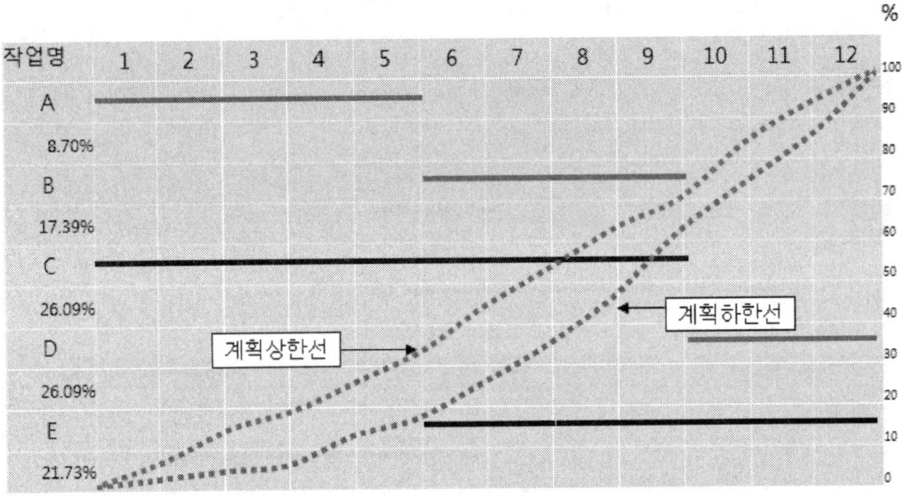

위의 계획상한선과 하한선 사이의 모양이 바나나의 형태를 하고 있어 일명 바나나 곡선으로 불린다. 실시 공사의 진도는 계획 상한선과 하한선 내에서 이루어져야 하며 계획상한선 위에 실시공사 진도곡선이 진행되면 계획에 비하여 공사가 빨리 진척되는 것으로 필요이상의 인원 및 자재가 투입되는 것이니 공사기간을 조정할 필요가 있고, 계획하한선 밑에 실시공사 진도곡선이 진행되면 계획에 비하여 공사가 늦게 진척되는 것으로 공정을 촉진하여 계획상한선과 하한선 사이로 공정을 맞추어야 할 것이다.

제 5 장

가설공사

1. 일반사항

1.1 용어의 정리

건축공사 표준시방서에서는 가설공사에 사용하는 용어를 다음과 같이 정의하고 있다.

1) 가설물 : 영구구조물의 축조를 위하여 임시로 설치하는 시설 또는 구조물
2) 강관틀비계 : 강관 등으로 미리 제작한 틀을 현장에서 조립하여 세우는 형태의 비계
3) 고소작업차 : 작업자가 탑승하여 작업대를 승강시켜 높이가 2m 이상인 장소에서 작업하기 위하여 사용하는 것으로 작업대가 상승, 하강하는 설비를 가진 작업차량
4) 낙하물방지망 : 작업도중 자재, 공구 등의 낙하로 인한 피해를 방지하기 위하여 벽체 및 비계 외부에 설치하는 망
5) 달비계 : 상부에서 와이어로프 등으로 매달린 형태의 비계
6) 방호선반 : 상부에서 작업도중 자재나 공구 등의 낙하로 인한 재해를 방지하기 위하여 벽체 및 비계 외부에 설치하는 금속 판재
7) 비계 : 공사용 통로나 작업용 발판을 위하여 구조물의 외부에 조립, 설치되는 구조물
8) 시스템비계 : 수직재, 수평재, 가새재 등 각각의 부재를 공장에서 제작하고 현장에서 조립하여 사용하는 조립형 비계로 고소작업에서 작업자가 작업장소에 접근하여 작업할 수 있도록 설치하는 작업대를 지지하는 가설 구조물
9) 안전난간기둥 : 추락의 우려가 있는 장소에 임시로 설치하는 난간대를 고정하기 위하여 설치하는 기둥재
10) 안전방망 : 건설공사의 고소장소에서 추락으로 인한 근로자의 위험 방지를 목적으로 설치하는 그물 모양의 망
11) 외부비계용 브래킷 : 강관비계 중에서 돌출부위 등으로 인해 작업공간을 별도로 설치해야 할 필요가 있을 때 비계기둥에 부착하여 작업발판을 설치할 목적으로 사용되는 부재
12) 철망 : 철선을 그물처럼 엮은 형태의 망
13) 철조망 : 보안 및 외부 침입을 방지할 목적으로 사용하는 제작된 철망으로서 테이프를 사용하여 만든 압착 윤형철조망과 가시철선을 사용하여 만든 가시철조망 등이 있다.
14) 책임기술자 : 해당 공사에 대한 전문지식을 가지고 그 공사의 설계 및 시공에 대하여 책임을 가진 자 또는 발주자로부터 해당 공사에 대하여 책임의 일부분을 부담받은 자
15) 클램프 : 비계용 부재 혹은 동바리와 수평 연결재와의 교차부에 체결용으로 사용되는 체결기구

1.2 자재

1) 가설공사에 사용하는 자재는 신품을 사용하되, 공사시방서에 지정되지 않은 경우에는 구조, 기능 및 사용 상 이상이 없다고 확인된 중고제품에 대해 안전관리자 및 책임기술자의 검토 및 확인과 담당원의 승인을 받아 사용할 수 있다.
2) 자재의 전용성을 높이기 위해 재사용·재활용이 용이한 제품을 사용하되, 적합한 품질관리 절차에 의해 관리되고, 공인시험기관에 의해 성능이 확인된 제품을 우선적으로 사용할 수 있도록 고려한다.
3) 설치, 시공, 해체 및 폐기과정에서 인체에 유해물질을 배출하거나 환경오염을 유발하지 않는 자재를 가급적 사용한다.
4) 시스템 비계 등 비계, 발판, 난간 등은 안전인증마크, 환경마크, 탄소마크, 환경성적표지 등 공인된 친환경 재료를 우선 사용한다.
5) 전과정에 걸쳐 에너지 소비와 이산화탄소 배출량이 적은 것을 우선적으로 선정한다.
6) 현장 인근에서 생산되어 운송과 관련한 환경영향이 적은 것의 우선 선정을 고려한다.
7) 순환자원의 사용을 적극적으로 고려한다.
8) 적절한 구매계획을 수립하여 잉여 자재가 발생하지 않도록 하고, 폐기물 발생을 최소화할 수 있는 가설공사 재료를 우선적으로 사용한다.

1.3 시공

1) 가설시설물은 계획단계에서부터 시공 시 천연자원을 작게 사용하고, 해체 시 폐기물을 작게 발생시키고 재활용이 가능하도록 고려한다. 작업장, 사무실, 각종 창고, 기타 보조시설은 사용 시 물 및 에너지 사용이 작도록 계획하여야 한다.
2) 녹색인증재료 및 친환경 기술 등 공인된 친환경 공법의 사용을 고려한다.
3) 천연자원의 보전에 도움이 되는 공법, 폐기물 배출을 최소화하는 공법을 사용한다.
4) 공사용 장비 및 각종 기계·기구는 에너지 효율 등급이 높고 배출 등에 의한 환경영향이 적은 것을 우선적으로 사용한다.
   ㉮ 가설 조명은 에너지 효율이 높은 제품을 사용한다.
   ㉯ 가스 및 통신기기를 포함한 가설 설비물은 에너지 효율 등급이 높은 제품을 우선적으로 사용한다.
5) 공사용, 방화용, 식용, 위생설비용, 청소 및 기타 용도의 모든 가설용수는 사용량을 측정하여 환경관리계획에 포함될 수 있도록 하고, 공사의 품질에 영향을 미치지 않는 범위 내에서 우수 및 중수를 적극적으로 활용한다.
6) 공사에 따르는 소음, 진동 등의 억제에 도움이 되는 건설장비, 기계·기구를 우선적으

로 이용하고 작업 장소 또는 작업시간을 충분히 고려하여 공사현장의 주변지역 환경 및 작업환경의 보전에 노력한다.

7) 공사장에서 발생하는 폐기물, 분진, 오수 및 배수 등이 공사장과 공사장 인근의 대기, 토양 및 수질을 오염시키지 않도록 적절히 계획하고 조치하여야 한다.
8) 폐기물 발생을 최소화할 수 있는 공법을 우선적으로 사용하고, 부득이하게 발생한 폐기물 및 이용할 수 없게 된 재료의 재자원화를 고려한다.
9) 반출, 폐기 및 소각되는 경우에는 이에 따른 처분 및 운송에 의한 환경영향을 최소화할 수 있도록 고려한다.
10) 시공자는 현장 작업자에 대한 친환경 교육을 실시한다.
11) 가설구조물을 조립 및 해체작업은 산업안전보건법 제47조 및 유해위험작업의 취업제한에 규칙에서 정하고 있는 기능습득교육을 이수한 자 또는 동등 이상의 자격을 갖춘 자가 작업을 실시한다.

2. 가설공사의 개요

2.1 가설공사의 개요

1) 가설공사는 공사기간 중 임시로 설치하여 공사를 완성할 목적으로 쓰이는 제반 시설 및 수단의 총칭이고, 공사가 완료되면 해체, 철거, 정리가 되는 것

2) 가설공사 계획 시 고려사항

㉮ 본 공사에 지장을 주지 않는 설치위치를 설정한다.
㉯ 본 공사의 공정과 설치시기의 조정이 필요하다.
㉰ 반복사용으로 전용성을 높일 필요가 있다.
㉱ 가설설비의 조립 및 해체가 용이해야 한다.
㉲ 가설설비의 규모가 적정해야 한다.

3) 가설공사의 항목분류

☞ 표 2.1.3.1 가설공사의 항목

분 류	공 통 가 설	직 접 가 설
정 의	공사 전반에 걸쳐 공통으로 사용되는 공사용 기계, 공사관리에 필요한 시설	본 공사의 직접적인 수행을 위한 시설
종 류	㉮ 가설 울타리 ㉯ 가설 방음벽 ㉰ 가설도로 ㉱ 가설 전기 ㉲ 가설 상·하수 및 배수 ㉳ 양중 및 운반설비 ㉴ 가설건물(숙소, 사무소, 창고)	㉮ 규준틀 ㉯ 비계 ㉰ 보양자재(콘크리트 양생) ㉱ 먹매김 ㉲ 안전시설 ① 낙하물방지망 ② 방호선반 ③ 방호시트 ④ 방호철망

2.2 공통가설공사

1) 가설울타리(Fence)

㉮ 설치목적

출입통제, 안전 확보, 도난방지, 교통차단, 미관유지, 홍보효과 등

㉯ 재료

나무널, 철판, 목재, 철조망, 키스톤 플레이트 등

㉰ 설치 높이

공사현장 주위에 가설울타리 높이 1.8m 이상으로 설치하고, 야간에도 잘 보이도록 발광시설을 설치하여야 하며, 차량과 사람이 출입할 문을 두어 자물쇠를 채울 수 있게 한다.

㉱ 출입구 폭 4m 이상의 문을 설치

☞ 사진 2.2.1.1 가설 울타리

☞ 그림 2.2.1.1 가설 울타리 설치 예

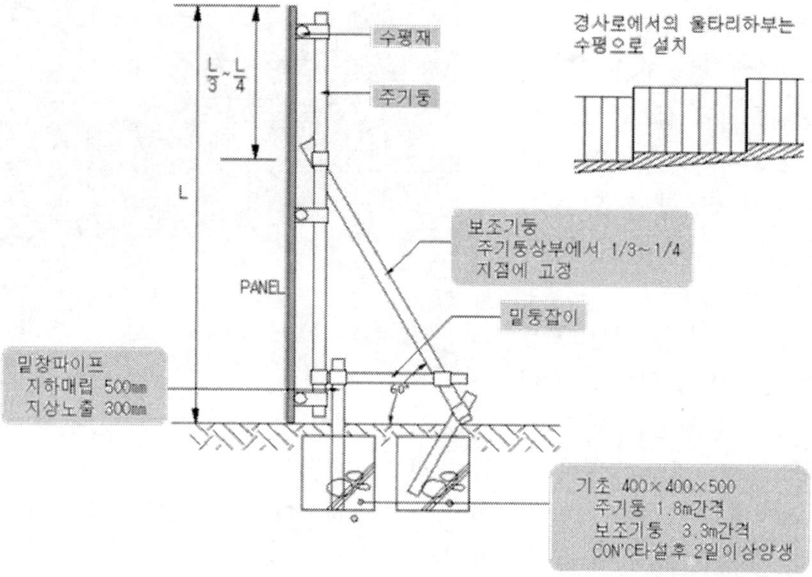

2) 가설 방음벽

㉮ 건설현장의 발파작업 및 공사장비 가동 시 공사소음을 저감할 수 있도록 가설방음벽을 설치해야 한다. 다만, 건설현장의 공사소음이 인근 지역 등에 영향을 미치지 않는 경우에는 가설방음벽을 설치하지 않을 수 있다.

㉯ 가설방음벽의 설치위치 및 높이는 수음점의 위치와 소음 발생량에 따라 결정되므로 현장여건을 고려하여 설치하여야 한다. 설계위치와 높이를 변경할 경우에는 공종별 시공 계획서를 공사 착공 전에 제출하여 공사감독자의 승인을 받아야 한다.

㉰ 가설방음벽의 설치위치, 높이 및 성능은 소음·진동관리법 시행규칙 제20조의 제3항의 생활소음·진동의 규제기준 을 만족시킬 수 있는 것이어야 한다.

㉱ 항타기, 항발기 등의 장비를 이용하여 특정공사를 시행하고자 하는 시공자는 공사 착공 전에 특정공사사전신고서를 해당 관청에 제출하여야 한다.

㉲ 가설방음벽을 설치하기 전에 가설방음벽 계획위치 주변의 나무류, 잡목, 뿌리, 통나무 및 부스러기 등 공사에 방해가 될 수 있는 것을 모두 제거하되, 최소화하여야 한다.

㉳ 일반적으로 지반의 윤곽선을 따라 평탄작업을 하여야 한다.

㉴ 지반의 불규칙한 부분을 제거할 필요가 있는 곳은 땅을 정지하여 평탄하게 골라야 한다.

㉵ 가설방음벽 설치구간에는 지하매설물 등의 유무를 확인하여야 한다.

☞ 사진 2.2.2.1 가설 방음벽

3) 가설 운반로(가설 도로)

㉮ 공사구역에 연결하기 위해서는 공사초기에 설치할 도로의 노반과 보조기층을 깔고 공사기간 중에 사용할 수 있는 가설도로를 건설하여 유지관리 하여야 한다.

㉯ 가설도로의 마감처리는 모든 운반작업 시 출입에 지장이 없고 강우나 강설 시에도 안전하고 시공작업이 용이하도록 하며, 현장내부 및 주위에도 가설도로를 설치하고 마감 처리를 한다.

㉰ 작업진행에 따라 필요하면 연장하거나 이설하여야 하며, 교통정체를 방지하기 위해서는 필요한 우회도로를 두어야 한다.

㉱ 소화전에 접근이 용이하도록 유지관리를 하여야 한다.

㉲ 차량이 시가도로에 진입하기 전에 차륜의 이물질을 제거할 수 있는 세륜, 세차 설비를 갖추어야 한다.

㉳ 가설도로가 더 이상 필요 없으면 가설마감면을 제거하고 계약도서에 따라 보조기층을 보수하여야 한다.

☞ 사진 2.2.3.1 가설 도로

4) 가설 전기

㉮ 가설배전선은 전기사업자로부터 신규로 인입하거나 기존변전설비에서 인입하여야 하며, 사용하는 사람들에게 지장을 주지 않도록 한다.

㉯ 용량의 변경 및 증가 시에는 분전반 및 배전반의 용량이 적합한지를 확인하고 조치하여야 한다.

㉰ 가설동력의 전기설비공사에는 부하용량에 적합한 접지단락 차단시설을 사용하여야 한다.

㉱ 동력에 필요한 전원은 배전반 차단기의 2차 측을 통해서 접속하고, 전선은 유연한 것이어야 한다.

㉮ 접근과 통제가 용이한 위치에 주 차단기와 과전류 보호장치, 분전스위치, 계량기 등을 설치하여야 한다.

㉯ 시공 중에는 영구적인 배선을 사용하지 않는 것을 원칙으로 하며, 불가피한 경우에는 사유, 제거방법 및 제거시기에 대하여 공사감독자의 승인을 받고 설치하여야 한다.

㉰ 동력과 조명에는 단상회로를 설치하고, 적합한 분전기, 배선 및 출구를 갖추어야 한다.

㉱ 분전반, 누전차단기 및 콘센트는 길이 30m 이내의 전선으로 모든 작업장에서 사용할 수 있는 위치에 설치하여야 한다.

㉲ 현장작업장, 현장사무실, 화장실 및 이와 유사한 장소에도 가설배전을 한다.

㉳ 옥외에 설치하는 분전반은 방수구조이어야 한다.

㉴ 외부로 노출된 공중가공선을 제외한 가설전선에는 금속전선관, 튜브 또는 케이블을 설치하고 스위치에는 안전을 위해 뚜껑을 부착하여야 한다.

☞ 사진 2.2.4.1 가설 분전함

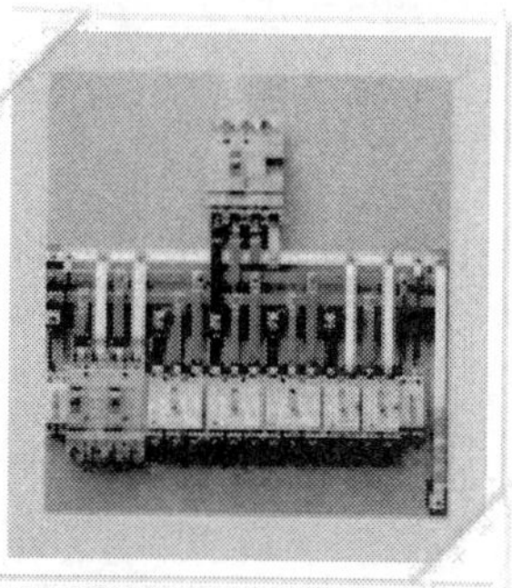
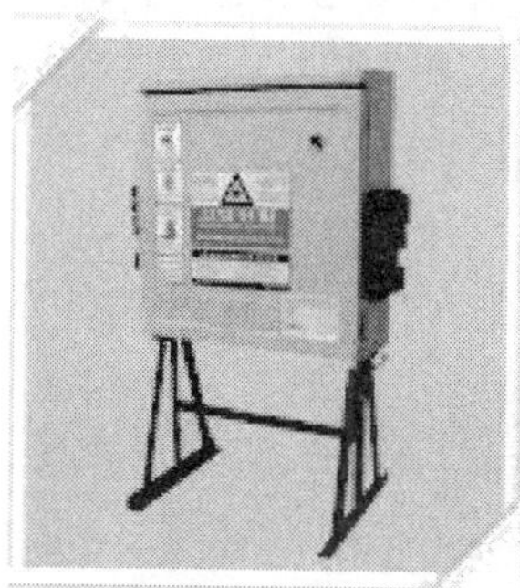

5) 가설 상·하수 및 배수

㉮ 시공작업을 위해 필요한 양과 적합한 수질의 급수시설은 공사 착공 전에 설치하거나 기존 상수도에 연결하여야 한다.

㉯ 기존 상수도에 연결할 경우에는 상수도공사표준시방서의 기설관과의 연결에 따른다.

㉰ 배관을 연장하고 급수전을 두어서 나사로 연결되는 호스로 물을 사용할 수 있게 하여야 하며, 동결방지를 위하여 보온을 하거나 동결방지 밸브를 설치하는 등 적절한 조치를 취하여야 한다.

㉱ 공사용수로 사용하는 운반 장치 및 배관에는 식수불가 경고표시를 해야 한다.

㉲ 기존시설물을 사용할 수 없는 경우에는 공사착공 전에 필요한 하수시설을 설치하고 유지관리를 하여야 하며, 현장은 항상 깨끗하고 위생적인 상태로 유지하여야 한다.

㉳ 현장의 바닥면은 자연배수가 되도록 경사를 두어야 하며, 흙파기를 하는 구역에 물이 유입되지 않도록 하고 필요하면 펌프를 설치하여 유지관리를 하여야 한다.

또한, 흙탕물의 유입이 우려되는 지역에는 침사지 등을 설치·운영하여야 한다.

㈔ 현장에 물이 고이거나 흘러내리지 않게 하고, 물막이를 해서 토사가 씻겨 내리지 않게 하여야 한다.

6) 양중 및 운반

㉮ 크레인 : 동력을 사용하여 중량물을 매달아 상하 및 좌우(수평 또는 선회를 말한다)로 운반하는 것을 목적으로 하는 기계 또는 기계장치를 말한다.

① 정해진 능력이상의 작업에 사용하지 않아야 한다.
② 안전장치를 제거하고 운전하지 않아야 한다.
③ 선회하거나 정지할 때에는 충격을 피하여 유연하게 운전하여야 한다.
④ 비상시에는 비상정지 버튼을 눌러 대처하여야 한다.
⑤ 운전 중에 이상이 발견된 경우에는 크레인을 즉시 정지시키고 책임자에게 보고하여 지시를 받도록 하여야 한다.
⑥ 초속 10m 이상의 강풍일 때에는 작업을 즉시 중지하고 책임자의 지시를 받아야 한다.
⑦ 운전자는 인양물이 인양되는 동안 운전석에서 이탈하지 않도록 하여야 한다.
⑧ 크레인은 굴착된 가장자리 근처 혹은 강우와 하천의 유량증가 등에 의해서 위험 또는 불안정한 장소에 방치하지 않도록 하여야 한다.

㉯ 건설작업용 리프트 : 동력을 사용하여 사람이나 화물을 운반하는 것을 목적으로 하는 기계설비로서 가이드레일을 따라 상하로 움직이는 운반구를 매달아 사람이나 화물을 운반할 수 있는 설비 또는 이와 유사한 구조 및 성능을 가진 것으로 건설현장에서 사용하는 것을 말한다.

① 조립작업은 지정된 작업 지휘자의 지휘 하에 실시하여야 한다.
② 기초와 마스트는 볼트로 견고하게 고정하여야 한다.
③ 각 부의 볼트가 헐겁지 않도록 조여야 한다.
④ 마스트 지지는 최하층은 6m 이내에 설치하고 중간층은 18m 이내 마다 설치하며, 최상부층은 반드시 설치하여야 한다.
⑤ 지상 방호울은 1.8m 높이까지 설치하여야 한다.
⑥ 운전자가 각 층을 보는 것이 곤란한 경우에는 경보음, 램프 등의 신호 장치를 설치하여야 한다.
⑦ 접지를 확실하게 하여야 한다.
⑧ 폭풍, 폭우 및 폭설 등의 악천후 시에는 작업을 중지하여야 한다.
⑨ 운전자는 운행 중 이상음, 진동 등의 발생여부를 확인하면서 운행하여야 한다.

㉰ 고소작업대 : 작업자가 탈 수 있는 작업대를 승강시켜 높이가 2m 이상인 장소에서

작업을 하기 위하여 사용하는 것으로 작업대가 상승, 하강하는 설비를 가진 작업 차량을 말한다.

① 작업장주변의 위험한 지면, 물체, 건물 등에 주의하여 장비를 조작해야 하며 사람이 근접하지 않도록 하여야 한다.
② 작동 전 장비에 대한 즉각적 교정이 요구되는 사항이 없는지 확인하여야 한다.
③ 운전자는 장비 용량의 한계를 숙지하여 허용 한계 내에서 작동하여야 한다.
④ 장비가 항상 지면에 수평을 이루는 상태에서 작업을 수행하며 최대 허용 경사도가 초과되는 곳에서는 작업을 금지하여야 한다.
⑤ 고소작업대 내에서 작업 시 상부 작업자의 협착, 충돌재해를 예방하기 위한 방호가드를 설치하여야 한다.
⑥ 붐 위를 걸어서 작업대에 들어가거나 작업대 안에서 나와 붐 위를 걸어 다녀서는 안되며 작업대 내에서 사다리를 사용하지 않아야 한다.
⑦ 작업자가 오르고 내릴 경우 작업대는 구조물에서 30cm 이내에 있어야 한다.
⑧ 고소작업차 사용자에 대한 교육은 주기적으로 실시하며 특히 운전자에게는 실기교육을 실시하여야 한다.
⑨ 작업을 위한 공구 및 개인장비는 작업대 밖으로 돌출되지 않도록 하며, 자재 등이 조작장치에 접촉되지 않도록 사전 조치하여야 한다.
⑩ 도장작업 시 호스에 의한 걸림 현상이 발생하지 않도록 안전 조치 후 작업에 착수하여야 한다.
⑪ 고소작업차의 신축붐을 이용하여 기계 또는 다른 물체를 당기거나 미는 행위를 하지 않아야 된다.
⑫ 붐이나 작업대를 다른 구조물을 지지하는 용도로 사용하지 않아야 된다.
⑬ 고소작업차의 붐은 작업자와 그들의 장비를 받쳐주는 용도 이외에는 사용하지 않아야 한다.

☞ 사진 2.2.6.1 타워 크레인 조립

☞ 사진 2.2.6.2 건설작업용 리프트

7) 가설 건물

㉮ 현장 사무소

① 지붕 및 벽체가 있는 공간으로서, 조명설비, 전기설비, 환기설비, 냉·난방설비, 기타 보안 및 안전방재시설 등을 설치하고, 실내마감을 하여야 한다.

② 근무인원 수를 감안한 책상 및 의자가 준비되어야 한다.

③ 공사감독자의 현장사무소는 공종별 시공계획서에 따라 필요한 인원이 상주 근무할 수있는 충분한 바닥면적이 확보되어야 한다.

④ 시공자의 현장사무소는 공정표 및 기타 자료를 부착할 수 있는 상황판과 승인받은 견본을 보관할 수 있는 선반을 마련하여야 하며, 현장관리직원 및 하도급 업체 직원용 사무실도 설치하여야 한다.

㉯ 현장 시험실

① 시공자는 공사의 품질관리에 필요한 각종 시험을 할 수 있는 현장시험실을 설치하여야 한다.

② 현장시험실은 계약도서에 명시된 면적대로 현장시험 및 공사의 품질관리에 필요한 면적을 확보하여야 한다.

③ 시공자는 현장시험에 필요한 시험실, 양식함, 시료 보관대, 공시체 양생수조, 시험 작업대 및 시험기기 등을 준비하여야 한다.

㉰ 기타 가설건물

① 작업자의 근무환경 개선을 위한 탈의실, 샤워실, 숙소 등의 편의시설을 설치하여야 한다.

② 가설식당과 가설화장실, 기타 가설 시설물은 관련법규에 적합하고 공사수행에 지장이 없도록 설치하여야 한다.

☞ 사진 2.2.7.1 현장 사무소

☞ 사진 2.2.7.2 보행자 통로

☞ 사진 2.2.7.3 세륜시설

☞ 사진 2.2.7.4 근로자 쉼터

☞ 사진 2.2.7.5 가설 경비실

☞ 사진 2.2.7.6 가설 분리 수거장

㉣ 시멘트 창고

① 지상에서 30cm 이상 바닥을 띄우고 방습처리 한다.

② 필요한 출입구 채광창 외에는 공기의 유통을 막기 위해 될 수 있는 한 개구부를 설치하지 않는다.

③ 창고 주위에는 배수 도랑을 두고 우수의 침입을 방지한다.

④ 반입구와 반출구는 따로 두고 내부 통로를 고려하여 넓이를 정한다.

⑤ 시멘트는 반입한 순서대로 먼저 반입된 것부터 내어 쓸 수 있도록 쌓아 둔다.

⑥ 시멘트의 쌓기 높이는 최대 13포대로 하고 통로를 고려하지 않는 경우 1㎡에 약 50포대를 적재할 수 있다. (단, 장기 저장 시는 7포 이하)

⑦ 3개월 이상 경과한 시멘트는 재시험을 거친 후 사용한다.

⑧ 통로를 고려한 적재 면적 : 1㎡당 30~35포

⑨ 시멘트창고 소요 면적(A)의 계산

$A = 0.4 \times N/n$

A(㎡) : 시멘트 창고 소요 면적(㎡)

N : 저장할 수 있는 시멘트 량(포)

n : 쌓기 단수(최고 13포)

① 포대수	㉠ 포대수(N) 600포미만 : N = 저장 포대수 ㉡ 600포 이상~1,800포 이하 : N = 600포 적용 ㉢ 1,800포 초과 : N = 1/3만 적용
② 쌓기 단수	㉠ 단기 저장 시(3개월 내) : $n \leq 13$ ㉡ 장기 저장 시(3개월 이상) : $n \leq 7$

☞ 표 2.2.7.1 건축공사 표준 시방서의 시멘트창고 구조표준

구 분		A 종	B 종
구조	바 닥	마룻널 위 철판깔기	마룻널
	주위벽	골함석 또는 골슬레이트 붙임	널판이나 골함석 또는 골슬레이트 붙임
	지 붕	골함석 또는 골슬레이트 이음	루핑, 기타 비가 새지 않는 것
비 고		① 주위에 배수로를 두어 침수를 방지한다. ② 바닥은 지반에서 300mm 이상의 높이로 한다. ③ 필요한 출입구 및 채광창 외에 공기유통을 막기 위해 될 수 있는 한 개구부를 설치하지 않는다.	

2.3 직접 가설공사

1) 규준틀

㉮ 수평규준틀

건물의 각 부 위치 및 높이, 기초의 너비 또는 길이 등을 정확히 결정하기 위한 것. (터파기 공사에 사용)

① 건물의 외벽에서 1~2m 떨어져 설치

② 규준말뚝은 9cm 각 또는 통나무로 지름 12cm를 사용

③ 수평 규준틀 말뚝 끝은 작업 중 충격을 받을 경우 발견하기 쉽게 하기 위하여 엇비슷하게 자르기를 한다.

㉯ 세로규준틀

조적공사에서 고저 및 수직면의 기준으로서 쓰이는 것을 말한다.

☞ 그림 2.3.1.1 수평규준틀

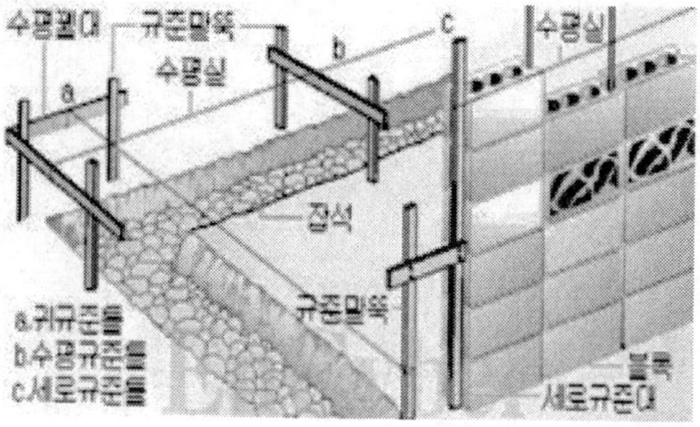

2) 기준점(Bench Mark)

공사 중에 건축물이나 말뚝 등 높낮이의 기준을 삼고자 건축물 인근에 설치하는 것

㉮ 바라보기 좋고 공사에 지장이 없는 곳에 설치

㉯ 이동의 염려가 없는 곳에 설치

㉰ 최소 2개소 이상 설치

㉱ 지면에서 0.5m~1m 정도의 위치에 설치

㉲ 적당한 위치가 없을 경우 건물의 지표가 되는 부분에 따로 설치

㉳ 건물의 G.L은 현지 또는 현장설명 시에 지정

㉴ 설치위치 및 개소는 현장일지에 기록

3) 먹매김

기준먹매김은 기준점으로부터 오차가 없도록 옮겨오고, 담당원의 승인을 받는다.

4) 안전시설

㉮ 낙하물 방지망

① 낙하물방지망의 설치는 높이 10m 이내 또는 3개 층마다 설치한다.

② 낙하물방지망의 내민길이는 비계의 외측에서 2m 이상, 방지망의 겹침길이는 150mm 이상으로 하고, 수평면과 방지망의 각도는 20~30°로 한다.

③ 버팀대는 가로방향 1 m 이내, 세로방향 1.8 m 이내의 간격으로 강관(∮48.6, t : 2.4mm) 등을 이용하여 설치한다.

④ 외부 비계와 벽체 사이에 틈이 없도록 안전망을 설치한다.

㉯ 방호 선반

① 낙하물에 의한 위험요소가 있는 주출입구 및 리프트 출입구 상부 등에는 산업안전보건법에 의한 방호선반 또는 15mm 이상의 판재 등의 자재를 이용하여 방

호선반을 설치하여야 한다.

② 방호선반 하부 및 양 옆에는 안전망을 설치한다.

③ 출입구 바닥은 평편하여야 한다.

☞ 사진 2.3.4.1 낙하물 방지망

5) 비계

㉮ 강관비계

① 강관비계의 구성

㉠ 비계기둥

간격은 도리방향 1.5m~1.8m, 간사이 방향 0.9m~1.5m로 하고, 비계기둥의 최고부에서부터 측정하여 31m 이하는 2본의 강관으로 묶어세운다.

㉡ 띠장

간격은 1.5m 이내로 하며, 지상 제1띠장은 지상에서 2m 이하에 설치한다.

㉢ 비계장선

간격은 1.5m 이내로 하며, 비계기둥과 띠장의 교차부에서는 비계기둥에 결속하고 그 중간 부분에서는 띠장에 결속한다.

㉣ 가새

수평길이 15m마다 40~60°로 설치하고, 비계기둥과 결속되도록 한다. 이때 가새는 모든 비계기둥과 결속되도록 한다. 수평가새는 필요에 따라 설치한다.

㉤ 구조체와의 연결 및 대체기둥

수직 및 수평방향은 5m 내외의 간격으로 구조체에 견고하게 연결하거나 이에 대신하는 견고한 대체기둥을 설치한다.

㉥ 받침철물

비계기둥의 밑동에는 받침철물을 사용하고 인접하는 비계기둥과 밑동잡이로 연결한다. 연약지반에서는 소요폭의 깔판을 비계기둥에 3본 이상 연결되도록 깔아댄다. 다만, 이 깔판에 받침철물을 고정했을 때는 밑동잡이를 생략할 수 있다.

㉦ 부속철물

특수한 부속철물을 사용할 때에는 그 부위에 발생하는 응력에 충분히 견딜 수 있는 것을 사용한다.

☞ 그림 2.3.5.1 강관 비계의 구성

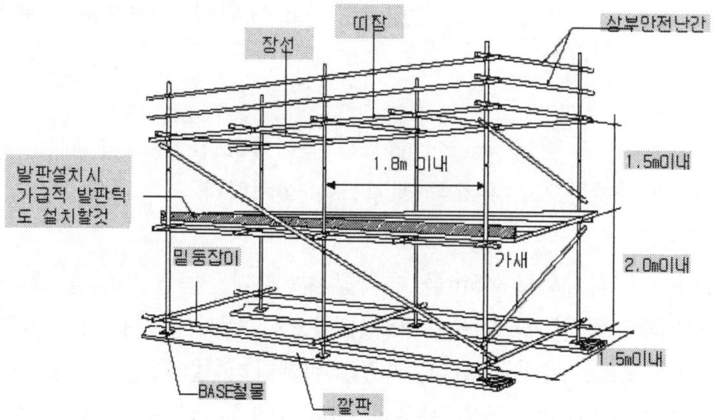

② 하중의 한도

띠장은 비계기둥의 간격이 1.8m일 때는 비계기둥 사이의 하중한도를 3,920N으로 하고, 비계기둥의 간격이 1.8m 미만일 때는 그 역비율로 하중한도를 증가할 수 있다. 작업 중 바닥의 층수가 3층 이상일 때는 비계기둥 1개당의 하중한도를 6,860N으로 한다.

③ 쌍줄 비계 면적의 산출

쌍줄 비계 면적 : A(㎡) = H (L+8×0.9)

A : 비계면적(㎡)

H : 건물높이(m)

L : 건물외벽길이(m)

㉯ 강관틀비계

① 강관틀비계의 구성

㉠ 기초

기둥관의 밑동에는 받침철물을 사용한다. 받침에 고저차가 있을 때는 필요에 따라 조절형 받침철물을 사용하여 각각의 틀비계를 항상 수평 및 수직이 되도록 한다.

연약지반에서는 받침철물의 하부에 적당한 접지면적을 확보할 수 있도록 깔판을 깔아댄다.

㉡ 가새, 띠장틀 및 수평재

도리방향은 각각의 세로틀 사이에 가새를 설치하고, 최상층 및 5층 이내마다 띠장틀 등의 수평재를 설치한다. 가새의 조립은 핀 또는 나사못으로 하고 진동, 기타에 의해 헐거워지지 않도록 한다. 작업조건상 부득이하게 가새 일부를 제거할 때는 그 부분의 상하에 수평재 또는 띠장틀로 보강한다.

㉢ 구조체와의 연결

세로틀은 수직방향 6m, 수평방향 8m 내외의 간격으로 건축물의 구조체에 견고하게 긴결한다.

㉣ 부축틀

도리방향으로 길이 4m 이하이고, 높이 10m를 초과할 때는 높이 10m 이내마다 띠장방향으로 유효한 보강틀을 설치한다.

㉤ 높이

높이는 원칙적으로 45m를 초과할 수 없다. 높이 20m를 초과할 경우 또는 중량 작업을 할 경우에는 내력상 중요한 틀의 높이를 2m 이하로 하고 틀의 간격을 1.8m 이내로 한다. 다만, 비계다리 및 출입구, 개구부 등에서 내력상 충분히 안전한 틀을 사용할 때는 틀의 높이 및 간격을 전술한 규정보다 크게 할 수 있다.

㉥ 보틀 및 내민틀

보틀 및 내민틀(캔틸레버)은 수평가새 등으로 옆흔들림을 방지할 수 있도록 보강해야 한다.

☞ 그림 2.3.5.2 강관틀비계의 구성

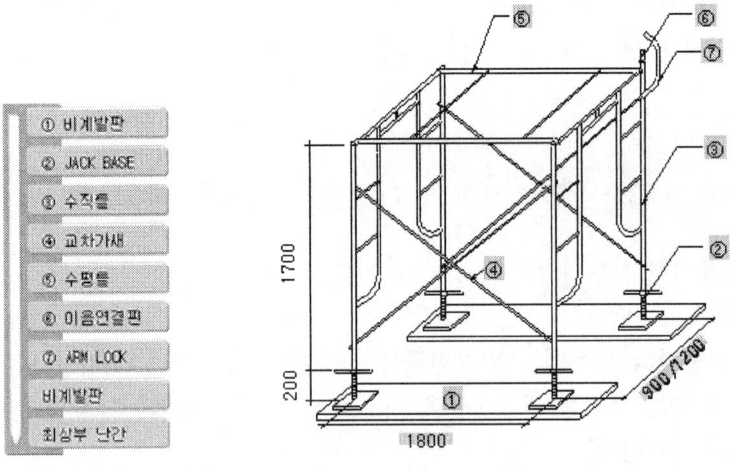

② 하중의 한도

틀의 간격이 1.8m일 때는 틀 사이의 하중한도를 3,920N으로 하고, 틀의 간격이 1.8m 이내일 때는 그 역비율로 하중한도를 증가할 수 있다. 틀의 기둥관 1개당의 수직하중 한도는 두꺼운 콘크리트판 등의 견고한 기초 위에 설치하게 될 때는 24,500N으로 한다. 다만, 깔판이 우그러들거나 침하의 우려가 있을 때 또는 특수한 구조일 때는 규정에 따라 이 값을 낮추어야 한다.

㉰ 달비계

건물에 고정된 돌출보 등에 밧줄이나 와이어 등으로 매어다는 비계로 고층건물의 외부마감공사, 외벽청소, 유리창 청소 등에 사용한다.

① 달비계의 발판은 바닥 전체면을 틈새 없이 깐다. 바닥쪽에는 너비 400mm 이상, 600mm 이하인 발판을 설치하고, 난간은 바닥에서 높이 900mm 이상의 높이로 설치한다.

② 낙하물이 떨어질 위험이 있을 때는 머리를 보호할 수 있도록 달비계에 유효한 천장을 설치한다.

③ 윈치에는 감김통과 일체가 된 톱니바퀴를 설치하고, 톱니바퀴에는 톱니 누름 장치를 하여 역회전을 자동적으로 방지할 수 있도록 한다.

④ 와이어로프는 그것에 가해지는 인장하중의 10배 강도의 것을 사용하고, 달비계의 와이어로프는 아연도금을 한 직경 12mm 이상, 간이달비계는 아연도금을 한 직경 9mm 이상의 것을 사용한다.

⑤ 와이어로프는 아래에 해당하는 것을 사용할 수 없다.

㉠ 와이어로프 한 가닥에서 소선이 10% 이상 절단된 것.

㉡ 직경이 공칭직경의 7% 이상 감소된 것.

㉢ 변형되었거나 부식된 것.

㉣ 와이어로프를 걸 때에는 와이어로프용 부속철물을 사용한다.

☞ 사진 2.3.5.1 달비계

㉱ 비계다리

① 너비 900mm 이상, 경사 4/10를 표준으로 하고, 각층마다(층의 구분이 없을 때는 7m 이내마다) 되돌음 또는 다리참을 두고, 여기에서 각층으로 출입할 수 있도록 연결한다.

② 발판널은 내밀지 않도록 깔고 이음 부분은 될 수 있는 한 겹침이음을 피하고

비계장선 등에 완전히 고정시킨다. 발판널에는 단면 15×30mm 정도의 미끄럼 막이를 300mm 내외의 간격으로 고정한다.

☞ 그림 2.3.5.4 비계다리

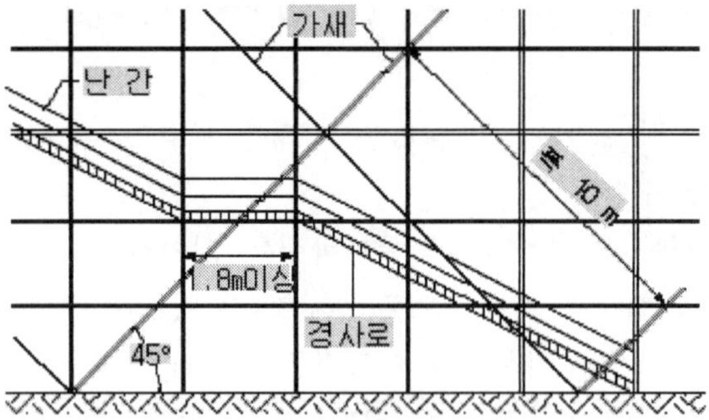

㉲ 시스템 비계

① 시스템 비계의 구성

㉠ 수직재

ⓐ 수직재는 본체 및 접합부가 일체화된 구조이어야 하며, 양 단부에는 이탈 방지용 핀 구멍이 있어야 한다.

ⓑ 수직재에는 수평재 및 가새재가 연결될 수 있는 접합부가 있어야 하며, 접합부는 형태에 따라 디스크형 접합부와 포켓형 접합부로 구분된다.

ⓒ 디스크형 접합부의 결합용 핀 구멍은 4개 또는 8개이어야 하며, 핀 구멍의 중심은 수직재 단면에 대해 동일한 각도로 배치되어야 한다.

ⓓ 포켓형 접합부의 결합용 포켓은 90°의 간격으로 배치되어야 하고 이웃하는 포켓은 일직선상에 위치하거나 단차가 있을 수 있다.

㉡ 수평재

ⓐ 수평재는 본체와 결합부가 일체화된 구조이어야 하며, 결합부는 수직재 접합부에 결합되어 이탈되지 않는 구조이어야 한다.

ⓑ 본체 또는 결합부에는 가새재를 결합시킬 수 있는 핀 구멍이 있어야 한다.

㉢ 가새재

ⓐ 가새재는 본체와 연결부가 일체화된 구조이어야 하며, 연결부는 수평재의 본체 또는 결합부에 결합되어 이탈되지 않는 구조이어야 한다.

ⓑ 가새재는 본체의 길이 조절이 가능한 조절형과 길이가 정해진 고정형으로 구분한다.

ⓒ 조절형 가새재는 외관에 내관을 연결하는 구조이어야 하며 핀 또는 클램

프 등에 의해 견고히 고정될 수 있는 구조이어야 한다.

㉣ 연결조인트

ⓐ 연결조인트는 수직재 바깥지름과 두께에 따라 동종 수직재간의 연결 시 체결되어 이탈되지 않는 구조이어야 한다.

ⓑ 연결조인트는 형태에 따라 삽입형과 수직재 본체와 일체로 된 일체형으로 구분된다. 이때 일체형인 경우 연결조인트가 수직재에 삽입되거나, 수직재가 연결조인트에 삽입되어 일체화된 구조이어야 한다.

ⓒ 연결조인트와 수직재와의 겹침 길이는 100mm 이상이어야 하며, 연결조인트 양단부에는 이탈방지용 핀 구멍이 있어야 하고 이탈방지용 핀의 끝은 결함이 없어야 한다. 삽입형 연결조인트 이음관은 수직재가 밀착될 수 있는 구조이어야 하며, 이음관 외부지름은 수직재의 외부지름과 동일하여야 한다.

② 하중의 한도

시스템 비계의 하중의 한도는 강관비계에 준한다.

③ 시스템 비계의 설치

㉠ 수직재와 수평재는 직교하게 설치한다.

㉡ 대각으로 설치하는 가새는 비계의 외면으로 수평면에 대해 40~60°방향으로 설치하며 수평재 및 수직재에 결속한다.

㉢ 비계 밑단의 수직재와 받침철물은 밀착되도록 설치하고, 수직재와 받침철물의 연결부의 겹침길이는 받침철물의 전체길이 3분의 1 이상이 되도록 설치한다.

㉣ 벽연결재의 설치간격은 제조사가 정한 기준에 따라 설치한다.

㉤ 수직재와 수직재의 연결철물은 이탈되지 않도록 견고한 구조로 설치한다.

☞ 사진 2.3.5.2 시스템 비계

제6장

토공 및 흙막이공사

1. 용어의 정리
2. 토공사
3. 흙의 성질
4. 지반조사
5. 지반개량공법
6. 터파기공사
7. 흙막이공사
8. 계측관리

1. 용어의 정리

건축공사 표준시방서에서는 토공사에 사용하는 용어를 다음과 같이 정의하고 있다.

1) 가이드 : 케이싱이 굴착공 내를 승·하강할 때 회전하거나 흔들리는 것을 방지하고 그 주행을 안내하기 위하여 설치하는 장치
2) 간극비 : 흙의 간극 부분의 체적과 흙입자의 체적의 비
3) 개량심도 : 약액 등에 의하여 지반이 개량된 깊이
4) 경사버팀대(raker) : 흙막이벽에 경사된 각도로 설치되어 띠장을 직접 지지해주는 압축부재
5) 겔타임(gel-time) : 약액을 혼합한 후 시간이 경과하여 유동성을 상실하게 되기까지의 시간
6) 고장력 볼트(high-tensile bolt) : 고장력강을 이용한 인장력이 큰 볼트
7) 공내수 : 굴착공 내부의 물
8) 관입저항치 : 표준관입시험을 행할 때 관입계에 나타나는 지반 저항력의 크기
9) 굴착안정액 : 굴착구의 붕락을 방지하며 안정액의 순환시 굴착토사를 굴착공 바닥으로부터 굴착구 외부로 배출하기 위해 사용하는 벤토나이트, 점토 등의 현탁액
10) 급결재 : 약액의 경화속도를 촉진시키기 위하여 넣는 물질
11) 근입깊이 : 널말뚝이 땅속에 들어가 있는 부분의 깊이
12) 근입부 : 널말뚝이 땅속에 들어가 있는 부분
13) 기선 : 각도 혹은 거리 측정이 그곳을 기준으로 하여 행하여지는 선
14) 기면 : 기준이 되어야 하는 면. 제도의 투시도에서는 수평면을 이름
15) 귀잡이 : 수평으로 직교하는 부재 간에 비스듬하게 걸치고, 구석을 보강하기 위한 부재
16) 내부마찰각 : 지반의 강도를 결정하는 강도상수로서 토립자와 토립자 사이의 마찰각
17) 내해수성 주입재 : 해수환경에서 지반개량 효과를 위해 일반적으로 시멘트에 제2첨가제 또는 내해수성, 화학저항성이 우수한 시멘트
18) 널말뚝 : 지상에서부터의 삽입으로 흙막이벽을 형성하기 위한 부재, 나무널말뚝, 강널말뚝(sheet pile) 등
19) 노두암 : 암석이 토양이나 식생 등으로 덮여 있지 않고 직접 지표에 드러나 있는 곳
20) 다듬기 : 불규칙한 산지비탈, 흙깎기 및 흙쌓기사면 등의 정리를 목적으로 계획·시공하는 기초공사
21) 다림추 : 다림줄에 달아서 늘이는 추
22) 다지기 : 일반적으로 흙 등의 토목 재료를 롤러 등 다짐장비로 다지는 것

23) 단위체적중량 : 흙, 암석 등의 단위체적당 중량
24) 당김줄 : 널말뚝의 위치를 일정한 지점에 고정하여 당겨주는 철선
25) 덮개판(cover plate) : 리벳 접합 강트러스교의 상현재 등에 사용되어 부재의 강성을 증가시키고 빗물의 침입을 방지하기 위한 강판
26) 동바리(timbering) : 거푸집의 일부로 소정의 형상과 치수의 콘크리트가 되도록 고정 또는 지지하기 위한 지주
27) 동결심도 : 지표면에서 지하 동결선까지의 깊이
28) 되메우기 : 지하 구조물의 주위 등 여분으로 판 부분에 토사를 메워서 원상으로 복귀하는 것
29) 떨공이 : 디젤 파일 해머, 유압 해머의 말뚝 박기 기계의 말뚝 타격용 공이(ram)
30) 띠장(wale) : 흙막이벽체가 받는 측압을 버팀재, 귀잡이 등에 전달하는 수평지지대
31) 루전시험 : 암반기초지반에서 단계별로 압력을 변화시키면서 주수하여 암반의 투수상태를 파악하는 시험.
32) 맥상주입(脈狀注入) : 지반주입에서 간극을 메우지 않고 흙의 조직을 파괴하면서 관입하여 국부전단을 일으킴으로써 흙입자를 재편성함과 아울러 주입재만이 고결되어 골격을 이루는 주입형태
33) 메우기 : 지반과 구조물 사이의 균열 또는 틈새를 채우는 공사
34) 버팀대(strut) : 흙막이벽에 직각방향으로 설치되어 띠장을 직접 지지해주는 수평지지대
35) 보링 : 지중의 토질분포, 토층의 구성, 지하수의 수위 등을 알아보기 위하여 기계를 이용해 지중에 구멍을 뚫고 그 안에 있는 토사를 채취하여 조사하는 방법
36) 보일링(boiling) : 사질지반일 경우 지반 저부에서 상부를 향하여 흐르는 물의 압력이 모래의 자중 이상으로 되면 모래입자가 심하게 교란되는 현상
37) 보호공 : 특정 지장물을 유수 등으로부터 보호하기 위하여 설치한 시설
38) 브라켓(bracket) : 벽·기둥 등에서 돌출되어 물체를 지지하는 구조물
39) 사토 : 절취하여 흙쌓기할 때 평형상 남거나 흙쌓기 재료로 부적당하기 때문에 버리는 흙
40) 산마루측구 : 흙깎기사면 상단부 가장자리에 판 L자형이나 U자형의 시설. 사면 주위에 내린 빗물을 빼내기 위하여 설치
41) 상대다짐 : 실내 다짐시험에 의한 최대건조단위중량과 현장단위중량의 비
42) 세굴 : 하안이나 강바닥이 유수에 의해 깎여 무너지는 것
43) 소단 : 사면의 안정성을 높이기 위하여 사면의 중간에 설치된 수평 부분
44) 소일시멘트 벽체(soil cement wall) : MIP(mixed in place pile)라고도 하며, 굴착한 구멍 및 원지반 흙에 시멘트계 경화재를 오거 등으로 혼합하고 그 속에 응력을 부담

하는 응력부담재를 삽입하여 조성된 주열식 벽체

45) 쇠가락지 : 창의 자루나 칼집 중간쯤에 끼우는 쇠붙이 테

46) 수동활동면 : 수동토압에 의한 파괴 시 토체의 활동면

47) 수입파쇄현상 : 과잉공극수압에 의하여 지반 중에 생기는 파쇄현상으로서 할렬현상이라고도 함

48) 스터드(stud) : 강재 부재에 스터드 용접으로 용착하는 두부 달린 볼트 형상의 부품

49) 스터드볼트(stud bolt) : 강재보의 플랜지 상면에 적당한 간격과 수직으로 설치하여 콘크리트와 강재보를 합성하기 위하여 설치하는 볼트

50) 슬라임(slime) : 굴착토사 중에서 지상으로 배출되지 않고 굴착 저면 부근에 남아 있다가 굴착 중지와 동시에 곧바로 침전된 것과 순환수 혹은 공내수 중에 떠 있던 미립자가 굴착 중지 후 시간이 경과함에 따라 서서히 굴착 저면 부근에 침전한 것

51) 시스(sheath) : 지표면에 드러난 앵커 부분을 보호하기 위하여 바르는 피복

52) 아크(arc) : 2개의 전극봉 간에 가스체를 통한 발광 광선

53) 아크용접(arc welding) : 금속용접봉과 모재 사이에 전류를 통해 지속적으로 아크를 발생시키고 그 열에 의해 용접봉을 녹여 접합하는 방법

54) 안내벽(guide wall) : 지하연속벽(slurry wall) 시공 시 굴착작업에 앞서 굴착구 양측에 설치하는 가설벽으로서 굴착구 인접지반의 붕락을 방지하고 굴착기계의 진입을 유도, 철근망의 거치를 위해 설치하는 가설구조

55) 앵커머리 : 구조물로부터 작용한 힘을 인장부에 무리 없이 전달하기 위한 부분

56) 앵커의 인발력 : 지반앵커에 있어 가해진 인장력에 대하여 앵커체 부분의 지반의 인발력

57) 앵커체 : 인장재의 인장력을 지반에 전달하기 위하여 설치되는 지반 중의 저항부분으로 대부분 시멘트계의 경화물

58) 언더피닝 : 기존 구조물의 기초에 추후 시공하는 영구적인 보강 공사

59) 오거 : 흙 속에 구멍을 뚫기 위하여 여러 가지 형상을 한 비트를 로드의 선단에 부착하고, 회전하면서 흙 속에 압입하여 파낸 흙을 지상으로 끌어 올리는 도구

60) 완결재 : 약액의 경화속도를 늦추기 위하여 넣는 물질

61) 일탈현상 : 약액주입대상 지반 내 주입범위의 밖으로 흘러나가는 현상

62) 자연함수비 : 흙이 자연상태를 유지하고 있는 경우의 흙 속에 차지하는 물의 비율

63) 자유길이 : 앵커의 예상파괴선으로부터 앵커머리까지의 길이. 자유장이라고도 하며, 앵커 설치 시 앵커의 길이는 정착장과 자유장으로 구성됨.

64) 잔토 : 터파기 등으로 굴착한 흙에서 되메우기, 흙쌓기 등에 사용하는 만큼을 제외한 나머지 흙

65) 정착부재 : 흙막이 구조물의 안전성을 높이기 위하여 설치되는 장치. 앵커판, 경사말

뚝, 강재널말뚝 또는 기존 구조체 등

66) 조임철물 : 강관비계 조립 시 비계를 구성하는데 필요한 부재
67) 주동활동면 : 주동토압에 의한 파괴 시 토체의 활동면
68) 중간말뚝 : 버팀대를 지지하는 동시에, 그 면외좌굴을 방지하기 위하여 이용되는 부재
69) 지반앵커 : 구조물을 지반에 정착하기 위해서 인장재의 양 끝부를 구조물과 지반에 각각 정착하여 그 중간 부분을 신장 변형에 대해서 자유롭게 하고, 이것에 긴장력을 주는 것으로 앵커몸체, 인장재, 앵커 머리부로 구성되는 구조체의 총칭
70) 지반주입(地盤注入) : 지반의 강도를 증대시키거나 투수성을 감소시키는 등의 지반 개량을 목적으로 현탁액상태 혹은 용액상태의 주입재를 가는 관을 통해 지반 속의 일정 부분에 주입하는 형태
71) 지보공 : 흙막이공사에서 널말뚝을 지지하는 재료의 총칭
72) 지압판 : 부재에 직접 외력이 작용하는 부분에서 외력을 면외의 휨저항으로 전달시키는 강판
73) 지주 : 거푸집의 밑보를 지탱하는 것으로 강관지주와 목재지주가 있음
74) 지하연속벽(diaphragm wall) : 슬러리 월(slurry wall)이라고도 하며, 벤토나이트 슬러리(bentonite slurry)의 안정액을 사용하여 지반을 굴착하고 철근망을 삽입한 후 콘크리트를 타설하여 지중에 시공된 철근콘크리트 연속벽체
75) 측선 : 측점과 측점을 잇는 선
76) 침투주입(浸透注入) : 지반주입에 있어서 지반 속의 흙입자 배열을 바꾸지 않고 주입재를 침투시켜 주입하는 형태
77) 케이싱 : 굴착 시 굴착 구멍이 붕괴되지 않도록 구멍의 전장 혹은 상부에 넣는 강관
78) 타이로드(tie rod) : 흙막이공사에서 띠장으로부터 전달되는 측압을 정착부재에 전달하는 인장재
79) 터파기 : 구조물의 기초 또는 지하 부분을 구축하기 위하여 행하는 지반의 굴착
80) 토압계수(earth pressure coefficient) : 수직압력에 의해 생기는 수평토압의 수직압력에 대한 비
81) 토취장 : 도로 등의 토공에 있어서 흙쌓기재료의 공급을 위하여 흙을 채취하는 장소
82) 투수계수 : 지층의 투수도를 나타내는 지표로서 일정 단위의 단면적을 단위시간에 통과하는 수량의 비
83) 트레미관(tremie pipe) : 수중 콘크리트 타설에 이용되는 상단부의 머리 부분에 구멍을 가진 수밀성이 있는 관
84) 파이핑(piping) : 수위차가 있는 지반 중에 파이프 형태의 수맥이 생겨 사질층의 물이 배출되는 현상
85) 팩커(packer) : 앵커체의 형성을 위하여 시멘트 모르타르 주입 시 자유길이 부분으로

누출되지 않도록 앵커체 상단부를 차단하는 역할을 함

86) 표토 : 자연지반의 최상부에 있는 토층. 일반적으로는 풍화되고 유기물을 포함하는 부드러운 흙
87) 포설 : 포장 재료를 깔고 전압 등의 마무리로 포장을 구성하는 층을 만드는 것
88) 한계주수시험 : 토사지반에서 침투주입으로 양호한 고결체를 형성시킬 수 있는 한계 주입압과 한계주입속도를 결정하기 위한 주수시험
89) 할렬주입(fracture grouting) : 지반 속의 흙을 국부적으로 금이 가게 하여 주입하는 형태
90) 확인 긴장력 : 지반앵커의 지지력을 확인하기 위하여 앵커머리를 긴장하는 힘
91) 흙막이 : 땅파기에 있어 지반의 붕괴 및 주변의 침하 등을 방지하기 위하여 설치하는 가설구조물
92) 흙막이판(lagging) : 토류판(土留板)이라고도 하며, H형강 엄지말뚝의 플랜지 사이에 수평으로 설치되는 나무판으로서 배면(背面)의 측압을 직접 지지하는 휨부재
93) 히빙(heaving) : 굴착면 저면이 부풀어 오르는 현상
94) CIP(cast in place pile) : 보링기로 지반을 굴착, 천공한 후 공 내에 조립된 철근 및 조골재를 채우고 모르타르를 주입하여 시공한 현장말뚝
95) PC강연선(prestressed concrete steel strand) : 프리스트레스를 주기 위해 사용하는 고강도의 강선
96) PIP(packed in place pile) : 스크루 오거(screw auger)를 지중에 회전삽입하고 오거 중심관 선단을 통하여 모르타르나 콘크리트를 주입하며, 경우에 따라서는 주입완료 후에 철근 및 형강을 삽입하여 시공한 현장말뚝
97) p-q-t 상관도 : 주입시공 시 관리상태를 주입압력(p), 주입속도(q), 주입시간(t) 등의 관계로 나타낸 그림

2. 토공사

2.1 토공사의 계획 및 개요

건축공사에서 시공계획의 수립이나 공사 준비가 완료되면 가장 먼저 착수하는 것이 토공사이다. 이 토공사에는 대지조성을 위한 터 닦기로서, 절토(깎아내기), 굴토(터파기), 매토(되메우기), 성토(흙 돋우기), 다짐(흙 다지기), 정지(흙 고르기), 잔토처리 등을 말하며, 대지조성에 관련되는 흙막이벽, 석축, 배수로 등을 토공사에 포함시키는 경우도 있

다. 토공사는 지중작업으로 공사착공 전에 지반조사를 하였다고 해도 지하수의 유출이나 암반의 돌출 등 예측하지 못하였던 장애물과 강우, 천후 등의 영향을 받아 공사 진행의 지연과 공사비의 증대를 초래할 우려가 가장 많은 공사 중의 하나이다. 토공사 중 흙파기 공사에서 특히 주의할 것은 토질상황을 충분히 조사하여 계획에 차질이 없도록 하여야 한다. 정밀치 못한 시공계획은 불의의 사고 또는 장애를 초래하여 공기, 공사비 등의 낭비가 발생하기 쉽다. 또한 인접한 건물에 균열발생이나 침하 등의 피해를 주지 않아야 하며, 소음, 진동 등 각종 공해에 충분한 대책을 강구할 필요가 있다. 특히 지하수처리 및 토사붕괴 등에 대해서는 사전대비 계획을 작성해 놓는 것이 좋다. 시공계획은 설계 도서를 분석하여 지반성상의 검토와 입지조건의 조사, 시공방법과 순서, 시공기계의 적용성, 공해방지, 공기, 경제성 등의 요점에 대해서 검토한 후에 작성한다.

2.2 토공사의 계획

1) 도면, 시방서, 공정표, 계획서 검토

㉮ 도면 및 시방서를 상세히 검토, 분석하여 적용공법, 지질조사 및 토질분석, 재료시험 방법 등을 분석 검토한다.

① 시방서에 명기된 부분 중 현장 특기사항 및 적용공법 및 기능에 대하여 발췌정리 한다.

② 공법별로 반입 장비 및 토사 및 암반의 수량, 체적, 중량 등을 검토한다.

③ 토공사, 흙막이공사 등에 대하여 적용공법을 분석한다.

④ 도급내역서를 분석하고, 내역아이템, 소요물량 등을 검토한다.

⑤ 특기시방서를 면밀히 검토하여, 적용공법 등 특이사항을 발췌한다.

㉯ 전체공사 예정공정표를 정확히 검토, 분석(작성)하여, 각종자재 및 투입장비 등의 투입계획을 작성한다. 각공종별 투입자재, 장비의 사양과 반입 일정 및 운행 동선을 검토한다.

㉰ 가설공사 시공계획서를 세밀히 검토하여 토공사시의 문제점 및 간섭사항을 파악한다.

① 업체 선정 시의 현설 자료 및 실시공 물량산출, 공사범위 등을 계획서에 제대로 반영되어 있는지 확인한다.

② 후행공사 진행 단계별로 토공사의 진행일정을 전체공정표를 근거로 하여 공종 진행별로 토공사의 진행내용 및 소요장비 등의 일정표를 작성한다.

㉱ 토공사 시공계획서 검토

① 토량이동계획(장비조합 및 투입규모 포함)을 검토한다.

② 성토작업 진행계획을 검토한다.(다짐두께, 다짐장비, 다짐횟수, 다짐속도, 시공

함수비 등)

③ 도면과 현장이 일치하지 않을 경우 설계검토 보고서를 작성하여 설계변경을 추진한다. (수정도면, 계산서, 검토서, 수정시방서 등을 준비한다.)

㉶ 시공 상세도면 검토

① 경계명시 측량 좌표와 도면을 검토한다.

② 토공규준틀 설치 계획을 검토한다.

③ 가배수로 및 침사지, 가설전주, 가건물, 가설방음벽, 세륜세차시설 등의 가시설물 설치 계획을 세밀하게 검토한다.

2) 사전조사

㉮ 공사개요 및 대지여건을 분석

① 지형, 토질, 기상조건, 타공사와의 관련성을 검토한다.

② 굴착 깊이, 흙막이공법 및 차량동선, 투입장비 및 토공사 물량 및 양중장비 위치를 조사한다.

③ 주변지형으로부터 단지 내로의 홍수량 유입정도, 터파기 및 깍기시 사면 등의 안정성 여부, 풍향 등을 조사한다.

④ 현장주변의 민원예상지역을 파악하고 소음, 진동에 대한 수립된 대책을 검토한다.

⑤ 기존 지장물 현황을 분석하고 줄파기를 시행하여 지장물의 존재 여부를 사전 확인한다.

⑥ 작업차량의 진·출입로를 분석하고 주변 교통의 흐름을 분석한다.

⑦ 주변 지형을 살펴서 공사 전 손상 및 파손된 부분 등을 파악하여 기록을 남긴다.

⑧ 지질 조사서를 분석 검토하여 지질의 분포 및 지내력을 확인하고 지하수위도 확인 해둔다.

㉯ 도면과 현장의 일치여부 확인

설계도상의 굴착 깊이 및 계획고, 도로구배 등이 실제 여건에 부합되는지 여부를 판단하고, 부합되지 않을시 현장 상황을 있는 그대로 조사하여 설계변경을 추진하여 승인을 득한다.

㉰ 대지경계확인

① 지적경계 명시측량 후에 시공측량을 실시하여 그 결과를 감리 및 감독의 확인을 받아둔다.

② 단지의 장단변 방향, 폭 또는 길이가 급격히 변하는 부분 등의 연장을 실측하여 단지계획도상의 설계와 비교 검토하여 상이점 발견시 즉시 설계변경을 추진한다.

㉣ 대지 주변현황도 작성

① 주변도로, 인접건물 및 차량 진출입 교통량 등을 분석한다.

② 설계시 반영된 지장물 조사서를 검토하고 실지 존재 여부를 파악한다.

㉤ 경계측량 및 주변현황도를 바탕으로 부지에 대한 일치여부 확인

① 설계 시 측량 점과 경계측량 점의 일치여부를 경계측량 시 인접대지 소유자를 현장으로 초청하여 입회시킨다.

② 부지 내 혹은 주변의 지장물이 설계도서와 일치 하는지를 확인하기 위하여 각 담당자 입회 하에 줄파기를 시행하여 확인 한다.

③ 상이점 발견 시 도면에 위치를 파악하여 정확히 명기하고 각담당자들의 확인을 받는다.

㉥ 후속작업과의 관련성 검토

① 지장물이 있을 경우 철거작업이 완료된 후 토공사를 시행한다.

② 타 공사의 터파기 및 되메우기 시기나 흙막이공사의 설치시기 및 철거시기와 후속공사(기초, 골조공사 또는 배관공사 등)와의 관련성을 고려하여 타 공정에 지장을 초래하지 않는 순서로 작업한다.

3) 적정성 검토

㉮ 사전조사의 내용과 실지 현장의 내용이 일치하는지 여부를 판단하고 상이점은 무엇인지 분석한다.

㉯ 도면과 시방서상에 현실적으로 시공 불가능한 항목은 없는지 발췌하고 대책을 수립하여 적정 대안은 마련되어 있는지 판단한다.

㉰ 설계변경 항목은 무엇이며, 공사비의 증감 및 공기의 변경이 발생하는지 판단한다.

4) 공사 준비

㉮ 가배수로 및 침사지 설치

① 부지 내 고인 물을 제거하고 시공 중 우수 및 지표수, 지하수의 가배수로와 침사지등을 설치한다.

② 폭우 시 토사유출로 부지주변 가옥이나 도로가 침수되거나 기존배수관 및 암거 등이 막히는 일이 없도록 조치한다.

㉯ 사토장 및 토취장 선정 및 현장 확인

① 사토장 및 토취장은 설계 도서를 기준으로 한다.

② 설계도서에 장소가 명기되어 있지 않거나 장소의 변경이 불가피한 경우 토취장 및 사토장을 선정하고 설계변경을 추진하고 해당관할관서(시, 군, 구청의 환경과)에 허가를 받는다.

③ 공사 시작 전 관할관서(시, 군, 구의 환경과)의 허가를 득한다.

④ 허가를 득하기 전에 현장을 답사하여 현장현황을 사진 촬영하여 기록으로 남기고, 토공위치와의 거리 및 주행시간 등을 측정한다.

⑤ 토취장 및 사토장 선정 시 승인신청 제출서류

㉠ 토지권리자의 승인서

㉡ 토지등기부등본

㉢ 현장위치도 및 운반거리

㉣ 선정 시험성적서

㉤ 현황측량도 및 사용가능 재료의량

㉥ 토사유출 방지대책

㉦ 원상복구계획서 및 허가서류

㉧ 공사 전 부지 현황사진

㉨ 경제성분석 내용

⑥ 토취장 사용 시의 유의사항

㉠ 경계바깥 용지 및 시설물에 피해발생사항은 없는지 확인

㉡ 강우에 대한 배수로 확보 및 침사지 설치

㉢ 절토과정에서 토질이 변화되지 않게 조치 (토질별 구분)

㉣ 안정된 기울기로 절토

⑦ 사토장 사용 시 유의사항

㉠ 여유 부지 확보로 사토처리 용량 증가 대비

㉡ 환경보호에 이상 없도록 가시설 설치

㉢ 진입로 및 배수로 등 기반시설 확인 및 부족 시 설치

㉣ 자연재해에 대비한 안전대책 마련

㉰ 토공 규준틀 설치

① 깎기 비탈면 및 쌓기 비탈면에는 반드시 규준틀을 설치하여 토공면이 올바르게 마무리되는지 살필 수 있도록 한다.

② 측선이 꺽이는 점, 구배가 변하는 점에는 반드시 설치한다.

㉱ 기존시설물 및 경작물 보호

보존해야할 기존시설물(건물, 가스관, 전선관)과 경작물이 있을 경우 공사에 지장을 주지 않도록 적절한 보호 조치를 취한다.

㉲ 세륜 세차시설 등 가시설물 설치

① 장비 소음저감을 위한 가설 방음시설, 비산먼지 예방을 위한 방진벽, 차량 세륜 시설 등 토공사를 위한 가설시설물을 사전 계획된 대로 설치한다.

② 세륜기의 위치는 차량동선을 고려하고 전기 인입 및 가설수도 인입의 용이성,

경비근무자의 차량출입관리의 편리성 및 세척 후 슬러지 처리의 원활성 등을 충분히 검토하여 설치한다.

③ 세륜기 주변은 현장 출입구와 근접하여 설치되는 것이 통상이므로 세륜기 주변에 환경과 관련한 각종 계몽용 표지판도 설치한다.

㉳ 타 공종에 대한 사전 협조

토공사 중 건축 흙막이공사, 기초공사, 골조공사, 수목식재공사 등이 진행될 수 있으므로 사전에 각 공종별로 공정 진행 일정을 검토하여 해당 담당자와 사전 협의하여 모든 적절한 조치를 취해 상호 간섭으로 인한 공기의 지연이 초래되지 않도록 한다.

2.3 측 량

1) 대지위치, 지번확인

유관기관(관할 토지 소재지 군, 구청 민원실 및 공사 사무실, 출장지 등) 방문 후 서류상의 지번을 교부받는다.

2) 현장조사

해당 현장을 방문, 답사하여 현재 지번의 위치 확인 후 정확한 주변 대지현황을 파악한다.

3) 지적공사 측량의뢰

㉮ 지적측량은 전국 시·군·구청 민원실 지적측량접수창구에서 의뢰한다.

㉯ 지적측량 의뢰 시 필요한 사항은 측량을 하고자 하는 대상토지의 정확한 지번과 소정의 지적측량수수료를 준비한다.

㉰ 지적측량 대상토지의 소유자 확인을 위한 신분증이 필요하며 또한 공부정리를 필요로 하는 분할, 등록전환 등의 측량은 허가서 및 기타 측량에 필요한 관련 도서류 등을 준비한다.

4) 일정협의

㉮ 측량 상담 후 의뢰서 작성한다.

㉯ 측량일시 협의한다.

㉰ 수수료 계산 및 납입한다.

㉱ 입금표 교부받는다.

5) 측량실시 / 성과서 작성 (지적공사)

㉮ 측량계획에 따라 지적측량 기술자가 현장에서 신청인 또는 토지 관계인의 입회하에 측량을 실시한다.

㉯ 현지 측량 시에는 인접토지소유자 및 이해관계인에게 미리 측량일정을 알려 측량 당일 함께 입회할 수 있도록 한다.

㉰ 인접토지소유자 및 이해관계인이 입회하지 않은 상태에서 측량을 실시할 경우에는 간혹 민원이 발생될 수 있으므로 이웃간의 토지분쟁을 사전에 예방할 수 있게 가능한 함께 입회한다.

㉱ 지적측량업무에 소요되는 경계점표지 설치 시 인접 토지 소유자 및 이해관계인을 입회토록 하여 상호 설치 관리함으로써 분쟁소지를 사전에 예방한다.

㉲ 경계점 표시(말목을 박는 행위 등)는 의뢰인 본인이 직접 한다. 측량사는 경계표시를 할 수 있는 자격과 사법적 행정권한을 가지고 경계표시를 하므로 경계표시 이후 현장에 말목 등의 표지설치를 하는 것은 사유재산권을 행사하는 개인적인 경계설치 행위로 간주된다.

㉳ 측량계획에 따라 지적측량 기술자가 현장에서 신청인 또는 토지소유자 등 이해관계인의 입회하에 측량을 실시하며, 측량결과를 현장에서 표시하는 측량에 대하여는 입회한 신청인 또는 이해관계인은 측량기술자가 지정해 주는 지점에 경계표지를 설치한다.

㉴ 측량 실시결과에 따라 측량 성과서를 작성한다.

6) 측량 성과서 접수

㉮ 현지 측량 완료 후 작성된 측량 성과서를 교부받는다.

㉯ 측량 성과서에 대한 세금계산서를 발행한다.

㉰ 측량성과서 수령 후 지적공부정리 의뢰한다. 의뢰서, 측량성과도, 기타관계도서류 각 1부 씩 제출한다.

㉱ 지적공부 등본 의뢰

㉲ 등기 등 각종 필요한 수속절차 밟는다.

7) 측량 보고서 제출

발주처에 측량 성과 보고서를 제출한다.

☞ 표 2.3.1.1 측량의 종류

지적측량	토지를 지적공부에 등록하거나 지적공부에 등록된 경계점을 지상에 복원할 목적으로 소관청 또는 지적측량 수행자가 각 필지의 경계 또는 좌표와 면적을 정하는 측량이다.
경계복원측량	지적공부상에 등록된 경계를 지표상에 복원하는 측량으로 경계점 표지설치를 의무화하고 있다. 건축물을 신축, 증축, 개축하거나 인접한 토지와의 경계를 확인하고자 할 때 주로 하는 측량이다.
현황측량	지상구조물 또는 지형, 지물이 점유하는 위치현황을 지적도 또는 임야도에 등록된 경계와 대비하여 그 관계 위치를 표시하기 위한 측량이다. 건축물을 신축하고 준공검사를 신청할 때 주로 하는 측량이다.
분할측량	지적공부에 등록된 한필지의 토지를 두 필지 이상으로 나누기위하여 실시하는 측량이다. 1필지 토지를 2필지 이상으로 나누어서 매매할 때 주로 하는 측량이다.
등록전환측량	임야대장 및 임야도에 등록된 토지를 토지대장 및 지적도에 등록하기 위한 측량이다. 임야대장에 등록된 토지가 형질이 변경되어서 토지대장에 등록하고자 할 때 주로 하는 측량이다.
신규등록측량	지적공부에 등록되지 않은 토지를 새로이 등록하기 위하여 실시하는 측량이다.
지적도근측량	지적세부측량의 기준점인 도근점을 설치하기 위하여 시행하는 측량으로 지적삼각측량에 버금가는 골격측량이다.
지적삼각측량	지적삼각점, 지적삼각보조점의 신설, 보수, 도근측량 및 세부측량의 골격이 되는 기준점의 위치를 삼각법에 의하여 평면직각종횡선 좌표를 구하는 측량으로 정밀을 요하며 지적측량에는 중요한 측량기준이 된다.
지적확정측량	지적확정측량은 도시개발사업 등으로 인하여 토지를 구획하고 환지를 완료한 토지의 지번, 지목, 면적 및 경계 또는 좌표를 지적공부에 새로이 등록하기위하여 실시하는 측량이다.

3. 흙의 성질

3.1 지반의 허용 지내력

☞ 표 3.1.1.1 지반의 허용 지내력

단위 : t/㎡

지 반		장기허용지내력	단기허용지내력
경암반	화강암, 내연암, 편마암, 안산암	400	장기하중에 대한 허용응력도의 2배 (법규상 규정치는 1.5배)
연암반	판암, 편암 등의 수성암	200	
	혈암, 표반암	100	
자 갈		30(60)	
자갈, 모래의 혼합물		20(50)	
모래 섞인 점토 또는 loam토		15(30)	
모래, 점토		10(40, 25)	

주 1. loam토 : 모래+실트+점토(실트 : 지름 0.05~0.005mm의 미세분)
   2. ( ) 안은 지반이 밀실한 경우의 지내력임.

3.2 흙의 전단강도

1) 정의

흙의 가장 중요한 역학적 성질로서 이것으로부터 기초의 극한 지지력을 알 수 있다. 기초의 하중이 그 흙의 전단강도 이상이 되면 흙은 붕괴하고 기초는 침하되며, 이하이면 흙은 안정되고 기초는 지지된다.

2) 공식

$\tau = c + \sigma \tan \Phi$

τ : 전단강도 c : 점착력 $\tan \Phi$: 마찰계수 Φ : 내부 마찰각 σ : 파괴 면에 수직인 힘

① 점토의 경우 : $\tau \fallingdotseq c$ (∵점토의 내부 마찰각 $\Phi = 0$)

② 모래의 경우 : $\tau \fallingdotseq \sigma \tan \Phi$ (∵모래의 점착력 $c = 0$)

3.3 투수성

터파기시 지반의 투수성은 배수공사와 지하수처리에 영향을 준다.

1) Darcy's Law(투수계수 파악)

침투수량 = 투수계수 × 수두경사(기울기) × 단면적(중력 작용에 의해 물이 흙 속을 흐를 때 유량을 계산하는 가장 기본이 되는 공식이다.

2) 투수계수의 성질

㉮ 투수계수가 크면 침투량이 크고 모래가 점토보다 크다.

㉯ 입자의 모양 : 모래의 경우 평균알 지름의 제곱에 비례한다.

㉰ 간극비가 클수록, 포화도가 클수록 증가한다.

3.4 간극비(Void ratio), 함수비(Moisture content), 포화도(Degree of saturation)

☞ 표 3.4.1.1 간극비(Void ratio), 함수비(Moisture content), 포화도(Degree of saturation)

1) 간극비	간극의 용적/토립자의 용적	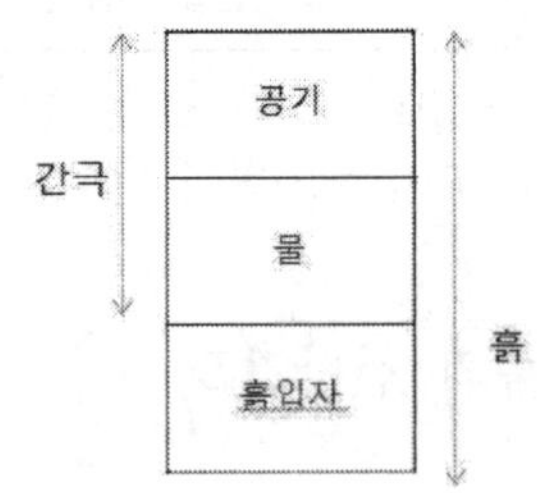
2) 간극률	(간극의 용적/흙 전체의 용적)×100(%)	
3) 함수비	(물의 중량/토립자의 중량)×100(%)	
4) 함수율	(물의 중량/흙 전체의 중량)×100(%)	
5) 포화도	(물의 용적/간극부분의 용적)×100(%)	

3.5 흙의 성질

1) 다짐과 압밀

일반적으로 모든 흙은 압축성을 가지고 있으며 따라서 이러한 흙이 하중을 받게 되면 체적이 감소한다. 체적의 감소는 크게 두 가지 이유로 분류할 수 있는데 첫째는 흙입자 사이의 간극을 차지하고 있는 공기가 배출되어 체적이 감소하는 현상으로 이를 “다짐”이라 하고 둘째는 간극 속에서 물이 빠져 나감으로서 오랜 시간에 걸쳐 흙이 압축되어 체적이 감소하는 현상으로 이를 흙의 “압밀”이라 한다.

☞ 표 3.5.1.1 다짐과 압밀

분 류	정 의	특 징
다 짐 (Compaction)	사질지반에서 외력에 의해 공기가 빠져나가면서 압축되는 현상(간격이 좁아지는 현상, 밀도가 증가되는 현상)	① 사질지반에서 발생 ② 흙 중의 공극을 제거하는 것 ③ 단기적, 침하발생 ④ 흙의 역학적, 물리적 성질 개선 ⑤ 탄성적 변형 발생
압밀(침하) (Consolidation)	외력에 의하여 간극 내의 물이 빠져 흙입자 간의 사이가 좁아지며 침하되는 것	① 점토에서 발생 ② 흙 중의 간극수를 배제하는 것 ③ 장기압밀 침하 ④ 침하량이 비교적 크다. ⑤ 소성 변형 발생

2) 예민비

$$\text{예민비} = \frac{\text{자연시료의 강도(천연시료의 강도)}}{\text{이긴시료의 강도(흐트러진 시료의 강도)}}$$

㉮ 강도는 전단강도 또는 일축 압축강도를 말한다.
㉯ 예민비가 4 이상은 예민비가 크다고 한다. (점토 : 4~10 정도, 모래 ≒ 1)
㉰ 예민비 값이 클수록 공학적 성질이 약하다.

3) 간극수압

㉮ 흙 속에 포함된 물에 의한 상향수압을 말한다. 간극수압은 지반의 강도를 저하시키며 물이 깊을수록 커진다.
㉯ 흙의 유효응력은 전체응력에서 간극수압을 뺀 값을 말한다.
㉰ 간극수압은 well point 공법, 샌드드레인 등과 관계가 깊으며, 피에조미터(Piezometer)에 의해 측정할 수 있다. 토압은 토압계(Earth Pressure Meter)로 측정한다.

4) 액상화(Liquefaction)

㉮ 사질토층에서 지진, 진동 등에 의해서 간극수압의 상승으로 유효 응력이 감소하여 전단저항을 상실하여 액체와 같이 급격히 변형을 일으키는 현상.
㉯ 흙이 유효응력을 상실할 때 발생하며 부동침하, 지반이동, 작은 건축물의 부상(浮上) 등이 발생된다.

5) 샌드 벌킹(Sand Bulking)현상

㉮ 모래에 물이 흡수되어 체적이 팽창되는 현상이다.

㉯ 물의 표면장력 때문에 발생하여 함수율 6~12%(10% 정도)에서 체적 팽창이 최대로 되고, 중량이 최소로 되며 체적변화는 모래의 함수율과 입자의 크기에 따라 좌우 된다.

6) 흙의 연경도 시험(흙의 Consistency : 흙의 점조도)

흙의 그 함수량의 변화에 따라 그 성질이 변화한다. 건조 흙에 물을 가하여 가면 다음과 같은 상태로 변하고 그 변화추이(推移)상태의 한계를 시험방법으로 정한 것이 흙의 연경도 시험이다.

7) 사질층과 점토층의 비교

☞ 표 3.5.7.1 사질층과 점토층의 비교

흙의 성질	사 질 층	점 토 층
투수계수	크 다	작 다
가소성(점착성)	없 다	크 다
건조수축량	작 다	크 다
압밀속도	빠르다(단기)	느리다(장기)
내부마찰력	크 다	없 다
전단강도	크 다	작 다
불교란시료	채취가 어렵다	채취가 쉽다

4. 지반조사

4.1 지반조사

지반조사는 시공계획 입안과 시공도중에 작업 자료로 활용되며 조사방법은 건물, 공사, 지반 등의 종류와 규모에 따라 결정된다.

1) 지반조사의 문제점

연약지반에 건설공사를 하기 전에 파악해야 할 것은 대상 지반의 지형, 지질현황, 지반 현황 및 현장 현황 등이다. 이러한 정보들은 주로 기존의 자료를 수집하거나 현장

답사 및 시험에 의해서 얻어지며, 공사의 목적, 구조물의 규모, 공기, 경제성 등과 밀접한 관계를 갖는다. 현장현황은 계획하고 있는 공사여건과 관계가 있으며, 공사를 시작하기 전에 이러한 정보를 잘 분석하여 설계에 반영함을 물론 공사계획의 수립에도 적용해야 한다. 그러나 실제의 지반은 각 토층이 균일하지 않고, 매우 복잡하게 성상을 이루고 있어 한정된 지반조사 에서 얻은 지반정보에는 많은 불확정 요소 가 존재하기 때문이다. 이러한 불확정 요소는 설계에 있어서 안전율 등으로 보완하는 경우가 있으나, 실제 시공 단계에서 당면할 수 있는 예상치 못했던 문제들은 사전에 다양하고 충분한 지반 조사만이 그 피해를 최소화 시킬 수 있다. 설계시점이나 시공단계 중 예상치 못했던 문제가 발생하는 것에 대비하여 정보화 시공에 의한 안전관리나 품질관리 등을 행하고, 필요에 따라서 별도 의 대책을 시행해야 한다.

2) 지반조사의 종류와 방법

- 예비조사 : 지반의 개략적인 성질을 파악하고 기초의 형식을 구상 할 수 있는 정도의 조사
- 본 조 사 : 기초의 설계용 내력의 결정 및 시공의 구체적 계획에 필요한 조사

㉮ 대지에 관한 사항

① 지반의 구성과 지층, 지질조사(Boring 및 불교란 시료 채취, 토질시험, 물리적 탐사법, Sounding시험 등)

② 지하수 조사(수위, 수압, 투수시험, 간극수압 등)

㉯ 흙의 안전성 및 강도에 관한 사항

① 사면, 비탈면의 안전토압, 수압, 지하지반의 주위함몰, 침하 등의 계산상 필요

② 지반의 안전성조사(함수량, 비중, 입도, 소성, 액성한계, 단위체적중량, 압밀, 투수계수 등)

③ 흙의 전단강도 조사(전단시험, 압축시험)

④ 표준관입시험, 지내력시험

3) 입지조건의 조사(주변조사)

토공사 뿐 아니라 각종 건축공사 시에도 입지조건은 영향을 미치므로 사전에 충분한 조사가 이루어져야 한다. 대지주변 도로, 인접건물, 지하매설물 등은 착공에 앞서 그 영향을 최소한으로 하는 노력과 대책을 고려해야 한다.

㉮ 대지 내

① 경계 (대지주변 길이, 각도, 면적, 방위)

② 고저 (표고, 고저 기준점, 상대 고저차)

③ 지상구조물, 지하매설물 상황 (구 구조물 상황)

㉯ 대지주변

① 인접도로 (폭, 고저, 포장유무, 매설물의 종류와 위치)

② 주요도로까지의 간선도로 (폭, 고저, 포장유무) – 인접건물, 지상건물 (예정건물과의 거리, 구조, 기초형식, 용도, 기초깊이)

③ 주위의 주민

4) 관리조사 (굴착 시공 중 조사)

계획에 따른 시공, 정밀도에 대한 양, 부를 확인하는 관리상의 지침

㉮ 굴착토질의 확인 및 지하수의 상태

㉯ 흙막이 벽과 지보공의 변형

㉰ 주변지반의 침하, 균열

㉱ 인접건물 및 구조물의 상태(침하, 균열, 경사, 기타)

㉲ 지주의 상황(침하, 부상 등)

㉳ 주변 매설물의 영향

㉴ 굴착심도와 그에 따른 공사상황(흙막이 가설시기, 오버커트의 유무, 비탈면의 상태)

㉵ 흙막이 응력 측정(토압, 수압)

㉶ 비탈면의 변화(균열, 이동)

4.2 지반조사 항목

☞ 표 4.2.1.1 지반조사 항목

항 목	종 류
지하탐사법	㉮ 짚어보기 ㉯ 터파보기 ㉰ 물리적 탐사법
보링(Boring)	㉮ 오거(Auger) 보링 ㉯ 수세식 보링 ㉰ 충격식 보링 ㉱ 회전식 보링
시료채취(Sampling)	㉮ 교란시료 채취 ㉯ 불교란 시료 채취
사운딩(Souding)	㉮ 표준관입 시험 ㉯ 베인(Vane) 시험 ㉰ 콘관입 시험 ㉱ 스웨덴식 사운딩
토질시험	㉮ 물리적 시험 ㉯ 역학적 시험
지내력시험	㉮ 평판재하 시험 ㉯ 말뚝재하 시험

4.3 지하탐사법

☞ 표 4.3.1.1 지하탐사법

종 류	방 법
터파보기(Test pit)	① 대지의 일부분을 시험하기 위하여 그 지층의 상태를 보고 내력을 추정
짚어보기(탐사간)	② 가장 간단하고 확실한 방법으로 직경 60~90cm, 깊이 1.5~3m, 간격 5~10m로 구덩이를 파서 조사
물리적 지하탐사	① 광대한 대지의 지하구성층의 개략적 탐사 ② 전기 저항식, 강제 진동식, 탄성 파식이 있고, 전기 저항식이 많이 쓰이며 건축공사에는 거의 사용 안함.

4.4 보링(Boring)

1) 정의

지중의 토사에 철관을 꽂아 토질의 시료를 채취하여 지층의 상황을 판단하기 위한 토질조사법

2) 개요

㉮ 깊이 : 경미한 건물 - 기초 폭의 1.5~2.0배
일반적인 경우 - 약 20m or 지지층 이상

㉯ 간격 : 약 30m 정도, 중간지점은 물리적 탐사법으로 보충

㉰ 개소 : 부지 내 3개소 이상이 바람직

㉱ 시공 : 보링구멍은 수직으로 파는 것이 중요

㉲ 시료 : 채취 시료는 햇빛에 방치하면 안 됨. 충분한 양생 후 취해야 함

3) 보링의 종류

☞ 표 4.4.3.1 보링의 종류

종 류	방 법
오우거 보링 (Auger Boring)	① 나선형으로 된 송곳을 인력으로 지중에 틀어박는 방법으로 가장 간단 ② 깊이 10m 이내의 점토층에 사용
수세식 보링	① 비교적 연약한 토사에 수압을 이용하여 탐사하는 방식 ② 선단에 충격을 주어 이중 관을 박고 물을 뿜어내어 파진 흙과 물을 같이 배출
충격식 보링	① 경질층을 깊이 파는 데 이용되는 방식 ② 와이어로프의 끝에 충격 날의 상하작동에 의한 충격으로 토사암석을 파쇄 천공하여 파쇄 된 토사는 배출

종 류	방 법
회전식 보링 (Rotary Boring)	① 지층의 변화를 연속적으로 비교적 정확히 알고자할 때 이용하는 방식으로 불교란 시료의 채취가 가능 ② rod의 선단에 첨부하는 날(bit)을 회전시켜 천공하는 방법

4) 보링기기의 구성

☞ 그림 4.4.4.1 로터리형 보링머신(핸드 피트식)

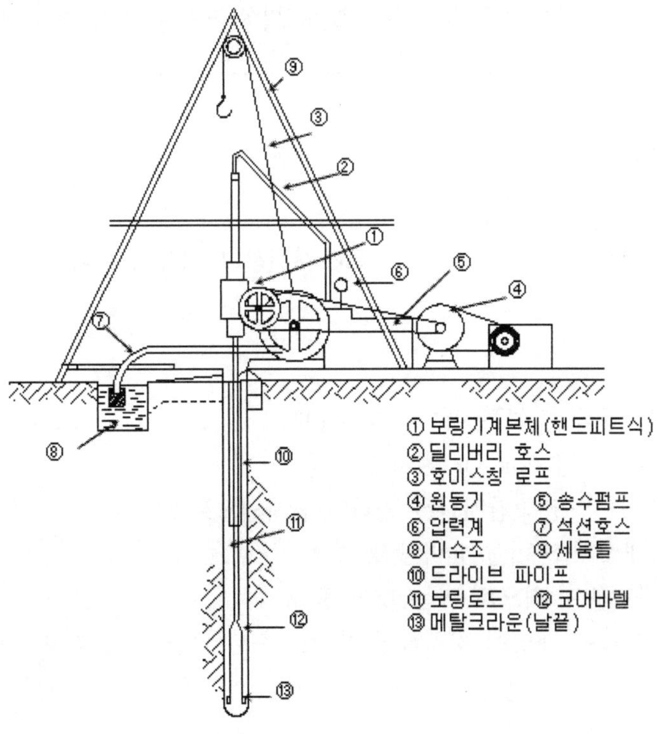

4.5 샘플링(Sampling : 시료채취)

1) 개요

㉮ 지반의 토질판별을 위하여 시료를 채취하는 방법을 말한다.

㉯ 샘플링하는 용도는 토질 주상도 작성 기초자료, 토층의 성상판별, 지내력 추정이다.

㉰ 시료를 채취하는 방법에는 크게 교란시료 채취와 불교란 시료 채취방법으로 분류할 수 있다.

2) 교란시료 채취(Disturbed Sampling)

㉮ 토질이 흐트러진 상태로 채취한 시료를 말한다.

㉯ 토성, 다짐성 등을 시험

㉰ Remold Sampling(; auger에 의하여 연속적으로 샘플을 채취하는 방법)

3) 불교란 시료 채취(Undisturbed Sampling)

㉮ 토질이 자연 상태 그대로 흩어지지 않도록 채취하는 것으로 보링과 병행하여 실시한다.

㉯ 채취방법

☞ 표 4.5.3.1 불교란 시료의 채취 방법

종 류	적 용 토 성
Thinwall Sampling	N치 0~4 정도의 연약한 점토채취, 높은 신뢰도
Composite Sampling	N치 0~8 정도의 굳은 점토 또는 다져진 모래 채취
Dension Sampling	N치 4~20 정도의 경질점토 채취
Foil Sampling	연약지반에 사용되며 완전히 연결된 시료채취 가능

4) 교란시료와 불교란 시료의 비교

☞ 표 4.5.4.1 교란시료와 불교란시료의 비교

교 란 시 료	불 교 란 시 료
흐트러져 버리는 시료 : 모래	자연 상태를 유지하는 시료 : 점토
모래는 현장상태를 고스란히 유지하기 어려우므로 표준관입시험으로 지반을 두들겨 N값을 알아낸다.	시료가 채취될 수 있어 주상도를 꾸밀 수 있다. 단일샘플링과 콤포지트샘플링 등 다양하다.

4.6 사운딩(Sounding)

1) 정의

Rod 선단에 설치한 저항체를 땅속에 삽입하여서 관입, 회전, 인발(빼올리기) 등의 저항으로 토층의 성상을 탐사하는 방법으로서 원위치시험이라고 한다.

2) 종류

☞ 표 4.6.2.1 사운딩의 종류

종 류	목 적
표준관입시험	사질지반의 밀도측정
베인테스트	점토지반의 점착력 파악
콘 관입시험	흙의 경연정도 조사하며 연약한 점토질 지반에 사용
스웨덴식 사운딩시험	관입량과 회전수로 토층의 상황판단

3) 표준관입시험(Standard Penetration Test : SPT)

㉮ 개요

① 주로 모래의 다짐정도(N치)로 내부 마찰각을 추정하는 것으로, 표준 Sampler를 붙여 지층 1.5-2m정도나 지층이 바뀔 때마다 63.5kg의 해머로 75cm의 높이에서 떨어뜨려 관입량 30cm에 달하는 데 요하는 타격횟수 N치(표준관입치)를 구해 토질의 지지력을 파악한다.

② 사질지반의 다짐상태 파악에 적합하며 점토지반에서 는 편차가 커서 신뢰성이 없다. 시료를 꺼내어 토질명, 색깔 등을 조사하여 주상도(柱狀圖)를 작성한다.

㉯ 시험순서

① 로드(rod)선단에 샘플러 부착

② 로드상단에 63.5kg의 추를 75cm에서 자유낙하

③ 지반에 30cm 관입 시 필요한 타격횟수 N값 측정

☞ 그림 4.6.3.1 표준관입시험

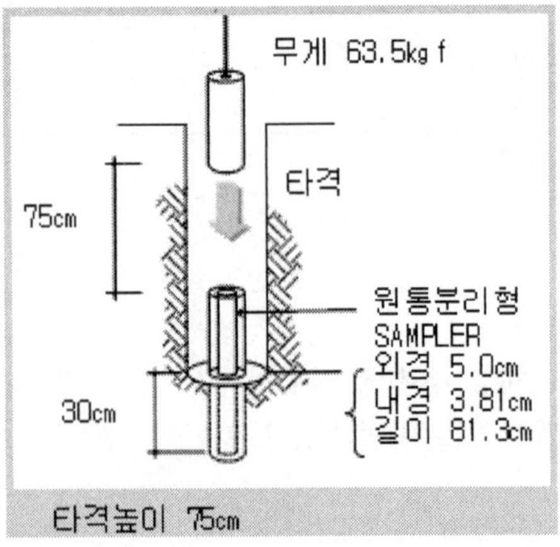

☞ 그림 4.6.3.2 표준 관입시험에 의한 지질 주상도

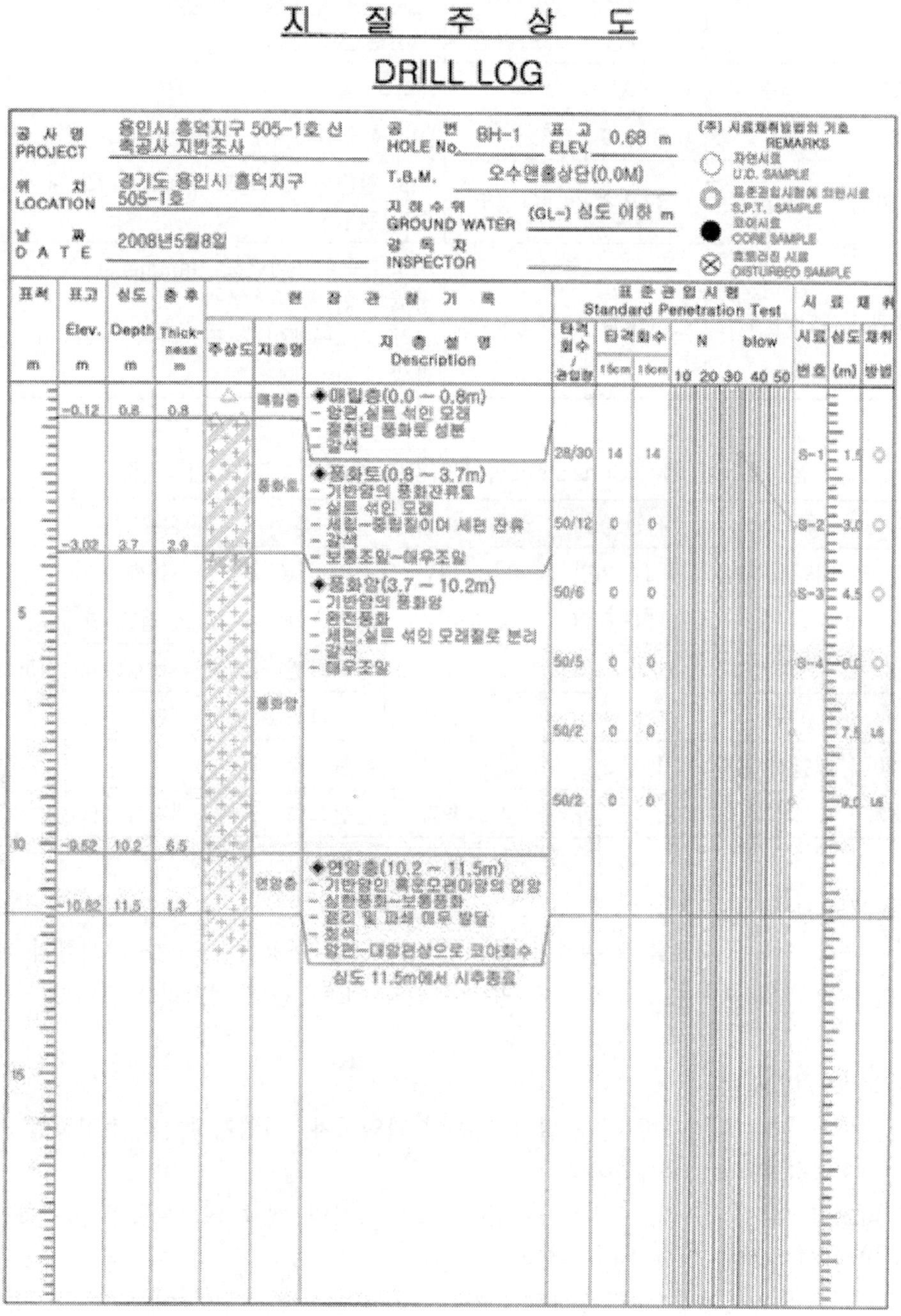

☞ 표 4.6.3.1 사질토에서 N치 (상대밀도, 내부마찰각, 감각기준)

N치	흙의상태	상대밀도	내부마찰각	현장관찰
0~4	대단히 느슨	0.2미만	30° 미만	D13 철근이 손으로 쉽게 관입
4~10	느슨	0.2~0.4	30~35°	삽으로 굴삭 가능
10~30	중간	0.4~0.6	35~40°	D13 철근이 5파운드 Hammer로 쉽게 관입
30~50	조밀	0.6~0.8	40~45°	D13 철근이 5파운드 Hammer로 쳐서 30cm 정도 관입
50 초과	대단히 조밀	0.8 초과	45° 초과	D13 철근이 5파운드 Hammer로 쳐서 5~6cm 정도 관입 굴착 시 곡괭이가 필요하며 타입 시 금속음 발생

☞ 표 4.6.3.2 점성토에서 N치 (Consistency, 전단강도, 일축압축강도, 감각기준)

N치	흙의상태	전단강도	일축압축강도	현장관찰
2 미만	대단히 무름	0.14 미만	0.25 미만	주먹이 10cm 정도 쉽게 관입
2~4	무름	0.14~0.25	0.25~0.5	엄지손가락이 10cm 정도 쉽게 관입
4~8	중간	0.25~0.5	0.5~1.0	노력하면 엄지손가락이 10cm 정도 관입
8~15	단단	0.5~1.0	1.0~2.0	손가락으로 관입 곤란
15~30	대단히 단단	1.0~2.0	2.0~4.0	손톱으로 자국이 남
30 초과	딱딱	2.0 초과	4.0 초과	손톱으로 자국을 내기가 어려움

4) 베인(Vane) 테스트

땅속의 토층에서 시료를 채취하지 않고 보링구멍을 이용하여 +자 날개형의 베인을 지반에 박고 회전시켜 그 저항력에 의하여 연약 점토지반의 점착력을 판단한다.

5) 콘(Cone)관입시험

㉮ 강봉의 선단에 원추형 콘을 달고 지중에 관입시켜, 관입저항치를 측정하여 지반의 지지력을 측정하는 시험이다.

㉯ 비교적 넓은 지역의 조사 시 보링공과 공 사이의 개략적인 토층성상을 파악하기 위해 실시하며, 연약지반에 주로 사용된다.

6) 스웨덴식 사운딩시험

스웨덴식 시험기를 사용하여 하중을 5, 15, 20 50, 75, 100kg으로 점차적으로 증가시켜 그 관입량을 계측하고, 100kg에서 멈춘 이후는 핸들로 회전시켜 반회전마다 관입량을 계측하고, 25cm 피치마다의 반회전수를 기록하여 하중, 회전수, 관입량으로부터 지지력을 조사한다.

4.7 지내력 시험

1) 정의

지반면에 직접 하중을 가하여 기초지반의 지지력을 추정하는 시험을 말한다.

2) 종류

㉮ 평판재하시험(Plate Bearing Test : P.B.T)

① 기초저면까지 판 자리에서 직접 재하하여 허용지내력을 구하는 시험

② 시험방법

㉠ 시험은 예정 기초저면에서 행한다.

㉡ 하중 시험용 재하판은 정방형 또는 원형의 면적 0.2m^2의 것을 표준으로 하고 보통 45cm 각(0.2025m^2)의 것을 사용한다.

㉢ 단기하중에 대한 허용지내력은 총침하량이 2cm에 도달하였을 때 또는 침하량이 2cm이하라도 침하곡선이 항복(降伏)상태를 보일 때 중 작은 값을 기준으로 산정한다.

㉣ 장기하중에 대한 허용지내력은 다음 값 중 작은 것으로 한다.

ⅰ. 총 침하량이 20mm에 도달했을 때 단기하중의 1/2

ⅱ. 침하곡선이 항복상황을 표시할 때 단기하중의 1/2

ⅲ. 파괴 시 극한하중의 1/3

☞ 그림 4.7.2.1 평판 재하 시험

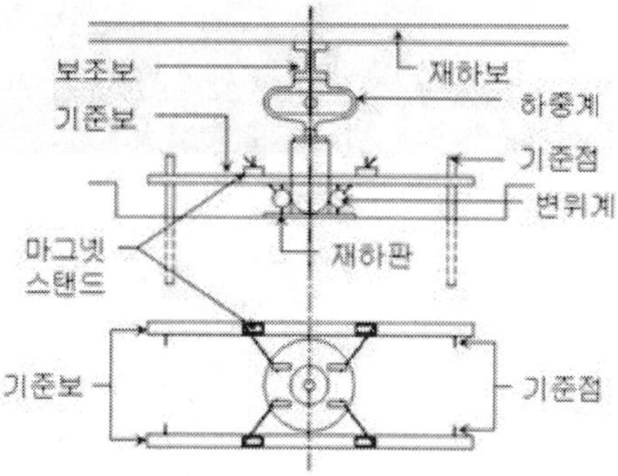

☞ 사진 4.7.2.1 평판 재하 시험

㉯ 말뚝재하시험

① 사용예정인 말뚝에 대해 실제로 사용되는 상태 또는 이것에 가까운 상태에서 지지력 판정의 자료를 얻는 시험으로 직접적으로 지지력을 확인하는 방법

② 종류

㉠ 정재하시험

㉡ 동재하시험

㉰ 시험순서

① 시험면 터파기 → ② 재하판 설치 → ③ 하중대 설치 → ④ 재하 및 침하량 측정 → ⑤ 단기허용지내력 산출 → ⑥ 장기허용지내력 산출

☞ 사진 4.7.2.2 파일 정재하 시험

☞ 사진 4.7.2.3 파일 동재하 시험

5. 지반개량공법

5.1 개요

지반이 연약할 때는 하부의 경질지반까지 말뚝을 박고 심초공법 등에 의해 기초를 축조하는 것이 보통이지만, 연약지반이 깊을 때에는 연약지반에 마찰말뚝 등을 박아 하중을 지지시킨다. 이러한 경우 연약지반의 침하로 건물의 부동침하가 생기게 되므로 이것을 방지할 목적으로 지반을 개량하지 않으면 안된다.

어떤 지반개량법을 선택하느냐는 필요한 개량항목, 지반의 상태, 사용 가능한 기기, 그 지역에서의 경험, 그리고 비용 등 몇 가지 요소에 의한다. 가장 널리 사용되는 지반개량법은 Preloading이다. 압밀기간을 단축하기 위해서 Vertical Drains를 병용하는 경우가 있다.

비교적 가벼운 구조물에 대해서는 전 침하량이나 부동침하량을 줄이기 위해서 Lifting기초가 사용된다. 예를 들면 1.5m 깊이로 굴착하면 배토중량은 거의 2층 건물의 전 중량과 같아진다. 그러나 지하수위의 저하나 건물에 인접한 성토(Embankment)등에 의해서 건물의 침하나 피해가 생기는 경우가 있다.

5.2 연약지반 개량공법의 종류

1) 치환공법

연약한 토층부분을 전면적 혹은 부분적으로 제거하여 양질의 토사로 대치하는 공법이다. 간단하고 효과가 확실하다. 또한 설비가 간단하고 시공관리가 용이할 뿐만 아니라 장비 투입에 따라 공정을 빨리할 수도 있다. 활동치환에 의한 방법은 토사의 측방에 소단모양의 성토를 하여 활동에 대한 저항모멘트를 증가시켜 성토 지반의 활동파괴를 예방하는 공법이다.

☞ 표 5.2.1.1 치환공법의 종류

종　류	방　　법
굴착치환공법	연약층의 일부 또는 전부를 굴착 제거하여 양질의 흙으로 치환하는 공법
미끄럼치환공법	양질의 치환토의 성토자중에 의해 연약층 전단면을 강제적으로 밀어내어 연약지반을 양질토로 치환하는 공법
폭파치환공법	연약층 중에 폭약을 삽입하여 폭발시킴으로써 연약토를 밀어내어 양질의 성토재와 치환하는 공법

2) 재하공법

☞ 표 5.2.2.1 재하공법의 종류

종 류	방 법
Proloading공법	구조물을 축조하기 전에 미리 성토하여 하중을 가함으로서 압밀을 마치게 하는 공법이다. 공사비가 저렴하고 특히 도로의 성토, 제방 축조 등 하중으로 이용하여 개량 후 하중을 제거할 필요가 없을 때 유리하다. 그러나 압밀에 소요되는 시간이 길어진다는 단점이 있다.
Surcharge공법	도로 포장 시 계획높이 이상으로 성토하여 압밀시킨다. 또한 연약지반에 성토를 하면 지지력의 부족으로 성토가 과다한 침하를 일으켜 성토부의 측방에 융기를 일으키게 되므로 융기하는 부위에 하중(Surcharge)을 가하여 균형을 취하는 방법이다.

3) De-Watering System

☞ 표 5.2.3.1 배수 시스템의 종류

종 류	방 법
외부배수시스템	지하벽체 외부에 소정의 심도에 배수층을 만들어 유공관을 통하여 집수정으로 지하수를 모은 후 펌프에 의해 배수처리 한다.
기초바닥 영구배수시스템	기초슬래브 아래에 인위적으로 배수층을 만들고 유공관을 통하여 집수정으로 지하수를 모아 펌프에 의한 강제배수처리를 함으로서 양압력 및 수압을 감소시킨다.

☞ 사진 5.2.3.1 외부배수 시스템에 의한 De-Watering 작업 순서

1.사용 유공관 Φ200, Φ100

2.바닥 트랜치 파기

3.트랜치 부위 부직포 깔기

4.부직포 위 자갈 깔기(두께 100mm

5.유공관 설치 후 자갈 채움

6.자갈 채움 완료

7.부직포 덮기

8.부직포 2차 덮기

9.바닥 비닐 깔기

10.버림 콘크리트 타설 전

4) 탈수공법

㉮ 샌드드레인(Sand Drain)공법

① 점성토 층의 투수성은 대단히 나쁘므로 단시간에 개량할 수가 없다. 그러므로 점토지반에 Sand Pile을 조성하고, 성토에 의해 하중을 가하면 장기간에(2-3개월) 걸쳐 점토 중의 물이 Sand Pile에 집중되고, Pumping에 의해 지반에 배수시켜 압밀촉진 한다.

② 방법

㉠ 지름 40~60cm의 철관을 적당히 간격으로 때려 박는다.

㉡ 철관 속에 모래를 다져 넣어 모래말뚝을 형성한다.

㉢ 지표면에 성토하중을 가하여 모래말뚝을 통해서 수분을 탈수 시킨다.

☞ 그림 5.2.4.1 샌드드레인 공법

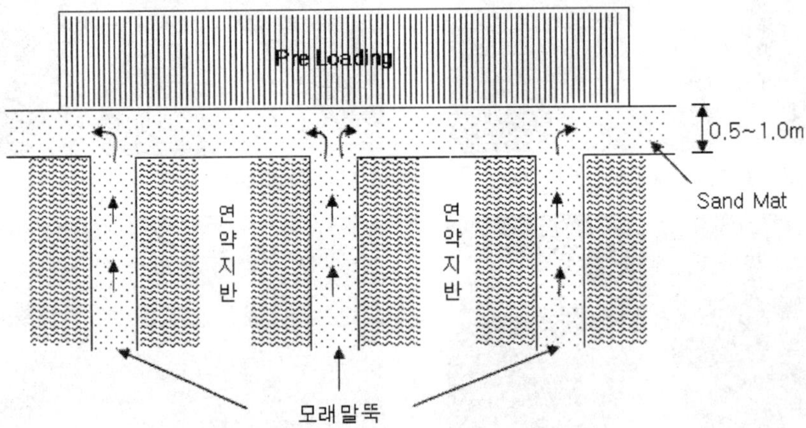

㉯ 웰포인트(Well Point)공법

① 사질지반에 대표적인 탈수공법으로 집수 장치를 붙인 파이프를 지중에 박아 이것을 지상의 집수관에 연결하여 펌프로 지중의 물을 배수하는 공법

② 특징

㉠ 투수층이 비교적 낮은 사질 Silt층까지 강제 배수

㉡ 흙의 안정성을 대폭 향상

㉢ 진공도를 감안 시 높이는 4~6m 정도

☞ 그림 5.2.4.2 웰포인트의 구조

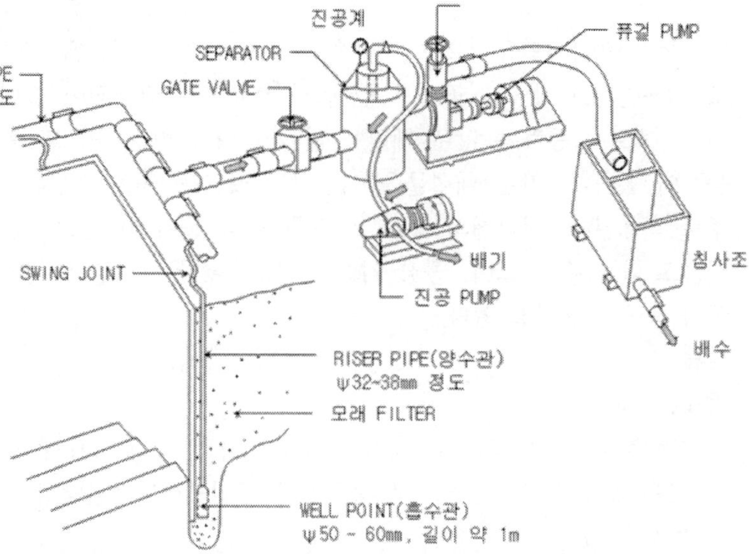

㉰ 페이퍼드레인(Paper Drain)공법

점토로 형성되거나 매립된 지반은 그 토질 자체가 높은 함수비를 가지면서 투수계수가 대단히 낮아 항상 토중의 물을 배수시키지 못하고 그 자체가 갖고 있기 때문에 지반 자체가 연약한 상태가 된다. 압밀을 촉진시키기 위해서는 배수거리를 짧게 하며 배수공은 특수 투수재를 사용하여 수직으로 조성하여 단시간에 많은 양의 배수를 계속적으로 진행시켜 나간다.

㉱ 생석회말뚝공법

지반내의 생석회(CaO)에 의한 말뚝을 설치하여 흙을 고결화시켜 지지력의 증대와 말뚝 주변의 지반 강화를 도모하는 방법

5) 기타공법

㉮ 고결안정 공법

토립간의 공극을 충진하며 지반을 불투수성으로 하여 방수효과를 높이는 것과 동시에 연약지반을 고결시켜 지내력을 증가시키는 두 가지 목적에 이용한다.

① Grouting공법(시멘트 주입공법)

파이프를 지중에 박아 놓고 시멘트페이스트를 compressor에 의해 지반 중에 주입하는 공법

② 약액주입공법

주입제 : 시멘트, 점토, 벤토나이트, 아스팔트, 약액

㉯ 인공동결공법

① 개요

인공동결공법은 인공적으로 지반을 동결시켜 일시적인 흙막이벽, 방호벽 등으로 이용하는 현장 즉, 공사로 인해 하천의 유로 단면적이 줄어들 염려가 있다거나, 도로 교통량에 많은 제한을 받을 우려가 있는 곳, 또는 지하수 오염 가능성이 있거나, 기존 매설물을 이설하지 않고 공사를 수행하려는 현장 등에서 주로 적용된다. 냉각제의 종류, 열교환 형식 등에 따라 브라인 방식과 gas 방식으로 나눌 수 있으며, 공장 기초, 지하철 굴착공사, 지하 저장탱크, 상하수도 공사 등에 사용되고 있다.

② 분류

㉠ Gas 방식

액체질소(LN2)등의 저온액화 Gas를 지중의 동결관 내에 공급하여 주위 지반을 동결시키는 방식으로 종류에는 주입방식, 순환방식, 주입, 순환 병용 방식이 있다.

㉡ 브라인(Brine)방식

염화칼슘, 염화마그네슘등의 수용액(Brine)을 냉동기에서 -20℃~-30℃정도로 냉각하여 지중에 순환시켜 지반을 동결시키는 방식이다.

㉰ 전기화학공법

점토입자의 Ion을 화학반응 일으켜 전기화학적 경화로 지반을 강화시키는 공법으로, 전기침투공법과 전기고결공법이 있다. 물이 양극에서 음극으로 흐르는 원리를 이용한 공법이며 강재배수공법의 일종이다. 투수성이 매우 작은 점토지반에 효과가 있으나 현재는 Vertical Drain 공법(수직배수공법)에 밀려서 현재는 사용되지 않고 있다.

㉱ 진동다짐 압밀공법(Dynamic Consolidation)

8~40톤 되는 강제, Concrete Block 등을 낙하하여 지표면에 타격함으로서 동적 압밀작용을 일으켜 지반의 강도를 개량하는 공법이다. 초기에는 사질지반에 국한하여 사용되었으나 지반에 적용이 확대되고 있다. 최근 공법의 원리에 대한 이해가 높아지고 장비의 발달로 인하여 점토질 지반, 비 균질한 지반에 적용이 확대되고 있다.

㉲ Vibro Flotation 공법

지름 약 20cm 진동체 부분의 길이 약 1m의 대형 봉상진동기인 바이브로 플로트를 진동과 워터젯에 의하여 소정의 깊이까지 삽입하고 모래를 진동시켜 지반을 다지는 방법이다. 단, 점토층에는 효과 가 없다.

㉳ Vibro Composer 공법

특수Pipe를 관입하여 모래를 투입하고 이것을 진동하여 다지면서 파이프를 빼내어

Composer Pile(Sand Compaction Pile)을 구성하여 가는 공법이다. Composer Pile이 간극수의 배수로 역할을 함으로서 압밀 촉진 및 Pile자체의 다짐에 의한 지반개량을 한다.

㉳ J.S.P(Jumbo Special Pile)공법

① 목적

J.S.P공법은 지반 특성을 목적에 따라 개량하기 위해 공기와 물의 힘으로 지반을 굴착하여 토사를 지표에 배출함에 따라 인위적인 공간을 만들어 그 공극에 고화재를 충진하는 치환공법으로 지수성의 고강도지반을 형성하는 것을 주된 목적으로 하고 있다.

② 시공법

초고압(200kg/cm^2)의 제트를 이용하여 연약지반의 내력을 증가시키는 지반 고결재(시멘트 주입재)의 주입공법으로 double rod 선단에 Jetting 노즐을 장착하여 시멘트주입재를 분사하면서 회전하게 하여 지반을 강화한다.

☞ 사진 5.2.5.1 J.S.P 공법의 제트 분사 Test

☞ 그림 5.2.5.1 J.S.P 공법의 순서

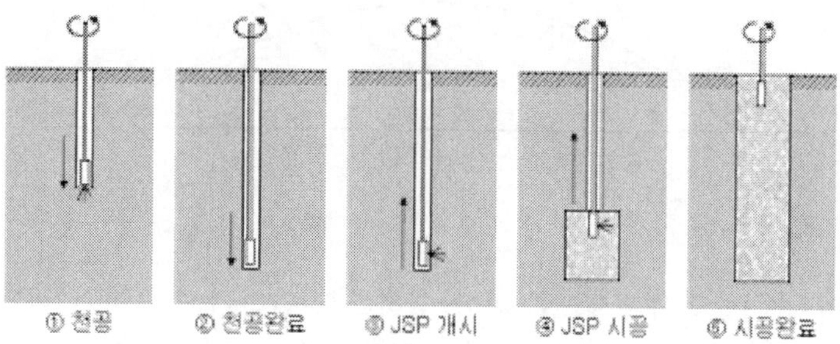

6. 터파기공사

6.1 터파기의 개요

기초공사를 하기 위하여 땅을 파는 일을 기초파기 또는 터파기라고 하며, 구덩이 파기, 줄기초 파기, 온통 파기 등이 있다.

6.2 흙의 부피 증가율

☞ 표 6.2.1.1 흙의 부피 증가율

토 질		부피증가율
모 래		15~20%
자 갈		5~15%
점 토		20~45%
모래+자갈+점토 혼합물		30%
암 반	연 암	25~60%
	경 암	70~90%

6.3 흙의 휴식각(안식각)

1) 흙 입자간의 응집력, 부착력을 무시한 때, 즉 마찰력만으로서 중력에 대해 정지하는 흙의 사면(斜面) 각도
2) 흙막이를 설치하지 않은 경우 흙파기 경사각(α)은 휴식각의 2배로 한다.

☞ 그림 6.3.1.1 토사의 휴식각

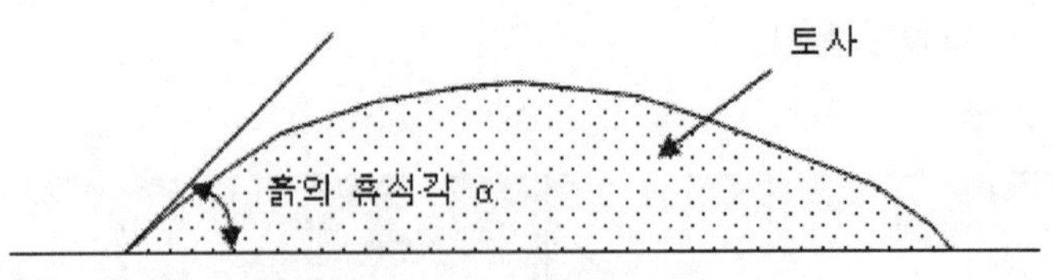

6.4 터파기의 주의사항

1) 잡석지정에 있어서는 잡석다지기로 인한 침하를 감안하여 기초파기 바닥을 약간 높게 한다. 즉 로움(Loam)토에서는 5~10cm의 침하량이 있다. 파기의 깊이는 소정의 바닥 깊이 이하로 파야하기 때문에 검사를 하면서 파야한다.

2) 토사의 붕괴가 우려되는 경우에는 흙의 휴식각을 참조하여 적절한 구배를 잡거나 널말 뚝 등에 의한 흙막이를 하여야 한다.
3) 기초파기로 인한 부근지반의 침하에 의해서 인접 건물에 손해를 주지 않도록 조치를 취한다.
4) 용수, 우수, 괴는 물 등은 집수정을 마련하고 펌프로 배수한다.
5) 기초파기에는 삽으로 파기와 기계파기가 있다. 삽으로 파기는 깊이 약 1.5m마다 단젓힘으로 한다.
6) 기초파기에 의해 파여진 흙은 용적이 팽창하므로 잔토, 반출토량의 계산에 있어서는 이 양을 고려해야 한다.
7) 저지반면을 직접 지지지반으로 할 경우 기계굴삭을 하면 기계의 중량이나 진동으로 지지지반이 흐트러질 염려가 있으므로 거기에서 약 10~20cm 여유를 두고 기계굴착을 중지하고 잔여분은 삽 등의 인력파기로 한다.

6.5 터파기공법의 종류

1) 오픈 컷(Open Cut)공법

㉮ 흙막이 지보공(支保工 ; 버팀대)이 필요 없이 굴착면을 경사지게 파내는 공법

㉯ 지반 양호하고 여유 있을 때 사용한다.

☞ 그림 6.5.1.1 오픈 컷 공법

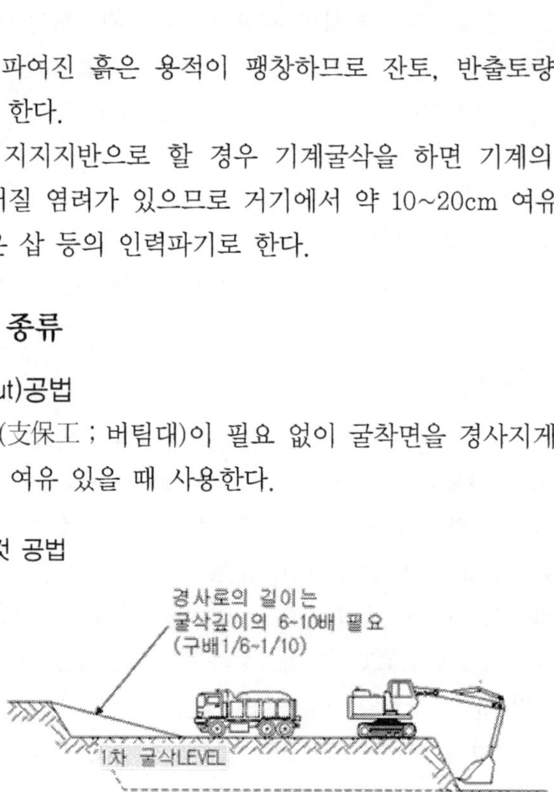

2) 아일랜드 컷(Island Cut)공법

㉮ 개요

사면이 있는 Open Cut 공법과 흙막이 Open Cut공법의 장점을 살리고 결점을 시정하려고하는 공법으로 굴착면적이 넓은 대지에 적용한다(또 깊이가 비교적 얕은 경우에 유리)

㉯ 시공순서

① H-pile이나 Sheet Pile 등을 소정의 깊이까지 박는다.

② 흙막이 벽이 자립할 수 있는 깊이까지 비탈면을 남기고 내부를 굴착한다.

③ 중앙부 구조체를 완성한다.

④ 중앙부 구조체에 버팀대를 걸쳐가면서 외주부분을 굴착한다.
⑤ 외주부분 구조체를 완성한다.

3) 트랜치 컷(Trench Cut)공법

㉮ 개요

아일랜드 공법과 역순으로 건물의 측벽이나 주열선 부분을 먼저 파내고 주변부 기초를 축조한 다음 중앙부를 굴착하여 지하구조물을 완성하는 공법

㉯ 시공순서

① 외주부분 흙막이벽 설치
② 외주부분 굴착
③ 외주부분 구조체 축조
④ 중앙부의 나머지 부분 굴착
⑤ 중앙부 구조물을 외주부분 구조물과 연결하여 지하구조물 완성

6.6 되메우기 시 주의사항

1) 실적률이 큰(공극이 적은), 다지기 쉬운 흙(일반적으로 사질토)을 선정
→ 점성토는 침하가 장기적으로 일어나므로 바람직하지 않다.
2) 되비비기한 흙의 다짐은 함수비(흙의 다짐시험)를 확인하여 함수상태를 조정하며 실시
3) 30cm 두께로 고르게 깔고 RAMMER, VIBRATION ROLLER 등으로 반복하여 다진다.
4) 지중보와 기둥 연결부의 다짐에 특히 주의 (→ 지반개량재로 보강하기도 한다)
5) 되메우기 후 최종마감(포장, 바닥CON'C 등)은 가능한 시간차를 두고 한다 : 1개월 정도
6) 구조물 상부 되메우기 시, 구조물의 허용응력을 확인하고 장비 관통 시 최소두께 50cm
7) 특성이 다른 재료가 반입될 시에는 교대층을 이루도록 포설한다.
8) 침하의 우려가 있을 때에는 더돋기를 시행한다.

☞ 표 6.6.1.1 토사의 종류

토사종류	쌓 기 높 이		
	3m 미만	3m 이상 ~ 6m 미만	6m 이상 ~ 9m 미만
일반토사	높이의 10%	높이의 8%	높이의 7%
사력토사	높이의 5%	높이의 4%	높이의 3%

☞ 사력토

역질토(礫質土), 경운(耕耘)이 어려울 정도로 돌을 함유한 흙

7. 흙막이공사

7.1 흙막이공사의 시공순서

1) 도면, 시방서, 공정표, 계획서 검토

㉮ 도면 및 시방서를 상세히 검토, 분석하여 적용공법, 지질조사 및 토질분석, 재료시험 방법 등을 분석 검토한다.

① 시방서에 명기된 부분 중 현장 특기사항 및 적용공법 및 기능에 대하여 발췌 정리한다.

② 공법별로 반입 장비 및 필요자재 등을 검토한다.

③ 흙막이공사 공법을 비교하여 적용공법을 분석한다.

④ 도급내역서를 분석하고, 계측회수, 계측종류, 소요물량 등을 검토한다.

⑤ 특기시방서를 면밀히 검토하여 ,적용공법 등 특이사항을 발췌한다.

㉯ 전체공사 예정공정표를 정확히 검토 및 분석(작성)하여, 각종자재 및 투입장비 등의 투입계획을 작성한다. 각공종별 투입자재, 장비의 사양과 반입 일정 및 운행 동선을 검토한다.

㉰ 가설공사 시공계획서를 세밀히 검토하여 흙막이 공사시의 문제점 및 간섭사항을 파악한다.

① 업체 선정 시의 현설자료 및 실시공 물량산출, 공사범위 등이 계획서에 제대로 반영되어 있는지 확인한다.

② 후행공사 진행 단계별로 흙막이공사의 진행일정을 전체공정표를 근거로 하여 공종 진행별로 흙막이공사의 진행내용 및 소요장비 등의 일정표를 작성한다.

㉱ 흙막이공사 시공계획서 검토

① 흙막이 설치계획(장비조합 및 투입규모 포함)을 검토한다.

② 굴착작업 진행계획을 검토한다.(일일굴착 깊이, 토사반출량 등)

③ 지질조사보고서와 현장상황이 일치하지 않을 경우 설계검토 보고서를 작성하여 설계변경을 추진한다.(토질샘플, 계산서, 검토서, 수정시방서 등을 준비한다.)

㉲ 시공상세 도면 검토

① 흙막이 설치 도면을 검토한다.

② 시공 중 안전시설물 및 설치계획을 검토한다.

③ 가배수로, 가설방음벽, 세륜세차시설 등의 가시설물 설치계획을 세밀하게 검토한다.

㉳ 계측기준을 정확히 파악하고 계측방법, 계측횟수, 계측 기준치 등을 정리한다.

2) 사전조사

㉮ 공사개요 및 지반여건 분석

① 지형, 토질, 기상조건, 타 공사와의 관련성을 검토한다.

② 굴착 깊이, 흙막이공법 및 차량동선, 투입장비 및 토공사 물량 및 장비 조합 등을 조사한다.

③ 주변지형으로부터 단지 내로의 홍수량 유입정도, 터파기 및 깎기 시 사면 등의 안정성여부, 풍향 등을 조사한다.

④ 현장주변의 민원예상지역을 파악하고 소음, 진동에 대한 수립된 대책을 검토한다.

⑤ 기존 지장물 현황을 분석하고 줄파기를 시행하여 지장물의 존재 여부를 사전 확인한다.

⑥ 작업차량의 진, 출입로를 분석하고 주변 교통의 흐름을 분석한다.

⑦ 주변 지형을 살펴서 공사 전 손상 및 파손된 부분 등을 파악하여 기록을 남긴다.

⑧ 지질조사서를 분석 검토하여 지질의 분포 및 지내력을 확인하고 지하수위도 확인 해둔다.

㉯ 도면과 현장의 일치여부 확인

설계도상의 굴착깊이 및 계획고, 도로구배 등이 실제 여건에 부합되는지 여부를 판단하고, 부합되지 않을시 현장 상황을 있는 그대로 조사하여 설계변경을 추진하여 승인을 득한다.

㉰ 대지경계확인

① 지적경계 명시측량 후에 시공측량을 실시하여 그 결과를 감리 및 감독의 확인을 받아둔다.

② 단지의 장단변 방향, 폭 또는 길이가 급격히 변하는 부분 등의 연장을 실측하여 단지계획도상의 설계와 비교 검토하여 상이점 발견 시 즉시 설계변경을 추진한다.

㉱ 대지 주변 현황도를 작성

① 주변도로, 인접건물 및 차량 진출입 교통량 등을 분석한다.

② 설계 시 반영된 지장물 조사서를 검토하고 실지 존재 여부를 파악한다.

㉲ 경계측량 및 주변 현황도를 바탕으로 부지에 대한 일치여부를 확인

① 설계 시 측량점과 경계측량점의 일치여부를 경계측량 시 인접대지 소유자를 현장으로 초청하여 입회시킨다.

② 부지 내 혹은 주변의 지장물이 설계도서와 일치 하는지를 확인하기 위하여 각 담당자 입회하에 줄파기를 시행하여 확인한다.

③ 상이점 발견 시 도면에 위치를 파악하여 정확히 명기하고 각담당자들의 확인을 받는다.

㉥ 후속작업과의 관련성 검토

① 지장물이 있을 경우 철거작업이 완료된 후 흙막이공사를 시행한다.

② 타 공사의 터파기 및 흙막이공사의 설치시기 및 철거시기와 후속공사(기초, 골조공사 또는 배관공사 등)과의 관련성을 고려하여 타 공정에 지장을 초래하지 않는 순서로 작업한다.

3) 공법검토

㉮ 선정된 흙막이 공법이 현장의 여건이 충분히 반영된 안정된 공법인지 검토한다.

㉯ 타 공법과의 비교검토를 하여 최적의 공법선정 여부를 판단하고, 장단점을 분석하고 당 현장의 문제점 및 애로사항을 발췌하고 대책을 사전에 수립한다.

㉰ 도면과 시방서상에 현실적으로 시공 불가능한 항목은 없는지 발췌하고 대책을 수립하여 적정 대안은 마련되어 있는지 판단한다.

㉱ 설계변경 항목은 무엇이며, 공사비의 증감 및 공기의 변경이 발생하는지 판단한다.

㉲ 사전 작성된 계측 계획서를 감리단과 협의하여 승인을 득하고 선정된 계측업체와 협의하여 설치위치 및 설치 시점 등을 협의하여 일정을 확정한다.

4) 공사 준비

㉮ 흙막이 설치 라인측량

① 지하구조물의 배치에 따른 흙막이 설치 라인을 측량하여 마킹한다.

② 폭우 시 대비하여 토사유출 및 흙막이 안정성을 해치는 일이 발생치 않도록 배수로 등을 정비한다.

㉯ 장비 및 자재 입고

① 사전 계획된 일정에 맞추어 장비 입고를 추진하고 자재의 반입도 확인한다.

② 가설전기의 투입 및 사용에 따른 검토를 사전에 하고 용량도 확인한다.

③ 흙막이 자재의 입고 시 검수를 시행하여 규격이 일치하는지 살펴보고 투입수량도 체크한다.

④ 장비투입 후 장비의 조립이나 조합시 안전한 방법으로 설치하는지를 작업자와 사전 협의한다.

⑤ 자재야적상태를 살펴보고 사용하기 쉽게 안전하게 야적되었는지 확인한다.

5) 흙막이 설치

㉮ 계획된 라인에 맞추어 흙막이를 설치한다.

① 지하구조물의 배치에 따른 사전 측량된 흙막이 설치 라인에 따라 흙막이를 설치한다.
② 조합된 장비를 운영하는 상태를 수시로 살펴서 계획된 공사량을 소화해 내는지 체크한다.

㈏ 계측기 설치
① 계측 계획 및 설치 일정에 따라 계측기를 설치한다.
② 지반침하계는 굴착 전 초기치를 설정하고 계측 행위를 시행한다.
③ 경사계 및 수위계는 흙막이 설치 진행에 따라 설치하고 초기치를 설정한다.
④ 주기적으로 계측 결과를 보고서로 접수받아 검토하고 감리에게도 송부한다.

6) 굴착

㉮ 굴착에 다른 흙막이 설치 및 계측관리를 지속적으로 추진한다.
㉯ 1일 굴착 깊이를 조정하여 흙막이에 무리가 발생되어 변위가 발생치 않도록 조치한다.
㉰ 굴착 중에 계측활동을 강화하고 계측횟수를 증가시켜 흙막이의 안정성을 집중 관리한다.
㉱ 흙막이 설치도와 일치되게 시공하고 변위 발생 시 즉시 굴착을 중단하고 보강 되메우기를 시행한다.
㉲ 지하수의 변동을 수시로 체크하여 당초 설계서와 일치하는지를 살핀다.
㉳ 굴착 토사의 운반 동선을 확보한다.
① 모든 토사의 운반은 승인을 득한 토공계획에 따라 시행한다.
② 운반차량의 운행동선을 사전확보하고 주행경로를 가급적 쌓기 부분을 통과하게 하여 주행하중에 의한 다짐효과를 기대할 수 있도록 한다.

7) 설치 마무리

㉮ 소요 굴착 깊이에 이르려면 흙막이에 대한 마무리 작업을 시행한다.
㉯ 흙막이 설치 도면과 보든 부분이 일치하는지 살피고 시공 중 무리한 부분이 있다고 판단되어지고 계측 결과치가 급격한 변위가 이루어진 부분은 보강한다.
㉰ 굴착완료 후 계측한 결과치를 검토하여 흙막이의 안정성을 종합 판단한다.
㉱ 흙막이 주변에 토사의 유실이나 빗물의 유입을 막기 위한 조치를 한다.
㉲ 지하수의 변동을 수시로 체크하여 굴착후의 변화를 살피고 흙막이에 미치는 영향을 검토하여 안정성을 확보한다.
㉳ 흙막이 상부에 안전시설을 설치하여 추락 사고를 사전에 예방한다.
① 지하출입용 가설 비계다리를 설치하고 각종 안전시설물을 설치한다.

② 지하구조물 시공에 따른 작업자의 동선을 고려하여 흙막이 주변에 작업자 동선을 확보한다.

8) 지하구조물 공사

㉮ 지하구조물 시공에 따른 흙막이 띠장이나 버팀대가 방해될 시에는 보강조치를 하고 철거한다.

㉯ 지하층별로 구조물 완성 후 되메우기 작업 전에 띠장의 해체로 인한 흙막이 변위에 유념하여 안정성을 확보하는 절차서를 작성하고 절차서의 준수여부를 확인한다.

9) 되메우기

㉮ 구조물공사 완료 후 후속공종의 작업이 완료되어 되메우기 시행 시 사전 수립된 되메우기 작업절차 및 시방에 따라 면밀히 시행한다.

㉯ 하단 띠장 해체 전 띠장의 높이만큼 양질의 토사로 되메우기를 시행하고 충분한 물다짐을 시행한다.

㉰ 되메우기 토사를 반입할시 차량 동선을 확보하고 구조물 외부 방수층이 손상되지 않도록 유의한다.

㉱ 층별로 되메우기 횟수를 정하여 일정높이로 골고루 되메우고 되메우기 토사에 이물질이 첨가되지 않도록 한다.

㉲ 지하수의 변동을 수시로 체크 하면서 양수 장비를 필요시점에 철거 반출 한다.

10) 흙막이 해체 반출

㉮ 매립형 흙막이가 아닌 경우 되메우기 시행 후 흙막이해체를 시행한다.

㉯ 흙막이 해체 시 진동이나 충격으로 기시공된 구조물에 충격이 가지 않도록 주의한다.

㉰ 해체된 흙막이 자재는 현장 내에 쌓아두지 말고 즉시 반출 조치한다.

㉱ 흙막이 해체 반출로 인한 되메우기 부분의 침하는 즉시 토사를 보충한다.

㉲ 흙막이 해체시의 장비가동으로 소음이 많이 발생하므로 주변 민원이 발생되지 않도록 한다.

7.2 흙막이 공법의 종류

☞ 표 7.2.1.1 흙막이 공법의 종류

<table>
<tr><td rowspan="6">지지방식에 의한 분류</td><td rowspan="3">자립식공법</td><td>줄기초 흙막이</td></tr>
<tr><td>어미말뚝식 흙막이</td></tr>
<tr><td>연결재 당겨매기식 흙막이</td></tr>
<tr><td rowspan="2">버팀대식 공법</td><td>수평 버팀대식</td></tr>
<tr><td>빗(경사) 버팀대식</td></tr>
<tr><td colspan="2">지반정착(Earth Anchor)공법</td></tr>
<tr><td rowspan="7">구조방식에 의한 분류</td><td rowspan="3">널말뚝식 공법</td><td>목재널말뚝</td></tr>
<tr><td>철근콘크리트 기성재 널말뚝</td></tr>
<tr><td>철재(강재)널말뚝</td></tr>
<tr><td rowspan="4">지하연속벽공법</td><td>ICOS(주열식)공법</td></tr>
<tr><td>프리팩트콘크리트 파일공법</td></tr>
<tr><td>S.C.W공법</td></tr>
<tr><td>Slurry Wall 공법</td></tr>
</table>

1) 자립식 흙막이 공법

㉮ 종류

☞ 표 7.2.1.1 자립식 흙막이 공법의 종류

종 류	방 법
줄기초 흙막이	깊이 1.5m 내외, 너비 1m 내외의 지층에 사용하는 간단한 흙막이
어미말뚝식 흙막이	어미말뚝(H형강)을 박고 굴착하면서 그 사이에 토류판을 설치하는 흙막이
연결재 당겨 매기식 흙막이	흙막이 말뚝과 널말뚝 상부에 ㄱ자 형강 또는 각재를 연결재(tie bar) 또는 로프로 끌어 당겨 매는 공법

㉯ 연결재 당겨 매기식 흙막이 시공순서

① 어미말뚝 시공 → ② 널말뚝 시공 → ③ 말뚝상부 띠장(ㄱ자, H자 형강) 설치 → ④ 로프 당겨매기 → ⑤ 흙파기

☞ 그림 7.2.1.1 연결재 당겨 매기식 흙막이

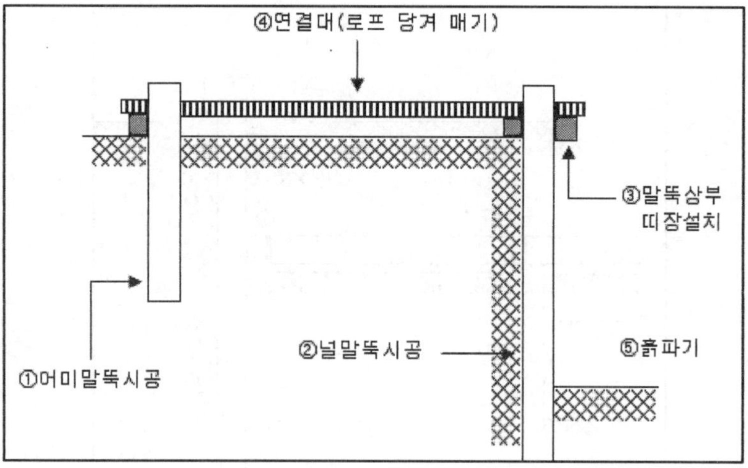

2) 버팀대식 흙막이공법

㉮ 빗버팀대식 시공순서

① 줄파기 → ② 규준대 대기 → ③ 널말뚝 박기 → ④ 중앙부 흙파기 → ⑤ 띠장 대기 → ⑥ 버팀말뚝 및 버팀대 대기 → ⑦ 흙막이 주변부 흙파기

☞ 사진 7.2.2.1 빗버팀대식 흙막이

☞ 그림 7.2.2.1 빗버팀대식 흙막이

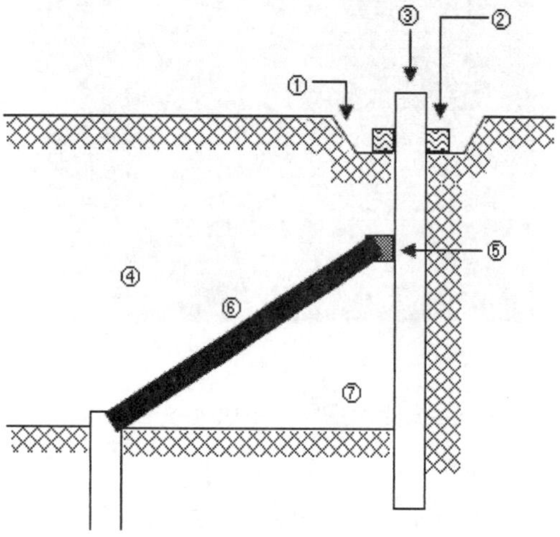

㉯ 수평버팀대식 시공순서

① 줄파기 → ② 규준대 대기 → ③ 널말뚝 박기 → ④ 버팀대까지 흙파기 → ⑤ 받침기둥 박기 → ⑥ 띠장 및 버팀대 대기 → ⑦ 하부 흙파기

☞ 그림 7.2.2.2 수평버팀대식 흙막이

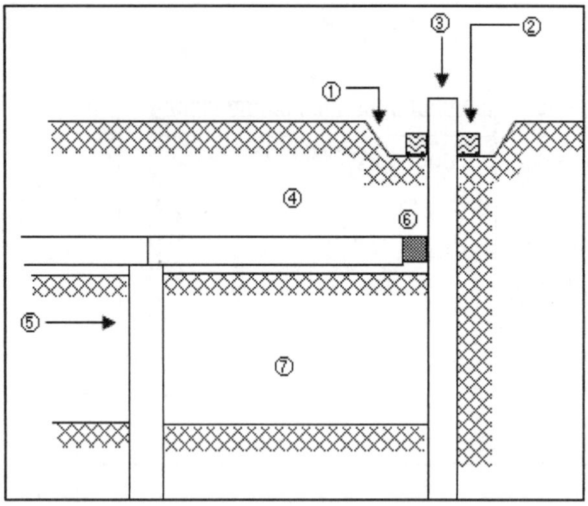

☞ 사진 7.2.2.2 수평버팀대식 흙막이

3) 영구스트러트(SPS : Strut as Permanent System)공법

㉮ 개요

지지공법 중 버팀대 방식인 가설 Strut공법의 성능을 개선한 공법으로 흙막이를 지지하는 Strut를 가설재로 하지 않고 영구구조물 철골구조체(기둥, 보)를 이용하여 굴토공사 중에는 토압에 대해 지지하는 역할을 하고 Slab타설 후에는 연직하중에 대해서도 지지하게 하는 공법이다. 이 공법은 흙막이벽을 시공한 후 터파기 공사 전에 소구경(Ø600~800mm) 천공기를 이용하여 정확한 수직도로 본기둥(철골

기둥)을 근입 설치하고, 소정의 지지력을 갖도록 기둥의 기초부에 Con'C를 타설하여 구근을 형성한 후, 매 층 단위로 본 구조물(보)을 설치, 이용 하여 토압을 지지하면서 목표깊이까지 굴토완료하고, 건물 기초 타설 후에는 지상과 지하층 골조공사를 동시에 진행(Up-Up공법)하는 공법이다.

㉯ 장점

① 기초공사 완료 후 지하, 지상골조 동시 시공으로 공기단축
② 가설 STRUT 해체 공정의 불필요
③ 공정간 간섭 극소화, 장비작업성 극대화
④ RC슬래브 띠장 형성으로 안정성 확보
⑤ 구조체 균열 및 주변 지반 변형 없슴
⑥ 지하 본 구조물과 가설재의 상호간섭 배제로 시공성 향상
⑦ 본 구조용 철골 간격이 넓어 장비의 작업성 향상
⑧ 폐기물 발생 저감

㉰ 단점

① 굴착공사 시 복합공정 진행으로 철저한 공정관리 필요
② 현장용접의 품질 관리 필요
③ 기둥의 수직도 품질 관리 필요

㉱ 시공순서

☞ 그림 7.2.3.1 영구 트러스공법 시공 순서

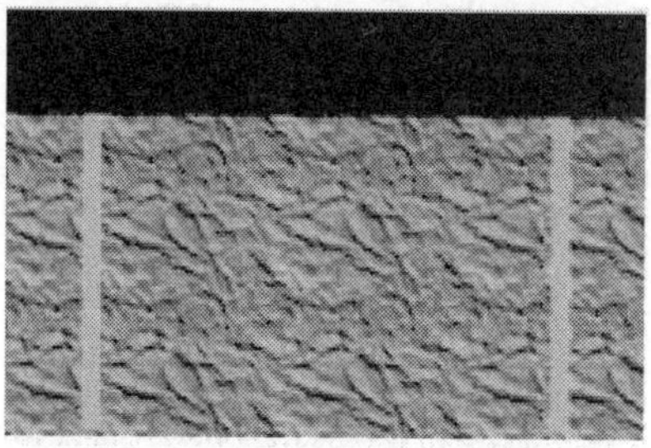

1. 흙막이 벽 시공

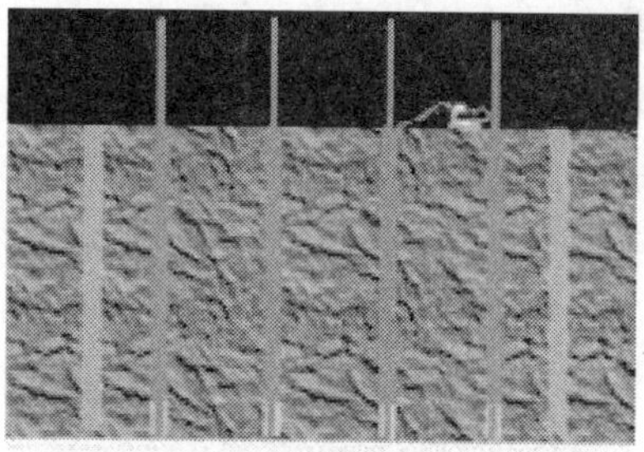

2. 철골기둥 천공 및 설치

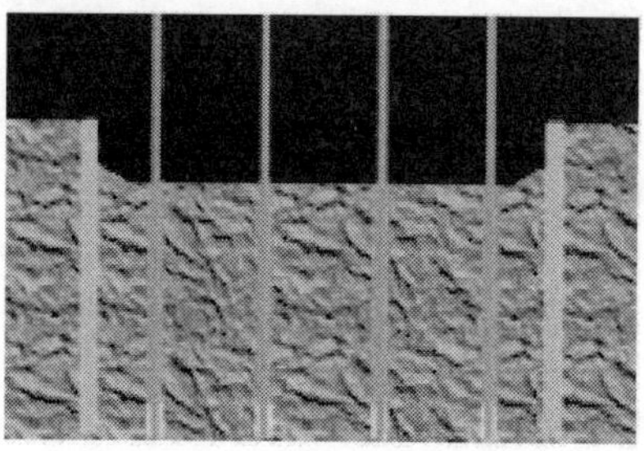

3. 지상1층 바닥 철골설치를 위한 굴토

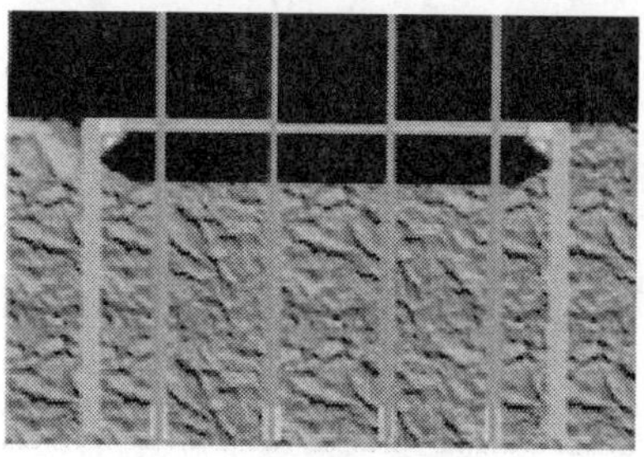

4. 지상1층 철골설치

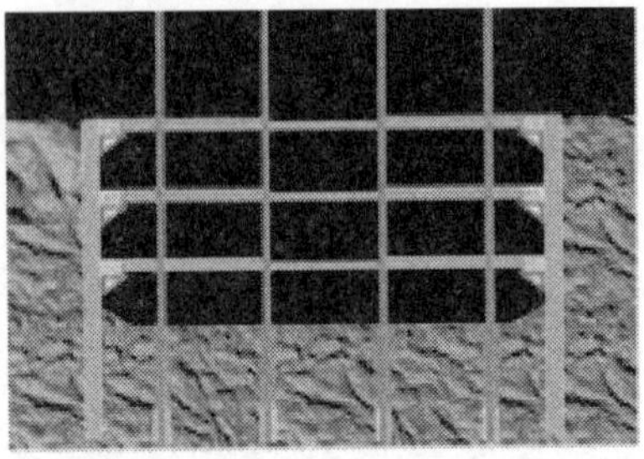

5. 각단 철골 설치

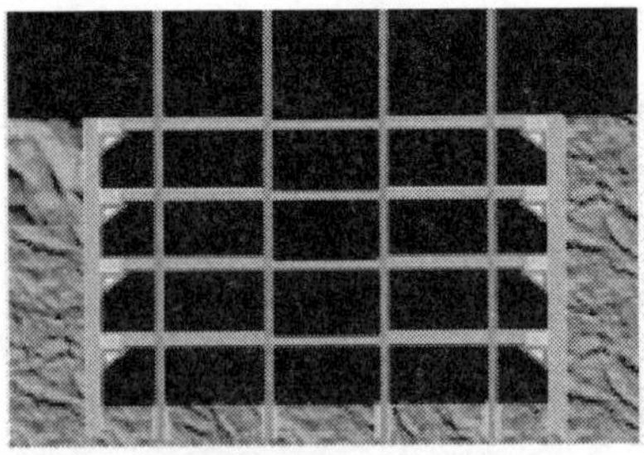

6. 기초 바닥면 굴착

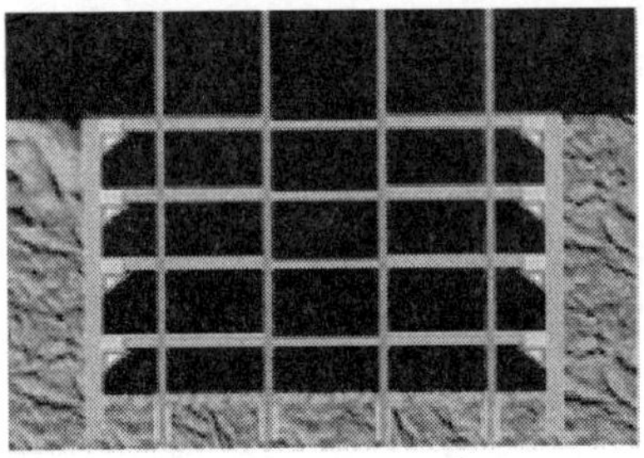

7. 기초시공

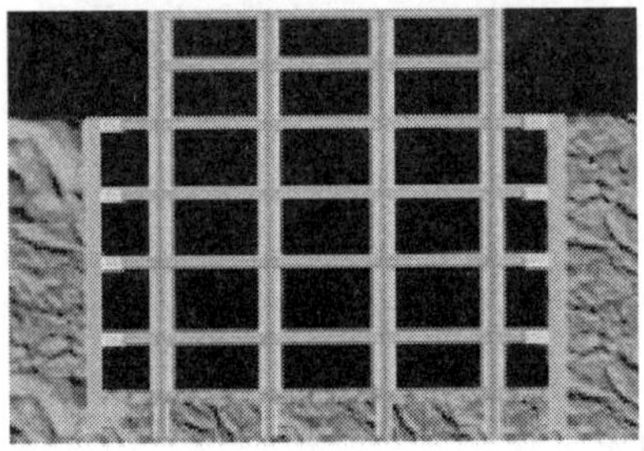

8. 지하 및 지상 구조물공사

4) 지반정착공법

㉮ Earth Anchor공법

버팀대 대신 흙막이벽을 Earth Drill로 천공한 후 그 속에 PC강선이나 철근 등의 인장재를 넣고, 그 주위를 모르터로 Grouting 하여 굳힌 후 외부에서 PC강선이나 철근 등에 인장력을 가해서 정착시키는 흙막이 공법이다.

소일 또는 록 앙카는 기초공사 분야에 Prestressing기법을 도입한 것이다. 이는 주로 사면보호, 옹벽 및 굴착면 앙카, 양압력의 기초슬래브 앙카 등에 사용된다.

☞ 그림 7.2.4.1 Earth Anchor의 기본 개념도

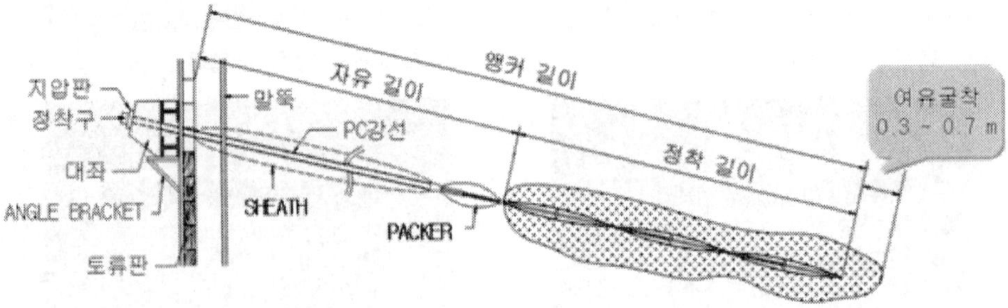

SHEATH : 자유길이부의 GROUT 부착에 대한 보호 / PACKER : 정착부 GROUT 밀봉

① 장·단점

☞ 표 7.2.4.1 Earth Anchor 공법의 장단점

장 점	단 점
㉠ 버팀대가 없어 굴착공간을 넓게 활용 ㉡ 대형기계 반입용이 ㉢ 작업공간이 좁은 곳에서도 시공 가능 ㉣ 공기단축이 용이 ㉤ 받침기둥 및 버팀재가 필요 없어 가설재 의 절약이 가능	㉠ 시공 후 검사가 곤란 ㉡ 인접한 구조물의 기초나 매설물이 있는 경우 부적합 ㉢ 사질토지반과 굴착심도가 깊어지면 ㉣ 주변대지 사용에 따른 민원 발생

② 시공순서

㉠ H-Pile이나 Sheet Pile 또는 콘크리트 등을 소정 깊이까지 수직으로 박아 어미말뚝을 설치한다.

㉡ 어미말뚝이 견딜 수 있는 만큼 흙을 판 후 띠장(토류판)을 설치한다.

㉢ 어스드릴로 구멍을 천공하고 PC케이블을 삽입하고 그라우팅 한다.

㉣ 다시 띠장을 설치하면서 계속해서 흙을 파내려 가며 이 방법을 반복한다.

㉤ 앵커를 긴장시켜 띠장에 정착시킨다.

③ 분류

☞ 표 7.2.4.2 Earth Anchor의 분류

종 류		내 용
용도별	가설용앵커	흙막이 배면에 작용하는 토압에 대응하기 위하여 설치하는 앵커로서 지하체가 완성되면 되메우기 전에 철거한다.
	영구용앵커	구조물의 별도 보강이 필요할 때 사용한다.
지지방식별	마찰력 지지형식	일반적으로 널리 이용되는 지지방식으로 anchor체의 주면 마찰저항에 의해 인장력을 저항하는 방식
	지압형 지지형식	앵커체 일부 또는 대부분을 국부적으로 크게 착공하여 앞쪽면의 수동 토압저항에 의해 인장력에 저항하는 방식
	복합형 지지방식	앵커체 앞면에 수동토압저항과 주면마찰저항 합에 의해 인장력에 저항하는 방식

④ 인장시험

㉠ 시험수량

i. 전체앵커수의 5%(최소 3개 이상)의 앵커에 대해 인장시험을 실시한다.

ii. 설계하중의 10% 이상의 하중이 재하시험 이전에 앵커에 작용되어서는 안 되며 시험하중은 전체 인장재에 동시에 작용시켜야 한다.

㉡ 시험방법

i. 구체적인 시험법이 설계도서에 제시되어 있지 않다면, 다음의 재하방법에 따라 점진적으로 하중을 재하하고 하중을 제거함으로써 인장시험을 실시한다.

ii. 앵커의 변위를 기록한 직후에 다음 하중을 가하며 앵커변위는 0.01mm 정도로 측정해야 한다.

iii. 인장시험에서 각 단계별 최대시험하중은 10분 동안 유지하여야 한다. 인장잭은 일정한 하중을 유지하기 위하여 필요하다면 다시 펌프질을 해야 한다.

iv. 하중유지시간은 최대시험하중을 재하하기 시작한 직후부터이고, 하중유지시간 동안 각 단계별 앵커의 변위는 1분, 2, 3, 4, 5, 6, 그리고 10분별로 측정하여 기록한다. 만약 1분과 10분 사이에 앵커의 변위가 1mm를 넘는다면, 각 단계에 해당하는 최대시험 하중을 다시 50분 동안 지속하여야 한다.

☞ 그림 7.2.4.2 Earth Anchor의 시공 순서

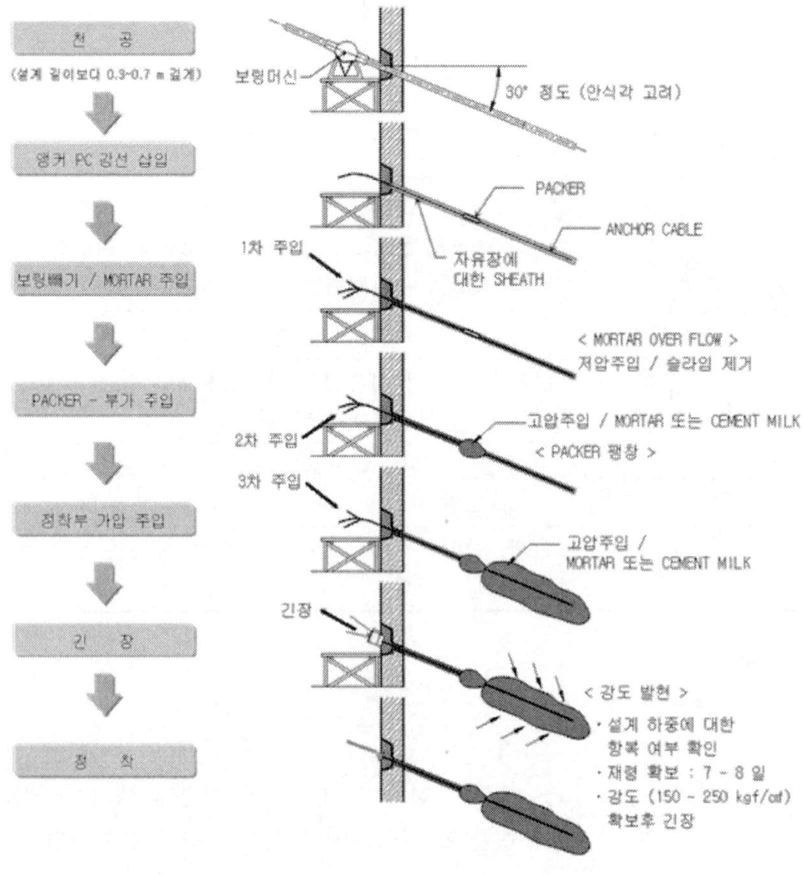

☞ 그림 7.2.4.3 Earth Anchor의 시험장치의

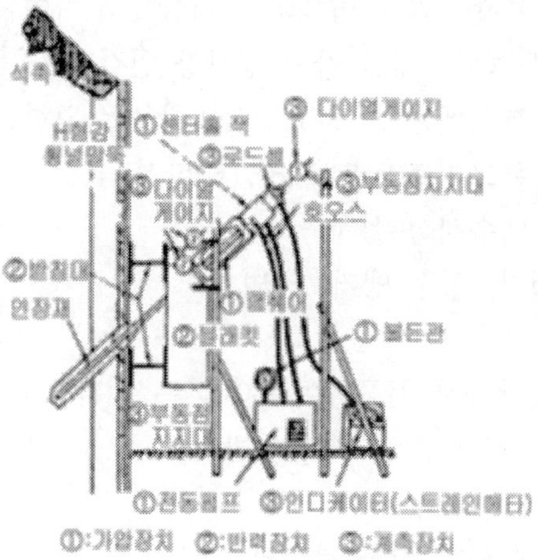

☞ 사진 7.2.4.1 Earth Anchor 인장 시험

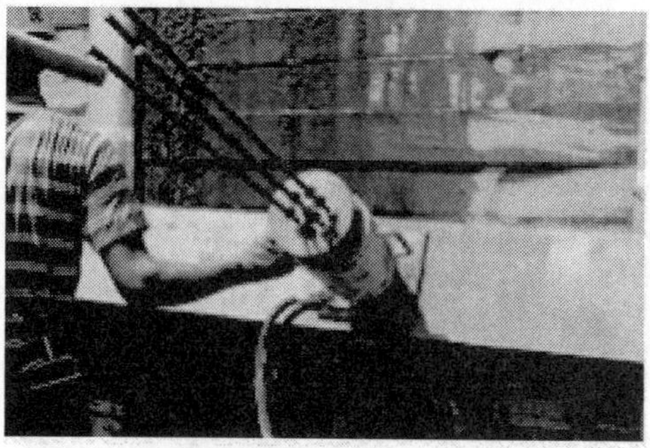

㉯ Soil Nailing(소일 네일링) 공법

① 개요

흙과 보강재 사이의 마찰력, 보강재의 인장응력과 전단응력 및 휨모멘트에 대한 저항력으로 흙 과 nailing의 일체화에 의하여 지반의 안정을 유지하는 공법(절토면이나 흙막이공법 등에 사용)

② Nail의 재료

㉠ 네일의 재료는 D22~D32(SBD 40)의 표준 이형철근 및 그에 상당하는 강봉 등의 재료를 사용한다.

㉡ 네일은 그 자체에 결함이 없어야 하며, 그라우트와의 부착이 양호해야 하므로 유해한 흙, 기름 등을 제거한 후에 사용해야 한다.

③ 작업순서

㉠ 천공 및 네일의 삽입

㉡ 그라우팅
㉢ 네일링 두부와 숏크리트 벽체와의 접합을 위하여 플레이트를 설치
㉣ 띠장의 역할을 하는 네일 간의 횡방향 연결철근을 설치
㉤ 네일 전면판 부위에는 숏크리트의 역할을 보완하는 와이어 메쉬를 설치
㉥ 뿜어 붙이기 콘크리트(SHOTCRETE)타설
㉦ 필요에 따라 배수시설 설치

㉰ Rock Anchor(록 앵커, 영구 앵커) 공법

① 개요

연약지반에서 암반까지 천공하여 설치하는 앵커로서, 암반과의 정착에 의해 구조물을 지지하는 영구용 앵커(부력 방지용)

② 용도

㉠ 피압수 부력에 의한 건물 부상방지용
㉡ 옹벽의 수평저항용
㉢ 암반부위 기초설치 시 sliding 방지

③ 작업순서

☞ 사진 7.2.4.2 Rock Anchor의 시공 순서

1. 기초바닥 천공

2. 천공부위 수직도 및 깊이 확인

3. 앵커체 삽입

4. 모르타르 주입

5. 기초 버림콘크리트 타설

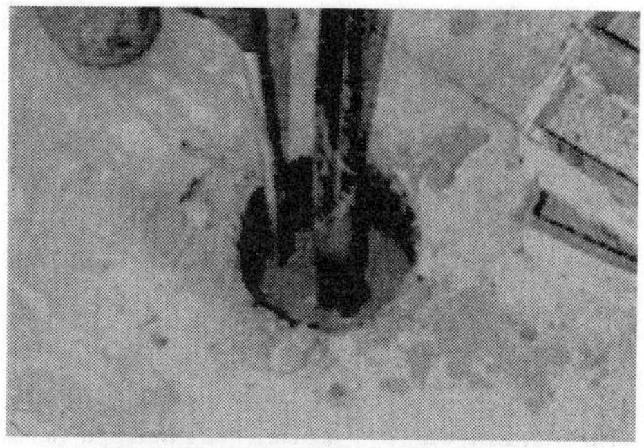

6. 기초콘크리트 타설 후 에폭시 주입

7. 인장작업

8. 강선 절단 후 캡 설치

7.3 널말뚝(Sheet Pile)식 흙막이 공법

1) 종류 및 특징

☞ 표 7.3.1.1 널말뚝의 종류

종 류	특 징	비 고
목재 널말뚝 (토류판)	㉮ 수밀성이 적다. ㉯ 경제적임 ㉰ 일반적으로 두께 60~100mm의 잡목 사용 ㉱ 널말뚝 길이는 엄지말뚝에 최소 40mm 이상 걸치도록 한다.	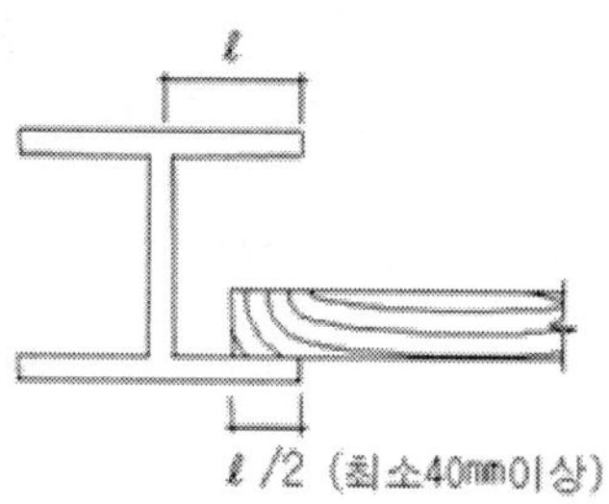

종 류	특 징	비 고
철재(강재) 널말뚝	㉮ 용수가 많을 때 사용 ㉯ 토압이 크고 깊은 기초 시 사용 ㉰ 맞물림 이음부위의 강성이 약하다. ㉱ 테라루스, 라르센, 유에스 스틸, 랜섬 종류 등이 있다.	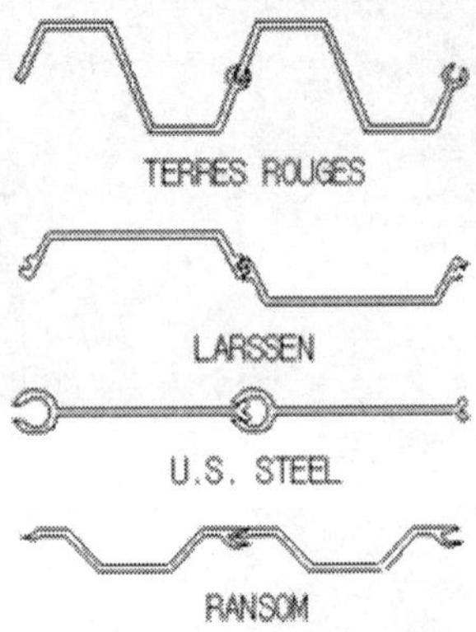
철근콘크리트 기성재 널말뚝	㉮ 프리캐스트 콘크리트 널말뚝 사용 ㉯ 길이는 3~7m, 지름은 40~50cm 등의 종류를 사용한다.	

2) 널말뚝 설치 시 발생하는 현상

㉮ 히빙(Heaving)현상

① 현상

흙막이나 흙파기를 할 때 하부지반이 연약하면 흙파기 저면선에 대하여 흙막이 바깥에 있는 흙의 중량과 지표 제 하중의 중량에 못 견디어 저면 흙이 붕괴되고, 흙막이 바깥에 있는 흙이 안으로 밀려 불룩하게 되는 현상

② 방지대책

㉠ 흙막이의 근입 길이를 경질지반까지 박는다.
㉡ 부분굴착을 하여 굴착지반의 안전성을 높인다.
㉢ 아일랜드 컷 공법을 채용해서 흙막이벽 전면에 중량을 부여한다.
㉣ 약액주입공법, 동결공법 등으로 굴착저면을 고결시킨다.
㉤ 강성이 큰 흙막이를 사용한다.

☞ 그림 7.3.2.1 히빙 현상

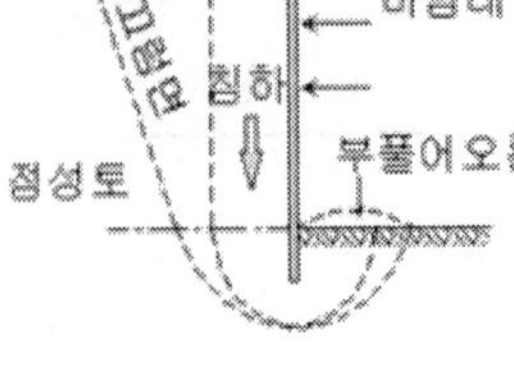

㉯ 보일링(Boiling)현상

① 현상

흙파기 저면의 침수성이 좋은 모래질 지반에서 지하수가 얕게 있던가, 흙파기 저면 부근에 피압수(被壓水)가 있을 때에는 흙파기 저면을 통하여 상승하는 수류(水流)로 말미암아 모래 입자는 부력(浮力)을 받아 저면 모래지반의 지지력이 없어지는 현상

② 방지대책

㉠ 흙막이의 근입 길이를 경질지반까지 박는다.

㉡ 배수공법(웰 포인트) 등을 이용하여 지하수위를 저하시킨다.

㉢ 강성이 큰 흙막이를 사용한다.

㉣ 약액주입공법에 의해 지수벽, 지수층을 형성한다.

☞ 그림 7.3.2.2 보일링 현상

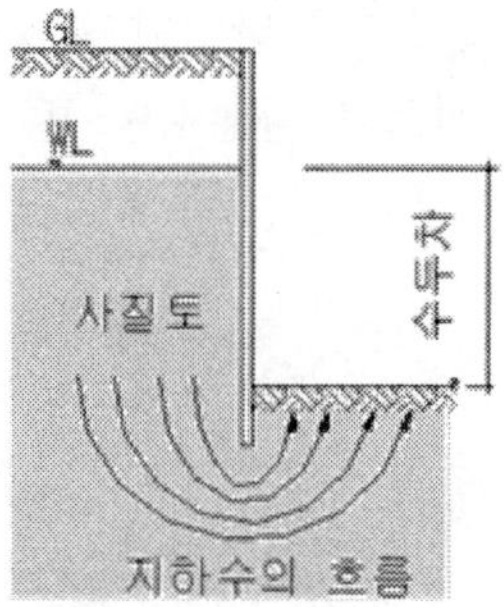

㉰ 파이핑(Piping)현상

① 현상

느슨한 사질지반 굴착 시 흙막이 널 재료의 불량 또는 시공의 부실로 인하여 흙막이 널에 구멍이 뚫린 경우 벽체 배면의 토사가 용수로 유실되어, 흙막이벽 배면에 공극이 발생하여 물의 흐름이 그 공극에 집중하여 공극이 점차로 넓어져서 결국에는 주변지반이 함몰되는 현상을 말한다.

② 방지대책

㉠ 차수성이 높은 흙막이 공법 시공

㉡ 흙막이 벽 밀실 시공

㉢ 지하수위 저하

㉣ 지반 고결

☞ 그림 7.3.2.3 파이핑 현상

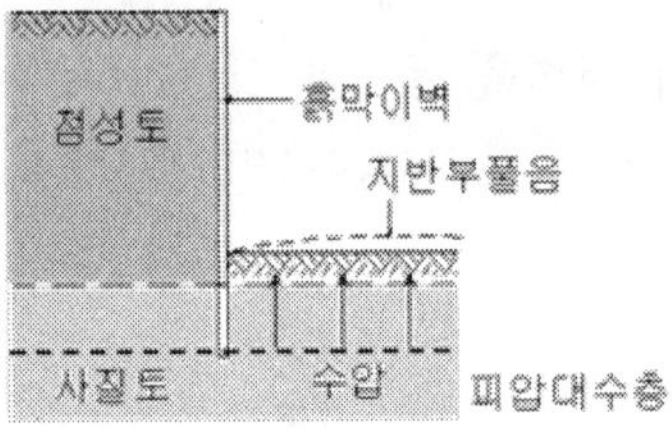

☞ 그림 7.3.2.4 침하의 발생 원인

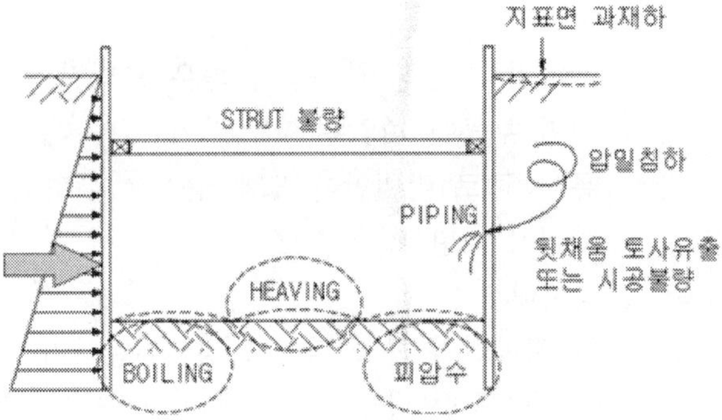

7.4 지하연속벽식 공법(주열식 공법)

1) 이코스(ICOS) 공법

㉮ 개요

제자리 콘크리트 말뚝을 주열식으로 나열하여 지하연속벽을 구성한 것으로 말뚝구멍을 하나 걸러서 뚫고 콘크리트를 타설하고 말뚝과 말뚝 사이에 다음 말뚝구멍을 뚫고 콘크리트를 타설하여 연결해 가는 주열식 공법이다.

㉯ 특징

① 소음, 진동이 적다.
② 차수성이 크다.
③ 벽체 강성이 높아 인접건물 근접시공 가능
④ 지반조건에 좌우되지 않는다.

㉰ 시공순서

① 말뚝구멍을 하나 걸러 가며 뚫는다.
② 콘크리트를 부어 넣는다.
③ 말뚝과 말뚝 사이에 다음 구멍을 뚫는다.
④ 다음 말뚝구멍에 콘크리트를 부어 넣는다.

☞ 벤토나이트(Bentonite) 용액

응회암. 석영조면암 등의 유리질 부분이 풍화 분해 된 진흙이고 몬로릴라이트가 주성분이며 물에 7~8배 팽창되므로 팽창 진흙이라 불리기도 한다.

☞ 몬로릴라이트

단사정계의 광물로 점토광물의 일종이다. 굳기는 1~1.5, 비중은 2~1.5, 백색, 회색, 담홍색, 청색, 녹색을 띤다. 수분을 흡수하여 7~10배 부피가 증가하는 성질이 있으며 이온 교환성이 높고 비중은 2~2.5 정도이다.

2) 프리팩트(Prepacked)콘크리트 공법

㉮ CIP(Cast in place)공법

① 개요

Earth Auger로 지중에 구멍을 뚫고 철근망을 삽입(생략가능)한 다음 Mortar 주입관을 설치하고 먼저 자갈을 채운 후 주입관을 통하여 mortar를 주입하여 제자리 말뚝을 형성하는 공법이다.

② 특징

㉠ 지반을 Auger로 굴착하고 철근망을 삽입 후 자갈을 충전시키고 Mortar를 주입하여 주열벽을 형성

㉡ 지하수위가 높은 연약지반이나 전석층에서 시공성 저하, 공벽의 안전성 확보 곤란 - Casing 등 병용

㉢ 벽체 말뚝간 연결성 불량 - 차수성 저하, 토사 유실 - 차수 Grouting 공법 병용

③ 시공순서

㉠ 지반 굴착　　㉡ 철근망 삽입

㉢ 골재 충전, Mortar 주입(Pipe 직경 ≒ 3cm)　　㉣ 콘크리트 주열벽 형성

☞ 그림 7.4.2.1 CIP공법의 시공순서

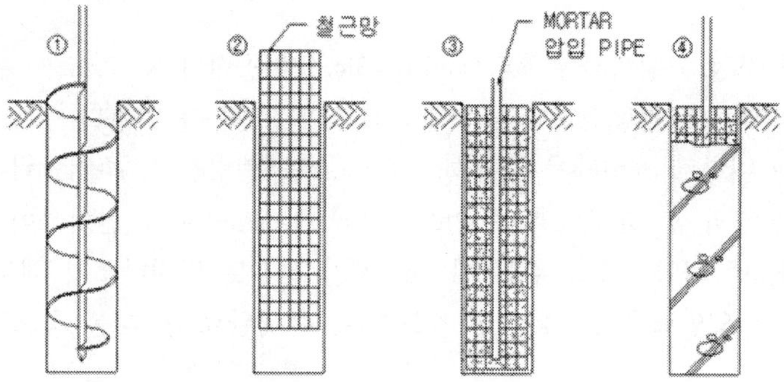

㉯ PIP(Packed in place)공법

① 개요

연속된 날개가 달린 중공의 Screw Auger의 머리에 구동장치를 설치하여 소정의 깊이까지 회 전시키면서 굴착한 다음 흙과 Auger를 빼 올린 분량만큼의 프리팩트 Mortar를 Auger 기계의 속구멍을 통해 압출시키면서 제자리 말뚝을 형성하는 공법

② 특징

㉠ 굴착 속도가 너무 빠르면 공벽이 휘어지기 쉬우므로 주의한다.

㉡ 특히 맨 처음 5m는 천천히 굴착한다.

㉢ Auger 인발 속도가 너무 빠르면 흡인 현상이 발생하여 굴착 공벽의 붕괴가 발생하므로 천 천히 인발하도록 주의한다.

㉰ MIP(Mixed in place)공법

Auger의 회전축대는 중공관으로 되어 있고 축선단부에서 시멘트페이스트를 분출시키면서 토사와 혼합교반하여 만드는 일종의 Soil Concrete 말뚝임.

☞ L.W 공사

1. 흙막이 공사는 굴착배면 누수의 영향으로 지반침하를 최대한 억제하기 위해 차수를 필요로 한다. 지하수위가 매우 높은 지반에서의 굴착공사는 반드시 차수공법이 선정되어야 하며 차수를 하지 않은 상태에서의 발생되는 지반 침하 및 배면토 이동에 의한 붕괴원인은 지하수위의 활동에 의한 것으로서 보일링현상과 파이핑현상에 의해 발생된다.
2. 지하수의 유출에 의한 배면지반의 침하가 예상되며 인접지반의 침하로 인접건물 기초의 피해가 발생할 수 있는 여건의 보강 대책으로 L.W(Labiles Wasser Glass) 공법을 공사에 적용한다.
3. 본 공법에서 주입깊이 및 배합비, 주입폭, 주입률, 주입압력 등은 확실한 차수가 이루어지도록 품질관리를 철저히 하여야 한다.
4. 시공방법

① 설계된 소정의 심도까지 BX Casing Bit로 천공한다.

② 만젯트 튜브를 천공심도까지 삽입하고 상부주입구를 막는다.

③ Casing 내부로 Seal제를 주입하고 Casing을 인양한다.(주입압력은 자연압력)

④ 24시간 경과 후 만젯트 튜브 안으로 Double Packer를 삽입하여 상향식으로 주입한다. 즉 과압력으로 주입 시 Seal제가 상부로 밀려나오기 때문이다.

⑤ 이때의 주입압력은 3~5kg/m^2 정도이다. 주입완료 후 다음 공으로 이동한다.

3) S.C.W(Soil Cement Wall)공법

㉮ 개요

소일시멘트 주열벽공법은 자연 상태의 흙을 오거 등으로 교반하고, 시멘트페이스트와 혼입하여 소일 시멘트벽을 구축함과 동시에 그 속에 응력 부담재(철근)를 삽입하여 차수성이 있는 흙막이 벽으로 하는 공법이다.(일종의 MIP 공법)

㉯ 특징

① 말뚝타입공법에 비교하여 소음 및 진동이 거의 없어 시가지 공사에 유리하다.

② 현장토사를 골재로서 이용하기 때문에 발생 슬라임이 적어질 수 있다.

③ 흙막이벽으로서는 토류판이 필요 없으며, 별도의 차수가 필요 없다.

④ 흙막이벽으로서 강성이 높기 때문에 구조적 안정성 높으며 굴토 시 주변지반 침하에 대한 영향이 적다.

⑤ 연약지반, 물이 많은 지역, 그리고 인접구조물 밀집지역에 본공법이 유리하다.

⑥ 이동이 빠르고 능률이 좋다.

⑦ 임의의 형상, 치수가 가능하다.

㉰ 굴착방식

☞ 그림 7.4.3.1 SCW 방식의 종류

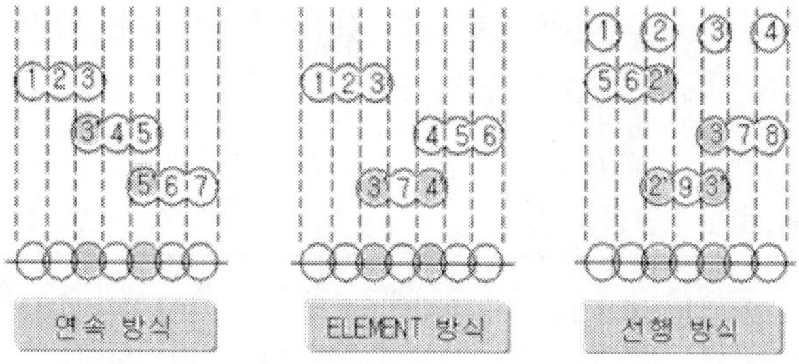

㉱ 사용재료 및 배합

① 심재 - H 형강, 강관, SHEET PILE, PC PILE등 (H 형강이 보편적)

② 경화제 - PORTLAND CEMENT, 고로 CEMENT 등

③ BENTONITE - 첨가제의 일종으로 CEMENT MILK의 BLEEDING 방지 및 초기 경화를 지연시켜 심재 삽입을 용이하게 한다.

④ CEMENT MILK 물시멘트비는 350%를 넘지 않도록 한다.

⑤ 유기질 토질과 염류함유층, 점성토 등은 SOIL CEMENT의 강도 저하 발생

㉲ 시공시 주의사항

☞ 그림 7.4.3.2 SCW 방식의 종류

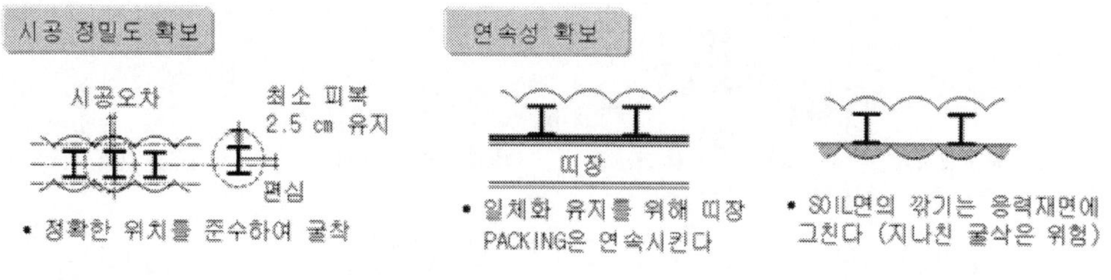

㉳ 철거

소일 주열벽의 철거는 곤란한 경우가 많다. 그러나 응력 부담재인 H형강을 뽑아 회수하는 것도 있다. 그러기 위해서는 미리 강재에 그리스의 도포나 벤토나이트 지수막을 부착해두는 등의 처리가 되어 있어야 한다.

4) Slurry Wall(Diaphram Wall)

㉮ 개요

Slurry Wall 공법은 구조물의 기초지반을 수직으로 크고 깊은 Trench를 직접 굴착해서 이곳에 철근망을 넣은 후 트레미관을 통하여 콘크리트를 타설한 Panel 이음으로 연결하여 일련의 지하벽을 축조하는 공법이다. 굴착벽의 안전성 향상을 위하여 벤토나이트용액을 사용하고 인접된 판넬과 판넬 사이에는 특별한 이음으로 연속해서 지하연속벽을 만든다. 이 공법에서는 굴착된 흙막이 벽면이 벽체의 거푸집으로 되므로 굴착 정밀도나 흙막이 벽면의 상태가 벽체의 평면적·단면적 정밀도, 벽두께, 벽길이 및 벽면의 평활도를 결정하는 것이다. 따라서 굴착정밀도 관리는 연속지중벽에 요구되는 성능을 만족시키는 것이므로 중요한 관리 항목이다.

㉯ 장·단점

☞ 표 7.4.4.1 Slurry Wall의 장단점

장 점	단 점
① 소음과 진동이 적다. ② 벽체의 강성이 크다. ③ 차수성이 우수하다. ④ 임의의 벽두께 및 형상선택이 가능 ⑤ 지반조건에 영향이 없다. ⑥ 본 구조체로 사용	① 비교적 고가이다. ② 굴착면의 관리에 주의를 요한다. ③ 이동이 어렵다. ④ 콘크리트 품질관리에 주의를 요한다. ⑤ 안정액에 의한 지하수 오염 ⑥ 수평방향의 연속성 부족

㉰ 시공순서

☞ 그림 7.4.4.1 Slurry Wall의 시공 순서

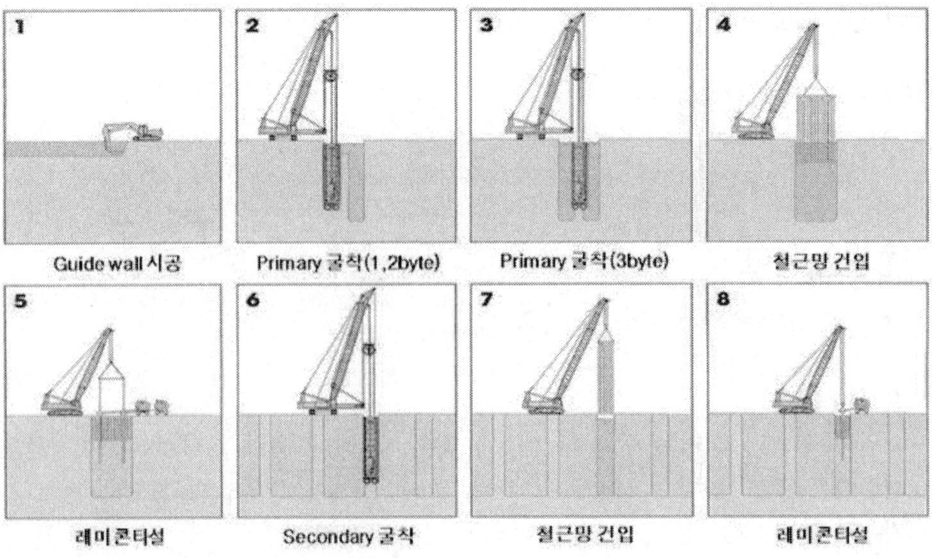

☞ 사진 7.4.4.1 Slurry Wall 실 시공 사례

1. GUIDE WALL 설치

2. GUIDE WALL 검측

3. 선행굴착장비 (HANG GRAB)

4. 굴착장비(BC-30)

5. 작업장 바닥 콘크리트 타설

6. 장비 플랜트 설치

7. 굴 착

8. 계측기 설치 (경사계)

9. 수직도, 심도 확인 (굴착후)

10. 수직도, 심도 확인 (굴착후)

11. 코덴기록측정 확인

12. 철근망 가이드빔 설치

13. 철근망 가공조립

14. 철근망 검측

15. 철근망 근입

16. 철근망 상하부 연결

17. 철근망 연결부위 Dowel Bar 조립

18. 안정액 품질시험

19. 트레미관 설치

20. 레미콘 품질시험

21. 연속벽 콘크리트 타설

22. 연속벽 상부파쇄

23. Cap Beam 시공

24. 벽체 면갈이

㉣ 트레미관(Tremie Pipe)

물, 이수(泥水)내의 콘크리트치기를 할 때 보통 안지름 25cm 이상으로 하고 관선단이 항상 채워진 콘크리트 중에 묻히도록 하여 콘크리트 타설을 용이하게 하기 위한 관

☞ 사진 7.4.4.2 트레미관

㉤ 슬라임(Slime)

수중굴착 시 굴착한 흙의 고운입자가 안정액과 혼합되어 시간이 경과함에 따라 굴착구멍 밑바닥에 가라앉는 부유물질

☞ 사진 7.4.4.3 굴착 커터 및 장비

7.5 기타공법

1) 언더피닝(Underpinning)공법

㉮ 개요

기존건물 가까이에 건축공사를 할 때 기존건축물의 지반과 기초부분을 신설, 개축, 혹은 증설하여 그 지지면적을 증가시키든가 지지력이 저하되지 않도록 지지층을 이전시키는데 있으며 일반적으로 다음과 같은 경우에 필요하다.

① 기존구조물의 지지력 부족으로 건물에 침하나 경사가 생겼을 때 이것을 복원하는 경우

② 기존구조물에 근접한 굴착 시 구조물의 침하나 경사를 미연에 방지할 경우

③ 지하구조물 밑에 지중구조물의 설치

④ 지상구조물의 이동

건물이 침하나 경사지는 원인으로서는 자연지반 침하나 인근에서의 공사에 의한 지하수위라던가 개축에 의한 하중증가 등의 내적인 것도 있다.

언더피닝은 기존건물에 대해서 실시되므로, 그 건물의 사용이나 기능을 가급적 방해하지 않고 극히 한정된 공간에서 더구나 인근건물이나 주변에 유해한 영향을 미치지 않도록 하지 않으면 안 되며 보통의 기초공사에서는 생각할 수 없는 여러 가지의 엄격 한 조건 제약 하에서 실시되는 수가 많고 일반적 기초공사에 비해서 다대한 공비와 공기를 요하는 것이 통례이다.

㉯ 종류

☞ 표 7.5.1.1 언더피닝공법의 종류

2중 널말뚝공법	흙막이 널말뚝의 외측에 2중으로 말뚝을 박는 공법
현장타설 콘크리트말뚝공법	인접건물의 기초에 현장타설 콘크리트말뚝을 설치
강제말뚝공법	인접건물의 벽, 기둥에 따라 강제말뚝을 설치
모르타르 및 약액주입법	사질지반에서 모르타르, 약액 등을 주입해서 지반을 고결시키는 공법

2) 탑다운(Top Down : 역타)공법

㉮ 개요

흙막이벽으로 설치한 슬러리 월을 본 구조체의 벽체로 이용하고, 기둥과 기초를 시공한 다음, 점차 지하로 진행하면서 동시에 지상구조물도 축조해가는 공법이다.

㉯ 종류

☞ 표 7.5.2.1 탑다운공법의 종류

종 류	방 법
완전역타공법	지하 각 층 슬래브를 완전하게 시공하여 지하연속벽을 지지하여 주변지반의 움직임을 방지하는 가장 안전한 공법
부분역타공법	바닥슬래브를 부분적(1/2~1/3)으로 시공하는 공법
Beam & Girder식 역타공법	지하 철골구조물의 Beam과 Girder를 시공하여 지하연속벽을 지지한 후 굴착하는 공법

㉰ 장·단점

☞ 표 7.5.2.2 탑다운공법의 장단점

장 점	단 점
① 지하, 지상 동시 작업으로 공기단축 ② 1층 바닥 선시공으로 작업 공간 활용 가능 ③ 주변지반 및 인접건물에 악영향 적음 ④ 슬래브 밑에서 작업하므로 전천후 시공가능 ⑤ 소음 및 진동이 적어 도심지 공사에 적합	① 소형의 고성능 장비 필요 ② 설계변경이 곤란 ③ 정밀한 시공계획수립 필요 ④ 환기, 전기설비 필요

㉱ 시공순서

☞ 그림 7.5.2.1 탑다운공법의 시공 순서

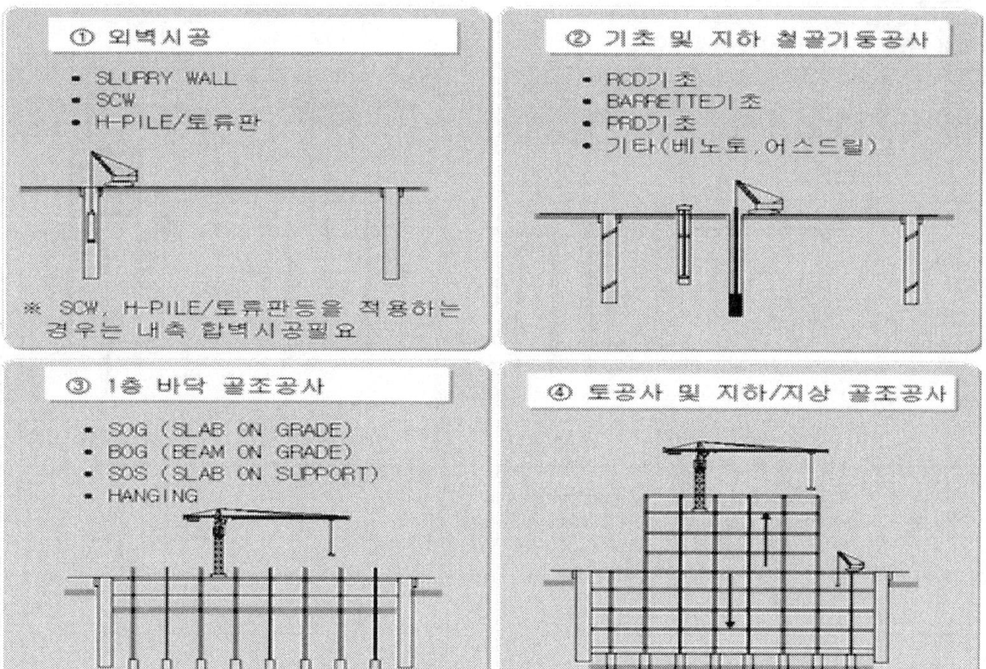

㉤ 적용 사례(서울 중앙 우체국)

☞ 그림 7.5.2.2 탑다운공법의 시공 사례

- TOP DOWN 공사
  - 공법 : SLURRY WALL+ REVERSE CIRCULATION DRILL METHOD + 토공사
  - 공기 : 착공일로부터 21개월

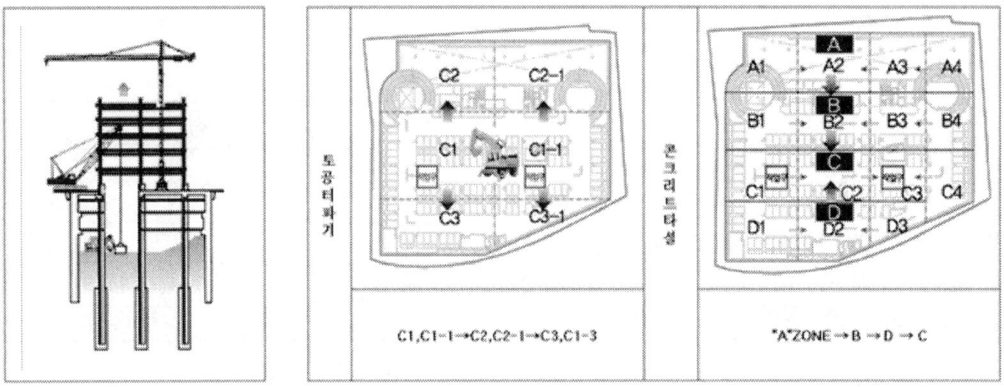

구 분	내 용			
적용부위	.지하 가시설 및 외부벽체			
작업순서	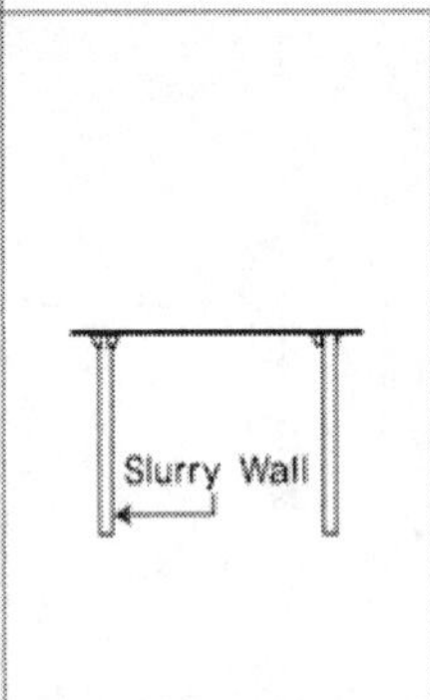	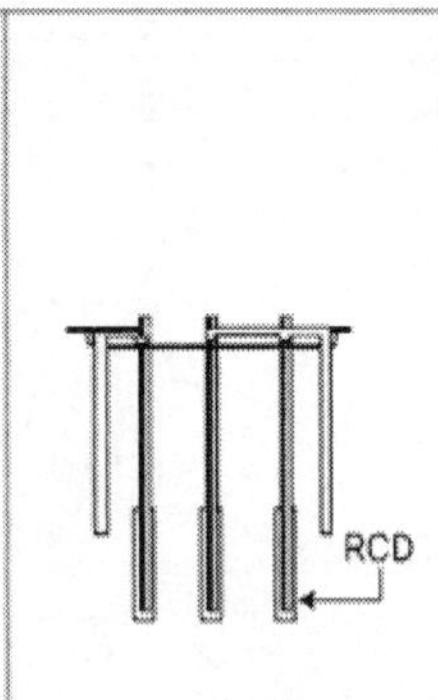	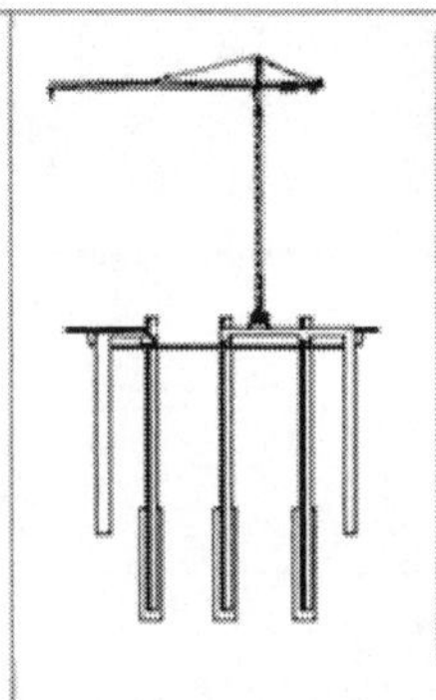	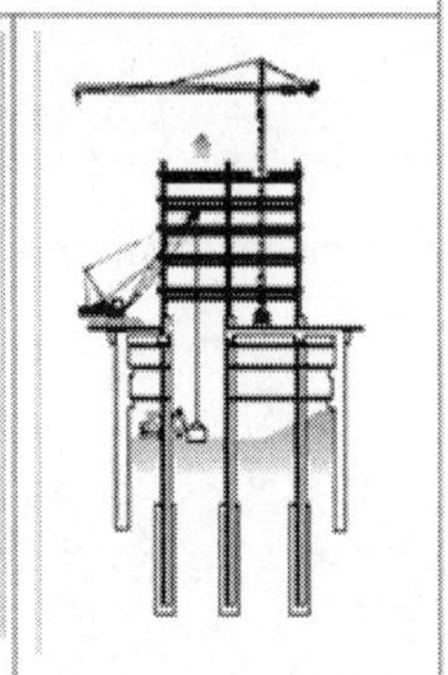
	지하 외부벽체 공사	RCD 공사	타워크레인 설치	지하, 지상 동시작업
장 점	.지하, 지상의 동시 시공으로 공기단축 용이 .1층 바닥이 먼저 타설되어 작업장으로 활용가능 .지하층 공사 중 발생되는 소음해소 및 가설자재 절약			

8. 계측관리

8.1 개요

계측관리란 strut, 토압, 인근건물 및 지반의 변형, 균열 등에 대비하고 흙막이 벽체의 변형 등을 미리 발견·조치하기 위하여 계측기기를 설치·관리하는 것을 말한다. 계측에는 여러 종류의 계기가 사용되며, 흙막이 벽의 종류에 따라서도 사용되는 계기가 다르다. 또한 안전하고 경제적이며 실정에 맞는 항목을 선정하여 합리적인 방법으로 시행해야 한다.

8.2 계측계기의 종류

① 인접구조물 기울기측정 : tilt meter
② 인접구조물 균열측정 : crack gauge
③ 지중 수평변위 계측 : inclino meter
④ 지중 수직변위 계측 : extension meter
⑤ 지하수위 계측 : water level meter
⑥ 간극수압 계측 : piezo meter
⑦ 흙막이부재 응력측정 : load cell
⑧ strut 변형 계측 : strain gauge
⑨ 토압측정 : soil pressure gauge
⑩ 지표면 침하측정 : level, staff
⑪ 소음측정 : sound level meter
⑫ 진동측정 : vibro meter

☞ 그림 8.2.1.1 계측기 설치 위치

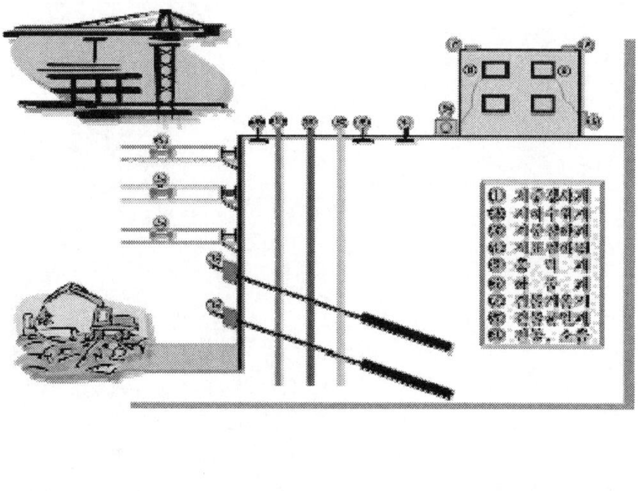

제 7 장
지정 및 기초공사

1. 용어의 정리
2. 직접기초의 지정
3. 말뚝 지정

1. 용어의 정리

건축공사 표준시방서에서는 지정 및 기초공사에 사용하는 용어를 다음과 같이 정의하고 있다.

1) 견칫돌 : 크고 작은 2개의 면을 가진 네모뿔(四角柱) 모양으로 가공한 돌. 석축에 쓰이며, 치수는 앞면(큰 면)이 30cm×30cm 미만이고, 뒷굄 길이(큰 면과 작은 면사이의 길이)는 큰 면의 약 1.5배(45cm 안팎)임. 돌의 종류는 화강암질이나 안산암질(安山巖質) 등의 경암(硬岩)을 씀.
2) 기초(foundation) : 기둥, 벽 등 구조물로부터 작용하는 하중을 지반 또는 지정에 전달시키기 위해 설치된 건축물 최하단부의 구조부
3) 달구 : 집터 등의 땅을 다지는 데 쓰는 기구. 굵고 둥근 나무토막에 2~4개의 자루가 달렸음. 나무토막으로 만든 것을 목달구라 하고, 쇳덩이로 된 것을 쇠달구라 이름
4) 덧살붙임용접(built-up welding) : 내마모성과 내식성이 있는 용접금속을 모재표면에 볼록하게 하거나 치수가 모자라는 부품의 표면에 용접금속을 볼록하게 하는 용접
5) 덧판(splice plate) : 나무 또는 철골부재의 이음 부분에 덧대는 판. 나무 구조에서는 목재 또는 강판(鋼板)을 대고, 못이나 볼트 등으로 모재에 접합하고, 철골에서는 앵글(angle)에 산형강을 덧대고, H형강에는 덧판(splice plate)을 덧대어 볼트, 리벳 또는 용접 등으로 접합함.
6) 동결심도 : 지반이 동결되는 깊이
7) 드레인 재료 : 지반개량을 목적으로 간극수 유출을 촉진하는 수로로서의 역할을 하는 재료
8) 막자갈(pit run gravel) : 산 등에서 채취된 그대로의 상태 혹은 쇄석장에서 분쇄된 그대로의 골재
9) 말뚝(pile) : 기초판으로부터의 하중을 지반에 전달하기 위해 기초판 아래의 지반 중에 설치하는 기둥 모양의 지정
10) 루트(root) : 용접부 단면에서 용착금속의 저부(底部)와 모재(母材)와의 교점(交點)
11) 슬라임(slime) : 지반을 천공할 때 천공벽 또는 공저에 모인 침전물
12) 스탠드 파이프(stand pipe) : 주입 작업에 사용되는 주입관. 지반 상황에 따라서 2중관 패커식과 가이드 파이프식을 이용
13) 스폿 용접(spot welding) : 겹친 금속부재를 전극(電極)의 선단에 끼워 넣고 비교적 작은 부분에 전류(電流)를 집중시켜 국부적으로 가열하여 동시에 전극으로 가압하면서 하는 저항 용접. 二점(点)용접

14) 시험말뚝(test pile) : 공사착수 전에 지반이나 시공법 확인을 위해 시공되는 말뚝
15) 원위치시험 : 대상 현장의 위치에서 지반의 특성을 직접 조사하는 시험
16) 자갈(ballast, gravel) : 암석(岩石)이 풍화나 침식 등의 자연 작용으로 인해 입자상(粒子狀)으로 된 것. 채취 장소에 따라 강자갈, 산자갈, 바닷자갈 등이 있으며, 콘크리트에 쓰는 굵은골재를 가리킴.
17) 잡석(rubble) : 지름이 15 cm 안팎의 모양이 고르지 않은 막 생긴 돌. 잡석지정 등에 쓰임
18) 재하시험(loading test) : 흙의 지지력이나 지반내력 확인을 위해 행하는 원위치 시험
19) 접속(connection) : 서로 맞대어 잇는 것
20) 지정 : 기초를 안전하게 지지하거나 지반의 내력을 보강하기 위하여 기초 하부에 제공되는 지반다짐. 지반개량 및 말뚝박기 등을 한 부분
21) 케이슨(caisson) : 공사착수 전에 지상 또는 지중(地中)에 속 빈 원통이나 지하실의 일부가 되는 구조물을 만들고, 그 밑바닥의 흙을 파내어 자중 또는 하중을 이용하여 소정의 지층(地層)까지 침하시키고 밑바닥에 콘크리트를 타설하여 설치하는 기초형식의 구조물
22) 케이싱(casing) : 현장타설 콘크리트 말뚝 사용 시 천공구멍 및 벽의 붕괴를 막기 위해 천공벽 내에 설치한 강관
23) 합성말뚝 : 이질 재료의 말뚝을 이어서 하나의 말뚝으로 구성한 말뚝
24) 히빙(heaving) : 굴착면 저면이 부풀어 오르는 현상
25) PIP말뚝(packed in place pile) : 어스오거(earth auger)로 소정의 깊이까지 파고, 오거를 뽑아 올리면서 오거중심관 선단을 통하여 프리팩트 모르타르를 주입하고 오거를 뽑아낸 후 조립된 철근 또는 형강 등을 모르타르 속에 삽입하여 만드는 현장타설 모르타르 말뚝
26) 리더 : 항타기 장대에서 해머 및 오거 구동 장치의 승강 레일이 부착되어 있는 지주
27) 캡 : 해머의 타격력을 균등하게 말뚝에 전달하기 위하여 이용되는 철강재의 보호구
28) 쿠션 : 캡과 말뚝 머리부 사이에 넣는 완충재
29) 어스 오거 : 축부의 바깥둘레에 플레이트를 나선 모양으로 부착한 굴착 지그
30) 로드 : 축부의 바깥둘레에 교반봉, 혼합 드럼 등이 부착된 굴착, 교반 지그
31) 블레이드 : 어스 오거의 나선 모양의 블레이드 부분
32) 비트 : 어스 오거 및 로드의 앞 끝부에 부착된 굴착 지그
33) 압입 장치 : 항타기 질량을 반력으로 하여 말뚝을 눌러 넣는 장치
34) 공타 : 디젤 해머를 박기 시작할 때 연료의 공급을 중지하고 램의 낙하만으로 타격을

하는 작업

35) 편타 : 타격력의 중심이 편심하거나 쿠션재가 편마모되어 말뚝에 타격력이 균등하게 전해지지 않는 상황

36) 프릭션 커터 : 중굴 공법으로 말뚝에 작용하는 시공 중의 주변 마찰을 줄여서 말뚝의 침설을 쉽게 하기 위하여 말뚝 선단의 외주에 부착하는 강제의 원통 모양 철물

37) 굴착액 : 굴착 중의 구멍벽 붕괴 방지를 목적으로 한 액

38) 말뚝 주변 고정액 : 구멍벽과 말뚝 주변의 틈새를 충전하고, 경화 후 말뚝 주변 마찰 저항 및 말뚝에 수평력이 작용한 경우의 지반의 저항을 확보하는 것을 목적으로 한 시멘트, 물의 혼합액

39) 근고액 : 말뚝 선단부를 지지 지반에 정착시키고, 경화 후 연직 지지력을 확보하는 것을 목적으로 한 시멘트, 물 등의 혼합액

2. 직접기초의 지정

2.1 지정과 기초의 구분

☞ 표 2.1.1.1 지정과 기초의 구분

구분	내용
지 정	기초를 지지하기위해 밑면을 보강하거나 지반의 지지력을 보강해주기 위한 부분
기 초	구조물의 최하부에서 상부구조의 하중을 받아서 지반에 안전하게 전달시키는 최하부의 구조체

☞ 그림 2.1.1.1 지정과 기초의 구분

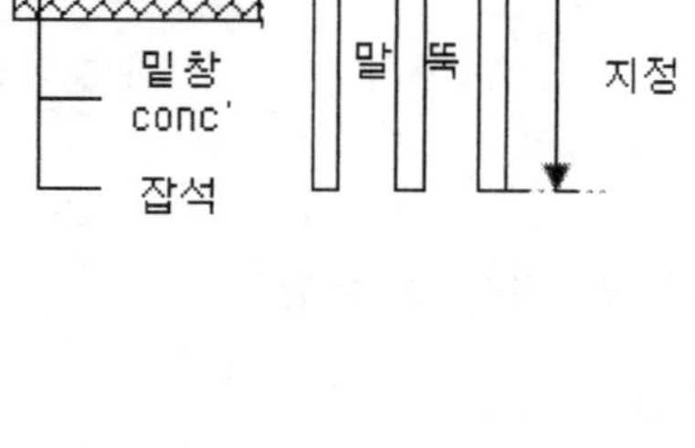

2.2 직접기초 지정의 종류

☞ 표 2.2.1.1 직접기초 지정의 종류

종 류	특 징
잡석 지정	① 지름 10~25cm 정도의 호박돌을 옆세워 깐다.(전단력 유지 목적) ② 그 사이 사춤자갈을 넣고 가장자리에서 중앙부로 다진다. ③ 두께 : 100~300mm 정도 ④ 사춤자갈량 : 잡석량의 30% ⑤ 콘크리트 두께 절약 ⑥ 기초바닥판의 배수, 방습 효과 ⑦ 이완된 지표면의 다짐, 보강효과 기대
자갈 지정	① 잡석대신 자갈을 두께 5~10cm 정도 깔고 다짐 ② 하부에 경질 토량일 때 시공
모래 지정	① 지반이 연약하고 2m 이내 굳은 층이 있을 때 그 연약층을 파내고 모래를 넣어 물다짐하는 지정 ② 30cm 마다 물다짐 ③ 방축널 설치시 제거하지 않는다.
긴주춧돌 지정	① 간단한 건물, 비교적 지반이 깊을 때 사용 ② 잡석지정, 자갈지정 위 30cm 정도의 콘크리트관, 토관에 콘크리트 채운 것이나 긴주춧돌을 세운다.
밑창 콘크리트 지정	① 배합비 1 : 3 : 6의 콘크리트를 두께 5cm 정도로 깔아 놓은 지정 ② 먹매김이 가능 ③ 거푸집 설치 용이 ④ 철근 배근이 용이 ⑤ 바깥 방수의 바탕으로 이용

3. 말뚝 지정

3.1 말뚝의 기능상 분류

1) 지지 말뚝 (그림 3.1.1.1)

㉮ 선단 지지말뚝(End Bearing Pile)이라고도 한다.

㉯ 말뚝을 연약한 지반을 관통하여 단단한 지지층에 도달시켜 상부 구조물의 하중을 말뚝선단의 지지력에 의존하여 지지하는 말뚝이다.

2) 마찰 말뚝 (그림 3.1.2.1)

㉮ 연약한 지층이 깊어 굳은 지층까지 말뚝을 도달시킬 수 없을 때 말뚝 전 길이의 주변마찰력에 의해서 지지하는 말뚝이다.

㉯ 말뚝의 두부가 받는 하중은 말뚝길이에 따라 점차 감소하여 말뚝의 선단에서는 하중을 거의 받지 않는다.

3) 다짐 말뚝

㉮ 말뚝을 무리지어 박음으로서 연약지반을 밀실하게 다지는 말뚝이다.

㉯ 느슨한 사질 지반에 사용한다.

☞ 그림 3.1.1.1 선단지지 말뚝

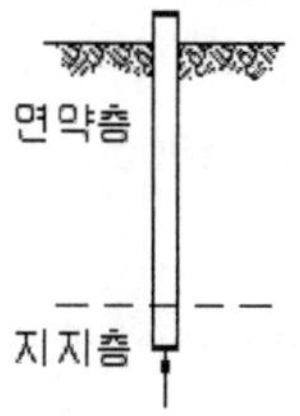

< 선단지지말뚝 >

☞ 그림 3.1.2.1 마찰지지 말뚝

< 마찰지지말뚝 >

☞ 표 3.1.1.1 지지말뚝과 마찰말뚝의 비교

지 지 말 뚝	마 찰 말 뚝
① 말뚝 단면이 받는 하중은 말뚝의 두부와 선단이 거의 일치	① 말뚝의 두부가 받는 하중은 말뚝 길이에 따라 내려갈수록 점차 감소
② 연약지반의 변화에 대한 영향이 거의 없다.	② 말뚝의 선단에서는 하중을 거의 받지 않는다.
③ 구조상 안전성 확보	③ 지반의 변화에 예민함
④ 부마찰력 발생 우려	④ 부마찰력이 발생하지 않음

3.2 말뚝의 재질상 분류

1) 나무 말뚝

㉮ 말뚝은 잘 썩지 않는 생 통나무로서 갈라짐 썩음 등의 결함이 없고, 몹시 굽지 않은 좋은 재료를 사용한다. 굽은 것은 양끝의 중심을 연결하는 직선이 말뚝 밖으로 벗어나지 않은 것으로 한다.

㉯ 재종은 공사시방에서 정하는 바가 없을 때에는 소나무, 낙엽송 및 삼나무 등으로 한다.

㉰ 말뚝의 길이 및 끝마구리 지름은 설계도서 또는 공사시방에서 정하는 바에 따른다.

㉣ 말뚝은 껍질을 벗기고, 큰 옹이 등은 민듯하게 다듬고 말뚝 끝은 지질의 경연(硬軟)에 따라 적절한 끝면을 두고 세모 또는 네모로 깍아 뾰족하게 한다.

㉤ 말뚝머리는 박을 때에 파손되지 않도록 쇠가락지 또는 철제두겁(cap) 등으로 보호한다.

㉥ 말뚝머리가 상수면(常水面) 위에 솟지 않도록 한다.

2) 기성 콘크리트 말뚝

㉮ 원심력철근콘크리트말뚝(이하 RC 말뚝)

공장에서 특수형틀을 사용해서 원심력을 이용하여 제조된 중공(中空)철근콘크리트 말뚝을 말하며, 원심기를 사용함에 따라 여분의 물을 탈수하여 물·시멘트비를 작게 할 수 있기 때문에 아주 치밀한 높은 강도의 콘크리트말뚝을 만들 수 있다. RC 말뚝의 종류는 길이는 3~15m이고, 1종 및 2종으로 하며 각각 다음과 같이 구분한다.

① 1종은 바깥지름에 따라서 200mm, 250mm, 300mm, 350mm, 400mm, 450mm, 500mm 및 600mm로 구분한다.

② 2종은 바깥지름에 따라서 300mm, 350mm, 400mm, 450mm, 500mm 및 600 mm로 구분한다. 그리고 균열 휨 모멘트의 크기에 따라서 A종, B종 및 C종으로 구분한다.

☞ 1종은 주로 축 방향의 하중에 대하여, 2종은 주로 축 방향의 하중과 그것에 직각 방향인 하중에 대하여 설계된 것이다.

㉯ 프리텐션 방식 원심력 PC 말뚝

(Pretensioned Spun Concrete Piles) (이하 PC 말뚝) (그림 3.2.2.1)

철근콘크리트 말뚝의 휨모멘트와 인장력에 대한 강도를 더욱 높이기 위해 콘크리트에 프리스트레스를 준 것이 프리텐션 방식 원심력 PC 말뚝이다.

PC 말뚝의 종류의 길이는 7~15m이고, 바깥지름의 크기는 300mm, 350mm, 400mm, 450mm, 500mm, 600mm, 700 mm, 800mm, 1000mm, 1200mm로 구분하며, 두께는 60~150mm의 종류가 있다.

☞ 그림 3.2.2.1 원심력 PC 말뚝의 구조

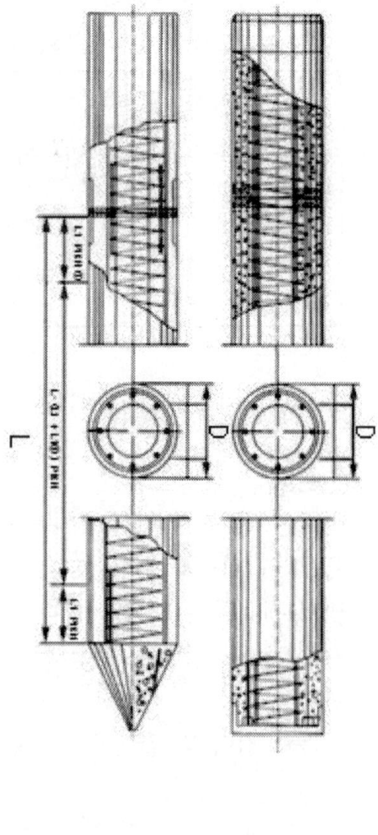

프리스트레스의 도입방법은 다음과 같이 한다.

① PC 강재는 바른 위치에 배치하여 인장하고 프리스트레스를 도입할 때까지 인장력이 감소되지 않도록 그 양 끝을 완전히 고정하여야 한다.

② 초기 인장력은 소정의 유효 프리스트레스를 얻을 수 있는 양이고, PC 강재 인장 하중의 0.7배 이하 또는 항복점 하중의 0.8배 이하이어야 한다.

③ 프리스트레스의 도입은 전단면에 균등하게 서서히 하여야 한다.

④ 프리스트레스를 도입할 때 콘크리트의 압축 강도는 도입할 프리스트레스의 3배 이상이고 25.0MPa 이상이어야 한다. 이 때 압축 강도 시험은 제품과 같이 양생한 원심력으로 다져진 속빈 원통형 공시체로 한다.

㉰ 프리텐션 방식 원심력 고강도 콘크리트 말뚝(Pretensioned Spun High Strength Concrete Piles)
(이하 PHC 말뚝) (그림 3.2.2.2)
일반적으로 프리텐션방식에 의한 원심력을 이용하여 제조된 콘크리트 말뚝으로 콘크리트의 압축강도가 78.5MPa (=N/mm^2) 이상의 고강도 콘크리트를 사용하여 만든 말뚝이다.
PHC 말뚝의 종류의 길이는 7~15m이고(인수·인도 당사자간의 협의에 따라 길이를 5m 및 6m로 할 수 있다.) 바깥 지름의 크기는 300mm, 350mm, 400mm, 450mm, 500mm, 600mm, 700mm, 800mm, 900mm, 1000mm, 1100mm 및 1200mm로 구분하며, 두께는 60~150mm의 종류가 있다.

☞ 그림 3.2.2.2 원심력 PHC 말뚝의 구조

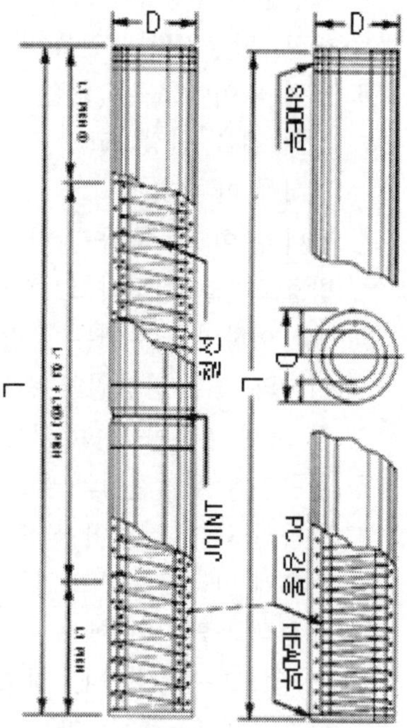

유효 프리스트레스의 크기에 따라 A종, B종 및 C종으로 구분한다.
또 PHC 말뚝 A, B 및 C종의 유효 프리스트레스는 각각 3.92MPa(=N/mm^2), 7.85MPa(=N/mm^2) 및 9.81MPa(=N/mm^2)로 한다. 유효 프리스트레스는 계산에 의하여 구하고, 그 계산값은 각각의 값의 ±5% 범위로 한다.

3) 강재 말뚝

㉮ 기초용 강관 말뚝 (Steel Pipe Piles)
말뚝의 종류는 4종류로 하고 그 기호는 다음에 따른다.

말뚝의 구성은 단관 또는 단관의 조합으로 하고 현장에서 연결하는 단관은 위쪽을 윗 말뚝, 가운데 쪽을 중간 말뚝, 아래쪽을 아래 말뚝이라 한다. 다만, 중간 말뚝이 2개 이상이 되는 경우는 아래쪽부터 중간1, 중간 2 말뚝이라 한다.

☞ 표 3.2.3.1 강관말뚝종류의 기호

기 호
SKK 400
SKK 490
SKK 500
SKK 590

강관말뚝의 현장이음 용접은 다음과 같이 한다.(그림 3.2.3.1)

① 용접은 원칙적으로 아크용접으로 하고, 그 방법은 담당원의 승인을 받아 수동용접이나 반자동용접법에 준하는 것으로 한다.

② 용접공은 수동용접을 할 경우에 KS B 0885의 시험방법 및 그 판정기준에 적합하고, 담당원의 승인을 받은 것으로 한다.

③ 용접 와이어 또는 용접봉은 말뚝 재질 및 각각의 용접방법에 적합한 품질, 형상의 것을 선정하고 담당원의 승인을 받는다. 또한 그 보관 및 취급은 사용설명서에 따른다.

④ 비나 눈이 올 때와 강한 바람이 부는 경우에는 용접작업을 중지하거나 적당한 방호조치를 강구하고, 담당원의 승인을 받아 작업을 진행한다. 또한 기온이 0℃ 이하의 경우에는 용접작업을 중지하는 것을 원칙으로 하되, 기온이 −15℃ 이상의 경우 담당원의 승인을 받았을 때는 용접선에서 100mm 범위 내의 용접할 모재 부분이 36℃ 이상이 되도록 예열하여 작업할 수 있다.

⑤ 접합부의 겹침길이와 루트간격은 허용값 이내가 되도록 하며, 동시에 아래 위 말뚝의 축이 직선이 되도록 말뚝머리 부분을 적절히 지지하고 가용접을 하되, 필요에 따라서는 가조임 기구를 사용하여 충분히 지지한다.

⑥ 용접작업을 할 때에는 적절한 용접전류, 용접전압 및 용접속도를 택하고 결함이 없도록 용접한다. 가조임 도구 때문에 용접이 불가능한 부분은 남겨 두고 다른 부분은 될 수 있는 한 긴 구간을 충분히 용접한 후 가조임 기구를 제거한 다음, 그 부분을 용접한다.

⑦ 덧살올림은 3mm 이하로 하고 지나친 덧살올림은 하지 않는다.

⑧ 다층 용접의 경우 각 층마다 표면의 슬래그 및 유해물은 제거한 후 다음 층을 용접한다.

⑨ 용접부에 생긴 기능상 유해한 결함은 담당원의 지시에 따라 보정하고 갈라짐이 생긴 부분은 쪼아내되 주위의 용접금속 및 부재에 손상을 주지 않도록 제거하여 재용접을 실시한다.

☞ 그림 3.2.3.1 강관 말뚝의 이음

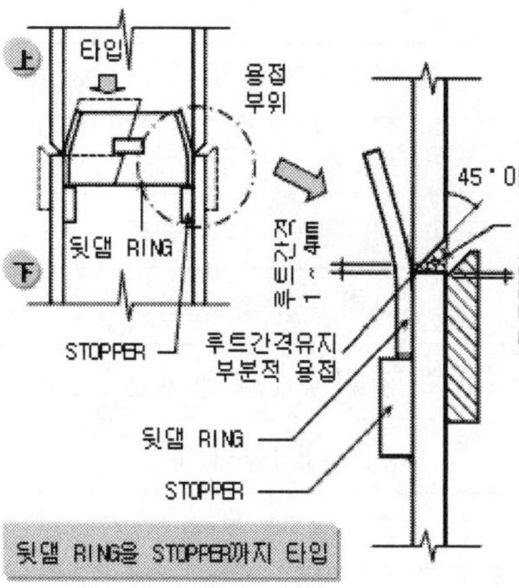

☞ 그림 3.2.3.2 강관 말뚝의 용접시 주의사항

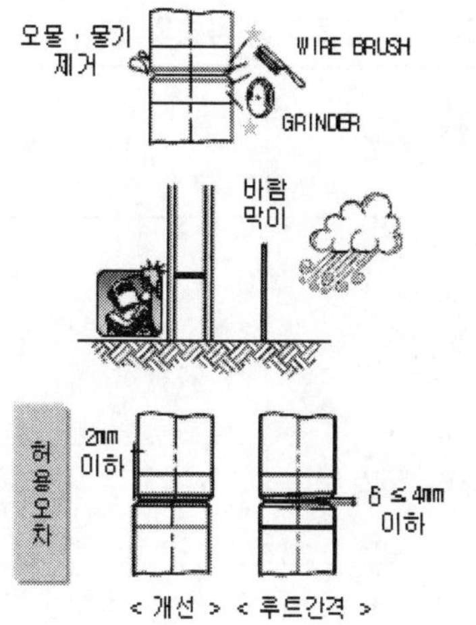

☞ 그림 3.2.3.3 강관 말뚝 두부 보강

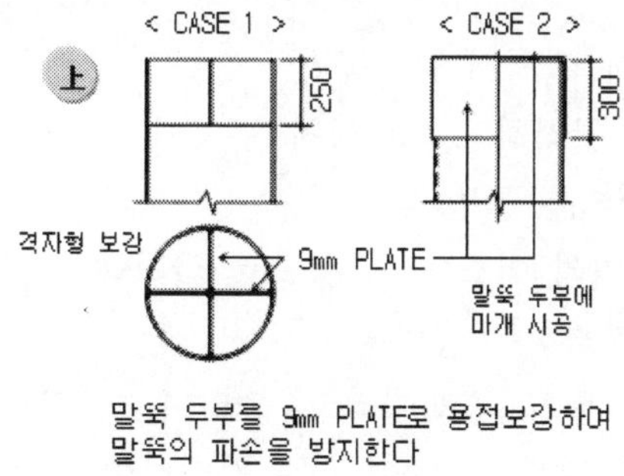

㉯ H형강 말뚝 (Steel H Piles)

말뚝의 종류는 4종류로 하고 그 기호는 다음에 따른다.

H형강 말뚝의 현장 용접 이음은 강관말뚝의 현장이음 용접과 같은 방법으로 한다.

☞ 표 3.2.3.2 H형강말뚝종류의 기호

기 호
SHP 400
SHP 400W
SHP 490W
SHP 550W

3.3 기성 콘크리트 말뚝의 시공

☞ 표 3.3.1.1 말뚝의 시공법의 분류

<table>
<tr><td rowspan="2">타입 공법</td><td rowspan="2"></td><td>타격 공법</td></tr>
<tr><td>프리보링 병용 타격 공법</td></tr>
<tr><td rowspan="7">매입 공법</td><td rowspan="3">프리보링</td><td>프리보링 최종 타격 공법</td></tr>
<tr><td>프리보링 근고정 공법</td></tr>
<tr><td>프리보링 확대 근고정 공법</td></tr>
<tr><td rowspan="3">중 굴</td><td>중굴 타격공법</td></tr>
<tr><td>중굴 근고정 공법</td></tr>
<tr><td>중굴 확대 근고정 공법</td></tr>
<tr><td>회 전</td><td>회전 근고정 공법</td></tr>
</table>

㉮ 타격 공법 : 해머로 말뚝을 타격하여 지반 안에 관입시키는 공법

㉯ 프리보링 병용 타격 공법 : 미리 어스 오거로 굴착하고, 그 굴착 구멍에 말뚝을 세워 넣고 해머로 타격하여 지지층 안에 관입시키는 공법

㉰ 프리보링 최종 타격 공법 : 지지층 부근까지 미리 어스 오거 등으로 굴착액을 주입하면서 굴착하고, 말뚝을 세워 넣고 해머로 타격하는 공법

㉱ 프리보링 근고정 공법 : 일반적으로 시멘트 밀크 공법이라고 불리며, 근고정액 및 말뚝 주변 고정액이 충전된 굴착 구멍에 말뚝을 압입 또는 경타하여 설치하는 공법

㉲ 프리보링 확대 근고정 공법 : 말뚝 지름 이상의 근고정 구근을 축조하여 말뚝을 회전 또는 자침으로 설치하는 공법

㉳ 중굴 타격 공법 : 말뚝 중공부에 삽입한 어스 오거에 의해 말뚝 선단부의 지반을 굴착하면서 말뚝을 지지층까지 침설하고, 그 후 해머로 타격하여 관입시키는 공법

㉴ 중굴 근고정 공법 : 말뚝 중공부에 삽입한 어스 오거에 의해 말뚝 선단부의 지반을 굴착하면서 말뚝을 지지층까지 침설한 후 근고정 구근을 축조하는 공법

㉵ 중굴 확대 근고정 공법 : 말뚝 지름 이상의 근고정 구근을 축조하여 말뚝을 설치하는 공법

㉶ 회전 근고정 공법 : 말뚝 선단의 특수 철물과 말뚝 중공부에 삽입한 로드에 의해 굴착수를 토출하면서 말뚝 선단 철물에 회전을 주어서 침설하여 말뚝 선단부를 근고정하는 공법

1) 타입 공법

㉮ 타격 공법

① 말뚝의 세워 넣기

㉠ 말뚝을 세워 넣은 후 말뚝 머리에 캡 및 해머를 얹고 각 축이 타입 방향으로 일직선이 되도록 조정하고 확인한다.

㉡ 말뚝 머리부에는 반드시 쿠션재를 사용한다. 말뚝을 세워 넣을 때에는 항상 그 상태를 확인하고 이상이 생긴 것은 교환한다.

② 타입 작업

㉠ 유압 해머 또는 드롭 해머로 박아 넣는 경우는 타격 초기에는 해머 낙하 높이를 작게 하고, 말뚝의 관입 상황을 관찰하면서 몇 회 가볍게 박은 후 소정의 타격을 실시한다.

㉡ 디젤 해머의 경우는 소정의 방향을 확보하면서 몇 회 공타를 실시한 후 소정의 타격을 한다.

㉢ 1개의 말뚝을 박기 시작하였다면, 연속하여 그 1개를 다 박는 것이 바람직하다.

㉣ 시공 중에는 해머의 낙하 방향과 캡 및 말뚝의 축은 항상 동일 직선상에 있도록 주의하여야 한다.

㉤ 타입 중에는 말뚝의 경사에 주의하고, 해머의 횡 진동, 말뚝 머리의 편타를 방지하고, 소정의 방향으로 타입하도록 한다. 다만, 타입 중에 말뚝이 기운 경우에는 무리한 수정은 하지 않고 말뚝 축선에 리더의 경사를 맞추도록 조정하고 말뚝 머리부에 편타를 주지 않도록 한다. 특히 선박 박기의 경우는 선박에 흔들림에 의한 말뚝의 편타에 주의하여야 한다.

㉥ 연약 지반에 박아 넣는 경우 및 중간의 비교적 딱딱한 지층을 뚫는 경우 또는 긴 말뚝을 시공하는 경우는 말뚝에 과도한 인장 응력이 생기지 않도록 타격하여야 한다.

③ 타격 공법의 특징

㉠ 일반적으로 말뚝 직경 800mm 이하에서 사용한다.

㉡ 지반을 교란하지 않는다.

㉢ 소음, 진동이 크다.

㉣ 장치가 간단하며 시공 속도가 빠르다.

㉤ 동력학 공식에서 지지력 추정이 가능하다.

㉥ 공사비가 저렴하다.

㉦ 시가지에서는 부적합하다.

☞ 그림 3.3.1.1 말뚝 타격 공법

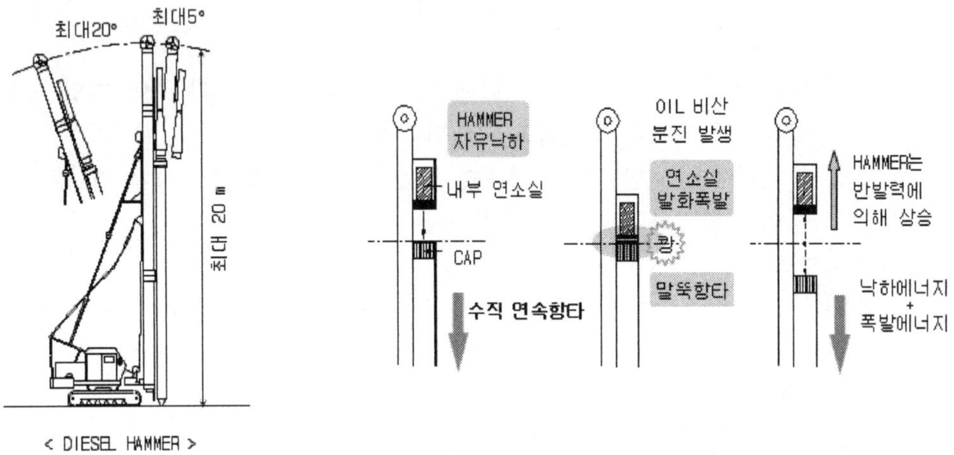

④ 지지력의 확보

㉠ 타격 중지는 소정의 타격 에너지로 소정의 관입량 및 리바운드량이 얻어졌을 때로 한다. 그리고 말뚝에 대한 제한 타격 횟수 및 타격 중지시의 관입량은 공사 감리자의 지시에 따른다.

㉡ 타격 중지 후의 말뚝 머리 위치가 설계보다 높은 경우 또는 소정의 위치에서 지지력을 얻을 수 없는 경우는 공사 감리자와 대응책을 협의하여 처치하도록 한다.

⑤ 최종 관입량

㉠ 말뚝의 최종 관입량은 자립식의 측정대 또는 자동항타 검측기 등을 사용하여 정밀하게 측정하여야 하며, 최종관입량의 산정은 특기가 없는 한 토질의 종류별로 아래 기준타격 횟수의 평균값으로 한다

ⓐ 일반 풍화토 지반 : 10회

ⓑ 사질지반 : 15회

ⓒ 점성토지반 : 20회

㉡ 항타관리용 최종관입량은 시항타 및 재하시험을 통해 실제 지지력과 동적지지력공식에 의한 지지력을 검토하여 말뚝재질 및 규격, 말뚝관입길이, 항타기의 타격능력 및 효율, 지반조건 등 현장 제조건에 맞도록 선정, 관리한다.

㉢ 말뚝의 항타종료 판정은 말뚝기초설계자료, 지반조사보고서, 시항타 및 재하시험 결과에서 판단된 말뚝관입심도, 항타종료시의 1회 타격당 관입량, 동적지지력공식에서 추정한 말뚝지지력 등을 종합적으로 검토한 후 판단하여 실시한다.

㉣ 말뚝재료에 따른 타격횟수 및 최종관입량은 표 3.3.1.1의 값에 적합하여야 한다. 이때, 말뚝을 이음 시공 할 경우의 타격횟수는 상부 및 하부말뚝의 타격횟수 합계로 한다.

☞ 표 3.3.1.1 말뚝재료에 따른 타격횟수 및 최종관입량

구 분	PC 말뚝	PHC 말뚝	강재 말뚝
총 타격 횟수	2,000회 이내	3,000회 이내	3,000회 이내
최종 1m의 타격 횟수	100회 이내	200회 이내	500회 이내
최종 관입량	8mm 이내	5mm 이내	2mm 이내

㉯ 프리보링 병용 타격 공법

① 굴착

㉠ 굴착 구멍의 지름은 말뚝 바깥지름 이하로 한다.

㉡ 말뚝 중심에서 직각 방향으로 2점의 프랭크 심을 잡아 어스 오거의 굴착시의 중심 어긋남이 생기지 않도록 함과 동시에 리더의 연직도에 대해서도 관리를 한다.

㉢ 굴착은 주위의 지반 및 앞 끝 지반을 가능한 한 흐트러뜨리지 않도록 시공하고, 굴착 심도는 공사 감리자의 지시에 따르도록 한다.

㉣ 굴착 구멍벽의 붕괴가 뚜렷한 경우에는 굴착액을 사용하는 등의 보조적인 수단을 강구한다.

② 세워 넣기 및 박아 넣기 작업

㉠ 말뚝의 세워 넣기는 굴착 구멍 안에 가능한 한 연직성을 유지하는 방법으로 하고, 말뚝의 삽입 후에는 무리한 수정은 하지 않도록 한다.

㉡ 박아 넣기의 초기는 해머의 낙하 높이를 작게 하여 말뚝의 연직성을 확보하도록 한다. 해머에 의한 타격에서는 과도한 관입에 의해 말뚝 몸통에 인장응력에 의한 균열이 발생하는 경우가 있으므로 주의하여야 한다.

③ 프리보링 병용 타격 공법의 특징

㉠ 중소구경, 경질의 중간층을 파는 경우에 유효하다.

㉡ 소음, 진동이 타격 공법에 비해 경감 된다.

④ 지지력의 확보

박기 중지의 관리는 타격 공법의 박기 중지에 준한다.

☞ 그림 3.3.1.2 프리보링 병용 타격 공법

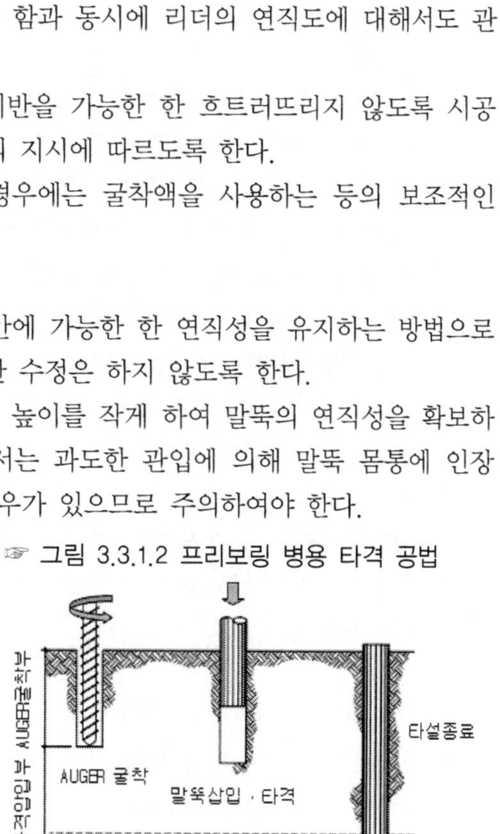

2) 매입 공법

① 설계도서에 표시된 소정의 말뚝 위치에 천공장비를 고정시키고, 수직을 유지하면서 굴착한다.

② 천공 중에 천공구멍 및 벽이 붕괴되거나 혹은 휘어지지 않도록 적절한 천공속도를 유지한다. 또한 오거를 뽑아낼 때도 지반이 흔들리지 않도록 천천히 끌어 올린다.

③ 천공 중에 천공구멍 및 벽의 붕괴가 발생하지 않도록 필요에 따라 안정액을 사용한다. 안정액을 사용하는 경우에는 안정액 관리에 대한 충분한 주의를 기울인다.

④ 천공된 흙은 말뚝 주변에 방해되지 않도록 충분히 배출시킨다.

⑤ 천공 깊이는 설계도서에 표시된 깊이 또는 시험말뚝박기의 결과 등에 근거하여 담당원이 지시하는 깊이로 한다.

⑥ 정해진 깊이까지 천공했는데도 필요한 지지층까지 깊이가 확보되지 않는 경우 또는 정해진 깊이와 다를 경우에는 담당원 및 책임기술자와 협의한다.

⑦ 밑동 고정으로 지지력을 확보하는 경우의 고정(안정)재의 재료, 배합 및 주입방법은 설계도서에 따른다.

⑧ 밑동 고정재 이외에 말뚝 주변 고정재나 안정액의 사용 여부, 배합은 설계도서에 따른다.

⑨ 밑동 고정재나 말뚝 주변 고정재는 원칙적으로 말뚝 전체에 걸쳐서 기성 콘크리트 말뚝과 천공구멍 및 벽과의 공극을 충분히 충전할 수 있는 양을 주입해야 한다.

⑩ 밑동 고정재나 말뚝 주변의 고정재가 주변지반으로 유출되는 현상 또는 경화에 따른 블리딩 현상 등에 의해 발생하는 공극에 대해서는 담당원 및 책임기술자와 협의한 후 공극의 정도에 따라 재주입 등의 조치를 취한다.

⑪ 밑동 고정재나 말뚝 주변 고정재가 주변지반으로 유출이 심할 경우에는 이를 방지하기 위한 적절한 조치를 취한다.

⑫ 기성 콘크리트 말뚝의 설치는 천공구멍 및 벽을 깎거나 말뚝이 손상되지 않도록 수직을 유지하면서 공사한다.

⑬ 기성 콘크리트 말뚝은 정해진 깊이까지 설치한다. 천공깊이까지 말뚝이 도달하지 못할 경우에는 담당원 및 책임기술자와 협의한다.

⑭ 밑동 고정재, 말뚝 주변 고정재 등의 주입재에 의한 부력으로 기성 콘크리트 말뚝이 부상하지 않도록 주의한다.

3) 중굴착 공법

① 설계도서에 표시된 소정의 말뚝 위치에 말뚝과 천공장비를 고정시키고 수직을 유지하면서 말뚝을 설치한다.

② 말뚝설치 작업 시 필요 이상으로 천공하지 않는다.

③ 부압에 의해 지반이 흔들리지 않도록 오거를 끌어올리는 작업은 가능한 한 천천히 한다.

④ 말뚝설치 깊이는 설계도서에 표시된 깊이 또는 시험말뚝박기의 결과 등에 근거하여 담당원이 지시하는 깊이로 한다.

⑤ 지내력 보강은 설계도서에 따른다.

4) 말뚝의 이음

㉮ 말뚝의 접합

프리텐션방식 원심력 고강도 콘크리트말뚝과 강관말뚝은 관입길이가 15m를 초과하는 경우에 한하여 현장에서 말뚝을 이어 사용할 수 있다. 연결부는 현장 용접 이음으로 하며, 그 방법과 검사는 다음과 같이 한다.

① 이음시공에 있어서 상 하말뚝의 축선은 동일 직선상에 있도록 해야 한다.

② 이음부의 편심량은 이음부 전반에 대하여 2mm 이하가 되도록 하여야 한다.

☞ 그림 3.3.4.1 말뚝의 이음

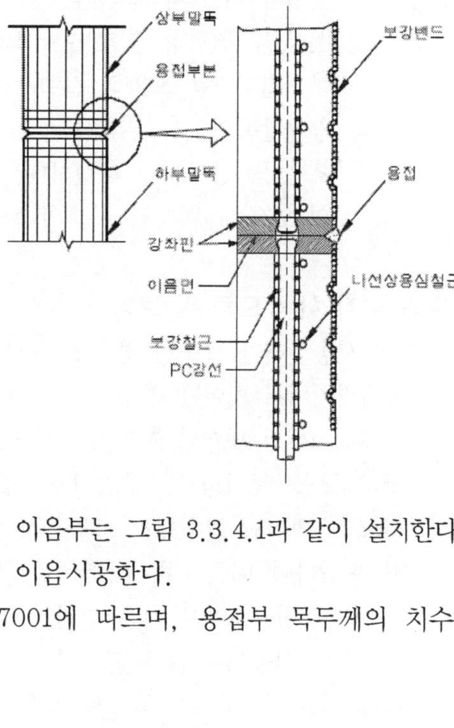

③ 현장이음은 전둘레 아크용접으로 하며, 이음부는 그림 3.3.4.1과 같이 설치한다.

④ 하부말뚝은 두부손상이 없는 상태에서 이음시공한다.

⑤ 위에 언급되지 않은 사항은 KS F 7001에 따르며, 용접부 목두께의 치수는 7mm 이상으로 한다.

㉯ 현장 용접 이음부 검사

① 외관 검사

전체 이음부에 대하여 다음 사항을 검사하도록 한다.

☞ 표 3.3.4.1 현장 용접 이음부의 검사

구 분	검 사 내 용
용접부형상	비드표면요철, 비드폭, 용접치수, 보강살, 용접길이
용접결함	균열, 언더컷, 오버랩, 피트
마무리 정도	슬래그, Spatter의 제거, 그라인더 마감상태, 용접누락

② 비파괴 검사

㉠ 용접이음부는 비파괴검사를 시행한다. 검사는 해당분야의 자격증을 소유한 건설 기술 관리법에 의한 중급 기술자 이상의 전문기술자가 행하며, 검사결과 합격여부를 포함한 시험기록은 해당분야 기술사의 확인을 받아 항타기록부에 첨부하여 관리한다.

㉡ 고강도 콘크리트말뚝의 이음부 검사는 이음부위 20개소마다 1회 이상 KS D 0213에 따라 자분탐상 시험을 시행하며, 검사결과 합격판정 기준은 다음과 같다.

균열에 의한 자분모양인 경우 ------------------------- 불합격
선상 및 원형상 결함자분 모양의 길이 ------------- 4mm 이하 합격
분산결함자분 모양의 길이 --------------------- 8mm 이하 합격

㉢ 강관말뚝의 이음부검사는 이음부위 10개소당 1회 이상 KS B 0896에 따라 초음파탐상시험을 시행하며, 검사 결과 KS B 0896에 명시된 결함등급분류의 M검출레벨 3급 이상의 등급(18mm 이하)이어야 한다.

5) 말뚝 박기 허용 오차 및 보강

말뚝의 시공상태가 잘못된 경우 다음과 같이 보강조치를 하여야 한다.

㉮ 설계위치에서 벗어난 경우

설계위치에서 벗어난 거리가 150mm를 초과한 경우에는 구조검토를 하여 추가항타 및 기초를 보강하고, 독립기초, 줄기초, 매트기초의 외곽말뚝이 외측으로 75~150mm 벗어난 경우에는 말뚝중심선에서 벗어난 만큼 기초를 확대하고 철근을 1.5배 보강하여 배근하며, 내측으로 벗어난 경우에는 철근만 1.5배 보강하여 배근한다. 이때 철근보강은 다음 그림과 같은 방법으로 한다.

㉯ 수직으로 시공되지 않은 경우

항타 완료 후 각도기 등으로 계측하여 수직에 대한 기울기가 말뚝길이의 1/50 이상 일 경우에는 보강말뚝을 시공한다.

㉰ 항타 중 말뚝이 중파된 경우

항타 완료 후 거울로 비춰보거나 다림추 등으로 중파여부를 확인하여 중파시 보강말뚝을 설계위치에 인접하여 추가 항타하고 말뚝중심선 외측으로 벗어난 만큼 기초를 확대하고 철근을 1.5배 보강하여 배근하며, 내측으로 벗어난 경우에는 철근만 1.5배 보강하여 배근한다. 이때 철근보강은 그림 3.3.5.1와 같은 방법으로 한다.

☞ 그림 3.3.5.1 설계 위치에 벗어났거나 항타 중 말뚝이 중파된 경우의 기초판 철근 보강

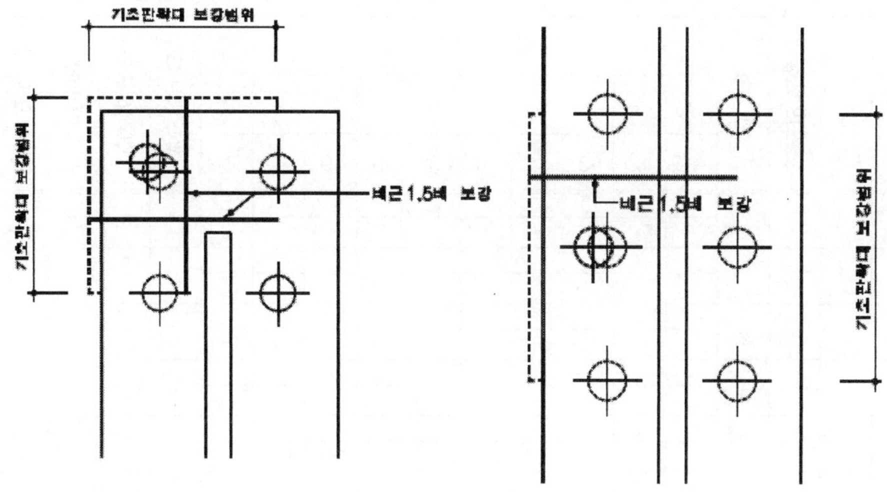

6) 말뚝 머리 처리

㉮ 말뚝머리를 가지런히 절단할 때, 말뚝 주위에 필요 이상으로 땅파기를 하여서는 안된다.

㉯ 말뚝머리를 가지런히 절단할 때에는 한편에서만 타격을 주지 말고 주위를 균일하게 절단하며, 위 끝면을 평평하게 다듬고, 철근은 말뚝머리 절단시 손상이 없도록 하고, 소정의 길이만 남겨두되 나머지는 절단하거나 다음 그림과 같이 기초판에 정착시킨다.

㉰ 말뚝머리는 설계도서에 의하여 보강하거나 이에 적절한 조치를 강구한다.

㉱ 말뚝머리의 연결상태가 기초에 고정단인지 또는 힌지인지 여부를 시공상세도에 작성하여 담당원의 승인을 받도록 한다.

㉲ 설치가 완료되었을 때의 말뚝머리 설계 위치와 수평방향의 오차는 특기사항이 없을 경우 100mm 이하로 한다.

☞ 그림 3.3.6.1 말뚝머리 처리

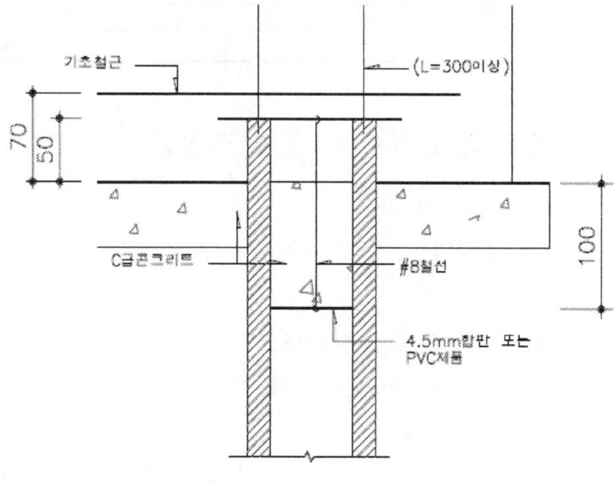

☞ 표 3.3.6.1 항타 기록부 예시

항타장비(낙하고 및 총중량) :

말뚝번호	실제규격		실제관입길이	잔량	1회 타격시 관입량										평균관입량	솟아오름량	항타일시	현장대리인확인	감독자확인
	직경	길이			1	2	3	4	5	6	7	8	9	10					
					11	12	13	14	16	17	18	19	20	21					

3.4 현장타설 콘크리트 말뚝 지정공사

1) 천공

㉮ 천공장비의 장착 및 케이싱 및 스탠드 파이프 설치는 정해진 위치에 정확하게 설치한다.

㉯ 천공은 수직을 유지하도록 한다.

㉰ 천공 시에는 천공구멍 및 벽의 붕괴나 지지지반이 흐트러지지 않도록 충분히 주의한다.

㉱ 천공구멍 및 벽을 보호하기 위하여 안정액을 사용하는 경우 시공계획서에 근거하여 충분한 관리를 한다.

㉮ 천공은 정해진 지지지반까지 확실히 실시한다. 지지지반에 말뚝 밑동넣기 길이는 설계도서에 따른다.

2) 슬라임 처리

콘크리트 타설 전에 시공계획서 상의 방법에 따라 슬라임을 제거하고, 말뚝에 유해한 슬라임이 없는가를 확인한다.

3) 철근의 가공, 조립, 보관

㉮ 철근망은 주근, 띠철근, 기타 보강근 및 보강강재, 간격재 등으로 조립하고 철근망의 보관, 운반, 세우기 작업 등에 의해 변형이 생기지 않도록 견고한 것으로 한다.

㉯ 철근은 설계도서에 따라 정확하게 가공 및 배근하고, 주근과 띠철근을 철선으로 결속하여 조립한다.

㉰ 주근의 이음은 겹침이음을 원칙으로 하며, 이음방법으로는 아크용접이나 가스압접 중에서 설계도서에 정하는 바에 따르며, 정하는 바가 없을 때는 아크용접으로 하고, 이음의 강도 및 강성이 동등 이상이 되도록 한다.

㉱ 띠철근은 정해진 형상에 맞게 가공하고 이음은 한쪽 면인 경우 10d, 양쪽 면인 경우 5d의 플레어용접으로 하고, 용접길이 전후에 2d 이상의 여유길이를 갖도록 한다.

㉲ 말뚝길이가 설계도서와 다른 경우, 철근망의 길이는 최하단의 철근망에서 조정한다.

㉳ 철근망을 겹쳐 쌓아 보관하는 경우는 변형이 생기지 않도록 보강한다.

4) 철근망 설치

㉮ 철근망 설치공사 시 변형이 생기지 않도록 충분한 주의를 기울인다. 또 공사시에는 철근망을 말뚝 중심에 맞추어 수직이 되도록 하여 철근망에 의해 천공구멍 및 벽이 무너지지 않도록 천천히 삽입한다.

㉯ 철근망의 접속은 수직을 확인하고, 원칙적으로 철선 또는 접속철물로 단단하게 접속한다.

5) 콘크리트 타설

㉮ 콘크리트는 공사목적에 적합한 배합을 사용하고 정해진 시간 내에 타설한다.

㉯ 콘크리트 타설은 트레미공법에 따라 실시하며, 슬라임 등의 섞임이 없이 일정하게 연속해서 타설한다.

㉰ 트레미관에 처음 콘크리트를 타설하는 경우는 플런저방식이나 밑덮개방식 또는 이에 준한 방식을 이용한다.

㉣ 콘크리트 타설 중의 트레미관은 원칙적으로 콘크리트 속에 2m 이상 묻혀 있어야 한다.
㉤ 케이싱을 사용하는 공법은 케이싱을 뽑을 때 철근망이 함께 위로 올라오지 않도록 하면서 케이싱의 앞부분이 콘크리트면보다 아래에 있도록 한다.
㉥ 콘크리트 타설을 중단할 때에는 예정높이보다 더 높게 치고, 그 높이는 설계도서에 따르거나 담당원의 지시에 따른다.

제 8 장

철근콘크리트공사

제 1 절 철근공사

1. 용어의 정리

건축공사 표준시방서에서는 철근공사에 사용하는 용어를 다음과 같이 정의하고 있다.

1) 가스 압접 이음(gas press welding) : 철근의 단면을 산소-아세틸렌 불꽃 등을 사용하여 가열하고 기계적 압력을 가하여 용접한 맞댐 이음
2) 간격재(spacer) : 철근 혹은 프리스트레스용 강재, 쉬스 등에 소정의 철근 피복을 확보하거나 그 간격을 정확하게 유지하기 위하여 쓰이는 콘크리트제, 모르타르제, 금속제, 플라스틱제 등의 부품
3) 강재(steel) : 철을 주성분으로 하는 구조용 탄소강의 총칭으로서, 철근콘크리트용 봉강, 프리스트레스용 강재, 형강, 강판 등을 포함
4) 고임재(chair) : 수평 철근의 위치 또는 수평 철근과 거푸집의 간격을 일정하게 유지하기 위해 수평 철근 아래에 끼우는 부품
5) 기계적 이음(mechanical splice) : 나사를 가지는 슬리브 또는 커플러, 에폭시나 모르타르 또는 용융 금속 등을 충전한 슬리브, 클립이나 편체 등의 보조 장치 등을 이용한 이음
6) 방청제(corrosion inhibitor) : 콘크리트 중의 강재가 염화물에 의해 부식되는 것을 억제하기 위해 사용하는 혼화제
7) 쉬스 : 포스트텐션방식에 있어서 PC강재의 배치구멍을 만들기 위하여 콘크리트를 부어넣기 전에 미리 배치된 튜브(관)
8) 용접이음 : 용접으로 접합되는 이음
9) 용접철망(welded steel wire fabric) : 콘크리트 보강용 용접망으로서 철근이나 철선을 직각으로 교차시켜 각 교차점을 전기저항 용접한 철선망
10) 이형철근(deformed reinforcement) : 표면에 리브와 마디 등의 돌기가 있는 봉강으로서 KS D 3504에 규정되어 있는 이형철근 또는 이와 동등한 품질과 형상을 가지는 철근
11) 조립용 철근(erection bar) : 철근을 조립할 때 철근의 위치를 확보하기 위하여 쓰는 보조적인 철근
12) 철근(reinforcement, bar, rebar) : 콘크리트를 보강하기 위해 콘크리트 속에 배치되는 봉 형상의 강재
13) 철근 배근도(reinforcement placing drawing) : 철근공이 현장에서 거푸집 안에 철근을 배근하기 위한 도면. 철근배근도에는 철근의 직경, 배근간격, 굽힘 위치, 가공형상, 이음 및 정착의 위치, 이음 및 정착길이 등이 평면도 및 단면도 상에 표기되어야 함.

14) 수축·온도철근(shrinkage and temperature reinforcement) : 콘크리트의 건조수축, 온도 변화, 기타의 원인에 의하여 콘크리트에 일어나는 인장응력에 대비해서 가외로 더 넣는 보조적인 철근
15) 배력근(distrubuting bar) : 하중을 분산시키거나 균열을 제어할 목적으로 주 철근과 직각에 가까운 방향으로 배치한 보조 철근

2. 자 재

2.1 철근(봉강)의 종류 및 강도

1) 이형철근(봉강)의 종류 및 기호

☞ 표 2.1.1.1 종류 및 기호

종 류	기 호	용 도
이형 철근(봉강)	SD300	일 반 용
	SD350	
	SD400	
	SD500	
	SD600	
	SD700	
	SD400W	용 접 용
	SD500W	

2) 항복강도 및 인장강도

☞ 표 2.1.2.1 항복강도 및 인장강도

기 호	항복점 또는 항복강도 N/mm^2	인장강도 N/mm^2
SD300	300 이상	440 이상
SD350	350 이상	490 이상
SD400	400 이상	560 이상
SD500	500 이상	620 이상
SD600	600 이상	710 이상
SD700	700 이상	800 이상
SD400W	400 이상	560 이상
SD500W	500 이상	620 이상

3) 철근의 성질

㉮ 철근은 인장력을 콘크리트는 압축력을 부담.

㉯ 철근과 콘크리트의 열팽창계수는 거의 비슷하다.

㉰ 철근은 산성으로 콘크리트의 알칼리성에 의해 부식이 보호 된다.

㉱ 콘크리트의 부착력은 같은 단면일 때 가는 철근을 많이 넣으면 증가된다.

2.2 철근 고임재 및 간격재

1) 철근 고임재 및 간격재의 표준은 표 2.2.1.1에 따른다.

2) 보, 기둥, 지중보, 슬래브, 벽 및 지하 외벽의 간격재는 플라스틱 제품을 측면에 사용할 수 있다. 노출콘크리트 면에서 거푸집 면에 접하는 고임재 또는 간격재는 모르타르, 콘크리트, 스테인리스, 플라스틱 등 부식되지 않는 제품을 사용하여야 한다.

☞ 표 2.2.1.1 철근 고임재 및 간격재의 표준

부 위	종 류	최소 수량 또는 최대 배치간격
기 초	강재, 플라스틱, 콘크리트	8개/4 m^2, 20개/16 m^2
지중보	강재, 플라스틱, 콘크리트	간격은 1.5 m, 단부는 1.5 m 이내
벽 지하 외벽	강재, 플라스틱, 콘크리트	상단 보 밑에서 0.5 m, 중단은 상단에서 1.5 m 이내 횡간격은 1.5 m, 단부는 1.5 m 이내
기둥	강재, 플라스틱, 콘크리트	상단은 보밑 0.5 m 이내, 중단은 주각과 상단의 중간, 기둥 폭방향은 1 m 미만 2개, 1 m 이상 3개
보	강재, 플라스틱, 콘크리트	간격은 1.5 m, 단부는 1.5 m 이내
슬래브	강재, 플라스틱, 콘크리트	간격은 상·하부 철근 각각 가로 세로 1.3 m

☞ 표 2.2.1.2 고임재 및 간격재의 재료별 특성

콘크리트재	① 안정성, 강성, 내구성상 가장 유리함 ② 주로 바닥구조에 활용	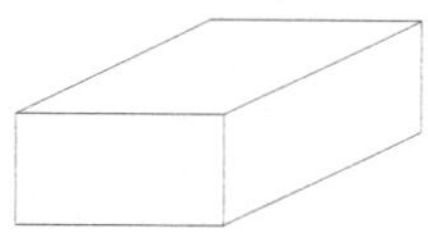
강 재	① 철근으로 현장 제작 사용도 가능 ② 기초 부위에 활용 ③ 부식에 약하다	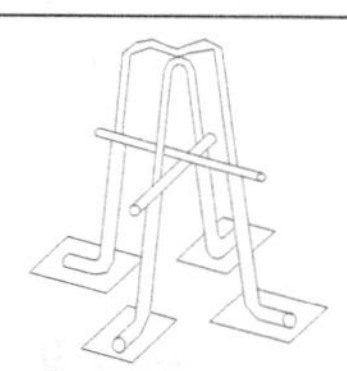
플라스틱재	① 규격품으로 사용이 편리 ② 부분적으로 단면 결손을 초래 ③ 벽의 측면이나 일반 SLAB 구조에 활용	

2.3 철근의 저장

1) 철근 적치 및 가공장 관리

㉮ 철근 적치장은 작업 동선 및 차량 진입이 유리한 위치를 선정한다.

㉯ 적치장 설치 시 인근 지역보다 높게 하여 배수가 원활토록 한다.

㉰ 적치장 바닥은 충분히 다진 후 콘크리트 타설 등의 방법으로 철근 오염을 사전에 방지한다.

2) 철근의 보관 관리

㉮ 정척 철근은 규격별로 분리하여 적치 보관하고, 수량 파악이 수시로 가능토록 표지 현황판을 설치하여 운영한다.

㉯ 가공된 철근도 규격별로 분리하여 보관한다.

㉰ 철근 적재 시 바닥에서 200mm 이상 높이고 바닥에는 방습 처리 후 철근을 적재하여 비나 이슬에 젖지 않도록 한다.

☞ 그림 2.3.2.1 철근의 보관 방법

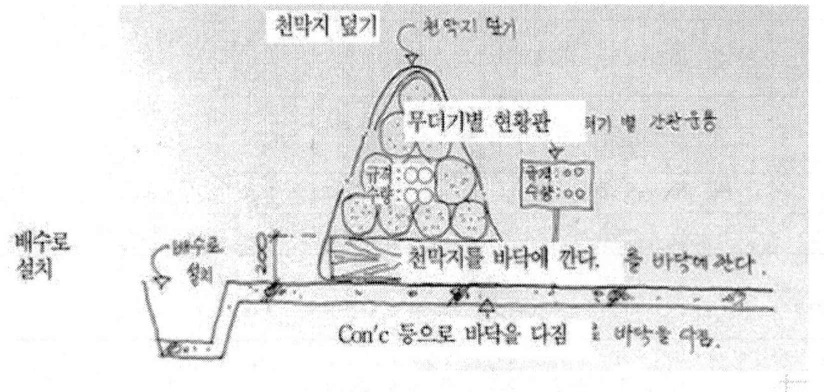

3. 시 공

3.1 철근 및 용접망의 가공

1) 철근의 가공

㉮ 철근의 가공은 철근배근도에 표시된 형상과 치수가 일치하고 재질을 해치지 않은 방법으로 이루어져야 한다.

㈏ 철근배근도에 철근의 구부리는 내면 반지름이 표시되어 있지 않은 때에는 건축구조설계기준에 규정된 구부림의 최소 내면 반지름 이상으로 철근을 구부려야 한다.
㈐ 철근은 상온에서 가공하는 것을 원칙으로 한다.
㈑ 철근가공의 허용오차는 표 3.1.1.1에 따른다.
㈒ 철근 및 용접망의 가공은 가열가공은 금하고 상온에서 냉간 가공한다.

☞ 표 3.1.1.1 가공치수의 허용오차

철근의 종류		부호 (오른쪽 그림)	허용오차 (mm)
스터럽, 띠철근, 나선철근		a, b	±5
그 밖의 철근	D25 이하의 이형철근	a, b	±15
그 밖의 철근	D29 이상 D32 이하의 이형철근	a, b	±20
가공 후의 전 길이		L	±20

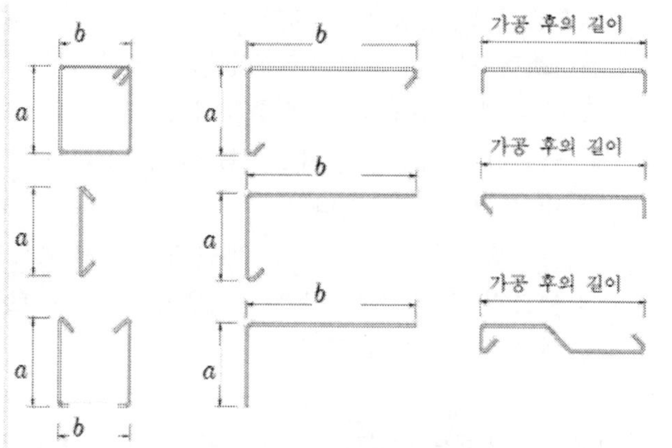

2) 용접 철망의 가공

㈎ 용접철망은 적절한 설비를 갖춘 공장에서 생산하여야 한다.
㈏ 유해한 굽은 철선이나 손상이 있는 철선은 사용할 수 없다.
㈐ 용접철망은 철근배근도에 제시된 치수와 형상에 맞추어 절단하여야 한다. 절단은 정착 방법과 이음의 종류 등에 따르며, 절단기, 진동톱 및 쉬어커터 등의 기계적 방법에 의하여야 한다.
㈑ 용접철망의 가공은 상온에서 냉간 가공하여야 한다.

3.2 철근 및 용접 철망의 조립

1) 철근의 조립

㈎ 철근은 바른 위치에 배치하고, 콘크리트를 타설할 때 움직이지 않도록 충분히 견고하게 조립하여야 한다. 이를 위하여 필요에 따라서 조립용 강재를 사용할 수 있다. 또한 철근이 바른 위치를 확보할 수 있도록 결속선으로 결속하여야 한다.
㈏ 철근과 철근의 순간격은 굵은골재 최대치수의 (4/3)배 이상으로 25mm 이상, 철근

공칭지름의 1.5배 이상으로 한다. 여기서 철근간의 순간격이라 함은 철근 표면 간의 최단거리이며, 철근간의 마디, 리브 등이 가장 근접하는 경우의 치수이다.

㉰ 철근의 피복두께를 정확하게 확보하기 위해 표 2.2.1.1에 따라 적절한 간격으로 고임재 및 간격재를 배치하여야 한다. 고임재와 간격재를 선정하고 배치할 때에는 사용개소의 조건, 이들의 고정 방법 및 철근의 중량, 작업하중 등을 고려할 필요가 있다.

㉱ 일반적으로 널리 사용되는 고임재 및 간격재에는 모르타르 제품, 콘크리트 제품, 강 제품, 플라스틱 제품, 세라믹 제품 등이 있으며, 사용되는 장소, 환경에 따라 적절한 것을 선정할 수 있다.

㉲ 플라스틱 제품은 콘크리트와의 열팽창률 차이, 부착 및 강도 부족 등의 문제가 있으며, 스테인리스 등의 내식성 금속으로 만든 고임재 및 간격재는 서로 다른 종류의 금속간 접촉부식 문제 등 불명확한 점이 있으므로 이들을 사용 할 경우에는 검토 및 확인 후 사용한다.

㉳ 철근은 조립이 끝난 후 철근 배근도에 맞게 조립되어 있는지 검사하여야 한다.

㉴ 철근 조립 후 장기간 경과한 경우에는 콘크리트를 타설하기 전에 다시 조립 검사를 하고 청소하여야 한다.

☞ 사진 3.2.1.1 벽체용 간격재(Spacer)

☞ 사진 3.2.1.2 바닥용 고임재(Spacer)

2) 철근 및 용접 철망의 이음 일반 사항

㉮ 철근배근도에 표시되어 있지 않은 곳에 철근의 이음을 둘 경우에는 그 이음의 위치와 방법은 건축구조설계기준에 따라 정하여야 한다.

㉯ D35를 초과하는 철근은 겹침 이음을 할 수 없다. 다만, 서로 다른 크기의 철근을 압축부에서 겹침 이음하는 경우 D35 이하의 철근과 D35를 초과하는 철근은 겹침 이음을 할 수 있다.

㉰ 철근이음에 용접이음, 가스압접이음, 기계적 이음 등을 적용할 경우에는 각각 사전에 준비된 이음지침에 따라야 한다.

㉱ 장래의 이음에 대비하여 구조물로부터 노출시켜 놓은 철근은 손상이나 부식을 받지 않도록 보호하여야 한다.

㉲ 철근의 이음 및 정착 길이는 건축구조설계기준 및 철근배근도에 따른다.

㉳ 정착 및 이음길이의 건축구조설계기준 및 철근배근도에 제시된 길이보다 짧을 수 없으며, 건축구조설계기준 및 철근배근도의 길이를 초과할 경우의 허용차는 소정 길이의 10% 이내로 한다.

㉴ 철근의 이음의 위치, 정착방법은 철근배근도에 따른다.

3) 이음의 위치

㉮ 응력이 적은 곳, 콘크리트 구조물에 압축응력이 생기는 곳에 설치

㉯ 한곳에 집중하지 않고 서로 빗나가게 설치

㉰ 이음의 길이는 부착력을 확보하기 위한 소정의 이음길이 확보가 중요하다.

☞ 그림 3.2.3.1 이음의 위치

☞ 그림 3.2.3.2 보 철근의 이음 위치

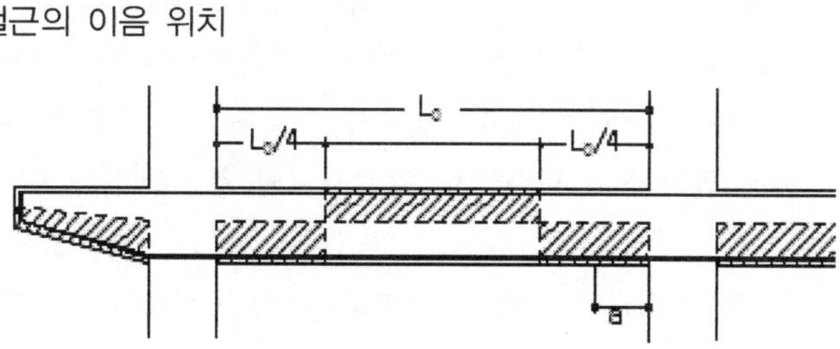

4) 이음의 종류

☞ 표 3.2.4.1 이음의 종류

<table>
<tr><td colspan="2">겹친이음</td><td>철근 이음할 1개소에 두 군데 이상 결속선(#18~20)으로 결속하는 이음</td></tr>
<tr><td colspan="2">용접이음</td><td>금속이 고열에 의해 융합하는 성질을 이용한 이음</td></tr>
<tr><td colspan="2">가스압접이음</td><td>철근의 접합면을 맞대고 압력을 가하면서 산소 아세틸렌 가스의 중성염으로 가열하면 접합부가 부풀어 오르면서 접합</td></tr>
<tr><td rowspan="3">기계식 이음</td><td>나사이음</td><td>철근에 숫나사를 만들고 coupler 양단을 너트로 조여 이음</td></tr>
<tr><td>슬리브(sleeve) 압착이음</td><td>접합부재를 슬리브 속에 넣고 유압잭으로 압착</td></tr>
<tr><td>슬리브 충전이음</td><td>슬리브 구멍을 통하여 에폭시나 모르타르 등의 그라우트(grout)재를 주입하여 이음</td></tr>
</table>

㉮ 겹침 이음

철근의 겹침 이음(Lap Splice)은 전통적으로 행해졌던 공법으로 시공이 간단하고 경제적이기 때문에 널리 사용되고 있으나 최근에는 구조물의 대형화와 내진작용으로 인한 철근의 밀집과 시공상 문제점에 의하여 사용에 많은 규제가 따르고 있다. 특히 겹침 이음에 의한 철근이음은 구조물의 RC규준에 있어 이음매 위치의 규준에 따른 시공상에 어려움이 있으며 콘크리트 부재의 이음부에서 발생하는 부착균열에 의한 콘크리트의 파괴는 휨 파괴에 비하여 급격하게 그내력을 상실하기 때문에 겹침 이음을 설계함에 있어서는 이러한 부착균열 파괴를 일으키지 않도록 이음위치, 겹이음길이, 피복두께, 철근간격 등을 선정 하여야 한다.

㉯ 용접이음

철근의 용접이음은 열에너지원으로 철근을 유연하게 녹여서 접합하는 방법으로서 철근단부와 용접봉이 녹은 혼합철부분과 용접열에 의해 열 영향을 받은 철 부분으로 구성된다.

용접이음에 있어서는 철이 고온에 가열되기 때문에 적절한 대책을 세우지 않는 경우에는 철이 가열되어 산화해 철근 속에 들어있는 미소량의 원소(탄소, 망간 등)를 연소시켜 버리므로 강도와 인성이 떨어지는 문제점이 생긴다. 특히 현장에서 적용되는 용접이음은 전기를 사용하므로 안전사고와 품질관리에 어려움이 따른다.

㉰ 가스압접이음

① 절단면은 반드시 Grinder로 청소하고 자격증을 보유한 기능공이 시공하여야 한다.

② 철근 동축상에 세트된 2개의 철근 단부를 가스버너에 의해 가열, 가압하여 접합

③ 일반적으로 D19 이상의 철근에 사용하면 겹침이음보다 경제적이다.
④ 종류가 같은 철근으로만 압접한다.
⑤ 압접부는 구부림 가공을 금한다.

☞ 그림 3.2.4.1 가스압접 순서

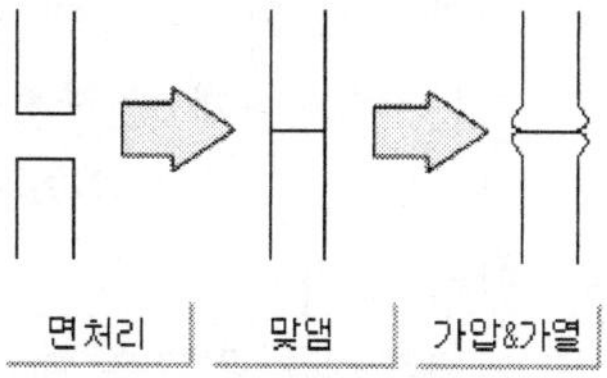

☞ 그림 3.2.4.2 압접부의 형상

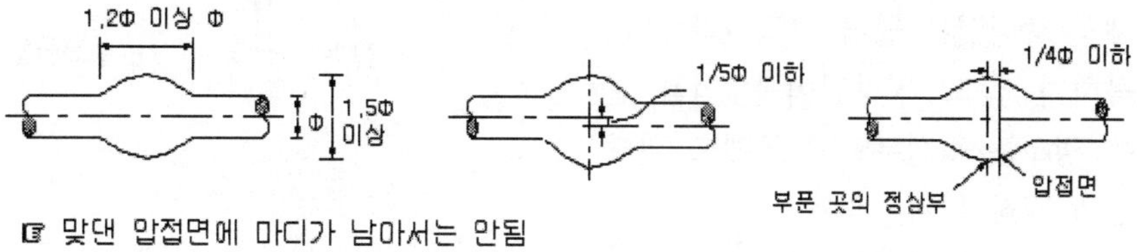

㉣ 기계식 이음

철근의 기계적 이음은 시공성의 편리, 일정한 품질, 다양한 적용성등에 따라 건설현장의 사용이 급격히 늘어나고 있으며 특히 구조물의 대형화 및 내진설계의 필수요건으로 대두되고 있다.

기계적 이음은 이음부의 성능에 따라 그 적용 부위가 각각 다르며 이음부의 성능이 우수한 제품 일수록 구조물의 이음위치에 관계없이 사용할 수 있다.

☞ 그림 3.2.4.3 나사이음

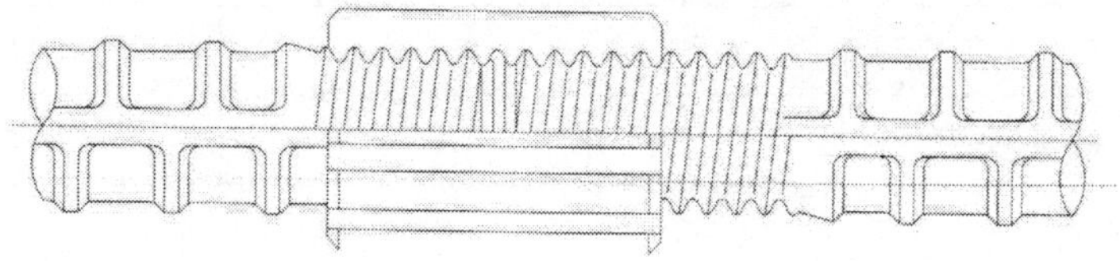

☞ 그림 3.2.4.4 슬리브 압착이음

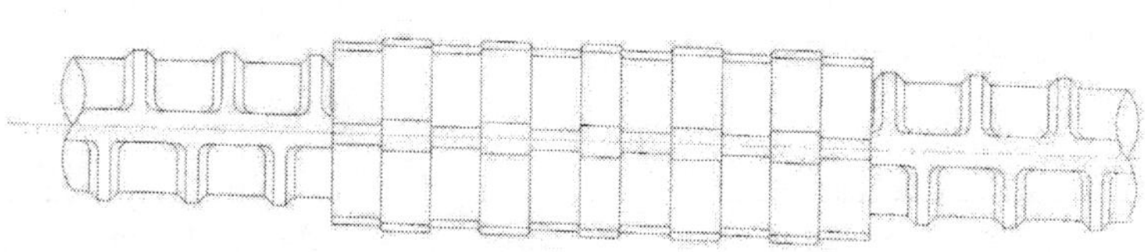

☞ 그림 3.2.4.5 슬리브 충전이음

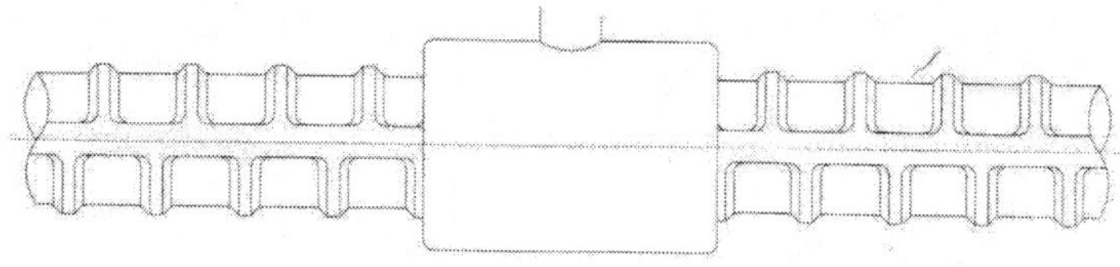

5) 철근의 정착

㉮ 정착이란 RC 부재에서 부재를 지지하는 부재내에 연장하여 매립부분의 부착력으로 철근 응력을 지지부에 전달하는 것

㉯ 지지부재에 철근을 정착시킬 경우 그 부재의 중심선을 넘어 절곡한다.

㉰ 절곡하자 않고 정착길이를 얻을 수 있는 경우는 직선부만 시공해도 된다.

㉱ 철근의 정착 위치

① 기둥의 주근은 기초에 정착
② 큰 보의 주근은 기둥에 정착
③ 벽철근은 기둥, 보, 바닥에 정착
④ 바닥철근은 보, 벽체에 정착
⑤ 지중보의 주근은 기초 또는 기둥에 정착

☞ 그림 3.2.5.1 보철근의 정착 위치

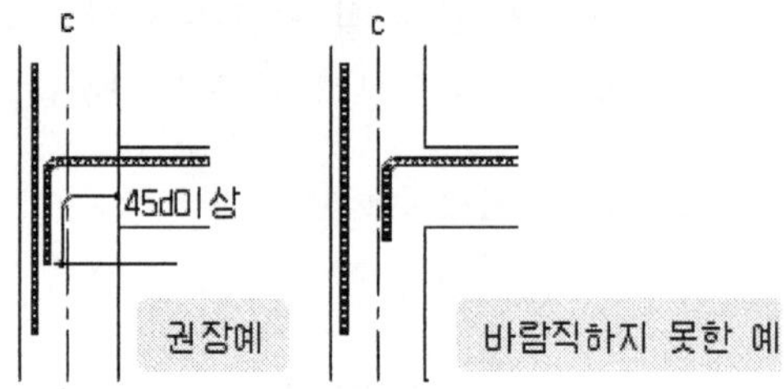

6) 철근의 이음 및 정착 길이

☞ 표 3.2.6.1 철근의 이음 및 정착 길이

위 치	보통콘크리트	경량콘크리트
압축력 또는 적은 인장력	25d	30d
기타의 부분	40d	50d

7) 철근의 피복 두께

㉮ 피복 두께의 정의와 목적

☞ 표 3.2.7.1 피복 두께의 정의와 목적

정 의	콘크리트 표면에서 제일 외측에 가까운 철근의 표면까지의 치수
목 적	① 내화성 ② 내구성(방청) ③ 시공상 유동성 확보 ④ 소요의 강도 확보 ⑤ 콘크리트와의 부착력 확보

㉯ 표준 피복 두께

☞ 표 3.2.7.2 피복 두께의 최소값

<table>
<tr><th colspan="3">부위 및 철근 크기</th><th>최소피복두께(mm)</th></tr>
<tr><td colspan="3">수중에서 치는 콘크리트</td><td>100</td></tr>
<tr><td colspan="3">흙에 접하여 콘크리트를 친 후 영구히 흙에 묻혀 있는 콘크리트</td><td>80</td></tr>
<tr><td rowspan="3">흙에 접하거나 옥외 공기에 직접 노출되는 콘크리트</td><td colspan="2">D29 이상의 철근</td><td>60</td></tr>
<tr><td colspan="2">D25 이하의 철근</td><td>50</td></tr>
<tr><td colspan="2">D16 이하의 철근, 지름 16 mm 이하의 철선</td><td>40</td></tr>
<tr><td rowspan="3">옥외의 공기나 흙에 직접 접하지 않는 콘크리트</td><td rowspan="2">슬래브, 벽체, 장선</td><td>D35 초과하는 철근</td><td>40</td></tr>
<tr><td>D35 이하인 철근</td><td>20</td></tr>
<tr><td colspan="2">보, 기둥</td><td>40</td></tr>
</table>

* 피복두께의 시공 허용오차는 10mm 이내로 한다.

제2절 거푸집 및 동바리공사

1. 용어의 정리

건축공사 표준시방서에서는 거푸집 및 동바리공사에 사용하는 용어를 다음과 같이 정의하고 있다.

1) 간격재 : 거푸집 간격유지와 철근 또는 긴장재나 쉬스가 소정의 위치와 간격을 유지시키기 위하여 쓰이는 콘크리트, 모르타르제, 금속제 또는 플라스틱 부품
2) 거푸집 긴결재(form-tie) : 기둥이나 벽체 거푸집과 같이 마주 보는 거푸집에서 거푸집널을 일정한 간격으로 유지하는 동시에 콘크리트 측압을 최종적으로 지지하는 역할을 하는 인장부재로 매립형과 관통형으로 구분됨
3) 거푸집(formwork, form) : 콘크리트 구조물이 필요한 강도를 발현할 수 있을 때까지 구조물을 지지하여 구조물의 형상과 치수를 설계도서대로 유지시키기 위한 가설구조물의 총칭
4) 갱폼 : 거푸집과 발판용 케이지를 일체로 하여 제작한 대형 거푸집
5) 대형패널 거푸집 : 판 형태로서 통상의 거푸집보다 큰 거푸집
6) 동바리, 받침기둥(support, shore) : 거푸집 및 콘크리트의 무게와 시공하중을 지지하기 위하여 설치하는 부재 또는 작업 장소가 높은 경우 발판, 재료 운반이나 위험물 낙하 방지를 위해 설치하는 임시 지지대
7) 솟음(camber) : 보, 슬래브 및 트러스 등에서 그의 정상적 위치 또는 형상으로부터 처짐을 고려하여 상향으로 들어 올리는 것 또는 들어 올린 크기
8) 슬립폼 : 수직으로 연속되는 구조물을 시공이음 없이 시공하기 위하여 일정한 크기로 만들어져 연속적으로 이동시키면서 콘크리트를 타설하는 공법에 적용하는 거푸집
9) 시스템 가설재 : 구성 부재들을 공장에서 미리 생산하여 현장에서 조립하는 가설재로서, 수평 동바리와 수직 동바리의 역할을 동시에 수행하는 보 형태의 트러스재와 수직과 횡력에 대한 하중을 동시에 부담하는 시스템 동바리로 구분
10) 시스템 동바리 : 수직재, 수평재, 가새 등 각각의 부재를 공장에서 미리 생산하여 현장에서 조립하여 거푸집을 지지하는 지주 형식의 동바리
11) 이동 동바리 : 콘크리트 타설 단계에 따라 이동하는 동바리로서, 가동 동바리, 이동 현수동바리, 캔틸레버가설용 이동작업차, 이동가설보 등이 있음
12) 클라이밍폼 : 이동식 거푸집의 일종으로써 인양방식에 따라 외부 크레인의 도움 없이

자체에 부착된 유압가동장치를 이용하여 상승하는 자동상승 클라이밍폼 방식과 크레인에 의해 인양되는 방식으로 구분

13) 필러 동바리 : 필러(중간 보조판)를 사용하여 거푸집을 해체할 때 해체하지 않아도 되는 동바리

2. 거푸집 및 동바리의 설계

2.1 거푸집의 설계

1) 거푸집은 그 형상 및 위치가 정확히 유지되도록 설계한다.
2) 거푸집은 콘크리트 표면 및 인접한 재료에 손상을 주지 않고 조립 및 해체가 용이하며, 거푸집널 또는 패널의 이음은 가능한 한 부재 축에 직각 또는 평행으로 하고, 모르타르가 새어나오지 않는 구조로 한다.
3) 특별히 지정하지 않은 경우라도 콘크리트의 모서리는 모따기가 될 수 있는 구조로 한다.
4) 필요한 경우에는 거푸집의 청소, 검사 및 콘크리트 타설에 편리하도록 적당한 위치에 일시적인 개구부를 만들어야 한다.
5) 거푸집은 콘크리트 시공 시의 하중, 콘크리트의 측압, 타설 시의 진동 및 충격 등에 견디고, 콘크리트 부재의 위치, 단면치수의 허용차 및 콘크리트 표면의 마무리상태에서 정한 치수허용치를 넘는 변형 또는 오차 등을 나타내지 않도록 설계한다.
6) 사전에 조립되는 거푸집 계획에는 작업의 연속성 및 이동성이 고려되도록 한다.

2.2 동바리의 설계

1) 동바리는 설계 및 시공 등을 고려하여 알맞은 형식과 재료를 선택하고, 하중을 안전하게 지지부에 전달하도록 한다.
2) 동바리는 조립이나 해체가 편리한 구조로서, 그 이음이나 접속부에서 하중을 확실하게 전달할 수 있는 것으로 한다.
3) 동바리의 지지부는 콘크리트 타설 중 및 타설 후에도 침하나 부등침하가 일어나지 않도록 한다.
4) 동바리 설계에 있어서 시공 중 및 시공 후의 콘크리트 자중에 따른 침하와 변형을 고려하도록 한다.
5) 수평하중에 대한 동바리의 안전성을 확보하기 위해 필요한 경우 수평 연결재 및 가새 등으로 보강하도록 한다.

2.3 거푸집 및 동바리의 구조계산

1) 거푸집 및 동바리는 구조물의 종류, 규모, 중요도, 시공조건 및 환경조건 등을 고려하여 연직하중, 수평하중 및 콘크리트의 측압 등에 대해 설계해야 하며, 동바리의 설계는 강도뿐만 아니라 변형에 대해서도 고려한다.
2) 연직하중은 고정하중 및 공사 중 발생하는 활하중으로 다음의 값을 적용한다.
   ㉮ 고정하중은 철근콘크리트와 거푸집의 중량을 고려하여 합한 하중이며, 콘크리트의 단위중량은 철근의 중량을 포함하여 보통 콘크리트 24kN/m^3, 제1종 경량골재 콘크리트 20kN/m^3, 그리고 제2종 경량골재 콘크리트 17kN/m^{3}를 적용한다. 거푸집 하중은 최소 0.4kN/m^2 이상을 적용하며, 특수 거푸집의 경우에는 그 실제의 중량을 적용하여 설계한다.
   ㉯ 활하중은 구조물의 수평투영면적(연직방향으로 투영시킨 수평면적)당 최소 2.5kN/m^2 이상으로 하며, 전동식 카트 장비를 이용하여 콘크리트를 타설할 경우에는 3.75kN/m^{2}의 활하중을 고려하여 설계한다. 단, 콘크리트 분배기 등의 특수장비를 이용할 경우에는 실제 장비하중을 적용하고, 거푸집 및 동바리에 대한 안전 여부를 확인한다.
   ㉰ 상기의 고정하중과 활하중을 합한 연직하중은 슬래브 두께에 관계없이 최소 5.0kN/m^2 이상, 전동식 카트를 사용할 경우에는 최소 6.25kN/m^2 이상을 고려하여 거푸집 및 동바리를 설계한다.
3) 수평하중은 고정하중 및 공사 중 발생하는 활하중으로 다음의 값을 적용한다.
   ㉮ 동바리에 작용하는 수평하중으로는 고정하중의 2% 이상 또는 동바리 상단의 수평방향 단위 길이당 1.5kN/m 이상 중에서 큰 쪽의 하중이 동바리 머리부분에 수평방향으로 작용하는 것으로 가정할 수 있다.
   ㉯ 벽체 거푸집의 경우에는 거푸집 측면에 대하여 0.5kN/m^2 이상의 수평방향 하중이 작용하는 것으로 볼 수 있다.
   ㉰ 그 밖에 풍압, 유수압, 지진 등의 영향을 크게 받을 때에는 별도로 이들 하중을 고려한다.
4) 거푸집 설계에서는 굳지 않은 콘크리트의 측압을 고려한다.
   ㉮ 콘크리트의 측압은 사용재료, 배합, 타설 속도, 타설 높이, 다짐 방법 및 타설할 때의 콘크리트 온도, 사용하는 혼화제의 종류, 부재의 단면 치수, 철근량 등에 의한 영향을 고려하여 산정한다.
   ㉯ 일반 콘크리트용 측압은 ㉰항의 경우를 제외하고는 다음 식에 의해 산정한다.

   $p = WH$

   여기서, p : 콘크리트의 측압 (kN/m^2)

W : 굳지 않은 콘크리트의 단위 중량 (kN/m^3)

H : 콘크리트의 타설 높이 (m)

㉰ 콘크리트 슬럼프가 180mm 이하이고, 1.2m 깊이 이하의 일반적인 내부진동 다짐으로 타설되는 기둥 및 벽체의 콘크리트 측압은 다음 식으로 산정할 수 있다. 다만, p 값은 최소 30 Cw 이상이고, 최대 WH 이하이다.

① 기둥의 측압은 다음 식에 의해 산정한다.

$$p = CwCc\left[7.2 + \frac{790R}{T + 1S}\right]$$

여기서, Cw : 단위 중량 계수

Cc : 화학 첨가물 계수

R : 콘크리트 타설 속도 (m/h)

T : 타설되는 콘크리트의 온도 (℃)

② 벽체의 측압은 콘크리트 타설 속도에 따라 다음과 같이 구분한다.

㉠ 타설 속도가 2.1m/h 이하이고, 타설 높이가 4.2m 미만인 벽체

$$p = CwCc\left[7.2 + \frac{790R}{T + 1S}\right]$$

㉡ 타설 속도가 2.1m/h 이하이면서 타설 높이가 4.2m 초과하는 벽체 및 타설 속도가 2.1~4.5m/h인 모든 벽체

$$p = CwCc\left[7.2 + \frac{1,160 + 240R}{T + 1S}\right]$$

☞ 표 2.3.4.1 단위 중량 계수(Cw)

콘크리트 단위중량 (kN/m^3)	Cw
22.5 미만인 경우	$Cw = 0.5\left(1 + \frac{W}{23}\right)$ 단, 0.8 이상이어야 한다.
22.5～24인 경우	1.0
24를 초과하는 경우	$Cw = \frac{W}{23}$

☞ 표 2.3.4.2 화학 첨가물 계수(Cc)

시멘트 타입 및 첨가물	Cc
지연제를 사용하지 않은 KS L 5201의 1, 2, 3종 시멘트	1.0
지연제를 사용한 KS L 5201의 1, 2, 3종 시멘트	1.2
다른 타입의 시멘트 또는 지연제 없이 40% 이하의 플라이 애시 또는 70% 이하의 슬래그가 혼합된 시멘트	1.2
다른 타입의 시멘트 또는 지연제를 사용한 40% 이하의 플라이 애시 또는 70% 이하의 슬래그가 혼합된 시멘트	1.4
70% 이상의 슬래그 또는 40% 이상의 플라이 애시가 혼합된 시멘트	1.4

㉱ 재진동을 하거나 거푸집 진동기를 사용할 경우, 묽은 반죽의 콘크리트를 타설하는 경우 또는 응결이 지연되는 콘크리트를 사용할 경우에는 측압을 증가시키도록 한다.

5) 목재 거푸집 및 수평부재는 등분포하중이 작용하는 단순보로 검토한다.

2.4 콘크리트의 측압

1) 거푸집 측압에 영향을 주는 요소

☞ 표 2.4.1.1 거푸집 측압에 영향을 주는 요소

영 향 요 소	측압이 크게 걸리는 경우
① 슬럼프 값(반죽질기)	슬럼프(slump)값이 클수록 측압은 크다.
② 벽두께(수평단면)	벽두께가 두꺼울수록 측압은 크다.
③ 대기중의 습도	습도가 높을수록 측압은 크다.
④ 부어넣기 속도(타설)	속도가 빠를수록 측압은 크다.
⑤ 콘크리트 배합(시멘트량)	부배합(富配合)일수록 측압은 크다.
⑥ 온도	온도가 낮을수록 경화가 늦으므로 측압은 크다.
⑦ 거푸집의 강성	강성이 클수록 측압은 크다.
⑧ 철골 또는 철근량	철골 또는 철근량이 적을수록 측압은 크다.

2) 콘크리트의 측압 변화

☞ 그림 2.4.2.1 콘크리트의 측압 변화

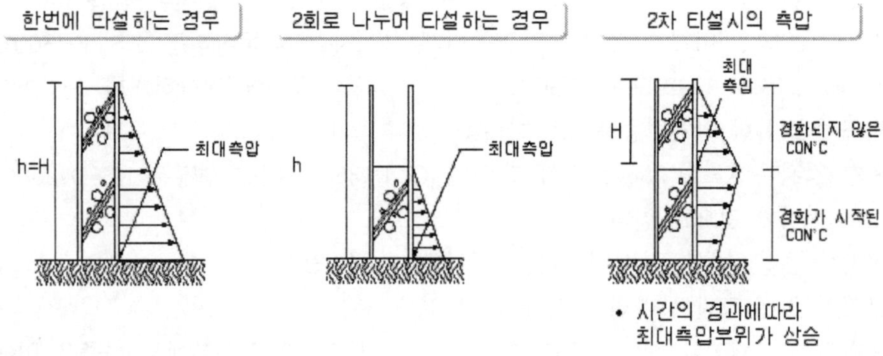

2.5 거푸집 및 동바리의 재료

1) 거푸집 널

㉮ 거푸집널의 재료는 공사시방서에 따르고, 공사시방서에 정한 바가 없을 때에는 다음 사항에 따르며, 기타의 재료를 사용하는 경우는 담당원의 승인을 받는다.

㉯ 거푸집널로 사용되는 합판은 KS F 3110의 규정에 적합한 것으로 한다.

㉰ 금속제 거푸집널은 KS F 8006의 규정에 적합한 것으로 한다.

㉱ 흠집 및 옹이가 많고 합판의 접착 부분이 떨어져 구조적으로 약한 거푸집은 사용할 수 없다.

㉲ 부러지거나 균열이 있는 거푸집의 띠장은 사용할 수 없다.

㉳ 제물치장 콘크리트용 거푸집널에 사용하는 합판은 내알칼리성이 우수한 재료로 표면처리된 것으로 한다.

㉴ 형상이 찌그러지거나 비틀림 등 변형이 있는 것은 교정한 다음 사용한다.

㉵ 금속제 거푸집의 표면에 녹이 많이 발생한 경우에는 쇠솔 또는 샌드페이퍼 등으로 제거하고 박리제를 엷게 칠하여 사용한다.

㉶ 거푸집널을 재사용하는 경우에는 콘크리트에 접하는 면을 깨끗이 청소하고 볼트용 구멍 또는 파손 부위를 수선한 후 사용한다.

㉷ 목재 거푸집널은 콘크리트의 경화 불량을 방지하기 위하여 직사광선에 노출되지 않도록 시트 등을 사용하여 보호한다.

㉸ 재제한 목재를 거푸집널로 사용할 경우에는 적절하게 건조된 것으로 하고 콘크리트와 접하는 면은 대패질하여 사용한다.

㉹ 멍에 및 장선재는 거푸집널과 원활히 결합될 수 있는 재료나 결합방식을 고려하여 선정한다.

2) 동바리

㉮ 동바리의 재료는 공사시방서에 따르고, 공사시방서에 정한 바가 없을 때에는 다음 사항에 따르며, 기타의 재료를 사용하는 경우는 담당원의 승인을 받는다.

㉯ 강관 동바리, 비계용 강관, 강관틀비계 및 시스템 동바리는 KS F 8001, KS F8002, KS F 8003, KS F 8021, KS F 8022의 규정에 적합하거나 산업안전보건 법규에 적합한 안전인증품으로 한다.

㉰ 원형 강관은 KS D 3566, 각형 강관은 KS D 3568, 경량 형강은 KS D 3530의 규정에 적합한 것으로 한다.

㉱ 현저한 손상, 변형, 부식이 있는 것은 사용할 수 없다.

㉲ 굽어져 있는 강관 동바리는 사용할 수 없다.

㉳ 동바리는 조립이나 해체가 편리한 구조로서, 이음 및 접촉부에서 하중을 안전하게 전달할 수 있는 형식과 재료를 선정한다.

3) 기타 재료

㉮ 거푸집 긴결재는 KS F 8023에 적합하며, 내력시험에 의하여 제조업자가 허용인장력을 보증하는 것을 사용한다.

㉯ 연결재는 다음 사항에 합당한 것을 선정하여 사용한다.

① 치수가 정확하고 충분한 강도가 있는 것

② 회수, 해체가 쉬운 것

③ 조합 부품수가 적은 것

㉰ 박리제는 변색, 경화 지연, 경화 불량 등의 콘크리트 품질 및 표면 마감재료의 부착에 유해한 영향을 끼치지 않는 것을 사용하며, 담당원의 승인을 받는다.

㉱ 간격재는 콘크리트에 유해한 영향이 없는 것으로 녹이 슬지 않고, 거푸집 간격 유지와 철근의 위치 고정에 적합하도록 한다.

☞ 사진 2.5.2.1 동바리

☞ 사진 2.5.3.1 긴결재

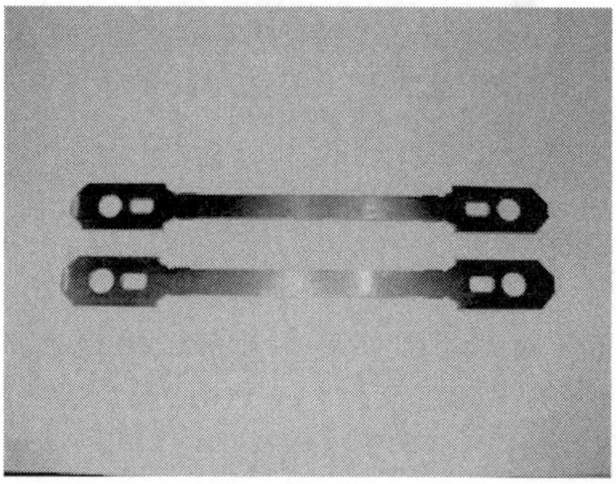

☞ 사진 2.5.3.2 박리제 도포

3. 거푸집 및 동바리의 설치 및 해체

3.1 거푸집의 시공

1) 거푸집은 유해한 누수가 없고, 용이하게 해체할 수 있으며, 해체 시 콘크리트에 손상을 주지 않는 것으로 한다.
2) 거푸집을 단단하게 조이는 조임재는 기성 제품의 거푸집 긴결재, 볼트 또는 강봉을 사용한다. 거푸집을 제거한 후 콘크리트 표면에서 25mm 이내에 있는 조임재는 구멍을 뚫어 제거하고, 이로 인하여 콘크리트 표면에 생기는 구멍은 고품질 모르타르로 메운다.
3) 거푸집을 해체한 콘크리트 면이 거칠게 마무리된 경우, 구멍 및 기타 결함이 있는 부위는 땜질하고, 6mm 이상의 돌기물은 제거한다.
4) 거푸집 시공의 허용오차는 구조물의 허용오차가 보장되도록 한다.
5) 거푸집널의 내면에는 콘크리트가 거푸집에 부착되는 것을 방지하고 거푸집을 제거하기 쉽도록 박리제를 칠한다.
6) 배근, 거푸집의 조립 또는 이에 따른 자재 운반 및 쌓기 등은 이들 하중을 받는 콘크리트가 유해한 영향을 받지 않는 재령에 도달하였을 때 시작한다.
7) 거푸집은 콘크리트 부재의 위치, 형상 및 치수를 기준으로 하여 다음 사항을 만족하도록 가공하고 조립한다.
   ㉮ 콘크리트 부재의 위치 및 단면치수의 허용오차는 콘크리트 부재의 위치 및 단면치수의 허용차에 따른다.
   ㉯ 콘크리트 마무리의 평탄하기는 시방서의 콘크리트 표면의 마무리 상태에 따른다.

8) 거푸집은 시멘트 페이스트 또는 모르타르가 이음 부분에서 새지 않도록 긴밀하게 조립한다.
9) 각종 배관, 박스, 매설물은 콘크리트 타설 시 이동하지 않도록 시공도면에 표시한 위치에 견고하게 부착시킨다.

3.2 동바리의 시공

1) 동바리를 조립하기에 앞서 동바리를 지지하는 바닥이 소요 지지력을 갖도록 하고, 동바리는 충분한 강도와 안전성을 갖도록 시공한다.
2) 동바리는 필요에 따라 적당한 솟음을 둔다.
3) 거푸집이 곡면인 경우에는 버팀대의 부착 등 당해 거푸집의 변형을 방지하기 위한 조치를 한다.
4) 동바리는 침하를 방지하고 각부가 움직이지 않도록 볼트나 클램프 등의 전용 철물을 사용하여 견고하게 설치하며, 또한 동바리는 상부와 하부가 뒤집혀서 시공되지 않도록 한다.
5) 강재와 강재와의 접속부 및 교차부는 볼트, 클램프 등의 철물로 정확하게 연결한다.
6) 특수한 경우를 제외하고 강관 동바리는 2개 이하로 연결하여 사용하며, 높이가 3.6m 이상인 경우에는 높이 2m 이내마다 수평 연결재를 두 직각방향으로 설치하고 수평연결재의 변위가 일어나지 않도록 이음 부분은 견고하게 연결한다.
7) 동바리 하부의 받침판 또는 받침목은 2단 이상 삽입하지 않도록 하고, 작업원의 보행에 지장이 없어야 하며, 이탈되지 않도록 고정시킨다.

3.3 거푸집 동바리의 해체

1) 거푸집 및 동바리는 콘크리트가 자중 및 시공 중에 가해지는 하중을 지지할 수 있는 강도를 가질 때까지 해체할 수 없다.
2) 거푸집 및 동바리의 해체 시기 및 순서는 시멘트의 성질, 콘크리트의 배합, 구조물의 종류와 중요도, 부재의 종류 및 크기, 부재가 받는 하중, 콘크리트 내부의 온도와 표면 온도의 차이 등을 고려하여 결정한다.
3) 기초, 보, 기둥, 벽 등의 측면 거푸집널 해체는 시험에 의해 콘크리트의 압축강도가 표 3.3.1.1을 만족할 때 시행하도록 한다. 특히, 내구성이 중요한 구조물에서는 콘크리트 압축강도가 10MPa 이상일 때 거푸집널을 해체할 수 있다. 거푸집널 존치기간 중 평균기온이 10℃ 이상인 경우는 콘크리트 재령이 표 3.3.1.2의 재령 이상 경과하면 압축강도시험을 하지 않고도 해체할 수 있다.
4) 슬래브 및 보의 밑면, 아치 내면의 거푸집은 콘크리트의 압축강도가 표 3.3.1.1을 만

족할 때 해체할 수 있다.

5) 보, 슬래브 및 아치 하부의 거푸집널은 원칙적으로 동바리를 해체한 후에 해체하도록 한다. 그러나 구조계산으로 안전성이 확보된 양의 동바리를 현 상태대로 유지하도록 설계·시공된 경우 콘크리트를 10℃ 이상 온도에서 4일 이상 양생한 후 사전에 승인을 받아 해체할 수 있다.

6) 동바리 해체 후 해당 부재에 가해지는 전 하중이 설계하중을 초과하는 경우에는 전술한 존치기간에 관계없이 하중에 의하여 유해한 균열이 발생하지 않고 충분히 안전하다는 것을 구조계산으로 확인한 후 승인을 받아 해체할 수 있다.

7) 거푸집 및 동바리를 해체한 직후 구조물에 재하하는 하중은 콘크리트의 강도, 구조물의 종류, 작용하중의 종류와 크기 등을 고려하여 유해한 균열 및 기타 손상이 발생하지 않는 범위 이내로 한다.

8) 동바리를 해체한 후에도 하중이 재하될 경우에는 동바리를 적절하게 재설치 한다. 또한, 시공 중의 다층 구조물은 최소 3개 층에 걸쳐 동바리를 설치한다.

☞ 표 3.3.1.1 콘크리트의 압축강도를 시험할 경우 거푸집널의 해체 시기

부 재		콘크리트 압축강도
기초, 보, 기둥, 벽 등의 측면		5MPa 이상
슬래브 및 보의 밑면, 아치 내면	단층구조인 경우	설계기준압축강도의 2/3배 이상 또한, 최소 14 MPa 이상
	다층구조인 경우	설계기준압축강도 이상 (필러 동바리 구조를 이용할 경우는 구조계산에 의해 기간을 단축할 수 있음. 단, 이 경우라도 최소강도는 14 MPa 이상으로 함)

☞ 표 3.3.1.2 콘크리트의 압축강도를 시험하지 않을 경우 거푸집널의 해체 시기(기초, 보, 기둥 및 벽의 측면)

시멘트의 종류 / 평균 기온	조강 포틀랜드 시멘트	보통 포틀랜드 시멘트 고로 슬래그 시멘트(1종) 플라이 애시 시멘트(1종) 포틀랜드 포졸란 시멘트(A종)	고로 슬래그 시멘트(2종) 플라이 애시 시멘트(2종) 포틀랜드 포졸란 시멘트(B종)
20℃ 이상	2일	3일	4일
20℃ 미만 10℃ 이상	3일	4일	6일

4. 거푸집 재료 및 공법의 종류

4.1 재료에 따른 종류

1) 메탈 폼(Metal Form)

철판(Steel Pannel), 앵글 등을 써서 제작된 거푸집

㉮ 조립이 간단하며 변형이 적다

㉯ 콘크리트면이 평활하여 정밀도가 우수해 제치장에 사용된다.

㉰ 안전성이 우수하며, 전용성이 좋다.

☞ 사진 4.1.1.1 메탈 폼(Metal Form)

2) 유로 폼(Euro Form)

경량 형강과 내수 합판으로 제작된 거푸집

㉮ 조립 및 해체가 간단하다.

㉯ 파손이 극히 드물고, 널(Pannel)의 교환이 가능하다.

☞ 사진 4.1.2.1 유로 폼(Euro Form)

3) 알루미늄 폼(Al-Form)

㉮ 알루미늄 폼은 그동안 일반적으로 쓰이던 내수합판과 Steel로 구성된 유로폼보다 시공효율성을 높인 시스템화 거푸집의 일종이다. 각 현장의 특성에 맞춰 수직부재를 하나의 부재로 주문 제작하기 때문에 벽체 형틀 시공에 있어 부재수가 감소된다. 이러한 작업량 감소로 인해 골조공정 단축이 가능하며, 슬라브 형틀까지 알루미늄 폼으로 일체 제작할 경우 소모성 자재인 각재의 사용이 없어지며, 단순 조립 작업만으로도 공정이 진행되므로 시공성 향상 및 품질확보가 가능하게 된다.

㉯ 수직부재가 일체화 됨으로써 견출작업이 줄어들고, 형틀 조립작업이 간단하며, 콘크리트 타설시 터짐에 대해 안전한 점 등 많은 장점이 있다.

㉰ 단점으로는 한 개 부재의 중량이 무거운 점과 임대자재이면서 적용 현장의 층고에 맞게 제작하므로 타현장 적용이 어려운 점 등이 있으나, 전용횟수가 증가하기 때문에 고층화 건물일수록 적용하는 사례가 증가하고 있다.

☞ 표 4.1.3.1 알루미늄 폼과 유로 폼의 비교

구 분	Al-Form	Euro Form
개 요	1. 시공효율성을 높인 시스템화 거푸집 2. Aluminum으로 제작 3. 수직부재가 하나의 부재로 제작 4. 기본 크기 : W600×높이(현장별 상이) 해당 현장에 맞춰 주문 제작함	1. 가장 초보적단계의 시스템화 거푸집 2. 내수합판과 Steel로 구성 3. 가장 보편적이며, 사용이 익숙함 4. 크기에 따라 아무 위치나 사용 가능 4. 기본 크기 : 600*1200
장 점	1. 수직적으로 하나의 부재 → 부재수 감소 → 작업량 감소 → 골조공정단축 2. Joint 개소 감소 → 고품질 확보가능 3. 자재의 재활용가능 → 환경 친화적 4. 슬라브까지 일체화 → 품질확보 5. 슬라브 해체시 Filler 불필요 6. 많은 전용회수 → 초고층경우 이익 7. 망치질이 없고, 조립작업뿐임 8. 수평목이 필요없다	1. 모두에게 익숙한 시스템 2. 협력업체 소유의 자재, 가격 저렴 3. 타 현장으로의 전용 가능
단 점	1. 임대자재로 타현장 전용이 어려움 2. 길이가 길어 Unit별 중량이 무거움 3. 알루미늄에 구멍설치가 어려움 (계획변경시 대처가 비교적 어려움) 4. 슬라브에 철근을 세게 내려놓을 시 소음이 크다.	1. 곡면 시공 어려움 2. 숙련도에 따라 품질 상이 3. 이음부위에 시멘트 페이스트 유출 4. Filler 시공 필요 5. 고층현장일 경우 경제성 저하 6. 수평목 작업 등 목재사용이 많음

☞ 사진 4.1.3.1 알루미늄 폼과 유로 폼의 비교

구분	Al-Form	Euro Form
벽체		
벽체 하부		
슬라브 하부		
슬라브 작업		

4.2 공법에 따른 종류

1) 갱 폼(Gang Form)

㉮ 벽전용 대형 거푸집으로 대형 벽 패널과 지주. 작업대가 일체화된 거푸집(옹벽, 교각, 피어(pier), 기초 등에 사용)

㉯ 두꺼운 벽체의 구축이 가능하다.

㉰ 벽식 구조의 아파트 공사에 유리하다.

☞ 사진 4.2.1.1 갱 폼

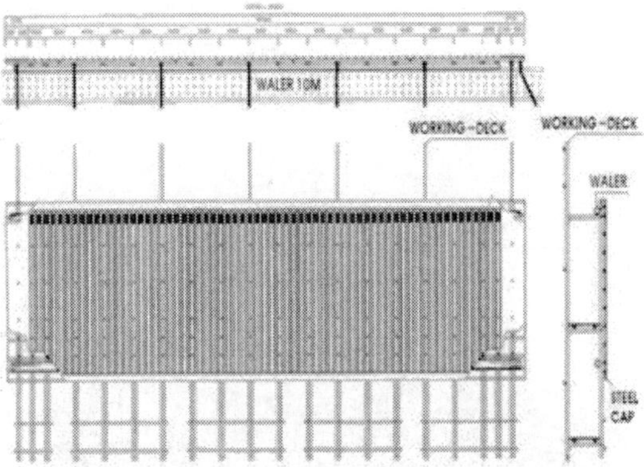

2) 클라이밍 폼(Climbing Form)

벽체용 거푸집으로 거푸집과 벽체 마감공사를 위한 비계틀을 일체로 조립하여 한꺼번에 인양시켜 설치하는 공법이다.

㉮ 비계 설치가 필요 없고 고소 작업 시 안정성이 높다.

㉯ 인력절감, 공기단축이 가능하다.

㉰ 초기 투자비용의 증가 및 대형 양중장비가 필요하다.

☞ 사진 4.2.2.1 클라이밍 폼

3) 플라잉 폼(Flying Shore Form)

바닥에 콘크리트를 타설하기 위한 거푸집으로서 거푸집판, 장선, 멍에, 서포트 등을 일체로 제작하여 부재화한 거푸집 공법으로 테이블 폼(Table Form)과 거의 같은 공법이다.

㉮ 조립분해가 간편하므로 설치시간 단축
㉯ 비교적 넓은 구획의 조립을 간단하게 할 수 있고, 수평이동이 용이
㉰ 정밀도가 우수
㉱ 처짐, 외력에 대한 안전성 확보
㉲ 형상의 변화가 많으면 적용이 곤란
㉳ 중량이므로 대형 양중장비 필요

☞ 사진 4.2.3.1 플라잉 폼

4) 터널 폼(Tunnel Form)

대형 형틀로서 한 구획 전체의 슬래브와 벽체의 콘크리트 타설을 일체화하기 위한 것으로 Twin Shell Form(ㄱ자형)과 Mono Shell Form(ㄷ자형)으로 구성되는 거푸집

㉮ 거푸집의 조립, 해체작업이 용이
㉯ 인건비 절약, 공기단축이 가능
㉰ 콘크리트 노출면이 평활하다.
㉱ 거푸집과 거푸집 사이에 목재 거푸집으로 연결부 처리가 번거롭다.
㉲ 철제 거푸집이므로 콘크리트 노출면을 오염시킬 수 있다.

☞ 사진 4.2.4.1 터널 폼

5) 슬라이딩 폼(Sliding Form)

높이 1~2m 정도의 하부가 약간 벌어진 철판 거푸집을 요크(yoke)로 서서히 끌어올리는 공법. 수평적 또는 수직적으로 반복된 구조물을 시공이음 없이 균일한 형상으로 시공하기 위하여 거푸집을 연속적으로 이동시키면서 콘크리트를 타설하여 구조물을 시공하는 거푸집으로 사일로(silo), 굴뚝 등에 적합

㉮ 공기 1/3 정도 단축

㉯ 연속타설로 일체성 확보

㉰ 자재 및 노무의 절약

☞ 사진 4.2.5.1 슬라이딩 폼

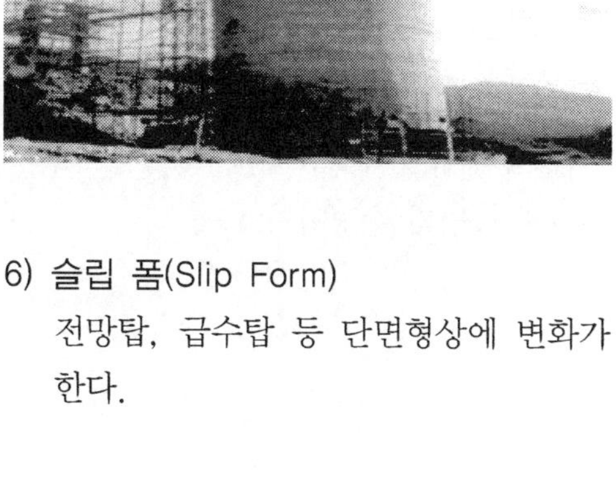

6) 슬립 폼(Slip Form)

전망탑, 급수탑 등 단면형상에 변화가 있는 수직으로 연속된 콘크리트 구조물에 사용한다.

☞ 사진 4.2.6.1 슬립 폼

7) 트레블링 폼(Travelling Form)

거푸집 전체(장선, 멍에, 동바리 등이 일체로 유닛화)를 다음 장소로 이동하여 사용하는 대형의 수평이동 거푸집이다.

☞ 사진 4.2.7.1 트레블링 폼

8) 무지주 공법(Non Support Form)

받침기둥 없이 보를 걸어서 거푸집을 지지하는 방식을 수평지지보라 한다.

㉮ 보우 빔(Bow Beam) : 수평조절이 불가능한 무지주공법의 수평지지보

㉯ 페코 빔(Pecco Beam) : 수평조절이 가능한 무지주공법의 수평지지보

☞ 사진 4.2.8.1 무지주 공법

9) 데크 프레이트(Deck Plate)

철골조의 보에 걸어 지주 없이 사용되는 슬래브용 철판 거푸집

☞ 사진 4.2.9.1 데크 플레이트

10) 워플 폼(Waffle Form)

㉮ 무량판 구조 또는 평판 구조에서 2방향 장선(격자보) 바닥판 구조가 가능한 특수 상자모양의 기성재 거푸집

㉯ RC 구조방식에서 보를 사용하지 않고 바닥슬래브를 직접 기둥에 지지시키는 구조방식

☞ 사진 4.2.10.1 워플 폼

11) 복합화 공법(Half PC)

PC로 기둥과 보를 조립하고 Half P.C로 슬래브 판을 거푸집으로 대체하여 Topping 콘크리트를 타설한다.

☞ 그림 4.2.11.1 복합화 공법

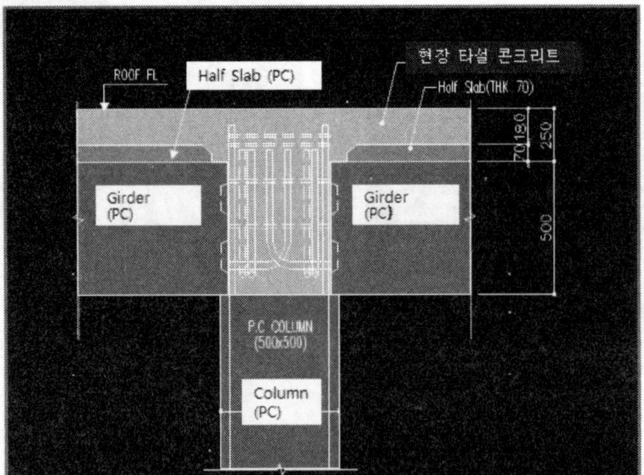

제3절 콘크리트공사

1. 용어의 정리

건축공사 표준시방서에서는 콘크리트공사에 사용하는 용어를 다음과 같이 정의하고 있다.

1) 가스압접이음 : 철근의 단면을 산소-아세틸렌 불꽃 등을 사용하여 가열하고, 기계적 압력을 가하여 용접한 맞댐이음
2) 간이 콘크리트 : 목조건축물의 기초 및 경미한 구조물에 사용하는 콘크리트
3) 감수제 : 소정의 컨시스턴시를 얻는데 필요한 단위수량을 감소시키고, 콘크리트의 워커빌리티 등을 향상시키기 위해 사용하는 혼화제로서 표준형, 지연형 및 촉진형의 3종류가 있음
4) 강연선(strand) : 프리스트레스트 콘크리트의 보강에 사용되는 강재로 여러 가닥의 강선으로 꼬인 것
5) 강연선 고정장치(strand anchor head) : 프리스트레스트 콘크리트 부재에서 인장상태의 강연선을 고정시키는 장치
6) 건식접합(dry joint) : 콘크리트 또는 모르타르를 사용하지 않고 용접접합 또는 기계적 접합된 강재 등의 응력전달에 의해 프리캐스트 상호부재를 접합하는 방식
7) 거푸집 : 부어넣은 콘크리트가 소정의 형상, 치수를 유지하며 콘크리트가 적당한 강도에 도달하기까지 지지하는 가설구조물의 총칭
8) 거푸집널 : 거푸집의 일부로서 콘크리트에 직접 접하는 목재널판, 합판 또는 금속 등의 판류
9) 건조단위용적질량 : 시험으로 얻어진 콘크리트 골재의 단위용적질량
10) 결합재 : 시멘트 및 시멘트와 고로슬래그 미분말, 플라이 애시, 실리카 퓸 등 수경성 무기질분말 혼합물의 총칭으로 골재를 결합하여 콘크리트의 강도발현에 기여하는 분말상의 물질
11) 경량골재 콘크리트(light weight concrete) : 골재의 일부 또는 전부를 인공 경량골재를 써서 만든 콘크리트로서 건조단위용적질량이 1,400～2,000 kg/m^3인 콘크리트
12) 경량골재 : 콘크리트의 질량경감 및 단열 등의 목적으로 사용하는 보통골재보다 밀도가 작은 골재
13) 계획배합 : 소요 품질의 콘크리트를 얻을 수 있도록 계획된 배합
14) 고강도 콘크리트 : 설계기준강도가 보통 콘크리트에서 40MPa 이상, 경량 콘크리트에

서 27MPa 이상인 콘크리트

15) 고내구성 콘크리트 : 특히 높은 내구성을 필요로 하는 철근콘크리트조 건축물에 사용하는 콘크리트
16) 고성능감수제 : 감수제보다 감수성능을 증가시킨 것으로서, 소요의 시공성을 얻기 위해 필요한 단위수량을 감소시키고, 유동성을 증진시키는 것을 목적으로 한 혼화제
17) 고유동 콘크리트 : 굳지 않은 상태에서 재료 분리 없이 높은 유동성을 가지면서 다짐작업 없이 자기 충전성이 가능한 콘크리트
18) 고정철물 : 프리캐스트 콘크리트 부재의 접합, 이음 및 매설 등에 사용되는 철물의 총칭으로서, 구조체 콘크리트에 미리 매입하는 철물, 양중 및 조립을 위하여 부재 생산 시 미리 매입하는 철물, 구조체와 부재, 부재와 부재를 연결하는 조립용 철물이 있음
19) 골재의 실적률 : 용기에 가득 찬 골재의 절대용적을 그 용기의 용적으로 나눈 백분율
20) 골재의 절대건조밀도 : 절건상태의 골재질량을 표면건조 내부 포수상태의 골재용적으로 나눈 값
21) 골재의 최대치수 : 골재가 질량으로 90% 이상 통과하는 체 중에서 가장 작은 체의 공칭치수로 나타내는 굵은골재의 크기
21) 골재의 표면건조 내부 포수상태 : 골재 입자의 표면은 건조하고, 내부는 물로 가득차 있는 골재의 상태
22) 골재의 표면건조 내부 포수상태 밀도(표건밀도) : 표면건조 내부 포수상태의 골재 질량을 그 용적으로 나눈 값
23) 골재의 표면수율 : 골재의 표면에 부착되어 있는 물 전질량의 표면건조 내부 포수상태 골재질량에 대한 백분율
24) 골재의 함수율 : 골재의 표면 및 내부에 있는 물 전질량의 절건상태 골재질량에 대한 백분율
25) 골재의 흡수율 : 표면건조 내부 포수상태의 골재에 포함되어 있는 물 전질량의 절건상태 골재질량에 대한 백분율
26) 공기량 : 아직 굳지 않는 콘크리트 속에 포함된 공기용적의 콘크리트 용적에 대한 백분율. 다만, 골재 내부의 공기는 포함하지 않음.
27) 공장조립(fabrication) : 공장에서 부재의 조립이나 시공에 필요한 매설철물 등을 이용하여 가공 조립하는 것
28) 구조용 프리캐스트 콘크리트 부재(structural precast concrete member) : 적재하중이나 다른 부재의 무게를 지탱할 수 있는 프리캐스트 콘크리트 부재
29) 구조체 보정강도 : 설계기준강도에 조합강도를 정하기 위한 기준으로 하는 재령의 표준양생 공시체 압축강도와 구조체 콘크리트 강도관리 재령의 구조체 콘크리트 압축강도와의 차에 의한 보정치를 더한 강도

30) 구조체 콘크리트 : 구조체로 만들기 위해 타설되어 주위의 환경조건이나 수화열에 의한 온도조건 하에서 경화한 콘크리트
31) 구조체 콘크리트 강도 : 구조체 안에서 발달한 콘크리트의 압축강도
32) 구조체 콘크리트 강도관리 재령 : 구조체 강도를 보증하는 재령에 있어서 구조체 콘크리트강도가 설계기준강도를 만족하는지 아닌지를 관리용 공시체에 의해 판정하는 재령
33) 굵은골재 : 5mm체에서 중량비로 85% 이상 남는 골재
34) 그라우트(grout) : 프리캐스트 부재의 일체화를 위하여 접합부에 주입하는 무수축 팽창 모르타르. 주입방법으로는 접합부에 주입하는 방법과 접합부에 주입하고 동시에 슬리브 이음에 주입하는 방법이 있음
35) 기계적 이음(mechanical connection) : 직경이 큰 철근을 직접 연결하는 방법으로 나사커플러 방식, 슬리브 충전방식 및 이들을 혼용한 것의 총칭
36) 기온보정강도 : 설계기준강도에 콘크리트 타설로부터 구조체 콘크리트의 강도관리 재령까지 기간의 예상 평균기온에 따른 콘크리트의 강도보정치를 더한 값
37) 긴장재(tendon) : 콘크리트에 프리스트레스를 가하기 위하여 사용되는 강재. 예를들면 강선, PC강선, 철근, 강봉, 강연선 등
38) 깔 모르타르(pad mortar) : 상부 프리캐스트 부재의 높낮이를 조정하기 위해 설치하는 모르타르로서 상부 프리캐스트 부재에 발생하는 축응력 등을 하부로 전달하는 구조내력상 중요한 역할을 함.
39) 단위결합재량 : 굳지 않은 콘크리트 $1m^3$ 중에 포함된 결합재의 질량
40) 단위시멘트량 : 굳지 않은 콘크리트 $1m^3$ 중에 포함된 시멘트의 질량
41) 단위수량 : 굳지 않은 콘크리트 $1m^3$ 중에 포함된 물의 양, 다만, 골재중의 수량을 제외함
42) 덧침 콘크리트(topping concrete) : 바닥판의 높이를 조절하거나 하중을 균일하게 분포시킬 목적으로 프리스트레스트 또는 프리캐스트 콘크리트 바닥판 부재에 까는 현장 타설 콘크리트
43) 동결융해작용을 받는 콘크리트 : 동결융해작용에 의해 동해를 일으킬 우려가 있는 부분의 콘크리트
44) 레이턴스 : 콘크리트 타설 후 블리딩 현상으로 콘크리트 표면에 물과 함께 떠오르는 미세한 물질
45) 리세스(recess) : 프리캐스트 콘크리트 부재를 만들기 위하여 콘크리트를 부어넣을 때 블록(block) 모양의 것을 몰드에 삽입하여 부재의 오목 부분을 만드는 것
46) 매스콘크리트 : 부재 단면의 최소치수가 크고 또한 시멘트의 수화열에 의한 온도상승으로 유해한 균열이 발생할 우려가 있는 부분의 콘크리트
47) 무근콘크리트 : 버림 콘크리트, 밑창 콘크리트 등 철근 및 철망으로 보강하지 않는 콘크리트

48) 모래분사(sand blast) : 노즐에서 물 또는 압축공기에 의하여 고속으로 뿜어대는 모래나 연마분을 사용하여 콘크리트 또는 강재의 표면을 처리하는 방법
49) 몰드(mold) : 굳지 않은 콘크리트를 부어넣어 정해진 모양으로 만드는데 사용되는 용기를 말함. 때때로 거푸집과 같은 내용으로 쓰임.
50) 물시멘트비 : 모르타르 또는 콘크리트에 포함된 시멘트 페이스트 중의 시멘트에 대한 물의 질량 백분율
51) 물결합재비 : 모르타르 또는 콘크리트에 포함된 시멘트 페이스트 중의 결합재에 대한 물의 질량 백분율
52) 동바리 : 콘크리트 타설시 보 및 슬래브 등의 연직하중을 지지하기 위한 가설구조물
53) 배근시공도 : 철근의 가공 및 조립, 현장배근을 위해 작성하는 시공 상세도면으로, 바-스케줄(bar schedule)과 바-리스트(bar list)를 포함하여 구조 평면상에 철근의 이음 위치, 조립순서 및 부재접합부 배근상세 등을 나타내는 도면
54) 배합강도 : 콘크리트의 배합을 정할 때 목표로 하는 압축강도로 품질의 편차 및 양생온도 등을 고려하여 설계기준강도에 할증한 것
55) 베어링 패드(bearing pad) : 프리캐스트 콘크리트의 부재와 그 지지부재 사이에 넣는 재료의 총칭
56) 벽량(bearing wall ratio) : 건물 내력벽 길이의 합계를 바닥면적으로 나눈 값
57) 벽판(wall panel) : 프리캐스트 콘크리트 구조용 벽체
58) 보양 : 모르타르 또는 콘크리트를 시공한 다음 소정의 품질이 되도록 양생하는 것. 또는 시공 중 수장재 등의 재면이 손상되지 않게 하는 것
59) 보통 콘크리트 : 보통골재를 사용한 콘크리트
60) 보통골재 : 자연작용으로 암석에서 생긴 모래, 자갈 또는 부순모래, 부순돌, 고로슬래그 굵은골재 등의 골재
61) 부립률 : 절건상태의 경량 굵은골재를 수중에 넣은 경우에 뜨는 입자의 전 굵은 골재량에 대한 질량 백분율
62) 분리저감제 : 아직 굳지 않는 콘크리트의 재료분리저항성을 증가시키는 작용을 하는 혼화제
63) 블록아웃(blockout) : 프리캐스트 콘크리트 부재를 만들기 위하여 콘크리트를 부어 넣을 때 블록 모양의 것을 몰드에 삽입하여 부재에 구멍을 만들게 하는 것
64) 블리딩 : 굳지 않는 콘크리트에 있어 내부의 물이 위로 떠오르는 현상
65) 샌드위치 패널(sandwich panel) : 두 개의 콘크리트판 사이에 단열 재료가 끼어 있으며 두 개 콘크리트판의 연결은 보통 전단 연결재(shear connector)를 사용함
66) 서중 콘크리트 : 높은 외부기온으로 콘크리트의 슬럼프 저하 및 수분의 급격한 증발 등의 우려가 있는 경우에 시공되는 콘크리트

67) 선조립철근 : 미리 계획된 한 부재 또는 복수로 연결되는 부재용 철근으로서, 소정의 부재 위치와는 다른 장소에서 조립된 철근
68) 설계기준강도 : 구조계산에서 기준으로 하는 콘크리트의 압축강도
69) 속빈 콘크리트 패널(hollow core concrete panel) : 자중 감소와 차음·보온성능 등의 확보를 위하여 부재 중충부에 여러 개의 코어로 공극을 형성하고, 프리스트레스 강재 등으로 보강한 콘크리트 바닥판
70) 솟음(camber) : 보나 트러스 등에서 그의 정상적 위치 또는 형상으로부터 상향으로 구부려 올리는 것이나 구부려 올린 크기
71) 수밀 콘크리트 : 콘크리트 중에서 특히 수밀성이 높은 콘크리트
72) 수중 콘크리트 : 현장타설 콘크리트 말뚝 및 지하연속벽 등 트레미관 공법 등을 사용하여 수중에 부어넣는 콘크리트
73) 수직접합부(vertical joint) : 동일 층에서 인접하는 벽체 상호간을 연결하는 수직방향의 접합부
74) 수평접합부(horizontal joint) : 상하층의 내력벽 상호간, 내력벽과 바닥판, 동일 층의 바닥판 상호간을 연결하는 수평방향의 접합부
75) 쉬스(sheath) : 포스트텐션 방식에서 PC강재의 배치구멍을 만들기 위하여 콘크리트를 부어넣기 전에 미리 배치된 튜브(관).
76) 스프레더 빔(spreader beam) : 프리캐스트 콘크리트 부재의 탈형 또는 현장조립에서 패널을 들어올릴 때 하중을 중력의 중심에 고루 분포시키기 위하여 사용하는 프레임 또는 보
77) 슬럼프 : 아직 굳지 않는 콘크리트의 반죽질기를 나타내는 지표. KS F 2402에 규정된 방법에 따라 슬럼프콘을 들어올린 직후에 상면의 내려앉은 양을 측정하여 나타냄
78) 슬럼프 플로 : 아직 굳지 않는 콘크리트의 유동성 정도를 나타내는 지표. KS F2402에 규정된 방법에 따라 슬럼프콘을 들어올린 후에 원모양으로 퍼진 콘크리트의 직경(최대직경과 이에 직교하는 직경의 평균)을 측정하여 나타냄
79) 슬리브(sleeve) : 구멍을 만들기 위해서 패널에 설치하는 재료 또는 기계적 철근이음에 사용되는 재료
80) 습식 접합(wet joint) : 콘크리트 또는 모르타르 자체의 응력 전달에 의하여 프리캐스트 부재 상호를 접합하는 방법
81) 시스템 거푸집 : 미리 거푸집널과 이를 보강하는 지지물 등이 하나의 부재용으로 일체로 조합되어 있는 거푸집
82) 실란트(sealant) : 프리캐스트 콘크리트 부재 사이 또는 프리캐스트 콘크리트 부재와 인접한 재료 사이의 접합부 방수를 위하여 채우는 재료의 총칭
83) 양생온도 보정강도 : 품질 기준강도에 콘크리트 타설부터 구조체 콘크리트 강도관리

재령까지 기간의 예상 평균 양생온도에 의한 콘크리트 강도 보정치를 더한 강도. 매스콘크리트의 경우는 여기에 예상 최고온도에 의한 콘크리트 강도의 보정계수를 곱하여 상정된 강도

84) 예상 평균 양생온도 : 각 시점에서 예상되는 콘크리트 부재 단면 내의 평균온도를 콘크리트 타설부터 구조체 콘크리트 강도관리 재령까지의 기간에 걸쳐 평균한 온도

85) 예상 최고온도 : 콘크리트 타설부터 구조체 콘크리트 강도관리 재령까지의 기간 중에 예상되는 부재 단면 내의 최고온도

86) 온도철근(temperature reinforcement) : 온도변화와 콘크리트 수축에 의한 균열을 줄이기 위하여 배근하는 보강철근

87) 용접 이음 : 직경이 큰 철근을 직접 연결하는 방법으로 압접방식, 용접방식 등이 있음

88) 용접 철망 : 콘크리트 보강용 용접망으로서, 철선을 직각으로 교차시켜 각 교차점을 전기저항 용접한 철망, 시트철망과 롤철망이 있음

89) 워커빌리티 : 재료분리를 일으키지 않고, 타설, 다짐, 마감작업 등의 용이성 정도를 나타내는 굳지 않은 콘크리트의 성질

90) 유동화 콘크리트 : 콘크리트의 품질 개선과 시공성의 개선을 목적으로 미리 비빈 콘크리트에 유동화제를 첨가하여 일정한 시간 동안만 유동성을 높게 한 콘크리트

91) 유동화제 : 배합이나 굳은 후의 콘크리트 품질에 큰 영향을 미치지 않고 미리 비빈 콘크리트에 첨가하여 콘크리트의 유동성을 증대시키기 위하여 사용하는 혼화제

92) 의장용 프리캐스트 콘크리트 부재(architectural precast concrete member) : 마감면, 형태, 색상, 무늬 등이 의장적인 형태를 가지면서 적재하중이나 다른 부재의 자중을 지탱하지 않는 프리캐스트 콘크리트 부재

93) 인서트(insert) : 어떤 장치나 시설물을 설치하기 위하여 바닥이나 벽체 내부에 매설하는 나무토막 또는 철물

94) 잔골재 : 5mm체에서 중량비로 85% 이상 통과하는 골재

95) 잔골재율 : 잔골재 및 굵은골재의 절대용적 합에 대한 잔골재 절대용적의 백분율

96) 절대용적 : 부어넣은 직후 콘크리트 속에 공기를 제외한 각 재료가 차지하고 있는 용적

97) 정착(anchoring) : 프리스트레스 강재에 도입된 프리스트레스 힘이 빠지지 않도록 부재 또는 구조체의 단부에 정착기구로 고정시키는 것

98) 조립률 : 80, 40, 20, 10, 5, 2.5, 1.2, 0.6, 0.3, 0.15mm의 체 10개를 1조로 하여 체가름 시험을 하였을 때, 각 체에 남는 양의 총 누계율을 100으로 나눈 값

99) 차폐용 콘크리트 : 주로 생물체의 방호를 위하여 γ선, X선 및 중성자선을 차폐할 목적으로 사용되는 콘크리트

100) 책임기술자 : 건축법 제2조에 따라 콘크리트공사와 관련된 전문기술자격과 전문지식을 보유하고 콘크리트 공사의 설계 및 공사감리에 참여하여 설계자 및 공사감리자

와 협력하는 자

101) 철근 : 콘크리트 보강용 봉강으로서 원형철근 및 이형철근이 있음

102) 철근격자망 : 콘크리트 보강용 용접망으로서, 철근과 철근 또는 철근과 철선을 직각으로 교차시켜 각 교차점을 전기저항 용접한 격자망

103) 철근상세 : 배근시공도의 일부분으로서 철근의 가공형상·치수 및 부재별 기호 등을 표로 만든 것

104) 철근 연결재(reinforcement connector) : 철근을 이음하기 위하여 사용되는 기계적 연결장치로서, 연결방법에 따라 슬리브, 커플러 등이 있음

105) 철근표 : 배근시공도의 일부분으로서 철근의 지름, 개수, 간격, 소요길이, 이음할증 및 소요철근량 등의 항목으로 구성된 표

106) 체 : KS A 5101-1에 규정되어 있는 망체

107) 충전 콘크리트(joint concrete) : 벽식 구조에서 수평접합부의 일체화를 위하여 타설하는 콘크리트로서, 일반적으로 단면적이 작고 접합철근량이 많으며 또한 콘크리트에 타설되는 양도 작기 때문에 밀실하게 충전될 수 있도록 시공할 필요가 있음

108) 충전 모르타르(joint mortar) : 프리캐스트 벽판 상호와 슬래브·지붕 접합부 등, 특히 구조내력상 성능이 요구되는 부위의 충전에 이용되는 접합용 모르타르

109) 최소 피복두께 : 철근콘크리트 부재의 각면에서 가장 외측에 있는 철근의 최소한도 피복두께

110) 치올림, 치솟음 : 자중에 의한 처짐을 고려하여 미리 보를 위로 휘게 한 것

111) 커튼 월(curtain wall) : 적재하중이나 다른 부재의 하중을 부담하지 않는 건물 외부 마감용 벽체

112) 컨시스턴시 : 주로 수량에 의하여 좌우되는 굳지 않은 콘크리트의 변형 또는 유동에 대한 저항성

113) 콘크리트의 마무리 : 거푸집널을 떼어낸 상태 또는 콘크리트의 표면에 마감을 실시하기 전의 콘크리트 표면상태

114) 탈형(stripping) : 콘크리트를 부어 넣은 후 일정한 기간이 경과한 다음, 형틀로부터 프리캐스트 콘크리트 부재를 떼어내는 공정 ; 탈형 강도(stripping strength)는 이때의 콘크리트 압축강도를 말함

115) 틸트업 공법(tilt-up method) : 프리캐스트 부재의 콘크리트 타설을 수평 위치에서 부어 넣고 경사지게 세워 탈형하는 공법

116) 포스트텐션(post-tension) : 콘크리트가 굳은 후에 긴장재에 인장력을 주고 부재의 양단(兩端)에서 정착시켜 프리스트레스를 주는 방법

117) 표준양생 : 20±3℃의 수중 또는 포화습기 중에서 행하는 콘크리트 공시체의 양생

118) 프리스트레스(prestress) : 상시하중, 지진하중 등의 하중에 의한 응력을 상쇄하도록

미리 계획적으로 도입된 콘크리트의 응력

119) 프리스트레스힘(prestressing force) : 프리스트레싱에 의하여 부재 단면에 작용하고 있는 힘
120) 프리스트레스트 콘크리트(prestressed concrete) : 외력에 의하여 발생하는 응력을 소정의 한도까지 상쇄할 수 있도록 미리 인위적으로 그 응력의 분포와 크기를 정하여 내력을 준 콘크리트를 말하며, PS콘크리트 또는 PSC라고 약칭하기도 함
121) 프리캐스트 콘크리트 골조구조(precast concrete frame structure) : 프리캐스트 콘크리트 보 및 기둥부재로 접합·조립하여 구성한 구조방식
122) 프리캐스트 콘크리트 입체구조(precast concrete unit box structure) : 프리캐스트 바닥판 및 벽판을 일체로 구성한 입체식 구조방식
123) 프리캐스트 콘크리트판 구조(precast concrete panel structure) : 프리캐스트 콘크리트 바닥판 및 벽판 등을 유효하게 접합·조립하여 구성한 구조방식
124) 프리텐션(pre-tension) : 긴장재에 먼저 인장력을 가한 후 콘크리트를 쳐서 프리스트레스를 주는 방법
125) 피복두께 : 철근 표면에서 이를 감싸고 있는 콘크리트 표면까지의 최단거리
126) 한중 콘크리트 : 콘크리트 타설 후의 양생기간에 콘크리트가 동결할 우려가 있는 시기에 시공되는 콘크리트
127) 해수의 작용을 받는 콘크리트 : 해수 또는 해수입자로 인해 성능저하 작용을 받을 우려가 있는 부분의 콘크리트
128) 허용차(tolerance) : 부재의 치수, 강도 등 규정된 조건으로부터 허용된 부재의 제작 및 조립의 오차
129) 현장배합 : 계획배합의 콘크리트를 얻을 수 있도록 공사현장에서 재료의 상태 및 계량방법에 따라 정한 배합
130) 현장봉함양생 : 공사현장에서 콘크리트 온도가 기온의 변화에 따르도록 하면서 콘크리트로부터 수분의 발산이 없는 상태에서 행하는 콘크리트 공시체의 양생 방법
131) 현장수중양생 : 공사현장에서 기온의 변화에 따라 수온이 변하는 수중에서 행하는 콘크리트 공시체의 양생
132) 현장치기 콘크리트(cast-in-place concrete) : 공사현장에서 치는 콘크리트
133) 호칭강도 : KS F 4009에 있어 콘크리트의 강도 구분을 나타내는 호칭
134) 혼화재 : 혼화재료 중 사용량이 비교적 많아서 그 자체의 부피가 콘크리트 등의 비비기 용적에 계산되는 것
135) 혼화재료 : 시멘트, 물, 골재 이외의 재료로서 콘크리트 등에 특별한 성질을 주기 위해 타설하기 전에 필요에 따라 더 넣는 재료
136) 혼화제 : 혼화재료 중 사용량이 비교적 적어서 그 자체의 부피가 콘크리트 등의 비

비기 용적에 계산되지 않는 것

137) 틸팅 테이블(tilting table) : 프리캐스트 제조공장에서 부재의 콘크리트 타설을 수평 위치에서 하고 부재 탈형시는 수직으로 다루기 위한 것으로서 인서트를 사용하지 않고 부재를 회전시킬 수 있는 장치

138) AE감수제 : 소정의 슬럼프를 얻는 데 필요한 단위수량을 감소시키는 동시에 독립된 무수의 미세기포를 연행하여 콘크리트의 워커빌리티 및 내구성을 향상시키기 위하여 사용하는 화학적 혼화재료. 표준형, 지연형 및 촉진형의 3종류가 있음.

139) AE제 : 독립된 무수의 미세기포를 연행하여 콘크리트의 워커빌리티 및 내구성을 향상시키기 위하여 사용하는 화학적 혼화재료

140) PS강재(prestressing steel) : 프리스트레스 콘크리트에 작용하는 긴장용 강재

☞ 1. 배쳐 플랜트(batcher plant) : 콘크리트를 제조하는 자동설비로서, 재료의 저장설비, 계량설비, 혼합설비 등으로 구성되어 있는 기계설비

2. 트랜싯 믹스트 콘크리트(transit mixed concrete) : 트럭믹서에 모든 재료가 공급되어 운반도중 비비며 현장까지 운반하는 것

2. 일반사항

2.1 콘크리트의 품질

1) 콘크리트의 품질

㉮ 사용하는 콘크리트는 배출 시점에서 재료 및 배합의 규정을 만족하고 소요의 워커빌리티, 강도 및 내구성을 갖고 있어야 한다.

㉯ 구조체 콘크리트는 구조물 및 부재가 소요의 강도, 탄성계수, 기건 단위용적 질량, 내구성 및 내화성을 가지며, 유해한 타설 불량이 없어야 한다.

2) 설계기준강도 및 기건 단위용적 질량

보통 콘크리트의 설계기준강도 및 기건 단위용적 질량의 범위는 표 2.1.2.1에 따른다.

☞ 표 2.1.2.1 보통 콘크리트의 설계기준강도 및 기건 단위용적 질량의 범위

사 용 골 재		설계기준강도 (MPa)	기건 단위용적 질량 (t/m^3)
굵은골재[1]	잔골재[2]		
자갈, 부순돌, 고로슬래그 굵은골재	모래, 부순모래, 고로슬래그 잔골재	18 21 24 27 30	2.2~2.4를 표준으로 한다.

(주) 1) 자갈, 부순돌, 고로슬래그 굵은골재는 이들을 혼합하여 사용하는 경우를 포함한다.
2) 모래, 부순모래, 고로슬래그 잔골재는 이들을 혼합하여 사용하는 경우를 포함한다.

3) 워커빌리티 및 슬럼프

㉮ 콘크리트의 워커빌리티는 타설위치 및 타설, 다짐방법에 따라 거푸집 내 및 철근 주위에 밀실하게 부어넣을 수 있고, 또한 블리딩 및 재료분리가 작은 것이어야 한다.

㉯ 콘크리트의 슬럼프는 180mm 이하로 한다.

4) 압축강도 및 탄성계수

㉮ 사용하는 콘크리트의 강도는 공사현장에서 채취하여 표준양생한 공시체의 재령 28일 압축강도로서 표시한다.

㉯ 구조체 콘크리트의 강도는 설계기준강도 이상으로 하며, 공사현장에서 채취하여 표준양생, 현장수중양생 또는 현장봉함양생한 공시체의 구조체 콘크리트 관리재령에 있어서 압축강도는 설계기준강도 이상으로 한다.

㉰ 콘크리트의 탄성계수가 설계에서 요구된 경우에는 이 값을 만족하는지 시험 비빔에 의해 확인한다.

5) 내구성을 확보하기 위한 재료 및 배합에 관한 규정

㉮ 콘크리트에 포함된 염화물량은 염소이온량으로서 $0.30kg/m^3$ 이하로 한다.
부득이 이것을 초과할 경우에는 철근방청상 유효한 대책을 강구하도록 하고, 그 방법은 공사시방서에 따른다. 다만, 이 경우에도 염화물량은 염소이온량으로서 $0.60kg/m^3$를 넘어서는 안 된다.

㉯ 콘크리트 골재는 알칼리 골재반응을 일으킬 우려가 없어야 한다.

2.2 시공 상세도에 포함 내용

1) 콘크리트 타설계획 및 구간
2) 끊어치기 부위의 상세단면

3) 지하구조의 지수판 설치 및 상세도
4) 이음(균열유발이음, 콜드 조인트, 신축이음, 시공이음 등)
5) 배근 시공도(철근배근도 포함)

2.4 재료의 선정

1) 콘크리트 재료는 제조·생산단계뿐만 아니라 구조물의 시공단계, 사용단계, 해체단계, 폐기단계 등에 대해서도 환경 배려가 고려된 것을 우선적으로 선정한다.
2) 콘크리트의 배합설계 시에는 구조체의 품질에 악영향을 미치지 않는 범위에서 단위 시멘트량 및 물결합재비를 적게 한다.
3) 콘크리트의 품질저하 또는 환경부하 물질의 증대를 초래하지 않는 범위에서 이산화탄소 배출의 삭감에 기여하는 재료를 우선적으로 선정한다.
4) 재료를 사용하는 지역의 환경보전 시책을 따른 후, 순환자원을 적극적으로 사용한다.
5) 콘크리트 재료는 운반에너지가 적은 것을 우선으로 선정한다.

2.5 레디믹스트 콘크리트를 반입 시 제출 서류

1) 레디믹스트 콘크리트 배합보고서
2) 레디믹스트 콘크리트 현장배합 자료
3) 레디믹스트 콘크리트 납품서
4) 레디믹스트 콘크리트 구성재료 시험 성적서
5) 구조물 부위별 사용 레디믹스트 콘크리트 종류 기록서

☞ 사진 2.5.1.1 콘크리트 현장 배합표

EUGENE

현 장 배 합 표

제조공장 : 유진기업(주) 서서울
발행일자 : 2013년 02월 15일
확 인 자 : 품질경영실장

규 격	25-21-150	현장명	연희자이엘라

1. 시방배합표

굵은골재 최대치수 (mm)	호칭 강도 (MPa)	슬럼프 범위 (mm)	공기량 (%)	W/B (%)	S/a (%)
25	21	150±25	4.5 ± 1.5	53.9	48.8

단위 재료량(kg/m³)

G1	G2	G3	S1	S2	S3	C1	C2	C3	C4	C5
951			450	450		239	30	30		

W1	W2	W3	AD1	AD2	AD3	AD4	AD5	AD6
161			2.09					

1) 현장조건

잔골재(1)의 표면수	(c1)	=	1.0%	굵은골재(1)의 표면수	(d1)	=	0.2%
잔골재(2)의 표면수	(c2)	=	1.0%	굵은골재(2)의 표면수	(d2)	=	0.0%
잔골재(1)중 5mm체 잔류율	(a1)	=	4.0%	굵은골재(1)중 5mm체 통과율	(b1)	=	0.3%
잔골재(2)중 5mm체 잔류율	(a2)	=	4.5%	굵은골재(2)중 5mm체 통과율	(b2)	=	0.0%
슬러지(회수수)농도	(e1)	=	0.0%				

2) 골재입도 보정

S1` = [S1+{S1xa1/100}] - [{(G1xb1+G2xb2)/100} x {S1/(S1+S2)}] = 467kg
S2` = [S2+{S2xa2/100}] - [{(G1xb1+G2xb2)/100} x {S2/(S1+S2)}] = 469kg
G1` = [G1+{G1xb1/100}] - [{(S1xa1+S2xa2)/100} x {G1/(G1+G2)}] = 916kg
G2` = [G2+{G2xb2/100}] - [{(S1xa1+S2xa2)/100} x {G2/(G1+G2)}] = 0kg

3) 표면수 보정

S1" = S1` x (100 + c1) / 100 = 471kg　　G1" = G1` x (100 + d1) / 100 = 917kg
S2" = S2` x (100 + c2) / 100 = 474kg　　G2" = G2` x (100 + d2) / 100 = 0kg
W' = (S1 + S2 + G1 + G2 + W1 + W2 + W3) - (S"1 + S"2) - (G"1 + G"2) = 150kg
W2' = 0kg　　W1' = W' - W2' - W3' = 150kg　　W3' = 0kg

4) 슬러지수(회수수) 농도의 보정

SL = W2' * e1 = 0kg　　W1" = W1' + SL = 150kg　　W2" = 0kg　　W3" = 0kg

2. 현장배합표

굵은골재 최대치수 (mm)	호칭 강도 (MPa)	슬럼프 범위 (mm)	공기량 (%)	W/B (%)	S/a (%)
25	21	150±25	4.5±1.5	53.9	48.8

단위 재료량(kg/m³)

G1	G2	G3	S1	S2	S3	C1	C2	C3	C4	C5
917			471	474		239	30	30		

W1	W2	W3	AD1	AD2	AD3	AD4	AD5	AD6
150			2.09					

3. 자재종류

G1	부순자갈 25mm (#57)	S1	바닷모래	S2	부순모래
C1	포틀랜드 시멘트 1종	C2	고로슬래그 미분말 3종	C3	플라이애시 2종
W1	지하수	AD1	고성능 AE감수제 촉진형		

4. 특기사항 [골재수정계수 : 0.2%]

EGS-0302-01　　유진기업(주)　　A4(210mm x 297mm)

3. 콘크리트용 자재

3.1 시멘트

1) 시멘트의 종류 및 특성

☞ 표 3.1.1.1 시멘트의 종류 및 특성

<table>
<tr><th colspan="2">종 류</th><th>특 성</th></tr>
<tr><td rowspan="4">포틀랜드 시멘트</td><td>보통 P.C</td><td>주원료를 분쇄하여 1,450℃의 고온으로 소성하여 얻은 클링커에 소량의 석고를 혼입하여 분쇄해서 제조</td></tr>
<tr><td>조강 P.C</td><td>㉮ 조기강도가 크다.
㉯ 수화발열량이 크다.
㉰ 긴급공사, 한중공사, 수중공사에 사용</td></tr>
<tr><td>중용열 P.C</td><td>㉮ 수화반응이 늦으므로 발열량이 적고 수축률이 낮다.
㉯ 강도 증진은 늦어지나 장기강도는 보통시멘트보다 크다.
㉰ 매스콘크리트 댐공사, 차폐용 콘크리트 등에 사용</td></tr>
<tr><td>백색 P.C</td><td>㉮ 물, 풍우, 서리, 동결 등의 피해에 대한 강한 내구성, 내마모성이 우수
㉯ 타일줄눈, 테라조 공사, 교통관계 표식에 사용</td></tr>
<tr><td rowspan="3">혼합 시멘트</td><td>고로시멘트</td><td>㉮ 비중이 낮다.(2.9)
㉯ 중성화가 빠르므로 물시멘트비를 줄여준다.
㉰ 동결융해 저항성이 크고, 알칼리골재반응의 방지효과가 있다.
㉱ 해수, 하수, 지하수, 광천 등에 대한 저항성이 크다.
㉲ 건조수축이 작다.</td></tr>
<tr><td>플라이애시 시멘트</td><td>㉮ 시공연도 개선
㉯ 조기강도는 낮으나 장기강도는 증대
㉰ 내황산염에 대한 저항성, 화학적 저항성을 증진
㉱ 수밀성 향상</td></tr>
<tr><td>실리카 (포졸란) 시멘트</td><td>㉮ 화학적 저항성이 향상되며, 시공연도 개선
㉯ 성형성이 좋고, 보수성이 좋음.
㉰ 블리이딩(bleeding)이 감소하고, 백화현상이 적어짐.</td></tr>
<tr><td rowspan="2">특수 시멘트</td><td>알루미나 시멘트</td><td>㉮ 조기강도가 커서 보통 포틀랜드시멘트의 28일 강도를 24시간 만에 발현
㉯ 해수에 대한 저항성이 크다.
㉰ 응결·경화시 발열량이 크다.
㉱ 긴급공사, 해안공사, 동기공사에 적합</td></tr>
<tr><td>팽창 시멘트</td><td>㉮ 콘크리트의 결점인 수축성을 개선
㉯ 균열발생이 감소
㉰ 수밀성으로 인한 강도 증대</td></tr>
</table>

2) 시멘트의 성질

☞ 표 3.1.2.1 시멘트의 성질

분말도가 크면	응결이 빠른 경우
㉮ 표면적이 크다. ㉯ 수화작용이 빠르다.(물과의 접촉면이 커지므로) ㉰ 발열량 커지고, 조기강도 크다. ㉱ 시공연도가 좋고, 수밀한 콘크리트 가능 ㉲ 균열발생이 크고 풍화가 쉽다. ㉳ 장기강도는 저하된다.	㉮ 분말도가 크면 빠르다. ㉯ 온도가 높고, 습도가 낮을수록 ㉰ C3A 성분이 많을수록 **응결이 느린 경우** ㉮ W/C비가 많을수록 ㉯ 풍화된 시멘트일수록

3.2 골재 및 비빔 용수

1) 잔골재

㉮ 잔골재의 절대건조 밀도는 $0.0025 g/mm^3$ 이상의 값을 표준으로 한다.

㉯ 잔골재의 흡수율은 3.0% 이하의 값을 표준으로 한다. 단, 고로 슬래그 잔골재의 흡수율은 3.5% 이하의 값을 표준으로 한다.

㉰ 잔골재는 대소의 알갱이가 알맞게 혼합되어 있는 것으로서, 그 입도는 표 3.2.1.1의 범위를 표준으로 한다.

☞ 표 3.2.1.1 잔골재의 표준 입도

체의 호칭 치수 (mm)	체를 통과한 것의 질량 백분율(%)	
	천연 잔골재	부순 모래
10	100	100
5	95~100	90~100
2.5	80~100	80~100
1.2	50~85	50~90
0.6	25~60	25~65
0.3	10~30	10~35
0.15	2~10	2~15

㉱ 표 3.2.1.1의 입도 범위 내의 잔골재를 사용하여야 하며, 입도가 이 범위를 벗어난 잔골재를 쓰는 경우에는 두 종류 이상의 잔골재를 혼합하여 입도를 조정해서 사용하여야 한다. 혼합 잔골재의 경우 천연골재의 입도 규정에 준한다. 또한, 표 3.2.1.1에 표시된 연속된 두 개의 체 사이를 통과하는 양의 백분율이 45%를 넘지 않아야 한다.

㉲ 잔골재의 조립률이 콘크리트 배합을 정할 때 가정한 잔골재의 조립률에 비하여 ±0.20 이상의 변화를 나타내었을 때는 배합을 변경하여야 한다. 공기연행 콘크리트

를 사용할 경우에는 입도변화의 허용값을 앞의 값보다 작게 규정하는 것이 좋다.

㉥ 공기량이 3% 이상이고, 단위 시멘트량이 250kg/m^3 이상인 공기연행 콘크리트나 단위 시멘트량이 300kg/m^3 이상인 콘크리트 또는 0.3mm체와 0.15mm체를 통과한 골재의 부족량을 양질의 광물질 분말로 보충한 콘크리트는 0.3mm체와 0.15mm체 통과 질량 백분율의 최소량을 각각 5% 및 0%로 감소시킬 수 있다.

㉦ 잔골재의 유해물 함유량 허용한도는 표 3.2.1.2의 값으로 하여야 한다. 표 3.2.1.2에 지시하지 않은 종류의 유해물에 관해서는 담당원의 지시를 받아야 한다.

㉧ 점토덩어리 시험은 KS F 2512, 0.08mm체 통과량 시험은 KS F 2511, 석탄, 갈탄 등 밀도 0.002g/mm^{3}의 액체에 뜨는 것에 대한 시험은 KS F 2513에 따른다. 또 염화물 함유량의 시험은 KS F 2515에 따른다.

㉨ 잔골재에 함유되는 유기불순물은 KS F 2510에 의하여 시험하여야 한다. 이때 잔골재 위에 있는 용액의 색깔은 표준색보다 엷어야 한다.

㉩ 부순 골재 및 순환 잔골재의 경우, 씻기 시험에서 0.08mm체의 통과량은 7% 이하이어야 하며, 마모작용을 받는 경우 5% 이하로 하여야 한다.

㉪ 잔골재의 안정성은 KS F 2507에 따라 시험하며, 내동해성은 KS F 2456에 따라 시험한다.

㉫ 잔골재의 안정성은 황산나트륨으로 5회 시험으로 평가하며, 그 손실질량은 10% 이하를 표준으로 한다. 손실질량이 10%를 넘는 잔골재는 이를 사용한 콘크리트가 유사한 기상 작용에 대하여 만족스러운 내동해성이 얻어진 실례가 있거나 시험 결과가 있을 경우 담당원의 승인을 받아 사용할 수 있다.

㉬ 화학적 혹은 물리적으로 안정된 골재를 사용하여야 한다. 다만, 사용실적이 있거나 사용조건에 대하여 화학적 혹은 물리적 안정성에 관한 시험 결과 유해한 영향이 없다고 인정되는 경우에 사용할 수 있다.

☞ 표 3.2.1.2 잔골재의 유해물 함유량 한도(질량 백분율)

종 류	최 대 값
점토 덩어리	1.0[1)]
0.08mm체 통과량	
콘크리트의 표면이 마모작용을 받는 경우	3.0
기타의 경우	5.0
석탄, 갈탄 등으로 밀도 0.002g/mm^{3}의 액체에 뜨는 것	
콘크리트의 외관이 중요한 경우	0.5
기타의 경우	1.0
염화물(NaCl 환산량)	0.04

(주) 1) 시료는 KS F 2511에 의한 0.08mm체 통과량의 시험을 실시한 후에 체에 남는 것

2) 굵은 골재

㉮ 콘크리트용 굵은 골재는 KS F 2526, 부순 굵은 골재는 KS F 2527, 고로 슬래그 굵은 골재는 KS F 2544, 순환 굵은 골재는 KS F 2573의 규정에 적합한 굵은 골재를 사용하여야 한다. 다만, 혼합하여 사용하는 경우에는 KS F 2526의 품질 규정에 적합하여야 한다.

㉯ 굵은 골재로서 사용할 자갈의 절대건조밀도는 0.0025g/mm^3 이상의 값을 표준으로 한다. 다만, 고로 슬래그 굵은 골재의 경우 A급, B급은 각각 0.0022g/mm^3 및 0.0024g/mm^3 이상을 표준으로 한다. 순환 굵은 골재의 경우는 0.0025g/mm^3 이상의 값을 표준으로 한다.

㉰ 순환 굵은 골재의 흡수율도 3.0% 이하로 한다. 다만, 고로 슬래그 굵은 골재의 경우 A급 및 B급은 각각 4.0% 및 6.0%를 상한 값으로 한다.

㉱ 굵은골재는 대소의 알갱이가 알맞게 혼합되어 있는 것으로, 그 입도는 표 3.2.2.1의 범위를 표준으로 한다. 골재의 체가름 시험은 KS F 2502에 따른다.

㉲ 굵은골재의 유해물 함유량의 한도는 표 3.2.2.2의 값으로 한다.

㉳ 점토덩어리 시험은 KS F 2512, 연한 석편의 시험은 KS F 2516, 0.08mm체 통과량의 시험은 KS F 2511, 석탄 및 갈탄 등 밀도 0.002g/mm^{3}인 액체에서 뜨는 것에 대한 시험은 KS F 2513에 따른다.

㉴ 점토덩어리 함유량은 0.25%, 연한 석편은 5.0% 이하이어야 하며, 그 합은 5%를 초과하지 않아야 한다. 다만, 순환골재의 점토덩어리 함유량은 0.2% 이하로 한다. 그러나 무근콘크리트에 사용할 경우에는 적용하지 않는다.

㉵ 부순 굵은골재 및 순환 굵은골재의 0.08mm체 통과량은 1.0% 이하로 한다.

㉶ 굵은골재의 안정성은 KS F 2507에 따라 시험하며, 내동해성은 KS F 2456에 따라 시험하여야 한다.

㉷ 굵은골재의 안정성은 황산나트륨으로 5회 시험을 하여 평가하는데, 그 손실 질량은 12% 이하를 표준으로 한다. 손실질량이 12%를 넘는 굵은골재는 이를 사용한 콘크리트가 유사한 기상작용에 대하여 만족스러운 내동해성이 얻어진 실례가 있거나 시험 결과가 있을 경우 담당원의 승인을 받아 사용할 수 있다.

㉸ 내동해성을 고려할 필요가 없는 콘크리트에 사용하는 굵은골재는 상기의 "㉶" 및 "㉷"항에 대하여 고려하지 않아도 된다.

㉹ 화학적 혹은 물리적으로 안정된 골재를 사용하여야 한다. 다만, 사용실적이 있거나 사용조건에 대하여 화학적 혹은 물리적 안정성에 관한 시험 결과 유해한 영향이 없다고 인정될 때는 사용할 수 있다.

☞ 표 3.2.2.1 굵은골재의 표준 입도

골재 번호	체의 호칭 치수(mm) / 체의 크기(mm)	체를 통과하는 것의 질량 백분율(%)												
		100	90	75	65	50	40	25	20	13	10	5	2.5	1.2
1	90～40	100	90～100		25～60		0～15		0～5					
2	65～40			100	90～100	35～70	0～15		0～5					
3	50～25				100	90～100	35～70	0～15		0～5				
357	50～5				100	95～100		35～70		10～30		0～5		
4	40～20					100	90～100	20～55	0～15		0～5			
467	40～5						100	95～100		35～70	10～30	0～5		
57	25～5								100	95～100	25～60	0～10	0～5	
67	20～5								100	90～100	20～55	0～10	0～5	
7	13～5								100	90～100	40～70	0～15	0～5	
8	10～2.5									100	85～100	10～30	0～10	0～5

☞ 표 3.2.2.2 굵은골재의 유해물 함유량 한도 (질량 백분율)

종 류	최대값
점토덩어리	0.25[1)]
연한 석편	5.0[2)]
0.08mm체 통과량	1.0
석탄, 갈탄 등으로 밀도 0.002g/mm^{3}의 액체에 뜨는 것	
콘크리트의 외관이 중요한 경우	0.5
기타의 경우	1.0

(주) 1) 시료는 KS F 2511에 의한 0.08 mm체 통과량의 시험을 실시한 후에 체에 남는 것
2) 교통량이 많은 슬래브 또는 표면의 경도(硬度)가 특히 요구되는 경우에 적용

3) 레디믹스트 콘크리트의 혼합에 사용되는 물

㉮ 상수돗물

상수돗물은 시험을 하지 않아도 사용할 수 있다.

☞ 표 3.2.3.1 수돗물의 품질

시험 항목	허 용 량
색 도	5도 이하
탁도(NTU)	0.3 이하
수소 이온 농도(pH)	5.8~8.5
증발 잔유물(mg/L)	500 이하
염소 이온(Cl^-)량(mg/L)	250 이하
과망간산칼륨 소비량(mg/L)	10 이하

㉯ 상수돗물 이외의 물

☞ 표 3.2.3.2 상수돗물 이외의 물의 품질

항 목	품 질
현탁 물질의 양	2g/L 이하
용해성 증발 잔류물의 양	1g/L 이하
염소 이온(Cl^-)량	250mg/L 이하
시멘트 응결 시간의 차	초결은 30분 이내, 종결은 60분 이내
모르타르의 압축 강도비	재령 7일 및 재령 28일에서 90% 이상

㉰ 회수수의 품질

☞ 표 3.2.3.3 회수수의 품질

항 목	품 질
염소 이온(Cl^-)량	250mg/L 이하
시멘트 응결 시간의 차	초결은 30분 이내, 종결은 60분 이내
모르타르 압축 강도비	재령 7일 및 28일에서 90% 이상

4) 골재의 품질 요구조건 및 저장시 주의점

☞ 표 3.2.3.4 골재의 품질 요구조건 및 저장시 주의점

골재의 품질요구조건	골재저장시 유의점
㉮ 표면이 거칠고 둥근 모양일 것 ㉯ 견고하고 강도가 클 것 ㉰ 실적률이 클 것(55% 이상) ㉱ 입도가 적당하고 좋을 것 ㉲ 청정하고 불순물이 없을 것 ㉳ 내마모성이 있을 것	㉮ 쌓는 곳은 배수가 양호하고 햇빛을 덜 받는 곳 ㉯ 잔골재, 굵은골재 별도 분리 ㉰ 짐부리고, 보관시 세조립이 섞이지 않게 물을 뿌리고 포장을 씌워서 습윤상태 유지해야 함 ㉱ 경량골재는 흡수율이 크므로 2~3일 전 살수하여 포건 내포상태로 보관한다. ㉲ 점토질, 유기물질, 염분 등 불순물 제거

3.3 혼화제(劑) 및 혼화 재료(材料)

1) 혼화제(劑)

㉮ 혼화재료 중 사용량이 비교적 적어서 그 자체의 부피가 콘크리트 등의 비비기 용적에 계산되지 않는 것

㉯ 표면활성제(AE제, 분산제, AE감수제), 유동화제, 응결경화 촉진제, 응결지연제, 방청제, 방동제 등

① 표면활성제

표면활성 작용에 의하여 콘크리트 속에 미세한 기포를 발생시키거나 시멘트 입자를 분산시켜 콘크리트의 시공연도를 좋게 하는 혼화제

㉠ AE(Air Entraining Agent)제(공기 연행제)

ⓐ 콘크리트 속에 미세한 기포를 발생시켜서 마치 볼베어링 역할을 하므로 시공연도를 향상시키고 단위 수량을 감소시킬 수 있다.

ⓑ 공기량은 보통콘크리트의 경우 4.5%, 경량콘크리트와 동결융해작용을 받는 콘크리트의 경우 5%로 하되 그 허용오차는 ±1.5%로 한다.

㉡ AE 감수제

시멘트의 입자를 분산시켜서 아주 작은 수량으로 시공연도를 좋게 하는 것으로 AE감수제가 있다. 시멘트입자가 감수제 용액을 만나면 입자 간에 반발력을 일으켜 시멘트입자는 분산된다. 또 시멘트 입자가 분산하여 물과 잘 혼합되면 끈적끈적하여 유동체가 잘되므로 단위수량을 감소시킬 수가 있다. AE감수제는 AE제와 감수제 쌍방의 장점을 겸비한 것으로서 시멘트 분산효과에다 공기연행효과가 더해져서 다음의 특징을 갖는다.

ⓐ 단위수량의 대폭적인 감소

ⓑ 워커빌리티의 개선

ⓒ 강도의 증대

ⓓ 내구성의 향상

② 촉진제, 지연제, 급결제 : 응결, 경화시간을 조절하는 것

㉠ 지연제 : 서중콘크리트, 매스콘크리트 등에 석고를 혼합하여 응결을 지연시킨다.

㉡ 촉진제 : 염화칼슘을 시멘트량의 1-2%정도 사용하면 조기강도 증대, 내마모성이 증대한다. 그러나 건습에 대한 팽창 수축이 커지고 알카리골재반응 촉진, 응결이 촉진되고 콘크리트슬럼프가 빨리 감소한다.

③ 방수제 : 방수효과를 부여하는 것

콘크리트 중의 공간을 안정하게 채우는 것으로 소석회, 규조토 등이 있으며,

발수성인 것으로 명반, 비누, 수지 등이 있다. 시멘트의 가수분해에 의해 생기는 수산화칼슘($Ca(OH)_2$)의 유출을 방지하는 것으로 염화칼슘, 금속비누, 규산소다 등이 있다.

④ 기포제, 발포제 : 거품의 작용으로 충진성을 개선하거나 중량을 조절하는 것
콘크리트에 알루미늄, 아연분말을 혼입하면 시멘트 중의 알카리와 반응하여 수소 개스가 발생하고 기포로 되어 콘크리트 중에 함유된다.

⑤ 기타

㉠ 방동제 : 콘크리트의 동결방지, 빙점강하를 위해 염화칼슘을 넣는다.

㉡ 방청제 : 콘크리트에 함유된 염화물에 의해 철근이 부식되는 것을 억제하기 위하여 사용하는 혼화제이다.

㉢ 기타 : 시멘트풀(Grout)용 혼화제, 소포제(消泡劑), 응집제, 수중콘크리트용 혼화제 등

☞ 사진 3.3.1.1 AE제 및 혼화 시 확대 형상

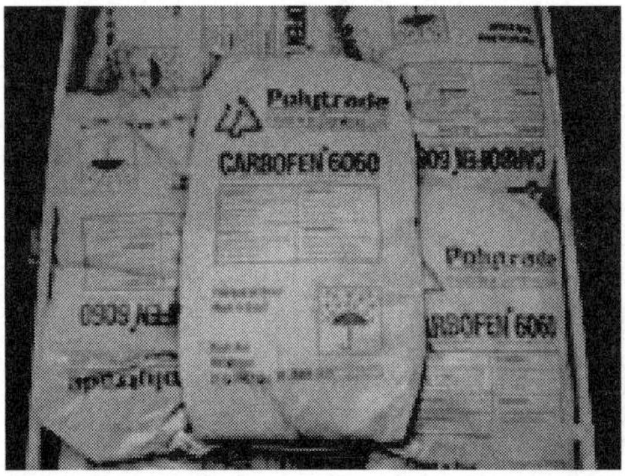

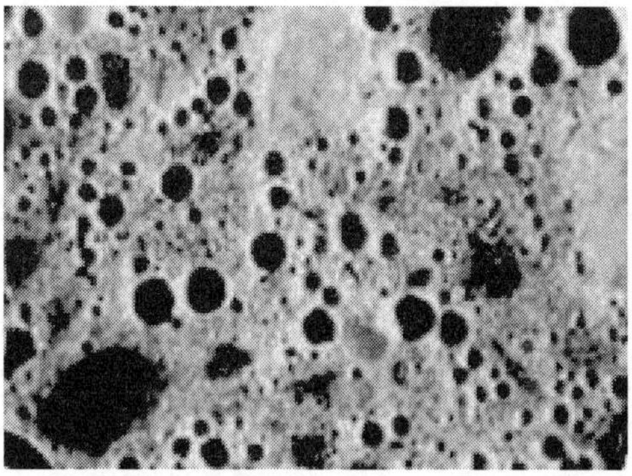

2) 혼화 재료

㉮ 시멘트, 물, 골재 이외의 재료로서 콘크리트 등에 특별한 성질을 주기 위해 타설하기 전에 필요에 따라 더 넣는 재료

㉯ 혼화 재료의 종류 및 특성

① 포졸란 작용이 있는 : 플라이애시, 고로슬래그, 규산백토 미분말

② 경화과정에서 팽창을 일으키는 : 콘크리트용 팽창재

③ 오토클레이브 양생에 의해 고강도를 갖게 하는 : 규산질 미분말

④ 착색시키는 : 착색제

⑤ 기타 : 폴리머증량재, 광물질 미분말 등

☞ 사진 3.3.2.1 플라이 애쉬

☞ 사진 3.3.2.2 포졸란

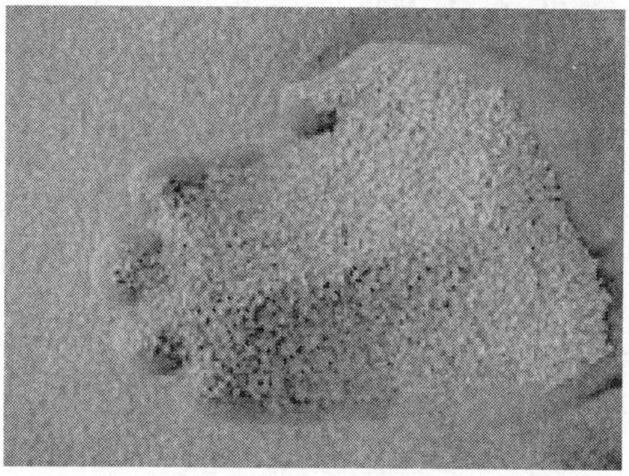

☞ 표 3.3.2.1 혼화 재료의 종류 및 특성

종 류	특 성
포 졸 란 (Pozzolan)	화산재 등의 광물질(실리커질)분말을 콘크리트에 혼입하면 시공연도가 좋아지고 블리딩, 재료분리가 감소한다. 수밀성 증가. 발열량 감소, 장기강도의 증가, 해수에 대한 저항성 증대. 그러나 건조수축이 증가한다.
플라이애쉬 (Fly-ash)	분탄이 보일러 내에서 연소할 때 부유하는 구상의 분말로 전기집진기로 채집한 것이다. 플라이애쉬는 콘크리트의 워커빌리티를 개선시키고 단위수량을 감소할 수 있으며, 충분한 습윤양생을 하면 포졸란 반응에 의해 장기강도가 증진되고 수밀성이 향상되어 화학적 작용이나 해수에 대한 저항성도 증대된다. 또한, 시멘트의 일부로 치환할 경우, 수화열의 발생이 완화되기 때문에 매스콘크리트에 많이 사용된다. 댐콘크리트, 프리팩트콘크리트 등에 증량재로 쓰인다.
고로 슬래그 (Slag)	선철을 제조한 과정에서 발생되는 부유물질인 슬래그를 냉각시켜 분말화한 것 ① 콘크리트 구조체의 장기강도 증진 ② 수화발열량에 의한 온도상승 ③ 해수, 하수, 지하수, 광천 등에 대한 내침투성이 우수 ④ 재료분리 및 블리이딩이 조금 많아짐

종 류	특 성
실리카흄	규소합금을 제조시 발생하는 폐가스를 집진하여 얻어진 규산질(SiO_2) 초미립자로 고강도콘크리트를 제조할 때 사용한다.
팽 창 재	경화과정에서 팽창을 일으키는 것으로 건조수축 균열을 방지
착 색 재	콘크리트에 색을 가하는 안료이며 내알칼리성 광물질이다. ① 빨강색 : Fe_2O_3(산화제이철) ② 녹색 : Cr_2O_3(산화크롬) ③ 노랑 : 크롬산바륨 ④ 유기안료 ⑤ 검정 : 카본 블랙 ⑥ 백색 : TiO_2(산화 티탄), 백연 ⑦ 갈색 : 이산화망간

3.4 콘크리트용 화학 혼화제(Chemical Admixtures for Concrete)의 품질 및 요구 성능

1) 용어와 정의

㉮ 화학 혼화제

주로 그 계면 활성 작용에 의해 콘크리트의 제성질을 개선하기 위하여 사용하는 혼화제

㉯ 표준형

화학 혼화제의 종류로서, 콘크리트의 응결 속도를 거의 변화시키지 않는 것

㉰ 지연형

화학 혼화제의 종류로서, 콘크리트의 응결 속도를 지연시키는 것

㉱ 촉진형

화학 혼화제의 종류로서, 콘크리트의 응결 속도 및 초기 강도의 발현을 촉진시키는 것

㉲ 기준 콘크리트

화학 혼화제의 품질을 시험할 경우에 기준으로 하는 화학 혼화제를 사용하지 않은 콘크리트

2) 화학 혼화제의 성능에 따른 구분

☞ 표 2.1.1.1 화학 혼화제의 성능에 따른 구분

종	류
AE제	–
감 수 제	표 준 형
	지 연 형
	촉 진 형

종	류
AE 감수제	표 준 형
	지 연 형
	촉 진 형
고성능 AE 감수제	표 준 형
	지 연 형

3) 품질

㉮ 성능

화학 혼화제를 첨가한 콘크리트의 성능은 표 3.1.1.1에 적합하여야 한다. 콘크리트 슬럼프는 80mm 또는 180mm로 하고, AE제 및 AE 감수제의 동결 융해에 대한 저항성(상대 동탄성 계수)의 규정 값은 슬럼프 80mm, 고성능 AE제의 동결 융해에 대한 저항성(상대 동탄성 계수)과 슬럼프 손실 및 공기량의 변화량의 규정값은 슬럼프 180mm의 콘크리트에 대하여 각각 적용한다.

㉯ 전체 알칼리양

전체 알칼리양은 0.30kg/m^3 이하여야 한다.

☞ 표 3.1.1.1 화학 혼화제의 요구성능

항 목		AE제	감 수 제			AE 감수제			고성능AE감수제	
			표준형	지연형	촉진형	표준형	지연형	촉진형	표준형	지연형
감수율(%)		6 이상	4 이상	4 이상	4 이상	10 이상	10 이상	8 이상	18 이상	18 이상
블리딩양의 비 (%)		75이하	100 이하	100 이하	100 이하	70 이하	70 이하	70 이하	60 이하	70 이하
응결 시간의 차 (min)	초결	−60~ +60	−60~ +90	+60~ +120	+30 이하	−60~ +90	+60~ +120	+30 이하	−30~ +120	+90~ +240
	종결	−60~ +60	−60~ +90	210 이하	0 이하	−60~ +90	210 이하	0 이하	−30~ +120	+240 이하
압축 강도비 (%)	재령 3일	95 이상	115 이상	105 이상	125 이상	115 이상	105 이상	125 이상	135 이상	135 이상
	재령 7일	95 이상	110 이상	110 이상	115 이상	110 이상	110 이상	115 이상	125 이상	125 이상
	재령 28일	90 이상	110 이상	110 이상	110 이상	110 이상	110 이상	110 이상	115 이상	115 이상
길이변화비(%)		120 이하	120 이하	120 이하	120 이하	120 이하	120 이하	120 이하	120 이하	120 이하

항 목	AE제	감 수 제			AE 감수제			고성능AE감수제	
		표준형	지연형	촉진형	표준형	지연형	촉진형	표준형	지연형
동결 융해에 대한 저항성(%)	80 이상	–	–	–		80 이상	80 이상	80 이상	80 이상
슬럼프 손실 (mm)	–	–	–	–	–	–	–	60 이하	60 이하
공기량의 변화량(%)	–	–	–	–	–	–	–	±1.5 이내	±1.5 이내

4) 배합

㉮ 단위 시멘트양

단위 시멘트양은 슬럼프가 80mm인 콘크리트에서는 300kg/m^3, 슬럼프가 180mm인 콘크리트에서는 320kg/m^{3}로 한다. 계산에 의해 산출된 단위 시멘트양은 위의 값에서 5kg/m^3 이상의 차가 있어서는 안 된다.

㉯ 단위 수량

단위 수량은 혼합 완료 시의 슬럼프가 (80±10)mm 또는 (180±10)mm가 되는 양으로 한다.

㉰ 1m^{3}당 화학 혼화제의 사용량

제조자가 지정하는 양을 참고하여 정한다.

㉱ 공기량

① 기준 콘크리트의 공기량은 2.0% 이하로 한다.

② 감수제를 사용한 콘크리트의 공기량은 기준 콘크리트의 공기량에 1.0%를 더한 것을 넘어서는 안 된다.

③ AE제, AE 감수제 또는 고성능 AE 감수제를 사용한 콘크리트의 공기량은 기준 콘크리트의 공기량에 3.0%를 더한 것에 대하여 0.5% 이상의 차가 있어서는 안 된다.

또한 AE 감수제 또는 고성능 AE 감수제를 사용한 콘크리트의 공기량이 위의 범위보다 작은 경우에는 그 AE 감수제 또는 고성능 AE 감수제의 제조자가 지정하는 공기량 지정제를 가하여 조정한다.

㉲ 잔골재율

① 기준 콘크리트의 잔골재율은 40~50% 범위에서 양호한 작업성이 얻어지는 값으로 한다.

② 감수제를 사용하는 콘크리트의 잔골재율은 기준 콘크리트의 잔골재율에서 0~1%를 뺀 값으로 한다.

③ AE 제 또는 AE 감수제를 사용하는 콘크리트의 잔골재율은 기준 콘크리트의 잔골재율에서 1~3% 뺀 값으로 한다.

④ 고성능 AE 감수제를 사용하는 콘크리트의 잔골재율은 기준 콘크리트의 잔골재율에서 1% 증감한 범위내의 값으로 한다.

5) 종류별 특성

㉮ AE제

① 연행공기는 볼 베어링 작용을 하여 워커빌리티를 개선하며 공기량이 1% 증가하면 슬럼프가 약 25mm 증가한다.

② 빈배합일수록 워커빌리티 개선효과가 크다.

③ 단위수량을 감소시켜 블리딩 등의 재료분리를 작게 한다.

④ 연행공기는 콘크리트 공극수의 동결에 의한 팽창응력을 흡수하여 동결융해에 대한 저항성을 증진한다.

⑤ 공기량이 1% 증가하면 압축강도는 약 4~6%, 휨강도는 2~3%, 탄성계수는 $7\sim8\times10^3$kg/cm^2 정도 감소하며 철근 부착강도도 감소하는 경향이 있다.

☞ 일반적인 콘크리트의 공기량은 4~7% 정도가 표준이다.

㉯ 감수제, AE 감수제

① 소요 워커빌리티를 얻는 데 필요한 단위수량을 10~15% 감소시킬 수 있다.

② 동일한 워커빌리티와 강도를 얻는 데 필요한 단위 시멘트량을 줄일 수 있다.

③ 지연형은 콜드조인트(Cold Joint)의 방지와 서중 콘크리트의 시공에 사용된다.

④ 단위 시멘트량이 감량되어 수화열이 감소되기 때문에 매스 콘크리트에도 사용된다.

⑤ 단위수량이 감소하여 콘크리트의 압축강도는 증가한다.

⑥ 재료분리가 작고 밀실하게 되어 수밀성이 개선된다.

⑦ 내약품성 및 동결 융해에 대한 저항성이 증대된다.

⑧ 건조수축을 감소시킨다.

㉰ 고성능 (AE)감수제

① 감수효과는 첨가량의 증가에 따라 커지며 약 20% 이상의 감수효과가 얻어진다.

② 첨가량이 너무 과다하면 재료분리가 나타난다.

③ 슬럼프의 손실이 매우 크다.

④ 블리딩은 보통 콘크리트보다 현저하게 작으며 공기량은 차이가 없다.

⑤ 물결합재비를 저하시켜 고강도가 가능하며, 동일한 물결합재비의 경우에도 압축강도가 크게 나타난다.

☞ 유동화제 : 고성능 감수제를 첨가하여 동일한 물결합재비에서 주로 작업성을 향상시킬 목적으로 사용 할 경우에 부르는 명칭

4. 배합 설계

4.1 일반 사항

1) 콘크리트의 배합은 소요의 강도, 내구성, 수밀성, 균열저항성, 철근 또는 강재를 보호하는 성능을 갖도록 정하여야 한다. 또한 작업에 적합한 워커빌리티를 갖는 범위 내에서 단위 수량은 될 수 있는 대로 적게 한다.
2) 작업에 적합한 워커빌리티를 갖도록 하기 위해서는 1회에 타설할 수 있는 콘크리트 단면 형상, 치수 및 강재의 배치, 특히 콘크리트의 다지기 방법등에 따라 거푸집 구석 구석까지 콘크리트가 충분히 채워지도록 하고, 다지는 작업이 용이하면서 재료분리가 생기지 않도록 콘크리트 배합을 정하여야 한다.

☞ 표 4.1.1.1 배합 순서

설계기준강도 → 배합강도 → 시멘트강도 → 물·시멘트비 → Slump값 결정 →

굵은골재 최대치수 → 잔골재율 → 단위수량 → 시방(계획)배합 → 현장배합

4.2 배합 강도

1) 구조물에 사용된 콘크리트의 압축강도가 설계기준 압축강도 보다 작아지지 않도록 현장 콘크리트의 품질 변동을 고려하여 배합강도(fcr)를 설계기준 압축강도(fck)보다 충분히 크게 정하여야 한다.
2) 배합강도는 설계기준 압축강도 35MPa 이하의 경우 식(2.1) 및 식(2.2), 35MPa 초과의 경우 식(2.3) 및 식(2.4) 각 두식에 의한 값 중 큰 값으로 정하여야 한다.

   $f_{ck} \le 35$MPa인 경우

   $$f_{cr} = f_{ck} + 1.34s \quad \text{(MPa)} \qquad (2.1)$$

   $$f_{cr} = (f_{ck} - 3.5) + 2.33s \quad \text{(MPa)} \qquad (2.2)$$

   $f_{ck} > 35$MPa인 경우

   $$f_{cr} = f_{ck} + 1.34s \quad \text{(MPa)} \qquad (2.3)$$

   $$f_{cr} = 0.9f_{ck} + 2.33s \quad \text{(MPa)} \qquad (2.4)$$

   여기서 s : 압축강도의 표준편차
3) 콘크리트 압축강도의 표준편차는 실제 사용한 콘크리트의 30회 이상의 시험 실적으로부터 결정하는 것을 원칙으로 한다. 그러나 압축강도의 시험횟수가 29회 이하이고 15

회 이상인 경우는 그것으로 계산한 표준편차에 표 4.2.3.1의 보정계수를 곱한 값을 표준편차로 사용할 수 있다.

☞ 표 4.2.3.1 시험횟수가 29회 이하일 때 표준편차의 보정계수

시험횟수	표준편차의 보정계수
15	1.16
20	1.08
25	1.03
30 이상	1.00

(주) 위 표에 명시되지 않은 시험 횟수는 직선 보간한다.

4) 콘크리트 압축강도의 표준편차를 알지 못할 때, 또는 압축강도의 시험횟수가 14회 이하인 경우 콘크리트의 배합강도는 표 4.2.4.1과 같이 정할 수 있다.

☞ 표 4.2.4.1 압축강도의 시험횟수가 14회 이하이거나 기록이 없는 경우의 배합강도

설계기준 압축강도 fck (MPa)	배합강도 fcr (MPa)
21 미만	fck + 7
21 이상 35 이하	fck + 8.5
35 초과	fck + 10

5) 물결합재비

㉮ 물결합재비는 소요의 강도, 내구성, 수밀성 및 균열저항성 등을 고려하여 정하여야 한다.

㉯ 콘크리트의 압축강도를 기준으로 물결합재비를 정하는 경우 그 값은 다음과 같이 정하여야 한다.

① 압축강도와 물결합재비와의 관계는 시험에 의하여 정하는 것을 원칙으로 한다. 이때 공시체는 재령 28일을 표준으로 한다.

② 배합에 사용할 물결합재비는 기준 재령의 결합재-물비와 압축강도와의 관계식에서 배합강도에 해당하는 결합재-물비 값의 역수로 한다.

㉰ 물결합재비의 최대값은 표 4.2.5.1에 따른다. 표 4.2.5.1에 나타낸 것 이외의 시멘트를 사용하는 경우, 물결합재비의 최대값은 공사시방서에 따른다.

☞ 표 4.2.5.1 물결합재비의 최대값(보통 콘크리트 기준)

시멘트의 종류	물결합재비의 최대값 (%)
포틀랜드 시멘트 고로 슬래그 시멘트 특급 포틀랜드 포졸란 시멘트 A종 플라이 애시 시멘트 A종	65
고로 슬래그 시멘트 1급 포틀랜드 포졸란 시멘트 B종 플라이 애시 시멘트 B종	60

6) 굵은 골재의 최대 치수

㉮ 굵은골재의 공칭 최대치수는 다음 값을 초과하지 않아야 한다. 그러나 이러한 제한은 콘크리트를 공극 없이 타설할 수 있는 다짐방법을 사용할 경우에는 담당원의 판단에 따라 적용하지 않을 수 있다.

① 거푸집 양 측면 사이의 최소 거리의 1/5

② 슬래브 두께의 1/3

③ 개별 철근, 다발철근, 긴장재 또는 덕트 사이 최소 순간격의 3/4

㉯ 굵은골재의 최대치수는 표 4.2.6.1의 값을 표준으로 한다.

☞ 표 4.2.6.1 굵은 골재의 최대 치수

구조물의 종류	굵은골재의 최대치수(mm)
일반적인 경우	20 또는 25
단면이 큰 경우	40
무근콘크리트	40 부재 최소 치수의 1/4을 초과해서는 안 됨

7) 슬럼프 및 슬럼프 플로

㉮ 콘크리트의 슬럼프는 운반, 타설, 다지기 등의 작업에 알맞은 범위 내에서 될수 있는 한 적은 값으로 정하여야 한다.

㉯ 콘크리트를 타설할 때의 슬럼프 값은 표 4.2.7.1을 표준으로 한다.

☞ 표 4.2.7.1 슬럼프의 표준값(mm)

종 류		슬럼프 값
철근콘크리트	일반적인 경우	80～180
	단면이 큰 경우	60～150
무근콘크리트	일반적인 경우	50～180
	단면이 큰 경우	50～150

(주) 1) 여기에서 제시된 슬럼프값은 구조물의 종류에 따른 슬럼프의 범위를 나타낸 것으로 실제로 각종 공사에서 슬럼프값을 정하고자 할 경우에는 구조물의 종류나 부재의 형상, 치수 및 배근상태에 따라 알맞은 값으로 정하되, 충전성이 좋고 충분히 다질 수 있는 범위에서 되도록 작은 값으로 정하여야 한다.

2) 콘크리트의 운반시간이 길 경우 또는 기온이 높을 경우에는 슬럼프가 크게 저하하므로 운반중의 슬럼프 저하를 고려한 슬럼프값에 대하여 배합을 정하여야 한다.

㉰ 슬럼프 테스트

☞ 표 4.2.7.2 슬럼프 테스트

사용기구	슬럼프콘, 슬럼프판, 다짐봉, 측정용 자
시험순서	① 수밀평판을 수평으로 한다. ② 슬럼프콘을 평판 중앙에 놓는다. ③ 슬럼프콘에 체적의 1/3되게 콘크리트를 채운다. ④ 다짐막대로 25회 다진다. ⑤ 위의 ③항과 ④항의 작업을 2회 되풀이 하고 윗면을 고른다. ⑥ 슬럼프콘을 조용히 들어올린다. ⑦ 콘크리트의 주저앉은 높이를 측정한 후 30cm에서 뺀 수치가 슬럼프 치수이다.

☞ 그림 4.2.7.1 슬럼프 테스트 기구

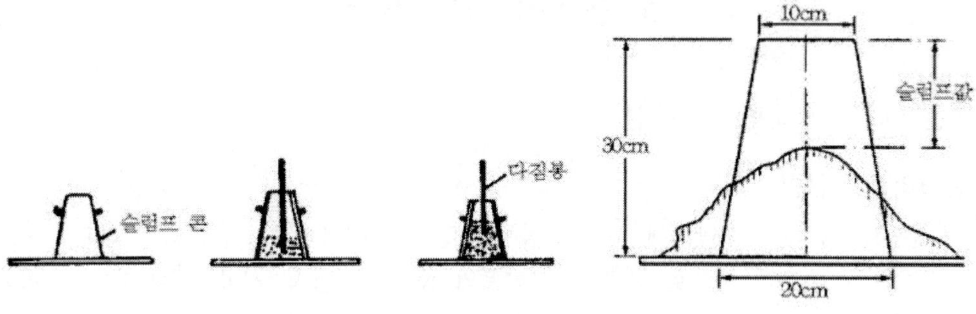

8) 잔골재율

㉮ 잔골재율은 소요 워커빌리티를 얻을 수 있는 범위 내에서 단위수량이 최소가 되도록 시험에 의해 정하여야 한다.

㉯ 잔골재율은 사용하는 잔골재의 입도, 콘크리트의 공기량, 단위 시멘트량, 혼화 재료의 종류 등에 따라 다르므로 시험에 의해 정하여야 한다.

㉰ 공사 중에 잔골재의 입도가 변하여 조립률이 ±0.20 이상 차이가 있을 경우 에는 워커빌리티가 변화하므로 배합을 수정할 필요가 있다. 이때 잔골재율에 대해서도 그 적합 여부를 시험에 의해 확인해 놓을 필요가 있다.

㉱ 콘크리트 펌프시공의 경우에는 펌프의 성능, 배관, 압송거리 등에 따라 적절한 잔골재율을 결정하여야 한다.

㉲ 유동화 콘크리트의 경우, 유동화 후 콘크리트의 워커빌리티를 고려하여 잔골재율을 결정할 필요가 있다.

㉳ 고성능 AE감수제를 사용한 콘크리트의 경우로서 물결합재비 및 슬럼프가 같으면, 일반적인 AE감수제를 사용한 콘크리트와 비교하여 잔골재율을 1~2퍼센트 정도 크게 하는 것이 좋다.

9) 공기량

㉮ AE제, AE감수제 및 고성능 AE감수제를 사용하는 콘크리트의 공기량은 4%이상, 6% 이하의 값으로서 공사시방서에 따른다. 공사시방서에 정한 바가 없을 때에는 담당원의 지시에 따른다.

㉯ 공기연행 콘크리트의 공기량은 같은 단위 공기연행제량을 사용하는 경우라도 여러 조건에 따라 상당히 변화하므로 공기연행 콘크리트 시공에서는 반드시 공기량 시험을 실시하여야 한다.

5. 콘크리트의 시공

5.1 콘크리트의 운반 및 타설

1) 콘크리트의 운반

㉮ 운반기기는 공사시방서에 특별히 정해진 경우를 제외하고는 콘크리트 펌프, 버킷, 슈트 및 손수레 등으로 하고, 콘크리트의 종류, 품질 및 시공조건에 따라 운반에 의한 콘크리트의 품질변화가 작은 것을 선정한다.

㉯ 운반용 기구는 사용에 앞서 내부에 부착된 콘크리트와 이물질 등을 제거하고, 충분히 정비·점검한다.

㉰ 콘크리트의 비빔 시작부터 타설 종료까지의 시간한도는 외기온이 25℃ 미만인 경우에는 120분, 25℃ 이상인 경우에는 90분으로 한다. 다만, 콘크리트 온도를 낮추거나 또는 응결을 지연시키는 등의 특별한 대책을 강구하는 경우에는 책임기술자의 검토 및 확인 후 담당원의 승인을 얻어 이 시간한도를 변경할 수 있다.

㉱ 운반 및 타설 시에는 콘크리트에 가수해서는 안 된다. 유동화제를 첨가하여 슬럼프를 회복시키는 경우에는 책임기술자의 검토 및 확인 후 담당원의 승인을 받는다.

㉲ 운반기기로서 콘크리트 펌프를 사용할 경우에는 다음의 ①~⑥에 따른다.

① 콘크리트 펌프로 압송을 행하는 자는 콘크리트 압송에 관한 기본지식 및 기능을 가진 자로 한다.

② 콘크리트 펌프의 기종은 소요의 콘크리트를 충분히 압송할 수 있는 능력을 가진 것을 선정한다.

③ 굵은골재의 최대치수에 대한 압송관의 호칭치수는 표 4.1.1.1에 따른다.

☞ 표 5.1.1.1 굵은골재의 최대치수에 대한 압송관의 호칭치수

굵은골재의 최대치수(mm)	압송관의 호칭치수(mm)
20	100 이상
25	100 이상
40	125 이상

④ 압송관은 거푸집, 배근 및 이미 타설한 콘크리트의 진동에 의해 나쁜 영향을 주지 않도록 지지대, 완충재 또는 고정철물을 이용하여 설치한다.

⑤ 콘크리트 압송에 앞서 부배합의 모르타르를 압송하여 배관 내면에 윤활성을 부여하여 콘크리트의 품질변화를 방지한다.

⑥ 압송관 출구로부터 토출되는 위의 5)에 해당하는 모르타르의 품질이 변화한 부분 및 압송 중의 막힘현상 등에 의하여 품질이 저하된 콘크리트는 폐기한다.

㉳ 버킷을 사용하는 경우에는 다음의 ①~③에 따른다.

① 버킷의 하부에 배출구가 있는 경우에는 운반 중에 모르타르가 유출하지 않도록 한다.

② 버킷을 사용하는 경우에는 콘크리트가 균질하고 배출이 쉽게 되는 것으로 한다.

③ 콘크리트를 버킷에 담은 후에는 신속하게 타설한다.

㉴ 슈트를 사용하는 경우에는 다음의 ①~③에 따른다.

① 슈트는 수직형 슈트로 하고, 이것을 사용하지 못할 경우에만 경사슈트를 사용하며, 경사각도를 30도 이상으로 한다.

② 슈트는 콘크리트 분리나 유출을 발생시키지 않고, 막힘이 생기지 않는 구조로 한다.

③ 콘크리트가 한 곳에 집중하지 않도록 슈트의 간격, 슈트에의 콘크리트 투입 순서를 사전에 정하여 둔다.

2) 타설 이음

㉮ 타설 이음부의 위치, 형상 및 처리방법은 구조내력 및 내구성을 손상하지 않는 것이어야 하고, 공사시방서 또는 설계 도서에 의하여 정한다. 공사시방서 또는 설계 도서에 규정되어 있지 않는 경우에는 다음 ㉯~㉱에 의해 필요한 사항을 정하여 책임기술자의 검토 및 확인 후 담당원의 승인을 받는다.

㉯ 타설 이음부의 위치는 구조부재의 내력에의 영향이 가장 작은 곳에 정하도록 하며 다음을 표준으로 한다.

① 보, 바닥슬래브 및 지붕슬래브의 수직 타설 이음부는 스팬의 중앙 부근에 주근과 직각방향으로 설치한다.

② 기둥 및 벽의 수평 타설 이음부는 바닥슬래브(지붕슬래브), 보의 하단에 설치하거나 바닥슬래브, 보, 기초보의 상단에 설치한다.

㉰ 콘크리트의 타설 이음면은 레이턴스나 취약한 콘크리트 등을 제거하여 새로 타설하는 콘크리트와 일체가 되도록 처리한다.

㉱ 타설 이음부의 콘크리트는 살수 등에 의해 습윤 시킨다. 다만, 타설 이음면의 물은 콘크리트 타설 전에 고압공기 등에 의해 제거한다.

㉲ 타설 이음부의 일체성 확보 또는 수밀성 확보를 위하여 특별한 조치를 강구하는 경우에는 적절한 방법을 정하여 책임기술자의 검토 및 확인 후 담당원의 승인을 받는다.

㉳ 콘크리트 타설 시작 후 할 수 없이 타설을 중지하는 경우 타설 이음부의 위치, 형상 및 처리방법은 위의 ㉮~㉱항에 준한다.

3) 타설

㉮ 콘크리트는 콘크리트가 위치하는 장소에 가능한 가까운 곳에서 타설한다. 기둥을 포함하는 벽에서 기둥부 위로 부어넣어 콘크리트를 옆으로 흘려보내서는 안 된다.

㉯ 타설이음부에 있어서 콘크리트의 타설, 다짐은 타설 이음부에 다짐 불량이나 블리딩수(水)의 집중으로 인한 취약부가 생기지 않도록 실시한다.

㉰ 1회에 타설하도록 계획된 구획 내에서 콘크리트가 일체되도록 연속하여 타설한다.

㉱ 타설속도는 콘크리트의 워커빌리티 및 타설장소의 시공조건 등에 따라 양호한 다짐이 가능한 범위로 한다.

㉲ 콘크리트의 자유낙하 높이는 콘크리트가 분리되지 않는 범위로 한다.

㉳ 계속 타설 중의 이어붓기 시간간격 한도는 외기온이 25℃ 미만일 때는 150분, 25℃ 이상에서는 120분으로 한다. 다만, 연속 부어넣기 부위에 결함이 생기지 않도록 특별한 방법을 강구한 경우에는 책임기술자의 검토 및 확인 후 담당원의 승인을 받아 연속 부어넣기 시간간격의 한도를 조정할 수 있다.

㉴ 콘크리트 타설 시 철근, 거푸집, 간격재 및 철근 고임재 등을 이동시킴으로써 피복두께의 부족이 발생하지 않도록 한다. 특히 슬래브 상부 철근을 직접 발로 밟거나 하여 철근이 밑으로 처지지 않도록 주의한다.

㉵ 외기온도에 대한 적절한 조치를 취한 후에 타설한다.

4) 타설 장비

㉮ 압송 장비의 선정

① 건물의 규모(수직, 수평 타설 거리) : 일반 압송장비로는 35층(약 105m)까지 가능하나, 그 이상은 고압장비 및 고압배관이 필요하다.

② 콘크리트 타설량 : 일일 타설량에 맞추어 토출할 수 있는 장비를 선정한다.

③ 콘크리트 특성 고려 : 고강도 콘크리트를 사용함으로 인한 콘크리트의 특성을 파악

㉠ 콘크리트강도(고강도, 유동화 콘크리트)

㉡ 골재의 입도, 최대골재의 크기 : 420~700kg/cm^{2}의 강도를 가질 경우, 최대골재의 크기는 19~25mm를 사용한다.

㉢ 콘크리트 배합비 : 골재의 양이 많으면 배관의 마찰력이 커지고 물의 양이 많으면 접착력이 저하됨

㉣ 슬럼프(물/시멘트 비율 42~65% 이내가 이상적임) :

ⓐ 8cm 이하나 18cm 이상은 압송이 어려움.(지나치게 높거나 낮으면 배관이 막힘)

ⓒ 고유동화제를 사용한 경우 슬럼프는 높으나 점성이 있어 일반장비로는 타설이 어려움

☞ 사진 5.1.4.1 방음형 고압 콘크리트 펌프 장비

☞ 사진 5.1.4.2 콘크리트 압송 배관

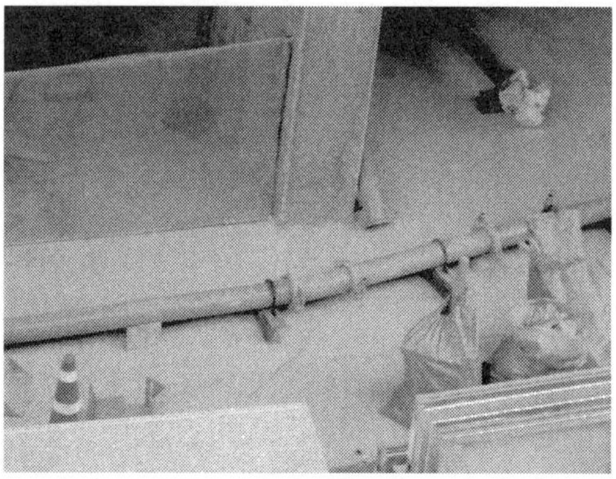

㉯ 콘크리트 분배기(Distributer)의 특성

콘크리트를 타설하는 층에 Flexible Hose 배관의 불편을 해소하기 위하여 펌프카의 붐만 별도로 떼어낸 형상으로 C.P.B(Concrete Placing Boom)와 달리 붐대가 수평이동만 가능하고 작업반경도 적어 고정으로 좁은 부위 사용 시 효과적이다. 분배기를 사용하면 호스나 배관방식보다는 30%정도 효율이 높다. 그러나 분배기는 콘크리트를 타설하는 층에 임시로 설치하는데 별도의 양중장비가 필요하고, 무게가 1.0~5.5톤 정도이므로 하부층에 Support를 보강해야 하는 불편함이 있다.

☞ 사진 5.1.4.3 콘크리트 분배기(Distributer)

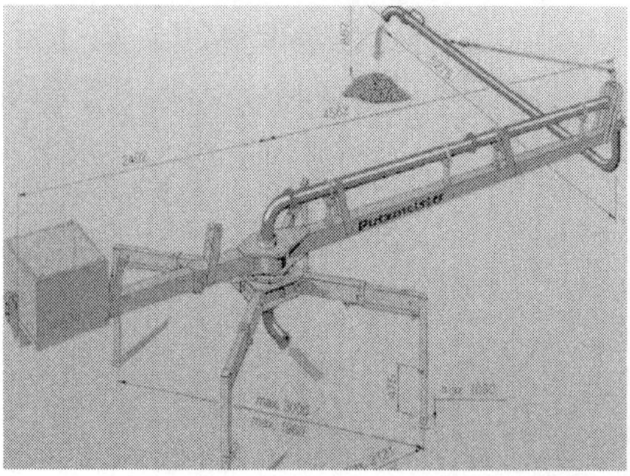

㉰ C.P.B(Concrete Placing Boom)

① 초고층 건물을 타설할 때 기존의 재래식 공법을 적용하는 것은 비효율이라 볼 수 있다. 점점 건설현장도 성력화(省力化)되고 있는 시점에서 모든 장비를 타워크레인에 의지하거나, 인력에 의해 하게 된다면 공기 손실과 경제적 손실 또한 막대할 것이다.

② 이에 따라 적은 인력으로 효율적인 타설을 할 수 있는 C.P.B를 사용하는 것은 당연하다고 볼 수 있다. 특히 SRC구조의 경우 그 필요성이 대두되는데 이는 코아 선행공법을 채택할 수 밖에 없고, 이에 따라 코아부분의 타설을 위해서는 C.P.B를 사용하던가 Bucket을 사용할 수 있는데 Bucket으로 120~200m^3 정도의 물량을 타워크레인을 사용하여 타설한다는 것은 불가능하다고 볼 수 있다.

③ 또한 일반 RC조의 경우도 평면에 따라 다르겠지만, 대략 3개의 Zoning을 하여 타설하게 되는데 그 물량이 200~300m^3 정도가 된다. 여기서 초기에 분배기를 사용할 수도 있으나 고층으로 올라 가면서 타워크레인에 부하가 많이 걸리고 있는데, 이에 일일이 분배기를 타워크레인으로 양중을 하여 진행하기에는 무리가 있다고 사료된다. 그렇다고 C.P.B를 설치하는 것은 불가능하기 때문에 초기에 각 현장에서 각 평면에 적합한 Zoning이 필요하며, 이에 따른 C.P.B 설치계획이 반드시 이루어져야 할 것이다.

④ 설치 순서

㉠ 기초설치(콘크리트 타설 또는 철골 기초제작)

㉡ 마스트(Mast) 설치 및 플레이싱 붐 설치

㉢ 수직관에 플레이싱 붐 배관 연결

㉣ 콘크리트 타설

㉤ 마스트 상 승전 수직관과 플레이싱 붐 연결관 해체

☞ 사진 5.1.4.4 C.P.B(Putzmeister 社)

☞ 사진 5.1.4.5 C.P.B(Schwing 社)

㉥ 마스트 클라이밍 - 양중장비(타워크레인)로 상승시키는 방법/ Self Climbing 으로 상승하는 방법

㉦ 최상층 완료 후 플레이싱 붐을 해체하고 마스트 해체

5) 다짐

㉮ 다짐은 철근 및 매설물 등의 주위와 거푸집의 구석구석까지 콘크리트가 충전되어 밀실한 콘크리트가 얻어질 수 있도록 한다.

㉯ 콘크리트 다지기에는 내부진동기의 사용을 원칙으로 하지만 얇은 벽 등 내부 진동기의 사용이 곤란한 장소에서는 거푸집 진동기를 사용해도 좋다.

㉰ 콘크리트는 타설 직후 바로 충분히 다져서 콘크리트가 철근 및 매설물 등의 주위와 거푸집의 구석구석까지 잘 채워져 밀실한 콘크리트가 되도록 하여야 한다.

㉱ 거푸집널에 접하는 콘크리트는 가능하면 평탄한 표면이 얻어지도록 타설하고 다져야 한다.

㉲ 내부진동기의 사용 방법은 다음을 표준으로 한다.

① 진동다지기를 할 때에는 내부진동기를 하층의 콘크리트 속으로 0.1m 정도 찔러 넣는다.

② 내부진동기는 연직으로 찔러 넣으며, 그 간격은 진동이 유효하다고 인정되는 범위의 지름 이하로서 일정한 간격으로 한다. 삽입간격은 일반적으로 0.5m 이하로 한다.

③ 1개소당 진동시간은 다짐할 때 시멘트 페이스트가 표면 상부로 약간 부상하기까지 한다.

④ 내부진동기는 콘크리트로부터 천천히 빼내어 구멍이 남지 않도록 한다.

⑤ 내부진동기는 콘크리트를 횡방향으로 이동시킬 목적으로 사용하지 않아야 한다.

⑥ 진동기의 형식, 크기 및 대수는 1회에 다짐하는 콘크리트의 전 용적을 충분히 다지는데 적합하도록 부재 단면의 두께 및 면적, 1시간당 최대 타설량, 굵은 골재 최대치수, 배합, 특히 잔골재율, 콘크리트의 슬럼프 등을 고려하여 선정한다.

㉳ 거푸집 진동기는 거푸집의 적절한 위치에 단단히 설치하여야 한다.

㉴ 재진동을 할 경우에는 콘크리트에 나쁜 영향이 생기지 않도록 초결이 일어나기 전에 실시하여야 한다.

☞ 사진 5.1.5.1 전동식 진동기

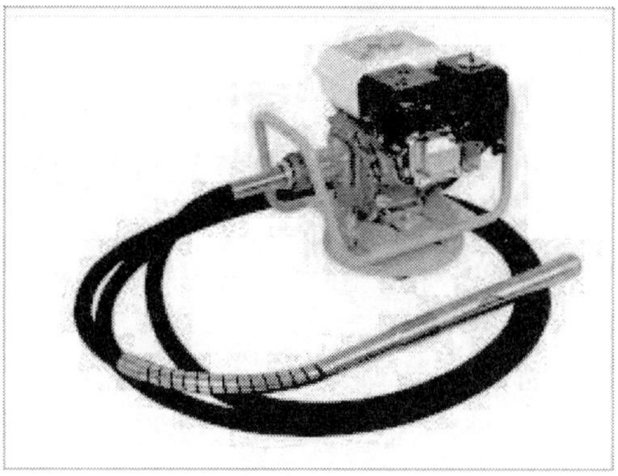

☞ 사진 5.1.5.2 전기식 진동기

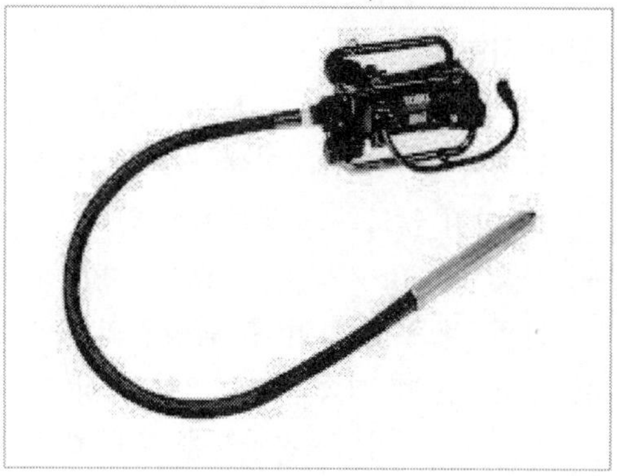

☞ 사진 5.1.5.3 거푸집 진동기

☞ 사진 5.1.5.4 바닥용 진동기

6) 콘크리트 타설 후 윗면의 마무리 및 처리

㉮ 타설 및 다짐 후 콘크리트의 윗면은 소정의 위치와 물매에 따라 소정의 정밀도가 얻어질 수 있도록 평활하게 표면마무리를 한다.

㉯ 콘크리트 침하, 굵은골재 분리, 블리딩 등에 의한 결함은 콘크리트의 응결이 끝나기 전에 처리한다. 전기나 설비 등이 특히 많이 배선된 슬래브 부위는 수축균열이나 침하균열 등의 균열이 발생할 확률이 높으므로 콘크리트 타설 후, 1시간 정도가 경과되고 나면 콘크리트 표면을 탬핑 등으로 처리한다.

㉰ 기둥, 벽 등의 수평 타설이음부의 윗면은 소정의 물매와 거칠기로 마무리한다. 타설이음면을 응결지연제를 사용하여 처리하는 경우 응결지연제의 종류와 사용방법은 신뢰할 수 있는 자료 또는 시험에 의해 정한다.

5.2 양생

1) 일반 사항

㉮ 콘크리트는 타설이 끝난 직후로부터 시멘트의 수화 및 콘크리트의 경화가 충분히 진행하기까지의 사이에 급격한 건조, 급격한 온도변화, 진동 및 외력의 나쁜 영향을 받지 않도록 양생하여야 한다.

㉯ 시공자는 양생방법, 양생기간 및 양생에 사용하는 자재 등 계획을 세워 책임 기술자의 검토 및 확인 후 담당원의 승인을 받는다.

㉰ 평균기온이 연속적으로 2일 이상 5℃ 미만인 경우, 담당원 또는 책임기술자의 지시에 따라 가열보온양생을 고려해야 한다.

2) 습윤 양생

㉮ 콘크리트는 타설한 후 경화될 때까지 양생기간 동안 직사광선이나 바람에 의해 수분이 증발하지 않도록 보호하여야 한다.

㉯ 콘크리트는 타설한 후 습윤상태로 유지하여 노출면이 마르지 않도록 하여야 하며, 수분 증발에 따라 살수하여 습윤상태로 보호하여야 한다. 습윤상태로 보호하는 기간은 표 4.2.2.1을 표준으로 한다.

☞ 표 5.2.2.1 습윤 양생 기간의 표준

일평균 기온	보통포틀랜드 시멘트	고로 슬래그 시멘트 플라이 애시 시멘트 B종	조강포틀랜드 시멘트
15℃ 이상	5일	7일	3일
10℃ 이상	7일	9일	4일
5℃ 이상	9일	12일	5일

㉰ 거푸집판이 건조될 우려가 있는 경우에는 살수하여야 한다.

㉱ 막양생을 할 경우에는 충분한 양의 막양생제를 적절한 시기에 균일하게 살포하여야 한다. 막양생으로 수밀한 막을 만들기 위해서는 충분한 양의 막양생제를 적절한 시기에 살포할 필요가 있으므로 사용 전에 살포량, 시공 방법 등에 관해서 시험을 통하여 충분히 검토하여야 한다.

3) 양생 온도

콘크리트를 부어넣은 후 시멘트의 수화열에 의하여 부재 단면에 있어 중심부의 온도가 외기 온도보다 25℃ 이상 높아질 염려가 있는 경우에는 거푸집을 장기간 존치하여 중심부의 온도와 표면부의 온도 차이를 될 수 있는 한 작게 해야 한다.

4) 진동이나 외력으로부터의 보호

콘크리트를 부어넣은 후 1일간은 원칙적으로 그 위를 보행하거나 공사기구 및 기타 중량물을 올려놓아서는 안 된다. 불가피하게 보행이나 작업을 해야 하는 경우에는 담당원 또는 책임기술자의 지시를 받는다. 또한 그 후에도 경화중인 콘크리트에 해로운 충격 등을 주지 않도록 주의하여야 한다.

☞ 사진 5.2.2.1 콘크리트의 양생

☞ 그림 5.2.2.1 콘크리트 습윤 양생

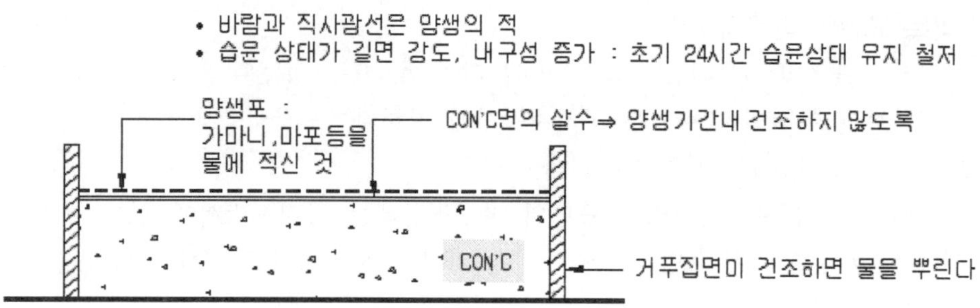

5.3 콘크리트의 표면 마무리

1) 일반사항

㉮ 타설이 끝난 콘크리트 부재는 구조설계도서에 나타난 소정의 위치에 있어야 하고, 소정의 단면치수를 확보하여야 한다.

㉯ 타설이 끝난 콘크리트 부재의 표면은 소정의 평탄도와 표면상태로 마무리지어야 한다.

2) 콘크리트 부재의 위치 및 단면치수의 허용차

㉮ 콘크리트 부재의 위치 및 단면치수의 허용차는 표 5.3.2.1을 표준으로 한다.

☞ 표 5.3.2.1 콘크리트 부재의 위치 및 단면치수 허용차의 표준값

항 목		허용차(mm)
위 치	설계도에 표시된 위치에 대한 각 부재의 위치	±20
단면치수	기둥, 보, 벽의 단면치수 및 바닥슬래브, 지붕슬래브의 두께	−5 +20
	기초의 단면치수	−10 +50

㉯ 콘크리트 부재의 위치 및 단면치수 정밀도를 확보하기 위하여 시공자는 먹매김 작업의 관리 및 먹줄 정밀도의 확인, 거푸집의 조립 및 설치정밀도의 관리와 확인, 철근가공, 조립 및 설치정밀도의 관리와 확인을 충분히 한다.

㉰ 부재 위치 및 단면치수 정밀도의 시험방법은 공사시방서에 따른다. 공사시방서에 정한 바가 없을 때에는 시공자는 검사방법을 정하여 책임기술자의 검토 및 확인 후 담당원의 승인을 얻어야 한다.

3) 콘크리트 표면의 마무리상태

㉮ 콘크리트 표면의 마무리상태 및 표면마무리 방법, 요구 성능은 공사시방서에 따른다.

㉯ 콘크리트 마무리의 평탄도는 공사시방서에 따른다. 공사시방서에 정한 바가 없을 때에는 표 5.3.3.1을 표준으로 한다.

㉰ 거푸집널에 접하는 콘크리트 표면의 마무리상태는 공사시방서에 정한 바가 없을 때에는 그 콘크리트 표면의 마감방법에 따라 마무리상태를 정하여 담당원의 승인을 받는다.

㉱ 거푸집널에 접하지 않는 콘크리트표면의 마무리상태는 공사시방서에 정한 바가 없을 때에는 마감재료 및 공법에 따라 콘크리트 표면의 마무리상태를 정하여 담당원의 승인을 받는다.

㉲ 거푸집널에 접하지 않는 콘크리트 표면에 대하여 소정의 마무리상태가 얻어질 수 있도록 "5.1.6 콘크리트 타설 후 윗면의 마무리 및 처리"를 실시한 후 소정의 표면으로 마무리한다.

㉳ 제물치장 콘크리트의 마무리면은 기포나 얼룩이 없는 매끈한 표면을 유지하도록 하며, 마무리재료, 공법에 따라 콘크리트 표면의 마무리상태를 정하고 담당원의 승인을 받는다.

☞ 표 5.3.3.1 콘크리트 마무리의 평탄도 표준값

콘크리트의 내·외장 마감	평 탄 도	참 고	
		기둥, 벽의 경우	바닥의 경우
마감두께가 7mm 이상인 경우 또는 바탕의 영향을 그다지 받지 않는 경우	1m당 10mm 이하	바름벽 띠장바탕	바름바닥 이중바닥
마감두께가 7mm 미만인 경우 그 외의 상당히 양호한 평탄함이 필요한 경우	3m당 10mm 이하	뿜칠 타일압착	타일붙임 융단깔기 방수
콘크리트가 제물치장 마감이거나 마감두께가 매우 얇을 때, 그 외의 양호한 표면상태가 필요할 때	3m당 7mm 이하	제물치장 콘크리트 도장 천붙임	수지바름바닥 내마모바닥 쇠흙손마감바닥

4) 타설 결함부의 검사와 보수

표 5.3.4.1에 제시된 허용균열폭을 초과하는 균열이 발생한 경우, 결함부의 종류 및 정도에 따른 보수방법을 정하여 책임기술자의 검토 및 확인 후 담당원의 승인을 받는다.

☞ 표 5.3.4.1 철근콘크리트 구조물의 허용균열폭

건조 환경	습윤 환경	부식성 환경	고부식성 환경
0.4mm와 $0.006c_c$ 중 큰 값	0.3mm와 $0.005c_c$ 중 큰 값	0.3mm와 $0.004c_c$ 중 큰 값	0.3mm와 $0.0035c_c$ 중 큰 값

(주) c_c는 최외단 주철근의 표면과 콘크리트 표면 사이의 콘크리트 최소 피복두께(mm)

5.4 콘크리트의 이음

1) 일반사항

㉮ 시공이음은 될 수 있는 대로 전단력이 작은 위치에 설치하고, 부재의 압축력이 작용하는 방향과 직각이 되도록 하는 것이 원칙이다.

㉯ 부득이 전단이 큰 위치에 시공이음을 설치할 경우에는 시공이음에 장부 또는 홈을 두거나 적절한 강재를 배치하여 보강하여야 한다.

㉰ 이음부의 시공에 있어서 설계에 정해져 있는 이음의 위치와 구조는 지켜져야 한다. 설계에 정해져 있지 않은 이음을 설치할 경우에는 구조물의 강도, 내구성, 수밀성 및 외관을 해치지 않도록 시공계획서에 정해진 위치, 방향 및 시공 방법을

준수한다.

㉣ 외부의 염분에 의한 피해를 받을 우려가 있는 해양 및 항만 콘크리트 구조물 등에 있어서는 시공이음부를 되도록 두지 않는 것이 좋다. 부득이 시공이음부를 설치할 경우에는 만조 위치로부터 위로 0.6m와 간조 위치로부터 아래로 0.6m 사이인 부분을 피하여야 한다.

㉤ 수밀을 요하는 콘크리트에 있어서는 소요의 수밀성이 얻어지도록 적절한 간격으로 시공이음부를 두어야 한다.

2) 수평시공이음

㉮ 수평시공이음이 거푸집에 접하는 선은 될 수 있는 대로 수평한 직선이 되도록 한다.

㉯ 콘크리트를 이어칠 경우에는 구 콘크리트 표면의 레이턴스, 품질이 나쁜 콘크리트, 꽉 달라붙지 않은 골재 등을 완전히 제거하고 충분히 흡수시켜야 한다.

㉰ 새 콘크리트를 타설하기 전에 거푸집을 바로 잡아야 하며, 새 콘크리트를 타설할 때 구 콘크리트와 밀착되게 다짐하여야 한다.

㉱ 시공이음부가 될 콘크리트 면은 경화가 시작되면 되도록 빨리 쇠솔이나 잔골재 분사 등으로 면을 거칠게 하며, 충분히 습윤상태로 양생하여야 한다.

㉲ 기존 콘크리트 밑에 이어치는 역방향 타설 콘크리트의 시공 시에서는 콘크리트의 침하를 고려하여 시공이음이 일체되도록 콘크리트의 재료, 배합 및 시공 방법을 선정하여야 한다.

3) 연직시공이음

㉮ 연직시공이음 시공에 있어서 시공이음면의 거푸집을 견고하게 지지하고 이음 부분의 콘크리트는 진동기를 써서 충분히 다져야 한다.

㉯ 구 콘크리트의 시공이음면을 거칠게 하며 충분히 습윤상태로 양생하여 이음부의 일체성을 확보할 수 있어야 한다.

㉰ 새 콘크리트를 타설할 때는 신·구 콘크리트가 충분히 밀착되도록 잘 다져야 한다. 또, 새 콘크리트를 타설한 후 적당한 시기에 재진동 다지기를 하여야 한다.

㉱ 시공이음면의 거푸집 철거는 콘크리트가 굳은 후 되도록 빠른 시기에 한다. 다만, 거푸집의 제거 시기를 너무 빨리하면 콘크리트에 유해한 영향을 주기 때문에 주의하여야 한다. 일반적으로 연직시공이음부의 거푸집 제거 시기는 콘크리트를 타설하고 난 후 여름에는 4~6시간 정도, 겨울에는 10~15시간 정도로 한다.

4) 바닥판과 일체로 된 기둥, 벽의 시공이음

바닥판과 일체로 된 기둥 또는 벽의 시공이음은 바닥판과의 경계 부근에 설치한다. 헌치는 바닥판과 연속해서 콘크리트를 타설해야 한다. 내민 부분을 가진 구조물의 경우에도 마찬가지로 시공한다. 헌치부 콘크리트는 다짐이 불량하기 쉬우므로 다짐에 각별히 주의하여 조밀한 콘크리트가 얻어지도록 하여야 한다.

5) 바닥틀의 시공이음

바닥틀의 시공이음은 슬래브 또는 보의 경간 중앙부 부근에 두어야 한다. 다만, 보가 그 경간 중에서 작은 보와 교차할 경우에는 작은 보의 폭의 약 2배 거리만큼 떨어진 곳에 보의 시공이음을 설치하고, 시공이음을 통하는 인장철근을 배치하여 전단력에 대하여 보강하여야 한다.

6) 아치의 시공이음

㉮ 아치의 시공이음은 아치축에 직각방향이 되도록 설치하여야 한다.

㉯ 아치축에 평행한 방향으로 연직시공이음을 부득이 설치할 경우에는 시공이음부의 위치, 보강방법 등에 대하여 충분히 검토한 후 시공이음을 설치하여야 한다.

7) 신축이음

㉮ 신축이음은 양쪽의 구조물 혹은 부재가 구속되지 않는 구조이어야 한다.

㉯ 신축이음에는 필요에 따라 이음재, 지수판 등을 배치하여야 한다.

㉰ 신축이음의 단차를 피할 필요가 있는 경우에는 장부나 홈을 두든가 전단 연결재를 사용하여야 한다.

8) 균열유발 이음

균열의 제어를 목적으로 균열유발 이음을 설치할 경우 구조물의 강도 및 기능을 해치지 않도록 그 구조 및 위치를 정하여야 한다.

5.5 콘크리트 이음의 종류

1) 시공 이음(Construction Joint)

시공상 콘크리트를 한번에 계속하여 부어나가지 못할 곳에 생기는 줄눈으로 계획된 줄눈

☞ 그림 5.5.1.1 부위별 시공 이음

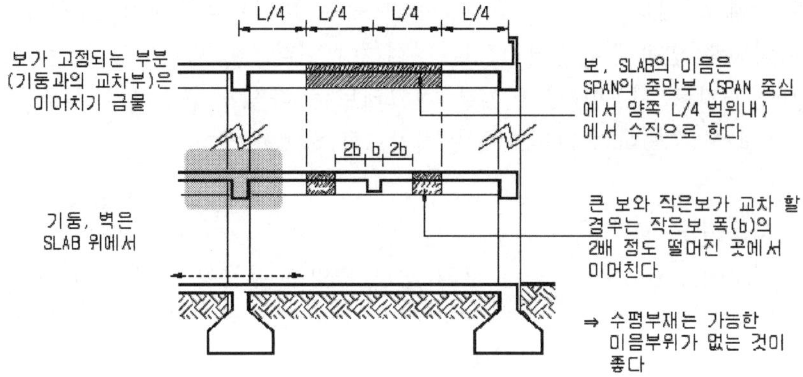

☞ 표 5.5.1.1 구조물별 시공 이음

캔틸래버	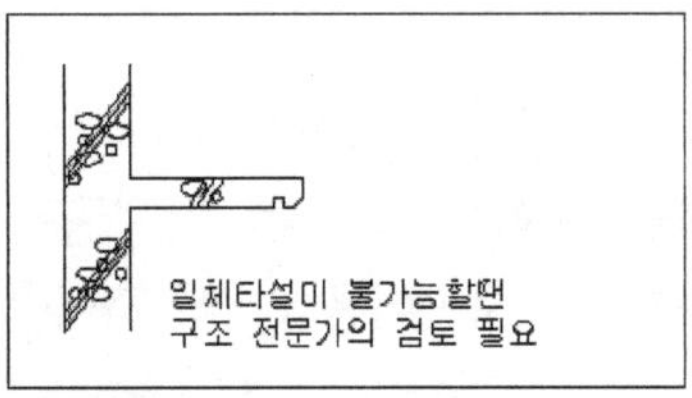	옹 벽	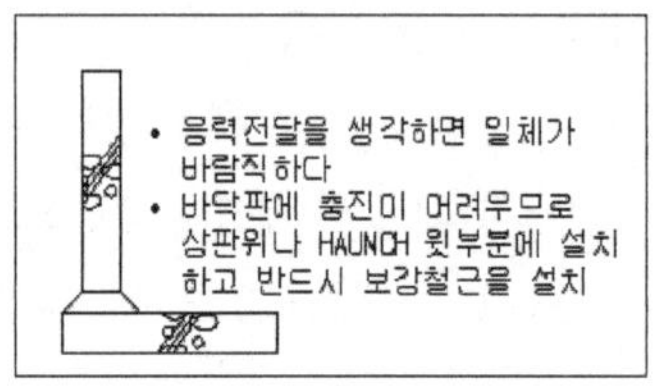
아 치	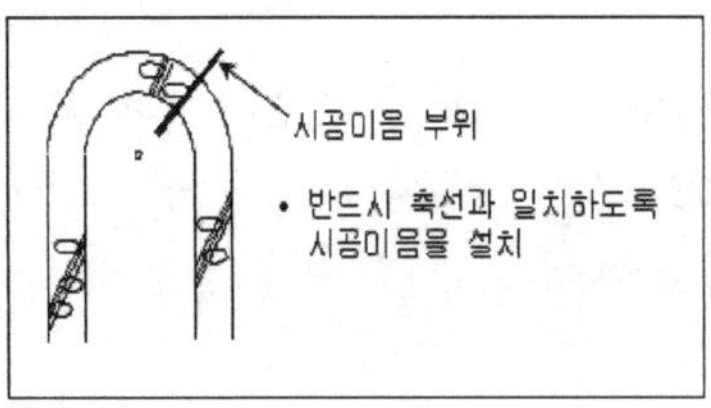	공동구	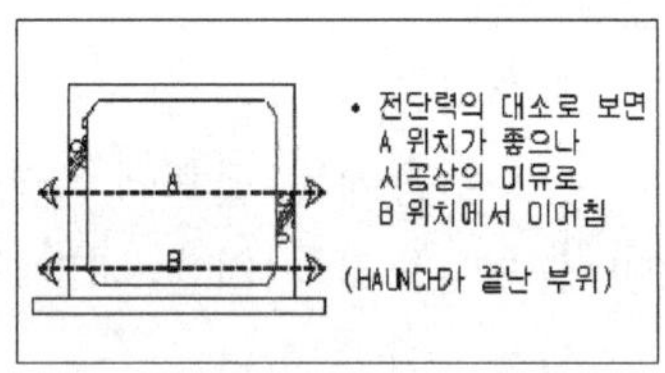

2) 신축이음(Expansion Joint)

㉮ 구조물이 장대한 경우 수축, 팽창에 대한 변위를 흡수하기 위해 구조물을 구조적으로 분리하여 시공하는 조인트.

㉯ 길이가 60m를 넘는 경우 조인트를 설치하거나 별도의 구속 완화 장치가 필요

㉰ 익스팬션 조인트는 설계단계에서 검토한다.

☞ 그림 5.5.2.1 익스팬션 조인트의 위치

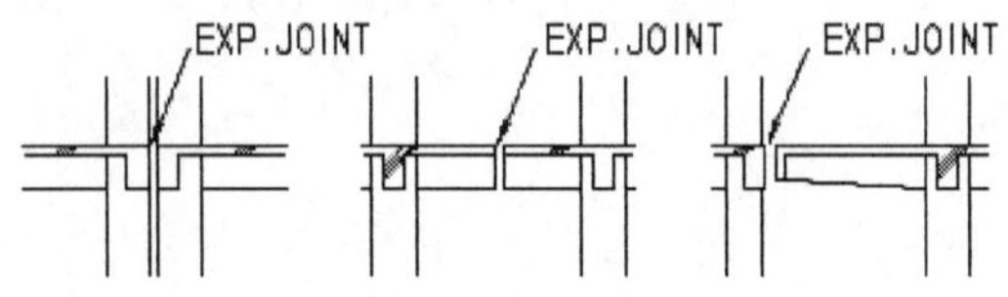

3) 균열 유발 이음(Control Joint)

㉮ 지반 등 안정된 위치에 있는 바닥판 또는 벽면이 수축에 의하여 표면에 균열이 생길 수 있는데 일정한 곳에만 일어나도록 유도하는 줄눈

㉯ 설치 위치는 미관이 고려되는 부위에 단면의 변화 등으로 균열이 예상 되는 곳

☞ 그림 5.5.3.1 콘트롤 조인트의 두께

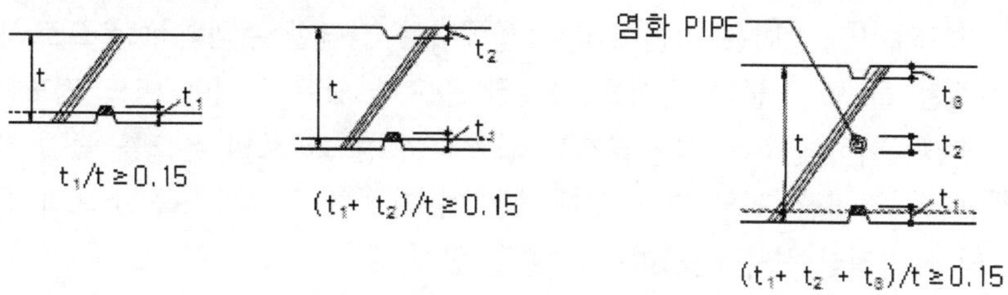

4) 콜드 조인트(Cold Joint)

시공과정 중 휴식시간 등으로 응결하기 시작한 콘크리트에 새로운 콘크리트를 이어 칠 때 일체화가 저해되어 생기게 되는 줄눈

5) 딜레이 조인트(Delay Joint)

㉮ 장 스팬의 구조물(100m가 넘는)에 신축줄눈을 설치하지 않고, 건조수축을 감소시킬 목적으로 설치하는 줄눈

㉯ 시공 도중 CONCRETE의 SHRINKAGE 및 SETTLEMENT가 다른 경우에 발생하는 응력을 배제하기 위해 일정기간 동안 CONCRETE를 타설하지 않고 방치후, 최종 CONCRETE 타설 완료하는 부위

☞ 그림 5.5.5.1 딜레이 조인트

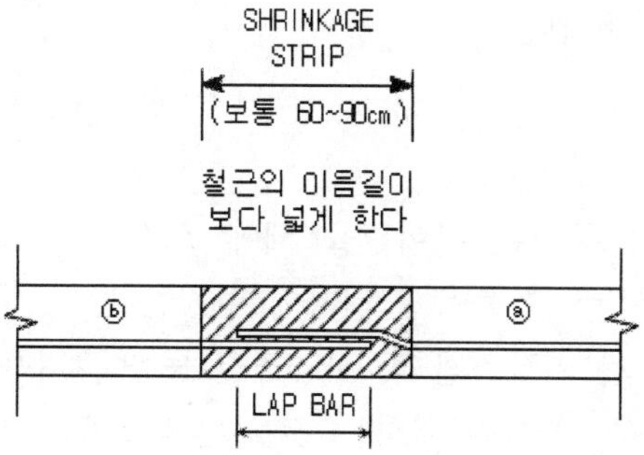

6. 특수 콘크리트

6.1 한중(寒中) 콘크리트공사

1) 일반사항

한중 콘크리트의 시공방법은 기온이 0~4℃에서는 간단한 주의와 보온으로 시공하고, -3~0℃에서는 물 또는 물과 골재를 가열할 필요가 있는 동시에 어느 정도의 보온이 필요하다. -3℃ 이하에서는 물과 골재를 가열하여 콘크리트의 온도를 높일 뿐만 아니라 필요에 따라 적절한 보온 및 급열에 의하여 타설한 콘크리트를 소요의 온도로 유지하는 등의 본격적인 한중 콘크리트 시공을 한다.

2) 재료의 저장

㉮ 시멘트, 기타의 재료는 될 수 있는 한 차갑지 않게 저장한다.

㉯ 골재는 얼음, 눈의 혼입 및 동결을 방지할 수 있는 적절한 시설에서 저장한다.

㉰ 재료를 가열할 경우, 물 또는 골재를 가열하는 것으로 하며, 시멘트는 어떠한 경우라도 직접 가열하면 안 된다. 골재의 가열은 온도가 균등하게 하고, 콘크리트의 온도는 적절한 식으로 계산하여 적용할 수 있다.

3) 계획배합을 정하는 방법

㉮ 한중 콘크리트의 배합은 소정의 설계기준강도가 소정의 재령에서 얻어지고, 초기동해의 방지에 필요한 압축강도 5MPa가 초기 양생기간 내에 얻어지도록 정한다.

㉯ 물시멘트비는 60% 이하로 하고, 단위수량은 콘크리트의 소요성능이 얻어지는 범위 내에서 될 수 있는 한 적게 한다. AE제, AE감수제 및 고성능 AE감수제 중 어느 한 종류는 반드시 사용한다.

4) 레미콘의 제조 및 타설

㉮ 레디믹스트 콘크리트 공장은 부어넣을 때에 소정의 콘크리트 온도가 얻어지도록 공장 가열설비 및 운반시간 등을 고려하여 선정한다.

㉯ 콘크리트의 비빔온도는 기상조건 및 시공조건 등을 고려하여 정한다.

㉰ 재료를 가열하는 경우, 물을 가열하는 것을 원칙으로 하며, 시멘트는 어떤 방법에 의해서도 가열해서는 안 되고, 골재는 직접 불꽃에 대어 가열해서는 안된다.

㉱ 빙설이 혼입된 골재, 동결상태의 골재는 원칙적으로 비빔에 사용하지 않는다.

㉮ 가열한 재료를 사용할 경우 시멘트를 넣기 직전의 믹서 내의 골재 및 물의 온도는 40℃ 이하로 한다.

㉯ 타설 시의 콘크리트 온도는 5℃ 이상, 20℃ 미만으로 한다.

5) 양생

㉮ 한중 콘크리트에서는 콘크리트가 초기 동해를 입지 않도록 초기 양생계획을 하고, 또한 소정의 재령에서 설계 기준강도가 얻어지도록 콘크리트의 양생온도와 기간 및 보온양생의 방법을 정한다.

㉯ 양생방법은 다음의 ①~③에 따른다.

① 타설 후의 콘크리트 온도를 계획한 양생온도로 유지하기 위하여 기온의 정도에 따라 시트, 매트 및 단열 거푸집 등에 의하여 단열 보온양생을 실시하거나 히터 등의 가열설비에 의하여 부어넣을 장소의 주변 또는 부어넣은 콘크리트를 가열하는 가열 보온양생을 한다.

② 단열 보온양생을 실시할 경우, 콘크리트가 계획한 양생온도를 유지하고, 또한 국부적으로 냉각되지 않도록 한다.

③ 가열 보온양생을 실시할 경우 가열설비의 배치 등은 미리 시험가열을 실시하여 정한다. 가열 중에는 콘크리트가 계획한 양생 온도를 유지하면서 균등히 가열되도록 하고, 또한 높은 온도로 되지 않도록 온도관리를 한다. 가열 중에는 콘크리트가 갑자기 건조하지 않도록 살수, 피막처리 등의 방법에 의해 습윤상태를 유지 하도록 유의한다.

㉰ 초기양생은 다음 ①~③에 따른다.

① 콘크리트 타설 후 압축강도가 5MPa가 될 동안에는 위의 '㉯' 항 중 어느방법에 의하든지, 타설한 콘크리트는 어느 부분에서도 그 온도가 5℃ 이상으로 하여 초기양생을 실시한다.

② 초기양생은 온도기록을 참조하여 KS F 2405에 의하여 구한 콘크리트의 압축강도가 5MPa 이상 얻어진 것을 확인하고 중지한다.

③ 매스콘크리트의 초기양생은 단열 보온양생에 준하여 부어넣을 때의 콘크리트 온도, 시멘트의 종류, 시멘트량, 혼화제의 종류, 부재의 주변온도 등에 따라 콘크리트의 중심 온도가 과도하게 높아지지 않도록 하고, 또한 부재 중의 온도차이가 크지 않도록 계획한다.

㉱ 가열 보온양생 종료 후는 콘크리트가 급격히 건조 및 냉각되지 않도록 한다. 특히, 콘크리트 노출면은 시트, 기타 적절한 재료로 틈새 없이 덮어 양생을 계속한다.

☞ 사진 6.1.5.1 한중 콘크리트 보온 양생

6.2 서중(暑中) 콘크리트공사

1) 일반사항

㉮ 서중 콘크리트는 일평균 기온이 25℃를 초과하는 경우에 적용한다.

㉯ 공사 시작 전에 이용하는 재료, 시설, 배합, 비빔, 운반, 부어넣기 및 양생방법을 계획한다.

2) 자재

㉮ 고온의 시멘트는 사용하지 않는다.

㉯ 물 및 골재는 되도록 낮은 온도의 것을 사용한다.

㉰ 혼화제는 공사시방서에 따른다. 공사시방서에 정한 바가 없을 때에는 AE감수제 지연형 또는 감수제 지연형을 사용한다. 다만, 담당원의 승인을 받아 AE제, AE감수제표준형, 감수제 표준형 등 유사한 화학혼화제를 사용할 수 있다.

3) 계획배합을 정하는 방법

㉮ 배합은 소요의 콘크리트 품질이 얻어지는 범위 내에서 비빔, 운반 및 부어넣기의 조건에 따라 단위수량 및 단위결합재량이 될 수 있는 한 적게 되도록 시험 비빔에 따라 정한다.

㉯ 콘크리트의 소요 슬럼프는 공사시방서에 따른다. 공사시방서에 정한 바가 없을 때는 180mm 이하로 한다.

㉰ 운반에 의한 콘크리트의 슬럼프 저하를 막기 위하여 혼화제를 증량하여 사용하는 경우에는 담당원의 승인을 받는다.

4) 레미콘의 제조 및 타설

㉮ 콘크리트의 비빔온도는 부어넣기 할 때 소요의 온도가 얻어지도록 운반시간을 고려하여 정한다.

㉯ 부어넣을 때의 콘크리트 온도는 35℃ 이하로 한다.

㉰ 콘크리트의 운반은 기상 및 시공조건을 충분히 고려하여 콘크리트의 품질이 저하되지 않도록 계획하여 시행한다.

㉱ 부어넣을 콘크리트에 접하는 콘크리트 및 거푸집 등은 될 수 있는 한 온도가 높아지지 않도록 한다.

㉲ 부어넣을 콘크리트 중의 수분이 거푸집에 의해 흡수되지 않도록 미리 거푸집에 물을 뿌려 두어야 한다. 단, 코팅합판 및 금속합판 거푸집을 사용하는 경우에는 물을 뿌리지 않아야 한다.

㉳ 콘크리트를 펌프압송하는 경우 압송관이 햇볕에 노출되지 않도록 하며, 운반차가 장시간 대기하지 않도록 사전에 충분히 고려하여 시공계획을 세워야 한다.

5) 양생

콘크리트는 부어넣은 후 수분의 급격한 증발이나 직사광선에 의한 온도상승을 막고 습윤 상태를 유지하면서 양생한다.

☞ 사진 6.2.4.1 레미콘 운반차량의 살수

☞ 사진 6.2.5.1 직사광선 차단 및 습윤보양

6.3 경량골재 콘크리트공사

1) 일반사항

경량골재 콘크리트는 설계기준압축강도가 15MPa 이상, 24MPa 이하로서, 기건 단위질량이 1,400~2,000kg/m^{3}의 범위에 해당하는 것으로 한다.

2) 용어의 정리

㉮ 경량골재(lightweight aggregate) : 천연 경량골재와 인공 경량골재로 구분되며, 천연 경량골재에는 경석 화산자갈, 응회암, 용암 등이 있으며, 인공 경량골재에는 팽창성 혈암, 팽창성 점토, 플라이 애시 등을 주원료로 하여 인공적으로 소성한 인공 경량골재와 팽창 슬래그, 석탄 찌꺼기 등과 같은 산업 부산물인 경량골재 및 그 가공품이 있음. 골재의 내부는 다공질이고 표면은 유리질의 피막으로 덮인 구조로 되어 있으며, 잔골재는 절건밀도가 0.0018g/mm^3 미만, 굵은골재는 절건밀도가 0.0015g/mm^3 미만인 것

㉯ 경량골재 콘크리트(lightweight aggregate concrete) : 골재의 전부 또는 일부를 인공경량골재를 써서 만든 콘크리트로서 기건 단위질량이 1,400~2,000 kg/m^{3}인 콘크리트

㉰ 내동해성(freeze thaw resistance) : 동결융해의 되풀이 작용에 대한 저항성

㉱ 부립률(浮粒率)(float ratio) : 경량골재 중 물에 뜨는 입자의 질량 백분율

㉲ 프리웨팅(pre-wetting) : 골재를 사용하기 전에 미리 흡수시키는 조작

☞ 사진 6.3.2.1 국내산 인공 경량 굵은골재

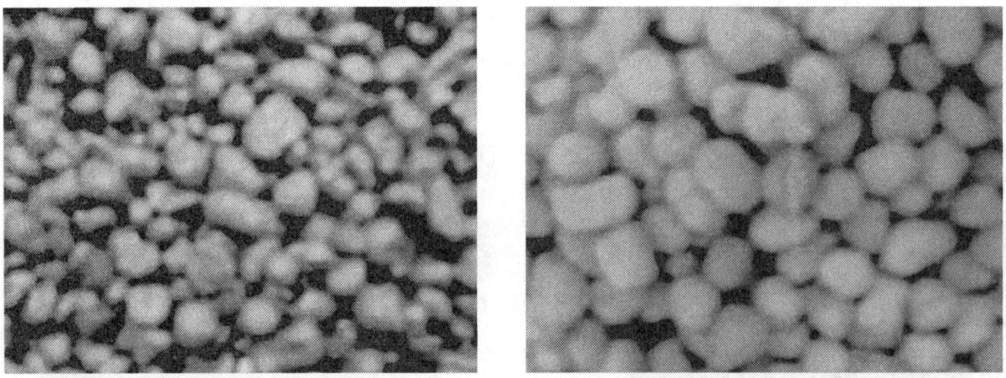

(a) 습윤 포화상태 인공골재　　(b) 건조상태 인공골재

3) 경량골재 콘크리트의 종류

㉮ 경량골재 콘크리트는 경량골재 콘크리트 1종 및 경량골재 콘크리트 2종으로 한다.

㉯ 설계기준압축강도 및 기건 단위질량의 범위는 표 6.3.3.1과 같다.

㉰ 경량골재 콘크리트의 슬럼프값은 180mm 이하로 하고, 단위 시멘트량의 최소값은 300kg/m^3, 물-결합재비의 최대값은 60%로 한다.

☞ 표 6.3.3.1 경량골재 콘크리트의 설계기준압축강도 및 기건 단위질량의 범위

사용한 골재에 의한 콘크리트의 종류	사 용 골 재		설계기준강도 (MPa)	기건단위 용적중량 (kg/m^3)
	굵은골재	잔 골 재		
경량골재 콘크리트 1종	경량골재	모래, 부순 모래, 고로 슬래그 잔골재	18 21 24	1,700~2,000
경량골재 콘크리트 2종	경량골재	경량골재나 혹은 경량골재의 일부를 모래, 부순 모래, 고로 슬래그 잔골재로 대치한 것	15 18 21	1,400~1,700

4) 경량골재 콘크리트의 품질

㉮ 경량골재 콘크리트는 요구하는 강도, 단위질량, 내구성, 수밀성, 강재를 보호하는 성능, 작업에 적합한 워커빌리티 등을 가져야 한다. 이러한 품질은 사용할 골재의 종류와 조합, 콘크리트 배합 등에 따라 달라지므로 품질 변동이 적도록 하여야 한다.

㉯ 경량골재 콘크리트의 단위질량은 실제의 단위질량이 설계에서의 기준 값보다 커지면 위험하게 되는 경우가 많으므로 설계에서의 기준 값 이하이어야 한다.
단위질량 시험은 일반적으로 굳지 않은 콘크리트에 대하여 시험하며, 단위질량에 대응하는 강도는 표 6.3.4.1과 같다.

☞ 표 6.3.4.1 단위질량에 대응하는 강도

단위질량(kg/m^3)	기준재령 인장강도(MPa)	기준재령 압축강도(MPa)
1680 이하	2 이상	17 이상
1760 이하	2 이상	21 이상
1840 이하	2 이상	28 이상

5) 경량골재

㉮ 굵은골재의 최대 치수는 원칙적으로 20mm로 한다.

㉯ 경량골재의 입도는 표 6.3.5.1을 표준으로 한다.

㉰ 골재의 씻기 시험에 의하여 손실되는 양은 10% 이하로 하여야 한다.

㉱ 경량골재는 팽창성 혈암, 팽창성 점토, 플라이 애시 등을 주원료로 하여 공장에서 제조·소성하여 깨끗하고, 강하고, 내구적이며, 적당한 입도 및 단위질량을 가져야 하고, 콘크리트 및 강재에 나쁜 영향을 주는 유해물질을 함유해서는 안 되며, 품질의 변동이 작은 것이어야 한다.

☞ 표 6.3.5.1 경량골재의 표준 입도

체의 호칭(mm) / 골재의 치수(mm)		각 체를 통과하는 질량 백분율(%)								
		25	20	13	10	5	2.5	1.2	0.3	0.15
잔 골 재	5~0	–	–	–	100	85~100	–	40~80	10~35	5~25
굵은골재	25~5	95~10	–	25~60	–	0~10	–	–	–	–
	20~5	100	90~10	–	10~50	0~15	–	–	–	–
	15~5	–	100	90~100	40~80	0~20	0~10	–	–	–
	10~2.5	–	–	100	80~100	5~40	0~20	0~10	–	–
잔골재와 굵은골재의 혼합물	13~0	–	100	95~100	–	50~80	–	–	5~20	2~15
	10~0	–	–	100	90~100	65~90	35~65	–	10~25	5~15

㉮ 경량골재는 표 6.3.5.2의 규정에 적합한 소요의 단위용적질량 범위에 있고, 변동폭이 작은 것이어야 한다.

㉯ 단위질량은 허용값의 10% 이상 차이가 나지 않아야 한다.

☞ 표 6.3.5.2 경량골재의 단위용적질량

치 수	건조된 상태의 최대 단위용적질량(kg/m³)
잔 골 재	1120
굵은골재	880
잔골재와 굵은골재의 혼합물	1040

㉰ 경량골재의 유해물 함유량의 한도는 표 6.3.5.3과 같다.

☞ 표 6.3.5.3 유해물 함유량의 한도(질량 백분율)

종 류	최 대 치
강열 감량	5%
얼룩	진한 얼룩이 생기지 않을 것 (진한 얼룩이 생길 경우 Fe_2O_3 1.5mg 이하일 것)
유기불순물	시험용액의 색이 표준색보다 진하지 않을 것
점토덩어리	2%
굵은골재의 부립률	10%

㉱ 내구성은 기상 작용을 받는 콘크리트에 경량골재를 사용할 경우에는 과거의 실적 또는 그 골재를 사용한 콘크리트의 동결융해 시험의 결과에 의하여 그 골재의 내동해성을 확인한다.

6) 배합

㉮ 물-결합재비

① 압축강도를 기준으로 하여 물-결합재비를 정할 경우 콘크리트의 물-결합재비 규정에 따른다.

② 콘크리트의 내동해성을 기준으로 물-결합재비를 정할 경우에는 표 6.3.6.1을 따른다.

☞ 표 6.3.6.1 경량골재 콘크리트의 내동해성을 기준으로 하여 물-결합재비를 정하는 경우 공기연행

기상조건 / 단면 / 구조물의 노출상태	기상작용이 심한 경우 또는 동결융해가 종종 반복되는 경우		기상작용이 심하지 않은 경우, 빙점 이하의 기온으로 되는 일이 드문 경우	
	얇은 경우[2]	보통의 경우 두꺼운 경우	얇은 경우[2]	보통의 경우 두꺼운 경우
① 계속해서 또는 종종 물로 포화되는 부분[1]	45	50	50	55
② 보통의 노출상태에 있으며 ①에 해당하지 않는 경우	50	55	55	60

콘크리트의 최대 물-결합재비(%)

(주) 1) 수로, 수조, 교대, 교각, 옹벽, 터널의 라이닝 등으로서 수면에 가까워 물로 포화되는 부분 및 이들 구조물외에 보, 슬래브 등으로서 수면으로부터 떨어져 있기는 하나 융설, 유수 등 때문에 물로 포화되는 부분

2) 단면두께가 약 200mm 이하인 구조물

③ 콘크리트의 수밀성을 기준으로 물-결합재비를 정할 경우에는 50% 이하를 표준으로 한다.

㉯ 슬럼프

① 콘크리트의 슬럼프는 작업에 알맞은 범위 내에서 작게 하여야 한다.

② 슬럼프는 일반적인 경우 대체로 50~180mm를 표준으로 한다.

㉰ 공기량

① 경량골재 콘크리트의 공기량은 일반골재를 사용한 콘크리트보다 1% 크게 하여야 한다.

② 기상 조건이 나쁘고 또 물로 포화되는 경우가 많은 환경 조건에서 경량골재 콘크리트의 내동해성은 보통 콘크리트에 비해 떨어지므로 이를 개선하기 위해서는 공기량을 증대시켜야 한다.

7) 시공

㉮ 타 설

콘크리트를 타설할 때 모르타르가 침하하고, 굵은골재가 위로 떠오르는 재료 분리 현상이 적게 일어나도록 하여야 한다.

㉯ 다지기

경량골재 콘크리트를 보통 콘크리트에 비해 진동기를 찔러 넣는 간격을 작게 하거나 진동시간을 약간 길게 하여 충분히 다져야 한다. 진동기로 다지는 표준적인 찔러 넣기 간격, 진동 시간은 표 6.3.7.1을 적용한다.

☞ 표 6.3.7.1 찔러넣기 간격 및 시간의 표준

콘크리트의 종류	찔러넣기 간격(m)	진동시간(초)
유동화되지 않은 것	0.3	30
유동화된 것	0.4	10

㉰ 거푸집에 접하지 않는 면의 마무리

① 상부로 떠오른 밀도가 작은 굵은골재는 콘크리트 내부로 눌러 넣어 표면을 마무리하여야 한다. 이때 블리딩 현상이 증가하지 않도록 하여야 한다.

② 표면을 마무리한 지 1시간 정도 경과한 후에는 다짐기 등으로 표면을 가볍게 두들겨서 재마무리하여 균열을 없애야 한다.

6.4 유동화 콘크리트

1) 일반사항

㉮ 유동화콘크리트는 미리 비빈 콘크리트에 유동화제를 첨가하여 유동성을 개선한 것임

㉯ 양질의 골재부족으로 인한 콘크리트의 내구성능 저하 방지 대책

㉰ 건조수축에 의한 균열 방지대책

㉱ 배근량이 많은 구조체나 SRC조의 시공성을 개선

㉲ 경량 콘크리트의 고소펌프압송

2) 용어의 정리

㉮ 베이스 콘크리트(base concrete) : 유동화 콘크리트를 제조할 때 유동화제를 첨가하기 전의 기본 배합 콘크리트

㉯ 숏크리트의 습식 방식에서 사용하는 급결제를 첨가하기 전의 콘크리트 유동화제(superplasticizer) : 배합이나 굳은 후의 콘크리트의 품질에 큰 영향을 미치지 않

고 미리 혼합된 베이스 콘크리트에 첨가하여 콘크리트의 유동성을 증대시키기 위하여 사용하는 혼화제

㉰ 유동화 콘크리트(flowing concrete) : 미리 비빈 베이스 콘크리트에 유동화제를 첨가하여 유동성을 증대시킨 콘크리트

3) 배합

㉮ 베이스 콘크리트의 배합 및 유동화제의 첨가량은 유동화 콘크리트가 소요의 워커빌리티, 강도, 탄성적 성질, 내구성, 수밀성 및 강재를 보호하는 성능 등을 가지며, 품질 변동이 적어지도록 정하여야 한다.

㉯ 유동화 콘크리트의 슬럼프 증가량은 100 mm 이하를 원칙으로 하며, 50~80 mm를 표준으로 한다. 보통 콘크리트 및 경량골재 콘크리트의 슬럼프 최대값은 표 6.4.3.1에 나타낸 바와 같다.

☞ 표 6.4.3.1 유동화콘크리트의 슬럼프(mm)

콘크리트의 종류	베이스 콘크리트	유동화콘크리트
일반콘크리트	150 이하	210 이하
경량콘크리트	180 이하	210 이하

㉰ 베이스 콘크리트의 슬럼프는 콘크리트의 유동화에 지장이 없는 범위의 것이어야 한다.

4) 콘크리트의 유동화

㉮ 콘크리트의 유동화는 다음 중 한 가지 방법에 의한다.

① 배치플랜트에서 운반한 콘크리트에 공사현장에서 트럭 교반기에 유동화제를 첨가하여 균일하게 될 때까지 교반하여 유동화 시킨다.

② 배치플랜트에서 트럭 교반기 내의 콘크리트에 유동화제를 첨가하여 즉시 고속으로 교반하여 유동화 시킨다.

③ 배치플랜트에서 트럭 교반기 내의 유동화제를 첨가하여 저속으로 교반하면서 운반하고 공사현장 도착 후에 고속으로 교반하여 유동화 시킨다.

㉯ 유동화 콘크리트의 재유동화는 원칙적으로 할 수 없다. 부득이한 경우 담당원의 승인을 받아 1회에 한하여 재유동화할 수 있다.

㉰ 유동화제는 원액으로 사용하고, 미리 정한 소정의 양을 한꺼번에 첨가하며, 계량은 질량 또는 용적으로 계량하고, 그 계량오차는 1회에 3% 이내로 한다.

5) 시공시의 주의사항

㉮ 레미콘 제조사와 충분한 협의가 필요하고 유동화제 첨가관리에 유념해야 함
㉯ 펌프의 압송속도, 타설 속도를 고려하여 배합을 고려해야 함
㉰ 콘크리트의 탈수현상에 의한 압송 펌프의 막힘 방지강구
㉱ 콘크리트 바닥 마무리에는 굳은 비빔 콘크리트와 동등하게 생각하여 마무리 기능공이나 타설 속도의 조정에 유의해야 함

6.5 고강도 콘크리트

1) 고강도 콘크리트 용어의 정의

㉮ 고강도 콘크리트 : 설계기준강도가 보통 콘크리트에서 40MPa 이상, 경량골재 콘크리트에서 27MPa 이상인 콘크리트
㉯ 폭열 : 화재 시 급격한 고온에 의해 내부 수증기압이 발생하고, 이 수증기압이 콘크리트의 인장강도보다 크게 되면 콘크리트 부재 표면이 심한 폭음과 함께 박리 및 탈락하는 현상

2) 고강도 콘크리트의 장점

㉮ 구조물의 고층화, 대형화 및 장대화가 가능하다.
콘크리트의 강도가 증가함에 따라 높은 축력 부담이 가능하게 되므로 고층화가 가능하다.
㉯ 구조물의 단면 감소로 인해 공간 효율성이 증대된다.
축력만 부담하는 기둥의 예를 들면 콘크리트 강도를 24MPa에서 48MPa로 2배 상향시킬 경우 2.0m×2.0m의 기둥이 1.4m×1.4m 크기로 줄어들 수 있다.
㉰ 경제적인 시공이 가능하다.
콘크리트의 강도가 높아지면서 거푸집 탈형 및 각종 Anchor에 필요한 강도의 조기 획득이 가능하게 되어 형틀 및 골조공기 Cycle 단축이 가능하여 공기단축에 따른 경제적 시공이 이루어진다.
㉱ 고내구성의 구조물 시공이 가능하다.
콘크리트는 압축강도가 증가할수록 중성화 속도가 감소하므로 이에 따른 유지보수 비용이 발생하지 않고 건물의 내구성이 증대되는 효과가 있다.
㉲ 구조물의 강성이 크다.
동일한 가격으로 대비할 때 고강도 콘크리트를 사용한 철근콘크리트 구조물은 철골 구조물에 비하여 6배 이상의 강성을 갖는 것으로 알려져 있다.

㉳ 콘크리트 용도가 다양하다.

고강도 콘크리트의 경우 고수밀성, 고내마모성 등의 특성을 가지므로 이를 이용한 해양구조물, 고강도 파일, 터널공사, 초고층 타워 등 다양한 분야에 적용이 가능하다.

3) 고강도 콘크리트의 배합

㉮ 계획

① 각 부재의 설계기준강도, 요구 성능 조건, 타설 시기 및 타설 물량을 조사하고 제반실험이 완료되어야 할 시점을 결정한 후 전체 시험일정을 결정한다.

② 레미콘 공장 선정 시 우선 현장주변에 있는 레미콘 공장을 대상으로 업체의 생산시설, 실적, 운반거리 및 생산능력 등을 조사하여 납품능력이 있는 공장을 선별한다.

③ 레미콘 공장이 선별되면 고강도 콘크리트의 사용재료에 대한 검토가 이루어지고, 이를 근거로 배합강도를 결정한 뒤 실내 배합 설계를 수행한다. 실내 최적 배합비의 산정은 사전 예비실험을 통한 실험 자료를 근거로 각 공장에서 사용하고 있는 재료와 현장여건 등을 종합적으로 판단하여 콘크리트 물성과 초기재령의 강도를 확인하며 요구 성능에 맞는 콘크리트 배합비를 도출한다.

④ 실내 최적배합비가 결정되면 레미콘 공장에서 시험생산을 실시한 후 이것을 실제 상황과 동일한 조건에서 생산함으로써 현장배합을 결정한다.

⑤ 제반조사 및 실험이 완료된 후 현장에 콘크리트를 타설하는 것과 동일한 상황에서 레미콘 생산, 운반 및 타설 방법을 종합적으로 검토하기 위해 현장실물모형실험(Mock-Up Test)을 실시한다. 현장실물모형실험에서는 운반지연에 따른 슬럼프 로스를 검토하고, 실제 부재와 동일한 크기의 부재를 제작하여 직접 타설함으로써 최적의 현장 배합을 도출한다.

⑥ 고강도 콘크리트는 배치플랜트나 중앙식 믹서, 트럭믹서 또는 양쪽에서 공동으로 배합할 수 있으며, 배합과정은 건설부 건축공사 표준시방서에서 권장하고 있는 방법에 따라 실시한다. 믹서의 성능을 결정하기 위해서는 일정한 기간동안 배합한 표본을 추출하여 일련의 균질성 시험을 실시하여야 하며, 고강도 콘크리트의 경우 시멘트량이 많고, 단위수량이 적으며, 굵은 골재의 크기가 작아 일반콘크리트보다 배합하는데 더 어려움이 발생한다. 필요한 배합시간은 10~30% 정도 증가되나 믹서의 성능에 따라 결정된다.

☞ 그림 6.5.3.1 고강도 콘크리트의 배합 설계 흐름도

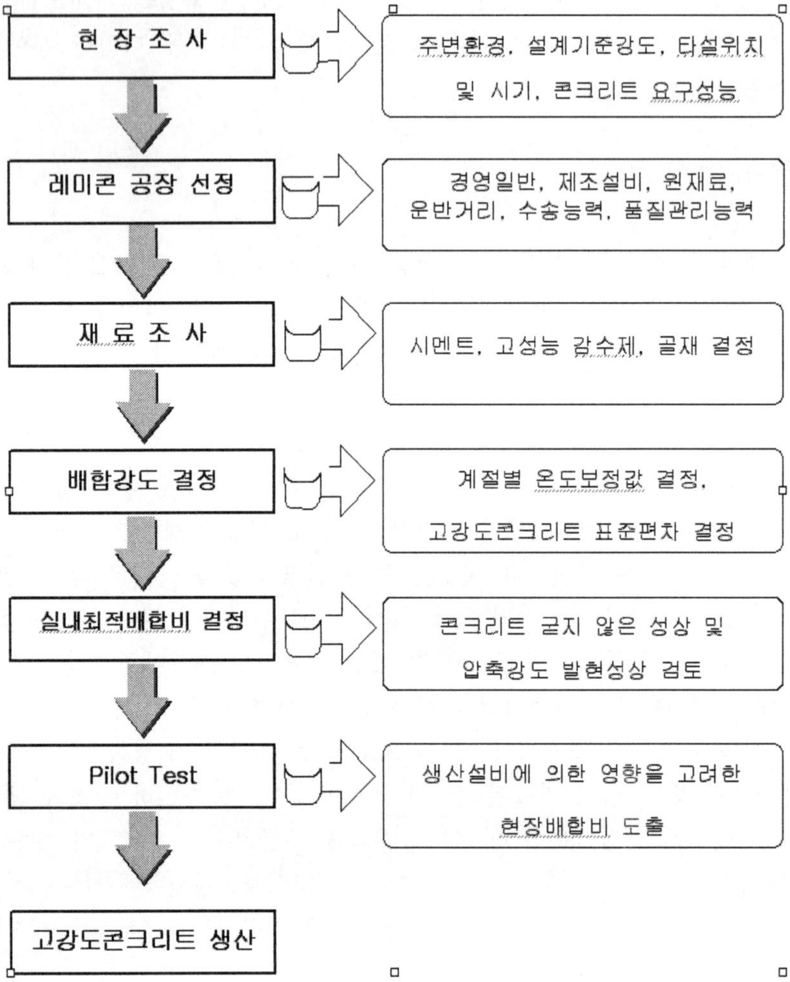

☞ 사진 6.5.3.1 현장실물 모형 실험(Mock-up Test)

① 거푸집제작		② 계측기설치	
③ 콘크리트시험	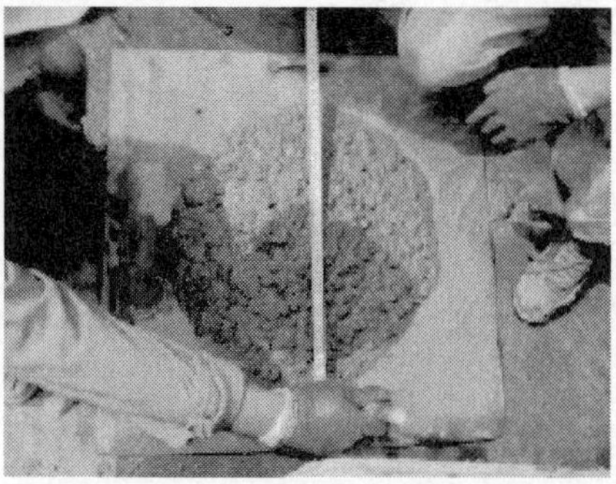	④ 콘크리트타설	
⑤ 수화열측정		⑥ 거푸집탈영	
⑦ 구조체코어링		⑧ 압축강도측정	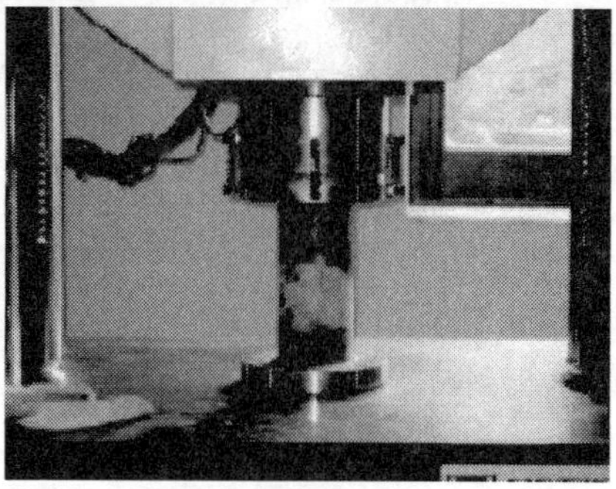

㉯ 배합 강도

① 고강도 콘크리트의 배합강도는 설계기준강도 및 현장에서의 콘크리트 품질 변화를 고려해서 정한다.

② 고강도 콘크리트의 배합강도는 일반적인 경우 현장에서 콘크리트의 압축강도 시험값이 설계기준강도 이하로 되는 경우가 1/44(2s) 이상 일어나서는 안되며, 설계기준강도의 90% 이하로 되는 확률이 1/741(3s) 이상 일어나서는 안 된다.

③ 배합강도는 표준양생에 의한 재령 28일 공시체의 압축강도로 표시하는 것으로 하고, 구조체 콘크리트의 강도관리 재령에 따라 다음의 (1) 또는 (2)에 나타낸 각각의 식을 만족하도록 정한다.

(1) 구조체 콘크리트의 강도관리 재령이 28일인 경우

$f_{cr,28} \geq f_{ck} + 2s$ (MPa)

$f_{cr,28} \geq 0.9f_{ck} + 3s$ (MPa)

여기서, s : 압축강도의 표준편차(MPa)

(2) 구조체 콘크리트의 강도관리 재령이 28일을 넘고 91일 이내인 경우

$f_{cr,28} \geq 0.7f_{ck} + 2s$ (MPa)

$f_{cr,n} \geq f_{ck} + 2s$ (MPa)

$f_{cr,n} \geq 0.9f_{ck} + 3s$ (MPa)

④ 콘크리트의 양생기간 중 예상 평균기온이 5℃ 미만인 경우에는 적절한 온도 보정값을 배합강도에 반영하여 담당원의 승인을 받는다.

㉰ 물결합재비

① 고강도 콘크리트의 물결합재비는 소요 강도와 내구성을 고려하여 정한다.

② 실제로 사용하는 콘크리트와 거의 동일한 재료를 사용하여 소요 슬럼프값, 소요 공기량이 얻어지는 콘크리트에 관하여 물결합재비와 콘크리트 강도의 관계식을 시험배합하여 구한다.

③ 물결합재비는 50% 이하로 한다.

④ 배합강도에 상응하는 물결합재비는 관계식을 이용하여 결정하며, 이 경우 관계식의 신뢰성을 고려하여 안전한 쪽으로 물결합재비를 결정하는 것이 바람직하다.

㉱ 소요 공기량

기상의 변화가 심하거나 동결융해에 대한 대책이 필요한 경우를 제외하고는 공기연행제를 사용하지 않는 것을 원칙으로 한다.

㉲ 단위시멘트량

단위시멘트량은 소요 워커빌리티 및 강도를 얻을 수 있는 범위 내에서 가능한 한 적게 되도록 시험에 따라 정하여야 한다.

㉥ 단위수량

단위수량은 180kg/m^3 이하로 하고 소요 워커빌리티를 얻을 수 있는 범위내에서 가능한 한 작게 한다.

㉦ 잔골재율

잔골재율은 소요 워커빌리티를 얻도록 시험에 의하여 결정해야 하며, 가능한 한 작게 하도록 한다.

㉧ 고성능 감수제

고성능감수제의 단위량은 소요 강도 및 작업에 소요 워커빌리티를 얻도록 시험에 의해서 결정하여야 한다.

㉨ 슬럼프

슬럼프치는 150mm 이하로 한다. 다만, 유동화 콘크리트로 할 경우 슬럼프 플로우의 목표값은 설계기준압축강도 40MPa 이상, 60MPa 이하의 경우 구조물의 작업조건에 따라 500mm, 600mm, 700mm로 구분하여 정한다.

4) 고강도 콘크리트의 타설(부어 넣기)

㉮ 부어넣기 순서는 구조물의 형상, 콘크리트의 공급상태, 거푸집 등의 변형을 고려하여 결정해야 한다. 기둥, 벽의 콘크리트와 보, 슬래브의 콘크리트를 일체로 하여 부어넣는 경우는 보 아래서 부어넣기를 중지한 다음, 기둥과 벽에 부어넣은 콘크리트가 침하한 후 보, 슬래브의 콘크리트를 부어넣는다.

㉯ 부어넣기 전에 철근, 거푸집, 기타에 관해서는 설계도에 따라 시공되는지 여부와 부어넣기 설비 및 장치가 제대로 되어 있는가를 확인한다. 또한 거푸집내에 이물질이 없는가를 확인한다.

㉰ 콘크리트의 부어넣기 낙하고는 1m 이하로 한다. 또한 콘크리트는 재료의 분리가 일어나지 않는 방법으로 취급하여야 한다.

㉱ 콘크리트는 운반 후 신속하게 부어넣어야 한다. 부어넣을 때는 받침 또는 투입구를 설치하며, 부어넣기 간격은 콘크리트의 면이 거의 수평을 이루는 때로 정한다.

㉲ 부어넣기에 사용되는 펌프의 기종은 고강도 콘크리트의 높은 점성 등을 고려하여 선정하여야 한다.

㉳ 수직부재에 부어넣는 콘크리트 강도와 수평부재에 부어넣는 콘크리트 강도의 차가 1.4배 이상인 경우에는 수직부재에 부어넣는 고강도 콘크리트는 수직-수평부재의 접합면으로부터 수평부재쪽으로 안전한 내민길이를 확보하도록 한다.

5) 양생

㉮ 부어넣기 후 경화에 필요한 온도·습도조건을 유지하며 진동, 충격 등의 유해한 작

용의 영향을 받지 않도록 충분히 조치하여야 한다.

㉯ 낮은 물결합재비를 가지므로 습윤양생을 실시하여야 하며, 부득이한 경우 현장봉함양생 등을 실시할 수 있다.

㉰ 부어넣기 후 경화할 때까지 직사광선이나 바람에 의해 수분이 증발하지 않도록 조치하여야 한다.

㉱ 부재두께가 0.8m 이상인 경우의 양생은 매스 콘크리트양생)에 따른다.

6) 폭열 방지 방안

콘크리트의 설계기준강도가 50MPa 이상인 고강도콘크리트에 대하여 섬유혼입 및 이와 동등 이상의 성능을 발현할 수 있는 방안을 마련하여 책임기술자의 검토 및 확인 후 담당원의 승인을 받아야 한다.

7) 고강도 콘크리트의 품질관리 방안

㉮ 고강도 콘크리트의 제조

① 초고강도 콘크리트를 얻기 위해서는 물/결합재비를 낮게 하는데 대개 27~30% 범위내로 한다. 이때 물/결합비가 적으면 시공성이 저하되므로 고성능 감수제를 사용하여 슬럼프값을 증가시킬 수 있으며, 따라서 워커빌리티를 개선시킬 수 있다.

② 국내에서는 40~50MPa 사이의 고강도 발현을 위하여는 33%~38%사이의 물/결합재비가 권장될 수 있으나 반드시 사전 시험배합이 이루어져야 하며, 특히 현장 투여시 함수량과 표면수량의 측정후 최종배합이 결정되어야 한다.

③ 고강도 콘크리트 제조에 있어서 최대골재크기는 상이하게 된다. 일반적 강도의 콘크리트 골재크기는 25mm 이하를 사용하지만 50MPa 이상의 고강도 콘크리트에서는 최대골재크기는 20mm가 최적으로 알려져 있다. 그러나 20mm 이하의 골재는 국내에서 구하기 매우 힘들어 적용되지 못하고 있으며, 타워팰리스 3 현장의 80MPa 콘크리트의 제조에 20mm 골재가 사용된 것으로 알려져 있다.

㉯ 고유동 콘크리트

① 초고층건축에 있어서 고강도 콘크리트가 적용됨과 함께 철근량 또한 매우 많아진다. 기초는 말할 것도 없이 벽체 및 코어에 있어서 많은 철근배근으로 인하여 콘크리트 타설작업이 어려우며, 높은 층까지 콘크리트의 압송을 고려할 때 고유동성은 콘크리트가 가져야 할 또 하나의 특성이 된다.

② 콘크리트의 품질관리와 시공성 확보를 위한 고유동 콘크리트는 유동성, 재료분리 저항성, 충진성 확보로 무진동 공법시행이 가능한 장점이 있다. 일반적으로 콘크리트의 유동성과 재료분리저항성은 서로 상반되는 성질이다. 따라서, 이

상반되는 성질을 어떻게 동시에 상승시키느냐가 유동성 콘크리트 품질관리의 핵심이라 할 수 있다.

③ 작업성(충진성)과 내구성이 요구되는 고강도 콘크리트에서는 혼화제로서 고성능 AE감수제의 사용이 필수적이며, 또한 유동성향상을 위하여 모르터의 점성을 높이는 방법으로 미분말(Slag, Fly Ash) 결합재량을 증대시키거나 단위수량을 적게 하고, 고성능 감수제를 첨가한다. 미분말 슬래그(Slag)는 초기강도증진, 플라이 애쉬(Fly Ash)는 장기강도에 유리하며, 실리카 퓸(Silica Fume)은 미세공극 충진효과가 향상되어 압축강도 증진에 장점이 있다. 이들 이종재료를 적절히 배합하여 결합제 전체의 입도증진을 하는데 있으며, 석회석, 미분말 첨가, 혹은 중점제 만으로 점성을 높이는 사례도 있다. 즉, 배합의 주요인은 단위수량, 중점제사용량, 결합재량, 잔골재율, 고성능 감수제 등이다.

④ 고유동 콘크리트의 작업성을 평가하기 위한 대표적인 시험방법은 플로우테스트(Flow Test) 등이 있다. 콘크리트의 품질관리는 양질의 재료선택도 중요하지만, 사용재료의 품질변동에 따른 배합방법, 배합작업에서 정량 측정방법, 타설관리 등 일련과정에 핵심적인 관리기술을 지키는 것이 무엇보다 중요하다.

6.6 프리캐스트 콘크리트(Precast Concrete)공사(P.C 공사)

1) 부재의 제작

㉮ 몰드는 콘크리트 타설 시 진동 및 가열 양생 등에 의해 휘어짐 등의 변형이 발생하지 않도록 적절한 강도와 강성을 가져야 한다.

㉯ 조립 시 몰드는 충분히 청소하고 변형 등이 없어야 하며, 치수 및 각도가 정확하게 유지되어야 한다.

㉰ 박리제는 콘크리트의 경화에 좋지 않은 영향을 미치는 것, 마감 재료의 부착에 지장을 미치는 것, 콘크리트 면의 마감에 좋지 않은 영향을 미치는 기포 등이 발생하지 않는 것을 사용하여야 한다.

㉱ 제작 허용 오차

① 일반사항

모든 제작치수의 허용오차는 별도로 언급하지 않았을 때에는 다음에 따른다. 다만, 제작치수가 허용오차의 범위를 초과한 경우라도 조립오차의 기준을 만족시킬 수 있다고 담당원이 인정하는 경우에는 예외로 한다.

② 휨과 굽음의 허용오차

㉠ 휨 : 부재의 최대 휨의 허용오차는 판의 모서리에서 단변 길이의 1/180 미만이어야 한다.(그림 6.6.1.1 참조)

ⓛ 굽음 : 부재의 요철과 굽음의 허용오차는 굽음이 일어난 방향 부재길이의 1/360 미만이어야 하고 그 최대값은 20mm 미만이어야 한다.(그림 6.6.1.2 참조)

☞ 그림 6.6.1.1 부재 제작 시 휨의 허용 오차

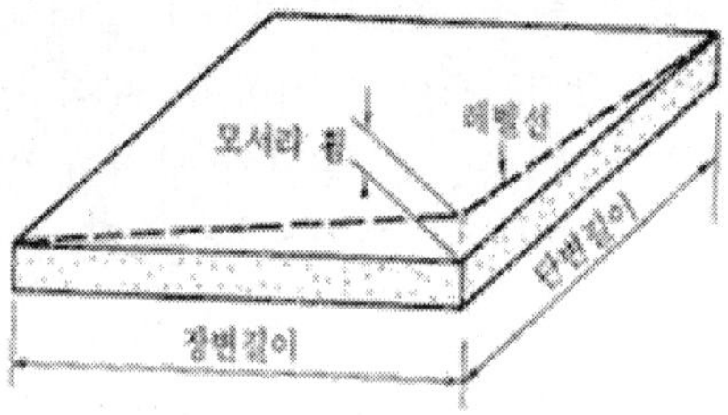

☞ 그림 6.6.1.2 부재 제작 시 굽음의 허용 오차

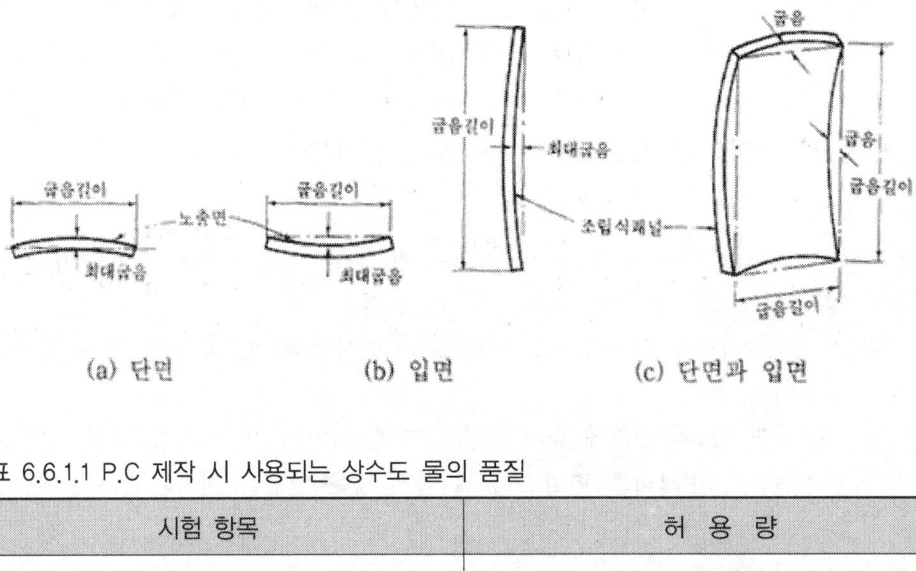

(a) 단면 (b) 입면 (c) 단면과 입면

☞ 표 6.6.1.1 P.C 제작 시 사용되는 상수도 물의 품질

시험 항목	허 용 량
색 도	5도 이하
탁 도	2도 이하
수소이온농도(pH)	5.8~8.5
증발잔류물	500mg/L 이하
염소이온량	150mg/L 이하
과망간산칼륨 소비량	10mg/L 이하

㉮ 강제 양생

① 콘크리트를 증기, 가열 또는 온수 등에 의해 강제 양생하는 경우 부재제작 계획에 의하여 실시한다.

② 가열 양생은 다음 ㉠~㉢에 따라 실시한다.

㉠ 가열 전 자연 양생을 2시간 실시한다.

㉡ 양생온도 상승 및 하강 곡선 기울기는 15℃/h 이하로 한다.

㉢ 최고 양생온도는 70℃/h 이상이 되지 않도록 하며, 7~9시간 양생한다.

③ 양생 종료 후 부재의 급격한 냉각을 방지할 수 있는 조치하여야 한다.

☞ 사진 6.6.1.1 P.C 부재 생산 과정

① Mold 제작	② 철근 배근	③ 콘크리트 타설

④ 양 생	⑤ 탈 형	⑥ 야 적

2) 부재의 조립

㉮ 부재 조립은 시공계획서에 따라 실시한다.

㉯ 시공할 때에는 부재 조립에 앞서 다음의 ①~③에 대해서 확인한다.

① 아래층 접합부의 구조안전성을 확인한다.

② 부재 위치를 위한 먹매김과 레벨을 실시한다.

③ 부재는 조립 전에 청소하고, 양중 철물, 접합철물 및 철근 등의 점검을 실시하여 조립하고, 조립 후 부재의 접합에 지장이 없도록 한다.

㉰ 부재의 조립은 구조체 조립 시 정밀도를 확보할 수 있도록 다음의 ①, ②에 유의하여 실시한다.

① 부재는 조립용 먹매김 및 기준레벨에 맞추어서 기준선을 벗어나지 않도록 한다.

② 부재는 조립용 경사지지대와 벤트 등으로 지지하여 임시 고정한다.

㉱ 강풍이 부는 경우 조립작업을 중지한다.

3) 부재의 접합

㉮ 강재의 접합

강재의 용접 및 볼트 접합은 강구조공사 접합에 준한다.

㉯ 충전 콘크리트 시공

① 충전 콘크리트의 타설 부위에 사용하는 형틀은 콘크리트 타설 시 변형이 없고, 형틀의 이음부에서 시멘트 페이스트 또는 모르타르가 새지 않는 구조로 한다.

② 타설 전 타설 장소를 청소하여 이물질을 제거하고 형틀 및 접합부에 물을 뿌려 습윤하게 한다.

③ 타설은 콘크리트가 충전되어 밀실한 콘크리트를 얻을 수 있도록 한다.

④ 동해를 입을 우려가 있는 경우에는 적절한 보온양생을 하여야 한다.

⑤ 형틀은 콘크리트가 소정의 강도에 도달한 것을 확인한 후 탈형한다.

4) 접합부의 방수 시공

㉮ 방수 시공 전 방수바탕을 점검하고, 방수 부분과 그 주변에 균열, 탈락 등이 발생하는 경우는 방수에 지장이 없도록 보수한다.

㉯ 방수하는 부분의 바탕에 부착된 먼지 등 방수성능을 해치는 것은 전동 사포, 와이어 브러시 등으로 제거하고 바탕을 잘 건조시킨다.

㉰ 프라이머는 방수재의 종류에 적합한 것을 사용한다.

㉱ 건축용 실링재를 충전하는 경우 백업재를 소정의 깊이까지 설치하고 방수재료 및 바탕에 적합한 프라이머를 도포한다. 그리고 접합부에 건축용 실링재를 틈이나 잔재, 기포가 생기지 않도록 구석구석까지 충전한다.

㉲ 테이프형 실링재는 소정의 위치로부터 벗어나지 않게 평평하게 붙인다.

㉳ 접합부에 액상 실링재를 충전하는 경우 미충전 기포가 없도록 흘려서 채우고 방수용 글라스 시트를 주름, 부풀음이 없도록 팽팽하게 부착한다. 그 위에 방수용 글라스 시트의 단부가 벗겨지지 않도록 액상 실링재 등으로 누른다.

㉴ 접합부 방수 위에 도막방수를 실시하는 경우는 본서(本書) 방수공사 도막방수에 따른다.

㉵ 방수공사는 각 부위의 특성에 적합한 재료, 시공 및 관리방안을 정하여 수행하여야 한다.

☞ 사진 6.6.2.1 P.C의 조립

5) 지하주차장 P.C 복합화 공법

재래 RC 공법과 PC 공법의 장·단점을 보완. 조합한 최적화 공법

☞ 그림 6.6.5.1 지하주차장 P.C 현장 조립

① 기둥 앵커	② 외부 벽체 기둥 PC	③ 보 P.C 조립
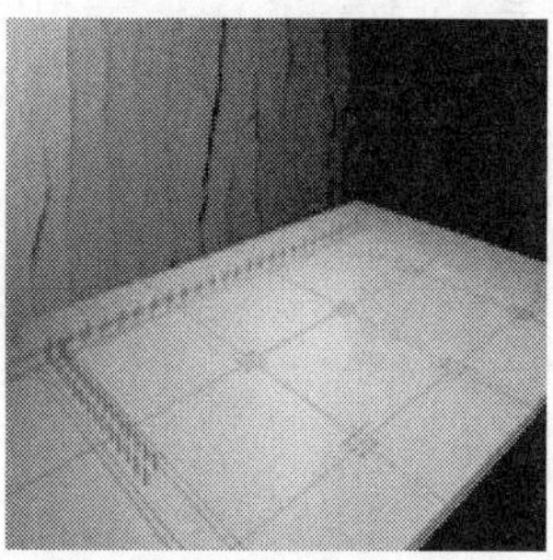		
④ 슬래브 P.C 조립 철근 배근	⑤ 콘크리트 타설	

6.7 프리스트레스트(Prestressed) 콘크리트 공사

1) 정의 및 특징

P.S 강재에 의해 콘크리트에 미리 압축력을 주어 인장강도를 증가시켜 휨저항을 크게 한 콘크리트이다.

㉮ 장 스팬 구조가 가능, 균열발생이 없다.
㉯ 구조물의 자중 경감, 부재단면 축소 가능
㉰ 내구성, 복원성이 크고 공기단축이 가능
㉱ 항복점이상에서 진동, 충격에 약하다.
㉲ 화재에 약함, 내화피복(5cm 이상)이 필요
㉳ 공정이 복잡, 고도의 품질관리가 요구

2) 용어의 정리

㉮ 솟음(camber)
보나 트러스 등에서 그의 정상적 위치 또는 형상으로부터 상향으로 구부려 올리는 것 또는 구부려 올린 크기

㉯ 프리스트레스(prestress)
하중의 작용에 의해 단면에 생기는 응력을 소정의 한도로 상쇄할 수 있도록 미리 계획적으로 콘크리트에 주는 응력

㉰ 프리스트레스트 콘크리트(prestressed concrete)
외력에 의하여 일어나는 응력을 소정의 한도까지 상쇄할 수 있도록 미리 인공적으로 그 응력의 분포와 크기를 정하여 내력을 준 콘크리트를 말하며, PS 콘크리트 또는 PSC라고 약칭하기도 한다.

㉱ 프리스트레스힘(prestressing force)
프리스트레싱에 의하여 부재단면에 작용하고 있는 힘

㉲ 프리스트레싱(prestressing)
프리스트레스를 주는 일

㉳ 프리캐스트 콘크리트(precast concrete)
콘크리트가 굳은 후에 제자리에 옮겨 놓거나 또는 조립하는 콘크리트 부재를 말하며 PC 콘크리트라고 약칭하기도 함

㉴ PS 강재(prestressing steel)
프리스트레스트 콘크리트에 작용하는 긴장용의 강재

㉵ 쉬스(sheath)
포스트텐션 방식의 프리스트레스트 콘크리트 부재에서 덕트를 형성하기 위하여 쓰이는 관

3) 재료

㉮ 시멘트 및 골재

① 시멘트는 KS 표준에 적합한 것을 사용하여야 한다.

② 굵은 골재의 최대 치수는 PS 강재, 쉬스, 철근, 정착장치 등의 주위에 콘크리트가 잘 채워질 수 있도록 정하여야 한다.

③ 굵은 골재 최대 치수는 보통의 경우 25mm를 표준으로 한다. 그러나 부재치수, 철근간격, 펌프압송 등의 사정에 따라 20mm를 사용할 수 있다.

㉯ PS 강재

① PS 강선 및 PS 강연선은 KS D 7002에 적합한 것이어야 한다.

② PS 강봉은 KS D 3505에 적합한 것이어야 한다.

③ 상기 ① 및 ②항에 규정되지 않은 PS 강재를 사용할 때에는 충분한 개수의 시험편에 대해 시험을 실시하여 품질 변동을 확인하고 알맞은 강도 및 그 밖의 설계용 값을 별도로 정하여야 한다.

④ 정착, 접속, 조립 혹은 배치를 위하여 PS 강재를 다시 가공하거나 열처리를 할 경우에는 PS 강재의 품질이 저하되는 경우에는 시험에 의하여 확인해 두어야 한다. 이와 같은 처리에 의하여 PS 강재의 품질이 저하하는 경우에는 시험에 의하여 그 저하 정도를 확인하여야 하며, 그에 알맞은 강도, 그 밖의 설계용 값을 별도로 정해 놓아야 한다.

㉰ 프리스트레스트 콘크리트 그라우트

① 재료

㉠ 프리스트레스트 콘크리트그라우트에 사용하는 시멘트는 KS 규격에 적합한 것으로 한다.

㉡ 프리스트레스트 콘크리트그라우트에 사용하는 물은 프리스트레스트 콘크리트그라우트 및 PS 강재에 나쁜 영향을 미치는 물질을 유해량 이상 함유하지 않아야 한다.

㉢ 프리스트레스트 콘크리트그라우트에 사용하는 혼화 재료의 사용 가부, 품질 및 사용 방법은 미리 검토하여야 한다.

㉣ 프리스트레스트 콘크리트그라우트에 사용하는 혼화제는 블리딩 발생이 없는 타입의 사용을 표준으로 한다.

② 덕트 내의 충전성

㉠ 프리스트레스트 콘크리트그라우트의 덕트 내의 충전성 확보를 위해 덕트의 길이 및 형상, PS 강재의 종류 및 덕트 속을 점유하는 PS 강재의 단면적의 비율 등과 같은 구조조건, 주입 작업에 있어서 시공시간 등의 시공 조건 및 기온 등의 기후 조건을 고려하여 프리스트레스트 콘크리트그라우트의 유동

성, 재료 분리 저항성, 체적 변화 등을 적절히 설정함과 동시에 적절한 주입방법을 설정하여야 한다.

㉡ 프리스트레스트 콘크리트그라우트의 덕트 내의 충전성은 실적이 있는 표준적인 구조조건, 시공 조건을 선정한 경우에 프리스트레스트 콘크리트그라우트의 유동성, 블리딩률, 팽창률로 설정할 수 있다.

㉢ 프리스트레스트 콘크리트그라우트의 물-결합재비는 45퍼센트 이하로 한다.

③ 부재 콘크리트와 긴장재를 일체화시키는 부착강도

㉠ 부재 콘크리트와 긴장재를 일체화시키는 부착강도는 덕트의 종류 및 형상, 긴장재의 종류를 고려하여 설정하여야 한다.

㉡ 부재 콘크리트와 긴장재를 일체화시키는 부착강도는 재령 28일의 압축강도로 대신하여 설정할 수 있다. 압축강도는 KS F 2426에 준하여 구한 시험값에 의해 설정하며, 비팽창성 그라우트의 경우는 30MPa 이상, 팽창성 그라우트의 경우는 20MPa 이상을 표준으로 한다.

④ 강재의 부식 저항성

㉠ 구조물의 소요의 성능이 부식성 물질의 함유에 따른 강재 부식에 의해 손상을 받지 않도록 하여야 한다.

㉡ PS 강재의 부식 저항성은 일반적으로 비빌 때의 프리스트레스트 콘크리트그라우트 중에 함유되는 염화물이온의 총량으로 설정한다. 비빌 때에 프리스트레스트 콘크리트그라우트 중에 포함되는 염화물 이온의 총량은 사용되는 단위 시멘트량의 0.08퍼센트 이하를 원칙으로 한다.

㉣ 프리스트레스트 콘크리트 부속 재료

① 정작장치 및 접속장치

㉠ 정착장치 및 접속장치의 선정에 있어서는 정착 또는 접속된 PS 강재의 규격에 정해진 인장하중 값의 95퍼센트에 이르기 전에 파괴되거나 현저한 변형이 일어나는 일이 없는 구조 및 강도를 갖는 것이어야 한다.

㉡ 상시 작용하는 변동하중에 의한 변동응력이 정착장치 혹은 접속장치의 피로한계에 비해 문제가 될 때에는 정착장치나 접속장치는 휨모멘트의 변동이 작은 단면 혹은 단면의 중립축 근처와 같이 변동응력이 적은 곳에 배치하여야 한다.

㉢ 정착장치 및 접속장치가 이 규정을 만족하고 있는지의 여부를 계산에 의해 밝히기는 어려우므로 KCI-PS101의 규정에 따라 시험하여 확인할 수 있다. 다만, 충분한 시험 데이터를 기초로 하여 제조자가 품질을 보증하는 정착장치나 접속장치를 사용하는 경우에는 이들 시험을 생략할 수 있다.

㉣ 외부케이블 구조에 사용하는 편향장치는 작용하는 케이블의 편향력에 대해서

충분한 강도를 가지며, PS 강재를 손상시키지 않는 형상의 것이어야 한다.

② 쉬스

㉠ 쉬스는 콘크리트를 칠 때 변형되거나 파손될 경우 시멘트 페이스트가 새어 들어가 프리스트레싱이 곤란하거나 불가능하게 되는 수가 있으므로, 변형되거나 파손되지 않도록 충분한 강성을 갖는 것이어야 한다.

㉡ 쉬스는 취급 중 혹은 콘크리트를 타설할 때 변형되거나 또는 그 안에 시멘트 페이스트가 흘러 들어가면 PS 강재를 긴장할 때 마찰이 현저히 증대되므로 쉬스는 충격이나 진동기와의 접촉 등에 의하여 쉽게 변형되지 않아야 하며, 쉬스의 맞물림과 이음부로부터 시멘트 페이스트가 새어 들어가지 않는 구조이어야 한다.

㉢ 쉬스의 형상 및 치수는 PS 강재의 삽입성, 프리스트레스트 콘크리트그라우트의 충전성, 부착의 확보 및 PS 강재와의 마찰 등을 고려하여 정하여야 한다. PS 강재를 긴장한 후 그라우팅하는 부착식의 경우에는 일반적으로 강철제의 쉬스 또는 플라스틱 쉬스를 사용하여야 한다.

③ 보호관

외부케이블 구조에 사용하는 보호관은 PS 강재의 보호 및 방청재의 충전용 덕트로서 충분한 역할을 하며, 소요의 강도 및 내구성이 있고 또 유효한 방청대책이 제시되어야 한다.

④ 부착시키지 않는 PS 강재의 피복재료

부착시키지 않은 긴장재의 피복재료는 긴장재를 녹슬지 않게 하고 콘크리트에 해를 주지 않으며 프리스트레스를 도입할 때에 긴장재와 콘크리트 사이를 부착시키지 않는 것이어야 한다.

⑤ 프리캐스트 부재의 접합에 사용하는 재료

프리캐스트 부재의 접합에 사용하는 콘크리트, 모르타르 및 접착제는 소요의 강도, 내구성 및 수밀성을 가져야 하고 접합부의 시공 조건에 적합한 것이어야 한다.

⑥ 마찰감소제

㉠ 마찰감소제는 프리스트레싱을 실시할 때 마찰을 감소시키거나 부착시키지 않는 구조에 사용하여야 한다. 이때 마찰감소제는 긴장재, 쉬스 및 콘크리트에 유해한 영향을 주지 않는 것이어야 하며, 인장 후 제거를 용이하게 하기 위하여 수용성의 재료인 수용성 그리스 등을 사용하도록 한다.

㉡ 쉬스와 PS 강재와의 마찰을 감소시키기 위하여 사용하는 마찰감소제는 긴장이 끝난 후 반드시 제거하여야 한다.

⑦ 포스트텐션 덕트

㉠ 그라우트되는 단독 강선, 강연선 또는 강봉을 배치하기 위한 덕트는 내면 지름이 긴장재 지름보다 6mm 이상 커야 한다.

㉡ 그라우트되는 다수의 강선, 강연선 또는 강봉을 배치하기 위한 덕트는 내부 단면적이 긴장재 단면적의 2배 이상이어야 한다.

4) 프리스트레스트 콘크리트의 종류

㉮ 프리텐션(Pre-Tension) 방법

☞ 표 6.7.4.1 프리텐션 공법

정 의	PS강재에 미리 인장력을 가한 상태로 콘크리트를 넣고 경화한 후에 인장력을 풀어주는 방법
시공순서	㉮ PS강재 긴장 → ㉯ 콘크리트 타설 → ㉰ PS강재와 콘크리트를 접합 → ㉱ 콘크리트에 프리스트레스를 도입

㉯ 포스트텐션(Post-Tension) 방법

☞ 표 6.7.4.2 포스트텐션 공법

정 의	콘크리트 타설, 경화 후 미리 묻어둔 시스(sheathe) 내에 PS강재를 삽입하여 긴장시키고 정착한 다음 그라우팅하는 방법 현장제조, 대형 구조물에 적합하다.
시공순서	㉮ PS강재도관(시스)설치 → ㉯ 콘크리트 타설 → ㉰ PS강재 삽입, 긴장, 고정 → ㉱ PS강재와 콘크리트를 접합(그라우팅) → ㉲ 콘크리트에 프리스트레스를 도입

☞ 사진 6.7.4.1 쉬스(Sheath) 관

☞ 사진 6.7.4.2 프리텐션 방식의 PS 긴장

☞ 사진 6.7.4.3 포스트텐션 방식의 PS 긴장

6.8 매스 콘크리트공사

1) 일반사항

㉮ 매스콘크리트로 다루어야 하는 구조물의 부재치수는 일반적인 표준으로서 넓이가 넓은 평판구조의 경우 두께 0.8m 이상, 하단이 구속된 벽조의 경우 0.5m 이상으로 한다.

㉯ 프리스트레스트 콘크리트 구조물 등 부배합의 콘크리트가 쓰이는 경우에는 더 얇은 부재라도 구속조건에 따라 적용 대상이 된다.

㉰ 시멘트 수화열에 의한 온도상승으로 유해한 균열이 발생할 우려가 있는 부분의 콘크리트도 적용 대상이 된다.

㉱ 매스콘크리트는 구조물의 시공과정에서 발생하는 균열을 제어 또는 저감하고, 발생된 균열은 구조물의 작용하중에 대한 저항성 및 환경조건에 대한 내구성 등 필요한 기능을 확보할 수 있도록 적절한 조치를 취하여야 한다.

2) 용어의 정리

㉮ 관로식 냉각(pipe-cooling) : 매스콘크리트의 시공에서 콘크리트를 타설한 후 콘크리트의 내부온도를 제어하기 위해 미리 묻어 둔 파이프 내부에 냉수 또는 공기를 강제적으로 순환시켜 콘크리트를 냉각하는 방법으로 포스트쿨링(post-cooling)이라고도 함

㉯ 매스콘크리트(mass concrete) : 부재 혹은 구조물의 치수가 커서 시멘트의 수화열에 의한 온도 상승 및 강하를 고려하여 설계·시공해야 하는 콘크리트

㉰ 선행 냉각(pre-cooling) : 매스콘크리트의 시공에서 콘크리트를 타설하기 전에 콘크리트의 온도를 제어하기 위해 얼음이나 액체질소 등으로 콘크리트 원재료를 냉

각하는 방법

㉣ 수축·온도철근(shrinkage-temperature reinforcement) : 수축과 온도 변화에 의한 균열을 억제하기 위해 쓰이는 철근

㉤ 수축이음 : 온도균열을 제어하기 위해서 구조물의 길이 방향에 일정 간격으로 단면 감소 부분을 만들어 그 부분에 균열이 집중되도록 하고 나머지 부분에 균열이 발생하지 않도록 하여 균열이 발생한 위치에 대한 사후 조치를 쉽게 하기 위해 설치한 이음

㉥ 신축이음(expansion joint) : 구조물의 신축에 대응하기 위해 설치하는 이음

㉦ 외부구속(external restraint) : 새로 타설된 콘크리트 블록의 온도에 의한 자유로운 변형이 외부로부터 구속되는 작용

3) 부어 넣기

㉮ 부어넣는 콘크리트의 온도는 온도균열을 제어하기 위한 관점에서 가능한 한 저온(일반적으로 35℃ 이하)으로 해야 하며, 공사시방서에 따른다.

㉯ 부어넣기는 미리 정한 부어넣기 계획에 따라 실시한다.

㉰ 부어넣기 중의 이어붓기 시간 간격은 균열제어 관점으로부터 구조물의 형상과 구속조건에 따라 적절히 정하여야 한다. 온도 변화에 의한 응력은 신구 콘크리트의 유효탄성계수 및 온도 차이가 클수록 커지므로 이어붓기 시간 간격을 지나치게 길게 하는 일은 피하여야 한다. 매스콘크리트를 몇 개의 블록으로 나누어 이어붓기 할 경우, 이어붓기 시간 간격을 너무 짧게 하면 앞서 타설한 콘크리트 블록이 새로 타설한 콘크리트 블록의 온도에 영향을 주고 결국 콘크리트 전체의 온도가 높아져서 균열 발생 가능성이 커질 우려가 있으므로 이를 고려하여 타설 계획을 수립하여야 한다.

4) 양생

㉮ 내부온도가 상승하고 있는 기간은 콘크리트의 온도변화를 제어하기 위하여 적절한 방법을 강구하여야 하며, 표면부의 온도가 급속히 냉각되지 않도록 적절한 보온조치를 강구하여 양생한다.

㉯ 내부온도가 최고온도에 달한 후는 보온하여 중심부와 표면부의 온도차 및 중심부의 온도강하 속도가 크지 않도록 양생한다.

㉰ 거푸집널 및 보온을 위하여 사용한 재료는 콘크리트 표면부의 온도와 외기온도와의 차이가 작아지면 해체한다. 해체한 후는 콘크리트 표면이 급속히 건조되지 않도록 양생한다.

☞ 그림 6.8.4.1 균열 방지 대책

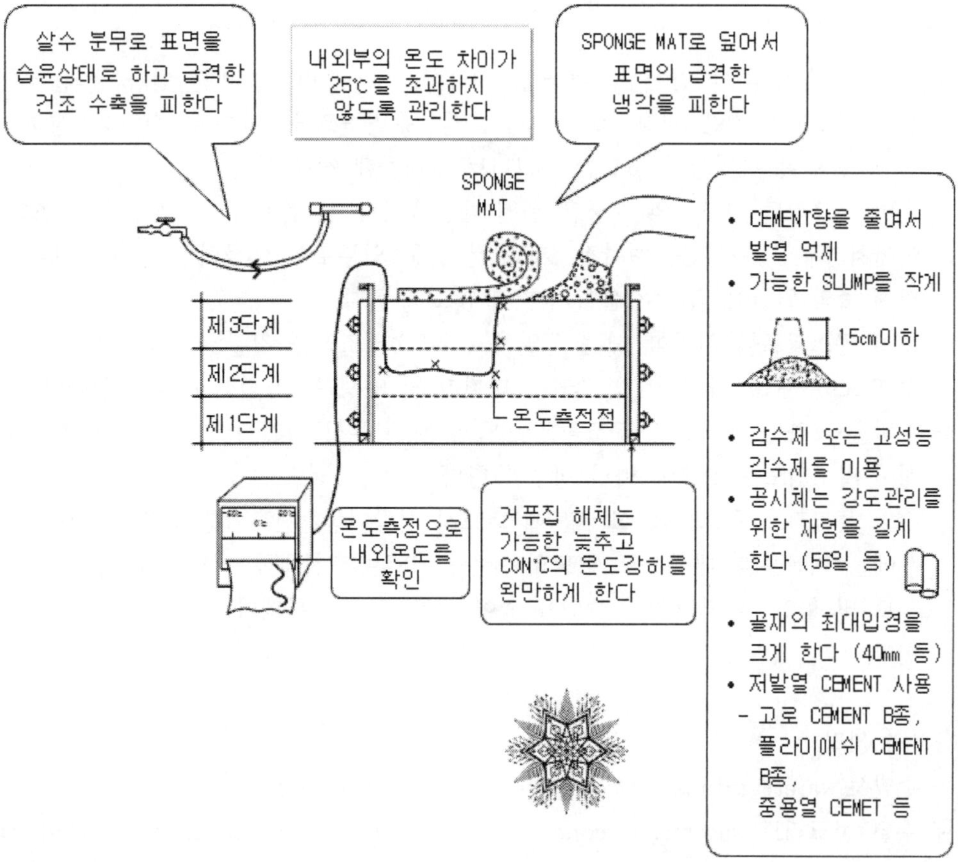

☞ 사진 6.8.4.1 비닐+부직포 보양

☞ 사진 6.8.4.2 Pipe Cooling System

6.9 수밀콘크리트공사

1) 일반사항

㉮ 투수, 투습에 의한 안전성, 내구성, 기능성, 유지관리 및 외관 변화 등의 영향을 받는 구조물인 각종 저장시설, 지하구조물, 수리구조물, 저수조, 수영장, 상하수도 시설 등 높은 수밀성이 필요한 콘크리트 구조물에 적용한다.

㉯ 수밀 콘크리트 구조물의 시공은 설계 내용을 충분히 검토하여 균열, 콜드 조인트, 이어치기부, 신축이음, 허니컴, 재료 분리 등 외부로부터 물의 침입이나 내부로부터 유출의 원인이 되는 결함이 생기지 않도록 한다.

㉰ 수밀 콘크리트를 시공할 때는 균일하고 치밀한 조직을 갖는 콘크리트가 만들어질 수 있도록 재료, 배합, 비빔, 타설, 다지기 및 양생 등 적절한 조치를 취한다.

㉱ 수밀을 요하는 콘크리트 구조물은 이음부 및 거푸집 긴결재 설치 위치에서의 수밀성이 확보되도록 필요에 따라 방수를 한다.

㉲ 수밀 콘크리트 구조물을 설계할 때 반드시 시공이음, 신축이음 등을 두어야 할 경우에는 이음부를 대상으로 별도의 방수공 또는 충진재를 계획하여 책임기술자의 검토 및 확인 후 담당원의 승인을 얻어 시공 후 누수문제가 발생하지 않도록 관리한다.

2) 용어의 정리

㉮ 수밀성(watertightness) : 투수성이나 투습성이 적은 성질

㉯ 수밀 콘크리트(watertight concrete) : 수밀성이 큰 콘크리트 또는 투수성이 적은 콘크리트

㉰ 콜드 조인트(cold joint) : 먼저 타설된 콘크리트와 나중에 타설되는 콘크리트 사이에 완전히 일체화가 되어 있지 않은 이음

㉱ 균열저감제(crack reducing agent) : 콘크리트의 블리딩을 저감시키고, 시공 후 수화과정에서 콘크리트의 결함부를 충전하는 불용성 혹은 난용성 화합물을 생성시켜 소성수축, 건조수축 등에 대한 저항성을 향상시킴으로써 수축균열을 억제하는 기능성 혼화 재료

㉲ 팽창재(expansive additive) : 시멘트 및 물과 함께 혼합하면 수화반응에 의하여 에트린자이트 또는 수산화칼슘 등을 생성시켜 모르타르 또는 콘크리트를 팽창시키는 작용을 하는 혼화 재료

㉳ 포졸란(pozzolan) : 혼화재의 일종으로서 그 자체에는 수경성이 없으나 콘크리트 중의 물에 용해되어 있는 수산화칼슘과 상온에서 천천히 화합하여 물에 녹지 않는 화합물을 만들 수 있는 실리카질 물질을 함유하고 있는 미분말 상태의 재료

㉳ 방수재료(waterproofing admixture) : 콘크리트의 수밀성을 보다 높게 향상시키기 위한 목적으로 사용하는 콘크리트 혼입용 방수재료를 말하며, 재료형태에 따라 분말형 방수제와 액상형 방수제로 구분하고, 구성 성분에 따라 무기계와 무기 유기 혼합계로 구분한다.

3) 배합

㉮ 배합은 콘크리트의 소요품질이 얻어지는 범위 내에서 단위수량 및 물결합재비를 가급적 적게 하고, 단위 굵은골재량은 가급적 크게 한다.

㉯ 콘크리트의 소요 슬럼프는 가급적 적게 하고 180mm를 넘지 않도록 하며, 타설이 용이할 때에는 120mm 이하로 한다.

㉰ 콘크리트의 워커빌리티를 개선시키기 위해 공기연행제, 공기연행감수제 또는 고성능 공기연행감수제를 사용하는 경우라도 공기량은 4% 이하가 되게 한다.

㉱ 물결합재비는 50% 이하를 표준으로 하고 매스콘크리트에서는 이보다 5% 크게 할 수 있으나 재료분리가 일어나지 않도록 하고 공사시방서에 따른다.

4) 시공

㉮ 소요 품질을 갖는 수밀 콘크리트를 얻기 위해서는 적당한 간격으로 시공이음을 두어야 하며, 그 이음부의 수밀성에 대하여 특히 주의한다.

㉯ 콘크리트는 가능한 연속으로 타설하여 콜드 조인트가 발생하지 않도록 한다.

㉰ 수밀 콘크리트는 누수 원인이 되는 건조수축 균열의 발생이 없도록 시공하여야 하며, 0.1mm 이상의 균열 발생이 예상되는 경우 누수를 방지하기 위한 방수를 검토한다.

㉱ 수밀성 향상을 위한 방수제를 사용하고자 할 때에는 방수제의 사용 방법에 따라 배처플랜트에서 충분히 혼합하여 현장으로 반입시키는 것을 원칙으로 한다.

㉲ 콘크리트 다짐을 충분히 하며, 가급적 이어붓기를 하지 않아야 한다.

㉳ 시공이음을 적용할 경우에는 시공이음의 위치, 구조 및 간격, 재료 등은 공사시방서에 따른다.

㉴ 연속 타설 시간 간격은 외기온도가 25℃를 넘었을 경우에는 1.5시간, 25℃ 이하일 경우에는 2시간을 넘어서는 안 된다.

6.10 뿜어붙이기 콘크리트(Shotcrete)

1) 일반사항

㉮ 뿜어붙이기 콘크리트(Shotcrete)의 배합은 표 6.10.1.1과 같으며 시공자는 중량배합법 또는 용적배합법을 사용하여야 한다.

☞ 표 6.10.1.1 Shotcrete의 배합

구 분	C 시멘트	W/C (%)	S (모래)	G (자갈)	급결제	비 고
중량배합	400kg	45	1,065kg	721kg	20kg	W/C =0.45~0.50
용적배합	$0.27m^3$ (10포)		$0.63m^3$	$0.47m^3$	$0.01m^3$ (1포)	
	0.35	0.23	1	0.69	0.01	

※ 단, 굵은골재(Gmax) : 15m/m 이하
잔 골 재(S/A) : 60%

㉯ 뿜어붙이기 콘크리트는 15mm 이하의 골재와 포틀랜드 시멘트를 물과 배합하여 압축공기를 이용하여 뿜어뿌리는 콘크리트를 말한다. 건나이트(gunite)라고도 한다.

㉰ 시공자는 건식, 반습식 또는 습식 배합법을 사용할 수 있으며 뿜어붙이기의 시공계획서를 작성, 제출하여 감독관 또는 감리자의 승인을 득하여야 한다.
시공계획서에는 공사공정표, 사용장비 및 그 주요제원, 뿜어붙이기 재료 및 방법이 포함되어야 한다.

㉱ 건식 숏크리트에 있어서 혼합에서 Gunning까지의 시간은 15분을 초과하지 않는 것으로 한다.

㉲ Shotcrete 온도는 심도작업 전단계 동안 10~38℃로 유지되어야 하며 한중시 적어도 5℃를 초과 하여야 한다.

㉳ 양생시 온도가 허용범위 이하로 되면 열풍기 및 증기등으로 소정의 온도를 유지해야 하며 표면은 젖은 상태로 7일간 유지되도록 하여야 한다.

㉴ Shotcrete는 양생 완료전까지 화력 또는 그동결의 피해가 없도록 주의한다.

2) 뿜어붙이기 작업

㉮ 뿜어붙임 표면은 이물질이 없도록 깨끗하여야 하며, 용수가 있을 경우에는 배수관을 매입하는등 적절한 배수처리를 하여야 한다.

㉯ 뿜어붙이기 콘크리트 두께는 1차에 7.5cm를 치고 Wire-Mesh를 설치한 다음 2차에 7.5cm를 타설한다.

㉰ 노즐의 방향은 뿜어붙이기 면(面)에 거의 직각이 되도록 유지하고 면과의 거리는 2m 내외로 하고 압력은 $2\sim5kg/cm^2$ 범위내에 들어야 한다.

㉱ 물의 압력은 압축공기의 압력보다 $1kg/cm^2$ 정도 높게 유지하여야 한다.

㉲ 굴착시 기준오차이내(3cm)에 발생되는 여굴은 Shotcrete로 처리하여야 한다.

㉳ Wire-Mesh를 설치할 때의 겹침폭은 φ4.8×100×100mm을 사용하는 경우 15cm를 원칙으로 한다.

☞ 사진 6.10.2.1 Shotcrete 뿜칠

☞ 사진 6.10.2.2 Gunite

3) 종류

㉮ 시멘트건

㉯ 본닥터(bon ductor)

㉰ 제트크리트(jetcrete)

7. 콘크리트의 품질관리

7.1 콘크리트의 비파괴 시험

1) 강도 추정을 위한 비파괴 시험

☞ 표 7.1.1.1 강도 추정을 위한 비파괴 시험의 종류

타격법(슈미트해머법)	콘크리트 표면 타격시 반발경도로 강도 추정
음속법(초음파법)	초음파의 통과 속도에 의해 강도 추정
복 합 법	슈미트 해머법과 초음파 속도법을 병행해서 강도 추정
공 진 법	물체의 고유진동주기를 이용하여 강도 추정
인 발 법	콘크리트에 미리 볼트를 매설하고 인발함으로써 강도 추정

2) 슈미트해머법의 특징

㉮ CON'C 타격후 반발경도에서 CON'C 강도를 측정

㉯ 간편하고, 비용이 저렴, 현장에서 가장 손쉬운 시험

㉰ 결과의 판정에 신중함이 필요

☞ 그림 7.1.2.1 슈미트해머의 구조 및 측정 방법

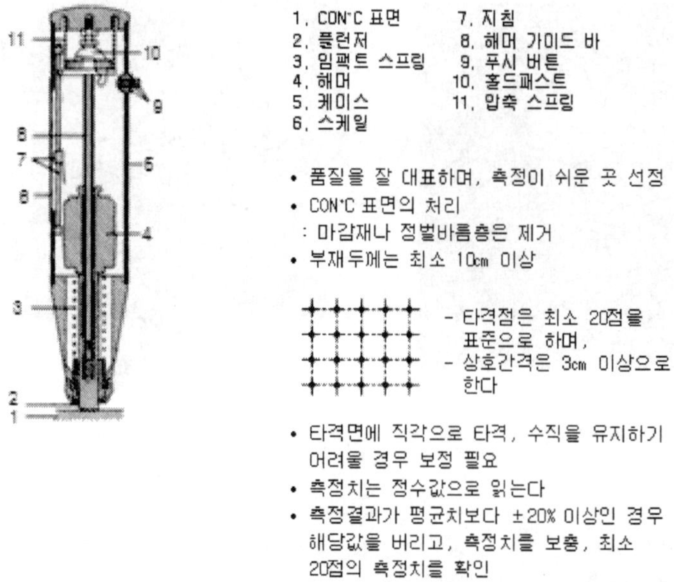

7.2 콘크리트의 균열 방지 대책 및 보수 방안

1) 균열의 분류

㉮ 요인에 따른 균열 분류

① 발생 원인에 따른 분류

㉠ 설계 조건에 의한 균열 : 설계기준 미비, 오류, 구조에 대한 이해 부족, 내구성 무관심 등에 기인

㉡ 시공 조건에 의한 균열 : 시공 부주의, 시공 시 초과하중, 거푸집 오류, 피복두께 오류 등에 기인

㉢ 재료 조건에 의한 균열 : 시멘트, 혼화재료, 골재 등의 품질관리 미비에 기인

㉣ 사용 환경에 의한 균열 : 온습도 변화, 동결융해, 중성화, 염해, 화재 등에 기인

② 내력 영향에 의한 분류

㉠ 구조적 균열 : 사용하중의 작용으로 발생하는 균열(설계오류에 의한 균열, 외부하중에 의한 균열, 단면 및 철근량 부족에 의한 균열)

㉡ 비구조적 균열 : 구조물의 안전성 저하는 없지만 내구성 및 사용성을 저하시킬 수 있는 균열(소성수축 균열, 침하균열, 온도균열, 건조수축 균열, 미세균열 등)

③ 발생 시기에 의한 균열

㉠ 경화 중 균열 : 재료분리, 소성수축 균열, 침하 균열, 자기수축 균열, 온도균열 등

㉡ 경화 후 균열 : 건조수축 균열, 화학반응에 의한 균열, 동결융해에 의한 균열 등

㉯ 균열의 원인

① 사용재료에 의한 균열

☞ 표 7.2.1.1 시멘트에 의한 균열

원 인	형 태	특 징
이상 응결	표면 균열	폭이 크고 길이가 짧은 균열이 비교적 단시간에 불규칙하게 발생
수 화 열	표면 관통	콘크리트 단면에 직선상의 균열이 규칙적으로 발생, 표면균열 및 관통균열로 분류됨
이상 팽창	그물 모양	망사형의 그물 모양 균열로 발생

㉠ 골재에 의한 균열

☞ 표 7.2.1.2 골재에 의한 균열

원 인	형 태	특 징
점토 성분	그물 모양	표면 건조에 따라 불규칙한 그물 모양 균열 발생
저 품 질	표면 관통	불규칙하며 길이가 짧은 균열 발생
반 응 성	그물 모양	거북등 모양의 균열 발생

② 콘크리트에 기인한 균열

㉠ 콘크리트 자체 물성

☞ 표 7.2.1.3 콘크리트 자체 물성에 기인한 균열

원 인	형 태	특 징
염분량 과다	그물 모양	표면이 침식되며, 전면에 균열 발생
침하/블리딩	표면 관통	타설후 1~2시간에 철근상부 등에서 발생
소성 수축	표면 균열 관통 가능 비 정형적	개구부나 코너부에는 경사균열, 상판·보 등에는 등간격의 직선형으로 발생
자기 수축		
건조 수축		

㉡ 콘크리트 제조

☞ 표 7.2.1.4 콘크리트 제조에 의한 균열

원 인	형 태	특 징
혼화 재료 불 균질성	그물 모양	팽창성 및 수축성으로 구분되며, 부분적 발생
장시간의 대기 시간	표면 관통 그물 모양	전면에서 그물모양 또는 길이가 짧은 불규칙한 균열 발생

㉢ 콘크리트 시공

☞ 표 7.2.1.5 콘크리트 시공에 의한 균열

원 인	형 태	특 징
급속한 타설	표면 균열	거푸집 변형, 침하 및 블리딩에 의한 균열
다짐 불충분	표면 균열	슬래브의 경우 주변을 따라 원형으로 발생하며, 배근 및 배관의 표면에 발생
경화전 진동 및 재하	표면 균열	구조 및 외력에 의한 균열과 동일하게 발생
급격한 건조	그물 모양	표면 여러 부분에 짧은 균열이 불규칙하게 발생
초기 동해	그물 모양	가는 균열로서 탈형시 콘크리트 면이 백색임
부적합한 이어치기	관통 균열	이어치기 면에서 균열 발생
피복두께부족	표면 균열	배근 및 배관 표면에 발생
거푸집 변형	표면 균열	거푸집 이동방향으로 평행하게 발생
거푸집 조기 제거	표면 균열	강도부족에 의한 균열 및 건조수축 균열 증대
동바리 침하	표몬 균열	보 단부 상단 및 중앙부 하단 등에 발생

③ 환경 요인에 의한 균열

㉠ 물리적 환경에 의한 균열

☞ 표 7.2.1.6 물리적 환경에 의한 균열

원 인	형 태	특 징
외부 온습도 변화	표면 관통	건조수축 균열과 유사한 형태로 발생
부재 양면 온습도 차이	표면 균열	저온 및 저습 측면에 휨방향과 직각으로 발생
동결 융해	그물 모양	표면 스케일링 현상 발생
화 재	그물 모양	표면 전체에 거북등 모양의 가는 균열 발생

㉡ 화학적 환경에 의한 균열

☞ 표 7.2.1.7 화학적 환경에 의한 균열

원 인	형 태	특 징
화학적 부식	그물 모양	표면이 침식되고, 전면에 걸쳐 균열 발생
중 성 화	그물 모양	철근 부식에 의한 균열로 철근을 따라 발생, 피복 박락 및 녹 유출
염 해	그물 모양	

④ 구조적 요인에 의한 균열

㉠ 하중에 의한 균열

☞ 표 7.2.1.8 하중에 의한 균열

원 인	형 태	특 징
설계하중 초과 장기 하중	표면 관통	휨하중에 의해 보나 슬래브의 인장 측에 수직으로 균열 발생
설계하중 초과 단기/동적하중	표면 관통	전단하중에 의하 기둥, 보, 벽 등에 45° 방향으로 균열 발생

㉡ 구조 설계 및 지지 조건에 의한 균열

☞ 표 7.2.1.9 구조 설계 및 지지 조건에 의한 균열

원 인	형 태	특 징
단면, 철근량 부족	그물 모양	휨 및 전단하중에 의한 균열과 유사한 형태
부등 침하	표면 관통	45° 방향으로 커다란 균열 발생
지반 동결	표면 관통	동결 조건에 따라 다양한 형태로 발생

2) 대표적인 콘크리트 균열 사례

㉮ 콘크리트의 균열 발생 사례

☞ 그림 7.2.2.1 균열 발생 사례

침하 균열	A	철근 위에 발생	건조 수축	I	-
	B	기둥 상단 발생	미세 균열	J	거푸집 면
	C	슬래브 깊이 변화		K	콘크리트 마감면
소성 수축	D	대각선 방향	철근 부식	L	중성화
	E	Random 방향		M	염해
	F	철근 위에 발생	알칼리 골재 반응	N	-
온도 균열	G	외부 구속			
	H	내부 구속			

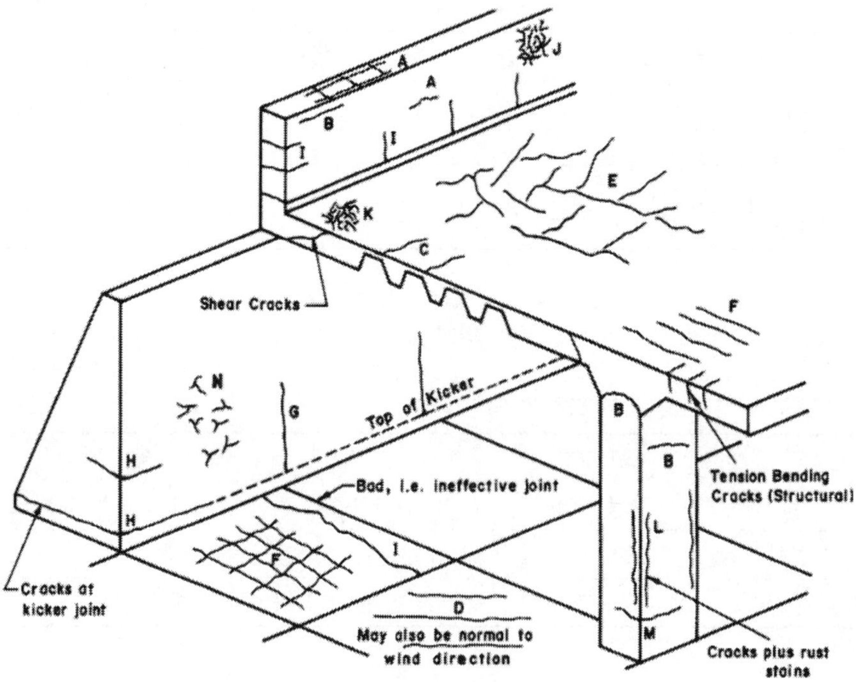

㉯ 경화 중 콘크리트 균열

① 재료 분리

㉠ 부적절한 배합

㉡ 입경이 큰 골재 비율 과다

㉢ 단위수량 증대

㉣ 발생 시기는 타설 직후

☞ 사진 7.2.2.1 재료 분리 사례

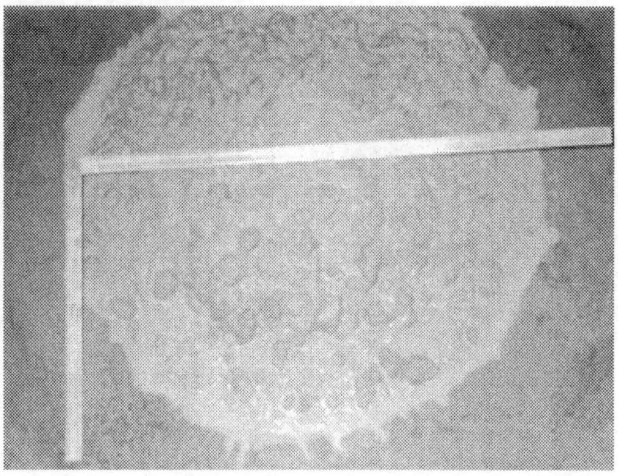

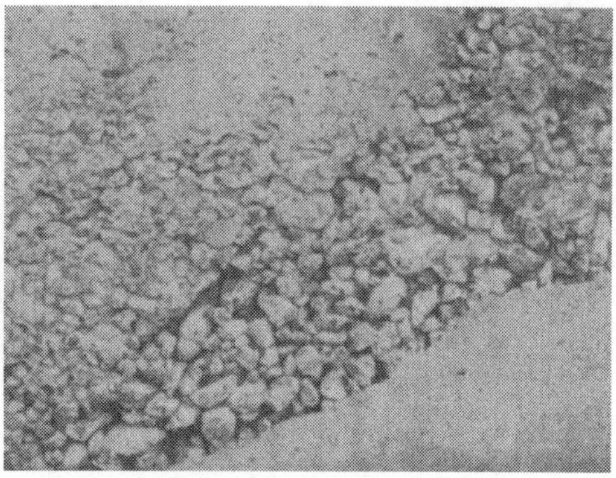

② 소성 수축
- ㉠ 타설 후 급격한 수분 증발
- ㉡ 양생 불량
- ㉢ 거푸집 누수
- ㉣ 발생 시기는 타설 후 2시간~약1일

③ 침하 균열
- ㉠ 타설 후 콘크리트 침강 시 철근, 골재 등의 간섭에 의해 발생
- ㉡ 높은 단위수량 및 물결합재 비
- ㉢ 빠른 타설 속도
- ㉣ 발생 시기는 타설 후 약 1~3시간

☞ 사진 7.2.2.2 소성 수축 균열 사례

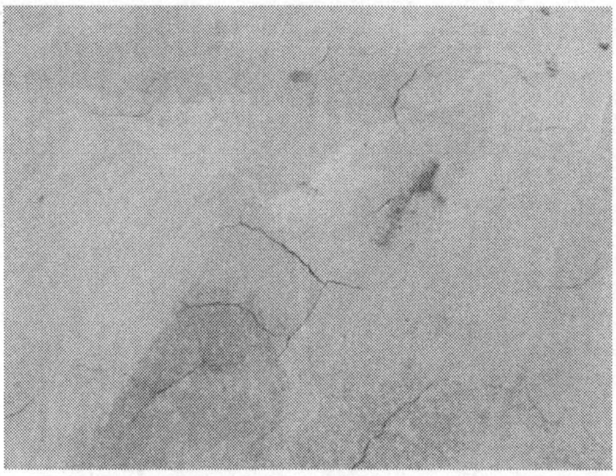

☞ 사진 7.2.2.3 침하 균열 사례

④ 자기 수축 균열
- ㉠ 시멘트 수화 반응에 의한 자체 체적 감소에 기인
- ㉡ 부배합 시 발생
- ㉢ 발생 시기는 응결 종료~약 7일

☞ 그림 7.2.2.2 시멘트의 자기 수축 개념

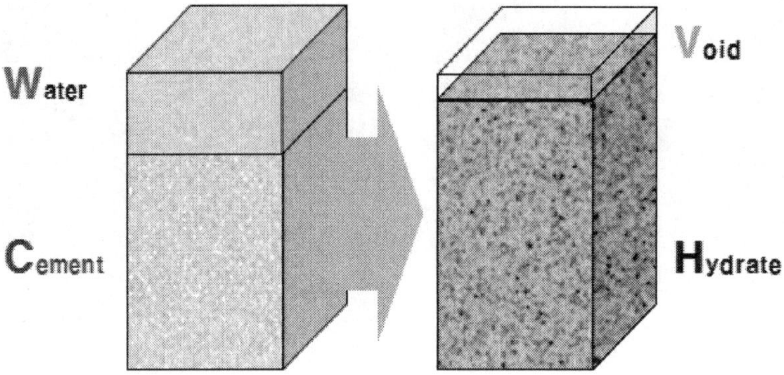

⑤ 온도 균열
 ㉠ 시멘트 수화 반응에 의한 온도 상승 및 강하
 ㉡ 온도 상승 시 팽창하고 강하 시 수축
 ㉢ 내부 구속 및 외부 구속에 의해 균열 발생
 ㉣ 발생 시기는 응결 종료~약 7일

☞ 사진 7.2.2.4 온도 균열 사례

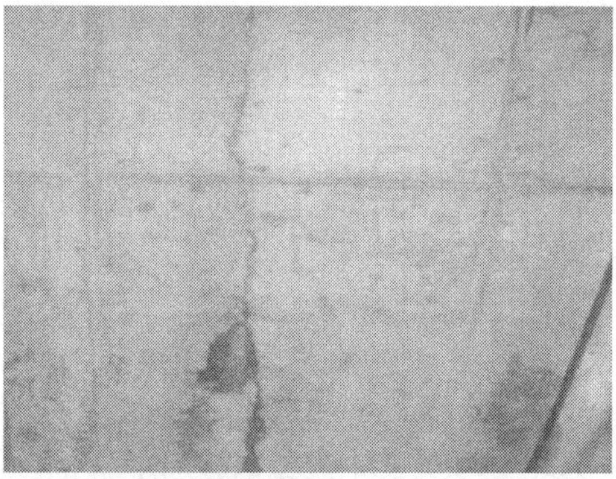

㉯ 경화 후 콘크리트 균열
 ① 건조 수축 균열
 ㉠ 콘크리트 내부 잉여수의 증발에 의한 수축에 기인
 ㉡ 단위수량 과대, 수분 증발 대책 미비 등
 ㉢ 발생 시기는 경화 후~수십 일 이상(약 5년)
 ② 동결 융해에 의한 균열
 ㉠ 콘크리트 내부 수분의 동결 및 융해 반복에 의한 표면 균열 발생
 ㉡ 공기량 미확보, 단위수량 과다, 초기 동해 등
 ㉢ 발생 시기는 경화 후부터 계속

☞ 사진 7.2.2.5 건조 수축 균열 사례

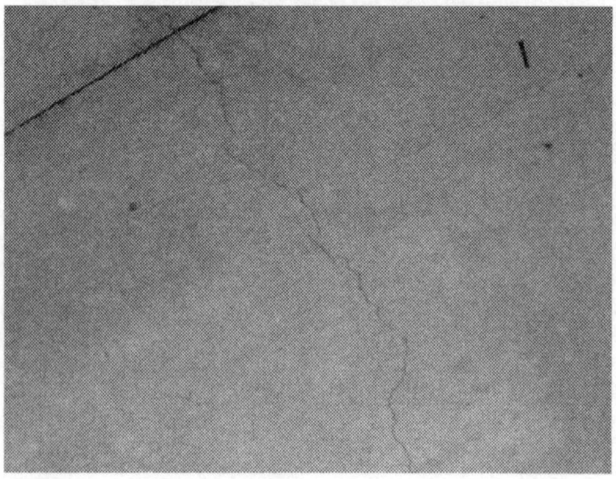

☞ 사진 7.2.2.6 동결 융해 피해 사례

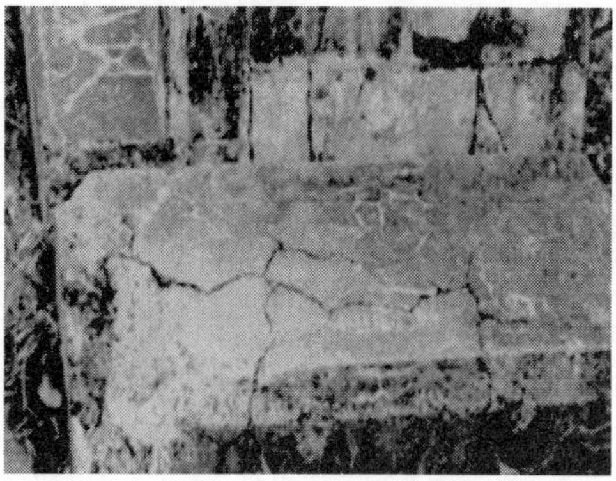

③ 철근 부식에 의한 균열

㉠ 수분 침투, 염해, 중성화 등에 의한 콘크리트 내부 철근의 부식에 기인

㉡ 철근 부식에 의한 체적 팽창으로 콘크리트 균열 발생

㉢ 발생 시기는 경화 후부터 장시간

☞ 사진 7.2.2.7 철근 부식에 의한 균열 사례

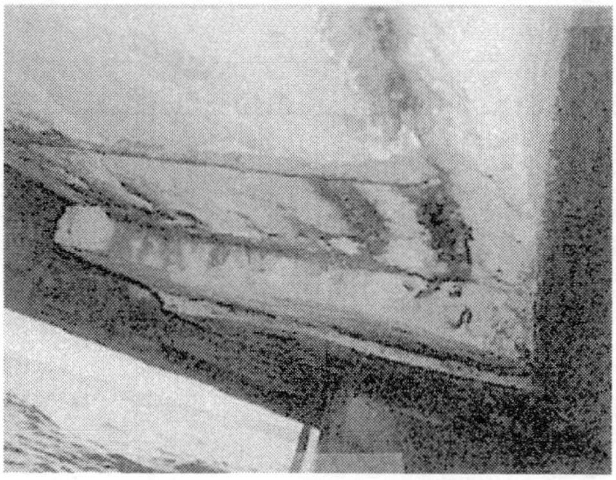

④ 화학적 부식에 의한 균열

㉠ 하수시설(정화조 등)에서 황화 수소에 의한 콘크리트 부식에 기인

㉡ 직접적인 화학 약품과의 접촉에 의한 콘크리트 부식

㉢ 발생 시기는 화학 반응 발생 시기

☞ 사진 7.2.2.8 화학적 부식에 의한 균열 사례

3) 균열 보수 방법

㉮ 균열 보수 기준

☞ 표 7.2.3.1 균열 보수 기준

균열 보수 목적	균열 현상·원인		균열 폭 (mm)	보수 공법				
				표면처리 공법	주입공법	충전공법	단면복구 공법	침투성 방수제
방수성 확보	철근 부식되지 않는 경우	균열 폭 변동이 적은 경우	0.2 이하	○	△			○
			0.2~1.0	△	○	○		
		균열 폭 변동이 큰 경우	0.2 이하	△	△			○
			0.2~1.0	△	○	○		
내구성 확보	철근 부식되지 않는 경우	균열폭 변동이 작은 경우	0.2 이하	○	△	△		
			0.2~1.0	△	○	○		
			1.0 이상		△	○		
		균열 폭 변동이 큰 경우	0.2 이하	△	△	△		
			0.2~1.0	△	○	○		
			1.0 이상		△	○		
	철근 부식		-				○	

주 1) 균열 폭 3.0mm 이상은 구조적 결함을 수분하는 경우가 많으므로 상기 보수공법과 함께 보강안 검토

2) ○ : 적당하다고 판단되는 공법　　△ : 조건에 따라 적당한 공법

① 표면처리 공법

㉠ 미세한 균열(일반적으로 0.2mm 이하) 위에 도막을 형성시켜 내구성 및 방수성을 향상시키는 공법, 균열 부분만을 피복하는 공법

㉡ 균열 폭의 변동(균열의 진행성)에 따라 그림 7.2.3.1과 같이 2가지로 구분

☞ 그림 7.2.3.1 콘크리트 균열 표면처리 공법

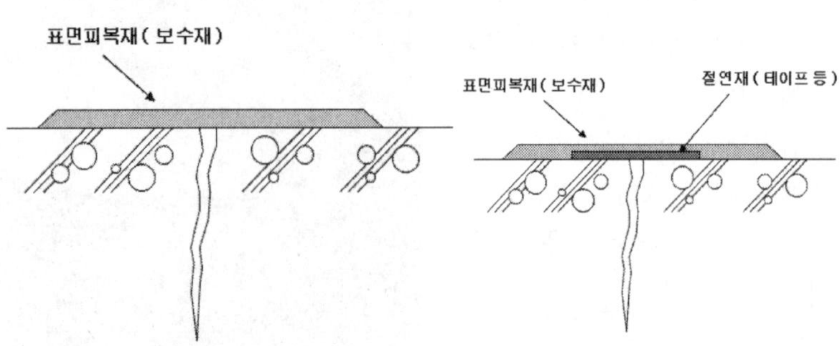

② 주입 공법

㉠ 균열에 수지계 또는 시멘트계 재료를 주입하여 방수성 및 내구성을 향상시키는 공법

㉡ 마감재가 콘크리트 표면에서 들떠 있는 경우에도 적용되는 공법

☞ 사진 7.2.3.1 콘크리트 균열 주입 공법

③ 충전 공법

㉠ 0.5mm 이상의 비교적 큰 균열을 대상으로 하며, 철근이 부식되지 않은 경우에 적용하는 공법

㉡ 균열 부위를 따라서 U 또는 V자 형으로 컷팅한 후, 컷팅 부위를 보수재료로 충전하는 공법

☞ 그림 7.2.3.2 콘크리트 균열 충전 공법

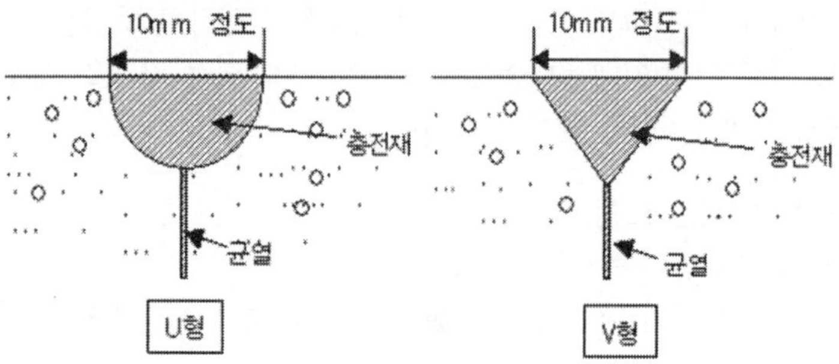

④ 단면 복구 공법

㉠ 콘크리트 구조물이 성능저하 되어 원래의 단면을 손실한 경우나 성능저하 원인 (중성화, 염해 등)에 의해 철근부식이 발생된 경우 손상 부위를 제거하고 단면을 복구하는 공법

㉡ 부식 철근의 이면까지 콘크리트 단면을 제거한 후, 철근 부식제거 및 방청

처리를 실시하고 폴리머시멘트모르타르 등을 이용해 단면을 복구

☞ 그림 7.2.3.3 콘크리트 단면 복구 공법

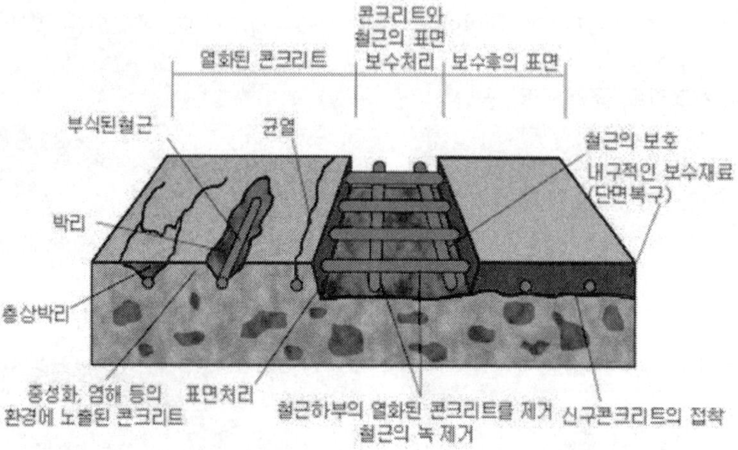

7.3 콘크리트의 중성화

1) 정의

중성화란 공기 중의 탄산가스의 작용을 받아 콘크리트 중의 수산화칼슘이 서서히 탄산칼슘으로 바뀌어 알칼리성을 잃는 것을 말한다.

$Ca(OH)_2 + CO_2 \rightarrow CaCO_3 + H_2O$

2) 중성화의 결과

콘크리트의 pH가 10보다 크면 강재위에 부동태층을 생성하여 부식을 막지만 탄산화로 인해 pH가 10 이하로 되면 부동태층은 안정성을 잃게 되며 철근을 녹슬게 한다. 철은 녹슬면 그 부피가 약 2.5배로 팽창하게 된다.

3) 중성화에 영향을 미치는 요인

㉮ 치밀한 콘크리트일수록 중성화 속도는 느리다.

㉯ 환경조건으로서 탄산가스의 농도가 높을수록, 온도가 높을수록, 습도가 낮을수록 중성화 속도는 빠르게 된다.

㉰ 타일, 돌붙임 등의 표면 마감에 투기성이 적은 자재를 마감하고, 시공이 양호하면 중성화를 크게 지연 시킨다.

☞ 중성화 속도가 느리게 진행되는 시멘트 종류의 순서 : 조강 포틀랜드시멘트가 가장 유리하다.

조강 포틀랜드시멘트 〈 보통 포틀랜드시멘트 〈 혼합 시멘트(고로슬래그, 포졸란 등)

제 9 장

강구조공사

1. 용어의 정리
2. 일반사항
3. 공장 가공작업 순서
4. 각종 접합의 종류
5. 현장 철골 세우기
6. 도장 및 도금
7. 내화피복

1. 용어의 정리

건축공사 표준시방서에서는 강구조공사에 사용하는 용어를 다음과 같이 정의하고 있다.

1) 가스메탈 아크용접(GMAW, gas metal arc welding) : 외부에서 용융금속을 대기의 영향으로부터 보호하기 위하여 보호가스를 공급하면서 연속으로 공급되는 용가재를 사용하는 아크용접을 말한다.
2) 가용접(tack welding) : 본용접 전에 용접되는 부재를 정해진 위치에 잠정적으로 유지시키기 위해서 비교적 짧은 길이로 된 용접을 말한다.
3) 가조임 볼트(temporary tightening bolt) : 부재의 가조립 또는 가설치 시, 연결부의 위치를 고정하여 부재의 변형 등을 막기 위해서 임시로 사용하는 볼트를 말한다.
4) 강구조제작자 : 강재 가공 제품의 제작 및 공사현장 시공의 일부를 담당하는 협력업자를 말한다.
5) 강재 : 구조용 강판, 강관, 형강, 선재, 봉강, 볼트 및 연결재, 정착재, 주조품 등과 이들의 부속재료를 말한다.
6) 검사 : 공사의 각 단계에서 기술, 기능, 재료, 기기, 방법, 수단, 조건 또는 공사품질 및 완성형태 등을 설계도서 및 그에 준하는 시공도, 시공계획서 등의 내용과 대조하여 적합한지를 판단하는 것을 말한다.
7) 고장력강(high tensile strength steel) : 보통 인장강도 490MPa 이상 급의 압연재로서 용접성, 노치인성 및 가공성을 중시하여 제조된 강재를 말한다.
8) 기공(blowhole, porosity) : 용융 금속 중에 발생한 기포가 응고 시에 이탈하지 못하고 용접부 내에 잔류하여 생기는 공동현상을 말한다.
9) 단강품(steel forging) : 적당한 단련성형비를 주도록 강괴 또는 강편을 단련성형하고 소정의 기계적 성질을 주기 위하여 열처리한 것을 말한다.
10) 단조품(forging product) : 흑피품이라고도 하며 단조성형된 채로의 형상인 것으로 형타단조품, 자유단조품, 중공단조품 등이 있고 단조작업 온도에 따라 열간단조품, 온간단조품, 냉간단조품이 있다.
11) 담당원 : 일정한 자격을 갖춘 구조기술자 또는 시공기술자로서 시방서 이외에 강구조공사의 제반 사항에 대하여 관리·감독이 가능한 감독자를 말한다.
12) 더돋기(weld reinforcement) : 홈용접 또는 필렛용접에서 필요치수 이상으로 표면에서 돋아오른 용착금속
13) 뒷댐재(backing strip) : 맞대기 용접을 한 면으로만 실시하는 경우 충분한 용입을 확보하고 용융금속의 용락(burn-through)을 방지할 목적으로 동종 또는 이종의 금속판, 입상 플럭스, 불성가스 등을 루트 뒷면에 받치는 것을 말한다.

14) 드래그라인(drag line, 지연곡선) : 일정 속도로 가스를 절단할 때 절단 홈의 밑바닥에 가까울수록 슬래그의 방해, 산소의 오염, 산소분출 속도의 저하 등에 의하여 산화작용과 절단이 지연되어 거의 일정한 간격으로 평행된 곡선이 나타나는 것을 말한다.
15) 로터리 플래너(rotary planer) : 회전하는 원반에 다수의 날을 설치한 것을 평삭반의 바이트 부분에 이용하여 연삭능력을 증대시킨 것을 말한다.
16) 메탈터치(metal touch) : 기둥 이음부에 인장응력이 발생하지 않고, 이음부분 면을 절삭가공기를 사용하여 마감하고 충분히 밀착시킨 이음을 말한다. 이러한 이음의 경우에는 밀착면으로 소요압축강도 및 소요휨강도의 일부가 전달된다고 가정하여 설계할 수 있다.
17) 밀시트(mill sheet) : 강재 납입 시에 첨부하는 품질보증서로 제조번호, 강재번호, 화학성분, 기계적 성질 등을 기록해 놓은 것.
18) 밀착조임(snug tight) : 임팩트렌치로 수회 또는 일반렌치로 접합판이 완전히 밀착된 상태가 되도록 최대로 조이는 것을 말한다.
19) 반입검사 : 시공자가 실시하는 검사 중, 강제품을 반입할 때 실시하는 검사를 말한다.
20) 서브머지드 아크용접(SAW, submerged arc welding) : 입상의 플럭스 속에 전극 와이어를 묻어서 모재와의 사이에서 생기는 아크열로 용접하는 방법. 주로 자동 아크용접에 쓰인다. 잠호용접이라고도 함.
21) 설계도서(design documents) : 공사 시공에 필요한 설계도와 시방서 및 구조계산서, 설비계산서 등을 말한다.
22) 스캘럽(scallop) : 용접선의 교차를 피하기 위해 한쪽의 부재에 설치한 홈. 용접접근공이라고도 한다.
23) 스패터(spatter) : 아크용접이나 가스용접에 있어 용접층에 날리는 슬래그 및 금속.
24) 아크에어가우징(arc air gouging) : 탄소봉을 전극으로 하여 아크를 발생시켜 용융금속을 홀더(holder)의 구멍으로부터 탄소봉과 평행으로 분출하는 압축공기로서 계속 불어내어 홈을 파는 방법을 말한다. 용융금속을 홀더 구멍으로부터 분출하는 압축공기로 비산시켜 홈을 판다.
25) 열가공제어강(thermo-mechanical control process steel) : 제어 압연을 기본으로 하여 그 후 공랭 또는 강제적인 제어 냉각을 하여 얻어지는 강으로서, TMC강이라고도 한다.
26) 열간가공(hot working) : 재결정이 일어나는 이상의 온도와 변형률 속도조건에서 변형을 주는 공정으로 가공경화를 수반하지 않고 큰 변형을 얻을 수 있음.
27) 열처리 고장력강(quenched & tempered high tensile strength steel) : 강을 담금질(quenching)한 후 뜨임질(tempering : 뜨임온도는 400℃ 이상)을 하여 강의 결정입

자를 곱게 해서 재질을 조정하고 강인화시켜 열처리를 하여 고장력강으로서의 성질을 지니도록 한 강재를 말한다. 일명 조질고장력강이라고도 한다.

28) 용락(burn-through) : 용접금속이 홈의 뒷면에 녹아내리는 현상. 박판용접에 봉 용극을 사용하거나 용접해야 할 판두께가 용융금속을 지탱할 수 있는 만큼의 루트면 치수가 없을 경우 또는 루트간격이 너무 클 경우 발생하는 현상을 말한다.

29) 용접절차서(welding procedure specification) : 용접이음부에서 설계대로 용접하기 위하여 요구되는 제반 용접조건을 상세히 제시하는 서류를 말한다. 통상 모재, 용접법, 이음형상, 용접자세, 용가재, 전류, 전압, 속도, 보호가스, 열처리 등에 대한 정보가 필요에 따라 포함된다. 용접시공설명서라고도 하며, 산업현장에서는 WPS라고도 한다.

30) 이음용 지그(strong back) : 맞대기용접시에 이음판의 상호 엇갈림 치수차를 수정함과 동시에 각 변화를 방지하기 위해 일시적으로 붙이는 보강재를 말한다.

31) 인증제작공장(certified manufactory) : 건설기술관리법 제24조 3항에 따라 인증을 득한 강재제작공장을 말한다.

32) 일렉트로가스 용접(EGW, electrogas welding) : 수냉동판으로 용접 부위를 둘러싸고 그 안으로 CO_2를 집어넣어 보호가스 분위기를 만든 후 와이어 가이드 노즐을 통하여 복합(용접) 와이어를 송급하여 복합 와이어 끝과 모재간에 발생하는 아크에 의해 복합 와이어와 모재를 용융하는 용접

33) 일렉트로슬래그 용접(ESW, eletroslag welding) : 용융슬래그와 용융금속이 용접부에서 흘러나오지 않도록 에워싸 용융된 슬래그욕 속에 용접 와이어를 연속적으로 공급하여 주로 용융슬래그의 저항열에 의해 용접 와이어와 모재를 용융하여 순차 상향 방향으로 용착금속을 위로 채워 넣는 용접

34) 제작검사 : 강구조제작자가 가공의 각 단계에서 자주적으로 실시하는 검사를 말한다.

35) 케스케이드법(cascade method) : 다층 용접을 할 경우 각 비드의 일부를 인접 비드 위에 겹쳐 용착하는 방법을 말한다.

36) 크레이터(crater) : 용접 시의 용융지가 그대로 응고되어 움푹 팬 부분을 말한다. 이 부분은 슬래그나 기포가 완전히 제거되지 않기 때문에 내부에 결함을 포함하고 있어 균열의 발생기점이 되는 경우가 많기 때문에 용접 마무리 과정에 이 부분을 잘처리해 두어야 한다.

37) 탄소강(carbon steel) : 철과 탄소의 합금으로서 탄소함유량이 보통 0.02~약 2% 범위의 강을 말한다. 또한 소량의 규소, 망간, 인, 유황 등을 함유하고 있다. 탄소 함유량에 따라 저탄소강, 중탄소강, 고탄소강으로 분류되고, 경도에 따라 극연강, 연강, 경강으로 구분된다.

38) 페이싱 머신(facing machine) : 강재 이음부의 면을 마감하기 위한 절삭가공기의 일종
39) 피이닝(peening) : 금속의 위를 해머로 두드리는 가공법으로 용접의 경우에는 피드 또는 그 가까이를 두드리는 것에 의해 잔류응력을 경감시키는 것을 말한다.
40) 품질관리(quality control) : 요구되는 품질의 강재를 제작하기 위한 수단의 체계를 말한다.
41) 품질보증(quality assurance) : 요구되는 강구조의 품질이 충분히 충족되도록 보증하기 위하여 시공자가 하는 체계적 활동을 말한다.
42) 플럭스 코어드 아크용접(FCAW, flux cored arc welding) : 코어드 와이어나 플럭스 코어드 와이어 용접봉을 사용하는 용접을 말한다. 용융금속과 아크를 대기의 영향으로부터 보호하기 위한 가스의 발생원을 내장 플럭스의 연소 가스에 의존하는 방법과 별도의 가스를 추가로 사용하는 방법이 있다.
43) 피복 아크용접(SMAW, shield metal arc welding) : 피복 아크용접은 용접하려는 모재 표면과 피복 아크용접봉의 선단과의 사이에 발생하는 아크열에 의해 모재의 일부를 용융함과 동시에 용접봉에서 녹은 용융금속에 의해 결합하는 용접 방법을 말한다.
44) 합금강(alloy steel) : 강의 성질을 개선·향상시키기 위하여 또는 소정의 성질을 구비하기 위하여 합금원소를 1종 또는 2종 이상 함유시킨 강철을 말한다.
45) 형판(template) : 근본이 되는 바탕판. 조각 등을 필요한 모양으로 만들 때 쓰는 기준이 되는 널판

☞ 표 1.1 건축물의 중요도에 따른 품질관리 구분

품질관리 구분	가	나	다
건 축 물	중요도(3) 건축물[1)]	중요도(3) 건축물	중요도(특), (1) 및 (2) 건축물

(주) 1) 이 표의 중요도는 국토교통부 고시 건축구조기준 '0103 건축물의 중요도 분류' 표 1.2에 의한 것으로, 품질관리 등급 '가'에 속하는 중요도 (3). 건축물은 붕괴 시 인명피해가 전혀 없는 일시적인 건축물에 한한다.

☞ 표 1.2 건축물의 중요도 및 중요도 계수

중요도	특	1	2	3
건축물의 용도 및 규모	1. 연면적 1,000m^2 이상인 위험물 저장 및 처리 시설·국가 또는 지방자치단체의 청사·외국공관·소방서·발전소·방송국·전신전화국 2. 종합병원, 수술시설이나 응급시설이 있는 병원	1. 연면적 1,000m^2 미만인 위험물 저장 및 처리시설·국가 또는 지방자치단체의 청사·외국공관·소방서·발전소·방송국·전신전화국 2. 연면적 5,000m^2 이상인 공연장·집회장·관람장·전시장·운동시설·판매시설·운수시설(화물터미널과 집배송시설은 제외함) 3. 아동관련시설·노인복지시설·사회복지시설·근로복지시설 4. 5층 이상인 숙박시설·오피스텔·기숙사·아파트 5. 학교 6. 수술시설과 응급시설 모두 없는 병원, 기타 연면적 1,000m^2 이상인 의료시설로서 중요도(특)에 해당하지 않는 건축물	1. 중요도(특), (1), (3)에 해당하지 않는 건축물	1. 농업시설물, 소규모창고 2. 가설구조물
중요도 계수	1.5	1.2	1.0	1.0

2. 일반사항

2.1 일반 구조용 압연 강재

1) 종류 및 기호

강재의 종류는 5종류로 하고 그 기호는 표 2.1.1.1과 같다.

☞ 표 2.1.1.1 종류의 기호

종류의 기호	적 용
SS330	강판, 강대, 평강 및 봉강
SS400	강판, 강대, 형강, 평강 및 봉강
SS490	
SS540	두께 40mm 이하의 강판, 강대, 형강, 평강 및 지름, 변 또는 맞변거리 40mm 이하의 봉강
SS590	

비고 : 봉강에는 코일 봉강을 포함한다.

2) 기계적 성질

☞ 표 2.1.2.1 기계적 성질

종류의 기호	항복점 또는 항복 강도 N/mm²				인장 강도 N/mm²
	강재의 두께 mm				
	16 이하	16 초과 40 이하	40 초과 100 이하	100 초과하는 것	
SS330	205 이상	195 이상	175 이상	165 이상	300~430
SS400	245 이상	235 이상	215 이상	205 이상	400~510
SS490	285 이상	275 이상	255 이상	245 이상	490~610
SS540	400 이상	390 이상	–	–	540 이상
SS590	450 이상	440 이상	–	–	590 이상

2.2 건축 구조용 압연 강재

1) 종류 및 기호

강재의 종류는 5종류로 하며 기호는 표 2.2.1.1에 따른다.

☞ 표 2.2.1.1 종류의 기호

단위 : mm

종류의 기호	적 용 두 께
SN400A	강판, 강대, 형강 및 평강 6 이상 100 이하
SN400B	
SN400C	강판, 강대, 형강 및 평강 16 이상 100 이하
SN490B	강판, 강대, 형강 및 평강 6 이상 100 이하
SN490C	강판, 강대, 형강 및 평강 16 이상 100 이하

비고 : 인수·인도 당사자 간의 협정에 따라서 초음파 탐상 시험을 한 강판 및 평강에는 "-UT"의 기호를 표 2.1.1의 기호 뒤에 붙여서 표시한다.

보 기 SN400B – UT

SN490B – UT

2) 기계적 성질

☞ 표 2.2.2.1 항복점 또는 내력, 인장강도

종류의 기호	항복점 또는 내력 N/mm²					인장 강도 N/mm²
	강재의 두께 mm					
	6 이상 12 미만	12 이상 16 미만	16	16 초과 40 이하	40 초과 100 이하	
SN400A	235 이상	235 이상	235 이상	235 이상	215 이상	400 이상 510 이하
SN400B	235 이상	235 이상 355 이하	235 이상 355 이하	235 이상 355 이하	215 이상 355 이하	
SN400C	해당 없음	해당 없음	235 이상 355 이하	235 이상 355 이하	215 이상 355 이하	
SN490B	325 이상	325 이상 455 이하	325 이상 455 이하	325 이상 455 이하	295 이상 415 이하	490 이상 610 이하
SN490C	해당 없음	해당 없음	325 이상 455 이하	325 이상 455 이하	295 이상 415 이하	

2.3 형강의 종류

☞ 표 2.2.3.1 형강의 종류

종 류	형 태	표 시 방 법	특 징
H 형강	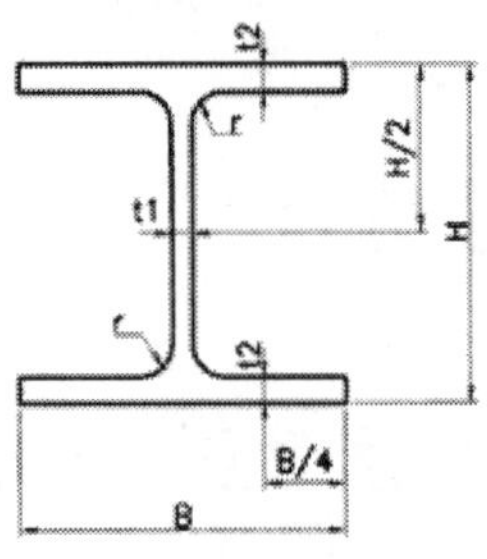	$H \times B \times t_1 \times t_2$	플랜지(t_2) 두께가 평판으로 일정하다.
CT 형강	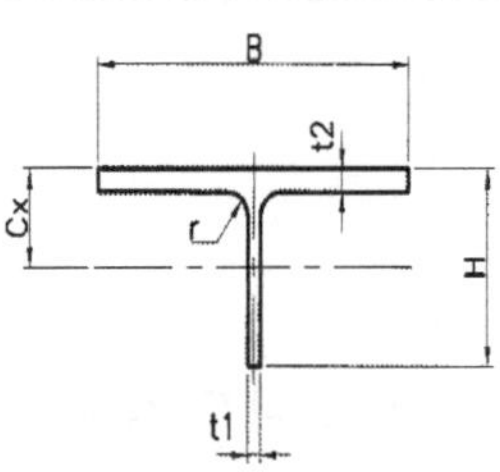	$H \times B \times t_1 \times t_2$	플랜지가 웨브보다 두껍다.

종 류	형 태	표 시 방 법	특 징
ㄱ 형강	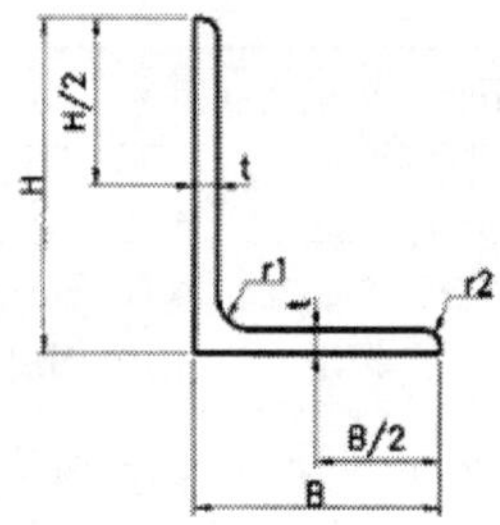	$H \times B \times t \times r_1 \times r_2$	두변이 직각
ㄷ 형강	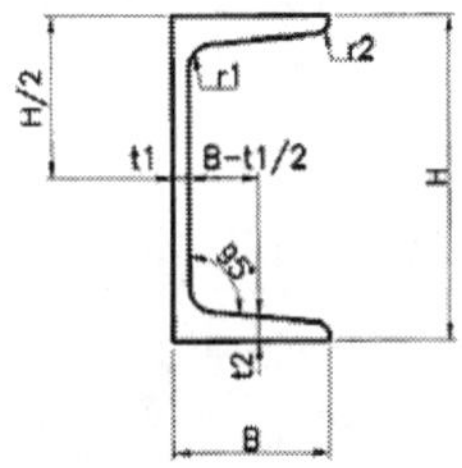	$H \times B \times t_1 \times t_2 \times r_1 \times r_2$	플랜지가 웨브보다 짧고 끝단이 얇고 단변 모양이 ㄷ자 모양
I 형강	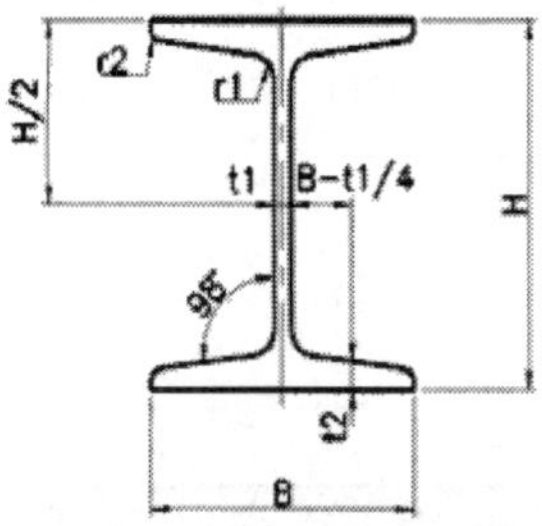	$H \times B \times t_1 \times t_2 \times r_1 \times r_2$	플랜지 두께가 단부쪽이 얇고 라운딩

3. 공장 가공작업 순서

원척도 작성 → 본 뜨 기 → 변형 바로잡기 → 금 매 김 → 절단 및 가공 → 구멍 뚫기 → 가 조 립 → 리벳치기 → 검 사 → 녹막이 칠 → 운 반

3.1 원척도 작성

1) 정의 : 설계도 및 시방서에 따라 공장 원척소의 바닥 위에 각부 상세 및 재의 길이 등을 원척(full size)으로 그린다.

2) 기입 사항 : 높이, 총 길이, 스팬(span), 강재치수, 형상, 물매, 중도리의 배치, 리벳 수 및 간격, 게이지라인, 클리어런스
3) 주의 사항
   ㉮ 층높이·기둥높이·기둥중심 간의 치수, 보와 바닥마무리재의 관계치수 등을 정확히 한다.
   ㉯ 강재의 형상·치수·물매·구부림 정도
   ㉰ 파이프·철근 등의 관통개소, 보밑 치켜올리기
   ㉱ 잣대(steel tape rule)·그림쇠(定規) 등의 공장용과 현장의 것을 대조하여 틀림을 확인한다.
   ㉲ 볼트의 사용은 원척도를 작성할 때 검토하여 리벳의 사용 곤란한 개소에만 쓰고, 될 수 있으면 피하는 것이 좋다.

3.2 본뜨기

원척도에서 얇은 강판으로 본뜨기를 하여 본판(절단본·구멍뚫기본 2가지)을 정밀하게 작성한다.

3.3 변형 바로잡기

1) 강판 : 플레이트 스트레이닝 롤(plate straining roll)
2) 형강 : 스트레이트닝 머신(straightening machine), 프릭션 프레스(friction press), 파워 프레스(power press), 짐 크로(jim craw)
3) 경미한 단척·소물 : 모루(anvil) 위에 쇠메(hammer)치기 등의 방법

☞ 사진 3.3.1.1 단척·소물의 변형 바로잡기

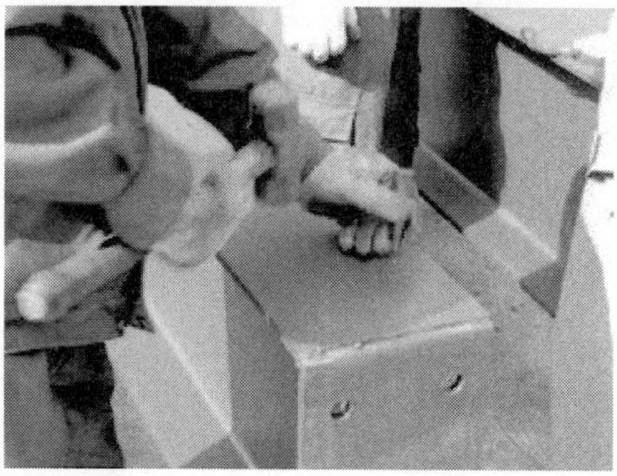

3.4 금매김

볼트구멍 위치, 절단개소 등을 기입하는 작업

3.5 절단 및 가공

1) 부재의 절단 방법
   ㉮ 전단 절단 : 판두께 13mm 이하(표준시방서에 근거)의 강판절단시 shearing machine 등으로 절단

㉯ 톱 절단 : 형강이나 정밀절단시 hack saw, friction saw 등으로 절단
㉰ 가스 절단 : 주위 3mm 정도 변형되므로 여유 있게 자동 가스절단기로 절단

☞ 사진 3.5.1.1 hack saw

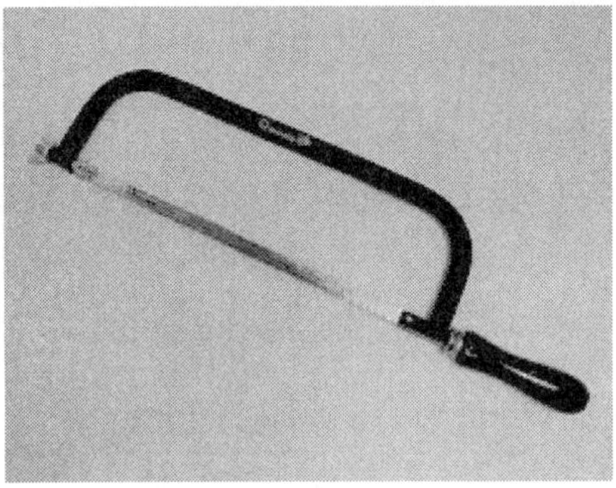

☞ 사진 3.5.1.2 friction saw

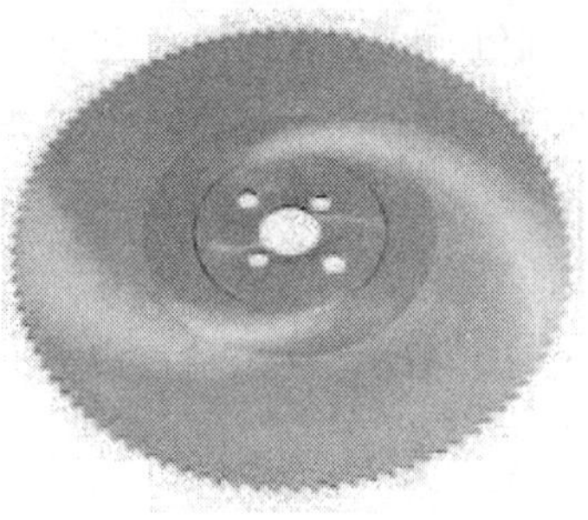

2) 휨 가공

㉮ 휨가공은 상온가공 또는 가열가공으로 한다.
㉯ 가열가공은 적열상태에서 가공하고, 청열 취성범위(200~400℃)에서는 가공을 금지한다.
㉰ 상온 가공시 구부림의 안치수(내반경)는 판두께의 2배 이상으로 한다.

3.6 구멍 뚫기

1) 종류

㉮ 펀칭(punching)
① 부재두께가 볼트 직경의 +3mm 이하시 가능
② 보통 부재두께 13mm 미만 사용
③ 예정 직경보다 3mm, 6mm 적게 sub punch하고, 리머로 넓힌다.(균열제거)

㉯ 송곳 뚫기(drilling)
① 부재두께가 13mm 이상일 때
② 주철재일 때(펀칭으로 하면 균열발생)
③ 수밀성 요구시(물탱크, 기름탱크) 또는 두께 13mm 이하라도 세밀가공시

☞ 사진 3.6.1.1 송곳 뚫기

2) 구멍 지름의 허용치

☞ 표 3.6.2.1 구멍 지름의 허용치

단위 : mm

종 류	구멍지름(d)	공칭축 직경(d)
고력볼트	d + 2.0	d < 27
	d + 3.0	d > 27
볼 트	d + 0.5	
앵커볼트	d + 5.0	
리 벳	d + 1.0	d < 20
	d + 1.5	d > 20

3.7 가조립

1) 각 부재는 1~2개의 볼트나 핀으로 가조립하고, drift pin으로 부재구멍을 맞춘다.
2) 가볼트 죄임은 임팩트 렌치(impact wrench), 토크 렌치(torque wrench)를 사용한다.
3) 세우기용 가볼트수 : 전 리벳수의 20~30%, 현장 리벳수의 1/5 이상

☞ 사진 3.7.1.1 drift pin ☞ 사진 3.7.1.2 impact wrench ☞ 사진 3.7.1.3 torque wrench

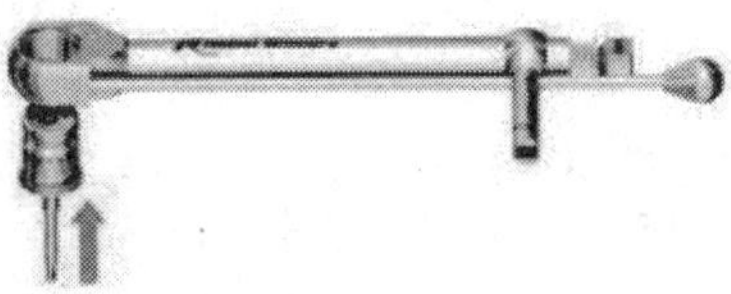

3.8 리벳치기

리벳치기는 리벳해머와 압축공기 또는 전동식 리벳터로 한다. 리벳을 900~1,000℃로 가열한 것을 사용하고, 600℃ 이하로 냉각된 것은 사용할 수 없다. 리벳치기를 하는 동안 부재를 핀 이나 볼트로 완전히 고정해야 하고 리벳치기는 리벳구멍에 완전히 충전되도록 한다. 리벳은 공사시방서에 정한 바가 없는 경우 KS D 3557의 리벳용 원형강을 표준으로 한다.

☞ 표 3.8.1.1 공장 및 현장의 리벳치기 수

공장치기 리벳 수	전 리벳수의 2/3 이상
현장치기 리벳 수	전 리벳수의 1/3

3.9 녹막이 칠

1) 일반

㉮ 현장반입 전 1회 칠, 조립 후 칠할 수 없는 부분은 2회 칠, 그 외는 현장반입 조립 후 1회 칠한다.

㉯ 바탕만들기를 한 강재표면은 녹이 생기기 쉽기 때문에 즉시 도장을 하여야 한다.

㉰ 도장작업은 적절한 환경에서 실시하며 균일한 도막이 얻어지도록 시공한다.

2) 도장 작업의 금지조건

㉮ 도장작업 장소의 온도가 5℃ 이하, 또는 상대습도가 80% 이상일 때

㉯ 도장작업시 또는 도막이 마르기 전에 눈, 비, 강풍, 결로 등에 의하여 수분이나 분진 등이 도막에 부착될 우려가 있을 때

㉰ 기온이 높아 강재 표면온도가 50℃ 이상이 되어 도막에 기포가 생길 우려가 있을 때

3) 철의 녹 제거

㉮ 공구 : 와이어 브러시, 연마지(사포), 샌드 블라스트

㉯ 용제 : 휘발유, 벤젠, 솔벤트

☞ 사진 3.9.3.1 녹 제거용 공구

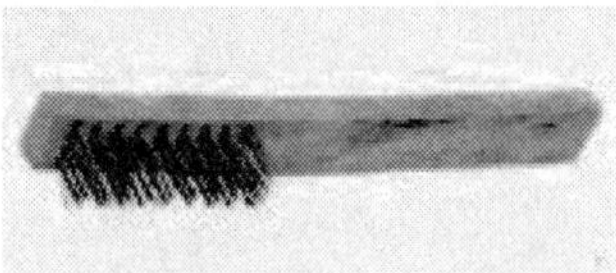

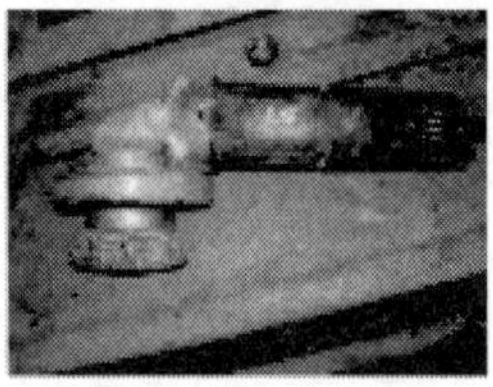

4) 녹막이 칠을 하지 않는 부위

㉮ 현장용접을 하는 부위 및 그 곳에 인접하는 양측 100mm 이내, 그리고 초음파 탐상검사에 지장을 미치는 범위

㉯ 고력볼트 마찰접합부의 마찰면

㉰ 콘크리트에 묻히는 부분

㉱ 핀, 로울러 등 밀착하는 부분과 회전면 등 절삭가공한 부분

㉲ 조립에 의하여 면맞춤 되는 부분

㉳ 밀폐되는 내면

☞ 공장제작 후, 공사현장에서 용접할 때가지 개선면에 녹 발생의 우려가 있을 경우, 공장에서 개선면에 묻은 기름 등을 잘 닦아낸 다음 용접에 지장이 없는 녹막이 도료를 도장한다.

☞ 사진 3.9.3.2 녹막이 칠

3.10 운반

1) 부재의 구분

㉮ 조립에서 부호도(符號圖)는 설치 시에 지장이 생기지 않도록 명확하게 하여야 한다.

㉯ 각 부재는 조립에서 부호도에 근거한 부재부호를 명시하고, 필요에 따라 접합부호를 기입한다.

㉰ 단일 부재로서 중량이 5톤을 초과하는 것은 중량을 명시한다. 또한 트러스, 기타 부재 등 중심을 구하기 어려운 부재는 위험방지를 위하여 중심위치를 명시한다.

㉱ 발송 부재표를 작성하고, 설치순서에 따른 부호, 수량 등을 확인한다.

2) 수송 계획 및 발송

㉮ 수송계획은 설치계획에 지장을 초래하지 않도록 정하여 관계된 모든 법령에 따르는 것으로 한다.

㉯ 발송에 있어서는 제품을 손상하지 않도록 충분히 주의하고, 특히 수송 중 부재에 손상을 주지 않도록 적절한 방호조치를 하여야 한다.

㉰ 볼트, 그 밖의 부품은 적절한 포장을 하고 그 내용을 명시한다.

4. 각종 접합의 종류

4.1 리벳 접합

1) 리벳치기

리벳치기는 리벳해머와 압축공기 또는 전동식 리벳터로 한다. 리벳을 900~1,000℃로 가열한 것을 사용하고, 600℃ 이하로 냉각된 것은 사용할 수 없다. 리벳치기를 하는 동안 부재를 핀 이나 볼트로 완전히 고정해야 하고 리벳치기는 리벳구멍에 완전히 충전되도록 한다.

2) 리벳 간격

☞ 표 4.1.2.1 리벳의 간격

최소 피치	표준 피치	최대 피치	
		인장재	압축재
2.5d	4.0d	12d, 30t 이하	8d, 15t 이하

여기서 d : 리벳 지름, t : 가장 얇은 판의 두께

☞ 사진 4.1.1.1 리벳치기

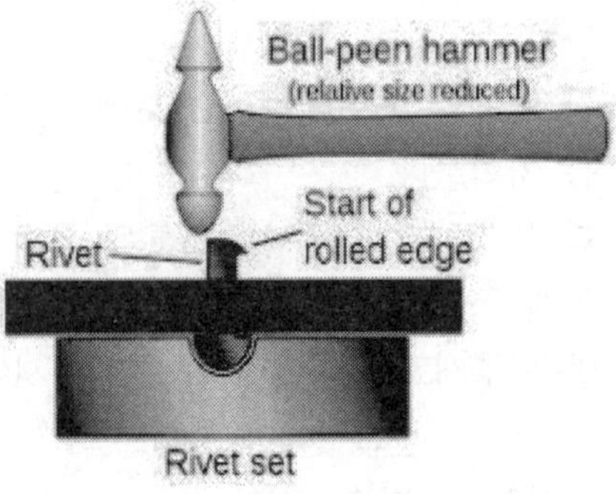

3) 리벳 검사

㉮ 검사

리벳치기 후 불량 리벳의 유무를 검사한다.

㉯ 불량 리벳의 처리

불량 리벳은 전량 교체한다.

4) 리벳치기 관련 용어

☞ 표 4.1.4.1 리벳치기 관련 용어

리머(reamer)	리벳구멍 주위 가심질 공구
드리프트 핀(drift pin)	리벳구멍 중심 맞춤 공구
게이지 라인(guage line)	한 열의 리벳 중심을 통과하는 선
게이지	게이지 라인과 게이지 라인 사이의 거리
피치(pitch)	리벳, 볼트의 상호 구멍 중심간 직선거리
연단 거리	리벳구멍, 볼트구멍 중심에서 부재 끝단까지의 거리
클리어런스(clearance)	리벳과 수직재면과의 거리, 일반적으로 작업여유 거리
그립(grip)	리벳으로 접합하는 판의 총두께

4.2 용접

1) 용접의 장단점

☞ 표 4.2.1.1 용접의 장단점

장　　점	단　　점
㉮ 강재량의 절약 ㉯ 건물의 경량화 ㉰ 소음, 진동이 없음 ㉱ 응력의 전달이 확실 ㉲ 수밀성 유지	㉮ 숙련공이 필요 ㉯ 용접 결함에 대한 검사가 어려움 ㉰ 모재의 재질에 따라 응력상의 영향이 큼 ㉱ 용접열에 의한 변형 발생

☞ 사진 4.2.1.1 아크 용접기

☞ 사진 4.2.1.2 가스 용접기

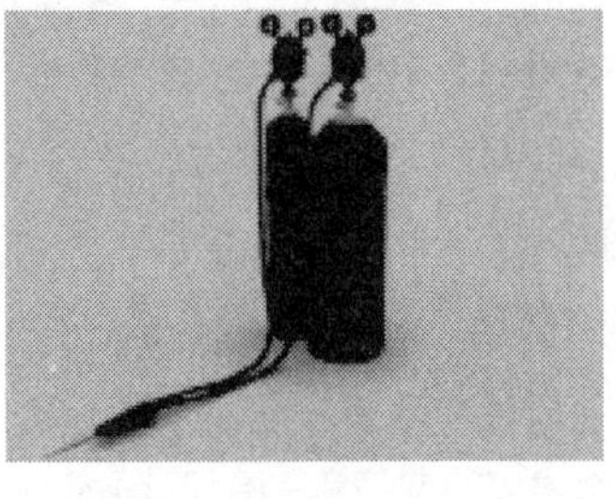

☞ 사진 4.2.1.3 용접봉

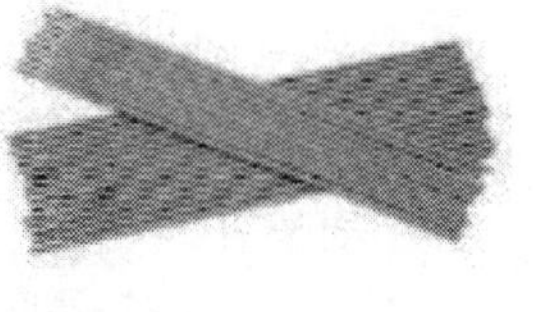

2) 용접 시 기온 및 기후에 의한 주의 사항

㉮ 기온이 -5℃ 이하의 경우는 용접해서는 안된다. 기온이 -5~5℃인 경우에는 접합부로부터 100mm 범위의 모재부분을 적절하게 가열하여 용접할 수 있다.

㉯ 바람이 강한 날은 바람막이를 하고 용접한다. 비가 올 때 특히 습도가 높은 때는 비록 실내라도 수분이 모재의 표면 및 밑면 부근에 남아있지 않은 것을 확인한 후 용접한다. 가스 실드 아크 반자동 용접에 있어서 풍속이 2m/s 이상인 경우에는 용접을 해서는 안된다. 다만, 적절한 방법에 의해 방풍 조치를 강구한 경우에는 이 규정을 따르지 않아도 된다.

3) 용접부의 청소

㉮ 용접에 지장이 주는 슬래그는 제거한다.

㉯ 용접 중에 균열 등의 결함이 발견된 경우에는 그 부분을 완전히 제거한 다음 용접해야 한다.

㉰ 용접 중 또는 용접개시 전에 가용접으로 균열이 발생한 경우는 그 부분을 완전히 제거한 다음 본 용접을 한다.

㉱ 용접이 완료된 부분의 슬래그는 제거한다. 또한, 용접부 및 주변은 와이어 브러시 등의 적절 한 공구로 스패터(spatter) 제거 등 청소를 하여야 한다. 고착된 스패터 중에서 마찰 접합면 이외의 부분은 제거하지 않아도 된다.

☞ 스패터(spatter)

아크 용접과 가스 용접에서 용접 중에 튀어 나오는 슬래그 또는 금속 입자. 스패터(튐)가 많으면 용접 작업이 곤란하고 용접부를 더럽게 한다.

4) 용접 시공의 공통사항

㉮ 용접순서 및 방향은 가능한 한 용접에 의한 변형이 적고, 잔류응력이 적게 발생하도록 하고 용접이 교차하는 부분이나 폐합된 부분은 용접이 안 되는 부분이 없도록 용접순서에 대하여 특별히 고려해야 한다.

㉯ 용접부에서 수축에 대응하는 과도한 구속은 피하고 용접작업은 조립하는 날에 용접을 완료하여 도중에 중지하는 일이 없도록 해야 한다.

㉰ 항상 용접열의 분포가 균등하도록 조치하고 일시에 다량의 열이 한 곳에 집중되지 않도록 해야 한다. 이러한 경우가 있을 때에는 용접순서를 조정해야 한다.

㉱ 완전용입 용접을 수동용접으로 실시할 경우의 뒷면은 건전한 용입부까지 가우징한 후 용접을 실시해야 한다.

㉲ 용접자세는 가능한 한 회전지그를 이용하여 아래보기 또는 수평자세로 한다.

㉳ 아크 발생은 필히 용접부 내에서 일어나도록 해야 한다.

㉳ 스캘럽이나 각종 브래킷 등 재편의 모서리부에서 끝나는 필렛용접은 크레이터가 발생하지 않도록 모퉁이부를 돌려서 연속으로 용접해야 한다.

㉴ 용접개시 전 용접의 종류, 전압, 전류 및 용접방향 등을 점검하여 용접조건을 설정하고 이에 따라 작업해야 하며 용접관리도를 현장에 비치해야 한다.

㉵ 맞대기 용접에서 용접표면의 마무리 가공이 규정되어 있지 않는 경우에는 판두께의 10% 이하의 보강살 붙임을 한 후 끝마무리를 해야 한다.

㉶ 한랭지용 강재의 주요부재 맞대기 용접은 원칙적으로 수동용접 및 탄산가스 용접으로 해야 하며 특히 용착금속의 샤르피흡수에너지는 모재의 규격 값 이상이 되어야 한다.

㉷ 부재이음에는 용접과 볼트를 원칙적으로 병용해서는 안 되지만 불가피하게 병용할 경우에는 용접 후에 볼트를 조이는 것을 원칙으로 한다.

㉸ 그루브 용접 및 거더의 플랜지와 웨브판 사이의 필렛용접 등의 시공에 있어서 부재와 동등한 홈을 가진 엔드탭을 붙여야 한다. 용접의 시작과 끝의 처리는 엔드탭 위에서 50 mm 이상으로 하여 크레이터가 본 부재에 포함되지 않도록 해야 한다. 엔드탭은 용접 종료 후 가스절단법에 따라 제거하고 그 부분을 그라인더로 다듬질해야 한다.

㉹ 부분용입 그루브용접의 시공에서 연속된 용접선을 서로 다른 용접법으로 시공할 때에는 앞의 비드의 단부를 깎아내고 결함이 없는 것을 확인한 다음에 용접해야 한다. 다만, 완전한 수동용접 비드가 선행할 때에는 이를 따르지 않을 수 있다.

㉺ 재편의 모서리 부에서 끝나는 필렛용접은 모서리부를 돌면서 연속적으로 시공해야 한다.

5) 아크(ARC) 용접의 원리

㉮ 아크(ARC)의 발생

용접봉과 모재 사이에 전압을 걸면 음극(−극, 용접봉쪽)과 양극(+극, 모재쪽) 사이에 이온이 흘러 ARC가 발생

☞ 그림 4.2.5.1 아크(ARC) 용접

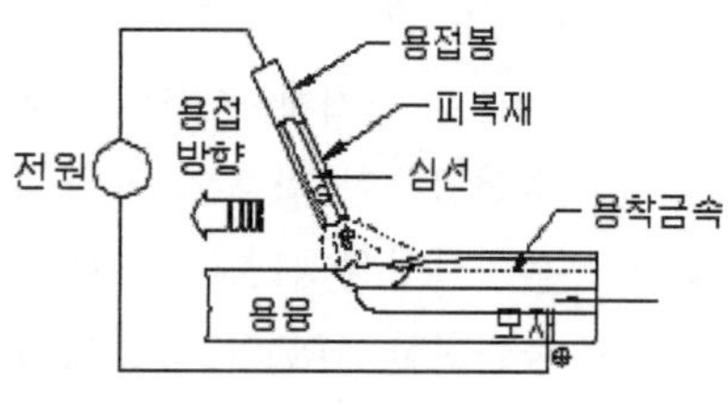

㉯ 일체화

전기에너지로 발생하는 강한 열(약 600℃) 에 따라 모재와 용접봉이 녹아 용착금속이 일체화

☞ 사진 4.2.5.1 아크(ARC) 용접

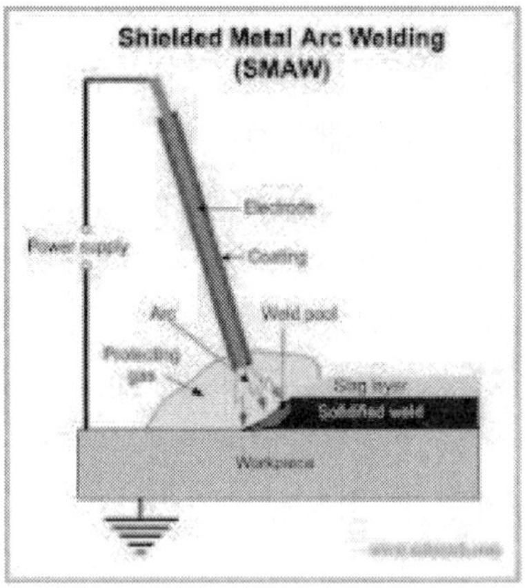

㉰ 아크(ARC) 용접의 운봉 방식

① 수동용접 : 용접봉의 송급과 아크의 이동을 수동으로 하는 것

② 반자동용접 : 용접봉의 송급만을 자동으로 하는 것

③ 자동용접 : 용접봉의 송급과 아크의 이동 모두 기계를 사용, 자동으로 하는 것

☞ 그림 4.2.5.2 수동 용접

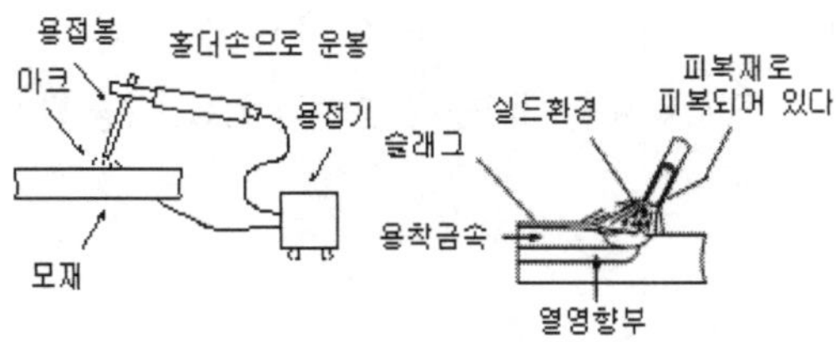

☞ 그림 4.2.5.3 반자동 용접

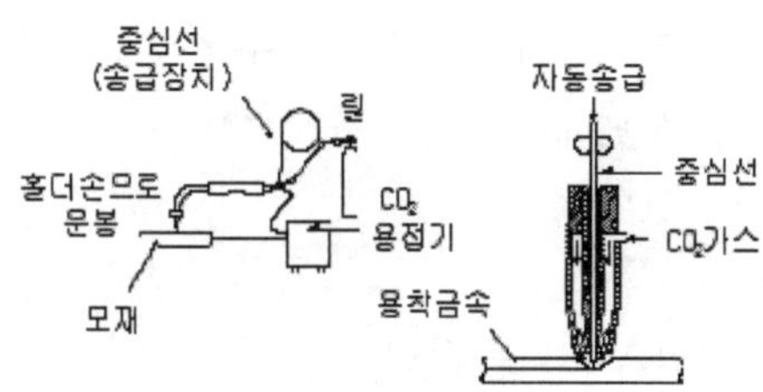

6) 용접 각부의 명칭 및 역할

㉮ End Tab

① 용접의 시점과 종점에는 ARC가 불안정하게 되므로 용접결함이 발생하기 쉽다.

② 용접결함의 발생을 막기 위해 모재 양쪽에 모재와 같은 개선 형상을 가진 판을 설치하여 용접길이를 모재보다 길게한다.

③ 불안정한 ARC의 영향을 엔드탭부분에서 멈추게 할 수 있다.

④ 엔드탭은 용접후에 제거한다.

㉯ 뒷면 용접

① 맞대기 이음에 받침쇠를 사용하지 않는 경우 융합불량, 슬래그 섞임 등 결함이 발생

② 앞쪽 용접이 끝나면 뒤쪽에서 첫 층부분을 가우징(GOUGING)하고 새롭게 뒷면에서 용접한다.

㉰ 받침쇠

☞ 그림 4.2.6.1 End Tab 및 받침쇠

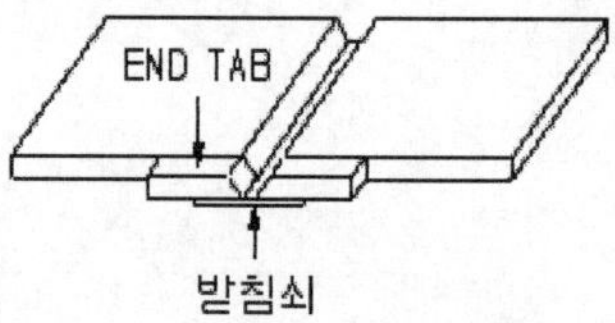

① 받침쇠는 루트간격 아래에 판을 대는 것으로써 용착금속이 녹아 떨어지는 것을 방지한다.

② 틈이 생기지 않도록 밀착하여 설치하되 END TAB과 같은 길이로 한다.

㉱ 스캘럽(Scallop)

① 용접선이 교차할 경우 교차점에서는 가열의 반복에 의해 모재 재질의 변화가 발생, 용접으로 인한 응력집중 및 결함이 발생하기 쉽다.

② 이때 용접선의 교차를 피하기 위하여 부채꼴의 오목 들어가게 파놓은 것을 스캘럽(SCALLOP)이라 한다.

㉲ 돌림용접

☞ 그림 4.2.6.2 돌림용접

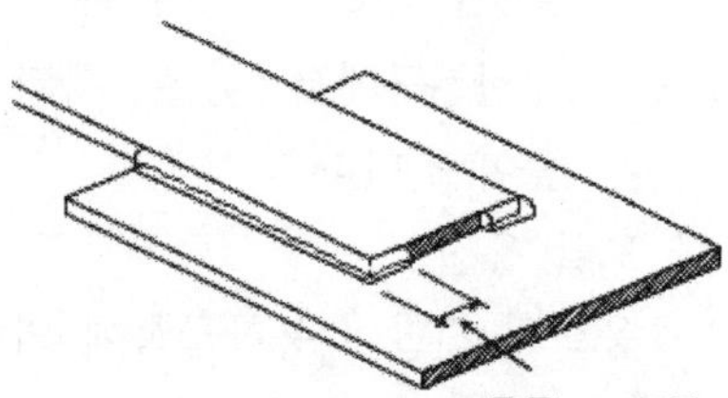

① 모살용접이 각진부분에서 끝날 경우 각진 부분에서 그치지 않고 연속적으로 그 각을 돌아가면서 용접한다.

② 길이는 모살용접 SIZE의 2배로 한다.

③ 맞댐용접의 엔드탭과 같은 역할을 수행

7) 용접 접합의 종류

㉮ 맞댄 용접

① 맞댄 용접의 특징

☞ 그림 4.2.7.1 맞댄 용접의 적용

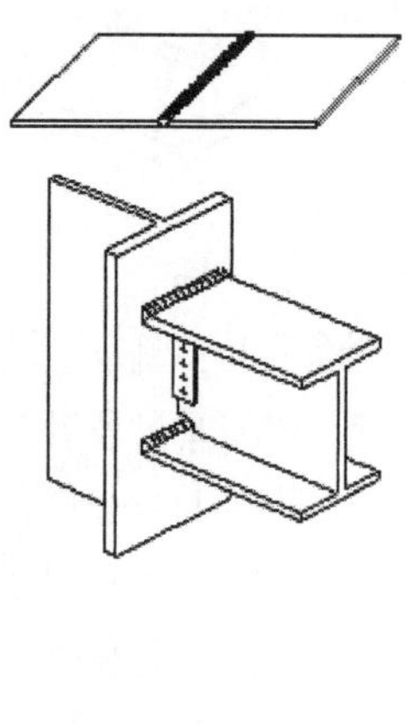

㉠ 맞댐용접에서는 용접덧살이 응력을 전달하는 역할을 한다.

㉡ 용접덧살의 형상, 모재의 관리가 중요하다.

㉢ 접합되는 부재는 개선면에 용입된 용접부에 의해 일체화되어 중요한 부재의 접합에 사용한다.

㉣ 모재끼리 직접 연결한다든지, 기둥 플랜지에 보 플랜지를 접합하는 경우에 사용된다.

☞ 사진 4.2.7.1 맞댄 용접의 단면 상세

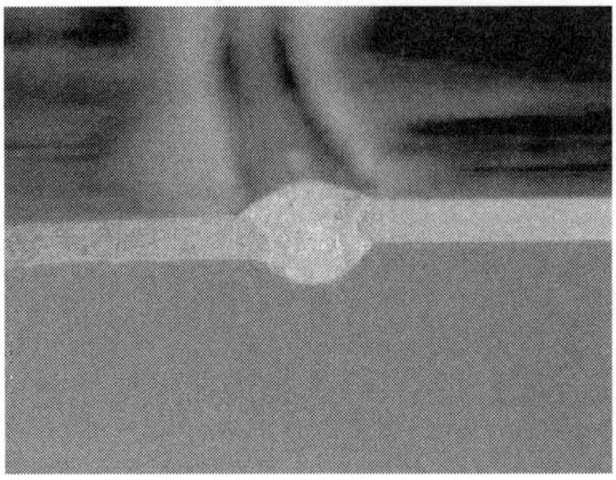

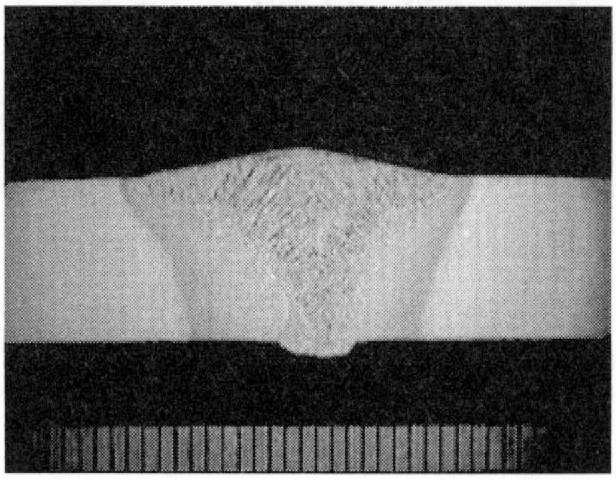

② 판두께가 다른 경우의 용접

판두께에 의한 높이의 차가 10mm를 넘는 경우 두꺼운 쪽의 재를 1/2.5 이하의 기울기로 가공하여 개선부근에서 얇은 쪽과 동일한 높이로 한다.

☞ 그림 4.2.7.2 판두께가 다른 경우의 용접

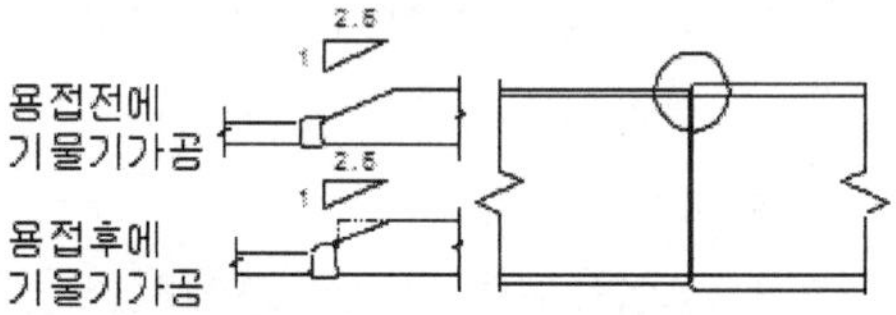

㉯ 모살 용접

응력의 전달이 용착금속에 의해 이루어지므로 용접살의 목두께의 관리가 중요

① 주요 용도 : 밀착된 모재로 인해 구성되는 각진 부분에 삼각형 단면으로 된 용착금속을 붙게 하여 응력을 전달

☞ 그림 4.2.7.3 판을 겹쳐 이을 경우

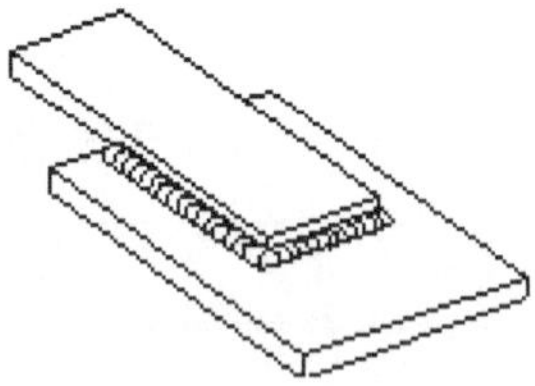

☞ 그림 4.2.7.4 T형으로 이을 경우

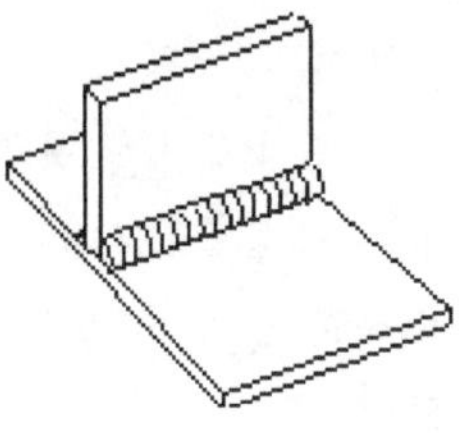

② 응력 전달 기구

㉠ 판을 겹쳐 이을 경우 (그림 4.2.7.5)

ⓐ 앞면 모살용접 : 전달해야 할 응력방향에 대해 직각

모재 1과 용착금속 : 인장력

모재 2와 용착금속 : 전단력

ⓑ 측면 모살용접 : 전달해야 할 응력방향에 대해 평행

모재 1, 2 와 용착금속 : 전단력

ⓒ 용접의 품질관리
용접면의 관리 : 부착응력의 증대
용접 목두께의 관리 : 용착금속 자체가 인장력, 전단력을 부담

ⓛ T형 모살 용접의 경우 (그림 4.2.7.6)

ⓐ T형 모살용접의 경우 인장력을 가하면 목부분에서 파단이 일어난다.

ⓑ 목두께의 관리가 중요하다.

☞ 그림 4.2.7.5 판을 겹쳐 이을 경우 응력 전달

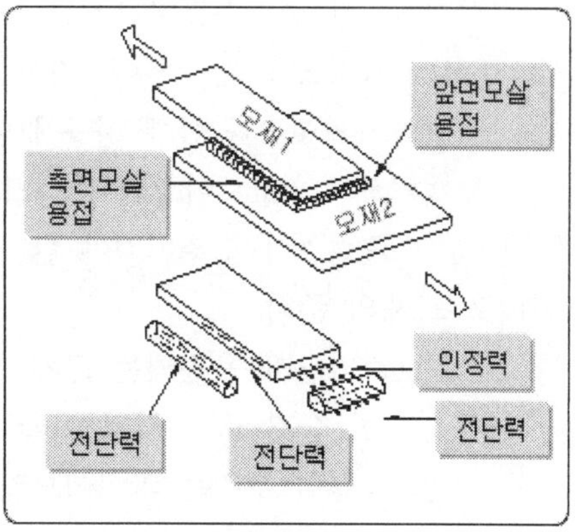

☞ 그림 4.2.7.6 인장력 과다 시 목부분 파단

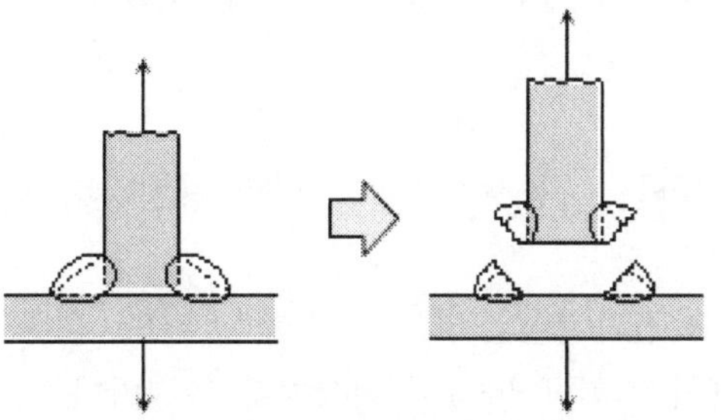

☞ 그림 4.2.7.7 모살 용접의 목두께

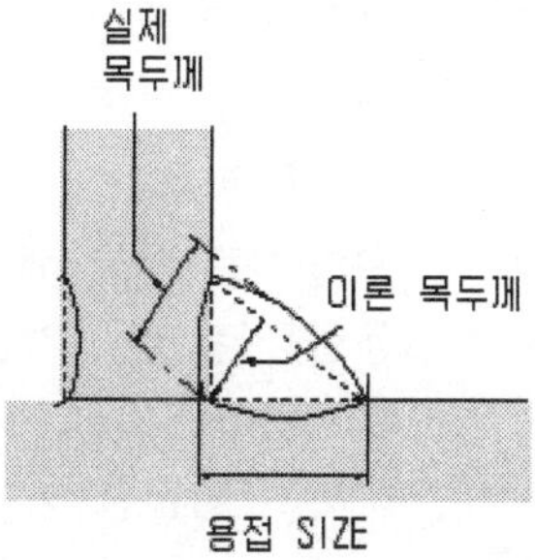

☞ 사진 4.2.7.3 모살 용접의 단면 상세

㉰ 스터드(Stud)의 용접

① 일반사항

㉠ 스터드는 자동시간조절 아크 스터드용접기에 적합해야 한다.

㉡ 각 스터드는 열에 저항성이 있는 세라믹 또는 적합한 재료로 만든 링(ferrule)과 함께 사용해야 한다.

㉢ 직경 8mm 이상의 스터드를 용접하는 경우에는 탈산화와 아크 안정을 위한 플럭스가 갖추어져야 한다.

② 모재의 준비

㉠ 스터드가 용접되는 모재 부위는 충분한 용접이 이루어질 수 있도록 스케일, 녹, 습기 또는 기타 이물질이 없어야 한다.

㉡ 용접될 부위는 와이어브러시, 디스케일링(descaling) 또는 연마 등으로 깨끗이 준비해야 한다.

㉢ 모재의 온도가 -20℃ 미만이거나 표면에 습기, 눈 또는 비에 노출된 경우에는 용접해서는 안 된다. 다만, 모재의 온도가 -20℃~0℃인 경우에는 추가의 육안검사와 굽힘시험 등을 통하여 담당원의 승인을 얻어 용접할 수 있다.

③ 스터드 용접

㉠ 스터드는 직류 음극에 스터드를 연결하는 자동시간조절 스터드 용접장비로 용접하는 것을 기본으로 한다.

㉡ 용접전압, 전류, 시간 및 스터드의 장전과 밀어 넣기를 위한 스터드 건은 과거의 경험과 스터드 용접기 제조자의 지침에 따라 최적상태로 조정한다.

㉢ 두 개 이상의 스터드 건을 동일한 전원으로 사용하는 경우, 한 번에 하나의 스터드 건만이 작동하도록 하고 하나의 스터드를 용접한 후 다른 스터드 용접을 시작하기 전에 동력이 완전히 회복되어야 한다.

☞ 그림 4.2.7.8 스터드 용접의 시공 순서

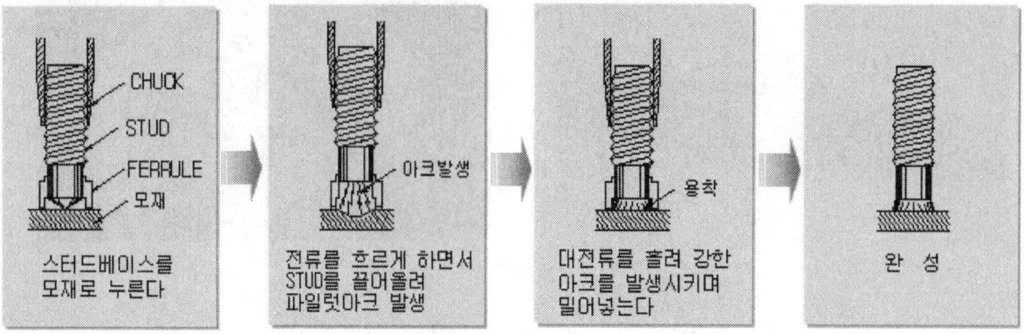

④ 스터드 용접의 보수

㉠ 스터드 자동용접에서 스터드가 완전한 360°의 용착부를 얻지 못할 경우, 누락된 용착부를 사전에 인정된 플럭스코어드 아크용접이나 가스메탈 아크용접 또는 피복 아크용접 방법을 사용하여 최소 필렛용접으로 적절하게 보수한다.

㉡ 보수용접은 보수하는 결함의 각 끝에서 최소 10mm 이상을 연장하여 실시한다.

8) 용접의 검사

㉮ 용접검사의 종류 및 범위

① 용접의 육안검사 및 비파괴시험은 건축물의 중요도 및 용접의 종류 등에 따라 결정하되 비파괴시험 관련 절차서를 제출하여 담당원의 승인을 받아 시행한다.

② 모든 용접은 전 길이에 대해 육안검사를 수행한다. 표면 결함이 발견된 경우에는 필요에 따라 침투탐상시험(PT, penetrating test) 또는 자분탐상시험(MT, magnetic particle examination) 등을 수행할 수 있다.

③ 설계도서에 별도로 명시되어 있지 않는 한 비파괴시험의 범위는 표 4.2.8.1과 같이 한다.

☞ 표 4.2.8.1 비파괴 시험의 범위

용접부 종류[1]	표 1.1의 품질관리 구분			시험방법
	가	나	다	
인장응력을 받는 완전용입 또는 부분용입 횡방향 맞대기 용접부	해당 없음	10%	20%	RT, UT
완전용입 또는 부분용입 횡방향 맞대기 용접부 - 십자이음부 - T-이음부	해당 없음	 10% 5%	 20% 10%	UT
인장 또는 전단을 받는 횡방향 필렛용접부 - $a>12mm$ or $t>20mm$ - $a\leq 12mm$ and $t\leq 20mm$	해당 없음	 5% 0%	 10% 5%	MT
종방향 용접과 보강재 용접부	해당 없음	0%	5%	MT

(주) 1) 이 표에서 종방향 용접은 부재의 축방향과 평행인 용접이며, 그 이외의 경우에는 횡방향 용접으로 간주한다. 또한 a는 용접의 목두께이며, t는 모재의 두께(mm)

㉯ 육안검사

① 검사범위

모든 용접부는 육안검사를 실시한다. 용접비드 및 그 근방에서는 어떤 경우도 균열이 있어서는 안된다.

② 용접균열의 검사

균열검사는 육안으로 하되, 특히 의심이 있을 때에는 자분탐상법 또는 침투탐상법으로 실시해야 한다.

③ 용접비드 표면의 피트

주요 부재의 맞대기이음 및 단면을 구성하는 T이음, 모서리 이음에 관해서는 비드 표면에 피트가 있어서는 안된다. 기타의 필렛용접 또는 부분용입 그루브 용접에 관해서는 한 이음에 대해 3개 또는 이음길이 1m에 대해 3개까지 허용한다. 다만, 피트 크기가 1mm 이하일 경우에는 3개를 한 개로 본다.

④ 용접비드 표면의 요철

비드길이 25mm 범위에서의 고저차로 나타내는 비드 표면의 요철은 다음 표 4.2.8.2의 값을 초과해서는 안된다.

☞ 표 4.2.8.2 용접비드 표면의 요철 허용 값

(단위 : mm)

표 1.1의 품질관리 구분	가	나	다
요철 허용 값	해당 없음	4	4

⑤ 언더컷

언더컷의 깊이는 표 4.2.8.3의 값을 초과해서는 안된다.

☞ 표 4.2.8.3 언더컷의 깊이의 허용값

(단위 : mm)

언더컷의 위치	표 1.1의 품질관리 구분		
	가	나	다
주요부재의 재편에 작용하는 1차응력에 직교하는 비드의 종단부	해당 없음	0.5	0.5
주요부재의 재편에 작용하는 1차응력에 평행하는 비드의 종단부	해당 없음	0.8	0.8
2차부재의 비드 종단부	해당 없음	0.8	0.8

⑥ 오버랩

오버랩이 있어서는 안 된다.

⑦ 필렛용접의 크기

필렛용접의 다리길이 및 목두께는 지정된 치수보다 작아서는 안 된다. 그러나 한 용접선 양끝의 각각 50mm를 제외한 부분에서는 용접길이의 10%까지 범위에서 −1.0mm의 오차를 인정한다.

㉰ 비파괴시험

① 비파괴시험은 육안검사에 합격한 용접부에 실시한다. 일반적으로 용접 후 표 4.2.8.4에 명시된 최소 지체시간이 경과한 이후에 실시한다.

☞ 표 4.2.8.4 비파괴시험의 용접 후 최소 지체시간

용접 목두께 (mm)	용접 입열량 (J/mm)	지체시간 (시간, hr)[1]	
		항복강도 (MPa)	
		420 이하	420 초과
a ≤6	모든 경우	냉각시간	24
6〈 a ≤12	3000 이하	8	24
	3000 초과	16	40
12≤ a	3000 이하	16	40
	3000 초과	40	48

(주) 1) 여기서 지체시간은 용접완료 후부터 비파괴시험 시작 때까지의 시간을 뜻함.

② 침투탐상시험 및 자분탐상검사

침투탐상 검사 및 자분탐상 검사는 각각 KS D 0213과 KS B 0816 기준에 준한다.

③ 방사선투과시험

방사선투과시험의 합격기준은 KS B 0845에 따라 등급을 분류하고, 그 판정은 표 4.2.8.5에 준한다.

④ 초음파탐상시험

초음파탐상시험의 합격기준은 KS B 0896에 따라 등급을 분류하고, 그 판정은 표 4.2.8.5에 준한다.

☞ 표 4.2.8.5 방사선투과시험 및 초음파탐상시험의 합격기준

품질관리 구분 및 응력 종류	합 격 등 급
표 1.1의 품질관리 구분'가'	해당 없음
표 1.1의 품질관리 구분'나'	3류 이상
표 1.1의 품질관리 구분'다'	2류 이상

☞ 그림 4.2.8.5 초음파 탐상의 원리

초음파탐상의 원리는 어군 탐지기와 동일하다. 어군에 의해 반사되는 음파와 마찬가지로 철판내의 내부 결함은 발사된 음파를 반사 시킨다.이때 반사음의 속도와 반사시간을 측정하여 결함의 깊이를 측정할 수 있다.

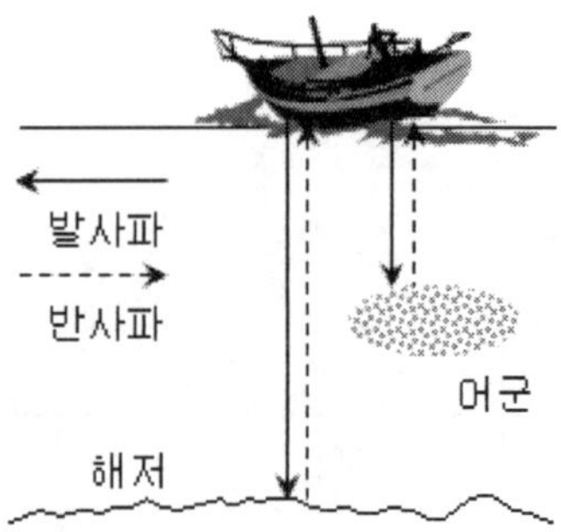

☞ 사진 4.2.8.5 초음파 탐상 시험기

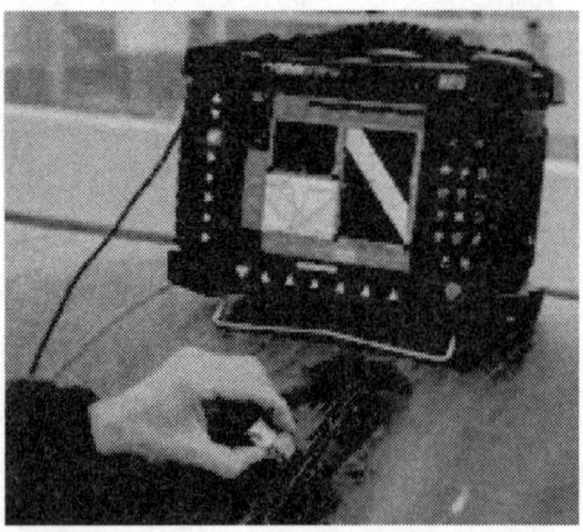

㉱ 스터드용접 검사

① 건축구조물의 검사 범위

스터드용접 후의 마감높이 및 기울기 검사는 100개 또는 부재 1개에 용접된 숫자 중 작은 쪽을 1개의 검사 단위로 하며, 검사 단위당 1개씩 검사한다. 단, 육안검사를 위해 표본 추출하는 경우에는 1개 검사단위 중에서 전체보다 길거나

짧은 것 또는 기울기가 큰 것을 선택한다.

② 육안검사

검사시에는 적정한 측정기구를 사용하여야 하며, 합격 및 불합격의 판정은 표 4.2.8.6을 만족하여야 한다.

③ 굽힘검사

㉠ 구부림 각도 15°에서 용접부의 균열, 기타 결함이 발생하지 않은 경우에는 그 검사단위는 합격한 것으로 한다.

㉡ 굽힘검사에 의해 15°까지 구부러진 스타드는 결함이 발생하지 않았다면 그대로 콘크리트를 타설할 수 있다.

④ 검사 후 처리

㉠ 검사 후 합격한 검사 단위는 그대로 받아들이며, 불합격한 경우에는 동일 검사 단위로부터 추가로 2개의 스터드를 검사하여 2개 모두 합격한 경우에는 그 검사 단위는 합격으로 한다. 다만, 이들 2개의 검사스터드 중에서 1개 이상이 불합격한 경우에는 그 검사단위 전체에 대해 재검사한다.

㉡ 검사에서 불합격한 스터드는 50～100mm 인접부에 스터드를 재용접하여 검사한다. 단, 인접부에 재용접이 불가능하거나, 결함이 모재에 파급되어 있는 경우에는 보수하여 재검사한다.

☞ 표 4.2.8.6 스터드용접부의 외관검사

결 함	판 정 기 준
더돋기 형상의 부조화	더돋기는 스터드의 반지름 방향으로 균일하게 형성되어야 한다. 여기에서 더돋기는 높이 1mm, 폭 0.5mm 이상의 것을 말한다.
균열 및 슬래그 혼입	허용되지 않는다.
언 더 컷	날카로운 노치 형상의 언더컷 및 깊이 0.5mm 이상의 언더컷은 허용되지 않는다. 다만, 0.5mm 이내로 그라인드 처리할 수 있는 것은 그라인드 처리 후 합격하는 것으로 한다.
스 터 드	설계치에서 ±2mm를 넘어서는 안 된다.

9) 용접의 결함과 보수

☞ 표 4.2.9.1 용접의 결함과 보수

용접 결함의 명칭	내 용	결과 및 대책	보수 방안
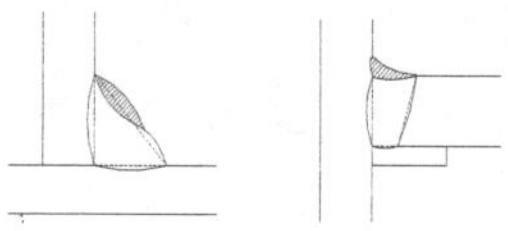 단면 부족			적정 단면이 되도록 보수용접을 한다.
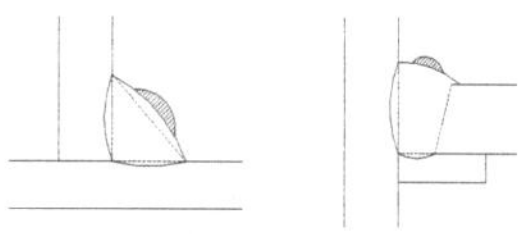 단면 과대			단면의 형상에 따라 그라인더 등으로 갈아낸다.
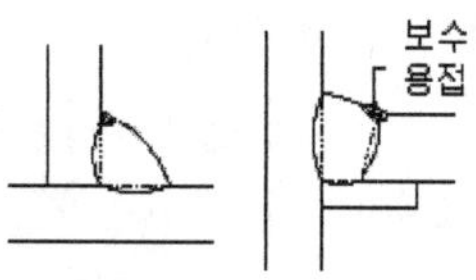 언더 컷(Under Cut)	용접 상부에 모재가 녹아 용착금속이 채워지지 않고 홈으로 남게 된 부분	• 용접봉의 지지각도와 운봉속도 적정유지 • 용접전류 적정유지 • 적정 용접봉 사용 • 적정 용접자세 유지	짧은 BEAD가 되지 않도록 보수 용접한다.
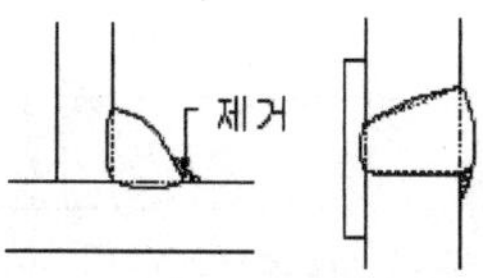 오버 랩(Over Lap)	용접금속과 모재가 융합되지 않고 단순히 겹쳐지는 것	용착물 탈락현상	지나치게 깍아내지 않도록 그라인더로 주의하여 깍아낸다.
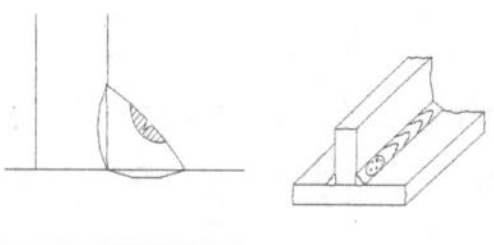 피트(Pit)	용접부 표면에 생기는 미세한 홈	용착물 부식, 탈락	ARC AIR GOUGING 또는 그라인더에 의해 제거한 후 보수용접한다.
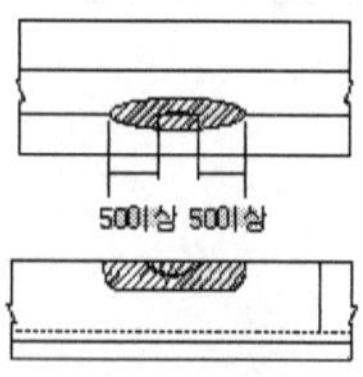 크랙(crack)	용접 후 냉각시에 생기는 갈라짐	외관불량, 종균열, 횡균열, 사방 균열	균열의 범위를 확인한 후 양끝 50mm 이상의 범위를 오목하게 정리한 후 보수 용접한다.

용접 결함의 명칭	내 용	결과 및 대책	보수 방안
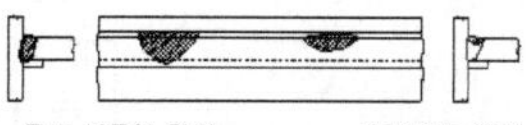 내부 결함			• 비파괴검사에 의해 결함의 위치를 표시한 후 ARC AIR GOUGING에 의해 실제위치를 확인 • 양끝에서 20mm 정도 제거하여 오목한 형상으로 마감한 후 재용접한다. • 분명한 균열의 경우는 균열 끝에서 50mm 이상 깎아낸다.
공기구멍(blow hole)	용융금속이 응고할 때 방출가스가 남아서 생긴 기포나 작은 틈	용착물 부식, 탈락현상, 예열해야 함, 청소 철저	
슬래그(slag) 감싸들기	용접봉의 피복재 용해물인 회분(slag)이 용착금속 내에 혼입 되는 현상	강도 약화, 내식성 저하	
크레이터(crater)	용접길이 끝부분에 우묵하게 파진 부분	용접부 외관불량, end tab 사용	
라멜레이트(lamellte)	모재 내부에 균열이 발생되는 현상으로 각이음, T형 용접에 많이 발생	• 이음형상을 변경한다. • 적정한 홈의 형태를 유지한다. • 구속도 감소 및 이음위치를 분산한다. • 구조설계상 미리 배려하여 설계	
각장 부족	모살용접에서 한쪽 용착면의 다리길이가 부족한 현상	–	

☞ 그림 4.2.9.1 용접접합 결함의 특성요인도

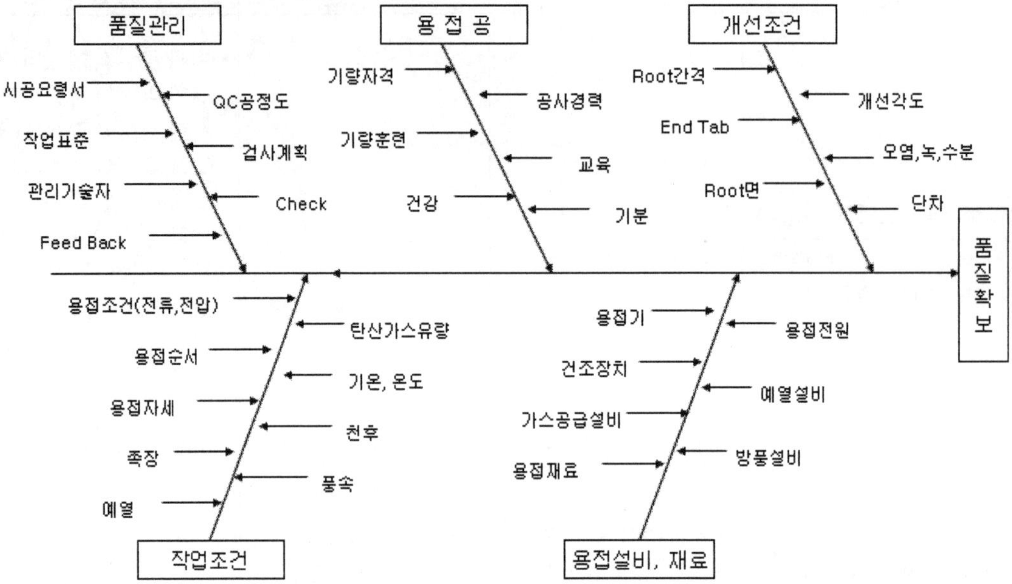

4.3 볼트 접합

1) 고력볼트 접합의 원리

㉮ 마찰접합 : 마찰면의 관리

① 마찰저항 작용 : 고력볼트로 조여진 모재와 COVER PLATE 사이에 작용

② 마찰력≥모재단면력 : 모재의 단면력은 접합면을 통하여 COVER PLATE에 전달된다.

③ 마찰력≤모재단면력 : 마찰이 끊어져 미끄러짐 발생 ⇒ 볼트의 전단력으로 지지

☞ 그림 4.3.1.1 마찰접합의 원리

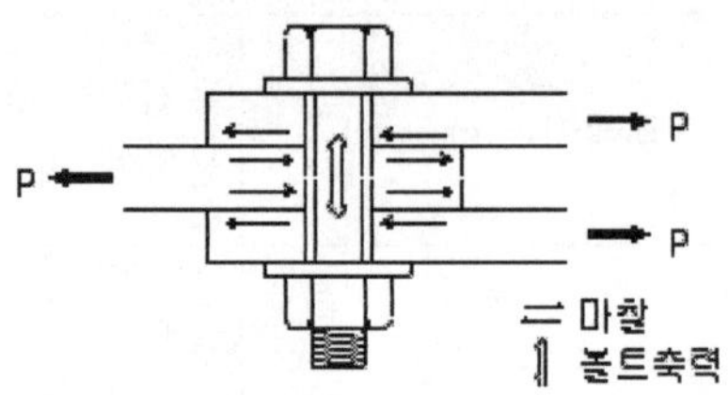

㉯ 인장접합 : 도입된 볼트의 축력 관리가 중요

① 이간 하중 : 볼트 외력에 가해진 접합면이 벌어질 때의 하중

② 이간 하중은 볼트의 축력이 높을수록 높게 한다.

2) 고장력 볼트

㉮ 고장력볼트 세트의 구성은 고장력볼트 1개, 너트 1개 및 와셔 2개로 구성한다.

㉯ 고장력볼트 세트의 종류는 세트를 구성하는 부품의 기계적 성질에 따라 표 4.3.2.1와 같이 1종, 2종 및 4종으로 한다. 또한 토크계수 값에 따라서 각각 A(표면윤활

처리)와 B(방청유 도포상태)로 분류하고, 세트를 구성하는 부품은 기계적 성질 등의 특성 및 품질을 만족해야 한다.

㉰ 토크계수값은 표 4.3.2.2의 규정에 적합해야 한다.

㉱ 너트 제품의 기계적 성질은 표 4.3.2.3의 규격에 적합해야 한다.

㉲ 와셔의 경도는 표 4.3.2.5의 규격에 합격한 것이어야 하며, 침탄, 담금질, 뜨임을 하지 않는 것으로 한다.

㉳ 토크-전단형(T/S) 고장력 볼트를 사용하는 경우에는 KS B 2819에 따른다

㉴ 용융아연도금 고장력볼트 재료세트는 KS B 1010의 제1종(F8T) A에 따른다. 마찰계수 0.4를 얻기 위해 표면거칠기를 50S 이상이 되도록 블라스트 처리하고 너트 회전법으로 볼트를 체결한다.

㉵ 고장력볼트의 길이는 조임길이에 표 4.3.2.6의 길이를 더한 것을 표준으로 하여 KS B 1010의 부표 1(마찰접합용 고장력 육각 볼트)중에서 가장 가까운 것을 사용한다.

㉶ 고장력볼트의 표면은 거칠지 않고 사용상 해로운 터짐, 흠, 끝 굽음, 녹, 나사산의 상처 등의 결점이 없어야 하며, 너트와 와셔의 표면도 거칠지 않고 사용상의 해로운 터짐, 흠, 귀, 녹 등의 결점이 없어야 한다.

☞ 표 4.3.2.1 고장력 볼트의 종류와 등급

세트의 종류		사용하는 구성 부품의 기계적 성질에 따른 등급		
기계적 성질에 따른 종류	토크 계수값에 따른 종류	볼 트	너 트	와 셔
1종	A	F8T	F10 (F8)	F35
	B			
2종	A	F10T	F10	
	B			
(3종)	A	(F11T)		
	B			
4종	A	F13T	F13	
	B			

비고　표에서 (　)를 붙인 것은 되도록 사용하지 않는다.

(주) 1) 토크계수 값이 A는 표면 윤활 처리
2) 토크계수 값이 B는 방청유 도포상태

☞ 표 4.3.2.2 토크계수 값

구 분	토크계수값에 따른 세트의 종류	
	A	B
토크계수 값의 평균값	0.110~0.150	0.150~0.190
토크계수 값의 표준편차	0.010 이하	0.013 이하

☞ 표 4.3.2.3 너트 제품의 기계적 성질 및 표시기호

너트의 기계적 성질에 따른 등급	경 도		표시기호	보증하중
	최 소	최 대		
F8	HRB 85	HRB 100		
F10	HRB 95	HRC 35		표 4.3.2.4의 고장력 볼트 인장하중(최소)과 같다.
F13	HRC 30	HRC 40		

☞ 표 4.3.2.4 고장력 볼트 인장 하중

볼트 등급	최소 인장 하중 kN							경 도
	볼트 사이즈							
	M12	M16	M20	M22	M24	M27	M30	
F8T	67.4	125.4	195.8	242.7	282.0	367.0	449.0	HRC 18~31
F10T	84.3	156.7	244.8	303.4	352.5	458.8	561.3	HRC 27~38
F11T	92.7	172.4	269.3	333.7	387.8	504.7	617.4	HRC 30~40
F13T	109.6	203.7	318.2	394.4	458.3	596.4	729.7	HRC 40~45

☞ 표 4.3.2.5 와셔의 경도

와셔의 기계적 성질에 의한 등급	경 도
F35	HRC 35～45

☞ 표 4.3.2.6 조임길이에 더하는 길이

고장력 볼트의 호칭	조임길이[1)]에 더하는 길이[2)]
M16	30
M20	35
M22	40
M24	45
M27	50
M30	55

(주) 1) 조임길이는 접합판 두께의 합이다.
2) 조임길이에 더하는 길이는 너트 1개, 와셔 2장 두께와 나사피치 3개의 합이다. 단, 토크-전단형(T/S) 고장력볼트의 경우에는 위 값에서 와셔 1장 두께를 뺀 길이를 적용한다.

☞ 참고

HRB(Hardness Rockwell 'B' Scale) : 누르개가 직경1.5875 구형을 사용
HRC(Hardness Rockwell 'C' Scale) : 누르개가 다이어몬드 원추형을 사용
로크웰 경도로 측정기를 사용하여 경도를 구한다.
시험편이 두꺼우면 HRB를, 상대적으로 얇은 것은 HRC를 사용

3) 일반 볼트

㉮ 일반볼트의 기계적성질은 표 4.3.3.1을 따른다.

☞ 표 4.3.3.1 일반볼트의 기계적 성질

강 도 구 분	4T	5T	6T
인장강도(MPa)	392 이상	490 이상	588 이상
브리넬경도(HB)	105~229	135~241	170~255

㉯ 볼트와 너트의 조합 시 너트는 볼트 강도구분과 같거나 높은 것을 사용할 수 있다.
㉰ 일반볼트의 길이는 표 4.3.3.2에 명시된 호칭길이로 나타내고 조임 길이에 따라서 조임 종료 후 표 06020.7과 같이 너트 밖에 3개 이상의 나사산이 나오도록 선택한다.

☞ 표 4.3.3.2 호칭 지름 6각 볼트의 치수

단위 : mm

나사의 호칭 d	M3	M4	M5	M6	M8	M10	M12	M16	M20	M24
피 치 P	0.5	0.7	0.8	1	1.25	1.5	1.75	2	2.5	3

호칭 길이(기준 치수)	35	40	45	50	55	60	65	70
최　　소	33.75	38.75	43.75	48.75	53.5	58.5	63.5	68.5
최　　대	36.25	41.25	46.25	51.25	56.5	61.5	66.5	71.5
호칭 길이(기준 치수)	80	90	100	110	120	130	140	150
최　　소	78.5	88.25	98.25	108.25	118.25	128	138	148
최　　대	81.5	91.75	101.75	111.75	121.75	132	142	152
호칭 길이(기준 치수)	160	180	200	220	240	260	280	300
최　　소	158	178	197.7	217.7	237.7	257.4	277.4	297.4
최　　대	162	182	202.3	222.3	242.3	262.6	282.6	302.6

☞ 표 4.3.3.3 일반볼트의 조임길이에 더하는 길이(mm)

볼트의 호칭		M12	M16	M20	M22	M24
더하는 길이	1중 너트의 경우	20 이상	26 이상	30 이상	35 이상	37 이상
	2중 너트의 경우	27 이상	36 이상	42 이상	48 이상	51 이상

4.4 시공

1) 마찰접합

㉮ 일반사항

① 마찰접합은 표 4.3.2.1의 고장력볼트 세트를 사용한다.

② 고장력볼트 마찰접합부의 마찰면은 규정된 미끄럼계수가 반드시 확보되어야 한다.

③ 마찰접합의 고장력볼트는 규정된 볼트축력이 도입되도록 적절한 방법으로 조임한다.

㉯ 마찰면의 준비

① 접합부 마찰면의 밀착성 유지에 주의하고, 모재접합 부분의 변형, 뒤틀림, 구부러짐, 이음판의 구부러짐 등이 있는 경우에는 마찰면이 손상되지 않도록 교정한다. 볼트구멍 주변은 절삭 남김, 전단 남김 등을 제거한다. 마찰면에는 도료, 기름, 오물 등이 없도록 충분히 청소하여 제거하며, 들뜬 녹은 와이어브러시 등으로 제거한다.

② 마찰면인 강재의 표면과 고장력볼트구멍 주변을 정리하고, 구멍을 중심으로 지름의 2배 이상 범위의 녹, 흑피 등을 숏 블라스트(shot Blast) 또는 샌드 블라스트(sand blast)로 제거한다.

③ 품질관리구분 표 1.1 '나', '다'에서 볼트접합이 이루어지기 전 현장에서의 노출로 인한 부식의 우려가 없고, 미끄럼계수 0.5를 적용하여 설계한 경우에는 마찰면에 페인트를 칠하지 않고, 미끄럼계수가 0.5 이상 확보되도록 표면 처리해야 한다.

㉰ 접합부의 단차 수정

① 품질관리 구분 '나', '다'에서 접합되는 부재의 표면 높이가 서로 차이가 있는 경우 표 4.4.1.1과 같이 처리한다.

☞ 표 4.4.1.1 접합부 표면의 높이 차이 처리방법

높 이 차 이	처 리 방 법
1mm 이하	별도 처리 불필요
1mm 초과	끼움판 사용

② 끼움판의 재질은 모재의 재질과 관계없이 사용할 수 있고, 끼움판은 양면 모두 마찰면으로 처리한다.

㉱ 볼트구멍의 어긋남 수정

① 접합부 조립 시에는 겹쳐진 판 사이에 생긴 2mm 이하의 볼트구멍의 어긋남은 리머로서 수정하여도 된다.

② 구멍의 어긋남이 2mm를 초과하는 때의 처리는 접합부의 안전성 검토를 포함하여 담당원과 협의하여 정한다.

㉲ 볼트 조임 시공법의 확인

① 볼트의 조임 시공법 확인은 공사용으로 반입 검사한 볼트 중에서 임의로 취하여 실제작업에 사용하는 조임기기를 이용하여 이 시방서에 규정에 따라 조여서 축력계로 도입장력을 측정하는 방법으로 한다. 이때 검사에 이용되는 조임기기와 축력계는 소정의 성능을 갖추고 충분히 정비되어야 한다.

② 볼트는 나사를 손상시키지 않고 정확하게 구멍 속에 끼워 넣어야 하며, 볼트 끼우기 중 나사 부분과 볼트머리는 손상되지 않게 보호한다.

③ 모든 볼트머리와 너트 밑에 각각 와셔 1개씩 끼우고, 너트를 회전시켜서 조인다. 다만, 토크-전단형(T/S) 볼트는 너트 측에만 1개의 와셔를 사용한다.

④ 와셔는 볼트머리와 너트에 평행하게 놓아야 한다. 볼트가 볼트축에 직각인 평면과 1/20보다 큰 경사를 갖는 경사면이나 원형면 위에 사용될 경우에는 볼트머리나 너트가 완전히 지지되도록 경사진 와셔나 원형 와셔를 갖추어야 한다.

⑤ 세트를 구성하는 와셔 및 너트에는 바깥쪽과 안쪽이 있으므로 볼트접합부에 사용할 때에는 그림 4.4.1.1과 같이 너트의 표시 기호가 있는 쪽이 바깥쪽이고,

와셔는 면치기가 있는 쪽이 바깥쪽이므로 반대로 사용하지 않도록 주의한다.

⑥ 볼트의 조임 및 검사에 사용되는 기기 중 토크렌치와 축력계의 정밀도는 ±3% 오차범위 이내가 되도록 충분히 정비된 것을 이용한다.

☞ 그림 4.4.1.1 너트, 와셔의 속과 겉

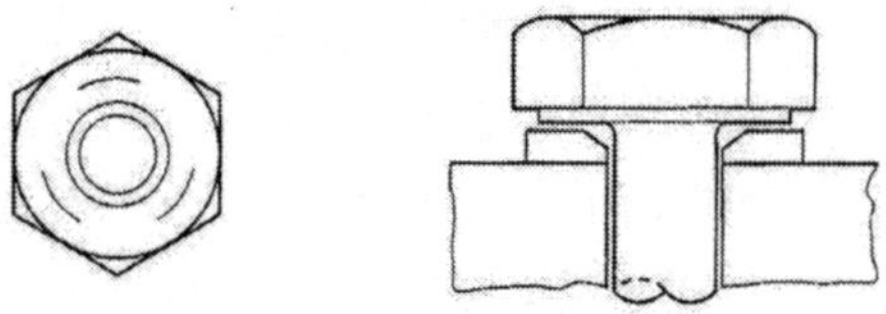

⑦ 볼트의 끼움에서 본조임까지의 작업은 같은 날 이루어지는 것을 원칙으로 한다.

⑧ 볼트의 조임 작업 시 본조임은 원칙적으로 강우 및 결로 등 습한 상태에서 조임해서는 안 된다.

㉳ 볼트의 조임 축력

볼트의 조임은 설계볼트장력에 10%를 증가시켜 표 4.4.1.2에 명시한 표준볼트장력을 얻을 수 있도록 한다.

☞ 표 4.4.1.2 고장력볼트[1)]의 설계볼트장력[2)]과 표준볼트장력 및 장력의 범위

고장력볼트의 등급	고장력볼트의 호칭	공칭단면적 (mm²)	설계볼트장력 (kN)	표준볼트장력 (kN)	볼트장력의 범위 (kN)
F8T	M16	201	84	92	70.2~95.3
	M20	314	132	145	109.7~148.8
	M22	380	160	176	135.9~184.5
	M24	452	190	209	157.9~214.3
F10T	M16	201	106	117	98.7~134.0
	M20	314	165	182	154.2~209.3
	M22	380	200	220	191.4~259.4
	M24	452	237	261	222.1~301.4
	M27	572	310	330	289.0~392.3
	M30	708	375	408	353.6~479.9
F13T	M16	201	137	151	128.3~174.2
	M20	314	214	235	200.5~272.1
	M22	380	259	285	248.5~337.2
	M24	452	308	339	288.7~391.8

(주) 1) 고장력볼트의 유효단면적은 공칭단면적의 0.75배

2) 설계볼트장력은 고장력볼트 인장강도의 0.7배에 고장력볼트의 유효단면적을 곱한 값

㉳ 볼트의 조임 순서

① 볼트의 조임은 1차조임과 본조임으로 나누어서 시행한다.

② 1차조임은 접합부 볼트군마다 볼트를 삽입한 후 즉시 그림 4.4.1.2에 표시된 순서로 조인다.

③ 1차조임은 프리세트형 토크렌치, 전동 임펙트렌치 등을 사용하여 표 4.4.1.3에 명시한 토크로 너트를 회전시켜 조인다.

④ 본조임은 1차조임과 같은 순서로 최종 목표 표준볼트장력에 도달할 수 있는 토크로 조인다.

☞ 그림 4.4.1.2 볼트의 조임 순서

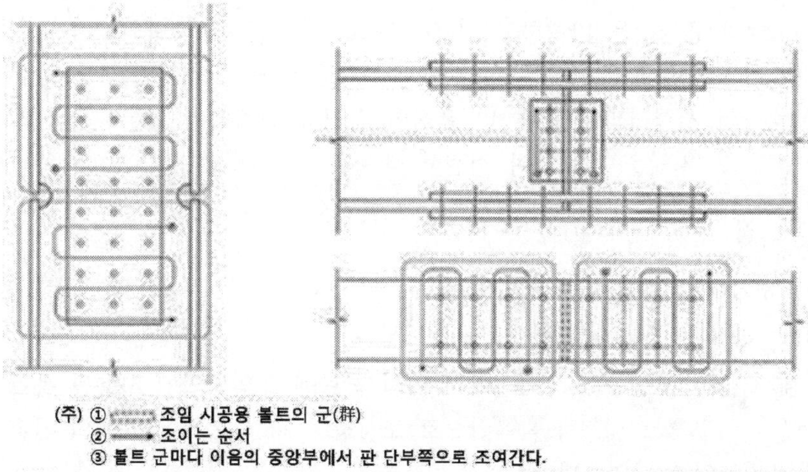

☞ 표 4.4.1.3 1차 조임 토크

(단위 : N·m)

고장력볼트의 호칭	1차 조임 토크
	표 1.1의 품질관리구분 "나, 다"
M16	100
M20, 22	150
M24	200
M27	300
M30	400

㉴ 토크관리법

① 요구되는 볼트장력이 볼트에 균일하게 도입되도록 볼트 조임기기를 이용하여 사전 조정된 토크로 볼트를 조이는 방법이다.

② 볼트 호칭마다 토크계수값이 거의 같은 로트를 1개 시공로트로 한다. 이 시공로트에서 대표로트 1개를 선택하고 이 중에서 시험볼트 5세트를 임의로 선택한다. 시험볼트는 축력계에 적절한 길이의 것으로 선정한다.

③ 축력계를 이용하여 시험볼트가 적정한 조임력을 얻도록 미리 보정하고 조정된 볼트조임기기를 이용하여 조인다. 여기서, 5세트 볼트장력 평균값이 표 4.4.1.2에 나타난 규정값을 만족하고, 각각 측정값이 표준볼트장력의 ±15% 이내이어야 한다. 조임작업 종료 후의 검사에서도 사용가능성이 있으므로 토크렌치를 이용한 토크도 측정하여 둔다.

④ 위 ③항을 만족하지 않는 경우 동일 로트로부터 다시 10세트를 임의로 선정하여 동일한 시험을 한다. 이 10세트의 볼트장력 평균값을 구하여 이 값이 표 4.4.1.2의 규정값을 만족하고, 각각 측정값이 표준볼트장력의 ±15% 이내에 있으면 이 시공로트의 볼트는 정상인 것으로 판단한다.

⑤ 위 ④항의 시험결과가 규격 및 품질의 조건을 만족하지 않는 경우, 작업을 중지하고 그 원인을 검토하여 적절한 대책을 세우고 수정된 조임시공법에 대한 확인작업을 한다.

㉶ 너트회전법

① 너트회전법은 품질관리 구분 '나', '다'로 분류된 건축물에서 F8T와 F10T 고장력볼트에 대해서만 적용할 수 있다.

② 실제 접합부에 상응하는 적절한 두께의 강판에 조임작업에 사용될 볼트 5개 이상을 조이고 너트회전량을 육안으로 조사하여 모든 볼트에서 거의 같은 회전량이 생기는지를 확인한다.

③ 위 ②항의 방법으로 조임기기의 정상, 조임시공법의 적정함을 판단한다. 이때 도입장력과 토크를 확인하지 않아도 무방하다.

④ 너트의 회전각을 측정하는 시점은 통상은 토크렌치로 부재의 표면간격이 없어질 정도로 1차조임한 상태를 시점으로 한다.

⑤ 볼트의 조임을 너트회전법에 따라 할 때에는 접촉면의 틈이 없을 정도로 토크렌치로 조인상태에서 표 4.4.1.4에 표시한 너트회전각을 주는 것으로 한다.

☞ 표 4.4.1.4 너트회전법에 의한 볼트 조임

구 분	회 전 각
(가) 볼트 길이가 지름의 5배 이하일 때	120° ± 30°
(나) 볼트 길이가 지름의 5배를 초과할 때	시공조건과 일치하는 예비시험을 통하여 목표회전각을 결정한다.

㉧ 조합법

① 조합법은 토크관리법과 너트회전법을 조합한 것으로서 토크관리법으로 볼트를 조임하고 너트관리법으로 조임 후 검사하는 방법이다. 조합법은 표 1.1 품질관리구분 '나', '다'로 분류된 건축물에서 F8T 및 F10T 고장력볼트에 대해서만 적용할 수 있다.

② 프리세트형 토크렌치, 전동 임펙트렌치 등을 사용하여 표 4.4.1.3에 명시한 토크로 너트를 회전시켜 1차조임을 한다.

③ 1차조임 후 모든 볼트에 대해 그림 4.4.1.3과 같이 고장력볼트, 너트, 와셔 및 부재를 지나는 금매김을 한다.

☞ 그림 4.4.1.3 금매김

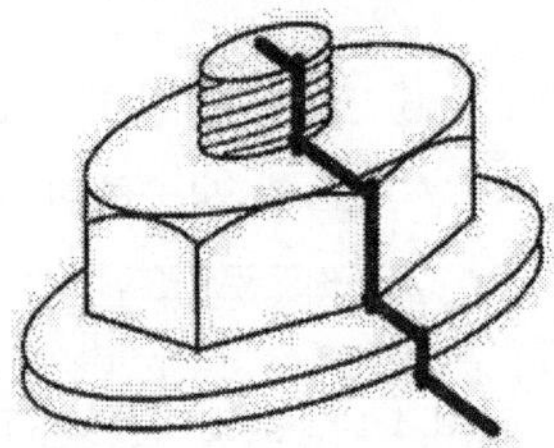

④ 본조임은 토크관리법에 의해 표준볼트장력을 얻을 수 있도록 조정된 조임기기를 이용하여야 한다. 조임기기의 조정은 매일 조임작업 전에 하는 것을 원칙으로 한다.

⑤ 이때, 토크관리법에 의한 너트의 회전각은 표 4.4.1.4에 따른다.

㉨ 토크-전단형(T/S) 고장력볼트의 조임

① 고장력볼트의 장력관리를 손쉽게 하기 위한 목적으로 특수고장력볼트(토크-전단형(T/S) 고장력볼트, 토크쉬어볼트)가 개발되었다.

② 토크-전단형(T/S) 고장력볼트의 본조임은 상온(10～30℃)에서 조임시공하는 것을 원칙으로 하며, 상온 이외의 경우는 적절한 조임축력을 갖도록 조임시공해야 한다.

③ 토크-전단형(T/S) 고장력볼트의 와셔는 너트측에만 1매를 사용한다.

④ 토크-전단형(T/S) 고장력볼트를 사용할 경우 전체 토크-전단형(T/S) 고장력볼트를 1차조임(1차 예비조임)한 후 나사부, 너트 및 와셔 등에 마킹한다. 본조임은 전용조임기를 사용하여 토크-전단형(T/S) 고장력볼트의 핀테일이 파단(破斷)될 때까지 조임시공한다. 다만, 본조임에서 적절한 조임력이 얻어지지 않은 볼트는 신제품으로 교체한다.

⑤ 토크-전단형(T/S) 고장력볼트 전용조임기를 사용하여 그림 4.4.14와 같이 조이면 토크-전단형(T/S) 고장력볼트의 조임이 완료된다.

☞ 그림 4.4.1.4 토크-전단형(T/S) 고장력볼트의 조임방법

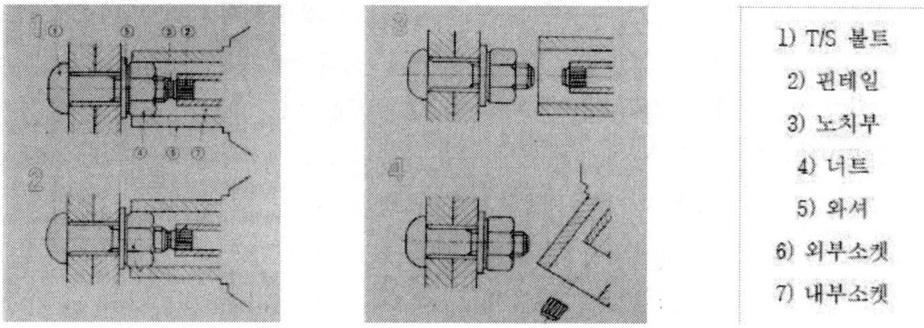

⑥ 토크-전단형(T/S) 고장력볼트의 조임축력은 표 4.4.1.5에 준한 조임축력을 갖도록 시공해야 한다. 토크-전단형(T/S) 고장력볼트는 온도변화에 의한 영향이 크므로 조임 시 온도를 확인한 후 시공해야 한다.

☞ 표 4.4.1.5 토크-전단형(T/S) 고장력볼트의 조임축력

(단위 : kN)

등 급	호 칭	표준볼트 장력	상 온		0~10℃ / 30~60℃	
			하 한	상 한	하 한	상 한
F10T	M20	182	172	207	165	217
	M22	220	212	256	205	268
	M24	261	247	298	238	312
	M27	330	322	388	310	406
	M30	408	394	474	379	496

㉰ 볼트조임 후 검사

① 토크관리법에 의한 검사

㉠ 조임완료 후 각 볼트군의 10%의 볼트 개수를 표준으로 하여 토크렌치에 의하여 조임 검사를 실시한다. 이 결과 조임 시공법 확인을 위한 시험에서 얻어진 평균 토크의 ±10% 이내의 것을 합격으로 한다.

㉡ 불합격한 볼트군에 대하여는 다시 그 배수의 볼트를 선택하여 재검사하되, 재검사에서 다시 불합격한 볼트가 발생하였을 때는 그 군의 전체를 검사한다.

㉢ 10%를 넘어서 조여진 볼트는 교체한다. 조임을 잊어버리거나 조임 부족이 인정된 볼트군에 대해서는 모든 볼트를 검사하고 동시에 소요 토크까지 추가로 조인다.

㉣ 볼트 여장은 너트면에서 돌출된 나사산이 1~6개의 범위를 합격으로 한다.

② 너트회전법에 의한 조임검사

㉠ 조임완료 후 모든 볼트에 대해서 1차조임 후에 표시한 금매김의 어긋남에 의해 동시회전의 유무, 너트회전량 및 너트 여장의 과부족을 육안검사하여 이상이 없는 것을 합격으로 한다.

㉡ 1차조임 후에 너트회전량이 120°±30°의 범위에 있는 것을 합격으로 한다.

㉢ 이 범위를 넘어서 조여진 고장력볼트는 교체한다. 또한 너트의 회전량이 부족한 너트에 대해서는 소요 너트회전량까지 추가로 조인다.

㉣ 볼트의 여장은 너트면에서 돌출된 나사산이 1~6개의 범위를 합격으로 한다.

③ 조합법에 의한 조임검사

㉠ 조임완료 후, 모든 볼트에 대해서 1차조임 후에 표시한 금매김의 어긋남에 의한 동시 회전의 유무, 너트회전량 및 너트 여장의 과부족을 육안검사하여 이상이 없는 것을 합격으로 한다.

㉡ 1차조임 후에 너트회전량이 120°±30°의 범위에 있는 것을 합격으로 한다.

㉢ 너트의 회전량에 현저하게 차이가 인정되는 볼트군에 대해서는 모든 볼트를 토크렌치를 사용하여 추가 조임에 따른 조임력의 적정 여부를 검사한다.

㉣ 이 결과 조임 시공법 확인을 위한 시험에서 얻어진 평균 토크의 ±10% 이내의 것을 합격으로 한다.

㉤ 10%를 넘어서 조여진 볼트는 교체한다. 조임을 잊어버리거나, 조임 부족이 인정된 볼트군에 대해서는 모든 볼트를 검사하고 동시에 소요 토크까지 추가로 조인다.

㉥ 볼트 여장은 너트면에서 돌출된 나사산이 1~6개의 범위를 합격으로 한다.

④ 토크전단형(T/S) 고장력볼트 조임 검사

㉠ 검사는 토크-전단형(T/S) 고장력볼트조임 후 실시한다.

㉡ 너트나 와셔가 뒤집혀 끼어 있는지 확인하여야 한다.

㉢ 핀테일의 파단 및 금매김의 어긋남을 육안으로 확인하여 검사한다. 핀테일이 정상적인 모습으로 파단되고 있으면 적절한 조임이 이루어진 것으로 판정하되, 금매김의 어긋남이 없는 토크-전단형(T/S) 볼트에 대하여 기타의 방법으로 조임을 실시하여 공회전이 확인될 경우에는 새로운 토크-전단형(T/S) 고장력볼트 세트로 교체하여야 한다.

⑤ 볼트의 교환

㉠ 고장력볼트, 너트, 와셔 등이 동시 회전, 축회전을 일으킨 경우나 너트회전량에 이상이 인정되는 경우 또는 너트면에서 돌출된 여장이 과대·과소한 경우는 새로운 세트로 교체한다.

㉡ 한 번 사용한 볼트는 재사용할 수 없다.

2) 지압접합

㉮ 일반사항

① 지압접합은 표 1.1 품질관리구분 "가", 그리고 "나, 다"로 분류된 건축물 및 부재의 접합에 적용할 수 있다.

② 지합접합에는 표 4.3.2.1의 고장력볼트 세트를 사용한다.

③ 표 1.1 품질관리구분 '가'로 분류된 건축물 및 부재에서 설계도면에 명시되어 있는 경우 일반볼트 세트를 사용할 수 있다.

④ 와셔는 볼트 머리 및 너트 쪽에 각각 한 개씩 사용한다.

㉯ 조임방법

① 지압접합부의 볼트조임은 설계도면과 제작, 설치도면에 명확히 표기되어야 한다. 별도의 규정이 없는 경우에는 밀착조임(snug tightened condition)을 원칙으로 한다.

② 표 1.1 품질관리구분 '가'로 분류되는 건축물의 접합부에 일반볼트를 사용하는 경우에는 볼트를 핸드렌치, 임팩트렌치 등을 이용하여 느슨하지 않도록 적절히 조인다. 풀림 방지를 위해 너트는 스프링 와셔 또는 잠금기기가 붙은 것을 사용할 수 있다.

㉰ 조임 후 검사

① 불량 볼트의 유, 무에 대한 검사

㉠ 설계도서에 정해진 품질이 아닌 것 ㉡ 설계도서에 정해진 치수가 아닌 것

㉢ 설계도서에 정해진 볼트의 풀림방지가 없는 것

㉣ 조임을 하지 않았거나 느슨한 것 ㉤ 조임이 지나친 것

② 불량볼트의 처리에 대한 원칙

㉠ 설계도서에 정해진 규격 및 품질이 아닌 것은 즉시 교체하여야 한다.

㉡ 풀림방지가 없는 것은 풀림방지를 한다.

㉢ 조임을 하지 않은 볼트와 느슨해진 볼트는 다시 조인다.

㉣ 지나치게 조인 것은 교체한다.

③ 조임검사

㉠ 조임완료 후 각 볼트군의 10%의 볼트 개수를 표준으로 하여 임팩트렌치 또는 일반렌치로 최대로 조여서 접합판이 완전히 접착된 상태를 합격으로 한다.

㉡ 불합격한 볼트군에 대하여는 다시 그 배수의 볼트를 선택하여 재검사하되, 재검사에서 다시 불합격한 볼트가 발생하였을 때는 그 군의 전체를 검사한다.

㉢ 조임을 잊어버리거나, 조임 부족이 인정된 볼트군에 대해서는 모든 볼트를 검사하고 동시에 임팩트렌치 또는 일반렌치를 사용하여 접합판이 완전히 접착될 때까지 추가로 조인다.

㉣ 볼트 여장 길이는 너트면에서 돌출된 나사산이 1~6개의 범위를 합격으로 한다.

5. 현장 철골 세우기

5.1 일반사항

1) 현장 작업 순서

☞ 표 5.1.1.1 현장 작업 순서

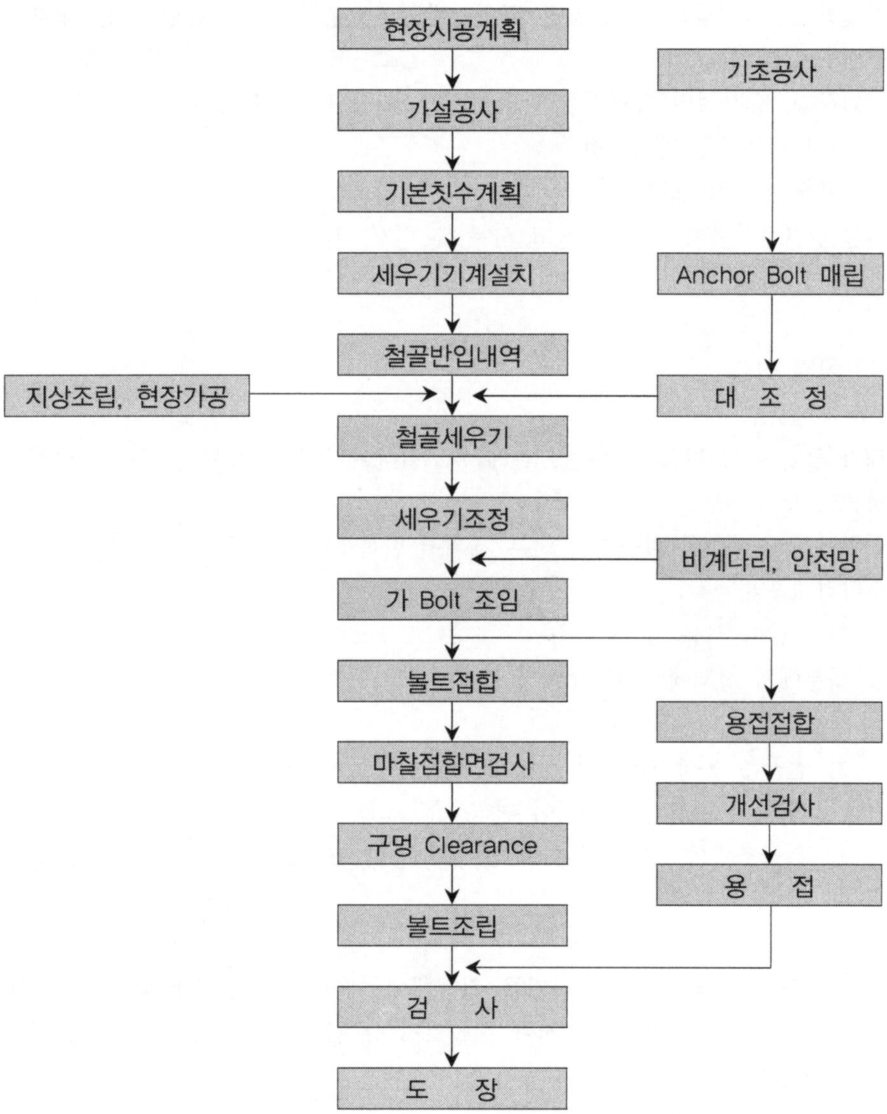

2) 세우기 전 확인사항

㉮ 전체공정(Master Schedule)중 세우기 기간 파악

㉯ 건립전 지상조립필요성파악

㉰ 병행작업 유무

㉱ 건립순서, 공정확인

㉲ 철골 중량, 형상 확인

㉳ 철골부재, 가설재 반입시기반입량확인

㉴ 철골반입, 적치장소, 취급방법 확인 : 반입, 소운반을 위한운반기계, 대지조성 및 구내도로 계획

㉵ 건립작업, 승강설비 확인 : 현장 입지조건, 건물규모, 구조, 공기 등을 검토하여 가장 적절 세우기용 기계선정

㉶ 인근환경 미비점 보완

㉷ 가설계획(전력설비, 숙사, 창고 사무소, 비계, 가설울타리 등)

㉸ 작업인원 계획 등

3) 세우기 공법 선정

㉮ Lift Up 공법

대가구의 지붕, 탑상의 것 등, 밑에서 조립하여 책으로 들어 올려서 건립하는 공법

㉯ 병풍식 조립공법

한쪽에서 최상층의 철골까지 전부 세워서 한쪽부터 정리해가는 공법

㉰ 수평적재공법

① 가장 많이 사용

② 하부에서 전체에 걸쳐 상부에 조립해가는 공법

③ 장점

㉠ 철골은 통상하부에서 상부로 제작하므로 제작순서와 조립순서가 같아 철골제작, 운반조립의 조정이 편리

㉡ 철골조립에 이어 다른 작업이 일정한 닥트로 시공되므로 공정에 무리가 없다.

④ 단점

중규격 이상의 경우, 양중기를 건물내에 마련하고 고정설비를 하는 수가 많은데 미결된 곳, 양중기용, 본체 철골보강 등 필요한 경우가 있다.

⑤ Slide공법

⑥ 스테이지 조립공법

5.2 기초 앵커볼트 매입 공법

☞ 표 5.2.1.1 기초 앵커볼트 매입공법의 종류

종 류	정 의	특 징
고정 매입법	기초철근 조립시 동시에 앵커볼트를 기초 상부에 정확히 묻고 콘크리트를 타설하는 공법	① 대규모 공사에 적합 ② 구조 안정도가 양호 ③ 불량시공시 보수가 어려움
가동 매입법	고정 매입공법과 유사하나 앵커볼트 상부부분을 조정할 수 있도록 콘크리트 타설 전 사전 조치해 두는 공법	① 중규모 공사에 적합 ② 시공오차의 수정용이 ③ 부착강도 저하
후 붙임 공법	앵커볼트 위치에 콘크리트 타설 전 볼트를 묻을 구멍을 조치해두거나 콘크리트 타설 후 코어장비로 천공하여 나중에 고정하는 공법	① 경미한 공사에 적합 ② 시공이 간단하고 보수가 쉬움 ③ 기계 기초에 사용
용접 공법	콘크리트 선단에 앵커가 붙어 있는 철판, 앵글 등을 시공후 콘크리트 타설후 그것에 앵커볼트를 용접하여 부착	용접부의 인장력이 의심스러우므로 인장력이 걸리지 않는 경미한 구조물에 사용

☞ 그림 5.2.1.1 기초 앵커볼트 매입공법의 종류

고정 매입법	가동 배입법	후 붙임 공법	용접 공법
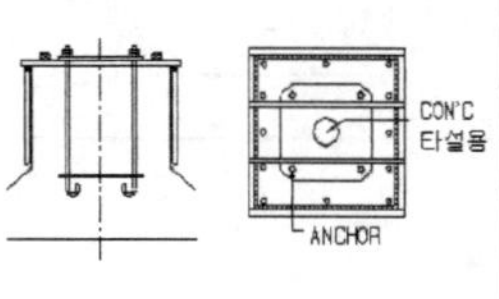	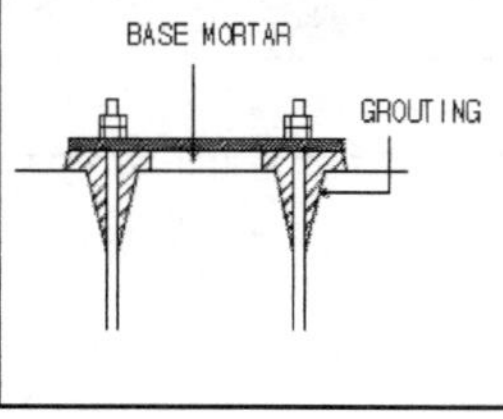	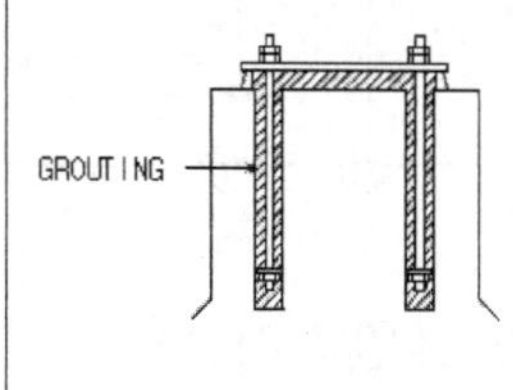	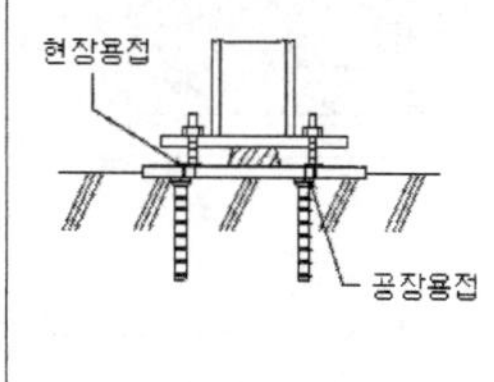

5.3 앵커볼트 주각 세팅공법의 분류

☞ 표 5.3.1.1 주각 세팅공법의 분류

고름몰탈 공법	부분 Grouting 공법	전면 Grouting 공법
1. 몰탈깔기 : BASE PLATE 보다 약간 크게 10~50mm 두께로 몰탈이나 CON'C를 수평으로 깔아 마무리 BASE PLATE의 정밀도, 기둥과 BASE PLATE의 직각 정밀도의 영향을 받아 몰탈과 BASE PLATE의 밀착이 어렵다. 2. 적용 : 소규모 구조물에 적당 3. 주의 : 전면몰탈 또는 콘크리트 마무리시 높은 정밀도를 요함	1. LEVEL SETTING : PLATE 하단 중앙부분에 된비빔 모르타르(1:2)를 깔고 SETTING 강판(철재 라이너) 내부에 모르타르를 충진하고 윗면을 쇠흙손 마무리 2. 앵커볼트 조임 : 철골 현장조립, 세우기 교정(다림보기)을 하고 앵커볼트 조임 3. GROUTING : 청소후 주위에 거푸집을 설치한 다음 물축임을 하고 BASE PLATE 하단에 무수축몰탈 사용 4. 본죄기 : 경화후 2중 너트 본죄기, 주위 거푸집을 제거하고 청소	1. BASE PLATE 지지 : 주각을 앵커볼트너트로 레벨조정한 후 라이너로 간격유지 2. GROUTING : 무수축몰탈을 중력식으로 흘려 넣거나 주위에 거푸집을 설치하고 팽창성 몰탈을 주입 3. BASE PLATE 하단과 몰탈이 밀착 ⇒ 대규모공법에 적합

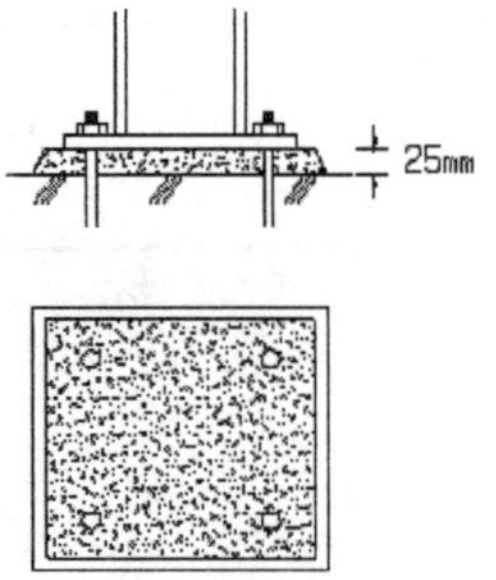

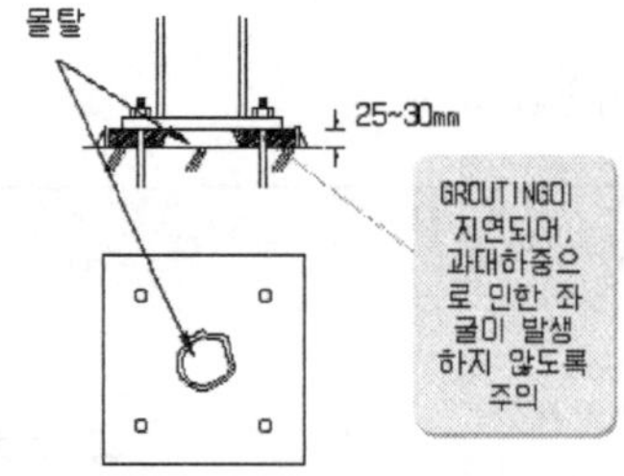

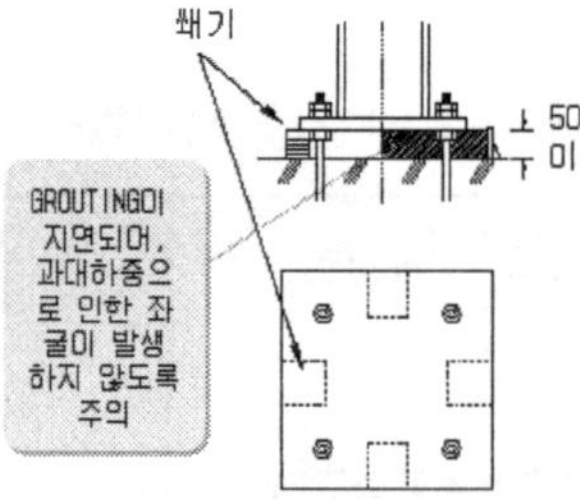

5.4 Deck Plate Slab 균열방지 대책

1) 균열 발생 요인 : 건조 수축 균열 (보 주변에 발생)

㉮ 1방향 SLAB : 단순지지에 따른 SLAB 초기처짐 발생

㉯ 1방향 SLAB의 적은 철근량으로 구속력이 적음

㉰ 잉여수가 빠지기 어렵다.

㉱ 공사중 진동에 따른 구조적 균열

㉲ 단면요철이 있는 DECK PLATE는 얇은 단면부에 균열발생

☞ 그림 5.4.1.1 건조수축과 적재하중에 의한 인장력으로 인한 균열

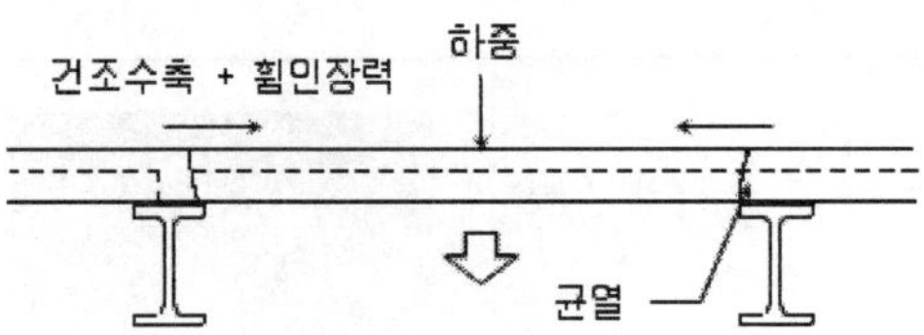

☞ 그림 5.4.1.2 리브 머리 부분의 균열

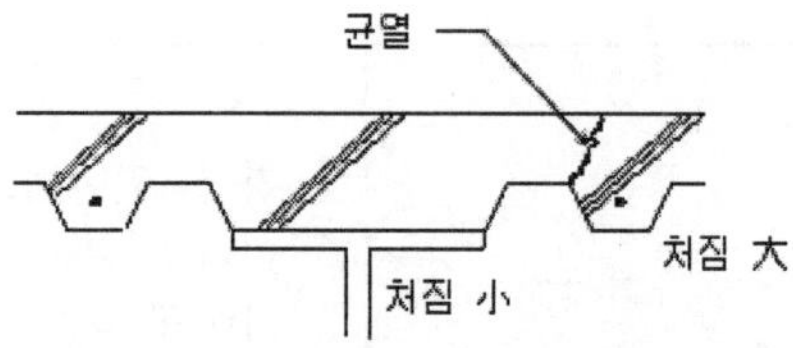

2) 균열 억제 대책

㉮ GIRDER 위에 WIRE MESH 설치

㉯ 콘크리트 두께 100mm 이상 타설(피복두께유지)

㉰ W/C비가 낮은 콘크리트 타설

㉱ BLEEDING水는 제거

㉲ 살수양생으로 급격한 건조 방지

㉳ 표면마감은 가능한 제물마감으로 시공

☞ 그림 5.4.2.1 균열 억제 대책

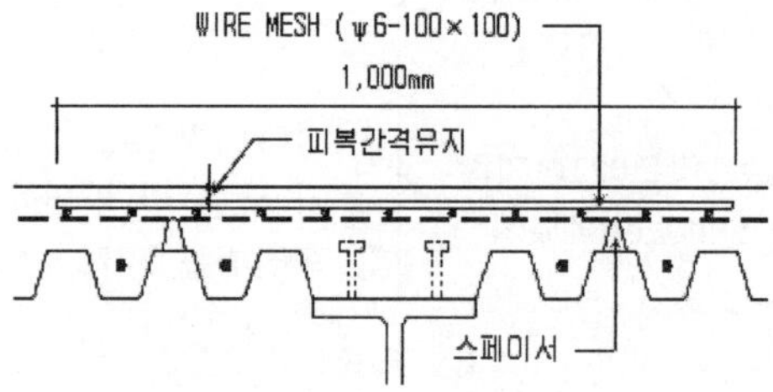

3) 균열 보수 방안

㉮ 콘크리트 제물 마감 또는 모르타르 마감 후 표면에 균열이 발생한 경우에 보수

㉯ 보수 시기 : 바닥 마감재 시공 전, 콘크리트 타설 후 약 3개월 경과한 시점

㉰ 보수 방안

☞ 표 5.4.3.1 Deck Plate 보수 방안

상 태	보 수 방 안
균열 폭 0.3mm 미만	① 사용에 지장이 없으면 보수 불필요 ② 비닐 시트, 타일카펫트 마감의 경우 보수 불필요
균열 폭 0.3mm 이상	① Slab에 진동을 주지 않는 Cutter로 V-Cutting ② 에폭시 수지 몰탈로 충진
마감 몰탈이 뜬 경우	에폭시 수지 몰탈 주입 고정

5.5 철골 세우기용 장비

☞ 표 5.5.1.1 철골 세우기용 장비

가이데릭 (Guy Derrick)	① 가장 일반적으로 사용되는 기중기의 일종이다. ② 가이의 수 : 6~8개 ③ 붐(boom)의 회전범위 : 360° ④ 당김줄은 지면과 45°이하가 되도록 한다.	
스티프레그 데릭 (Stiff Leg Derrick)	① 삼각데릭으로 수평이동이 가능하므로 층수가 낮은 긴 평면에 유리하다. ② 회전범위 : 270°(작업범위 180°)	
진폴 데릭 (Gin Pole Derrick)	① 소규모 철골공사에 사용되는 가장 간단한 설비이다. ② 옥탑 등의 돌출부에 쓰이고 중량재료를 달아 올리기에 편리함.	
트럭 크레인 (Truck Crane)	① 트럭에 설치한 크레인으로 이동이 용이하고 작업능률이 좋다. ② 대규모 공장건물에 적합하다.	
타워 크레인 (Tower Crane)	① 타워 위에 크레인을 설치한 것으로 고양정, 광범위 작업에 적당 ② 설치방법에 따라 고정식, 주행식이 있다.	

6. 도장 및 도금

6.1 일반사항

1) 바탕 만들기 및 바탕면 처리

㉮ 유해한 부착물(먼지, 기름, 타르분, 회반죽, 플라스터, 시멘트 모르타르) 노화가 심한 낡은 구 도막은 완전히 제거한다.

㉯ 면의 결점(홈, 구멍, 갈라짐, 변형, 흡수성이 불균등한 곳 등)을 보수하여 면을 도장하기 좋은 상태로 한다.

㉰ 유해한 성분(수분, 기름, 수지, 산, 알칼리 등)이 배어나오거나 녹아나오지 않도록 처리한다.

㉱ 도장의 부착이 잘 되도록 하기 위해 연마 등의 필요한 조치를 한다.

2) 도장의 금지

㉮ 도장하는 장소의 기온이 낮거나 습도가 높고, 환기가 충분하지 못하여 도장건조가 부적당할 때, 주위의 기온이 5℃ 미만, 43℃ 이상이거나 상대습도가 85%(무기질 아연말 도료는 상대습도 90%)를 초과할 때, 눈 또는 비가 올 때 및 안개가 끼었을 때(다만, 별도로 재료, 제조업자의 시방서에 별도로 표시한 경우에는 예외로 한다).

㉯ 강설우, 강풍, 지나친 통풍, 도장할 장소의 더러움 등으로 인하여 물방울, 들뜨기, 흙먼지 등이 도막에 부착되기 쉬울 때

㉰ 주위의 다른 작업으로 인해 도장작업에 지장이 있거나 도막이 손상될 우려가 있을 때

3) 도장하지 아니하는 부분

㉮ 마감된 금속표면은 별도의 지시가 없으면 도금된 표면, 스테인리스강, 크롬판, 동, 주석 또는 이와 같은 금속으로 마감된 재료는 도장하지 않는다.

㉯ 움직이는 품목(운전부품, 기계 및 전기부품의 밸브, 댐퍼 동작기, 감지기 모터 및 송풍기 샤프트) 및 라벨에는 도장하지 않는다.

6.2 도료

1) 건축물의 철부는 방식 및 미관을 위하여 표 7.2.1.1과 같은 방청도료를 사용한다.

☞ 표 6.2.1.1 건축용 철부 도료의 품질

도장 명칭		도료의 품질에 관한 규정 및 합격해야 할 규격			용 도
		규격번호	품질내용	규격종별	
녹막이 도장재료	3종	KS M 6030	아연분말 프라이머	1, 2, 3류	철부 방청용
	4종		에칭 프라이머	1, 2류	철부 아연도 강판 방청용
	-	-	일반방청 프라이머		철부 방청용

2) 건축물의 철부 도장

표 1.1 건축물의 품질관리 구분 '다'에 속하는 건축물 철부의 녹막이를 위한 유성페인트 도장의 공정, 도료, 희석비율, 면처리, 건조시간 및 도료량은 표 6.2.2.1에 따른다.

☞ 표 6.2.2.1 철부 유성페인트 도장 공정

구분	도장 계열	공 정	도료명칭 또는 방법	추천 도막 두께 (㎛)[1]	도장 횟수[1]	비 고
철부 유성 페인트	하도 (택1)	1차 표면처리	SSPC-SP2			연마지 F120~180
		제1층	에칭 프라이머(KS M 6030)	10	1	
		제1층	아연분말 프라이머(KS M 6030)	40	1	
		제1층	일반방청 프라이머	40	1	
	상도 (택1)	2차 표면처리	SSPC-SP2			연마지 F180~240
		제2층	유성도료 (KS M 6020 유성도료 1종)	60	2	
		제2층	에나멜도료 (KS M 6020 유성도료 2종)	60	2	
		제2층	실리콘 알키드공중합 수지에나멜 (KS M 5708)	60	2	
	계			70~100	3	

(주) 1) 도막두께 및 도장횟수는 제조사의 자료에 따라 조정될 수 있다.

6.3 시공

1) 표면처리

㉮ 원판의 표면처리 기준

① 가능한 한 자동전처리 라인(line)에서 실시하여야 한다.

② 표면처리 작업은 반드시 블라스트 세정 방법으로 하여야 한다.

③ 표면처리 정밀도는 표면처리 등급으로 SSPC-SP10 이상이어야 한다.

④ 표면처리 된 강판의 표면조도는 25～75 μ이어야 한다.

⑤ 연마재의 종류 및 크기는 목표로 하는 표면조도에 따라 선택되어야 한다.

⑥ 안개 및 고습도 조건에서는 제습기 등을 사용하여 규정조건이 되도록 한다.

㉯ 2차 표면처리 기준

제작 및 가조립이 완료된 상태에서 블라스트 세정에 의한 방법으로 규정 등급 및 조도에 도달되도록 표면처리를 하여야 한다.

① 용접 시 발생한 결함은 표면처리 전에 수정작업을 한다.

② 표면처리는 별도의 규정이 없으면 SSPC-SP10 등급으로 처리한다.

③ 표면조도는 별도의 언급이 없으면 25～75 μ을 기준으로 한다.

④ 표면처리가 완료되어 검사된 후 즉시 프라이머를 도장하여야 하며, 상온 조건에서 4시간을 초과하지 않도록 한다.

㉰ 용접부의 표면처리

① 용접부는 특히 발청되기 쉬운 부분이므로 별도의 언급이 없는 한 반드시 블라스팅방법에 의해 표면처리 등급 기준 SSPC-SP10 이상으로 처리한다. 다만, 무기질 징크계 하도가 도장된 후 용접 수정이 필요한 극소 부위인 경우에는 동력공구세정 등급인 SSPC-SP3로 처리 후 동일계열의 도장재 또는 유기계(에폭시) 징크리치 프라이머로 터치 업을 실시할 수 있다.

② 용접과정에서 발생한 용접비드의 결함은 완전히 수정한 후에 표면처리를 한다.

③ 용접 시에 발생한 용접 주위의 스패터 및 잔류물은 사전에 제거하여야 한다.

④ 용접부 주위에 스패터 부착을 방지하기 위해 처리약품 등이 사용되었을 경우에는 표면처리 작업 시에 이들을 제거하여야 한다.

⑤ 용접부는 72시간 방치한 후 전처리 및 도장하여야 한다.

㉱ 고장력 볼트 및 현장 표면처리(설치 후)

볼트는 형상에 요철이 많고 부식이 쉬우므로 도장하기 전에 방식 대책을 철저하게 수립하여야 한다.

① 볼트를 표면처리하지 않은 상태에서 연결판을 조임한 경우에는 볼트 및 연결판에 동력공구세정(SSPC-SP3)으로 처리하고 후속도장을 실시한다.

② 볼트를 조임하기 전에 볼트에 적절한 전처리 후 도금, 화성피막처리 또는 무기질 징크리치 페인트를 한 경우에는 연결판에 볼트를 조임한 후 부착이 양호한 도료를 도장한다. 이 경우 도금 또는 화성피막을 처리한 볼트가 제반성능에 문제가 없는지를 검증하고 확인해야 한다.

2) 표면처리 연마재의 선택

㉮ 표면처리 연마재는 작업효율 및 조도를 고려하여 선정하여야 한다.

㉯ 연마재는 유분 및 염분이 규정치 이하인 깨끗하고 건조한 것이어야 한다.

㉰ 연마재 입자의 크기 및 형상은 블라스트에 적합하여야 한다.

3) 표면처리 방법

㉮ 표면의 기계적인 표면처리는 다음과 같이 실시한다.

① 기계적인 표면처리 방법 중 블라스트 세정으로 처리하는 것을 기본으로 한다.

② 특별히 허용되는 경우에는 동력공구 방법으로 표면처리를 실시할 수도 있다.

㉯ 블라스트 세정에 의한 표면처리는 다음과 같이 실시한다.

① 원판 표면처리 및 제품 표면처리는 원칙적으로 블라스트 세정으로 실시한다.

② 연마재 및 장비의 선택은 표면처리 기준을 만족할 수 있는 수준이어야 한다.

③ 표면처리 시 기계 및 공구에 의한 표면처리 기준은 표 7.3.1.1, 표 7.3.1.2와 같다.

④ 블라스트 세정에 의한 표면처리 작업 시 사용된 연마재는 전부 수거하여 환경오염이 최소화되도록 해야 한다.

☞ 표 6.3.1.1 표면처리 규격 요약(ISO 8501-1)

구 분	등 급	정 의	비 고
블라스트에 의한 표면처리	Sa 1	육안으로 관찰 시 기름, 그리스, 먼지, 느슨하게 붙어 있는 밀스케일, 녹, 페인트 도막 및 기타 이물질이 없어야 한다.	light blast cleaning
	Sa 2	육안으로 관찰 시 기름, 그리스, 먼지가 없어야 한다. 단, 밀스케일, 녹, 페인트 도막과 기타 이물질 중 소지에 밀착되어 있는 것은 소량 허용된다.	thorough blast cleaning
	Sa $2\frac{1}{2}$	육안으로 관찰 시 기름, 그리스, 먼지, 밀스케일, 녹, 페인트 도막, 기타 이물질이 없어야 한다. 오염의 잔류 흔적은 작은 점이나 줄무늬 형태로 아주 가벼운 상태이면 허용된다.	very thorough blast cleaning

구 분	등 급	정 의	비 고
	Sa 3	육안으로 관찰 시 기름, 그리스, 먼지, 밀스케일, 녹, 페인트 도막 기타 이물질이 전혀 없어야 한다. 그리고 균일한 금속광택을 띄어야 한다.	blast cleaning to visually clean steel
수공구 또는 동력공구에 의한 표면처리	St 2	기름, 그리스, 먼지, 소지에 느슨하게 부착되어 있는 밀스케일, 녹, 페인트 도막, 기타 이물질이 없어야 한다.	thorough hand and power tool cleaning
	St 3	기름, 그리스, 먼지, 소지에 느슨하게 부착되어 있는 밀스케일, 녹, 페인트 도막, 기타 이물질을 제거하여 금속광택을 띄는 정도이어야 한다.	very thorough hand and power tool cleaning

☞ 표 6.3.1.2 표면처리 규격 요약(SSPC 및 NACE 규격)

등 급			정 의	비 고
NACE	SSPC	명 칭		
	SP 2	수공구 세정	느슨하게 부착되어 있는 밀스케일, 녹, 페인트, 기타 이물질을 제거한다. 밀착되어 있는 밀스케일, 녹, 페인트는 제대로 제거하지 못한다.	hand tool cleaning
	SP 3	동력공구 세정	느슨하게 부착되어 있는 밀스케일, 녹, 페인트, 기타 이물질을 제거한다. 밀착되어 있는 밀스케일, 녹, 페인트는 제대로 제거하지 못한다.	power tool cleaning
	SP 11	나금속 동력공구 세정	육안으로 관찰 시 기름, 그리스, 먼지, 밀스케일, 녹, 페인트, 산화물, 부식생성물, 기타 이물질이 없어야 한다. 단, 피팅이 있는 소지의 피트 하부에는 녹과 헌도막의 잔류상태가 미량 허용되며, 표면조도는 최소 25 ㎛ 이상이어야 한다.	power tool cleaning to bare metal
	SP 14	산업등급 세정	육안으로 관찰시 기름, 그리스, 먼지가 없어야 한다. 단, 밀착하여 붙어 있는 밀스케일, 녹, 헌도막은 최대 10%까지 허용된다.	industrial blast cleaning
	SP 15	상용등급 동력공구 세정	육안으로 관찰 시 기름, 그리스, 먼지, 밀스케일, 녹, 헌도막, 산화물, 부식생성물, 기타, 이물질이 없어야 한다. 단, 밀스케일, 또는 헌도막의 얼룩(때)에 의하여 생긴 가벼운 색바램이나 흔적의 합이 고루 퍼져있되 33%를 초과해서는 안되며, 표면조도는 최소 25 ㎛ 이상이어야 한다.	commercial grade power tool cleaning

등 급			정 의	비 고
NACE	SSPC	명 칭		
No.1	SP 5	나금속 세정	육안으로 관찰 시 기름, 그리스, 먼지, 밀스케일, 녹, 헌도막, 산화물, 부식생성물, 기타 이물질이 없어야 한다.	white metal blast cleaning
No.2	SP 10	준나금속 세정	육안으로 관찰 시 기름, 그리스, 먼지, 밀스케일, 녹, 헌도막, 산화물, 부식생성물, 기타 이물질이 없어야 한다. 단, 녹, 밀스케일, 또는 헌도막의 얼룩(때)에 의하여 생긴 가벼운 색바램이나 흔적의 합이 고루 퍼져있되 5%를 초과해서는 안된다.	near−white metal blast cleaning
No.3	SP 6	상용등급 세정	육안으로 관찰 시 기름, 그리스, 먼지, 밀스케일, 녹, 헌도막, 산화물, 부식생성물, 기타 이물질이 없어야 한다. 단, 밀스케일, 또는 헌도막의 얼룩(때)에 의하여 생긴 가벼운 색바램이나 흔적의 합이 고루 퍼져있되 33%를 초과해서는 안된다.	commercial blast cleaning
No.4	SP 7	경등급 세정	육안으로 관찰 시 기름, 그리스, 먼지, 느슨하게 부착되어 있는, 녹, 밀스케일, 헌도막이 없어야 한다. 단, 밀착된 밀스케일, 녹, 헌도막은 허용된다. 이때 둔한 퍼티용 칼로 제거하려 해도 안 될 경우에는 밀착된 것으로 간주한다.	brush−off blast cleaning

4) 방청 도장

㉮ 처음 1회째의 방청도장은 가공장에서 조립 전에 도장함을 원칙으로 하고, 화학처리를 하지 않은 것은 표면처리 직후에 도장한다. 다만, 부득이하게 조립 후에 도장할 때에는 조립하면 밀착되는 면은 1회, 도장이 곤란하게 되는 면은 1~2회씩 조립 전에 도장한다.

㉯ 현장 반입 후 도장은 현장에서 설치하거나, 짜 올릴 때 용접 부산물 또는 부착물을 제거한 후 도장한다. 다만, 설치 후 도장이 불가능한 부분은 설치 전에 도장한다.

㉰ 바탕재의 종류에 따라 해당 제조회사 및 규격제품에 따라야 하며, 담당원의 승인을 받아 담그는 도장 방법으로 해도 좋다.

7. 내화피복

7.1 내화피복의 정의

내화피복공법이란, 강구조의 건물이 화재에 따라 보나 기둥의 강재온도가 상승하고 강성계수나 항복점강도가 저하하여 건물이 붕괴하는 일이 없도록 강재 주위를 내화재료로 피복하는 것을 말한다.

7.2 내화피복 공법의 종류

☞ 표 7.2.1.1 내화피복 공법의 종류

<table>
<tr><th>구 분</th><th>공 법</th><th>재 료</th></tr>
<tr><td>도장공법</td><td>내화도료공법</td><td>팽창성 내화도료</td></tr>
<tr><td rowspan="4">습식공법</td><td>타설공법</td><td>콘크리트
경량 콘크리트</td></tr>
<tr><td>조적공법</td><td>콘크리트 블록
경량 콘크리트 블록
돌, 벽돌</td></tr>
<tr><td>미장공법</td><td>철망 모르타르
철망 펄라이트 모르타르</td></tr>
<tr><td>뿜칠공법</td><td>뿜칠 암면
습식 뿜칠 암면
뿜칠 모르타르
뿜칠 플라스터
실리카, 알루미나계열 모르타르</td></tr>
<tr><td rowspan="3">건식공법</td><td>성형판 붙임공법</td><td>무기섬유 혼입 규산칼슘판
ALC판
무기섬유강화 석고보드
석면 시멘트판
조립식 패널
경량콘크리트 패널
프리캐스트 콘크리트판</td></tr>
<tr><td>휘감기공법</td><td></td></tr>
<tr><td>세라믹울 피복공법</td><td>세라믹 섬유 블랭킷</td></tr>
<tr><td>합성공법</td><td>합성공법</td><td>프리캐스트 콘크리트판
ALC 판</td></tr>
</table>

7.3 내화피복 암면뿜칠공법의 종류

☞ 표 7.3.1.1 내화피복 암면뿜칠공법의 종류

건식 뿜칠	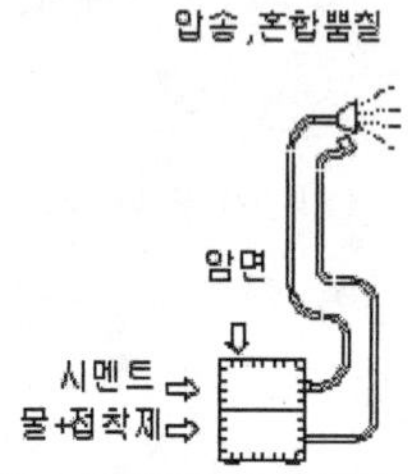	① 암면과 시멘트를 미리 혼합해 두고 노즐 끝에서 물과 합하여 뿜칠 ② 압송거리 ≒ 40m
반습식 뿜칠	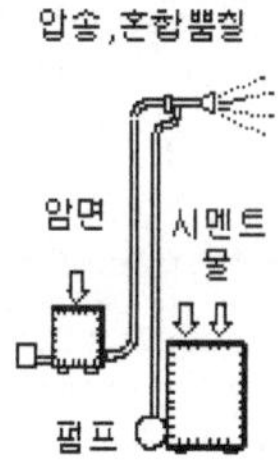	① 암면과 시멘트 밀크를 노즐 끝에서 뿜칠 시에 합하여 뿜칠 ② 압송거리 ≒ 100m 이상
습식 뿜칠	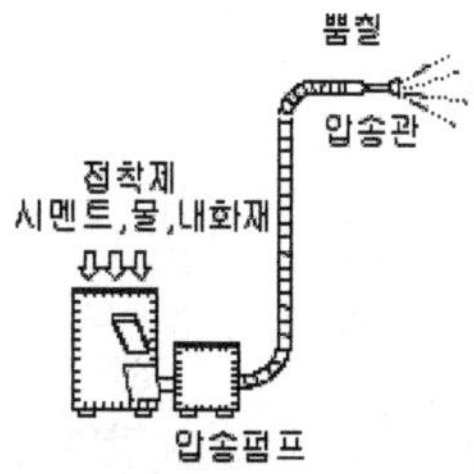	① 암면몰탈 및 질석을 플라스터계 재료와 사전에 혼합하여 두고 뿜칠 ② 압송거리 ≒ 100m 이상

7.4 내화피복 뿜칠공사의 시공 중 주의사항

☞ 표 7.4.1.1 내화피복 뿜칠공사의 시공 중 주의사항

항 목	내 용
빗물 유입의 방지	① 건식, 반건식의 경우 : 시공 중은 물론 경화 후에도 빗물에 의한 탈락 ② 습식인 경우 : 빗물에 의해 알칼리분이 유출되어 주변 오염
뿜칠 두께의 관리	① 1회 뿜칠 두께는 30mm 이하로 한다. ② 그 이상일 경우 2회 뿜칠
밀도의 Check	넓은 평판에 껸본 뿜칠(35cm×35cm)후, 양 끝을 갈라내고 10cm 각의 시료를 만들고 9개를 잘라서 비중을 잰다.
한랭기 동결 방지	① 경화전에 동결이 되면 탈락한다. ② 한랭시에는 가열, 보온보양을 한다.
박락의 방지	엘리베이터 샤프트 등은 진동이 많으므로 주의 ① 보 밑에 라스를 붙인다. ② Top Coat를 씌운다.

☞ 사진 7.4.1.1 내화피복 뿜칠공사

제 10 장

조적공사

1. 용어의 정리
2. 벽돌공사
3. 블록공사

1. 용어의 정리

건축공사 표준시방서에서는 조적공사에 사용하는 용어를 다음과 같이 정의하고 있다.

1) 가로근 삽입블록 : 철근을 가로로 배치하고 콘크리트를 충전할 수 있는 형상을 갖춘 블록
2) 가로보강근 : 블록의 속빈 부분에 수평방향으로 배근된 철근의 총칭
3) 가로줄눈 : 조적개체가 설치되는 수평 모르타르 줄눈
4) 거푸집 블록 : L형, 역T자형, U자형 등으로 만들어 콘크리트조의 거푸집을 겸하게 된 블록으로 내부에 철근배근 및 콘크리트를 채워 넣을 수 있는 블록
5) 거푸집 블록구조 : 거푸집 콘크리트 블록을 사용하여 조합시켜 거푸집으로 하고 공동 부분에 철근을 배근하고 그라우팅하여 내력벽과 기둥, 보 등의 구조체를 만드는 블록구조
6) 경량블록 : 기건비중이 1.9 미만의 속빈 콘크리트 블록
7) 그라우트 : 시멘트 성분을 가진 재료와 골재의 혼합물로 구성되어 있으며, 조적개체의 사이 혹은 속빈 조적개체의 채움용으로 쓰이는 모르타르 혹은 콘크리트
8) 기본블록 : KS F 4002의 규정에 의한 것으로 길이 및 높이 비가 일정한 블록으로 일반적으로 많이 사용되고 있는 콘크리트 블록의 총칭
9) 깔모르타르 : 벽돌쌓기에서 쌓기면에 미리 깔아 놓은 모르타르 혹은 벽돌을 바닥에 붙일 경우의 바탕에 까는 모르타르
10) 단내기 : 1일의 공정 종료 시에 단부(端部)를 단형(段形)으로 쌓아 그치는 것으로서, 나중에 쌓는 벽돌과 물림이 되게 쌓을 수 있도록 하기 위한 것
11) 단순블록구조 : 블록을 단순히 쌓거나 수평줄눈에 철망(wire mesh)을 넣는 정도로 보강한 블록구조
12) 대형 벽돌 : 표준형보다 큰 형상의 벽돌. 주로 보강용의 공동부(空洞部)를 가진 것
13) 막힌줄눈쌓기 : 세로줄눈이 막히도록 개체를 길이로 쌓는 방법
14) 면살(shell) : 속빈 블록 개체의 바깥살 부분
15) 무브먼트줄눈 : 벽돌의 흡수팽창 및 열팽창을 흡수·완화하도록 설치하는 신축줄눈
16) 물축임 : 깔모르타르, 줄눈 모르타르 및 충전 모르타르 중의 물을 벽돌구조체가 흡수하지 않도록 사전에 벽돌면 및 바탕면에 적절히 물을 뿌려주는 것
17) 반절 벽돌 : 표준형 벽돌을 길이 방향으로 종절단한 형상의 벽돌
18) 보강블록구조 : 속빈 콘크리트 블록 개체의 속빈 부분 또는 수직단면 간의 공동부에 철근을 매입하고 그라우팅하여 내력벽으로 한 블록구조
19) 보강철물 : 정착철물과 벽돌쌓기벽을 콘크리트 구체에 연결하여 면 외의 전도를 방지하고, 철물과 벽돌의 하중을 구체에 분담시키기 위해 벽돌벽에 일정 간격으로 설치하는 철물 등의 총칭

20) 붙임 모르타르 : 얇은 벽돌을 붙이기 위해 바탕 모르타르 또는 벽돌 안쪽 면에 사용하는 접착용 모르타르
21) 선틀 블록(jamb block) : 창문틀의 좌우에 붙여 쌓아 창문틀과 잘 물리게 된 특수 블록
22) 세로보강근 : 블록의 속빈 부분에 연직방향으로 배근된 철근의 총칭
23) 세로줄눈 : 조적개체가 설치되는 수직 모르타르 줄눈
24) 신축줄눈 : 벽돌 또는 벽돌이 접합하는 구체의 팽창 및 수축에 대한 균열 등의 손상이 발생하지 않도록 미리 설치하여 탄력성을 갖게 한 줄눈
25) 쌓기 높이 : 벽돌을 1일에 쌓아 올리는 높이
26) 아치 쌓기 : 쐐기형으로 성형된 벽돌을 사용하든지 또는 줄눈두께를 조정하여 아치형으로 쌓는 것
27) 안채움 모르타르 : 벽돌쌓기공사에서 쌓기 벽돌과 콘크리트 구체 사이에 충전되는 모르타르
28) 얇은 벽돌 : 벽 또는 바닥에 붙이는 두께 20mm 전후의 벽돌로 뒷발이 있으며, 한국산업표준 외의 벽돌
29) 연결줄눈 : 내부 수직단면과 외부 수직단면을 길이방향으로 연결하는 모르타르 혹은 그라우팅의 수직줄눈
30) 이형블록 : 용도에 의해 블록의 형상이 기본블록과 다른 창대블록, 인방블록, 가로근 배근용 블록 및 기타 특수형으로 된 콘크리트 블록의 총칭
31) 익스팬션 조인트 : 구조체의 지진 등에 의한 변형, 온냉 및 건습에 따른 변형을 흡수하도록 건축물의 연직방향으로 끊어 설치하는 신축줄눈
32) 인방블록 : 창문틀 위에 쌓아 철근과 콘크리트를 다져 넣어 보강하게 된 U자형 블록
33) 정착 철물 : 벽돌벽을 콘크리트 구체에 정착시키는 보강철물
34) 줄눈 모르타르 : 벽돌의 줄눈에 벽돌을 상호 접착하기 위해 사용되는 모르타르
35) 중간살(web) : 속빈 블록 개체의 내부에 속한 살 부분
36) 중공벽돌 : 벽돌의 실체적이 겉보기 체적의 80% 미만인 벽돌로 각 구멍의 단면적이 $300m^2$ 이상, 단변이 10mm 이상인 벽돌
37) 중량블록 : 기건비중이 1.9 이상인 속빈 콘크리트 블록
38) 창대블록 : 창문틀의 밑에 쌓는 블록
39) 축차충전공법 : 벽돌쌓기 2~3단마다 줄눈 모르타르가 경화하기 전에 모르타르 또는 콘크리트를 공동부에 충전하는 공법
40) 충전 콘크리트(모르타르) : 보강벽돌공사에서 공동벽돌 쌓기에 의해 생기는 배근용 공동부 등에 충전하는 콘크리트(모르타르)
41) 층고충전공법 : 벽돌쌓기를 층고 또는 층고의 1/2까지 행하여 줄눈 모르타르의 경화 후 시멘트 모르타르 또는 콘크리트를 공동부에 충전하는 공법

42) 치장줄눈 모르타르 : 벽돌쌓기 후의 줄눈에 치장 및 내구성 등을 목적으로 사용하는 치장용 모르타르
43) 통줄눈쌓기 : 세로줄눈이 일직선이 되도록 개체를 길이로 쌓는 방법
44) 표준형 벽돌 : 길이 190 mm, 폭 90 mm, 두께 57 mm이며, KS L 4201 및 KS F 4004에 규정한 조적용 벽돌
45) 한도 견본 : 사용 상 유해하다고 생각되는 결점의 외관 판정 상 규준을 명확히 하기 위해 사용하는 견본

2. 벽돌공사

2.1 자재

1) 콘크리트 벽돌

㉮ 콘크리트 벽돌의 품질 기준

☞ 표 2.1.1.1 벽돌의 종류에 따른 품질 기준

구 분	기건 비중[1)]	압축강도 N/mm²	흡수율 %
1종 벽돌	-	13 이상	7 이하
2종 벽돌	-	8 이상	13 이하

주 1) 기건 비중은 필요 시 이해 당사자 간의 합의에 의하여 측정한다.

㉯ 겉모양

벽돌은 겉모양이 균일하고 비틀림, 해로운 균열, 흠 등이 없어야 한다.

㉰ 치수 및 허용차

☞ 그림 2.1.1.1 벽돌의 길이, 높이 및 두께

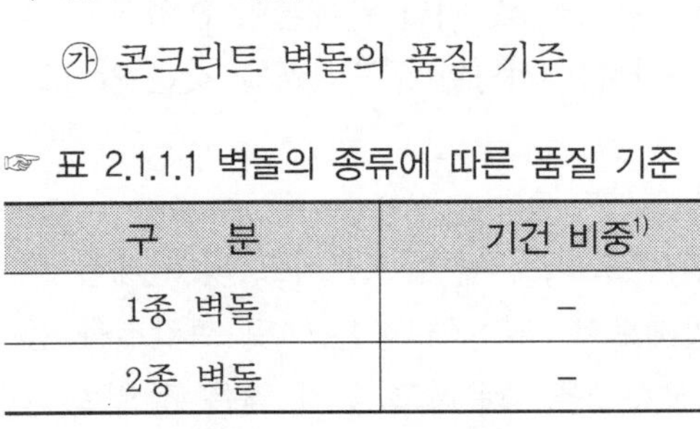

☞ 사진 2.1.1.1 콘크리트 벽돌

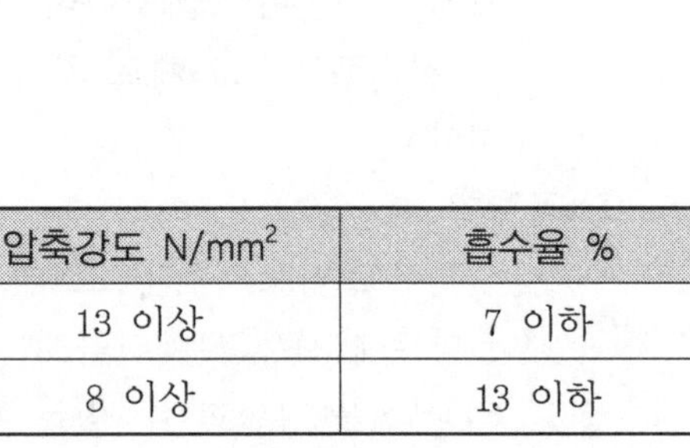

☞ 표 2.1.1.2 벽돌의 모양, 치수 및 허용차

단위 : mm

모 양	길 이	높 이	두 께	허 용 차
기본 벽돌	190	57 90	90	±2
이형 벽돌	홈 벽돌, 둥근 모접기 벽돌과 같이 기본 벽돌과 동일한 크기인 것의 치수 및 허용차는 기본 벽돌에 준한다. 다만, 그 외의 경우는 당사자 사이의 협의에 따른다.			

㉣ 재료

① 시멘트, 소석회, 모래 및 안료 기타

㉠ 시멘트 및 소석회는 한국산업표준에 적합한 제품으로 한다.

㉡ 색모래 및 안료 등은 견본품으로 한다.

㉢ 모래는 경질이고 깨끗하며, 먼지, 흙, 유기물 및 기타 유해물이 혼입되지 않은 것으로서 5mm체로 쳐서 100% 통과하는 적당한 입도분포를 갖는 것으로 한다.

② 골재

㉠ 줄눈 모르타르, 충전 모르타르, 충전 콘크리트, 붙임 모르타르 및 안채움 모르타르에 사용하는 잔골재는 보통골재로서, 밀실하고 철근 및 보강철물 등의 부식을 유발할 수 있는 유해한 불순물을 함유하고 있지 않은 것으로 그 성질은 표 2.1.1.3의 규정을 만족하는 것을 원칙으로 한다. 그 외의 잔골재를 사용하는 경우는 담당원의 승인을 받아야 한다.

㉡ 줄눈 모르타르, 충전 모르타르, 깔모르타르 등에 사용되는 잔골재의 최대치수 및 입도분포는 표 2.1.1.4를 표준으로 한다.

㉢ 충전 콘크리트에 사용하는 굵은골재는 양호한 입도분포를 가진 것으로 하고, 그 최대치수는 충전하는 벽돌공동부 최소 직경의 1/4 이하로 한다.

☞ 표 2.1.1.3 모르타르에 사용되는 잔골재의 성질

품질항목	절건비중 (g/cm^3)	흡수율 (%)	점토량 (%)	유기불순물	세척시험 손실량(%)	염 분 (%)
규정치	2.4 이상	4.0 이상	2.0 이하	합 격	3.0 이하	0.04 이하

☞ 표 2.1.1.4 모르타르에 사용되는 잔골재의 입도분포

체의 호칭치수(mm)		체를 통과하는 중량백분율						
최대치수(mm)		10	5	2.5	1.2	0.6	0.3	0.15
모르타르 종류								
충전 모르타르 안채움 모르타르 깔모르타르	5.0	100	90~100	70~90	50~80	25~60	10~35	2~10
줄눈 모르타르	2.5		100	90~100	60~90	30~70	15~45	5~15

(주) 1) 벽 최하단의 깔모르타르는 줄눈 모르타르와 동일한 입도로 한다.
2) 붙임 모르타르의 경우는 공법에 따라 2.5mm 또는 1.2mm로 한다. 충전 콘크리트에 사용하는 잔골재는 양호한 입도분포를 갖도록 하고, 그 최대치수는 5.0mm 또는 2.5mm로 한다.

③ 혼화재료

㉠ 줄눈 모르타르에 사용하는 혼화재료는 시멘트의 경화, 벽돌에 대한 접착성을 저해하지 않는 것으로 하고, 압축강도를 크게 저하시키지 않는 것으로 한다.

㉡ 충전 모르타르, 콘크리트 및 안채움 모르타르에 사용하는 혼화재료는 시멘트의 경화 및 강도상 유해하지 않는 것으로 한다.

㉢ 붙임 모르타르에 사용하는 혼화재료는 시멘트의 경화 및 벽돌에 대한 접착성을 저해하지 않는 것으로 한다.

④ 모르타르의 배합

㉠ 줄눈 모르타르, 붙임 모르타르, 깔모르타르, 안채움 모르타르 및 치장줄눈 모르타르의 배합표준은 표 2.1.1.5에 따른다.

㉡ 충전 모르타르의 배합표준은 표 2.1.1.6에 따른다.

㉢ 모르타르의 워커빌리티는 벽돌의 흡수성 등을 고려하여 양호한 접착성 및 충전성이 확보되도록 정한다.

㉣ 혼화재료를 사용하는 경우의 혼화량, 혼합방법은 공사시방서에 따른다.

㉤ 줄눈 및 접착용으로 사용하는 기성배합 시멘트 모르타르 및 치장줄눈재는 강도, 내성에 문제가 되지 않는 품질을 갖도록 하고, 그 종류는 공사시방서에 따른다.

☞ 표 2.1.1.5 모르타르의 배합

모르타르의 종류		용적배합비(잔골재/결합재)
줄눈 모르타르	벽 용	2.5~3.0
	바 닥 용	3.0~3.5

모르타르의 종류		용적배합비(잔골재/결합재)
붙임 모르타르	벽 용	1.5~2.5
	바 닥 용	0.5~1.5
깔모르타르	바 탕 용	2.5~3.0
	바 닥 용	3.0~6.0
안채움 모르타르		2.5~3.0
치장줄눈용 모르타르		0.5~1.5

(주) 1) 계량은 다음 상태를 표준으로 한다.
시멘트 : 단위용적중량은 1.2 kg/L 정도
잔골재 : 골재는 표면건조 내부 포수상태
2) 혼화재료를 사용하는 경우는 요구성능을 손상시키지 않는 범위로 한다.
3) 결합제는 주로 시멘트를 사용하며, 보수성 향상을 위해 석회를 약간 혼합할 때도 있다.

☞ 표 2.1.1.6 충전 모르타르의 배합

구 분	단층 및 2층 건물		3층 건물	
	시 멘 트	잔 골 재	시 멘 트	잔 골 재
용 적 비	1	3.0	1	2.5

(주) 1) 계량은 다음 상태를 표준으로 한다.
시멘트 : 단위용적중량은 1.2 kg/L 정도
잔골재 : 골재는 표면건조 내부 포수상태
2) 혼화재료를 사용하는 경우는 요구성능을 손상시키지 않는 범위로 한다.

2) 점토 벽돌

㉮ 점토 벽돌의 품질 기준

☞ 표 2.1.2.1 점토 벽돌의 품질 기준

구 분	압축강도 N/mm^2	흡수율 %
1 종	24.50 이상	10 이하
2 종	20.59 이상	13 이하
3 종	10.78 이상	15 이하

㉯ 겉모양

벽돌은 겉모양이 균일하고 비틀림, 해로운 균열, 흠 등이 없어야 한다.

㉰ 치수 및 허용차

☞ 표 2.1.2.2 점토 벽돌의 치수 및 허용차

단위 : mm

항 목	구 분		
	길 이	나 비	두 께
치 수	190	90	57
허 용 차	±5.0	±3.0	±2.5

☞ 그림 2.1.2.1 점토벽돌

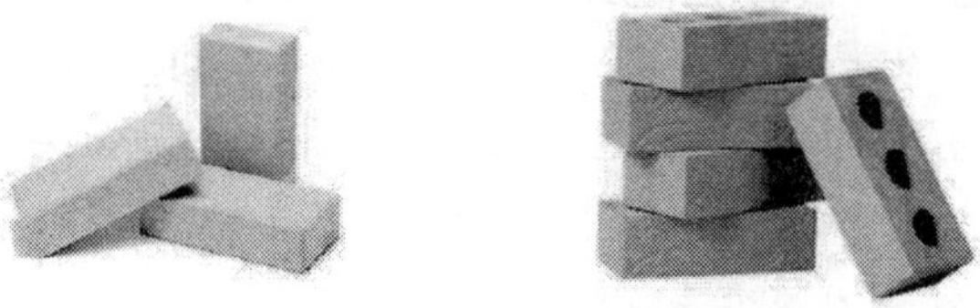

3) 벽돌 마름질의 종류

☞ 그림 2.1.3.1 벽돌 마름질의 종류

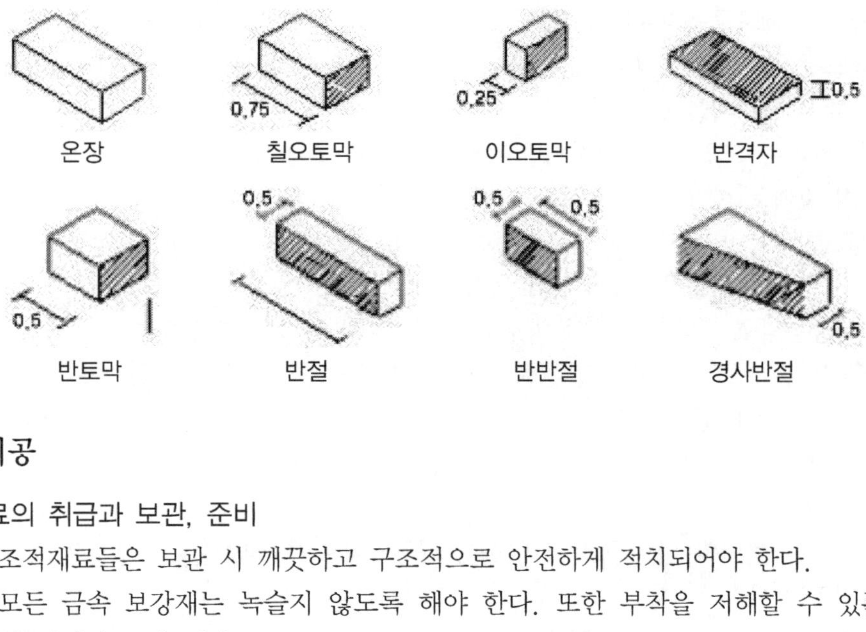

2.2 시공

1) 재료의 취급과 보관, 준비

㉮ 조적재료들은 보관 시 깨끗하고 구조적으로 안전하게 적치되어야 한다.

㉯ 모든 금속 보강재는 녹슬지 않도록 해야 한다. 또한 부착을 저해할 수 있는 피막이 있어서도 안 된다.

㉰ 조적체를 쌓을 때, 소성점토벽돌이나 석회벽돌의 경우 처음 일분간의 초기 흡수율이 $1.6L/m^2$를 넘어서는 안 된다. 흡수율 측정시험 시에는 시험체의 시험면이 물의 표면에서 3mm 이상 밑으로 잠겨야 한다.

㉱ 콘크리트 조적체에서는 허가된 경우를 제외하고 젖어서는 안 된다.

㉲ 재료들은 불순물에 의한 품질 저하가 없고 이물질의 침입을 방지할 수 있도록 보관해야 한다. 그리고 그 재료들은 배합이나 시공 시에 적합한 요구사항들을 만족

할 수 있어야 한다.

㉳ 재료를 계량하는 방법은 각 재료의 비율을 적절히 조절할 수 있는 방법으로 한다.

㉴ 현장에서 원하는 시공연도를 얻을 수 있을 만큼의 물을 넣고 모르타르나 그라우트를 비비는 경우에 비빔기계 안에서의 비빔시간은 3분 미만이나 10분 이상이어서는 안 된다. 단, 작은 양의 모르타르에 대한 손비빔은 허용된다. 모르타르는 다시 비빌 수 있으나 시멘트의 수화작용에 의해 경화되기 시작한 모르타르나 그라우트를 사용해서는 안 된다. 어떤 경우에도 처음 물을 넣고 비빈 후 두 시간이 지난 모르타르나 한 시간이 지난 그라우트를 사용해서는 안 된다.
단, 공장에서 건조상태로 혼합되고 현장에서 비비는 경우에는 예외로 할 수 있다. 그라우트나 모르타르는 성형 가능할 때까지 비빔기계에서 비벼야 하며, 이 때의 비빔시간은 10분을 넘지 않도록 한다.

2) 벽돌 쌓기의 일반 사항

㉮ 가로 및 세로줄눈의 너비는 도면 또는 공사시방서에 정한 바가 없을 때에는 10mm를 표준으로 한다. 세로줄눈은 통줄눈이 되지 않도록 하고, 수직 일직선상에 오도록 벽돌 나누기를 한다.

㉯ 벽돌쌓기는 도면 또는 공사시방서에서 정한 바가 없을 때에는 영식 쌓기 또는 화란식 쌓기로 한다.

㉰ 가로줄눈의 바탕 모르타르는 일정한 두께로 평평히 펴 바르고, 벽돌을 내리 누르듯 규준틀과 벽돌나누기에 따라 정확히 쌓는다.

㉱ 세로줄눈의 모르타르는 벽돌 마구리면에 충분히 발라 쌓도록 한다.

㉲ 벽돌은 각부를 가급적 동일한 높이로 쌓아 올라가고, 벽면의 일부 또는 국부적으로 높게 쌓지 않는다.

㉳ 하루의 쌓기 높이는 1.2m(18켜 정도)를 표준으로 하고, 최대 1.5m(22켜 정도) 이하로 한다.

㉴ 연속되는 벽면의 일부를 트이게 하여 나중쌓기로 할 때에는 그 부분을 층단 들여쌓기로 한다.

㉵ 직각으로 오는 벽체의 한편을 나중 쌓을 때에도 층단 들여쌓기로 하는 것을 원칙으로 하지만 부득이할 때에는 담당원의 승인을 받아 켜걸음 들여쌓기로 하거나 이음보강철물을 사용한다. 먼저 쌓은 벽돌이 움직일 때에는 이를 철거하고 청소한 후 다시 쌓는다. 물려 쌓을 때에는 이 부분의 모르타르는 빈틈없이 다져 넣고 사춤 모르타르도 매 켜마다 충분히 부어 넣는다.

㉶ 벽돌벽이 블록벽과 서로 직각으로 만날 때에는 연결철물을 만들어 블록 3단마다 보강하여 쌓는다.

㉷ 벽돌벽이 콘크리트 기둥(벽)과 슬래브 하부면과 만날 때는 그 사이에 모르타르를 충전한다.

3) 일반 벽돌 쌓기의 종류

☞ 표 2.2.3.1 일반 벽돌 쌓기의 종류

종 류	특 징	구분	쌓 기 도
영식 쌓기	통줄눈이 적고 가장 견고한 방법	1.0B	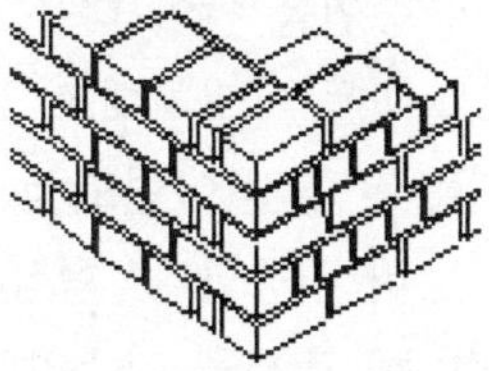
		2.0B	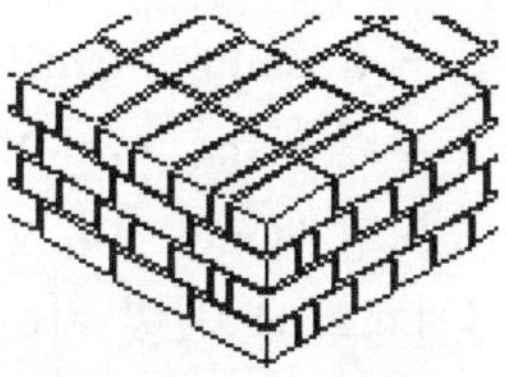
화란식 쌓기	쌓기가 용이하고 일반적으로 많이 쓰임	1.5B	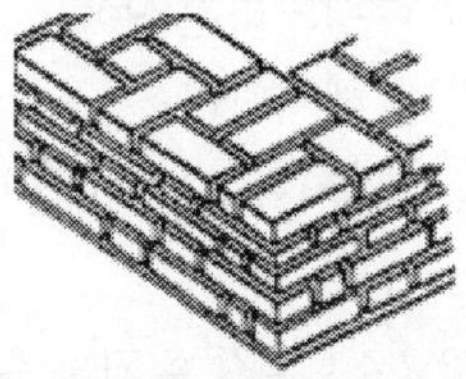
		2.0B	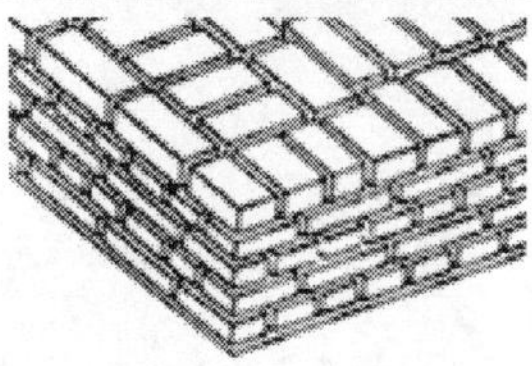
불식 쌓기	외관이 미려하고 강도가 필요하지 않은 벽체에 사용	1.0B	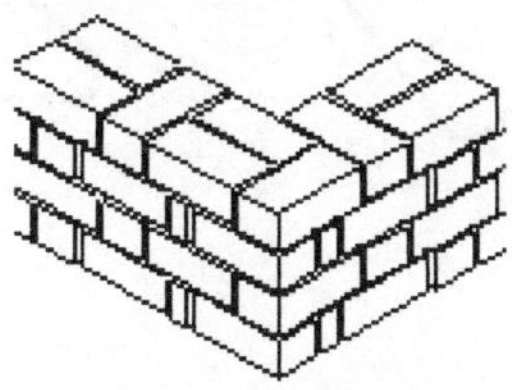
		2.0B	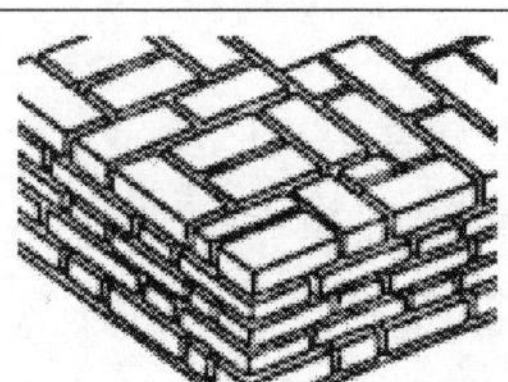

4) 공간 쌓기

㉮ 공간쌓기는 도면 또는 공사시방서에 정한 바가 없을 때에는 바깥쪽을 주벽체로 하고 안쪽은 반장쌓기로 한다. 공간은 50mm~70mm 정도로 하고 바깥쪽에는 필요에 따라 물빠짐 구멍(직경 10mm)을 낸다.

㉯ 안쌓기는 연결재를 사용하여 주 벽체에 튼튼히 연결한다. 연결재의 종류, 형상, 치수 및 설치공법은 도면 또는 공사시방서에 따르고, 그 지정이 없을 때에는 담당원의 승인을 받아 다음 중의 하나로 한다.

① 벽돌을 걸쳐대고 끝에는 이오토막 또는 칠오토막을 사용한다.

② #8 철선(아연도금 또는 적절한 녹막이 칠을 한 것)을 그림 2.2.3.1과 같이 구부려 사용한다. 형상 및 길이 등은 담당원의 지시에 따른다.

③ #8 철선을 가스압접 또는 용접하여 井자형으로 된 철망형의 것을 사용한다.

④ 직경 6mm~9mm의 철근을 꺾쇠형으로 구부려 사용한다.

⑤ 두께 2mm, 너비 12mm 이상의 띠쇠를 사용한다.

⑥ 직경 6mm, 길이 210mm 이상의 둥근 꺾쇠 또는 각형 꺾쇠를 사용한다.

㉰ 연결재의 배치 및 거리 간격의 최대 수직거리는 400mm를 초과해서는 안 되고, 최대 수평거리는 900mm를 초과해서는 안 된다. 연결재는 위 아래층 것이 서로 엇갈리게 배치한다.

㉱ 공간쌓기를 할 때에는 모르타르가 공간에 떨어지지 않도록 주의하여 쌓는다.

☞ 그림 2.2.4.1 공간 쌓기용 철물

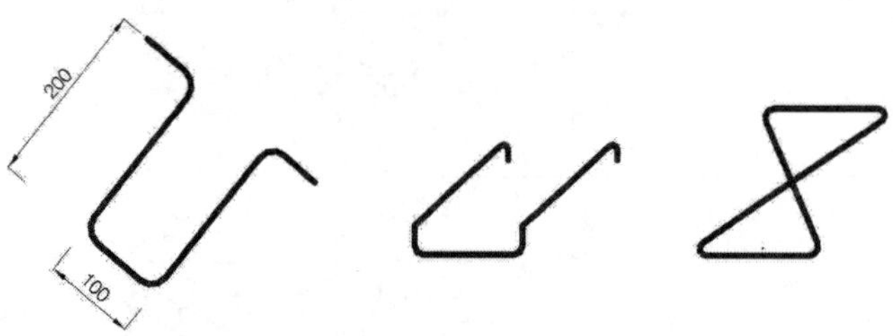

☞ 그림 2.2.4.2 공간 쌓기 단면

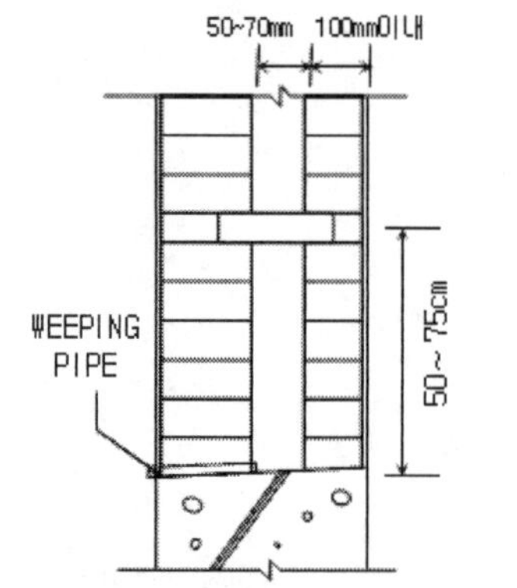

5) 보강 벽돌 쌓기

㉮ 벽종근 및 벽횡근의 조립

① 종근은 기초까지 정착되도록 콘크리트 타설 전에 배근한다.

② 벽체 부분의 철근은 굽어지면 안 된다. 종근은 상시 내진설계로 배근한다.

③ 횡근은 횡근용 벽돌 내에 배근하고 종근과의 교차부를 결속선으로 긴결한다.
④ 우각부 및 T형 합성부의 횡근은 종근을 구속하도록 배근한다.
⑤ 철근의 피복 두께는 20mm 이상으로 한다. 다만, 칸막이벽에서 콩자갈 콘크리트 또는 모르타르를 충전하는 경우에 있어서 10mm 이상으로 한다.

㉯ 벽돌쌓기

특히 보강벽돌벽 공사는 다음에 따른다.

① 최하단의 벽돌쌓기에 있어서 수평으로 정확히 평평하게 되도록 하고, 완성후에 누수되지 않도록 바닥면과 벽돌 사이에 바탕 모르타르를 바른다.
② 벽돌쌓기는 줄눈바름면의 전체에 줄눈 모르타르가 고루 배부되도록 쌓는다.
③ 벽돌의 1일 쌓기 높이는 1.5m 이하로 한다.
④ 줄눈 모르타르는 공동 부분에 노출되지 않도록 한다.
⑤ 벽돌쌓기 시공 중 배수가 불가능한 벽돌공동 내에는 우수 등이 침입하지 않도록 양생한다.

㉰ 벽돌 공동부의 모르타르 및 콘크리트의 축차(逐次) 충전

① 벽돌쌓기에 의해 생기는 수직줄눈 공동부(철근을 삽입하지 않는 공동부를 포함)에 대한 모르타르 및 콘크리트의 충전은 충전압력으로 벽돌이 미끄러짐 이동이 되지 않는 시기로 한다.
② 모르타르 및 콘크리트 충전에는 가는 환봉 등을 사용하여 밀실하게 한다.
③ 모르타르 및 콘트리트 충전은 표준 벽돌쌓기 2~3단마다 실시한다.
④ 횡방향 줄눈 공동의 모르타르 및 콘크리트의 충전은 벽돌의 상단과 동일면 이상의 높이가 되도록 평평하게 한다.
⑤ 1일 작업종료 시 종줄눈 공동부의 모르타르 및 콘크리트의 충전높이는 벽돌의 상단부터 약 50mm 아래로 한다.

㉱ 벽돌 공동부의 모르타르 및 콘크리트의 층고 충전

① 층고 충전공법의 공동부 최소직경은 80mm 이상으로 한다.
② 층고 충전공법의 벽돌쌓기는 충전 모르타르 및 콘크리트 타설 시의 측압에 견디도록 쌓는다.
③ 층고 충전공법의 청소구 및 점검구의 위치 및 크기는 담당원 및 책임기술자와 협의하여 결정한다.
④ 벽돌쌓기 시 낙하 및 노출된 모르타르는 신속히 제거한다.
⑤ 청소구 및 점검구는 충전하기 전에 모르타르 및 콘크리트가 누출되지 않도록 한다.
⑥ 벽돌벽 공동부 내부에는 충전하기 전에 벽돌공동부 내부를 충분히 물축임 한다.

⑦ 공동부의 타설은 원칙적으로 반복하여 타설한다. 1회의 타설높이는 1.5m 이하로 한다.

⑧ 타설되는 각 층의 긴결은 콘크리트 봉형 진동기(공칭봉경 28mm 이하)를 사용하고, 필요에 따라 다른 긴결용구를 보조로 하여 사용한다.

⑨ 콘크리트 봉형 진동기는 각 층마다 사용하고, 그 층의 하부에 선단이 도달하도록 수직으로 삽입한다. 그 삽입간격은 약 400mm 이하로 한다.

㈒ 벽돌벽의 단부 및 연결부의 철근콘크리트 공사

① 배근은 거푸집조립보다 먼저 한다.

② 거푸집 조립

㉠ 콘크리트 타설개소에 줄눈 모르타르 돌출이 있는 것을 제거한다.

㉡ 콘크리트를 타설하기 전에 콘크리트 타설 측압에 견디도록 형틀을 조립한다.

㉢ 거푸집의 긴결철물은 공동벽돌쌓기 시에 설치한다.

㉣ 벽돌거푸집을 사용하는 경우

ⓐ 벽돌거푸집은 줄눈 전체 면에 틈이 생기지 않도록 모르타르를 바르고 쌓는다.

ⓑ 벽돌거푸집은 긴결철물에 의하여 설치한다.

㉤ 거푸집을 사용하는 경우

ⓐ 거푸집공사는 원칙적으로 벽돌벽 쌓기가 종료한 후 가설용 거푸집공사와 동시에 한다.

ⓑ 거푸집은 줄눈봉 등을 사용하여 벽돌과의 틈이 생기지 않도록 조립한다.

ⓒ 거푸집은 긴결철물에 의하여 견고하게 설치한다.

③ 콘크리트의 1회 타설높이는 600mm 이하를 표준으로 하고, 타설 중인 콘크리트에 결함이 생기지 않도록 한다.

㈓ 주 구조체와 장막벽의 설치공법

① 주 구조체와 장막벽의 긴결은 설계도서 혹은 시공도에 따른다.

② 접합용 철근의 주 구조체에 대한 설치는 벽돌공사를 하기 전에 한다.

③ 장막벽을 철골조에 시공하는 경우

㉠ 벽돌벽을 철골조에 시공하는 경우의 철근과 철물의 설치는 시공도에 따른다. 시공도에 표시되지 않은 경우에는 철골에 접합용 철근과 철물을 용접하고, 여기에 벽돌벽의 보강철물을 접합한다.

㉡ 철골과 철근의 용접접합은 다음에 따른다.

ⓐ 철골 표면에 철근을 수직으로 용접접합하는 경우는 개선을 45°로 하여 용접한다.

ⓑ 철근 단부를 90°로 절곡하여 철골 표면에 평행하게 용접접합하는 경우는 절곡 부분을 5d 이상 용접하고 절곡 부분의 주위를 충분히 용접한다.

6) 개구부 쌓기

㉮ 창문틀 세우기 : 먼저 세우기를 주로 한다.

① 먼저세우기 : 문틀까지 쌓고 24시간 경과 후 창문을 세우고 옆벽을 쌓는다.

② 나중세우기 : 조적 중 60cm 간격으로 나무벽돌, 연결철물을 묻고 나중에 끼운다.

☞ 사진 2.2.6.1 창대 쌓기

㉯ 창대쌓기

① 창대벽돌은 윗면을 15°내외로 경사지어 옆세워 쌓는다.

② 문 위는 1/8B~1/4B 내쌓거나 벽면에 일치시킨다.

㉰ 창문틀 옆쌓기

창문틀은 수직·수평 위치 정확히 설치하고 고정용 쐐기, 못박는 간격은 60cm 이내이다.

㉱ 창문틀이 빠지지 않도록 하는 방법

① 가새, 버팀대 등을 사용하여 틀을 보강하고 견고히 고정

② 창문틀 중간에 60cm 간격으로 꺾쇠나 볼트, 대못으로 고정

③ 긴결철물을 이용하여 옆벽에 물려쌓기 하고 사춤을 철저히 한다.

④ 쌤블록을 이용하여 쌓기 한다.

7) 아치 쌓기

☞ 사진 2.2.7.1 아치 쌓기

㉮ 내용

아치는 상부에서 내려오는 수직압력이 아치의 축선을 따라 좌우로 나누어져 밑으로 압축력만 전달되게 하여 부재의 하부에 인장력이 생기지 않는 구조로 줄눈의 방향은 아치의 중심에 모이게 한다.

㉯ 종류

☞ 표 2.2.7.1 아치의 종류

본 아 치	아치벽돌을 주문 제작한 것을 이용한 아치
막만든아치	보통벽돌을 쐐기모양으로 다듬어 만든 아치
거친아치	보통벽돌을 쓰고 줄눈을 쐐기모양으로 변화시켜 만든 아치
층두리아치	아치너비가 클 때에 아치를 겹으로 둘러 튼 아치

8) 기타 부위 쌓기

☞ 그림 2.2.8.1 기타 부위 쌓기

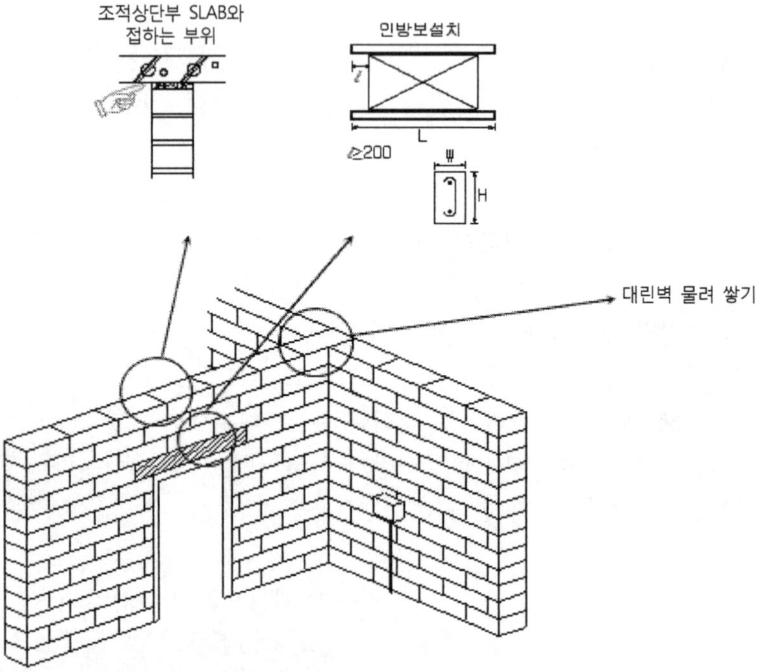

9) 치장 벽돌 쌓기

㉮ 콘크리트면과 조적면에는 단부 앵커철물을 벽돌 7단마다 설치

㉯ 벽돌 나누기

① 시공도를 작성하여 설계의 쌓기 패턴과 일치하는지 검토

② 개구부 등 입면 형상에 따라 조각벽돌이 나오지 않도록 한다.

③ 독창적인 문양이 있는 경우 전체면에 대해서 나누기 시공도를 정확히 작성한다.

☞ 그림 2.2.9.1 단부 앵커철물 설치

☞ 그림 2.2.9.2 1.0B 치장 벽돌 쌓기

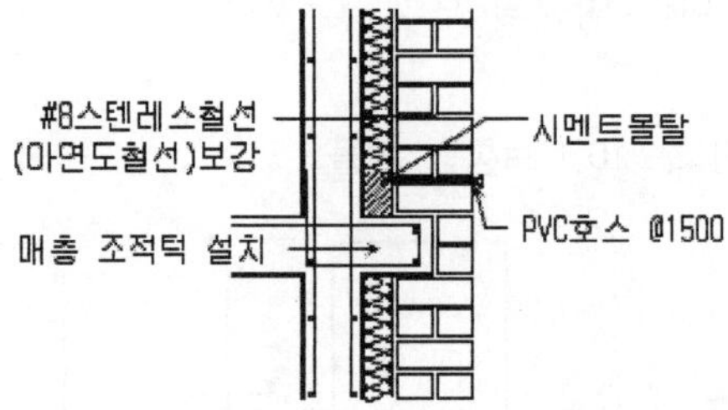

☞ 그림 2.2.9.3 0.5B 치장 벽돌 쌓기

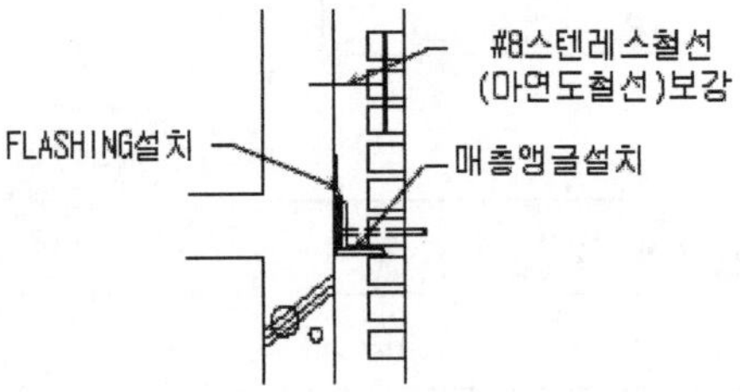

☞ 그림 2.2.9.4 최하단부 조적턱 설치

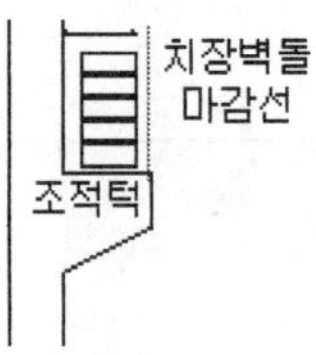

㉰ 치장 줄눈

① 치장벽돌면은 쌓기가 완료되는 대로 흙손으로 줄눈누르기를 해 두고 시기를 보아 깊이 10mm 정도 줄눈파기를 하고 벽면을 청소한 다음, 1 : 1 모르타르로 치장줄눈을 시공한다.

② 줄눈모양은 특별한 지정이 없을 때에는 평줄눈으로 하고 조적면에서 2mm 정도 들여 시공한다.

☞ 그림 2.2.9.5 치장 줄눈의 종류

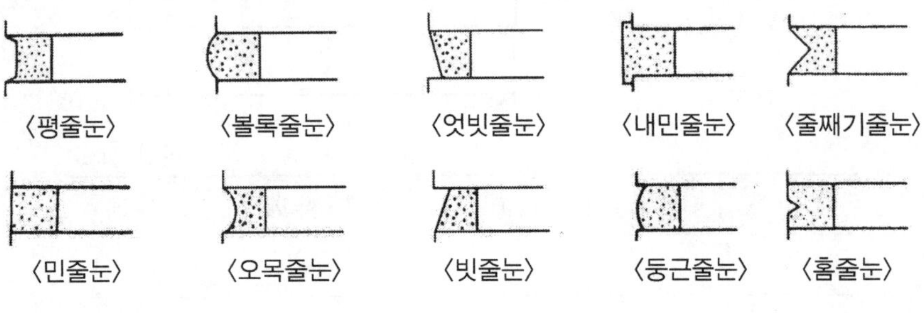

㉱ 벽돌 치장면 청소

① 물씻기 청소

② 주걱, 솔, 헝겊 닦기

③ 염산 등 희석액을 사용하여 청소 후 물씻기

10) 내화 벽돌 쌓기

㉮ 내화 벽돌의 모양 및 치수

☞ 그림 2.2.10.1 보통형 벽돌

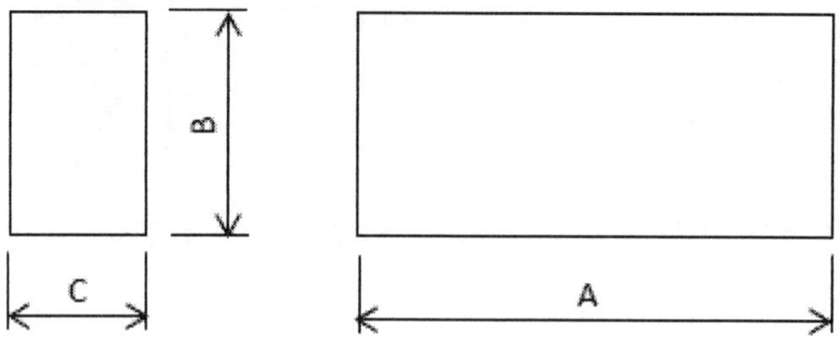

단위 : mm

기 호	A 길이	B 나비	C 두께
D	230	114	65

☞ 그림 2.2.10.2 표준 가로형 벽돌

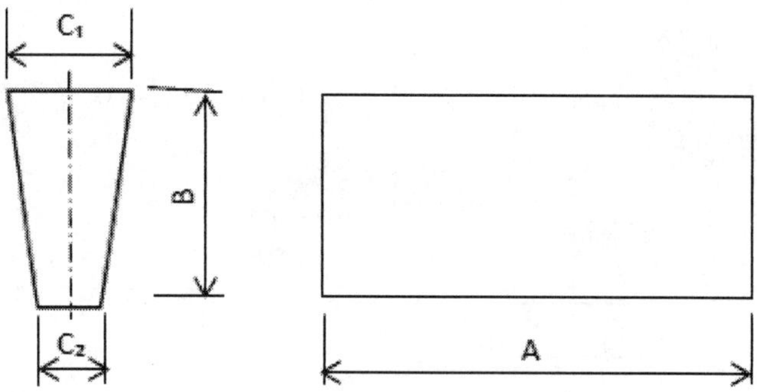

단위 : mm

기 호	A 길이	B 나비	C_1 두께	C_2 두께
Y1	230	114	65	59
Y2	230	114	65	50
Y3	230	114	65	32

☞ 그림 2.2.10.3 표준 세로형 벽돌

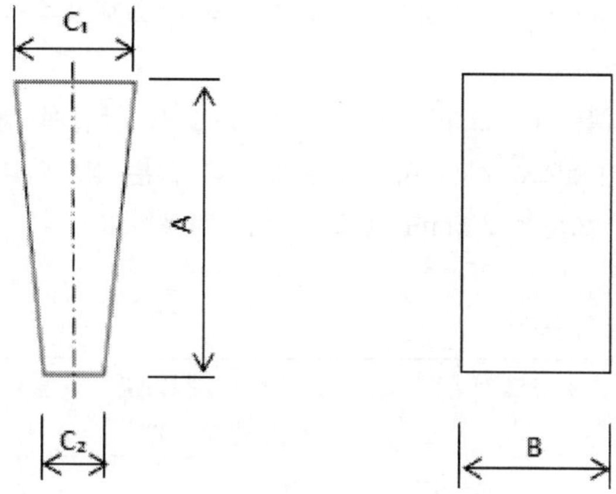

단위 : mm

기 호	A 길이	B 나비	C_1 두께	C_2 두께
T1	230	114	65	55
T2	230	114	65	45
T3	230	114	65	35

☞ 그림 2.2.10.4 표준 쐐기형 벽돌

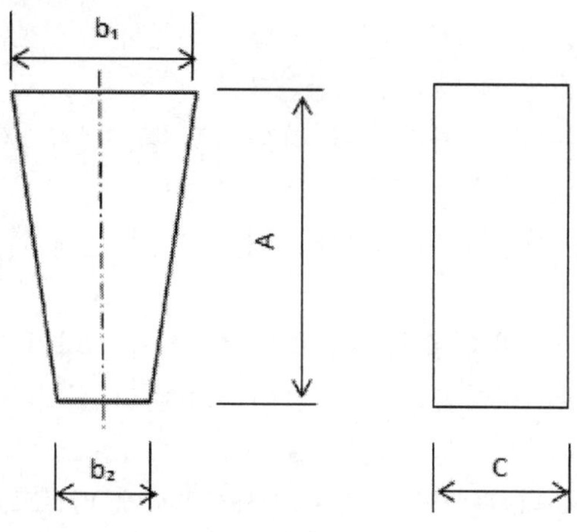

단위 : mm

기 호	A 길이	b_1 나비	b_2 나비	C 두께
B1	230	114	105	65
B2	230	114	85	65
B3	230	114	65	65

㈏ 단열 모르타르

① 내화벽돌의 쌓기에 사용하는 모르타르는 한국산업표준에 적합한 제품으로 한다.

② 모르타르는 다음 표 2.2.10.1에 따르고, 종별 및 등급의 정함이 없을 때에는 모르타르 3종 이상으로 하되 사용하는 벽돌과 같은 정도의 내화도가 있는 것으로서 그 입도는 표준체 2.5mm 정도의 것을 사용한다.

표 2.2.10.1 단열 모르타르의 품질

종 류	열전도율 (W/m·K)	부착강도 (N/mm^2)	길이 변화율(%)
1 종	0.071 이하	0.10 이상	0.5 이하
2 종	0.095 이하		
3 종	0.149 이하		

㈐ 시공

① 내화벽돌의 운반 및 취급에 있어서 깨지거나 모서리가 떨어지지 않도록 던지거나 쏟아져 내리는 일이 없게 한다.

② 저장에 있어서는 형상, 품질 및 용도별로 구분하여 일정한 무더기로 쌓아둔다.

③ 내화벽돌은 비를 맞지 않도록 저장한다.

④ 단열 모르타르는 습기 차지 않게 저장하고, 흙, 먼지, 기타 불순물이 혼입되지 않도록 한다.

⑤ 내화벽돌은 이 시방서 07015.3.3.(벽돌쌓기)에 준하여 쌓고 통줄눈이 생기지 않게 한다.

⑥ 내화벽돌은 흙 및 먼지 등을 청소하고 물축이기는 하지 않고 사용한다.

⑦ 단열 모르타르는 덩어리진 것을 풀어 사용하고 물반죽을 하여 잘 섞어 사용한다.

⑧ 내화벽돌의 줄눈너비는 도면 또는 공사시방서에 따르고, 그 지정이 없을 때에는 가로 세로 6mm를 표준으로 한다.

⑨ 굴뚝 및 연도 등의 안쌓기는 구조벽체에서 0.5B 정도 떼어 공간을 두고 쌓고, 거리간격 600mm 정도마다 엇갈림으로 구조벽체와 접촉하여 자립할 수 있도록 쌓는다.

⑩ 내화벽돌 쌓기가 끝나는 대로 줄눈흙손으로 줄눈을 눌러두고, 평활하게 바른다.

☞ 사진 2.2.10.1 내화벽돌 쌓기

2.3 벽돌벽 시공시 문제점

1) 벽돌벽의 균열원인

☞ 표 2.3.1 벽돌벽의 균열원인

계획·설계상 미비	① 기초의 부동침하 ② 건물의 평면·입면의 불균형 및 벽의 불합리 배치 ③ 불균형 하중, 큰 집중하중, 횡력 및 충격 ④ 벽돌벽의 길이·높이·두께에 대한 벽돌벽체의 강도 부족 ⑤ 문꼴 크기의 불합리 및 불균형 배치
시공상의 결함	① 벽돌 및 모르타르의 강도 부족 ② 온도 및 습기에 의한 재료의 신축성 ③ 이질재와의 접합부 ④ 모르타르의 사춤부족 ⑤ 모르타르, 회반죽 바름의 신축 및 들뜨기

2) 벽체에서 물이 새는 원인

㉮ 줄눈의 시공불량 및 균열

㉯ 벽돌(블록) 자체의 방수성 결여

㉰ 보양 부족 벽돌(블록)의 수축 균열

㉱ 외부돌출 철물의 시공불량

㉲ 개구부에서 이질재(목재, 알루미늄)와의 접촉부분 시공불량

2.4 백화현상(白華現像)

1) 백화의 정의 및 방지 대책

☞ 표 2.4.1 백화의 정의 및 방지대책

구분	내용
정 의	벽표면에서 침투하는 빗물에 의해 모르타르 중의 석회분이 유출되어 공기중의 탄산가스와 결합하여 벽돌벽의 표면에 백색의 미세한 물질이 생기는 현상
원 인	① 벽돌벽에 빗물침입 ② 재료 및 시공불량
방지대책	① 소성이 잘된 벽돌을 사용 ② 줄눈에 방수제를 혼입하고 밀실하게 사춤시킨다. ③ 벽면에 비막이를 설치한다. ④ 벽면에 파라핀 도료 등을 발라 방수처리를 한다.

2) 백화 발생 특성요인도

☞ 표 2.4.2.1 백화 발생 특성요인도

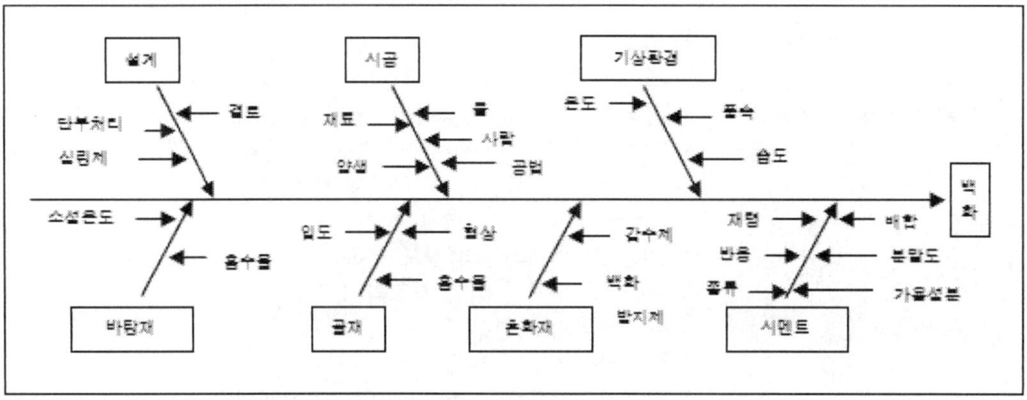

☞ 사진 2.4.2.1 백화 발생 건물

3. 블록공사

3.1 자재

1) 블록의 형상

㉮ 블록은 일반적으로 속빈 콘크리트 블록을 지칭하며 치수는 표 3.1.1.1에 따른다.

㉯ 보강근을 삽입하는 속빈 부분이 있고, 블록 벽체로 외력을 부담한다.

☞ 그림 3.1.1.1 블록의 길이, 높이 및 두께

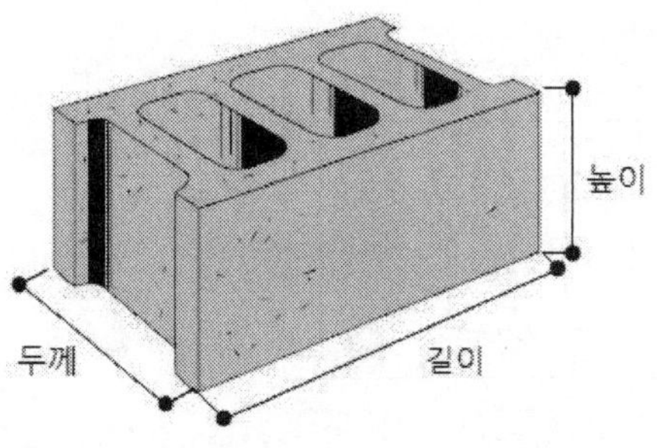

☞ 사진 3.1.1.1 속빈 콘크리트 블록

☞ 표 3.1.1.1 속빈 콘크리트 블록의 치수

<table>
<tr><th rowspan="2">형 상</th><th colspan="3">치 수(mm)</th><th colspan="2">허 용 치(mm)</th><th rowspan="2">비 고</th></tr>
<tr><th>길 이</th><th>높 이</th><th>두 께</th><th>길이 및 두께</th><th>높 이</th></tr>
<tr><td>기본 블록</td><td>390</td><td>190</td><td>210
190
150
100</td><td colspan="2">±2</td><td></td></tr>
<tr><td>이형 블록</td><td colspan="6">길이, 높이 및 두께의 최소 크기를 90 mm 이상으로 한다.
또 가로근 삽입 블록, 모서리 블록과 기본 블록과 동일한 크기인 것의 치수 및 허용치는 기본 블록에 따른다.</td></tr>
</table>

㉰ 콘크리트 블록에 철근을 삽입하는 속빈 부분은 콘크리트를 부어넣기에 지장이 없도록 충분히 크게 한다. 그 속빈 크기 및 블록의 최소 살두께는 표 3.1.1.2에 따른다.

☞ 표 3.1.1.2 속빈 부분 및 최소 살두께

속빈 부분 및 최소 살두께	속 빈 부 분			최소 살두께	
	세로근을 삽입하는 속빈 부분		가로근을 삽입하는 속빈 부분	조적 후 외부에 나타나는 부분	기타의 부분
블록의 종류	단면적 (mm^2)	최소 너비 (mm)	최소 직경 (mm)		
두께 150 mm 이상의 블록	6,000 이상	70 이상	85 이상	25 이상	20 이상
두께 100 mm 이하의 블록	3,000 이상	50 이상	50 이상	20 이상	20 이상

☞ 그림 3.1.1.2 가로근용 블록

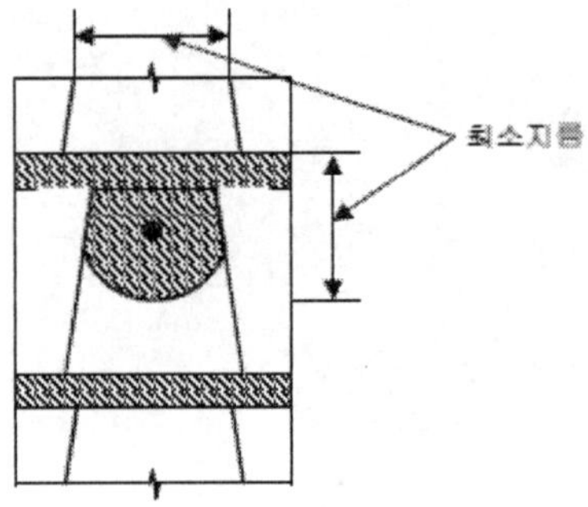

☞ 그림 3.1.1.3 기본 블록

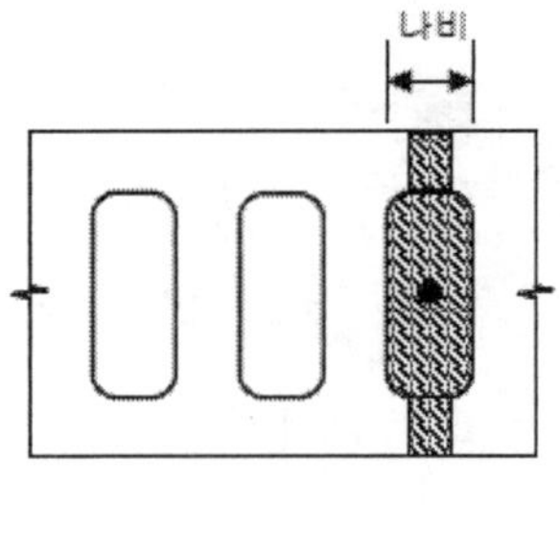

㉣ 등급

① 블록은 표 3.1.1.3에 적합하여야 한다. 다만, 공사시방서에 별도로 정한 경우에는 공사시방서에 따른다.

☞ 표 3.1.1.3 속빈 콘크리트 블록의 등급

구 분	기건비중	전단면[1]에 대한 압축강도 (N/mm^2)	흡수율 (%)	투수성[2] (m/lm^3–h)
A종 블록	1.7 미만	4.0 이상	–	–
B종 블록	1.9 미만	6.0 이상	–	–
C종 블록	—	8.0 이상	10 이하	10 이하

(주) 1) 전단면적이란 가압면(길이×두께)으로서, 속빈 부분 및 양 끝의 오목하게 들어간 부분의 면적도 포함한다.
2) 투수성은 방수 블록에만 작용한다.

② 블록은 겉모양이 균일하고 비틀림, 해로운 균열 또는 흠 등이 없어야 한다.

2) 형태별 속빈 콘크리트 블록의 종류

☞ 표 3.1.2.1 형태별 속빈 콘크리트 블록의 종류

명 칭	형 태	명 칭	형 태
기본 블록	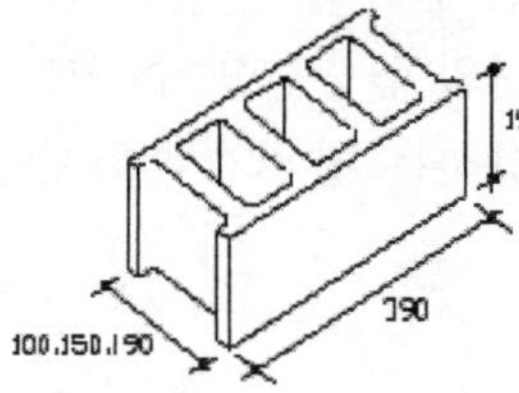	마구리형 반블록	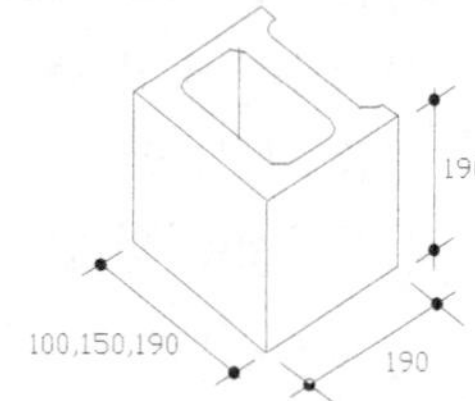
가로근용 블록	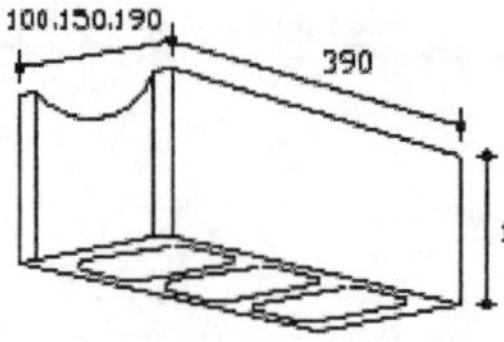	반 블 록	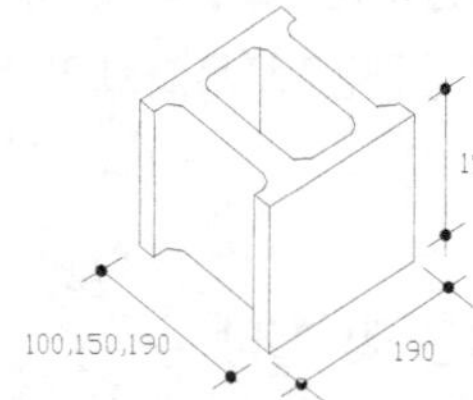
마구리형 블록	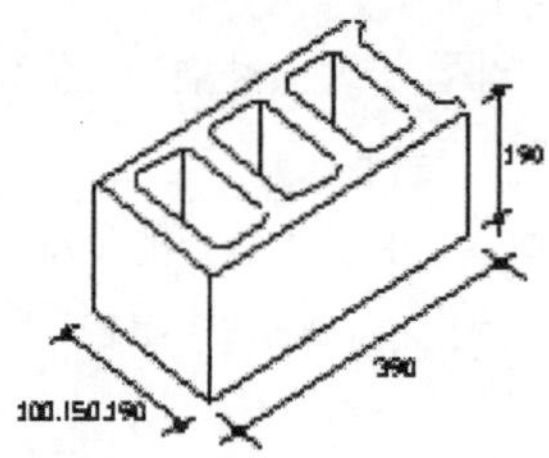	코너블록	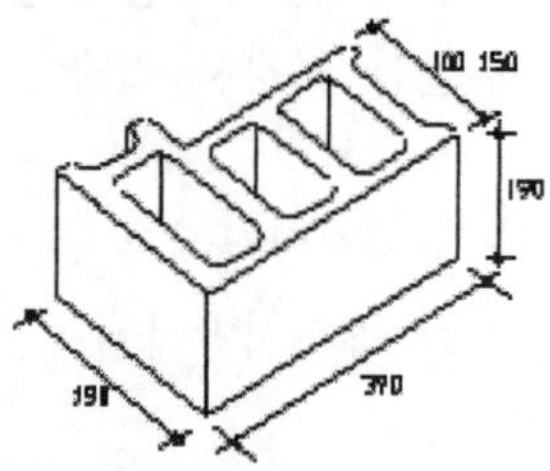

3) 줄눈 모르타르

㉮ 줄눈 모르타르 배합은 표 3.1.3.1에 따른다.

☞ 표 3.1.3.1 줄눈 모르타르, 사춤 모르타르, 치장줄눈 모르타르 및 사춤 그라우트의 배합비

(용적 배합비)

구 분	용 도	배 합 비			
		시 멘 트	석 회	모 래	자 갈
모르타르	줄눈용	1		3	
	사춤용	1	1	3	
	치장용	1		1	
그라우트	사춤용	1		2	3

㉯ 줄눈 모르타르의 연도는 블록의 흡수성을 고려해서 양호한 점착이 되도록 정한다.

㉰ 줄눈 모르타르에 혼화재료를 사용한 경우 혼화재량, 비빔 방법은 공사시방서에 의한다.

4) 사춤 모르타르, 그라우트

㉮ 속빈 콘크리트 블록공사에 사용되는 사춤 모르타르, 보 사춤 그라우트 배합은 표 3.1.3.1에 따른다.

㉯ 사춤 모르타르, 그라우트의 연도는 사춤하는 공동부 크기, 사춤 높이, 블록의 흡수성, 사춤 방법 등을 고려하여 공동부를 빈틈없이 충전할 수 있도록 정한다.

㉰ 사춤 모르타르, 그라우트에 혼화재료를 사용하는 경우의 혼화재량, 비빔 방법은 공사시방서에 의한다.

5) 치장줄눈 모르타르

치장줄눈 모르타르의 배합은 표 3.1.3.1에 따르고, 특별한 경우에는 공사시방서에 의한다.

6) 철근 및 철망

㉮ 철근 및 결속선은 콘크리트공사에 따른다.

㉯ 블록 보강용 철망은 #8~#10 철선을 가스압접 또는 용접한 것을 사용하고, 그 형상, 치수, 기타는 도면 또는 공사시방서에 따른다.

㉰ 공사시방서에서 정한 바가 없을 때에는 다음 표 3.1.6.1에 따른다. 다만, 도면 또는 공사시방서에서 정한 바가 없을 때에는 철선은 #10로 한다.

☞ 표 3.1.6.1 철망의 치수

구 분	210mm 블록	190mm 블록	150mm 블록	100mm 블록	비 고
너비(A) 너비(B)	180 150	160 150	120 150	80 150	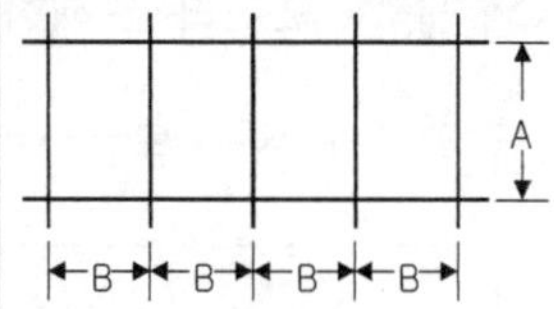

3.2 단순 조적 블록공사

1) 쌓기

㉮ 단순조적 블록쌓기의 세로줄눈은 도면 또는 공사시방서에서 정한 바가 없을 때에는 막힌 줄눈으로 한다.

㉯ 기준틀 또는 블록 나누기의 먹매김에 따라 모서리, 중간요소, 기타 기준이 되는 부분을 먼저 정확하게 쌓은 다음 수평실을 치고 먼저 쌓은 블록을 기준으로 하여 수평실에 맞추어 모서리부에서부터 차례로 쌓아간다.

㉰ 살두께가 큰 편을 위로 하여 쌓는다.

㉱ 가로줄눈 모르타르는 블록의 중간살을 제외한 양면살 전체에, 세로줄눈 모르타르는 마구리 접합면에 각각 발라 수평·수직이 되게 쌓는다. 블록은 턱솔이 없게 수평실에 맞추어 줄눈이 똑바르도록 대어 쌓는다. 치장이 되는 면의 더러움은 그때마다 청소한다.

㉲ 하루의 쌓기 높이는 1.5m(블록 7켜 정도) 이내를 표준으로 한다.

㉳ 줄눈 모르타르는 쌓은 후 줄눈누르기 및 줄눈파기를 한다.

㉴ 특별한 지정이 없으면 줄눈은 10mm가 되게 한다. 치장줄눈을 할 때에는 흙손을 사용하여 줄눈이 완전히 굳기 전에 줄눈파기를 한다.

2) 모르타르 및 그라우트 사춤

㉮ 블록의 조적에서 생기는 세로줄눈 공동부에 모르타르 또는 그라우트를 충전시에는 충전 압력으로 미끄러지거나 이동하지 않도록 한다. 모르타르 또는 그라우트의 충전을 가느다란 둥근 막대를 사용하여 곰보나 틈새가 생기지 않도록 밀실하게 다진다.

㉯ 모서리 및 개구부의 끝에서 거푸집을 사용하여 콘크리트를 부어 넣을 때에는 거푸집을 대기 전에 밑창에 모인 흙, 먼지 및 모르타르 등을 제거하고 청소한다.

㉰ 모르타르 또는 그라우트를 사춤하는 높이는 3켜 이내로서 담당원의 지시에 따른다. 하루의 작업종료 시의 세로줄눈 공동부에 모르타르 또는 그라우트의 타설높이는 블록의 상단에서 약 50mm 아래에 둔다.

㉱ 보강근은 모르타르 또는 그라우트 사춤하기 전에 배근해야 하고, 움직이지 않게 고정되어야 한다. 보강철근은 정확한 위치를 유지하도록 하며, 이동 및 변형이 없게 하고 또한 피복두께는 20mm 이상으로 한다.

3) 배관

㉮ 배관은 배관용 블록을 사용할 때 이외는 원칙적으로 노출배관으로 하고, 부득이 묻을 때에는 블록의 빈속을 통하여 배관한다.

㉯ 상하수도 및 가스배관은 블록의 빈속에 매입하지 않는다.

㉰ 전기배관 등 블록의 빈속을 통하여 배관할 때에는 보강철근의 피복두께에 지장이 없도록 그 빈속의 한편으로 치우쳐 배관하고 배관의 인입부와 인출부의 자리에는 블록의 빈속에 모르타르 또는 그라우트를 채워 넣는다.

㉱ 블록 벽면에 부득이 줄홈을 파서 배관할 때에는 그 자리는 블록의 빈속까지 모두 모르타르 또는 그라우트를 채운다.

3.3 보강 블록공사

1) 벽 세로근

㉮ 벽의 세로근은 구부리지 않고 항상 진동 없이 설치한다.

㉯ 세로근은 밑창 콘크리트 윗면에 철근을 배근하기 위한 먹매김을 하여 기초판 철근 위의 정확한 위치에 고정시켜 배근한다.

㉰ 세로근은 원칙으로 기초 및 테두리보에서 위층의 테두리보까지 잇지 않고 배근하여 그 정착길이는 철근 직경(d)의 40배 이상으로 하며, 상단의 테두리보 등에 적정 연결철물로 세로근을 연결한다.

㉱ 그라우트 및 모르타르의 세로 피복두께는 20mm 이상으로 한다.

㉲ 테두리보 위에 쌓는 박공벽의 세로근은 테두리보에 40d 이상 정착하고, 세로근 상단부는 180°의 갈구리를 내어 벽 상부의 보강근에 걸치고 결속선으로 결속한다.

2) 벽 가로근

㉮ 가로근을 블록 조적 중의 소정의 위치에 배근하여 이동하지 않도록 고정한다.

㉯ 우각부, 역T형 접합부 등에서의 가로근은 세로근을 구속하지 않도록 배근하고 세로근과의 교차부를 결속선으로 결속한다.

㉰ 가로근은 배근 상세도에 따라 가공하되 그 단부는 180°의 갈구리로 구부려 배근한다. 철근의 피복두께는 20mm 이상으로 하며, 세로근과의 교차부는 모두 결속선으로 결속한다.

㉱ 모서리에 가로근의 단부는 수평방향으로 구부려서 세로근의 바깥쪽으로 두르고 정착길이는 40d 이상으로 한다.

㉲ 창 및 출입구 등의 모서리 부분에 가로근의 단부를 수평방향으로 정착할 여유가 없을 때에는 갈구리로 하여 단부 세로근에 걸고 결속선으로 결속한다.

㉳ 개구부 상하부의 가로근을 양측 벽부에 묻을 때의 정착길이는 40d 이상으로 한다.

㉴ 가로근은 그와 동등 이상의 유효단면적을 가진 블록보강용 철망으로 대신 사용할 수 있다.

☞ 그림 3.3.1.1 보강 기준도 (평면)

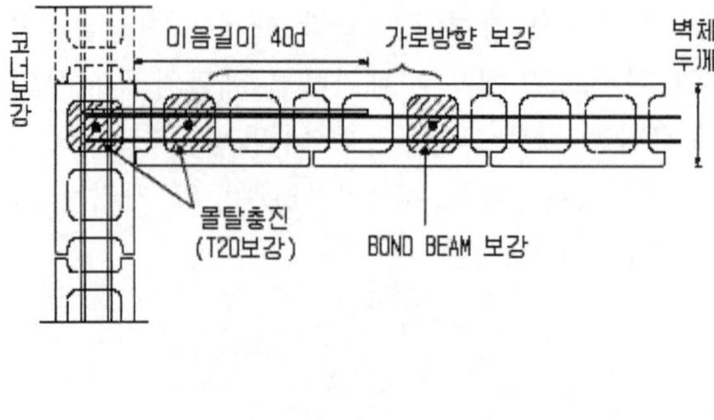

☞ 그림 3.3.1.2 보강 기준도 (입면)

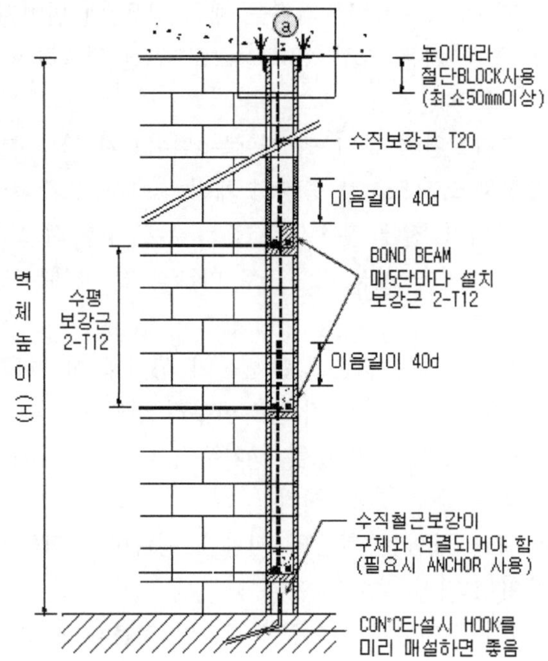

3) 블록 쌓기

㉮ 콘크리트용 블록은 물축임하지 않는다.

㉯ 블록쌓기는 단순 조적 블록공사 쌓기에 따른다.

㉰ 보강 블록조와 라멘구조가 접하는 부분은 보강 블록조를 먼저 쌓고 라멘구조를 나중에 시공한다.

3.4 거푸집 블록

1) 자재

㉮ 거푸집 블록의 최소 살두께는 25mm 이상으로 한다.

㉯ 거푸집 블록은 뒤틀림, 갈라짐, 기타 흠집이 없는 것으로 한다.

㉰ 거푸집 조립철물은 속빈 블록 조적시에 미리 묻어 놓는다.

2) 시공

㉮ 규준틀에 의하여 모서리 끝 또는 중간 요소에 먼저 규준이 되는 블록을 수직, 수평으로 높이와 면을 정확하게 쌓은 다음 수평실을 치고 이 블록을 기준으로 하여 모서리부 또는 단부에서부터 차례로 쌓아 돌아간다.

㉯ 블록의 세로 및 가로 접촉면에는 모르터를 발라 붙이고 블록은 터지지 아니하게

하며 줄눈이 일메지고 줄바르게 쌓는다.

㉰ 거푸집 블록속에 모르터 또는 콘크리트를 채워 넣을 때 벌어지거나 이동·변형등이 생길 우려가 있는 곳은 가는 철선(#20) 등으로 연결 결속하여 이들의 변형을 방지한다.

㉱ 거푸집 블록을 콘크리트면에 붙여 댈 때에는 떨어지지 아니하도록 연결 철물을 사용하여 견고히 고정하고 모르터를 충분히 채워 넣는다.

㉲ 줄눈 모르터가 경화되기 전에 흙손으로 줄눈 누르기를 하고 필요할 때에는 줄눈 파기를 한다. 다만, 벽면을 미장 바름으로 마무리 할 때에는 줄눈 누르기 및 줄눈 파기를 생략할 수 있다.

㉳ 치장 줄눈을 할 때에는 줄눈 흙손으로 빈틈이 생기지 아니하게 눌러 바르고 줄눈 갓은 블록면에 미끈하게 밀착되게 바르고 마무리 한다.

㉴ 모르터 및 콘크리트를 부어 넣기에 앞서 거푸집 내부 또는 거푸집 블록의 속빈 부분을 청소하고 적당히 물축이기를 한다.

㉵ 콘크리트를 부어 넣을 때에는 철근의 피복을 정확히 유지하며 둥근 막대 등으로 다져 빈틈·곰보등이 생기지 않도록 한다.

㉶ 벽체 콘크리트의 1회 부어넣기 높이는 그 속빈 부분의 9×12cm 정도일 때 60cm 이내로 하고, 9×45cm 이상일 때에는 가로 철근의 위치 이하 마다로 한다.

3) 콘크리트 부어넣기시 일반 RC에 비해 불리한 점

㉮ 줄눈이 많아서 강도가 부족하다.

㉯ 블록 살두께가 얇아서 충분한 다짐이 곤란하다.

㉰ 줄눈 사이에 시멘트풀이 흘러 곰보발생이 우려된다.

㉱ 시공결과의 판단이 불명확하고 철근의 접착피복두께가 불완전하다.

3.5 ALC (Auto Claved Lightweight Concrete) 블록공사

1) 자재

㉮ ALC의 절건 비중 및 압축강도는 표 3.5.1.1 이상이 되어야 한다.

☞ 표 3.5.1.1 ALC의 절건 비중 및 압축강도

구 분	절 건 비 중	압축강도 N/mm^2
0.5품	0.45 이상 0.55 미만	2.9 이상
0.6품	0.55 이상 0.65 미만	4.9 이상
0.7품	0.65 이상 0.75 미만	6.9 이상

㉯ 블록은 사용상 해로운 휨, 균열, 움푹 팬 곳, 기포, 얼룩, 깨진 곳 등이 없어야 한다.

㉰ ALC 블록의 단열성은 단열성 시험을 하여 표 3.5.1.2의 값을 만족하여야 한다.

☞ 표 3.5.1.2 ALC의 열 저항값

항 목	규 정 값	
열저항값 m^2K/W	0.5품	0.0053d 이상
	0.6품	0.0042d 이상
	0.7품	0.0036d 이상

여기에서 d : 패널의 제작 치수 두께(mm)

㉱ ALC 블록의 기준 호칭 치수는 표 3.5.1.3과 같다.

☞ 표 3.5.1.3 ALC 블록의 기준 호칭 치수

단위 : mm

높 이	두 께	길 이
200 300 400	100	600
	125	
	150	
	200	
	250	

㉲ ALC 블록 제작 치수는 표 3.5.1.4와 같다.

☞ 표 3.5.1.4 ALC 블록의 제작 치수

단위 : mm

제 작 치 수		허 용 차
높 이	표 3.5.1.3의 호칭 치수로부토 1~3mm를 뺀 값	+1 −3
길 이	표 3.5.1.3의 호칭 치수로부토 1~3mm를 뺀 값	+1 −3
두 께	표 3.5.1.3의 호칭 치수와 같음	±2

2) 시공

㉮ 슬래브나 방습턱 위에 고름 모르타르를 10mm~20mm 두께로 깐 후 첫 단 블록을 올려놓고 고무망치 등을 이용하여 수평을 잡으며, 블록의 제작치수 중 높이에 대한 편차가 허용차범위를 초과하는 경우 인접블록과 높이 편차를 맞춘 후 쌓기 모르타르를 사용하여 조적한다.

㉯ 쌓기 모르타르는 교반기를 사용하여 배합하며, 1시간 이내에 사용해야 한다.

㉰ 쌓기 모르타르는 블록의 두께와 동일한 폭을 갖는 전용 흙손을 사용하여 바른다. 또한, 시공 시 흘러나온 모르타르는 경화되기 전에 빨리 긁어낸다.

㉱ 줄눈의 두께는 1mm~3mm 정도로 한다.

㉲ 블록 상·하단의 겹침길이는 블록길이의 1/3~1/2을 원칙으로 하고 100mm 이상으로 한다.

㉳ 블록은 각 부분이 가급적 균등한 높이로 쌓아가며, 하루 쌓기높이는 1.8m를 표준으로 하고, 최대 2.4m 이내로 한다.

㉴ 연속되는 벽면의 일부를 트이게 하여 나중쌓기로 할 때에는 그 부분을 층단 떼어쌓기로 한다.

㉵ 모서리 및 교차부 쌓기는 끼어쌓기를 원칙으로 하여 통줄눈이 생기지 않도록 한다. 직각으로 만나는 벽체의 한편을 나중쌓을 때는 층단쌓기로 하며, 부득이한 경우 층단으로 켜거름 들여쌓기로 하거나 이음보강철물을 사용한다.

㉶ 콘크리트 구조체와 블록벽이 만나는 부분 및 블록벽이 상호 만나는 부분에대해서는 접합철물을 사용하여 보강하는 것을 원칙으로 한다.

㉷ 상부구조체와 접하는 부위는 구조체의 처짐에 충분히 견딜 수 있고, 상부 구조체로부터 힘이 전달되지 않는 충전재로 밀실하게 채운다.

㉸ 공간쌓기의 경우 공사시방서 또는 도면에서 규정한 사항이 없으면 바깥쪽을 주벽체로 하고, 내부공간은 50mm~90mm 정도로 하고, 수평거리 900mm, 수직거리 600mm마다 철물연결재로 긴결시킨다.

㉹ 신축줄눈을 통한 열손실 방지, 방음성능 및 내화성능 확보가 요구될 경우에는 암면 등의 광물섬유를 채워 넣고 실란트 또는 내화용 줄눈재로 충전한다.

㉺ 블록구조의 표면은 필요한 경우 집중하중 또는 마모에 대하여 보호한다.

㉻ 블록의 절단은 전용톱을 사용하여 정확하게 절단하며, 접착면이나 노출면이 평활하도록 한다.

3) 방수 및 방습 처리

방수 및 방습 처리는 그림 3.5.3.1과 같이 처리한다.

☞ 그림 3.5.3.1 ALC 블록의 방수 및 방습 처리

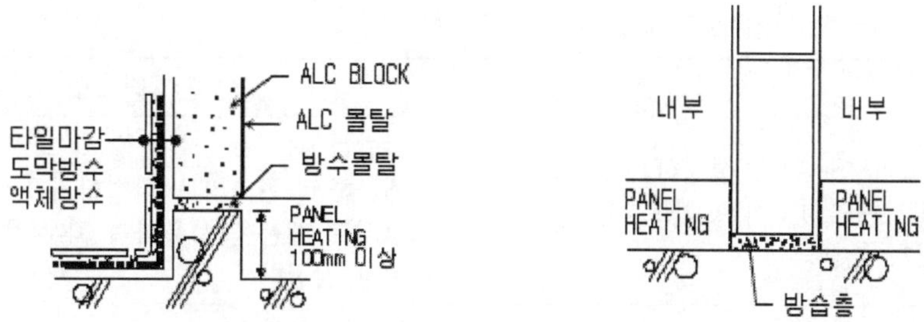

☞ 사진 3.5.3.1 ALC 블록 및 사용 공구

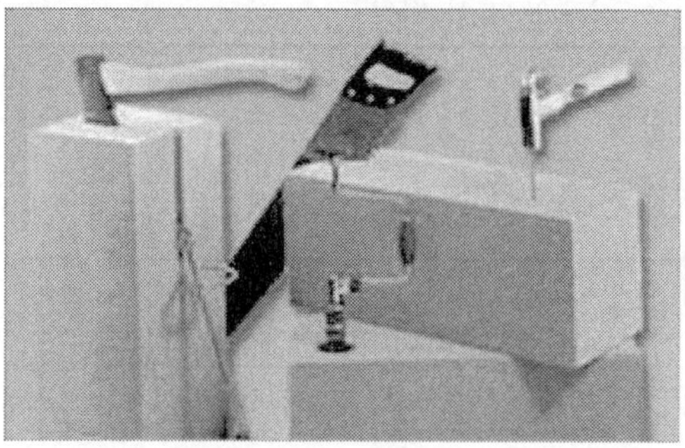

☞ 사진 3.5.3.2 ALC 판넬의 시공

3.6 테두리보 및 인방보 (Bond Beam)

1) 정의

㉮ 조적벽체에서 벽을 일체화시키고, 집중하중 또는 국부적인 하중을 균등히 분포시키기 위한 철근콘크리트를 Bond Beam이라 한다.

㉯ 설치위치에 따라 테두리보, 기초보, 벽돌 보강보로 구분한다.

2) 기능

㉮ 벽체의 일체화

㉯ 벽체의 강성증대 및 균열 방지

㉰ 하중분포

㉱ 수평하중에 저항

㉲ 부동침하 방지

3) 테두리보 인방보의 역할

☞ 표 3.6.3.1 테두리보 인방보의 역할

분류	테 두 리 보	인 방 보
정의	조적조의 맨 위에 설치하는 보로 춤(높이)은 벽두께의 1.5배로 하고 철근은 40d 이상 정착시킨다.	인방블록을 틀 위에 쌓고 그 안에 철근을 배근하고 콘크리트 타설하거나, 기성철근콘크리트 제품을 사용하며 좌우 벽면에 20cm 이상 걸친다.
역할(목적)	① 횡력에 대한 보강 ② 하중의 균등한 분포 ③ 세로철근의 끝을 정착하기 위해 ④ 집중하중에 대한 보강	① 상부하중을 분산하여 균등하게 벽체에 전달 ② 창·문꼴의 장기처짐 방지 ③ 벽체의 강성 확보

4) 설치 위치

☞ 표 3.6.4.1 테두리보 인방보의 설치 위치

벽체 상단(테두리보)	조적조의 벽체 상단에 테두리보를 설치함으로써 횡력저항, 일체성 확보
기초판 위(기초보)	기초판 위에 설치하여 조적벽의 일체성 및 부동침하를 방지
벽돌벽 중간(벽돌 보강보)	벽돌 벽체의 높이가 3.6m마다 설치하여 횡력저항 및 강성 확보

☞ 그림 3.6.4.1 테두리보 및 인방보

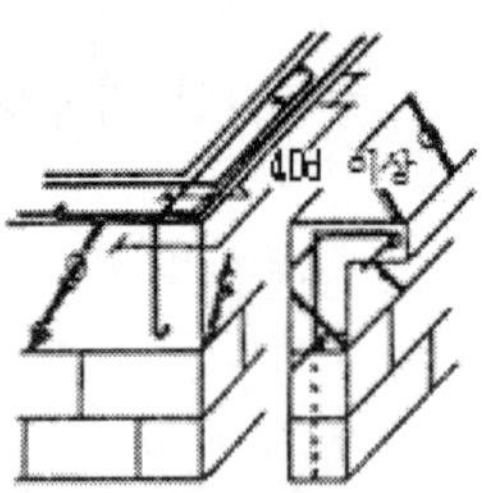

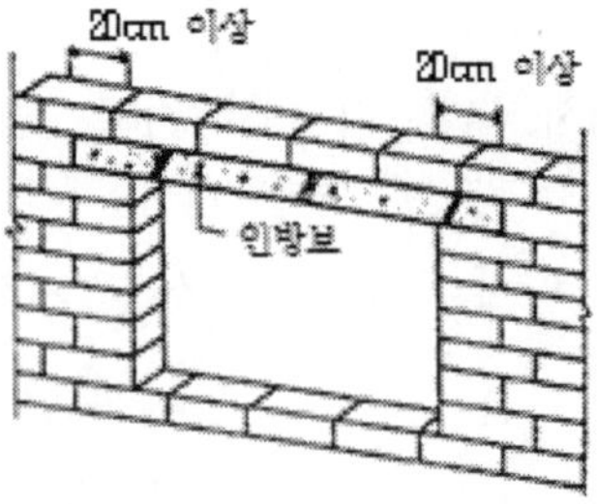

☞ 사진 3.6.4.1 테두리보 및 인방보

제 11 장

석 공 사

1. 용어의 정리
2. 자 재
3. 시 공

1. 용어의 정리

건축공사 표준시방서에서는 석공사에 사용하는 용어를 다음과 같이 정의하고 있다.

1) 가공석 : 암석을 인공적으로 처리하여 만들어낸 석재
2) 갱쏘(gang-saw) : 일정한 크기의 석재 판재를 대량으로 생산할 수 있는 기계
3) 꺾쇠 : 양쪽 끝을 구부려 "ㄷ"자 모양으로 만든 철물
4) 근각볼트 : 머리에 홈이 없는 트러스 머리 형태의 볼트로 머리 밑에 사각형 부분이 있는 볼트
5) 끝고임 석재 : 석축의 뿌리 끝쪽에 고이는 석재
6) 날매 : 석재 수(手)가공 시 사용하는 석재용 공구
7) 눈(目)숫자 : 도드락다듬 공구 35mm×35mm 면의 뿔숫자
8) 하드보드지 : 딱딱하고 두꺼운 종이
9) 데파볼트 : 건식 시공 시 앵커를 설치하기 위하여 구조체에 주입하는 STS 304 볼트
10) 발수제 : 대상 재료의 내부구조에 변화를 주지 않고, 표면에 발수성 피막을 만들어 물의 침투를 막는 재료로 표면에 물이 접촉하였을 경우에 접촉각을 크게 하여 물방울 상태로 고체 표면과 분리되게 하는 화학제품
11) 세트앵커 : 데파볼트+캡+와셔+너트를 조립한 상태
12) 손갈기 : 사람이 기계를 조작하여 공정마다 물갈기 공구를 교체하며 광내기하는 것
13) 수가공 : 석재용 공구를 이용하여 인공적으로 가공하는 것
14) 심페드 : 석재의 중량에 의하여 하부로 밀려나지 않도록 구조체와 앵글 사이에 끼우는 끼움판
15) 할석기 : 원석을 판석 등으로 가공하는 기계
16) 혹두기 : 석재를 뫼 쪽으로 쪼개서 혹이 형성된 모양 그대로의 석재
17) 결점에 관한 용어
   ㉮ 구부러짐 : 석재의 표면 및 옆면의 구부러짐을 말한다.
   ㉯ 균열 : 석재의 표면 및 옆면의 금 터짐을 말한다.
   ㉰ 얼룩 : 석재 표면이 부분적으로 색조가 균일하지 않은 것을 말한다.
   ㉱ 썩음 : 석재 중에 쉽게 떨어져 나갈 정도의 이질(異質) 부분을 말한다.
   ㉲ 빠진 조각 : 석재의 겉모양 면의 모서리 부분이 작게 깨진 것을 말한다.
   ㉳ 오목 : 석재의 표면이 들어간 것을 말한다.
   ㉴ 반점 : 석재 표면에 부분적으로 생긴 반점 모양의 색 얼룩을 말한다.
   ㉵ 구멍 : 석재 표면 및 옆면에 나타난 구멍을 말한다.
   ㉶ 물듦 : 석재 표면에 다른 재료의 색깔이 붙은 것을 말한다.

2. 자 재

2.1 건축용 석재

1) 건축용 석재

☞ 표 2.1.1.1 건축용 석재의 분류

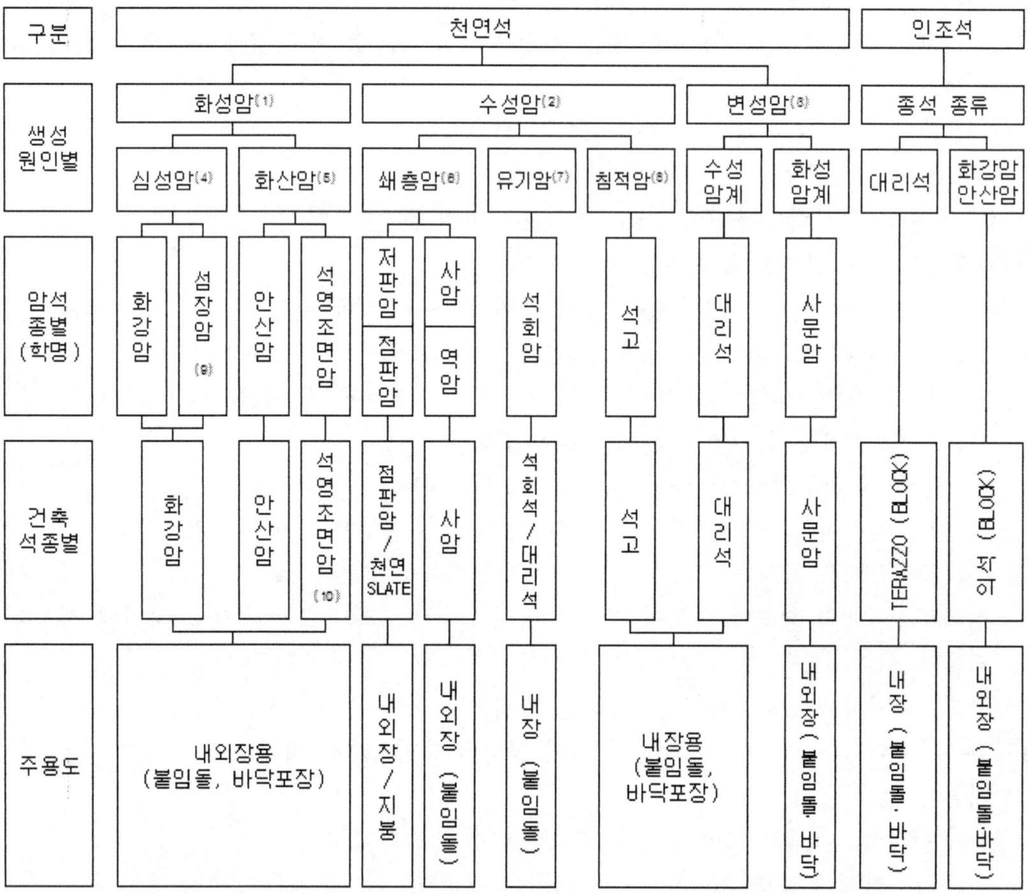

(주) (1) 화산작용에 의해 MAGMA가 굳어 생성된 것
(2) 자갈·모래·점토 등이 호수나 바다 밑에 침전되어 수압에 의해 굳은 것
(3) 수성암이나 화성암이 2차적으로 지각변경에 의해 열과 압력을 받아 변질한 것
(4) MAGMA가 지하의 깊은 곳에서 열과 압력을 받아 굳은 것
(5) MAGMA가 지표 혹은 지표 가까운 곳에서 굳은 것
(6) 지각이 분해되 형성된 모래·자갈이, 강·바다 밑에 침적해 응결한 것
(7) 탄산석회, 수중동물의 시체가 침적한 것
(9) 섬장암은 부분탈락, 균열이 발생하기 쉬운 암석이다
(10) 특히 다공질의 경석

2) 석재의 결점

☞ 표 2.1.2.1 석재의 결점

구 분	결점의 종류
일 반	치수의 부정확, 구부러짐, 균열, 얼룩, 썩음, 빠진 조각, 오목
연 석	일반 외에 반점 및 구멍
치 장 용	특히 색조 또는 조직의 불균일 및 들뜸

3) 석재의 품질 등급

☞ 표 2.1.3.1 석재의 품질 등급

등 급	기 준
1등품	① 표 2.1.2.1에 표시한 결점이 거의 없는 것 ② 크기는 비슷한 것
2등품	표 2.1.2.1에 표시한 결점이 심하지 않은 것
3등품	표 2.1.2.1에 표시한 결점이 실용상 지장이 없는 것

4) 암석의 물성 기준

☞ 표 2.1.4.1 암석의 물성 기준

암 석 \ 구 분		흡수율 (최대 %)	비중 (최대 %)	압축강도 (N/mm^2)	철분 함량 (%)
화성암(화강암, 안산암)		0.5	2.6	130	4
변성암 (대리석, 사문암)	방해석	0.8	2.65	60	2
	백운석	0.8	2.9		
	사문석	0.8	2.7		
수성암 (점판암, 사암)	저밀도	13	1.8	20	5
	중밀도	8	2.2	30	5
	고밀도	4	2.6	60	4
	보 통	21	2.3	20	5
	규 질	4	2.5	80	4
	규 암	2	2.6	120	4

5) 석재의 두께 허용차

☞ 표 2.1.5.1 석재의 두께 허용차

두 께(mm)	허용오차(±mm)	허 용 수 량
T10	1	1개 단위재로서 전체 시공수량의 10% 이내의 수량
T20	1.5	1개 단위재로서 전체 시공수량의 10% 이내의 수량
T30 이상	2	1개 단위재로서 전체 시공수량의 5% 이내의 수량

☞ 사진 2.1.5.1 화강암

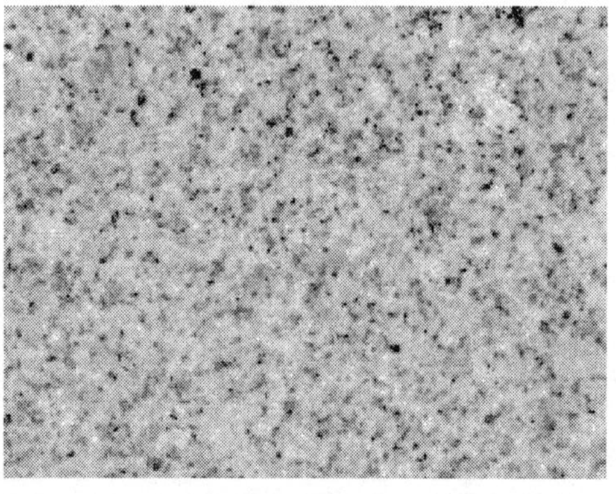

☞ 사진 2.1.5.2 대리석

2.2 석재의 가공

1) 석재 가공 마무리의 종류 및 가공공정

㉮ 형상, 규격은 석재나누기도 및 시공상세도에 따라 정확하게 가공한다.

㉯ 마무리의 종류 및 가공공정은 표 2.2.1.1~2.2.1.3을 표준으로 한다.

㉰ 마무리 정도는 견본품을 제출한다.

㉱ 석재의 마주치는 면 및 모서리 마감은 도면 및 공사시방서에서 따로 정한 바가 없을 때에는 너비 15mm 이상, 기타 보이지 않게 되는 부분은 3mm 이상 마무리한다.

☞ 표 2.2.1.1 석재 수(手) 가공 마무리 종류 및 가공공정

마무리 종류 \ 가공공정		혹두기		정 다 듬			도드락다듬			잔 다 듬			비 고
		큰혹	작은혹	거친정 15개	중간정 25개	고운정 70개	25눈	64눈	100눈	5~6 mm	3~4 mm	1.5~2 mm	
혹두기	큰 혹	①											쇠망치로 따낸다.
	작은혹		①										쇠망치와 날메로 따낸다.
정다듬	거친정		①	②									정으로 2.3회 쪼아 낸다.
	중간정		①	②	③								
	고운정		①	②	③	④							
도드락다듬	거친다듬		①	②	③	④	⑤						도드락망치로 타격한다.
	중간다듬		①	②	③	④	⑤	⑥					
	고운다듬		①	②	③	④	⑤	⑥	⑦				
잔다듬	거친다듬		①	②	③ *	④	⑤	⑥ *	⑦ *	⑧			일자형 잔다듬망치로 타격한다.
	중간다듬		①	②	③ *	④	⑤	⑥ *	⑦	⑧ *	→ +	⑨	
	고운다듬		①	②	③	④	⑤	⑥	⑦	⑧	⑨	⑩	

(주) 1) ○ 내의 숫자는 가공순위를 표시한다.
2) 잔다듬 숫자는 잔다듬 망치의 날 간격임.
3) *표 공정은 생략하거나 +표의 공정으로 바꿀 때는 공사시방서에 따른다.
4) 수(手) 가공에 한정한다.
5) 석재의 두께는 80mm 이상으로 한다.
6) 정다듬 숫자는 100×100정 자국으로 표시한다.
7) 도드락다듬 눈(目) 숫자는 35×35면의 뿔 안의 숫자를 표시한다.

㉮ 몰딩 및 조각 등은 원석을 시공도에 의하여 할석한 후 정확히 가공한다.

㉯ 연결철물, 핀, 꺾쇠 등의 구멍 및 모서리 부분은 설치 전에 가공하며, 정밀도 확보를 위하여 공장 가공하는 것을 원칙으로 한다.

㉰ 손(手)갈기 마무리일 때에는 표 2.2.1.2의 거친갈기, 물갈기, 본갈기 공정으로 마감한다.

☞ 표 2.2.1.2 석재 물갈기 마감 공정

마감 종류	수동 물갈기	자동 물갈기
거친갈기	메탈#60 (Matal Polishing Disc)	마석#3
물 갈 기	레진#1,500 (Resin Polishing Disc)	마석#14
본 갈 기	레진#3,000 (Resin Polishing Disc)	마석#15
정 갈 기	광판 (광내기)	P.P (파우더)

㉮ 기계 가공 시 원석을 할석한 후 표 2.2.1.3을 표준으로 하여 가공한다.

☞ 표 2.2.1.3 석재 기계 가공 마무리 종류 및 가공공정

마감종류 \ 가공공정		정다듬		도드락다듬			잔다듬	비 고
		버너	3날정	9눈	25눈	49눈	1.5~2 mm	
정다듬	면 고르기	①						버너로 표면을 벗겨 낸다.
	1회		②					3날 정으로 타격
도드락 다듬	거친다듬	①		②				NB 10 도드락 망치로 타격한다.
	중간다듬	①		②	③			
	고은다듬	①		②	③	④		
잔다듬	1회	①		②	③	④	⑤	일자형 잔다듬 날로 타격한다.

(주) 1) ○ 내의 숫자는 가공순위를 표시함.
2) 원석을 할석, 버너한 후 가공한다.
3) 석재의 두께는 60mm 이상으로 한다.
4) 잔다듬 숫자는 잔다듬 망치의 날 간격임.

㉶ 바닥 깔기 공사는 된비빔 모르타르를 30mm 이상 깔고, 페이스트 반죽을 3mm 이상 두께로 깔고, 3mm~5mm 이상 된비빔 모르타르에 주입된 후 고무망치를 이용하여 타격하여 설치한다.

㉷ 단위석재 간의 단차는 0.5mm 이내, 표면의 평활도는 10m당 5mm 이내가 되도록 설치한다.

㉸ 줄눈의 깊이는 석재 두께 50mm까지 10mm 이상, 석재 두께 50mm 이상의 경우는 15 mm 이상 충진한다.

㉹ 시공 허용오차

허용오차는 표 2.2.1.4의 수치를 초과하지 않도록 한다.

☞ 표 2.2.1.4 시공 허용오차

범 위	높 이 (mm)	허용오차(mm)	비 고
수 직 면	3,000 이내	0	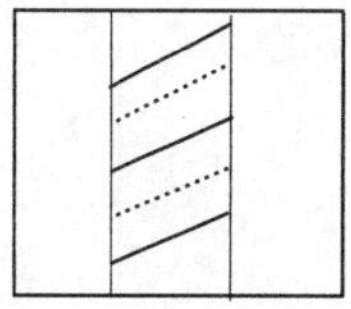
	10,000 이내	2	
	15,000 이내	3	
	20,000 이내	4	
	30,000 이내	6	
수 평 면	10,000 이내	0	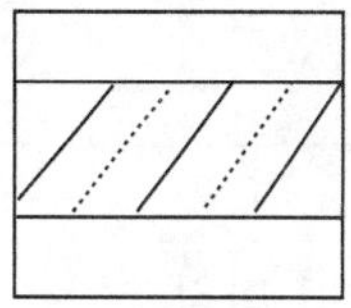
	15,000 이내	2	
	20,000 이내	3	
	30,000 이내	4	
90°각	10,000 이내	0	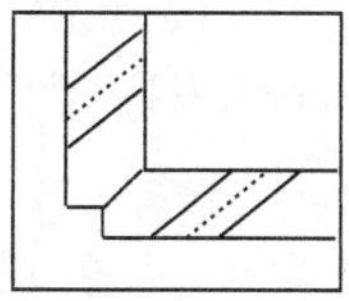
	15,000 이내	2	
	20,000 이내	3	
	30,000 이내	4	

☞ 표 2.2.1.5 석재 수가공 공구

쇠 메		정과 망치	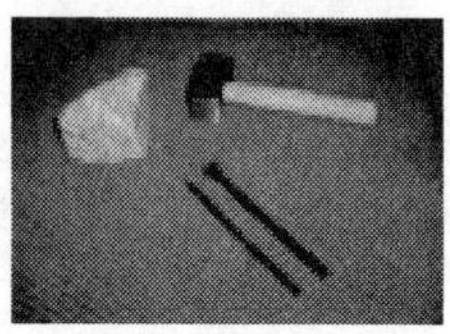
도드락 망치		숫 돌	

☞ 표 2.2.1.6 혹두기 및 물갈기

<table>
<tr><td rowspan="2">혹 두 기</td><td></td><td rowspan="2">물 갈 기</td><td></td></tr>
<tr><td></td><td></td></tr>
</table>

2) 버너 마감

㉮ 원석을 갱쏘(gang-saw) 또는 할석기(diamond blade saw)로 할석하여 표면을 버너 가공한 후 시공도에 의한 크기를 절단한다.

㉯ 끊어지는 줄(균열, 짬), 철분(녹물), 산화, 풍화 등의 흠집이 없는 석재를 사용한다.

㉰ 버너 표면 마감요령은 액체산소(O2)와 액화석유가스(LPG)에 의해 화염온도 약 1,800℃~2,500℃ 불꽃으로 석재판과의 간격을 30mm~40mm 되도록 하여 좌우 또는 전진과 후진하여 표면을 1회 벗겨내도록 하되 중복하여 전진과 후진하여 벗겨내지 않는다.(수(手)작업 시 좌우, 전진후진을 병행하지 않는다.)

㉱ 석재 표면에 열을 가하여 가공한 후 물 뿌리기를 하지 않는다.

㉲ 앵커구멍 뚫기는 석재 두께면과 같은 실 규격의 형판을 제작하여 석재 두께면 좌우 1/4 지점에 앵커 위치를 표시한 후 20mm의 깊이 및 각도를 일정하게 구멍을 뚫고 압축 공기를 불어넣어 구멍 안을 깨끗이 청소한다. 청소한 구멍은 먼지나 이물질이 들어가지 않도록 테이프 등으로 막아 둔다.

☞ 사진 2.2.2.1 버너 마감

3. 시 공

3.1 석공사의 장단점 및 주의 사항

1) 석공사의 장단점

☞ 표 3.1.1.1 석공사의 장·단점

장 점	단 점
① 다양한 색조와 광택 외관이 장중 미려하다. ② 내구, 내마모성, 내수, 내약품성이 있다. ③ 방한, 방서적이고 차음성이 있다. ④ 압축강도가 매우 높다.	① 운반, 가공이 어렵고 고가이다. ② 큰 재(장대재)를 얻기 어렵다. ③ 인장강도가 작다. ④ 일체식 구조가 어려워서 내진에 문제가 있다.

2) 석재 사용상의 주의사항

㉮ 압축응력을 받는 곳에만 사용한다. (휨, 인장강도가 약함)

㉯ $1m^3$ 이상 되는 석재는 높은 곳에 사용하지 않는다.

㉰ 내화가 필요한 곳은 열에 강한 석재를 사용한다.

㉱ 산출량을 조사하여 공급에 차질이 없도록 한다.

㉲ 가공시 예각은 피한다.

3.2 석재의 벽 붙임 공법

1) 습식공법

㉮ 온통 사춤공법

① 적용 가능 벽높이 : 4m 이하

② 외벽 시공 시 주의점

㉠ 석재 뒷면 침입수에 의한 백화, 색상변질, 녹발생, 얼룩 : 석재 배면처리, 줄눈에 대한 연구가 필요

㉡ 구조체에 균열이 생기면 석재면도 갈라질 수 있다.

☞ 그림 3.2.1.1 온통 사춤공법

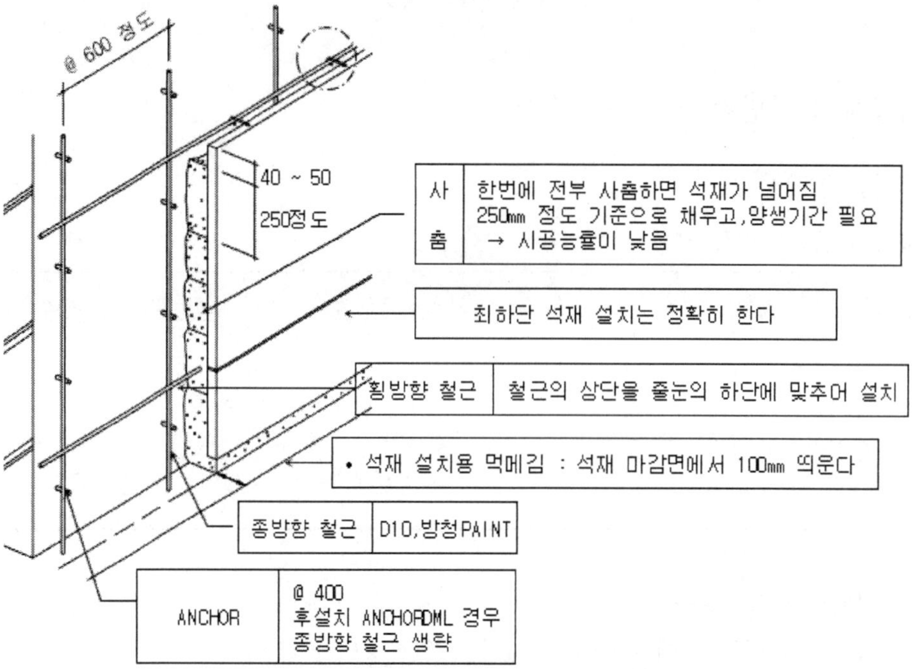

㉯ 간이 사춤공법

외부 화단 등 낮은 부분에는 ANCHOR 및 철근을 설치하지 않고 철선 및 탕개, 쐐기를 이용하여 석재를 고정하고 MORTAR를 사춤하는 방법이 많이 쓰여지고 있다.

☞ 그림 3.2.1.2 간이 사춤공법

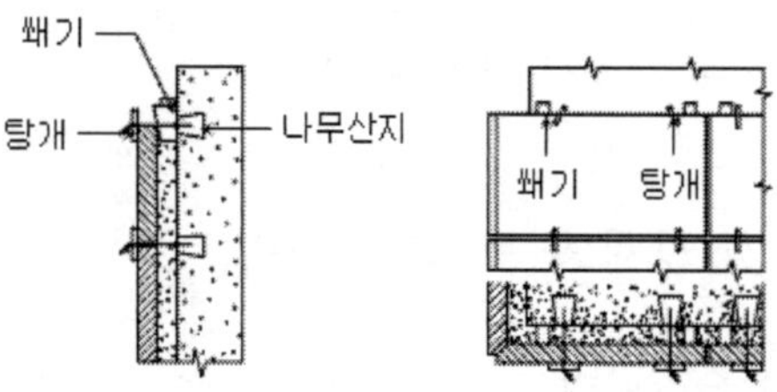

㉰ 부분 사춤공법

① 적용 가능 벽높이 : 4m 이하

② 내벽에 대리석 또는 얇은 화강석을 실준눈으로 시공하는 경우에 적용

③ 석재의 하중이 밑으로 전달되므로 3m 이상 높이의 경우 중간에 하중 받침 철물 설치

☞ 그림 3.2.1.3 부분 사춤공법

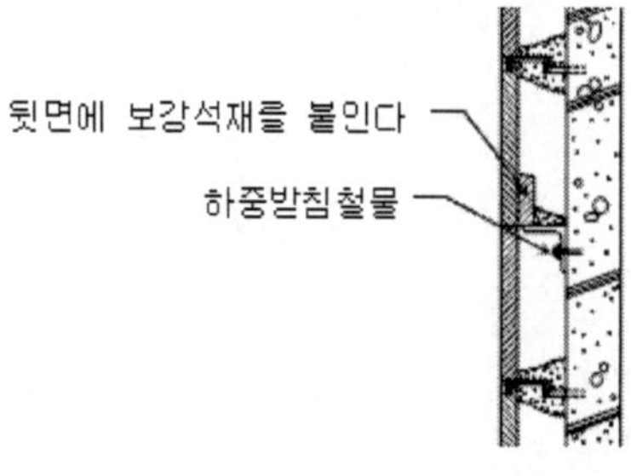

☞ 표 3.2.1.3 부분 사춤공법의 종류

띠철근에 의한 띠형 사춤공법	고리형 Anchor에 의한 부분 사춤공법
BACKUP재를 설치하고 줄눈에 따라 MORTAR을 사춤하여 부착시키는 방법 : 외벽에 사용시, 물이 고이고 백화현상이 발생하므로 절대 사용 금지	초경화 시멘트로 석재를 고정, 다른 부분은 공간을 유지한다. 꽂임촉은 에폭시계 접착제를 사용하여 고정
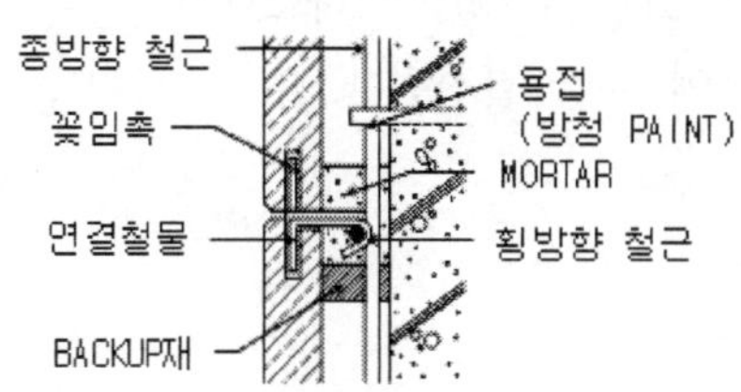	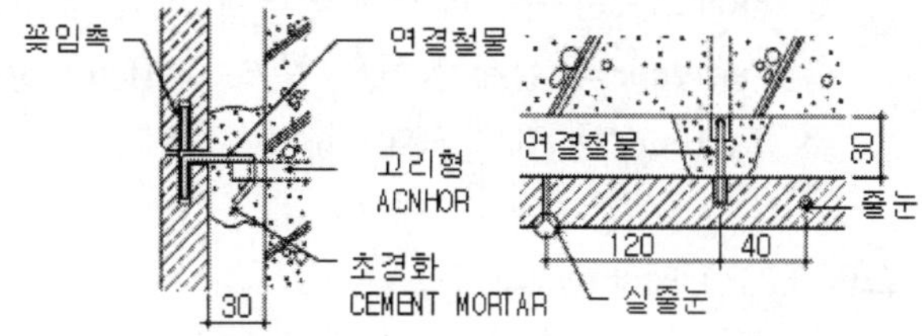

2) 건식공법

㉮ Fastener의 형식

☞ 표 3.2.2.1 Fastener의 형식

고정방식	Grouting		Non Grouting	
	Single Fastener	Double Fastener	Single Fastener	Double Fastener
공통 축 방식	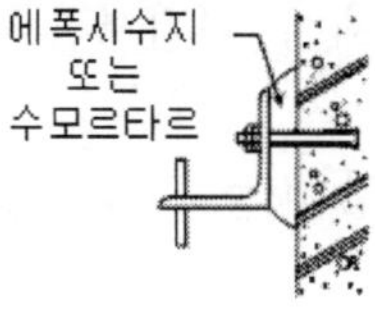		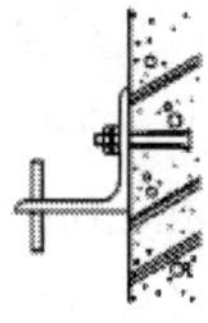	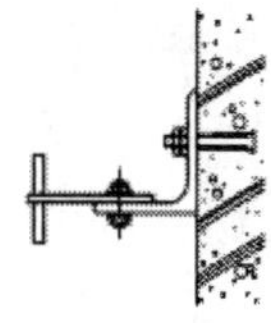

① Grouting 방식

㉠ 에폭시 수지 충진성이 문제가 되므로 층간변위가 크거나 고층의 경우 부적합

㉡ Grouting 방식에서 Fastener의 위치를 결정하기 위한 위치조정 Bolt를 사용하는 경우가 있다.

② Single Fastener

Fastener의 X, Y, Z축 방향 조정을 한번에 해야 하므로, 정도(精度) 조정이 어렵고, 조정가능 범위가 작아 정밀한 골조가 필요하고 여러종류의 Fastener가 필요

③ Double Fastener

Fastener의 Loose Hole로 오차 조정이 가능하므로, 비교적 작업이 용이하다.

㉯ Fastener의 선정 기준

① Fastener는 구조계산에 의하여 최소 처짐을 L/180~L/210 이하로 한다.

② Fastener의 설계는 돌의 무게, Setting Space에 따라 결정된다.

③ Fastener는 SUS 304 제품을 사용

☞ 그림 3.2.2.1 Fastener의 구조

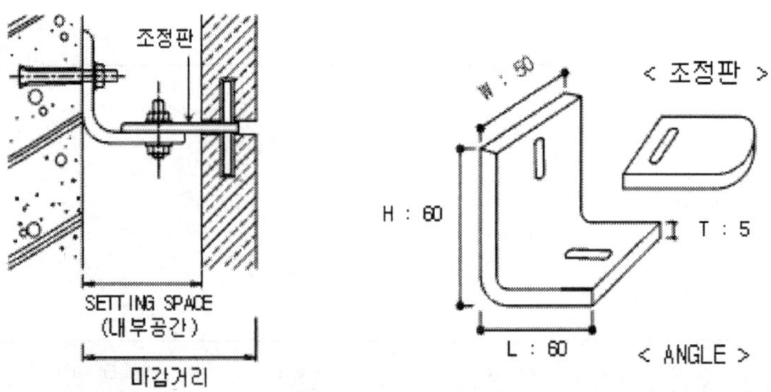

3) Steel Back Frame System

㉮ 방청 PAINT 또는 아연도금한 각 파이프를 구조체에 긴결시킨후 여기에 석재를 Fastener로 긴결시키는 공법

㉯ Curtain Wall의 Mullion Type과 같은 개념으로 Steel Frame의 열에 의한 신축을 고려하여 각층 연결시 Joint Sleeve를 설치한다.

㉰ 석재 내부에 단열재를 설치하게 되므로 시공 후 우수에 의한 누수를 반드시 Check 할 것

㉱ 단열재는 석재면으로부터 간격을 멀리하고 은박지 등 방습지를 바른다.

㉲ Frame과 Fastener 사이에는 네오프랜 고무를 끼워 이질재의 이온전달에 의한 부식을 방지한다.

☞ 그림 3.2.3.1 Steel Back Frame System

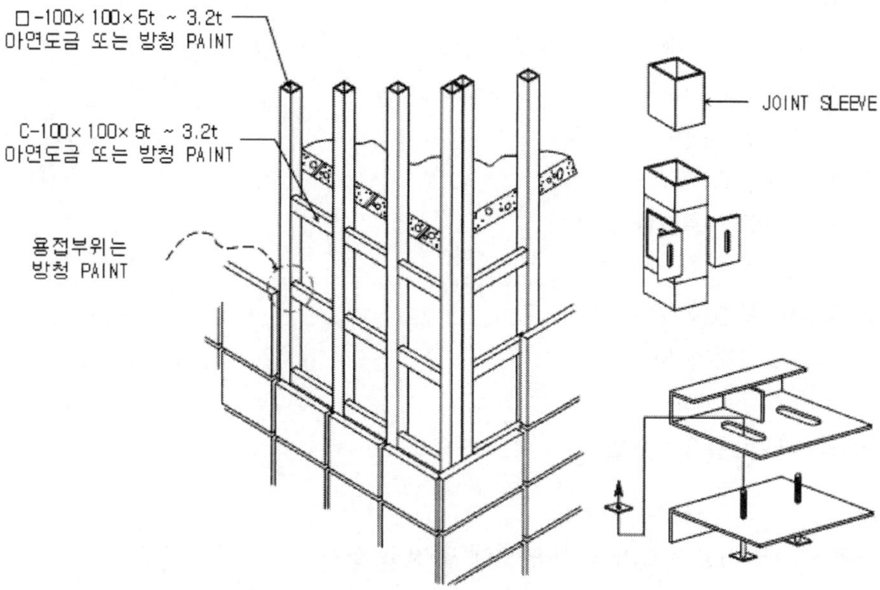

☞ 그림 3.2.3.2 Steel Back Frame System 단면 상세

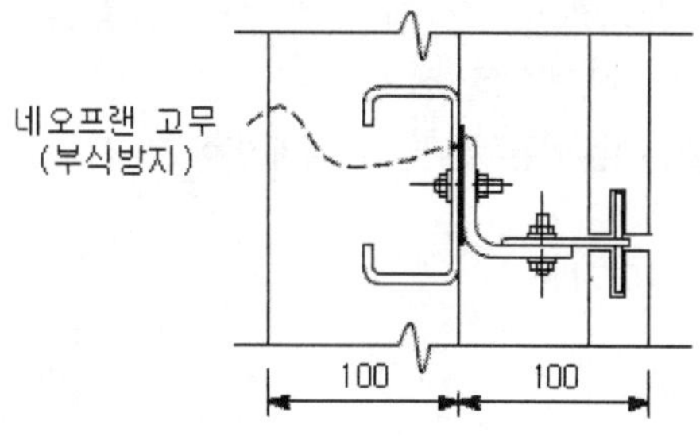

4) GPC(Granite Precast Concrete) 공법

강재 거푸집에 화강석 판재를 배열한 후 석재 뒷면에 미리 조립한 전단 연결 철물 (Shear Connector) 및 각종 긴결 철물을 묻어둔 후 그 위에 콘크리트를 타설하여 석재와 콘크리트를 일체화시킨 PC를 제작하여 건축물의 외벽등에 부착하는 공법.

☞ 그림 3.2.4.1 GPC 공법

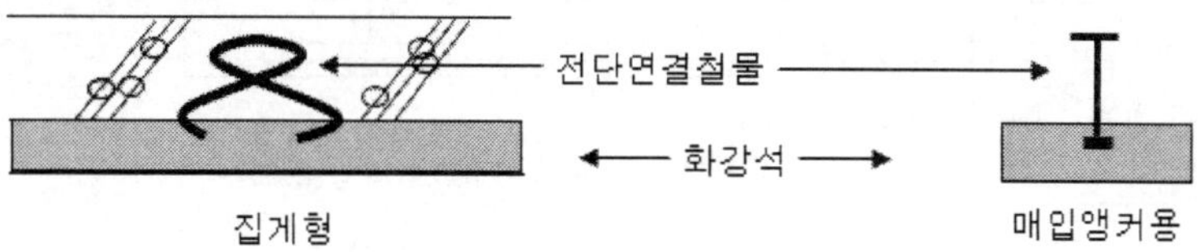

㉮ 장점

① 공기 단축

② 원가 절감 : 석재 두께가 얇게 가능

③ PC 콘크리트 내구성 향상 - 중성화 지연

④ 석재 붙임 숙련공 불필요

⑤ 비계 불필요

⑥ PC, 석재의 품질관리 용이

㉯ 단점

① 중량이 무겁다 : 양중 장비 필요

② 백화의 우려가 있다.

3.3 석재의 바닥 붙임 공법

1) 바탕면

바탕 MORTAR 시공전 CON'C 바탕면에 물청소 실시

2) 신축줄눈

㉮ 바닥석재의 팽창 및 골조체의 수축에 의한 돌의 들뜸 현상을 방지

㉯ 바닥이 넓은 경우 : 3m 간격으로 설치

㉰ CON'C 면에 신축 줄눈이 있는 부분은 석재면에도 신축줄눈 설치

☞ 그림 3.3.2.1 석재의 바닥 붙이기

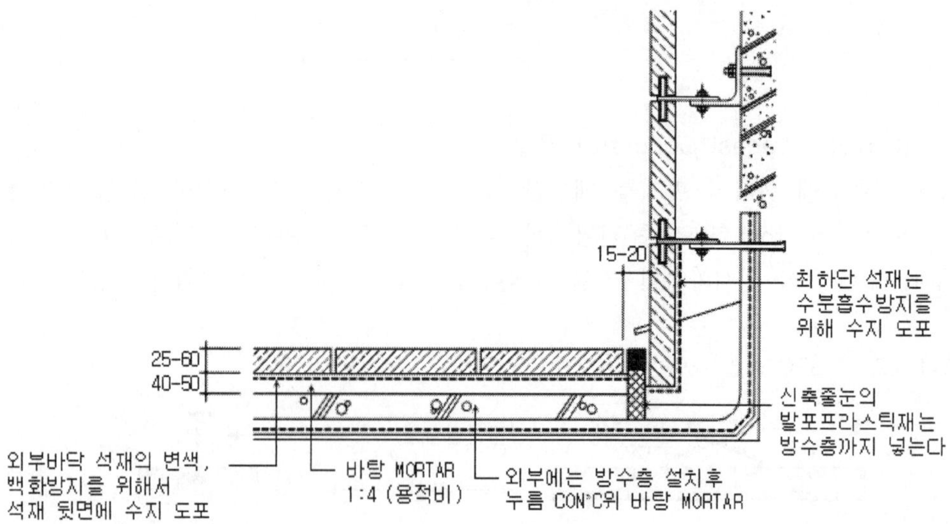

제 12장

타일 및 테라코타공사

1. 용어의 정리
2. 타일의 종류 및 붙임재
3. 타일 붙이기(시공)
4. 테라코타공사

1. 용어의 정리

건축공사 표준시방서에서는 타일공사에 사용하는 용어를 다음과 같이 정의하고 있다.

1.1 타일 재료에 관한 용어

1) 타일 모양 및 부위에 관한 용어

㉮ 평 타일 : 표면이 거의 평면 상태인 타일. 정사각형 및 직사각형이 여기에 속한다. 다만, 모자이크 타일인 경우는 정사각형, 직사각형 이외의 원형, 삼각형도 좋다.

㉯ 부속 타일 : 주로 개구부 모서리에 사용되는 평 타일 이외의 타일

㉰ 뒷굽 : 시멘트 모르타르 또는 접착제와의 접착이 잘 되게 하기 위하여, 혹은 제조 과정에서 타일의 뒷면에 만들어진 발굽 또는 오목·볼록하게 튀어나온 것

㉱ 소지 : 타일의 주체를 이루는 부분으로, 시유 타일의 경우에는 표면의 유약을 제거한 부분

㉲ 유약 : 소지 표면에 칠한 유리질 부분

2) 구성 타일에 관한 용어

㉮ 구성 타일 : 표면 혹은 뒷면에 첨지를 붙이거나 또는 다른 방법으로 여러 개의 타일을 1조로 가지런히 연결한 것. 다만, 먼저 붙임 공법인 것은 여기에 포함되지 않는다.

㉯ 첨지 : 시공하기 쉽도록 타일에 붙이는 시트 모양, 그물 모양 또는 그와 유사한 종이 또는 천 등을 말한다.

㉰ 겉붙임 : 타일의 표면에 첨지를 붙인 것

㉱ 뒷붙임 : 타일의 뒷면에 첨지를 붙인 것

㉲ 지첨판 : 타일의 줄눈에 맞추어 첨지를 고르게 붙이기 위한 판

㉳ 개구율 : 뒷붙임 구성 타일에서 첨지의 구멍 부분과 첨지가 없는 부분을 합한 넓이의 전체 넓이에 대한 비율

3) 타일의 결점에 관한 용어

㉮ 표면 결점

① 기포 : 유약 면에 생긴 기포

② 소지 부풂 : 표면에 나타난 소지의 부풂 또는 솟아 오름

③ 오목 : 타일 표면의 패임

④ 마찰흠 : 표면이 마찰한 흔적

⑤ 부착물 : 부착물에 의해 유약면에 솟은 부분이 생긴 것
⑥ 핀홀 : 유약면에 나타난 작은 구멍
⑦ 부착 흠집 : 소성 후 표면 부착물을 벗긴 후의 홈

㉯ 색·광택 결점
① 연기 먹음 : 표면에 그을음이 녹아 붙어서 색이 변한 것
② 반점 얼룩 : 반점 모양이 서로 다른 것
③ 색 얼룩 : 한 개의 타일 중에서 부분적으로 색이 서로 다른 것
④ 색조의 불균일 : 타일 상호 간 또는 구성 타일 상호 간의 색이 불균일한 것
⑤ 광택의 얼룩 : 한 개의 타일 중에서 부분적으로 광택이 서로 다른 것
⑥ 광택의 불균일 : 타일 상호 간 또는 구성 타일 상호 간의 광택이 불균일한 것
⑦ 색점 : 타일 표면에 광물 등 불순물이 소성에 의하여 반점을 나타낸 것

㉰ 유약 결점
① 유약 방울 : 유약이 어떤 위치에 동그라미 상태로 모인 것
② 유약 몰림 : 유약이 주변 또는 그 일부분에 띠 모양으로 치우쳐 고인 모양
③ 유약 얼룩 : 유약이 균일하게 묻어 있지 않은 것
④ 유약 벗겨짐 : 유약이 타일 표면에 묻지 않고 소지가 노출된 것
⑤ 유약 불투명 : 의도하지 않은 유약의 결정화로 발생된 불투명

㉱ 균열
① 단층 : 어떤 방향에서 타일 표면에 빛을 비추었을 때, 타일 주변의 유약에 단층이 보이는 것
② 소지 떨어짐 : 소지의 균열 부분이 유약으로 덮여 있는 것
③ 금 : 타일 표면에서 소지의 균열
④ 금 갈라짐 : 유약에 생긴 균열
⑤ 박리층 : 소지에 생긴 층 상태의 박리

㉲ 결손
① 속금 : 속금이 간 소지에 유약을 칠하는 것
② 귀 떨어짐 : 표면의 가장자리에 생긴 결손
③ 표면 흠집 : 가장자리 이외의 표면에 생긴 흠집
④ 뒷면 흠집 : 타일 뒷면에 생긴 흠집
⑤ 깨어짐 : 타일이 두 조각 혹은 그 이상으로 깨어진 것

㉳ 변형
① 뒤틀림 : 타일이 활 모양으로 굽은 것으로 볼록 뒤틀림, 오목 뒤틀림 및 옆면 뒤틀림의 총칭
② 볼록 뒤틀림 : 타일의 표면 방향에 활 모양으로 굽은 것

③ 오목 뒤틀림 : 오목하게 휘어진 것
④ 옆면 뒤틀림 : 타일 옆면이 찌그러져 활처럼 굽은 모양
⑤ 치수의 불규칙도 : 정사각형 상태인 경우 네 변, 또는 직사각형인 경우 맞변에서의 치수가 불규칙한 것

㉳ 구성 타일의 결점
① 첨지 나옴 : 첨지가 주변의 타일로부터 삐쳐 나와 있는 것
② 첨지 찢어짐 : 첨지가 찢어져 있는 것
③ 줄눈의 불균일 : 한 매의 구성 타일에서 줄눈 나비가 균일하지 않은 것
④ 두께의 불균일 : 한 매의 구성 타일에서 타일의 두께가 균일하지 않은 것
⑤ 줄눈 틀림 : 줄눈의 나비가 구성 타일 상호 간에 다른 것

1.2 타일 붙임 공법에 관한 용어

1) MCR 공법 : 거푸집에 전용 시트를 붙이고, 콘크리트 표면에 요철을 부여하여 모르타르가 파고 들어가는 것에 의해 박리를 방지하는 공법
2) 개량압착 붙임 : 먼저 시공된 모르타르 바탕면에 붙임 모르타르를 도포하고, 모르타르가 부드러운 경우에 타일 속면에도 같은 모르타르를 도포하여 벽 또는 바닥 타일을 붙이는 공법
3) 균열유발 줄눈 : 철근콘크리트 구조에 발생하는 건조수축균열을 계획적으로 발생되도록 콘크리트 구조체에 설치하는 줄눈
4) 기성배합 모르타르 : 시멘트, 골재, 혼화재료를 공장에서 계량·혼합하여 포장·반입한 제품. 타일 붙임 모르타르와 줄눈용 모르타르 및 바탕용 모르타르가 있음.
5) 깔개 모르타르 : 바탕면에 된비빔 모르타르를 깔고 나무흙손 등으로 바닥면을 마감한 후 반듯한 나무흙손으로 미장한 바탕
6) 깔개 붙임 : 바닥에 타일을 펴서 붙이는 것을 말함.
7) 대지 : 타일 유닛을 일체로 붙여놓은 큰 종이 또는 비닐판
8) 두드림 검사 : 타일 표면을 타진용 테스트 해머(test hammer)로 두드릴 경우, 음질에 의해 탈락을 검지하는 검사법
9) 뒷굽 : 시멘트 모르타르 또는 접착제와의 접착이 잘 되게 하기 위하여 혹은 제조 과정에서 타일의 뒷면에 만들어진 발굽 또는 오목·볼록하게 튀어나온 것.
10) 마스크 붙임 : 유닛(unit)화된 50mm 각 이상의 타일 표면에 모르타르 도포용 마스크를 덧대어 붙임 모르타르를 바르고 마스크를 바깥에서부터 바탕면에 타일을 바닥면에 누름하여 붙이는 공법
11) 맞댐자리 홈턱 : 타일간 서로 맞대어 놓은 곳의 오목하게 갈라진 부위

12) 먼저 붙임 철물 : 타일시공 전에 철물을 미리 붙여 놓음
13) 모자이크 타일 붙임 : 붙임 모르타르를 바탕면에 도포하여 직접 표면 붙임의 유닛화된 모자이크 타일을 시멘트 바닥면에 누름하여 벽 또는 바닥에 붙이는 공법
14) 밀착 붙임 : 붙임 모르타르를 바탕면에 도포하여 모르타르가 부드러운 경우에 타일 붙임용 진동공구를 이용하여 타일에 진동을 주어 매입에 의해 벽타일을 붙이는 공법
15) 살두께 : 실제 부재의 두께
16) 소지 : 타일의 주체를 이루는 부분으로, 시유 타일의 경우에는 표면의 유약을 제거한 부분
17) 수실 : 수직 또는 수평을 잡기 위한 실
18) 수직 실 : 수직을 맞추기 위해 위아래로 띄운 실
19) 수평 실 : 수평을 맞추기 위해 좌우로 띄운 실
20) 시유약 : 소지 표면에 칠한 유리질 부분
21) 시중품 : 시중에 판매하고 있는 제품
22) 신축 줄눈 : 압출성형 시멘트판이나 ALC 패널 상호 간의 줄눈
23) 신축조정 줄눈 : 온도변화나 수분변화 또는 외력 등에 의하여 건물이나 건물 부위에 발생되는 변형이 타일에 영향을 적게 미치게 하기 위한 바탕면 및 바름층에 설치하는 줄눈
24) 앵커 핀 : 돌을 긴결하기 위한 철물
25) 완부 : 흠이 없어 완전한 상태
26) 이형 : 사물의 성질, 모양, 형식 따위가 다름.
27) 자막대 : 길이 300mm 정도의 반듯하고 딱딱한 막대기를 말함.
28) 접착제 붙임 : 유기질 접착제를 바탕면에 도포하고, 이것에 타일을 세차게 밀어 넣어 바닥면에 누름하여 붙이는 공법
29) 접착 철물 : 접착제로 붙임해야 하는 철물
30) 정부 : 바른 것과 그른 것
31) 종벽 로킹 방법 : 벽체를 상하간 요철 맞물림에 의해 붙이는 방법
32) 종벽 슬라이드 방법 : 벽체를 상하 중에서 한쪽 부분이 끼워 들어가게 하는 방법
33) 주문품 : 건축주가 특별히 주문하여 만든 제품
34) 줄 붙임 : 일렬로 배열하여 붙이는 방법
35) 타일 유닛 : 일정한 줄눈간격을 설치하여 바닥에 나열한 소정 매수의 타일 표면에 플라스틱 필름 또는 그라우트 사포 등을 부착하여 유닛화한 것.
36) 천단 : 타일 붙임할 경우 위아래 마지막 부분
37) 철물 타일 : 철물을 붙이는 부분의 타일
38) 치장줄눈 : 벽돌이나 시멘트 블록의 벽면을 치장으로 할 때 줄눈을 곱게 발라 마무리

한 줄눈

39) 타일 속면 : 모르타르가 붙는 타일의 안쪽면(뒷면)

40) 통로 줄눈 : 타일의 줄눈이 잘 맞추어지도록 의도적으로 수직·수평으로 설치한 줄눈

41) 흡수 조정재 : 모르타르의 수분 건조를 방지하기 위해 사전에 바탕면에 도포하는 합성 수지 에멀션 재료

1.3 타일 먼저 붙임 프리캐스트 콘크리트 공법에 쓰이는 용어

1) 가줄눈재 : 타일을 거푸집에 깔아 줄붙임하거나 타일 유닛을 제작할 경우, 줄눈폭 확보를 위해 타일 사이에 집어넣는 성형 줄눈재
2) 줄눈 결정 : 거푸집 면에 타일을 깔개 붙임할 경우에 줄눈의 통로를 잘 맞추기 위해 600 mm 간격으로 거푸집에 미리 설치한 통로 줄눈
3) 치줄눈 : 거푸집 면에 타일을 단체로 깔개 붙임할 경우에 타일 줄눈 부위에 설치하는 발포 플라스틱제 가줄눈

2. 타일의 종류 및 붙임재

2.1 타일의 종류

타일의 원료는 점토(가소성)와 암석(규석, 장석, 석회석)의 배합으로 구성 되어 있다.

1) 원재료 종류에 따른 분류

구 분	유약 유뮤	원 료	흡수율 한도	타일의 특성	비 고
자기질 타일	시유, 무유	점토, 규석, 장석, 도석	3% 이하	완전 자기화	흡수율 : 0, 파스텔 타일
				자 기 화	외장, 내장, 바닥 타일
석기질 타일	시유, 무유	유색점토, 규석, 장석, 도석	5% 이하	반 자기화	내장, 바닥 타일, 외장 (흡수율 3% 미만)타일
도기질 타일	시유	점토, 규석, 석회석, 도석	18% 이하	도 기	내장 타일

☞ 그림 2.1.1.1 원재료의 조성과 소성 온도와의 관계

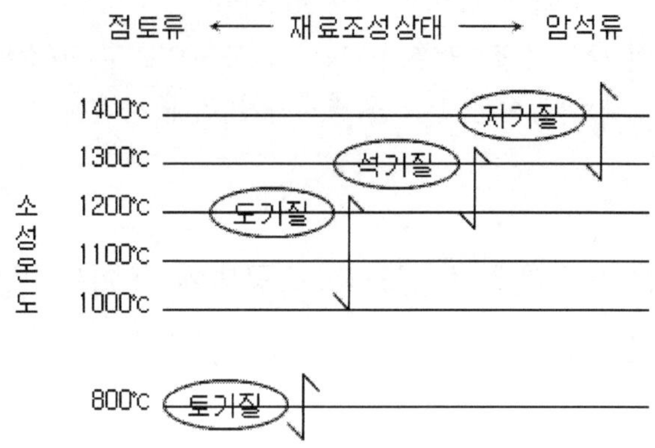

2) 유약의 유무에 의한 분류

㉮ 시유 타일 : 타일에 유약을 시유하여 소성한 타일

㉯ 무유 타일 : 점토에 포함된 철분(습식 성형) 또는 안료를 첨가 배합(건식 성형)하여 색상을 낸 타일

3) 제조 과정에 의한 분류

㉮ 습식타일 : 원재료를 균일한 PLASTIC 상태로 반죽하여 찍어내는 압출법
대형타일, 특수타일, 뒷굽이 Z형이고 홈깊이 3mm까지 가능

㉯ 건조타일 : 원재료를 건조분말로 하여 여기에 약간의 습기를 주어 형틀에 넣고 가압 성형 평판형의 대량생산, 모자이크 타일, 뒷굽의 홈이 1.5mm 이하이므로 부착력이 약함

2.2 타일의 품질

1) 타일은 KS L 1001의 성능검정품을 사용하며, 그 이외의 것을 사용할 때는 담당원의 승인을 받는다. 타일의 종류, 등급, 형상, 치수, 이형, 타일 표면의 상태, 시유약의 색깔, 광택 및 등급은 설계도서에 따르거나 견본품을 제출하여 담당원이 승인한다.
2) 타일은 충분한 뒷굽이 붙어 있는 것을 사용하고, 뒷면은 유약이 묻지 않고 거친 것을 사용한다.
3) 타일의 용도별, 재질 및 크기, 줄눈폭 및 두께는 표 2.2.3.1에 따르며, 시공 허용오차는 설계도서에 따른다.

☞ 표 2.2.3.1 타일의 크기, 줄눈폭 및 두께

사용부위	재 질	크기(mm)	두께(mm)	줄눈폭(mm)
욕실바닥	자 기 질	200×200 이상	7 이상	4
욕 실 벽	유색시유도기질	200×250 이상	6 이상	2
현관바닥	자 기 질 (무유색소지 또는 시유타일)	300×300 이상	7 이상	5
세탁실 바닥	자 기 질	150×150 이상	7 이상	4
주 방 벽	유색시유도기질	200×200 이상	6 이상	2
발코니 바닥 ($60m^2$ 이상 전면 발코니)	자 기 질	200×200 이상	7 이상	4
홀	자 기 질	250×250 이상	7 이상	4
외부 바닥	지 정	150×150 이상	좌 동	좌 동
외벽 타일	지 정	지정크기 90×90 이상 (1변이 190 이상인 경우는 60 이상)	11 이상 (석기질 : 15 이상)	지정크기
외부바닥(테라스 현관)	지 정	150×150 이상	11 이상	지정크기

2.3 타일의 붙임재

1) 모르타르의 배합

㉮ 배합은 표 2.3.1.1을 표준배합으로 하고, 물의 양은 바탕의 습윤상태에 따라 담당원의 지시에 따른다.

㉯ 모르타르는 건비빔한 후 3시간 이내에 사용하며, 물을 부어 반죽한 후 1시간 이내에 사용한다. 1시간 이상 경과한 것은 사용하지 않는다.

㉰ 기타 붙임 모르타르에 합성수지 에멀션 또는 합성고무 에멀션을 사용할 때에는 설계도서 또는 담당원의 지시에 따른다.

☞ 표 2.3.1.1 모르타르 표준 배합(용적비)

<table>
<tr><th colspan="3">구 분</th><th>시멘트</th><th>백시멘트</th><th>모 래</th><th>혼화제</th><th>비 고</th></tr>
<tr><td rowspan="7">붙임용</td><td rowspan="4">벽</td><td>떠붙이기</td><td>1</td><td>–</td><td>3.0~4.0</td><td>–</td><td rowspan="10">1. 모래는 타일의 종류에 따라 입도분포를 조정한다.
2. 줄눈의 색은 담당원의 지시에 따른다.</td></tr>
<tr><td>압착 붙이기</td><td>1</td><td>–</td><td>1.0~2.0</td><td>지정량</td></tr>
<tr><td>개량압착 붙이기</td><td>1</td><td>–</td><td>2.0~2.5</td><td>지정량</td></tr>
<tr><td>판형 붙이기</td><td>1</td><td>–</td><td>1.0~2.0</td><td>지정량</td></tr>
<tr><td rowspan="3">바닥</td><td>판형 붙이기</td><td>1</td><td>–</td><td>2.0</td><td>–</td></tr>
<tr><td>클링커 타일</td><td>1</td><td>–</td><td>3.0~4.0</td><td>–</td></tr>
<tr><td>일반 타일</td><td>1</td><td>–</td><td>2.0</td><td>–</td></tr>
<tr><td rowspan="3">줄눈용</td><td colspan="2">줄눈폭 5 mm 이상</td><td colspan="2">1</td><td>0.5~2.0</td><td>지정량</td></tr>
<tr><td rowspan="2">줄눈폭 5mm 이하</td><td>내 장</td><td colspan="2">1</td><td>0.5~1.0</td><td>지정량</td></tr>
<tr><td>외 장</td><td colspan="2">1</td><td>0.5~1.5</td><td>지정량</td></tr>
</table>

2) 기성 배합 모르타르

기성 배합 모르타르를 사용하는 경우는 견본품, 배합표를 제출하여 담당원의 승인을 받도록 한다.

3) 접착제

내장타일 및 내장용 모자이크 타일, 바닥 타일 등의 붙이기에 사용하는 접착제는 견본품 및 시험성적서를 제출하여 담당원의 승인을 받도록 하며, 그 종류는 설계도서에 따른다.

4) 충전재

㉮ 모래와 시멘트 충전 : 지시된 색상을 위해 회색 시멘트와 백색 시멘트를 사용하거나 필요한 색상의 잔골재를 섞는다.

㉯ 시멘트 충전 : 지정색으로 한다.

㉰ 건식 충전 : 지정색으로 한다.

㉱ 라텍스(latex)와 시멘트 : 지정색으로 하며, 현장에서 물로만 유동성 있게 하는 분말형태의 건조 폴리머 첨가재와 시멘트, 균등한 골재로 배합된 건조 충전재이다.

㉲ 내약품성 에폭시 충전 : 지정색으로 하고, 제조업자가 보증한 사용법에 따라 사용한다.

5) 신축 줄눈재

㉮ 설계도서에 따른 형태, 등급, 종류, 용도 등을 참고하고, 줄눈 혼합제의 요건에 따라 내후성 실리콘, 다용도 유동성 우레탄, 실란트 등 화학적으로 경화되는 재료를 표준으로 한다.

㉯ 설계도서의 지시가 없는 한, 타일의 줄눈 색상은 인접한 줄눈의 색상과 유사한 것으로 한다.

㉰ 내약품성 바닥 코킹은 제조업자의 사용 지시에 따른 모르타르 및 시멘트 등과 동등한 성질의 내약품제 및 모르타르를 사용한다.

6) 흡수 조정재

흡수 조정재는 제조사의 시험 및 신뢰할 수 있는 자료에 의한 품질이 확인된 것으로 한다.

7) 실링재 및 백업재

㉮ 신축조정 줄눈, 타일과 설비기기와의 접합부에 사용하는 실링재는 한국산업표준에 적합한 제품으로 하되 그 종류는 설계도서에 의한다.

㉯ 백업재의 재질 및 형상 등은 설계도서에 의한다.

3. 타일 붙이기(시공)

3.1 타일 붙이기 일반사항

1) 줄눈나누기 및 타일 마름질은 도면 또는 담당원의 지시에 따라 수준기, 레벨 및 다림추 등을 사용하여 기준선을 정하고 될 수 있는 대로 온장을 사용하도록 줄눈나누기 한다.

2) 줄눈 너비는 도면 또는 공사시방서에서 정한 바가 없을 때에는 표 3.1.2.1에 따른다. 다만, 창문선, 문선 등 개구부 둘레와 설비기구류와의 마무리 줄눈 너비는 10mm 정도로 한다.

☞ 표 3.1.2.1 줄눈 너비의 표준

(단위 : mm)

타일 구분	대형 벽돌형(외부)	대형(내부 일반)	소 형	모자이크
줄눈 너비	9	5~6	3	2

3) 도면에 명기된 치수에 상관없이 징두리벽은 온장타일이 되도록 나누어야 한다.
4) 벽체 타일이 시공되는 경우 바닥 타일은 벽체 타일을 먼저 붙인 후 시공한다.
5) 배수구, 급수전 주위 및 모서리는 타일나누기 도면에 따라 미리 전기톱이나 물톱과 같은 것으로 마름질하여 시공한다.
6) 타일의 박리 및 백화현상이 발생하지 않도록 시공하고 다음과 같이 보양한다.
   ㉮ 외부 타일 붙임인 경우에 태양의 직사광선 또는 풍우 등으로 손상받을 우려가 있는 곳은 담당원의 지시에 따라 시트 등 적절한 것을 사용하여 보양한다(직사광선은 피한다).
   ㉯ 한중공사 시에는 시공면을 보호하고 동해 또는 급격한 온도변화에 의한 손상을 피하도록 하기 위해 외기의 기온이 2℃ 이하일 때에는 타일작업장 내의 온도가 10℃ 이상이 되도록 임시로 가설 난방 보온 등에 의하여 시공 부분을 보양하여야 한다.
   ㉰ 타일을 붙인 후 3일간은 진동이나 보행을 금한다. 다만, 부득이한 경우에는 담당원의 승인을 받아 보행판을 깔고 보행할 수 있다.
   ㉱ 줄눈을 넣은 후 경화 불량의 우려가 있거나 24시간 이내에 비가 올 우려가 있는 경우에는 폴리에틸렌 필름 등으로 차단·보양한다.
   ㉲ 타일의 마감작업 후 균열, 칩핑, 깨어짐, 접착 불량 등이 없도록 깨끗하게 설치가 완료된 상태로 유지하여야 한다.
   ㉳ 실제 완성단계에서 타일이 오염되거나 손상을 입지 않았다는 것을 증명하기 위해 제조업자 및 시공자가 인정하는 방법으로 마지막까지 보양을 철저히 하고, 그 상태를 유지하여야 한다.
      ① 제조업자의 요구가 있을 때 중성용 클리너의 보호피막을 작업이 끝난 바닥과 벽타일에 적용시킨다.
      ② 줄눈넣기가 완료된 후 7일 동안은 바닥에 설치된 타일 위를 보행하거나 통행해서는 안 된다.
   ㉴ 마지막 점검 전에 타일 표면을 중성용 클리너로 깨끗이 헹구고 보호막을 제거한다.
7) 벽타일 붙이기에서 타일 측면이 노출되는 모서리 부위는 코너 타일을 사용하거나, 모서리를 가공하여 측면이 직접 보이지 않도록 한다.
8) 벽체는 중앙에서 양쪽으로 타일 나누기를 하여 타일 나누기가 최적의 상태가 될 수 있도록 조절한다. 달리 도면에 명기되어 있지 않다면 동일한 폭의 줄눈이 되도록 한다.

☞ 그림 3.1.8.1 줄눈 나누기의 종류

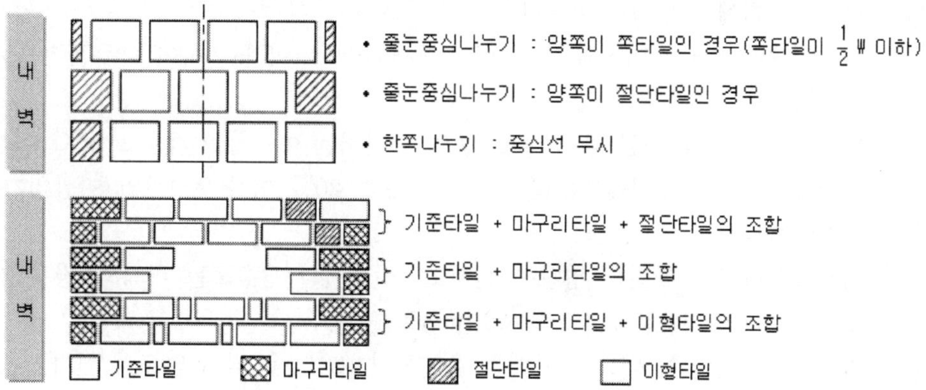

9) 치장 줄눈

㉮ 타일을 붙이고, 3시간이 경과한 후 줄눈파기를 하여 줄눈부분을 충분히 청소하며, 24시간이 경과한 뒤 붙임 모르타르의 경화 정도를 보아, 작업 직전에 줄눈 바탕에 물을 뿌려 습윤케 한다.

㉯ 치장줄눈의 폭이 5mm 이상일 때는 고무흙손으로 충분히 눌러 빈틈이 생기지 않게 시공한다.

㉰ 개구부나 바탕 모르타르에 신축줄눈을 두었을 때는 적절한 실링재로서, 빈틈이 생기지 않도록 채운다.

㉱ 유기질 접착제를 사용할 때에는 공사시방서에 따른다.

10) 신축 줄눈

㉮ 신축줄눈에 대하여 도면에 명시되어 있지 않을 때에는 이질바탕의 접합부분이나 콘크리트를 수평방향으로 이어붓기한 부분 등 수축균열이 생기기 쉬운 부분과 붙임면이 넓은 부분에는 담당원의 지시에 따라 그 바탕에까지 닿는 신축줄눈을 약 3m 간격으로 설치하여야 한다.

㉯ 신축줄눈과 조절줄눈, 시공줄눈, 그리고 분리용 줄눈을 포함하여 실링재를 충전시켜 만든 줄눈위치를 나타내도록 하여야 하며, 모르타르 바탕, 타일 부속재료 설치시 줄눈의 위치를 설정한다. 타일을 붙이고 줄눈시공 후에는 줄눈 나누기를 하기 위해 톱 등으로 자르지 말아야 한다.

㉰ 타일의 신축줄눈은 구조체의 신축줄눈, 바탕 모르타르의 신축줄눈의 위치가 가능한 일치하도록 설계 요구사항에 따라 줄눈을 맞추고 줄눈의 실링재는 타일씻기 완료 후 건조상태를 확인하고 설치한다.

11) 바탕 만들기

㉮ 모르타르 바탕

① 바탕고르기 모르타르를 바를 때에는 타일의 두께와 붙임 모르타르의 두께를 고려하여 2회에 나누어서 바른다.

② 바름두께가 10mm 이상일 경우에는 1회에 10mm 이하로 하여 나무흙손으로 눌러 바른다.

③ 바탕 모르타르를 바른 후 타일을 붙일 때까지는 여름철(외기온도 25℃ 이상)은 3~4일 이상, 봄, 가을(외기온도 10℃ 이상, 20℃ 이하)은 1주일 이상의기간을 두어야 한다.

④ 타일붙임면의 바탕면은 평탄하게 하고, 바탕면의 평활도는 바닥의 경우 3m당 ±3mm, 벽의 경우는 2.4 m당 ±31mm로 한다.

⑤ 바닥면은 물고임이 없도록 구배를 유지하되, 1/100을 넘지 않도록 한다.

㈏ 콘크리트 바탕 및 기타 바탕 : 콘크리트 타설면, 콘크리트 블록면, 경량기포콘크리트면, 시멘트 압출성형판, 석고보드 등을 바탕으로 사용하는 경우는 공사시방서에 따른다.

12) 바탕처리(물축이기 및 청소)

㈎ 타일을 붙이기 전에 바탕의 들뜸, 균열 등을 검사하여 불량 부분은 보수한다.

㈏ 타일을 붙이기 전에 불순물을 제거하고, 청소한다.

㈐ 여름에 외장타일을 붙일 경우에는 하루 전에 바탕면에 물을 충분히 적셔둔다.

㈑ 타일붙임 바탕의 건조 상태에 따라 뿜칠 또는 솔을 사용하여 물을 골고루 뿌린다. 이때 물의 양은 바탕의 습윤 상태에 따라 공사시방서에 따른다.

㈒ 흡수성이 있는 타일에는 제조업자의 시방에 따라 물을 축여 사용한다.

13) 타일을 붙이는 모르타르에 시멘트 가루를 뿌리면 시멘트의 수축이 크기 때문에 타일이 떨어지기 쉽고 백화가 생기기 쉬우므로 뿌리지 않아야 한다.

14) 타일붙임은 타일의 백화, 탈락, 동결융해 등의 결함사항에 대하여 충분히 검토하여야 한다. 타일면은 우수의 침투를 방지할 수 있도록 완전히 밀착시켜 접착력을 높이며, 일정간격의 신축줄눈을 두어 백화, 탈락, 동결융해 등의 결함 사항을 방지할 수 있도록 한다.

15) 방수대책

㈎ 얇은 붙임타일에 대한 방수처리는 감독원의 승인을 받아 타일작업에 지장이 없도록 사전에 시공한다.

㈏ 방수처리는 공사시방서에 따르며, 부득이한 경우 담당원의 승인을 받아 제조업자의 시방에 따른다.

㈐ 바닥타일 부착 전, 욕실이나 화장실과 같은 곳은 타일부착 전에 담당원의 승인을 득한다.

☞ 그림 3.1.15.1 시공 장소에 따른 적용 공법

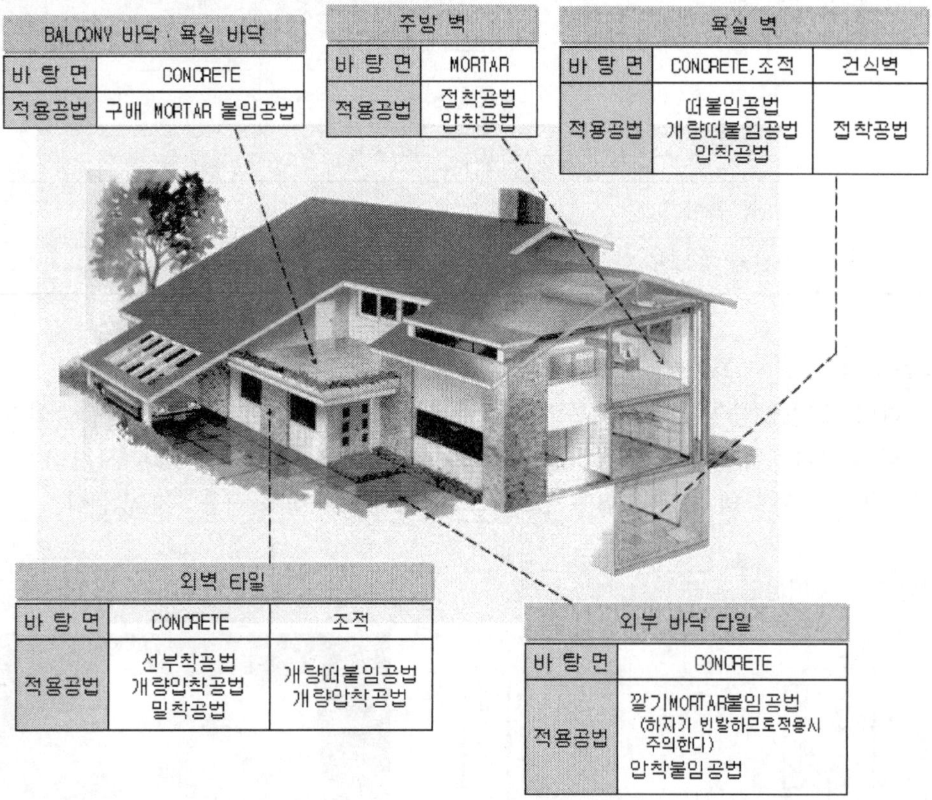

3.2 벽타일 붙이기

내장 및 외장 타일 붙임공법별 타일의 크기와 붙임재료의 바름두께는 표 3.2.1.1 를 표준으로 한다.

☞ 표 3.2.1.1 공법별 타일 크기 및 바름 두께

공 법 구 분		타일 크기(mm)	붙임 모르타르의 두께(mm)
외장	떠 붙 이 기	108 × 60 이상	12~24
	압착 붙이기	108 × 60 이상	5~7
		108 × 60 이하	3~5
	개량 압착 붙이기	108 × 60 이상	바탕쪽 3~6
			타일쪽 3~4
	판형 붙이기	50 × 50 이하	3~5
	동시 줄눈 붙이기	108 × 60 이상	5~8

공 법 구 분		타일 크기(mm)	붙임 모르타르의 두께(mm)
내장	떠 붙 이 기	108 × 60 이상	12~24
	낱장 붙이기	108 × 60 이상	3~5
		108 × 60 이하	3
	판형 붙이기	100 × 100 이하	3
	접착제 붙이기	100 × 100 이하	-

1) 떠붙이기

㉮ 타일 뒷면에 붙임 모르타르를 바르고 빈틈이 생기지 않게 바탕에 눌러 붙인다. 붙임 모르타르의 두께는 12~24mm를 표준으로 한다. (그림 3.2.1.1) (사진 3.2.1.1)

㉯ 외벽에는 백화의 발생 위험이 있으므로 떠붙이기 공법을 사용하지 않는다.

☞ 그림 3.2.1.1 떠붙임 공법

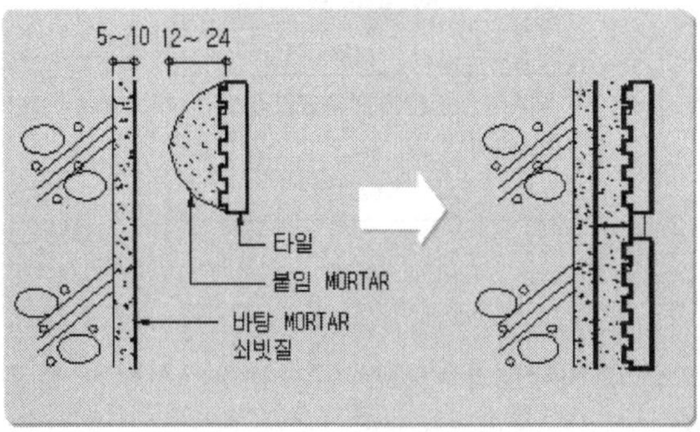

☞ 사진 3.2.1.1 떠붙이기 붙임 모르타르

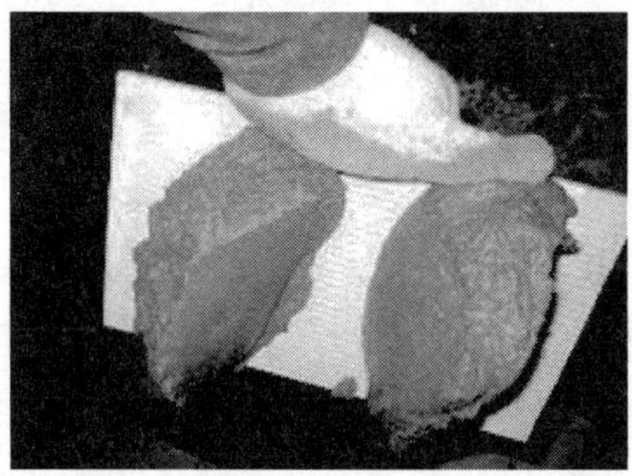

☞ 표 3.2.1.2 떠붙이기 공법의 장·단점

장 점	단 점
• 접착강도의 편차가 적다. • 붙임 모르타르가 빈 배합이므로 경화시 수축에 의한 영향이 적다. • 마감 정밀도가 좋다. • 콘크리트 바탕에 요철이 있어도 붙임 모르타르의 두께 조절로 면을 평탄하게 할 수 있다. • 박리 사고가 적다.	• 시공시 상당한 숙련을 요한다. • 시공 능률이 나쁘다. • 밑에서 붙여 올라가므로 시공 높이에 한계가 있다.(1.2m/일) • 외벽에는 사용하기가 곤란하다. • 외벽에 적용할 경우 타일 뒷면에 공극이 생겨 백화 발생 우려가 있다.

2) 압착 붙이기

㉮ 붙임 모르타르의 두께는 타일 두께의 1/2 이상으로 하고, 5mm~7mm를 표준으로 하여 붙임 바탕에 바르고 자막대로 눌러 표면을 평탄하게 고른다. (그림 3.2.2)(사진 3.2.2)

㉯ 타일의 1회 붙임 면적은 모르타르의 경화속도 및 작업성을 고려하여 1.2m^2 이하로 한다. 벽면의 위에서 아래로 붙여 나가며, 붙임 시간은 모르타르 배합 후 15분 이내로 한다.

㉰ 한 장씩 붙이고, 나무망치 등으로 두들겨 타일이 붙임 모르타르 속에 박히도록 하고, 타일의 줄눈 부위에 모르타르가 타일 두께의 1/3 이상 올라오도록 한다.

☞ 그림 3.2.2.1 압착 붙이기 공법

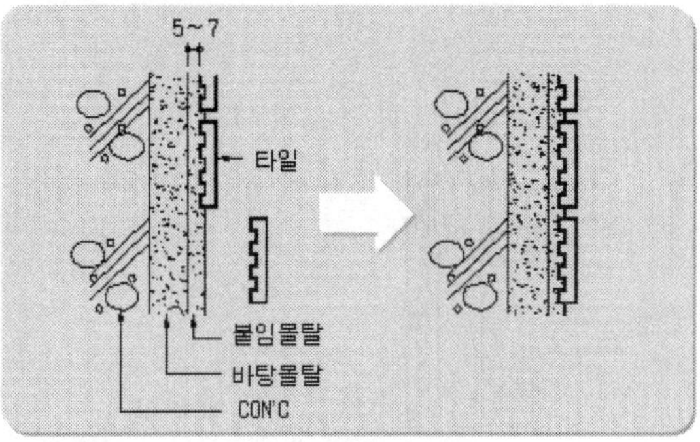

☞ 사진 3.2.2.1 압착 붙이기 공법

☞ 표 3.2.2.1 압착 붙이기 공법의 장·단점

장 점	단 점
• 타일과 붙임재와의 사이에 공극이 없어 백화가 발생하지 않는다. • 시공 능률이 양호하다.	• 붙임 모르타르를 바른 후 방치하는 시간(Open Time)이 길어지면 시공 불량의 원인이 된다. • 붙임 모르타르가 얇기 때문에 바탕의 시공 정밀도가 요구 된다. • 접착강도의 편차가 발생할 수 있다.

3) 개량 압착 붙이기

㉮ 붙임 모르타르를 바탕면에 3mm~6mm로 바르고 자막대로 눌러 평탄하게 고른다. (그림 3.2.3)

㉯ 바탕면 붙임 모르타르의 1회 바름 면적은 1.5m^2 이하로 하고, 붙임 시간은 모르타르 배합 후 30분 이내로 한다.

㉰ 타일 뒷면에 붙임 모르타르를 3mm~4mm로 평탄하게 바르고, 즉시 타일을 붙이며 나무망치 등으로 충분히 두들겨 타일의 줄눈 부위에 모르타르가 타일 두께의

1/2 이상이 올라오도록 한다.

㉣ 벽면의 위에서 아래로 향해 붙여나가며 줄눈에서 넘쳐 나온 모르타르는 경화 되기 전에 제거한다.

☞ 표 3.2.3.1 개량 압착 붙이기 공법의 장·단점

장 점	단 점
• 접착성이 좋다. • 타일과 붙임재와의 사이에 공극이 없어 백화가 발생하지 않는다. • 균열이 발생하지 않는다.	• 압착공법에 비해 작업 능률이 떨어진다. (타일 붙이기 Cost 상승 요인) • 붙임 모르타르가 얇기 때문에 바탕의 시공 정 밀도가 요구된다.

☞ 그림 3.2.3.1 개량 압착 붙이기

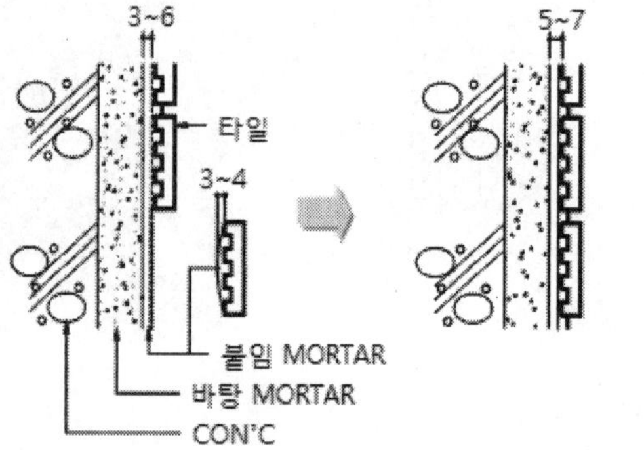

4) 판형 붙이기

㉮ 낱장 붙이기와 같은 방법으로 하되 타일 뒷면의 표시와 모양에 따라 그 위치를 맞추어 순서대로 붙이고 모르타르가 줄눈 사이로 스며 나오도록 표본 누름판을 사용하여 압착한다.

㉯ 줄눈 고치기는 타일을 붙인 후 15분 이내에 실시한다.

5) 접착 붙이기

㉮ 내장공사에 한하여 적용한다. (그림 3.2.5) (사진 3.2.5)

㉯ 붙임 바탕면을 여름에는 1주 이상, 기타 계절에는 2주 이상 건조시킨다.

㉰ 바탕이 고르지 않을 때에는 접착제에 적절한 충전재를 혼합하여 바탕을 고른다. 이성분형 접착제를 사용할 경우에는 제조회사가 지정한 혼합비율 대로 정확히 계량하여 혼합한다.

㉣ 접착제의 1회 바름 면적은 $2m^2$ 이하로 하고 접착제용 흙손으로 눌러 바른다.

㉤ 접착제의 표면 접착성 또는 경화 정도를 설계도서 또는 담당원의 지시에 따라 확인한 다음 타일을 붙이며, 붙인 후에 적절한 환기를 실시한다.

☞ 표 3.2.5.1 접착 붙이기 공법의 장·단점

장　　점	단　　점
• 접착제는 모르타르 등과 비교할 때 연질이어서 바탕 움직임의 영향을 덜 받는다. • 시공 능률이 높다. • 각종 바탕에 적용이 가능하다.	• 건조시간의 영향을 받기 쉽다. • 혼합 후 경화 시점에 주의가 필요하다. • 접착제가 고가로 시공 단가가 높다.

☞ 그림 3.2.5.1 접착 붙이기 공법

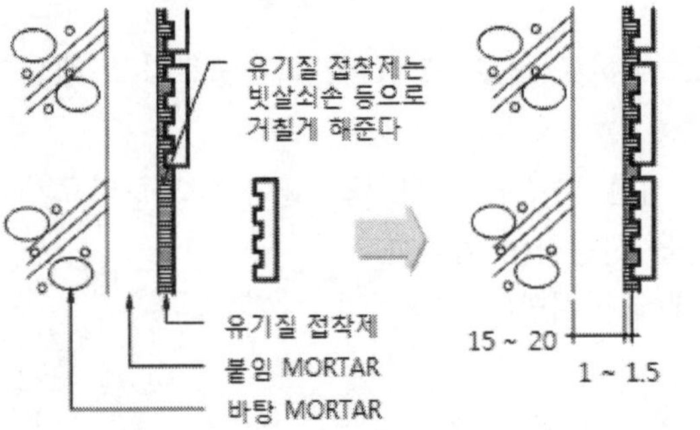

☞ 사진 3.2.5.1 접착 붙이기 공법

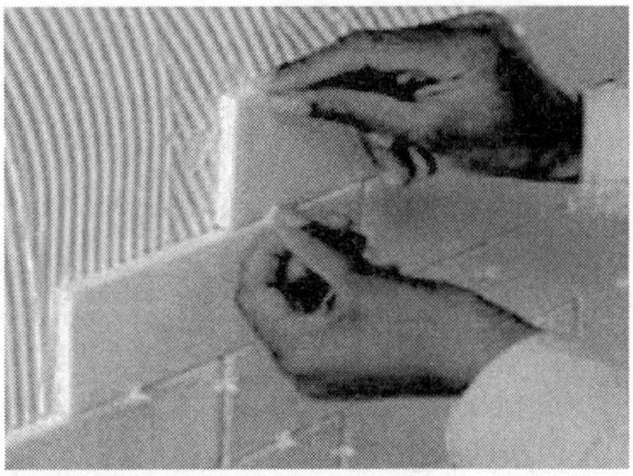

6) 동시 줄눈 붙이기

㉮ 붙임 모르타르를 바탕면에 5mm~8mm로 바르고 자막대로 눌러 평탄하게 고른다.

㉯ 1회 붙임 면적은 $1.5m^2$ 이하로 하고 붙임 시간은 20분 이내로 한다.

㉰ 타일은 한 장씩 붙이고 반드시 타일면에 수직하여 충격 공구로 좌우, 중앙의 3점에 충격을 가해 붙임 모르타르 안에 타일이 박히도록 하며 타일의 줄눈 부위에 붙임 모르타르가 타일 두께의 2/3 이상 올라오도록 한다.

㉱ 충격 공구의 머리 부분은 대(50mm), 소(20mm) 중 한 가지를 선택하여 사용한다.

㉲ 타일의 줄눈 부위에 올라온 붙임 모르타르의 경화 정도를 보아 줄눈흙손으로 충분히 눌러 빈틈이 생기지 않도록 한다. 줄눈 부위에 붙임 모르타르가 충분히 올라오지 않았을 때는 붙임 모르타르를 채워 줄눈흙손으로 줄눈을 만든다.

㉳ 줄눈의 수정은 타일 붙임 후 15분 이내에 실시하고, 붙임 후 30분 이상이 경과했을 때에는 그 부분의 모르타르를 제거하여 다시 붙인다.

☞ 그림 3.2.6.1 동시 줄눈 붙이기

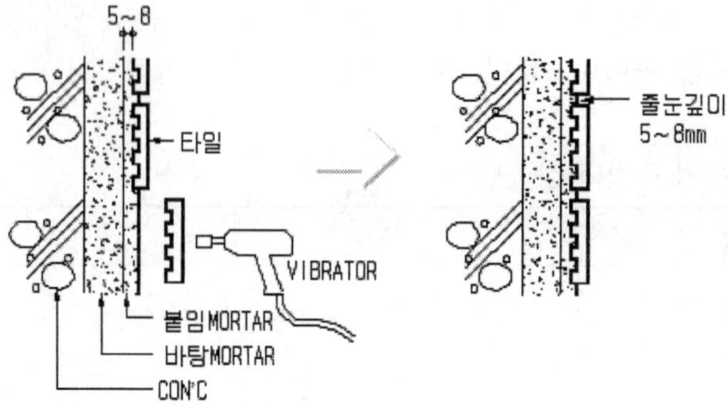

7) 모자이크 타일 붙이기

㉮ 붙임 모르타르를 바탕면에 초벌과 재벌로 두 번 바르고, 총 두께는 4mm~6mm를 표준으로 한다.

㉯ 붙임 모르타르의 1회 바름 면적은 $2.0m^2$ 이하로 하고, 붙임 시간은 모르타르 배합 후 30분 이내로 한다.

㉰ 타일 뒷면의 표시와 모양에 따라 그 위치를 맞추어 순서대로 붙이고 모르타르가 줄눈 사이로 스며 나오도록 표본 누름판을 사용하여 압착한다.

㉱ 줄눈 고치기는 타일을 붙인 후 15분 이내에 실시한다.

3.3 바닥타일 붙이기

1) 시멘트 페이스트 붙이기

㉮ 바탕 조정으로 타일 붙이기에 앞서 바탕면의 청소를 실시한다.

㉯ 타일 나누기는 설계도서에 맞추어 기준먹으로부터 마무리 먹매김을 실시하고, 각 부위와의 접합이나 물구배 등의 설계조건에 대해 치수 확인을 실시한다. 불합격이 있으면 감리자에게 보고하고 지시에 따른다. 또한, 타일 시공하는 면을 기준으로 하여 먹 또는 수실로 매긴다.

㉰ 기준타일 붙이기 순서는 직각의 기준을 잡기 위하여 줄눈 나눔에 따라 가로·세로 3m~4m 간격에 기준타일 붙임을 실시하고, 바탕 콘크리트면에 물뿌림한 후 깔개 모르타르를 기준타일 붙임 개소에 깔고 타일 폭 2배 정도의 폭에 평활하게 펴깐다. 그 후, 깔개 모르타르 경화 전에 시멘트 페이스트를 깔개 모르타르 위에 흘려 직접 미장하여 실에 붙어 있는 타일을 망치 손잡이 등을 사용하여 바닥면에 압착하고, 나머지 깔개 모르타르를 제거하여 청소토록 한다.

㉱ 타일 붙이기는 기준타일 붙이기를 실시한 구획 내에 깔개 모르타르를 펴고, 기준

타일 사이에 수실을 붙이므로 기준타일 붙임과 동일하게 타일을 붙여 진행하며, 줄눈부에 두둑하게 올라온 시멘트 페이스트는 경화 전에 제거한다.
또한, 타일 붙임이나 줄눈 사이에는 붙인 타일을 움직이지 않도록 주의한다.

2) 압착 붙이기

㉮ 바탕 조정은 타일 붙이기에 앞서 바탕 모르타르면의 청소를 실시하고, 바탕 건조의 정도를 조절하며, 필요에 따라 타일 붙이기 전날 또는 당일에 수분을 뿌려 바탕 표면처리를 실시한다.

㉯ 타일 나누기는 설계도서에 맞추어 기준 먹으로 부터 마무리 먹매김을 실시하고, 각 부위와의 접합이나 물구배 등의 설계조건에 대해 치수 확인을 실시한다. 불합격이 있으면 감리자에게 보고하고 지시에 따른다. 또한, 타일 시공하는 면을 기준으로 하여 먹 또는 수실로 매긴다.

㉰ 기준타일 붙이기에서 직각의 기준을 잡기 위하여 줄눈 나눔에 따라 가로·세로 3m ~4m 간격에 기준타일 붙임을 실시한다.

㉱ 타일 붙이기는 붙임 모르타르의 도막붙임에는 두 번으로 하며, 그 두께는 5mm~7mm로 한다. 한 번에 도막붙임 면적은 $2m^2$ 이내로 한하며, 붙임 모르타르는 비빔에서부터 시공완료까지 60분 이내에서 사용하고 도막시공 시간은 여름철에는 20분, 겨울철에는 40분 이내로 한다. 오전 및 오후에 타일 붙임을 개시할 때에 타일을 붙임 직후에는 반드시 타일과 붙임 모르타르 및 붙임 모르타르와 바탕과의 접착 상황을 확인한다. 또한, 붙임 모르타르가 약할 경우에 타일 간 채워 넣어 붙이면 모르타르가 타일 속면에 영향을 미치므로 충분한 접착강도가 있는 모르타르를 선택하여 타일의 바닥면 압착을 충분히 한다. 타일 붙임이 종료된 후, 붙임 모르타르의 굳음이 예견될 경우 줄눈 부분의 청소를 실시한다.

3) 개량 압착 붙이기

㉮ 바탕 조정은 타일 붙임에 앞서 바탕 모르타르면의 청소를 실시한다. 바탕 건조의 정도를 조절하며, 필요에 따라서 타일 붙이기 전날 또는 당일에 수분을 뿌려 바탕 표면처리를 실시한다.

㉯ 타일 나누기는 설계도서에 맞추어 기준먹으로부터 마무리 먹매김을 실시하고, 각 부위와의 접합이나 물구배 등의 설계조건에 대해서 치수 확인을 실시한다. 불합격이 있으면 감리자에게 보고하고 지시에 따른다. 또한, 타일 시공하는 면을 기준으로 하여 먹 또는 수실로 매긴다.

㉰ 기준타일 붙이기에서 직각의 기준을 잡기 위하여 줄눈나눔에 따라 가로·세로 3m ~4m 간격에 기준타일 붙임을 실시한다.

㉱ 타일 붙이기는 1회 도막붙임 면적을 $2m^2$ 이내로 하고, 붙임 모르타르를 바탕면측 3mm~4mm에 얼룩 없이 도포하여 평활하게 편 후, 붙임 모르타르는 비빔부터 시공완료까지 60분 이내에서 사용하고 도막시공 시간은 여름철에는 20분, 겨울철에는 40분 이내로 한다. 오전 및 오후에 타일 붙임을 개시할 때에 타일을 붙임 직후에는 반드시 타일과 붙임 모르타르 및 붙임 모르타르와 바탕과의 접착 상황을 확인한다. 또한, 타일 속면 전체에 붙임 모르타르를 3~5mm 정도의 두께를 평균으로 수직에서 바탕면에 눌러서 붙인다. 동시에 해머 등으로 타일 주변부터 모르타르가 삐져나올 때까지 압착을 실시한다. 타일 붙임이 종료된 후, 붙임 모르타르의 굳음이 예견될 경우 줄눈 부분의 청소를 실시한다.

4) 접착 붙이기

㉮ 타일 붙임에 앞서 바탕면을 검사하여 건조된 것을 확인한다.

㉯ 타일 나누기는 설계도서에 맞추어 기준먹으로부터 마무리 먹매김을 실시하여 각 부위와의 취합되는 치수 확인을 실시한다. 불합격이 있으면 감리자에게 보고하고 지시에 따른다.

㉰ 기준타일 붙이기에서 직각의 기준을 맞추기 위해 줄눈 나눔에 따라 가로·세로 3m~4m 정도에 기준타일 붙임을 실시한다.

㉱ 타일 붙이기는 접착제 1회 도막붙임 면적은 $3m^2$ 이내로 하며, 접착제는 우선 금속 흙손을 사용하여 평활하게 도막붙임한 후, 지정된 줄눈흙손을 사용하여 필요한 높이로 한다. 건조경화형 접착제는 도막시간에 유의하여 타일을 압착한다. 또한, 반응경화형 접착제를 사용할 경우는 가용 시간에 유의하여 타일을 압착한다.

3.4 천장 붙이기

1) 바탕처리는 평평하게 하고 바탕면 상태에 따라 적절히 습윤케 하며, 타일의 종류와 공법에 맞는 붙임 모르타르를 선정하여 타일을 붙인다.

2) 타일은 줄눈 나누기에 따라 모서리를 잘 맞추고 적절한 기구로 가볍게 두들겨 모르타르가 솟아나올 정도로 붙인다.

3.5 검사

1) 시공중 검사

하루 작업이 끝난 후 비계발판의 높이로 보아 눈높이 이상이 되는 부분과 무릎 이하 부분의 타일을 임의로 떼어 뒷면에 붙임 모르타르가 충분히 채워졌는지 확인하여야 한다.

2) 두들김 검사

㉮ 붙임 모르타르의 경화 후 검사봉으로 전면적을 두들겨 검사한다.(그림 3.5.2)

㉯ 들뜸, 균열 등이 발견된 부위는 줄눈 부분을 잘라내어 다시 붙인다.

☞ 그림 3.5.2.1 두들김 검사

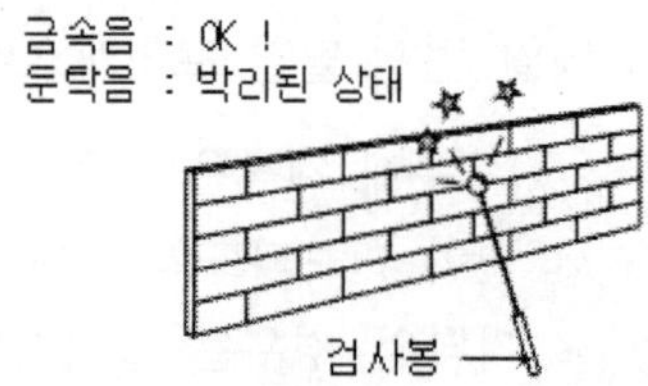

3) 접착력 시험

㉮ 타일의 접착력 시험은 600m^{2}당 한 장씩 시험한다. 시험 위치는 담당원의 지시에 따른다.

㉯ 시험할 타일은 먼저 줄눈 부분을 콘크리트 면까지 절단하여 주위의 타일과 분리시킨다.

㉰ 시험할 타일은 시험기 부속 장치의 크기로 하되, 그 이상은 180×60mm 크기로 콘크리트 면까지 절단한다. 다만, 40mm 미만의 타일은 4매를 1개조로 하여 부속 장치를 붙여 시험한다.

㉱ 시험은 타일 시공 후 4주 이상일 때 실시한다.

㉲ 시험결과의 판정은 타일 인장 부착강도가 0.39MPa 이상이어야 한다.(그림 3.5.3)

☞ 그림 3.5.3.1 접착력 시험

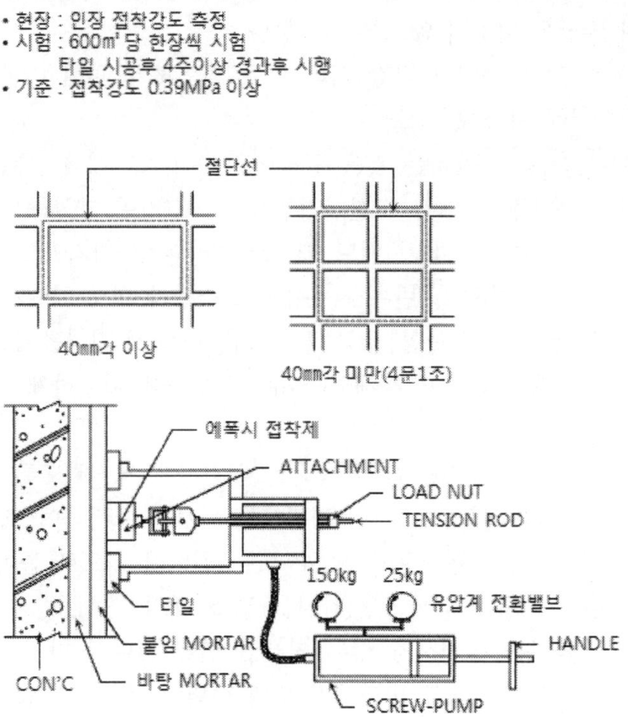

3.6 타일 먼저 붙임 프리캐스트 콘크리트 공법 공사

1) 타일 먼저 붙임 프리캐스트 콘크리트 부재의 제작

㉮ PC부재 제작은 제작요령서 및 제작공정계획에 기준하며, 시방서에서 규정하는 품질이 확보되도록 하며, PC부재의 제작공장은 필요한 설비를 정한 공장으로 한다. 기타의 경우는 공사시방서에의한다. 또한, PC부재 제작자는 설계도서에 준하여 PC부재 제작도를 작성하고, 시공자와 협의하에 필요에 따라 담당원에게 제출한다.

㉯ 타일 및 타일 유닛의 검사는 타일 유닛 제작공장에서의 입하시에 필요한 발췌 검사를 실시하고, 타일 유닛은 원칙적으로 제작로트에서 필요한 치수검사·외관검사를 실시한다. 또한, PC부재 제작공장에 반입된 타일 및 타일 유닛은 필요에 따라 타일전문 공사업자 입회하에서 치수·형상 등의 검사를 실시한다.

㉰ 타일 유닛 나눔 도면은 설계도서에 따라 PC부재 제작도에 준하고, 원칙적으로 타일 전문공사 업자가 작성하고, 타일 유닛의 제작은 해당 한국산업표준에 만족하는 것으로 하고, 타일 전문공사 업자는 필요에 따라 제작·관리 요령서를 작성하고, 시공자에게 제출한다.

㉱ 타일 및 타일 유닛은 사용 타일의 승인부터 제품 출하까지에 필요한 제작 기간에 따라 타일유닛의 제작기간을 고려하여 PC부재 제작 공정에 지장을 주지 않도록 반입 시기를 결정한다. 또한, 타일 및 타일 유닛의 운반·취급에 대해서는 적절한 조치를 취하여 손상을 미치지 않도록 취급한다.

㉲ PC부재 제작에 앞서 타일의 마감 상태 등을 확인하기 위해 견본 부재를 제작 할 경우는 설계도서에 의한다.

㉳ 거푸집 재료는 강재를 사용하는 것을 원칙으로 하고, 그 이외의 재료를 사용할 경우에는 담당원의 승인을 득한다. 또한, 거푸집은 콘크리트 타설 시에 측압·충격·진동 등에 충분히 견딜 수 있으며, 시멘트 페이스트가 빠져나가지 않도록 치밀한 구조로 하며, 조립·탈형이 용이하고, 반복 사용에서도 소정의 형상·치수가 확보되는 것으로 한다. 또한, 거푸집은 먼저 붙임 금속철물 등이 정확하게 긴결될 수 있도록 가공한다.

㉴ 거푸집 치수의 허용오차는 PC부재의 치수허용오차를 확실하게 유지할 수 있도록 정한다.

㉵ 거푸집은 조립 전에 타일 표면의 부착물을 완전하게 제거하도록 충분히 청소하며, 휘거나 비틀어짐 등이 없으며, 치수 정밀도를 바르게 보정하여 조립한다. 또한, 거푸집 부재의 접합부는 페이스트가 셀 수 있는 원인이 되므로 틈이 없도록 특히 유념하여 조립한다. 거푸집의 베드면(타일을 폈을 때의 면)에 박리제는 도포하지 않고, 타일 먼저 붙임을 실시하지 않는 거푸집 면에 있어서 타일 펴놓기 이전에 박리제를 도포하는 것으로 하고 박리제가 타일 속면에 부착되지 않도록 한다.

2) 타일 및 타일 유닛의 배치

㉮ 타일 유닛의 배치는 타일 유닛의 조인트 부위 요소에 기준선을 기입하고 배치한다. 타일 유닛은 콘크리트 타설 중에는 이동되지 않도록 양면 접착테이프 또는 소정의 접착제를 사용하여 거푸집과 고정시켜 타일과 거푸집 면 사이에 공간이 생기지 않도록 충분히 눌러준다. 타일 배치 후 타일 유닛의 줄눈 차이·줄눈 폭·줄눈재의 비틀림 등의 점검을 실시한다. 또한, 작은 타일을 거친면에 붙일 경우는 필요에 따라 틈새 빠짐 방지를 위해 모르타르를 줄눈용 흙손으로 돌아가며 바른다.

㉯ 단체 타일은 타일 나눔도에 따라 거푸집 면에 기준선을 긋고 600mm 간격으로 소정의 기준을 잡고 줄눈을 설치하여 줄눈의 길이 및 줄눈 폭을 확보한 다음, 그에 따라 타일을 순차적으로 배치하며, 줄눈재(설치줄눈)는 폭이 다른 여러 종류를 사용하고 이때 유의할 사항은 타일을 펼쳐놓고 줄눈폭을 조정하며 줄눈재의 조인트부 누름을 유념하여 실시한다.

㉰ 입상 부분에 타일을 먼저 붙임할 경우는 타일이 탈락하지 않도록 적절한 방법에 의하여 타일을 거푸집 면에 고정시키고, 타일배치 후, 타일줄눈의 줄눈 차이, 줄눈재의 비틀림 등의 점검을 실시한다.

㉱ 타일 표면이 거칠 경우는 콘크리트의 유출에 의한 부착물 제거가 쉽기 때문에 필요에 따라 타일 표면에 전처리를 시행한다. 타일 측면이 거칠 경우는 필요에 따라서 측면 거푸집을 돌아가며 적절한 유출방지처리를 시행한다.

3) 줄눈 및 철근·금속 등의 배치

㉮ 줄눈 모르타르를 선메움할 경우는 지정색에 조합한 적정한 연도의 줄눈 모르타르를 소정의 도구 등을 이용하여 빈 곳이 발생되지 않도록 유념하여 도포·메운다. 또한, 줄눈 모르타르 선메움에 있어서 줄눈 모르타르를 타일 속면에 부착시키지 않도록 충분히 유의한다.

㉯ 줄눈 모르타르를 후메움할 경우에는 벽타일 줄눈메움에 준한다.

㉰ 철근의 가공은 시방서에 의하고, 철근·용접철망의 조립은 부재제작도에 따르며 조립에 있어서도 형태가 찌그러뜨리지 않도록 견고하게 실시한다. 또한, 철근·용접철망 등은 수평으로 매달아 올려서 타일에 충격을 미치지 않도록 거푸집 내의 정위치에 부착하고 적정한 피복두께를 확보한다.

㉱ 먼저 붙임 철물 등은 부재제작도에 의하여 정확하게 배치하고, 콘크리트의 타설에 의해서 이동되지 않도록 긴결·고정한다.

4. 테라코타공사

4.1 정의

이탈리아어로 "구은 흙"이라는 뜻으로 자토(磁土)를 반죽하여 형틀로 찍어내어 소성한 속이 빈 대형의 점토제품을 말한다.

4.2 일반 사항

1) 테라코타는 속이 빈 대형의 점토 소성제품으로 구조용과 장식용이 있다.
2) 구조용에는 칸막이벽 등에 사용되는 공동(空胴)벽돌
3) 주로 장식용으로 쓰이며 난간벽, 돌림띠, 창대, 주두 등에 이용한다.
4) 제작기간이 길어 주문 제작한다.

4.3 특성

1) 석재보다 가볍고, 색이 다양하다.
2) 압축강도는 80~90MPa로, 화강암의 1/2 정도이다.
3) 대리석보다 풍화에 강하므로 외장에 적당하다.

☞ 그림 4.3.1.1 테라코타 벽돌

☞ 그림 4.3.1.2 테라코타 지붕

제 13장

목 공 사

1. 용어의 정리

건축공사 표준시방서에서는 목공사에 사용하는 용어를 다음과 같이 정의하고 있다.

1) 갈라짐 : 나무가 생장과정에서 응력을 받거나 건조과정에서 방향에 따른 수축률의 차이로 인하여 목재조직 사이가 벌어진 결함
   ㉮ 분할(split) : 제재목의 끝 부분에서 상하가 관통하여 갈라진 결함
   ㉯ 윤할(shake) : 나무가 생장과정에서 받는 내부응력으로 인하여 목재조직이 나이테에 평행한 방향으로 갈라지는 결함
   ㉰ 할렬(check) : 목재가 건조과정에서 방향에 따른 수축률의 차이로 나이테에 직각방향으로 갈라지는 결함
2) 공학목재(engineered wood products) : 목재 또는 기타 목질요소(목섬유, 칩, 스트랜드, 스트립, 플레이크, 단판 또는 이들이 혼합된 것)를 구조용 목적에 맞도록 접합 및 성형하여 제조되는 패널, 구조용 목질재료 또는 목질 복합체로서 원하는 등급 또는 성능을 지닌 목질 제품을 공학적 방법 및 기술을 적용한 제조공정을 거쳐서 만들어진 제품
3) 구조용 판재(structural-use panel) : 구조물의 지붕, 벽 및 바닥 골조 위에 덮어서 하중을 지지하는 용도로 사용되는 제품으로서 판재의 용도 및 등급이 기계적 및/ 또는 물리적 성질들에 따라 구분되는 목질판상재료
4) 구조용 목재 : 구조용 목재의 재종과 치수는 KS F 3020에 따르며, 재종은 육안등급 구조재와 기계등급 구조재 2가지로 구분하고, 육안등급 구조재는 1종 구조재, 2종 구조재 및 3종 구조재로 구분함
   ㉮ 육안등급 구조재 : 육안으로 목재의 표면을 관찰하여 결점의 크기 및 분산 정도에 따라 등급을 구분한 구조재로서 육안등급 구조재의 재종은 1종 구조재(규격재), 2종 구조재(보재) 및 3종 구조재(기둥재)로 구분하며 각 재종별로 KS F 3020에 제시된 침엽수 구조용재의 품질기준(옹이 지름비, 둥근모, 갈라짐, 평균나이테 간격, 섬유주행경사, 굽음, 썩음, 비틀림, 수심, 함수율, 방부 방충 처리)에 따라 1등급, 2등급 및 3등급으로 구분함
   ㉯ 기계등급 구조재 : 응력을 가할 수 있는 등급 구분 기계를 사용하여 휨탄성계수를 측정하고, 육안으로 표면을 관찰함으로써 KS F 3020에 제시된 침엽수 기계등급 구조재의 품질기준(휨탄성계수, 둥근 모, 분할, 갈램, 윤할, 썩음, 굽음, 비틀림, 함수율, 수심 등)에 따라 등급을 구분한 구조재
   ㉰ 호칭치수 : 건조 및 대패 가공이 되지 않은 목재의 치수 또는 일반적으로 불리는 목재치수
   ㉱ 실제(마감)치수 : 건조 및 대패 마감된 후의 실제적인 최종 치수

5) 구조용 집성재 : 특별한 강도 등급에 기준하여 선정된 제재 또는 목재 층재를 섬유방향이 서로 평행하게 집성·접착하여 공학적으로 특정 응력을 견딜 수 있도록 생산된 제품으로서 각각의 제재 또는 목재 층재에 대한 길이이음(경사 이음, 핑거조인트 또는 이와 유사한 강도를 갖는 이음 방법) 및 측면 접합을 통하여 원하는 길이 및 너비의 제품을 제조할 수 있으며, 집성 접착
공정에서 만곡 집성재로 제조될 수도 있음
   ㉮ 길이 : 곧은 집성재에서 양 끝 횡단면을 연결하는 최단 직선의 길이
   ㉯ 너비 : 집성재의 횡단면에서 접착층에 평행한 변의 길이
   ㉰ 두께 : 집성재의 횡단면에서 접착층에 수직한 변의 길이
   ㉱ 내층재 : 다른 등급 구성 집성재의 양쪽 최외측 표면으로부터 양쪽을 연결하는 변의 길이의 1/4 이상 떨어진 부위에 사용되는 제재 또는 층재
   ㉲ 중층재 : 다른 등급 구성 집성재에 사용되는 제재 또는 목재 층재 중에서 최외층재, 외층재 및 내층재를 제외한 것
   ㉳ 외층재 : 다른 등급 구성 집성재의 양쪽 최외측 표면으로부터 양쪽을 연결하는 변의 길이의 1/16 이상, 1/8 이내의 부위에 사용되는 제재 또는 층재
   ㉴ 최외층재 : 다른 등급 구성 집성재의 양쪽 최외측 표면으로부터 양쪽을 연결하는 변의 길이의 1/16 이내의 부위에 사용되는 제재 또는 층재로서 휨하중하에서 압축응력이 작용하는 윗면에 사용되는 압축쪽 최외층재와 인장응력이 작용하는 아랫면에 사용되는 인장쪽 최외층재로 구분함.

6) 구조용 집성재 구분 : 층재 구성 및 접착층의 방향에 따라 다음과 같이 구분함.
   ㉮ 층재 구성에 따른 구분
      ① 같은 등급 구성 집성재 : 동일한 등급을 갖는 층재로 구성되며 적층수가 2~3층인 집성재
      ② 대칭 다른 등급 구성 집성재 : 서로 다른 등급을 갖는 층재로 구성되며 중립축을 중심으로 상하의 층재 등급을 서로 대칭으로 배치한 집성재
      ③ 비대칭 다른 등급 구성 집성재 : 서로 다른 등급을 갖는 층재로 구성되며, 중립축을 중심으로 상하의 층재 등급을 서로 비대칭으로 배치한 집성재
   ㉯ 접착층의 방향에 따른 구분
      ① 수직 집성재 : 접착면이 횡단면의 짧은 변에 직각이거나 보로 사용되는 경우에 접착면이 하중방향과 평행한 집성재
      ② 수평 집성재 : 접착면이 횡단면의 긴 변에 직각이거나 보로 사용되는 경우에 접착면이 하중방향에 수직인 집성재

7) 나삿니못(threaded nail) : 목재와 목재 또는 목재와 판재 사이의 못접합에서 목재의 함수율 변화에 따른 수축 및 팽윤으로 인하여 시간이 지남에 따라서 못이 자연스럽게

뽑혀 나오는 현상을 방지 또는 완화시키기 위해서 목재와 못의 표면 사이의 마찰저항을 증가시킬 필요가 있으며, 이를 위하여 매끈한 못대를 꼬아서 못대가 꽈배기 형태로 만들어진 못

8) 마구리 : 부재의 절단면

9) 방수/투습막(house wrap) : 목조주택에서 벽의 구조체 내부로 침투한 수분은 외부로 배출되고 외부의 강수 등으로 인한 물은 구조체 내부로 침투하지 못하도록 하기 위하여 목조주택의 외벽 덮개재료 외측면에 설치하는 재료로서 실외쪽 표면은 방수 성능을 지니고 실내쪽 표면은 투습 성능을 지닌 막

10) 변재(sapwood) : 나무의 횡단면에서 수피에 인접한 바깥 부분으로서 나무가 생장할 때에 수분의 상하 방향 통로 역할을 담당하는 부분

11) 볼트 접합부에서 볼트의 배치

㉮ 볼트 열 : 볼트 접합부에 2개 이상의 볼트가 사용된 경우에 하중과 평행한 방향으로 배열된 볼트의 열

㉯ 끝면거리 : 목재 부재의 끝면으로부터 가장 가까운 볼트의 중심까지 거리

㉰ 연단거리 : 목재 부재의 측면으로부터 가장 가까운 볼트의 중심까지 거리로서 하중이 작용하는 방향으로는 부하연단거리, 그리고 작용하중의 반대방향으로는 비부하연단거리라고 함

㉱ 볼트 열 사이의 거리 : 하중 작용방향에 평행하게 배열된 인접한 볼트 열 사이의 거리

㉲ 볼트 간격 : 1열 내에서 인접한 볼트 사이의 거리

12) 수 또는 수심(Pith) : 목재 횡단면의 중심으로서 나무가 어릴 때 형성된 조직인 유령목으로 구성되는 부분

13) 심재(heartwood) : 나무의 횡단면에서 중앙부에 위치하여 변재보다 짙은 색깔을 가지며 나무의 무게를 지지하는 역할을 하는 죽어 있는 목재 부분

14) 오에스비(OSB, oriented strand board) : 얇고 가늘고 긴 목재 스트랜드를 각 층별로 동일한 방향으로 배열하되 인접한 층의 섬유방향이 서로 직각이 되도록 하여 홀수의 층으로 구성한 배향성 스트랜드 보드(oriented strand board)의 영문 명칭의 약자

15) 원목 : 나무를 벌채하여 가지를 친 후 수피를 제거하고 제재를 하지 않은 상태의 원형 단면을 가진 통나무 및 조각재

㉮ 소경재 : 지름 150mm 미만의 작은 단면을 갖는 원목

㉯ 중경재 : 지름 150mm 이상, 300mm 미만의 중간 크기 단면을 갖는 원목

㉰ 대경재 : 지름 300mm 이상의 큰 단면을 갖는 원목

16) 제재목 : 원목을 제재하여 정사각형 또는 직사각형의 단면을 갖도록 가공한 목재

㉮ 각재류 : 두께가 75mm 미만이고 너비가 두께의 4배 미만인 것 또는 두께와 너비가 75mm 이상인 것

① 정각재 : 단면이 정사각형인 각재
② 평각재 : 단면이 직사각형인 각재
③ 작은 각재 : 두께가75 mm 미만인 각재로서 정사각형 단면을 갖는 작은 정각재와 너비가 두께의 4배 미만이며 직사각형 단면을 갖는 작은 평각재로 구분
④ 큰 각재 : 두께가 75mm 이상인 각재로서 정사각형 단면을 갖는 큰 정각재와 직사각형 단면을 갖는 큰 평각재로 구분

㉯ 판재류 : 두께가 75mm 미만이고 너비가 두께의 4배 이상인 것

17) 조각재 : 최소 횡단면에 있어서 빠진 변을 보완한 네모꼴의 4변의 합계에 대한 빠진 변의 합계가 100분의 80 이상인 둥근 형태의 목재

18) 통나무의 지름 : 통나무의 지름은 말구지름을 뜻함

㉮ 말구지름 : 통나무의 말구지름이란 수피를 제외한 말구(통나무의 지름이 작은쪽 끝면)의 최소지름을 의미하며 최소지름이 300mm를 넘는 경우에는 최소지름과 최소지름에 대한 직각방향 지름을 동시에 측정하여 그 차이 30mm(400mm 이상인 통나무는 40mm)마다 최소지름에 10mm씩 가산시킨 값

㉯ 원구지름 : 통나무의 원구지름이란 수피를 제외한 원구(통나무의 지름이 큰 쪽끝면으로서 이상 팽대 부분이 있는 경우에는 그 부분을 제외)의 최소지름을 의미하며 최소지름이 300mm를 넘는 경우에는 최소지름과 최소지름에 대한 직각방향 지름을 동시에 측정하여 그 차이 30mm(400mm 이상인 통나무는 40mm)마다 최소지름에 10mm씩 가산시킨 값

㉰ 평균지름 : 통나무의 말구지름과 원구지름의 평균값

19) 팽윤(swelling) : 목재가 수분을 흡습함에 따라 부피가 늘어나는 현상

20) 함수율 : 목재의 무게에 대한 목재 내에 함유된 수분 무게의 백분율(%)로서 함유수분의 양을 목재의 무게로 나누어서 백분율로 구하며, 기준이 되는 목재의 무게를 구하는 시점에서의 함수율에 따라 다음과 같이 두 가지로 구분함

㉮ 건량 기준 함수율(%) : 함유 수분의 무게를 목재의 전건무게로 나누어서 구하며 일반적인 목재에 적용되는 함수율

㉯ 습량 기준 함수율(%) : 함유 수분의 무게를 건조 전 목재의 무게로 나누어서 구하며 펄프용 칩에 적용되는 함수율

21) 합판의 방충제 처리방법 : 합판의 방충성을 향상시키기 위하여 방충제를 처리하며 처리방법은 다음과 같이 두 가지로 구분함

㉮ 단판처리법 : 합판 접착 전에 각각의 단판에 대하여 방충약제를 처리하고 방충처리된 단판들을 접착하여 합판을 제조하는 방법

㉯ 접착제 혼입법 : 방충약제를 혼합한 접착제를 사용하여 단판들을 접착함으로써 합판을 제조하는 방법

2. 자 재

2.1 목재의 비중

1) 전건 상태를 기준으로 한 공극률 산출식

$$V = \left(1 - \frac{W}{1.54}\right) \times 100$$

V : 공극률(%)

W : 목재의 절대건조 비중(함수율이 0일때의 비중)

1.54 : 섬유질의 비중

2) 세포자체의 비중은 나무의 종류와 관계없이 1.54이다.

3) 절건비중이 작은 목재일수록 공극률은 커지며, 공극률이 커지면 강도는 작아진다.

2.2 건축용 목재

1) 건축용 목재의 수종 구분

㉮ 건축용 목재의 수종 구분은 표 2.2.1.1에 따른다.

☞ 표 2.2.1.1 건축용 목재의 수종

수 종 군	포 함 수 종
낙엽송류	낙엽송, 더글러스퍼(Douglas-fir), 북미 낙엽송, 북양 낙엽송
소나무류	소나무, 편백나무, 리기다소나무, 북부 헴퍼, 남부 헴퍼, 북미 전나무, 북미 남부소나무, 북부 S-P-F
잣나무류	잣나무, 가문비나무, 북미 가문비나무, 북양 가문비나무, 북양 적송, 라디에타소나무, 남부 S-P-F
삼나무류	삼나무, 북미 삼나무

㈜ S(Spruce : 스프러스) : 가문비나무

P(Pine : 파인) : 소나무

F(Fir : 퍼) : 전나무

㉯ 단순히 소나무로 지정한 것은 육송(적송)으로 한다.

㉰ 설계도서에서 지정된 구조용 수종의 공급이 곤란할 때에는 표 2.2.1.1에 주어진 동일 수종군내의 다른 수종으로 대용할 수 있다.

㉱ 구조용재 이음의 덧댐판은 구조용재와 동일한 수종을 사용하는 것을 원칙으로 하며 산지, 쐐기, 촉 등은 단풍나무, 참나무, 고로쇠나무 등과 같은 단단한 활엽수로

한다.

㉮ 설계도서에 특별히 정해진 수종이 없는 경우에는 표 2.2.1.1의 낙엽송류 또는 소나무류로 한다.

㉯ 수장재의 경우에는 설계도서에 특별히 정해진 수종이 없는 경우에는 표면의 품질이 수장용으로 사용에 지장이 없는 범위 내에서 사용 수종의 제한을 두지 않는다.

2) 함수율

㉮ 목재의 함수율은 KS F 2199에 따라서 측정한다.

㉯ 공사에 사용되는 목재의 함수율은 표 2.2.2.1에 따른다.

㉰ 내장 마감재로 사용되는 목재의 경우에는 함수율 15% 이하로 하고, 필요에 따라서 12% 이하의 함수율을 적용한다.

㉱ 한옥, 대단면 및 통나무목조공사에 사용되는 구조용 목재 중에서 횡단면의 짧은 변이 900mm 이상인 목재의 함수율은 24% 이하로 한다.

☞ 표 2.2.2.1 건축용 목재의 함수율

종 별	건조재 12	건조재 15	건조재 19	생 재	
				생재 24	생재 30
함 수 율	12 % 이하	15 % 이하	19 % 이하	19 % 초과 24 % 이하	24 % 초과

(주) 목재의 함수율은 건량 기준 함수율을 나타낸다.

㉮ 함수율의 계산

$$MC(함수율) = \frac{m_1 - m_2}{m_1} \times 100$$

m_1 : 시험편의 건조 전 질량(g)

m_2 : 시험편을 103±2℃로 유지되는 건조기 내에서 질량 변화율 0.5% 이하에 도달할 때의 건조 질량(g)

☞ 사진 2.2.2.1 함수율 측정기

2) 심재와 변재

☞ 표 2.2.2.1 심재와 변재의 비교

비교내용	심 재	변 재
비 중	크 다	작 다
강 도	크 다	작 다
신 축	작 다	크 다
내구성	크 다	작 다

3) 목재 휨에 따른 사용 예

☞ 그림 2.2.3.1 목재 휨에 따른 사용 예

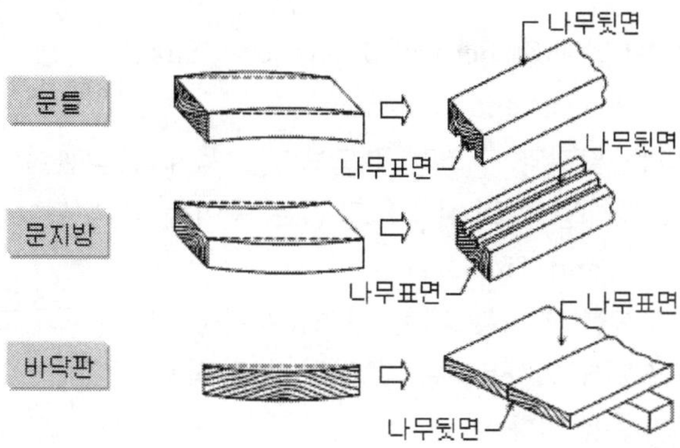

4) 목재의 대패질 정도

㉮ 치장면은 공사시방에 정한 바가 없을 때에는 모두 대패질 마무리한다.

㉯ 대패질 마무리의 정도는 상 중 하의 3종으로 한다. 그 구분은 표 2.2.4.1을 표준으로 하고 공사시방에 정한 바가 없을 때에는 중(中)으로 한다.

☞ 표 2.2.4.1 대패질의 마무리의 정도

종별 \ 대패질	평 활 도	뒤 틀 림
상	광선을 경사지게 비추어서 거스러미 및 대패자국이 전혀 없는 것	뒤틀림, 휨 및 욱음이 극히 미소하여 기준대를 대어 보아 틈이 보이지 아니하는 것
중	거스러미 및 대패자국이 거의 없는 것	뒤틀림, 휨 및 욱음이 적고 기준대를 대어 틈이 근소하게 나는 것
하	다소의 거스러미 및 대패자국은 허용하지만 톱자국이 없는 것	대단한 뒤틀림, 휨 및 욱음이 없고 도장 및 기타 마무리에 지장이 없는 것

5) 제재목의 분류

원목으로부터 제재되는 목재는 다섯 가지 정도로 분류된다. 일반적으로 변재가 깨끗하고 옹이가 없는 목재를 내고, 심재에서 대부분의 결점이나 낮은 등급의 목재가 나오게 된다. 원목에서 제재되는 목재의 종류는 다음과 같은 다섯가지로 분류된다.

㉮ 규격재(Dimension Lumber)

각재는 일반적으로 경량 목구조의 구조용 목재로 사용되는데, 목재가 내부로 감추어지기 때문에 목재의 외관보다는 그 강도가 중요한 판단기준이 된다. 이러한 각재는 그 키와 강도에 따른 허용 응력에 따라 다음과 같이 분류된다.

① 구조용 경량 각재(Structural Light Framing)

② 경량 각재(Light Framing)

③ 스터드(Stud)

④ 구조용 장선 및 널재(Structural Joists & Planks)

㉯ 판재 및 일반용재(Boards and Commons)

사이딩이나 선박용 널재와 구조적 강도보다는 목재의 외관이 중요한 용도의 목재이다. 이 등급의 목재는 주로 심재이고 많은 옹이를 갖게 된다.

㉰ 통재(Beams, Posts and Timbers)

5″이상의 폭과 두께를 지니는 대형 구조용재이다. 모든 목구조 방식에서 큰 하중을 부담하는 구조용재로 사용되는 것으로 주로 심재 주위에서 생산하고 강도가 가장 중요한 분류기준이 된다.

㉱ 재가공용재(Shop Lumber)

치수상의 제한은 없고 불규칙한 옹이가 목재의 팽창을 억제하는 심재 주위의 목재이다. 이러한 목재는 창호나 몰딩과 같은 수장재로 가공되는 고품질의 목재이다.

㉲ 마감용재(Select and Finish Lumber)

주로 변재에서 생산되는 이 목재는 나무결 등에 의한 목재의 외관이 중요한 등급 결정이 기준이 된다. 일반적으로 옹이 혹은 결점이 없는 우수한 외양을 지녀 몰딩류와 가구용재로 사용된다.

☞ 사진 2.2.5.1 마감용 제재목

6) 목재의 부식

㉮ 온도 : 균은 대개 5~45℃의 범위에서 발육하고 20~30℃가 가장 발육이 왕성하므로 인공건조법을 이용하여건조시킨다.

㉯ 습기 : 습도가 85% 전후로 목재 함수율이 20~50°/wt일 때 균이 발생하므로 충분

히 건조된 것을 사용한다.

㈐ 공기 : 생물인 균도 공기가 필요하므로 이것을 배제하면 부식하지 않는다.

㈑ 양분 : 일반적으로 목재는 균의 영양이 되는 양분이 있는데 특히 목질부와 수피의 접촉부가 가장 풍부하여 이곳이 제일 먼저 썩는다.

7) 목재의 방부처리

㉮ 건물의 특히 썩기 쉬운데 쓰이는 목재의 방부처리에 적용한다. 공사시방에 정한 바가 없는 한, 다음 사항에 대하여 방부처리를 한다.

① 구조내력상 중요한 부분에 사용되는 목재로서 콘크리트, 벽돌, 돌, 흙 및 기타 이에 비슷한 포수성의 재질에 접하는 부분

② 목조의 외부 버팀기둥을 구성하는 부재의 모든 면

③ 급수 배수시설에 근접된 목부로서 부식의 우려가 있는 부분

④ 납작마루틀의 멍에 장선 등

⑤ 직접 우수에 맞거나 습기 차기 쉬운 부분의 모르터 바름 라스 붙임 등

⑥ 나무벽돌 다만, 담당원의 승인을 받아 방부처리를 생략할 수가 있다.

㈏ 방부처리는 목재 방부제에 따른 개설법 가압법 침지법 도포법 또는 뿜칠법으로 하며 방부재료가 투명재일 경우 육안으로 확인할 수 있는 조치를 하여야 한다.

㈐ 방부처리한 목재는 사람과 가축에 해롭지 않고, 또한 금속재 등을 녹슬게 하지 않는 것으로 한다.

㈑ 직접 우수를 맞는 곳에 쓰는 방부처리된 목재는 방수성이 있는 것으로 한다.

㈒ 화재의 예방상 위험한 곳에 사용하는 방부처리된 목재는 처리물이 마감표면 위로 흘러나오지 않도록 내화 처리하며 방화상 지장이 없게 되어야 한다.

㈓ 페인트도장 마무리하는 때의 목재 방부제는 공사시방에 따른다.

㈔ 목재는 방부처리에 지장이 없는 정도로 건조되어야 하고, 처리된 목재의 함수량은 작업현장으로 운반되기 전 18% 정도로 하며 방부처리한 목재는 충분히 건조한 후에 사용한다.

☞ 사진 2.2.6.1 크레오소트로 방부처리 한 목재

㈕ 유성(油性)방부제의 종류

① 크레오소트 ② 콜타르

③ PCP ④ 유성페인트

㈖ 방부처리 방법은 다음과 같다.

① 도포법 : 크레오소트, 콜타르,

유성페인트를 표면에 바르는 것

② 침지법 : 방부액 속에 담근다.

③ 생리적 주입법 : 벌목 전 뿌리에 약액 주입한다.

④ 가압주입법 : 방부제를 가압주입한다.

⑤ 표면탄화법 : 목재의 표면을 태운다.(탄소 피막 형성)

8) 목재의 방염 처리

목재에 사용되는 방염제는 온도가 저하될 때 탈수 현상을 가속시켜 더 많은 그을음을 내고 강연성의 휘발성 물질의 생성을 억제한다. 목재의 방염 처리는 다음과 같이 크게 두 가지 방법이 사용된다.

㉮ 방염재를 목재, 목재가공품에 침투시키는 방법

㉯ 방염제를 표면에 도포 혹은 도장하는 방법

화학적 침투 방법은 신상품의 생산에 사용되고 도포에 의한 방법은 기존 건축물의 방염 처리에 주로 사용된다. 침투 방법은 주로 건조시 증기와 함께 살포하여 목재 섬유질 내부까지 침투시키는 방법이나 매우 고가이고, 반면 도포에 의한 방법은 경제적으로 시공될 수 있으나 그 방염 효과는 덜하게 된다.

☞ 사진 2.2.7.1 방염 처리된 목재

㉰ 방염제의 종류

① 규산나트륨 ② 황산암모늄

③ 탄산나트륨 ④ 인산암모늄

2.3 목재의 보강 철물과 접착제

1) 보강 철물의 종류

☞ 표 2.3.1.1 보강 철물의 종류

못	① 못의 지름은 널두께의 1/6 이하로 한다. ② 못의 길이는 나무 두께의 2.5~3배(마구리는 3~3.5배)이다. ③ 못은 15°정도 기울게 박는다.
꺽 쇠	꺾쇠는 엇꺾쇠, 보통꺾쇠, 주걱꺾쇠가 있고 단면은 원형을 많이 사용한다.

볼 트	① 볼트구멍은 볼트지름보다 2mm 이상 커서는 안 된다. ② 구조용은 12mm 이상, 경미한 곳은 9mm의 것을 사용해도 좋다.
띠 쇠	보통 띠쇠, ㄱ자쇠, 감잡이쇠, 안장쇠 등이 있다.
듀 벨	볼트와 같이 사용하여 듀벨은 전단력, 볼트는 인장력을 부담한다.

☞ 사진 2.3.1.1 꺽쇠

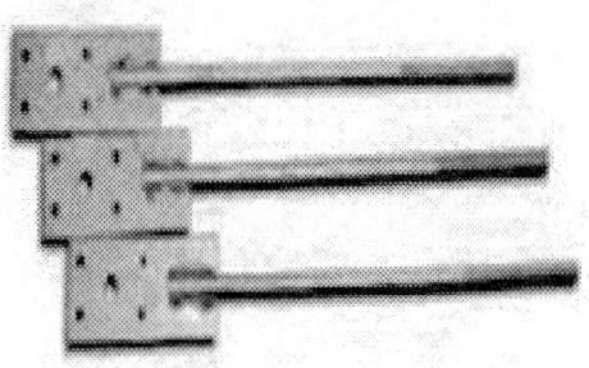

☞ 사진 2.3.1.2 주걱볼트

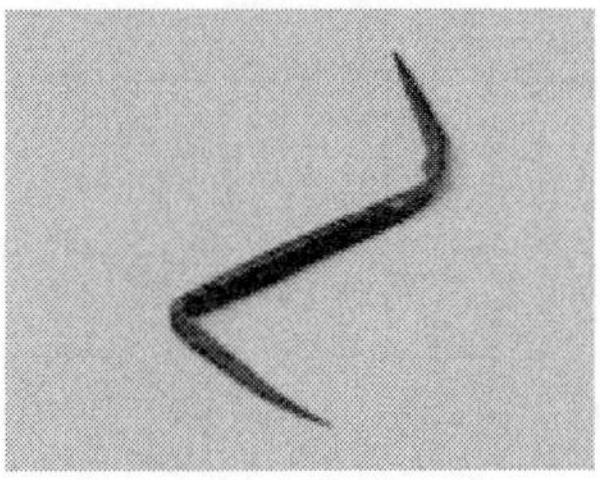

☞ 그림 2.3.1.1 각종 듀벨

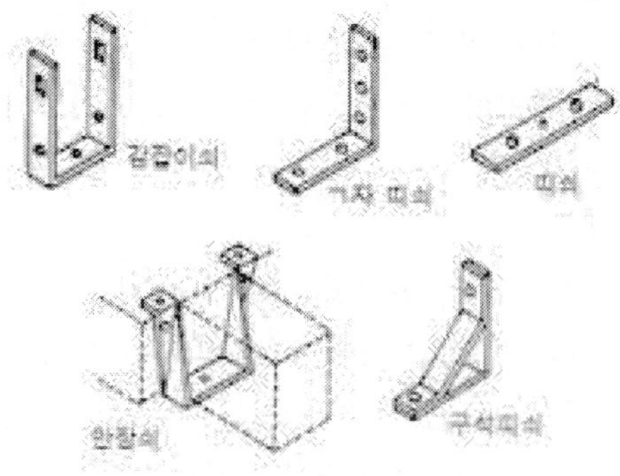

2) 접착제의 종류

☞ 표 2.3.2.1 접착제의 종류

종 류	아교, 카세인, 합성수지(요소계, 멜라민계, 페놀계, 초산비닐계 등)
접착력 크기순서	에폭시 > 요소 > 멜라민 > 페놀(석탄산계)
내수성 크기순서	실리콘 > 에폭시 > 페놀 > 멜라민 > 요소 > 아교

3. 목구조의 조립

3.1 목구조 세우기

1) 토대

기초 위에 가로로 대어 기둥을 고정하는 벽체의 최하부의 수평부재를 말하며, 기초콘크리트에 앵커볼트를 매입한 다음 위바탕 모르터를 고름질 하여 방습에 유의한다.

2) 기둥

모서리나 벽의 중간기둥이 되는 곳에는 통재기둥을 세우고, 평기둥은 가로재에 의해서 구획된다. 샛기둥은 평기둥의 사이에서 벽체를 이루게 된다.

3) 가새

㉮ 4각형으로 조립된 뼈대에 대각선 상으로 빗대어 보강하는 경사재인데 수평력에 견디게 하고 안정된 구조로 하기 위해 쓰인다.

㉯ 압축가새는 기둥단면적의 1/3이상, 인장가새는 1/5이상의 단면적 가진 목재 또는 동등 이상의 내력을 가지는 재료로 한다.

㉰ 가새와 샛기둥이 만나는 곳에는 샛기둥을 따내고 가새는 따내지 않는다.

㉱ 가새는 그 끝부분을 기둥과 보, 기타의 횡가재와의 맞춤부분에 접근하여 볼트, 꺾쇠, 기타철물로 긴결하여야 한다.

4) 평보

지붕틀의 최하부에 있어 주로 인장력을 받는 가로재를 말한다. 압축력과 휨모멘트를 받는 ㅅ자보의 밑은 평보위에 안장맞춤 또는 장부맞춤으로 하고 볼트로 조립한다.

5) 왕대공

평보 위에 수직으로 세운 중앙부의 대공이며, 구조상 크게할 필요는 없으나 맞춤을 하기 위하여 평보와 같은 정도의 크기로 한다.

6) 왕대공 지붕틀 순서도

☞ 그림 3.1.6.1 전체 구조도

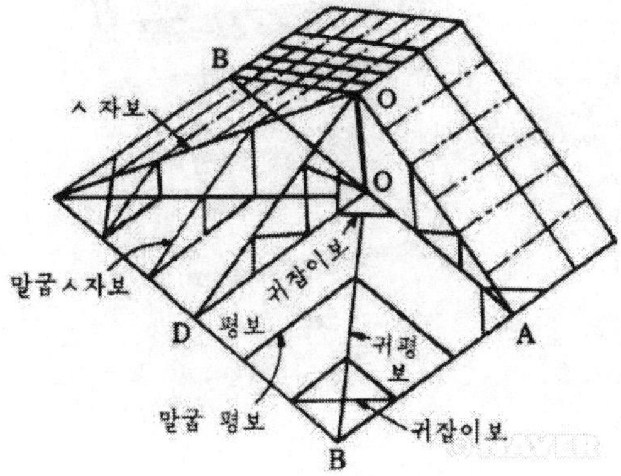

지붕틀

☞ 그림 3.1.6.2 토대 설치

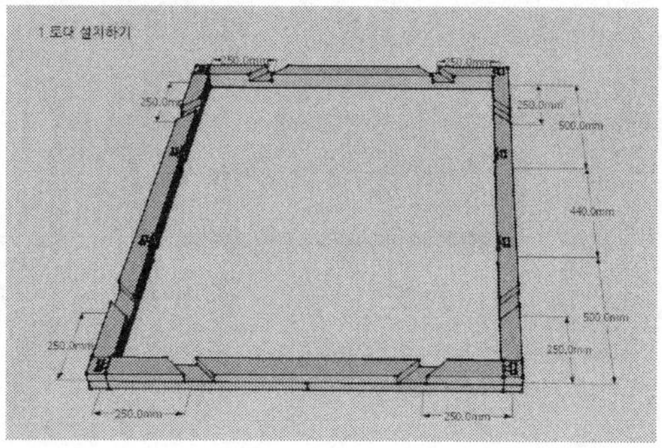

☞ 그림 3.1.6.3 귀잡이, 간막이 토대 설치

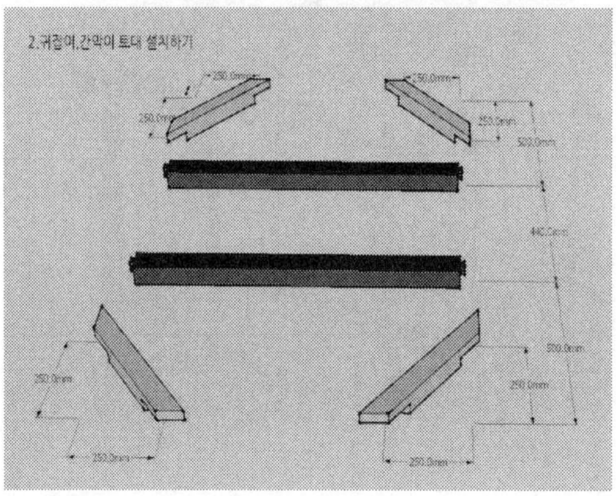

☞ 그림 3.1.6.4 토대와의 맞춤

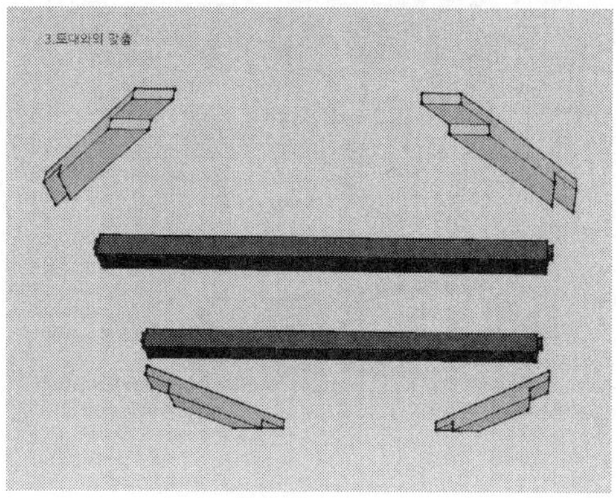

☞ 그림 3.1.6.5 기둥 설치

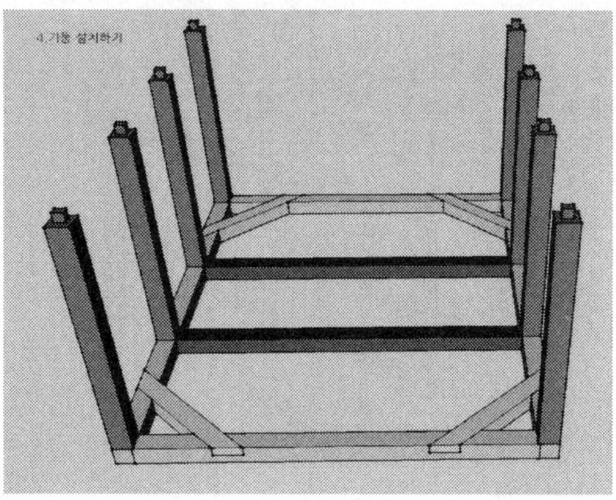

☞ 그림 3.1.6.6 깔도리 설치

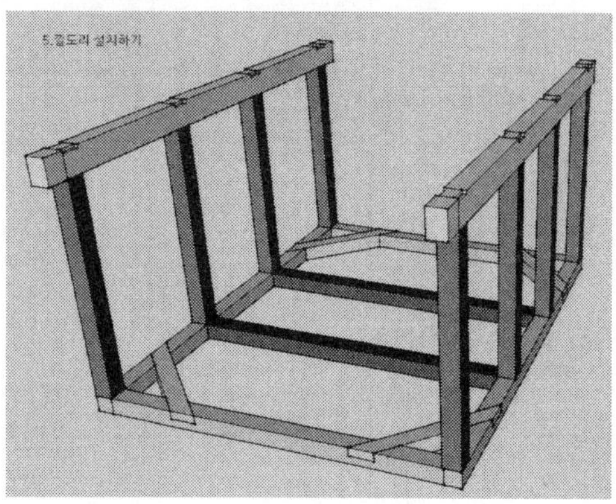

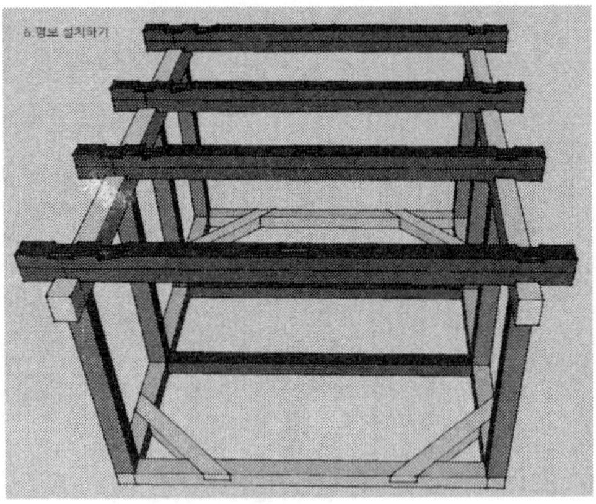

☞ 그림 3.1.6.7 평보 설치

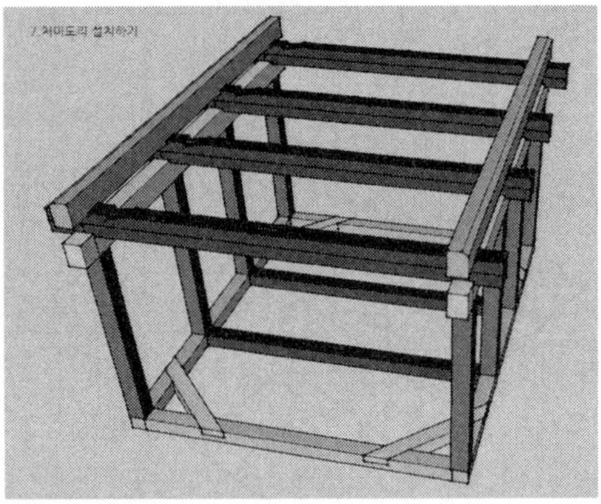

☞ 그림 3.1.6.8 처마도리 설치

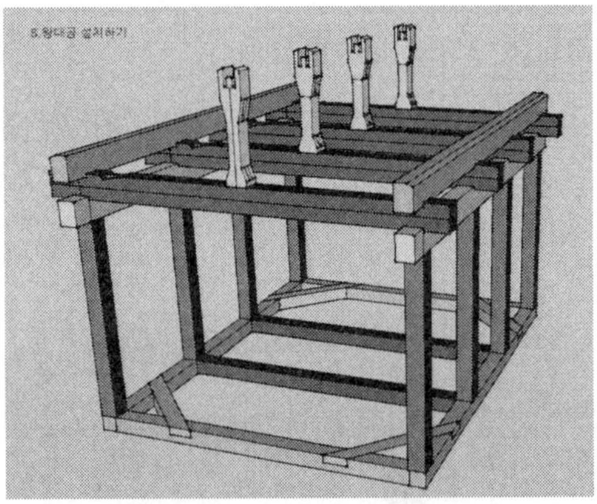

☞ 그림 3.1.6.9 왕대공 설치

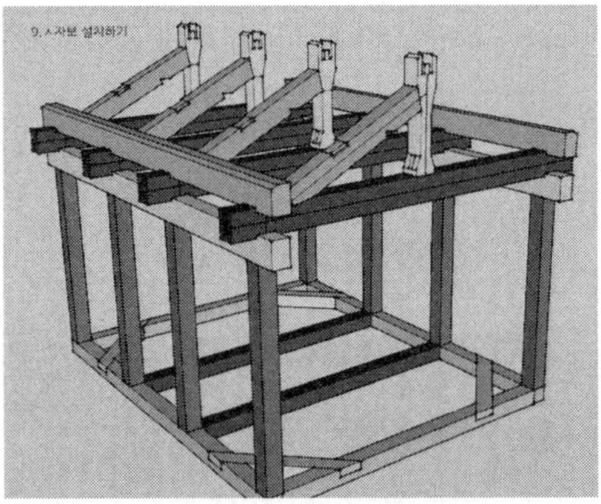

☞ 그림 3.1.6.10 ㅅ자보 설치

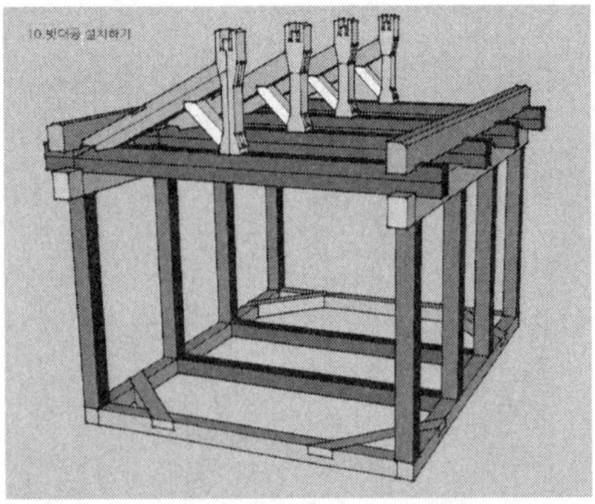

☞ 그림 3.1.6.11 빗대공 설치

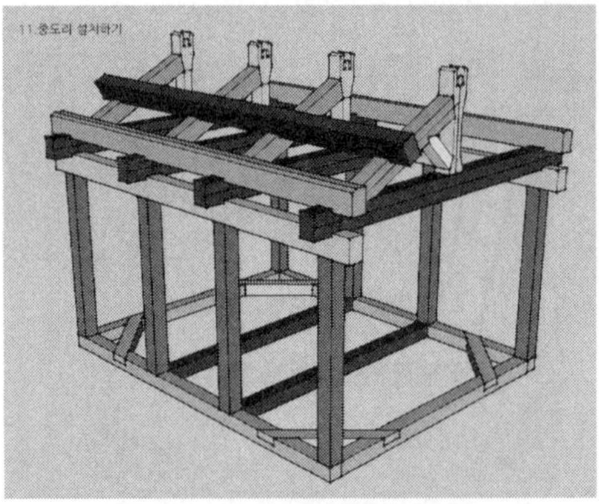

☞ 그림 3.1.6.12 중도리 설치

☞ 그림 3.1.6.13 마룻대 설치

☞ 그림 3.1.6.14 서까래 및 층도리 설치

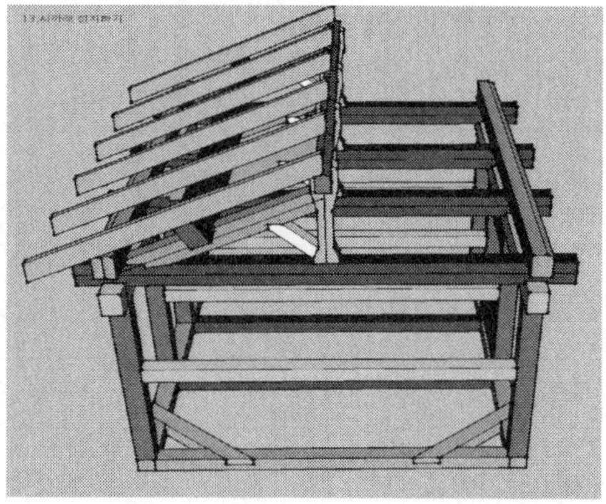

☞ 그림 3.1.6.15 상·하인방 설치

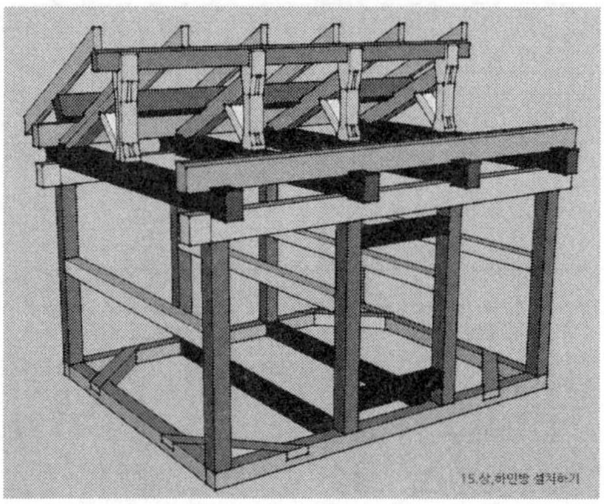

3.2 목재의 이음

1) 이음의 일반사항

㉮ 이음은 목재부재 사이의 접합방법 중 하나로서 크고 작은 두 개 이상의 단일 부재를 길이 방향으로 짜맞추는 방법 또는 그 자리를 말한다.

㉯ 이음은 섬유방향이 같은 횡단면이 서로 면하며, 맞춤은 횡단면과 종단면이 면하고, 쪽매는 두 종단면이 평행으로 면하여 이루어진다.

㉰ 수평부재 사이의 이음은 기둥 상부 중심에서 짜맞춤을 하므로 이음부에 압축력과 인장력이 발생한다.

㉱ 수직부재의 이음은 압축력을 받는다.

㉲ 수평 구조재의 이음은 기본적으로 맞댄이음과 반턱이음, 장부이음, 주먹장이음, 엇걸이이음 등이 있으며, 이음에 보강재를 사용하는 경우도 있다.

2) 이음의 종류

☞ 표 3.2.2.1 이음의 종류

종 류	용 도	내 용
주먹장이음	토대, 멍에, 도리	한 부재 끝을 주먹 모양으로 하고 다른 부재와 결합하여 당겨도 빠지지 않게되는 이음
맞댄이음	평 보	2개의 부재가 단순히 맞대어 잇는 방법으로 대개 덧판을 대고 큰 못이나 볼트 죔을 한다.
겹침이음	비 계	2개의 부재를 겹쳐대고 볼트등으로 보강한 이음
엇걸이산지이음	도리, 중도리 등 휨재에 적합	2개의 부재를 이은 후 산지를 박는 튼튼한 이음
빗 이 음	서까래, 띠장, 장선	
엇빗이음	반자틀	
은장이음	난간두겁, 걸레받이	2부재를 맞대고 너비형 은장을 끼워 이은 것

☞ 표 3.2.2.2 이음의 구조

종 류	내 용	구 조 도
맞댄이음	㉮ 같은 길이방향의 두 부재 마구리를 맞댄 것 ㉯ 맞댄 이음새가 직각이 아닌 빗각인 경우도 있다. ㉰ 두 부재를 맞댄 상태로 마무리하는 경우도 있지만, 두 부재 사이의 결속력을 높이기 위하여 나비장이나 철물 등 보강재를 사용하는 경우도 있다. ㉱ 가로방향의 인장력이 클 경우 이음부의 결속력이 떨어진다.	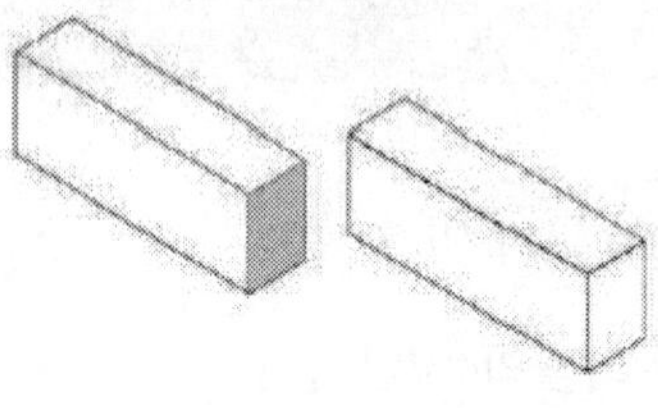
반턱이음	㉮ 같은 길이방향의 두 부재가 턱을 두고 서로 맞댄 형태 ㉯ 하나는 받을장 다른 하나는 엎을장이 된다. ㉰ 인장력에 약한 이음이지만, 엎을장 부재의 이음부에 압축하중을 가하여 부재 사이의 마찰력으로 결속력을 유지한다. ㉱ 가로방향의 인장력이 클 경우 이음부의 결속력이 떨어진다.	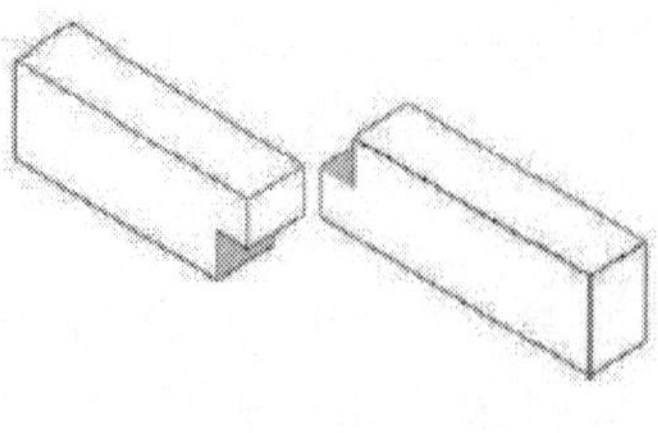

종 류	내 용	구 조 도
장부이음	㉮ 목재부재의 제 몸에 장부와 장부 홈을 만들어 이음을 한 것으로, 장부 끝과 장부 목의 너비가 같다. ㉯ 가로방향 인장력에 대하여 결속력이 약하여, 인장력을 보강할 목적으로 산지 또는 철물을 이용하여 결속력을 높인다.	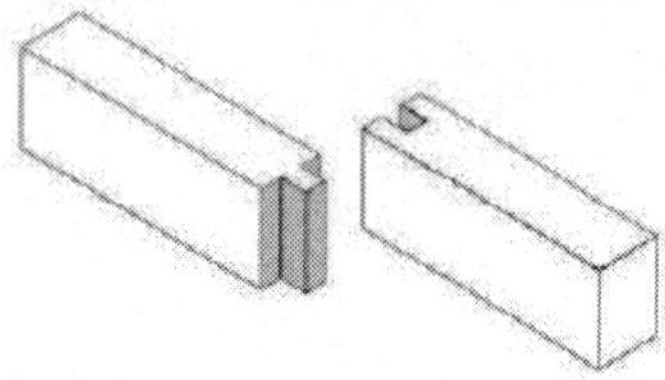
주먹장이음	㉮ 보강재를 사용하지 않아도 인장력에 대하여 부재 사이의 결속력을 유지할 수 있으며, 이음부에 압축력이 가해질 때 결속력이 증가된다. ㉯ 주먹장부가 작을 경우 부재의 수축과 갈라짐에 의한 치수변화로 이음부에 틈이 생겨 결속력이 떨어진다. ㉰ 가장 많이 사용하는 이음이다.	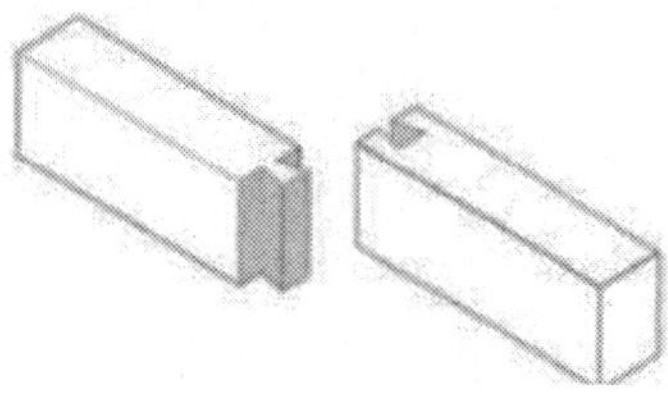

3.3 목재의 맞춤

1) 맞춤의 일반사항

㉮ 맞춤은 목재부재가 서로 직교하거나 경사지게 짜인 것을 말한다.

㉯ 맞춤은 크게 수평부재와 수평부재의 맞춤, 수직부재와 수평부재의 짜맞춤으로 나뉘며, 이 외에 수직부재 사이의 맞춤도 있다.

㉰ 맞춤은 이음에 비하여 다양하다.

㉱ 맞춤은 맞댄맞춤과 통맞춤, 걸침턱맞춤, 반턱맞춤, 장부맞춤, 주먹장맞춤, 촉맞춤, 은장맞춤(나비장맞춤), 산지맞춤, 연귀맞춤, 사개맞춤등이 있다.

㉲ 목조건축물의 몸체 부분과 포작 부분, 가구 부분의 수직부재와 수평부재 사이의 맞춤은 기본적으로 맞댄맞춤, 반턱맞춤, 장부맞춤, 주먹장맞춤 등으로 다양하다.

㉳ 이음 또는 보강재를 사용하여 외부 하중에 의한 맞춤부의 변형을 막고 부재 사이의 결속력을 유지하는 방법도 사용된다.

2) 맞춤의 종류

☞ 표 3.3.2.1 맞춤의 종류

종 류		용 도	내 용
반턱맞춤		도리의 직각맞춤	2개의 부재를 같은 높이 만큼 반씩 따서 직각으로 맞춤
걸침턱맞춤		멍에와 장선, ㅅ자보와 중도리	2개의 부재를 직각으로 걸쳐서 맞춤
가름장맞춤		중방과 기둥	작은 재의 한 끝을 두갈래의 장부 형식으로 구멍에 끼우고 되맞춤한 맞춤
안장맞춤		ㅅ자보와 지붕보(평보)	작은재를 두 갈래로 중간을 오려내고 큰재의 쌍구멍에 끼워 맞추는 맞춤
연귀맞춤		모서리, 구석	연귀에 의한 맞춤
장부맞춤	짧은 장부맞춤	샛기둥, 동바리 등의 상하 맞춤	한 부재는 장부를 대고 다른 부재는 구멍을 파서 끼우는 목재의 맞춤 방법
	긴 장부맞춤	기둥의 상하 맞춤	긴 장부를 맞춘 형태로 재춤의 1/2 이상으로 한다.
	가름장 장부맞춤		양식 지붕틀의 왕대공과 마룻대의 맞춤
	장부 빗턱통맞춤		기둥과 보, 도리, 층도리, 밑인방 등과의 맞춤

☞ 표 3.3.2.2 맞춤의 구조

부 재	종 류	내 용	구 조 도
수평부재간 맞춤	반턱맞춤	㉮ 두 개의 수평부재가 직각으로 만날 때 사용하는 가장 기본적인 방법의 하나이다. ㉯ 수평부재 사이의 장부맞춤은 섬유방향의 횡단면에 장부를 만든 부재와 섬유방향의 종단면에 장부 홈을 만든 부재 사이의 맞춤으로 장부의 목과 끝의 너비가 같다.	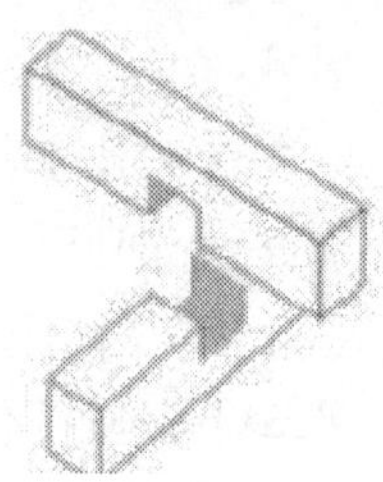
	장부맞춤	㉮ 목재부재의 제 몸에 장부와 장부 홈을 만들어 이음을 한 것으로, 장부 끝과 장부 목의 너비가 같다. ㉯ 가로방향 인장력에 대하여 결속력이 약하여, 인장력을 보강할 목적으로 산지 또는 철물을 이용하여 결속력을 높인다.	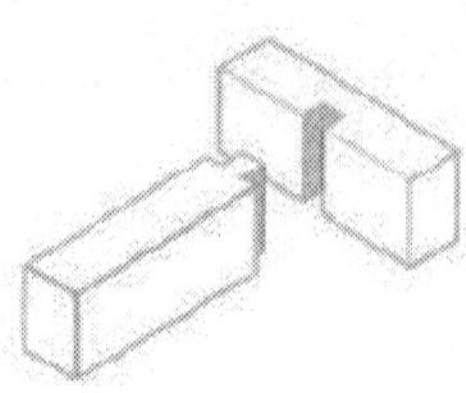

부 재	종 류	내 용	구 조 도
	주먹장맞춤	㉮ 주먹장맞춤은 장부맞춤과 기본적으로 같으나, 장부끝에서의 너비가 목의 너비보다 넓어 수평방향의 인장력에 의하여 빠지지 않게 한 점이 다르다. ㉯ 수평부재 사이의맞춤은 장부맞춤보다 주먹장맞춤이 일반적이다.	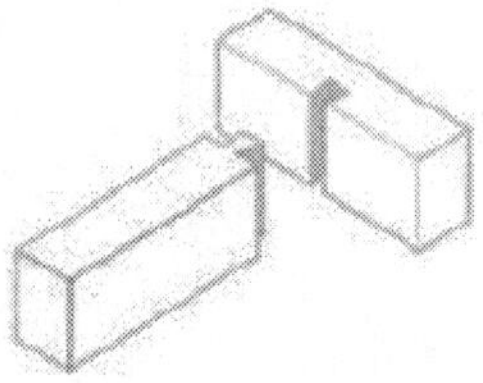
수평부재와 수직부재 간 맞춤	장부맞춤	㉮ 수직부재에 장부 홈을 파고, 수평부재에 장부를 만들어 짜맞춘 방법이다. ㉯ 수평부재에 장부를 만들지 않고 수평부재의 제 몸을 그대로 수직부재에 바로 접합하는 방법이 있는데, 이를 통장부맞춤이라 한다. ㉰ 장부 두 개를 만들어 수직부재에 접합하는 방법도 있는데, 이를 쌍장부맞춤이라 한다. ㉱ 장부맞춤은 수평하중의 변화에 의하여 맞춤부에 인장력이 발생할 경우 수평부재가 수직부재에서 이탈하므로 산지를 수직부재와 수평부재의 장부에 박아 이탈되지 않게 할 수 있다.	08 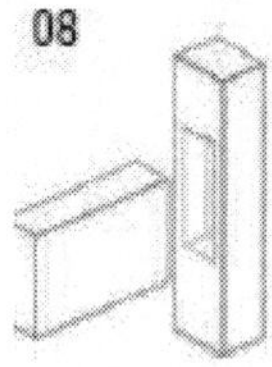 통장부맞춤 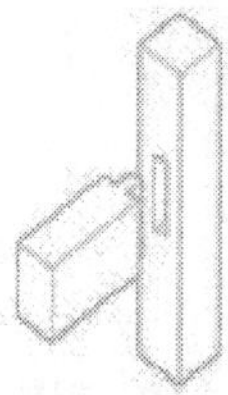 장부맞춤 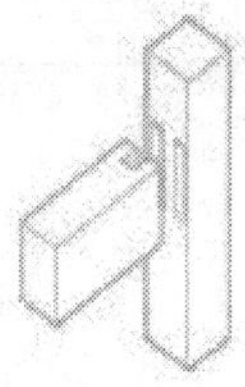 쌍장부맞춤
	주먹장맞춤	㉮ 수직부재 상부에 주먹장부 홈을 파고, 수평부재에 주먹장부를 만들어 수직부재 위에서 아래로 끼워 맞춘다. ㉯ 수평하중에 의하여 인장력이 발생할 경우, 장부맞춤보다 부재 사이의 결속력이 강하다.	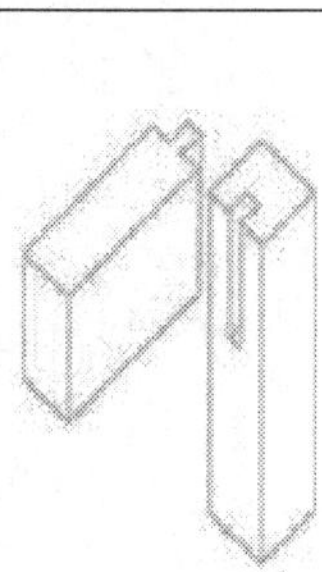

부 재	종 류	내 용	구 조 도
수평부재와 수직부재 간 맞춤	보강재를 이용한 맞춤		09 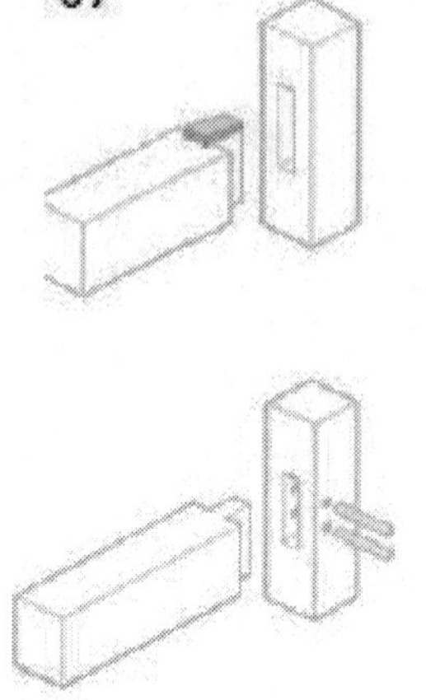

4. 목재 가공 제품의 종류

4.1 합판 및 집성목재

☞ 표 4.1.1.1 합판 및 집성목재

종 류	특 성
합 판	① 얇은 판을 1장마다 섬유방향과 직교되게 3,5,7,9 등의 홀수 겹으로 붙여 댄 것 ② 1장의 얇은 판을 단판이라고 한다. ③ 일반판재에 비하여 균질하다. ④ 단판은 얇아서 건조가 빠르다. ⑤ 뒤틀림이 없고 팽창수축을 방지할 수 있다. ⑥ 값이 싸며 무늬가 좋은 판을 얻을 수 있고 곡면판을 얻을 수 있다.
집성목재	① 두께가 15~50mm의 판자를 여러장으로 겹쳐서 접착시킨 것이다. ② 홀수로 붙이지 않아도 된다.(구조재로 만들 수 있다.) ③ 목재의 강도를 인공적으로 자유롭게 조절할 수 있다. ④ 응력에 따라 필요한 단면을 만들 수 있다. ⑤ 구조변형이 편리하다. ⑥ 길고 단면이 큰 부재를 간단히 만들 수 있다.

☞ 사진 4.1.1.1 합판

☞ 사진 4.1.1.2 집성목재

4.2 내장 마감재

☞ 표 4.2.1.1 내장 마감재

종 류		특 성
벽, 천정재	코펜하겐 리브	① 보통 두께 3cm, 넓이 10cm 정도의 간판을 자유곡선으로 깎아 수직 평행선이 되게 리브(rib)를 만든 것이다. ② 면적이 넓은 강당, 극장, 안벽에 음향조절, 장식효과로 사용한다.
	코르크 판	① 알갱이 모양으로 만들어 도료에 섞여서 콘크리트 천정 벽면 마무리용으로 사용된다. ② 알갱이에 톱밥, 상(마), 접착제 등을 혼합하여 열압하여 만든다. ③ 가볍고 탄성, 단열성, 흡음성이 있어서 음악감상시르 방송실 등의 안벽 흡음판으로 쓰이고 냉장고, 냉동고, 제빙공장의 단열판으로 쓰인다.
마루판	플로어링 보드	표면은 상대패로 마감하고 제혀쪽매로 한 것으로, 두께 9mm(3푼), 나비 60mm(2치), 길이 600mm(2자)정도가 가장 많이 쓰인다.
	파키트리 보드	경목재판을 9~15mm(3~5푼), 나비60mm(2치), 길이는 넓이의 3~5배로 한 것으로, 제혀쪽매로 하고 표면은 상대패로 마감한 판재이다.
	파키트리 블록	파키트리보드를 3~5장씩 조합하여 180×180mm나 300×300mm각으로 만들오 방습처리 후 철물과 모르타르를 사용하여 콘크리트 마루에 깔도록 되어 있다.

☞ 사진 4.2.1.1 코펜하겐 리브

☞ 사진 4.2.1.2 코르크판

제 14 장

방수 및 방습공사

1. 용어의 정리
2. 방수공사의 일반사항
3. 방수공사의 시공계획
4. 방수공법의 분류
5. 방수공사 전 바탕면의 처리
6. 시멘트 모르타르계 방수
7. 멤브레인(Membrane) 방수
8. 침투성 방수
9. 실링(Sealing)공사
10. 벤토나이트 방수
11. 방수공사의 기타사항

1. 용어의 정리

건축공사 표준시방서에서는 방수 및 방습공사에 사용하는 용어를 다음과 같이 정의하고 있다.

1) 개량 아스팔트 : 합성고무 또는 플라스틱을 첨가하여 성질을 개량한 아스팔트
2) 경사이음 : 방수층의 이음면을 경사지게 하여 접합하는 방법
3) 경화제(硬化劑) : 2성분형 방수재 혹은 실링재 중 기제와 혼합하여 경화시키는 것
4) 고정철물 : 방수층을 바탕에 고정하는 강제의 철물을 말한다.
5) 규산질계 도포 방수재 : 콘크리트 표면에 도포하여 콘크리트 자체(표층부)를 치밀하게 변화시켜 고압투수(高壓透水)에 대하여 수밀성을 가지게 하는 재료로서, 분체(粉體) 부분은 주로 시멘트 및 입도 조정된 규사, 규산질 미분말 등으로 구성되어있으며, 소정량의 물 또는 전용의 폴리머 분산제와 비벼서 사용한다.
6) 기제(基劑) : 2성분형 액상 방수재 혹은 실링재 중 방수층을 형성하는 주성분을 포함하고 있는 성분
7) 논워킹 조인트(non-working joint) : 무브먼트가 생기지 않거나 발생해도 거의 무시할 수 있는 조인트
8) 덧붙임 : 바탕의 모서리 및 귀퉁이, 드레인 주위 등과 같은 특수한 장소에 방수층의 보강을 위해 별도의 루핑류를 덧붙여 바르는 것
9) 아스팔트 루핑류 : 아스팔트 방수층을 형성하기 위해 사용하는 시트 형상의 재료로서, 아스팔트 루핑, 아스팔트 펠트, 직조망 아스팔트 루핑, 스트레치 아스팔트 루핑, 구멍뚫린 아스팔트 루핑, 개량 아스팔트계 시트 등이 이에 해당함
10) 마스킹 테이프(masking tape) : 시공 중 바탕재의 오염 방지와 줄눈의 선을 깨끗하게 마감하기 위해 사용하는 보호 테이프
11) 멤브레인(membrane) 방수 : 아스팔트 방수층, 개량 아스팔트 시트 방수층, 합성고분자계 시트 방수층 및 도막 방수층 등 불투수성 피막을 형성하여 방수하는 공사를 총칭함
12) 무브먼트(movement) : 부재 접합부의 줄눈, 균열 등에 생기는 거동(擧動) 또는 거동의 양
13) 밀어올려 붙임 : 루핑류를 벽면의 아래쪽에서부터 위쪽을 향해 올려붙이는 것
14) 바탕정리 : 바탕재와 방수재와의 접착력을 강화시키고 내구성을 확보하기 위해 방수층 시공 전에 바탕재 표면의 들뜸 부분, 요철 부분 등을 평탄하게 하고, 먼지, 돌가루, 기름 또는 거푸집 박리제 등과 같은 바탕재와의 부착을 저해하는 불순물을 제거하는 작업을 의미함

15) 발수성(water repellency) : 물을 튀기는 성질 또는 표면에 물이 스며들지 않는 성질
16) 발수제(water repelling agent) : 대상 재료의 내부구조에 변화를 주지 않고, 표면에 발수성 피막을 만들어 물의 침투를 막는 재료로, 표면에 물이 접촉하였을 경우에 접촉각을 크게 하여 물방울 상태로 고체표면과 분리되게 한다.
17) 방근재 : 식물 뿌리의 성장으로 인한 방수층 및 구조물의 손상을 방지하는데 사용되는 재료를 의미함.
18) 방수 모르타르 : 시멘트, 모래와 방수제 및 물을 혼합하여 반죽한 것.
19) 방수·방근층 : 구조물 녹화 시스템에 있어 물이 건물 전체로 확산되는 것을 차단하며, 식물 뿌리로부터 방수층과 구조물을 보호하는 것을 의미함.
20) 방수 시멘트 페이스트 : 시멘트와 방수제 및 물을 혼합하여 반죽한 것
21) 방수용액 : 물에 방수제를 넣어 희석 또는 용해한 것
22) 방수제 : 모르타르의 흡수 및 투수에 대한 저항성능을 높이기 위하여 혼입하는 혼화제
23) 방수층 재형성 : 기존에 설치된 손상된 방수층과 콘크리트 바탕면 사이에 새로운 누수보수재를 주입하여 방수막을 다시 형성시키는 보수기법
24) 배후 수압측 : 방수층이 지하수 또는 물과 접하는 면을 말하며, 현장타설 철근콘크리트 바탕을 경계로 하여 건물의 외측 또는 피트의 외부측을 가리킨다.
25) 백업(back-up)재 : 실링재의 줄눈깊이를 소정의 위치로 유지하기 위해 줄눈에 충전하는 성형 재료
26) 백화현상 : 시멘트로 경화시킨 모르타르나 콘크리트 및 그 2차 제품의 표면에 생기는 흰 솜 모양의 침출물이나 반점이 생기는 현상
27) 벤토나이트(bentonite) : 몬모릴로나이트(montmorillonite)계통의 팽창성 3층판(Si-Ai-Si)으로 이루어져 팽윤 특성을 지닌 가소성이 매우 높은 점토광물로 소디움(sodium)계가 주로 사용되고 있으며, 패널, 매트, 시트 또는 테이프 형태로 지하구조물의 방수용 보조재로 사용된다. 단, 염수의 영향을 받는 지하환경에서는 사용을 피한다.
28) 벤토나이트 패널 : 파형의 단열 심관을 가진 골판지 패널로 심관에는 팽창성의 벤토나이트 점토분말로 채워져 있다.
29) 벤토나이트 시트 : 고밀도 합성고분자계 시트와 압밀 벤토나이트를 일체로 하여 압착 및 성형한 시트형상으로, 물의 관통 가능성에 대한 2중 차단효과가 요구되는 곳에 사용된다.
30) 벤토나이트 매트 : 직포 또는 부직포 사이에 벤토나이트를 충전하여 건조 또는 수화된 상태에서 사용하는 매트 형상을 한 것
31) 벤토나이트 채움재 : 벤토나이트 알갱이가 생물 분해성 크라프트지나 수용성 플라

스틱에 담긴 것으로 기초판과 외벽이 만나는 곳, 시공이음부의 틈메우기에 사용된다.

32) 벤토나이트 실란트 : 빙점보다 낮은 온도에서는 물과 부동액으로서, 빙점 이상의 온도에서는 물로 수화시킨 벤토나이트 겔(교화체)을 말하며, 조인트의 충전, 접착 또는 평면 코팅 등에 사용하기 위해 혼합하여 제조된 것
33) 보강포(布) : 도막 방수재와 병용하거나 시트 방수재의 심재로 사용하여 방수층을 보강하는 직포(織布) 혹은 부직포(不織布)의 재료. 일반적으로 유리섬유 제품이나 합성섬유 제품을 사용
34) 보행용 방수층 : 방수층의 관리 및 유지보수, 옥상공간의 활용 등을 위해 사람의 보행을 허용하는 방수층으로서, 일반적으로 방수층 위에 콘크리트 층 또는 이와 유사한 마감층을 둠
35) 보호완충재 : 지하 외벽의 방수층 표면에 설치하여 토사의 되메우기 시 충격 및 침하의 영향을 제어하는 재료. 일반적으로 발포 플라스틱 폼, 두꺼운 섬유 및 패널 등을 사용
36) 보호층 : 플라스틱 하드 보드, 섬유 혼합 보호판, 모르타르, 경질형 발포 플라스틱폼 등의 방수층을 보호하기 위하여 설치하는 층
37) 본드 브레이커(bond breaker) : 실링재를 접착시키지 않기 위해 줄눈 바닥에 붙이는 테이프형의 재료
38) 볼록모서리 : 2개의 면이 만나 생기는 철(凸)형의 연속선
39) 봉투 접기 : 성형재 꺾어 올림부를 심용접한 후, 그 상단을 봉투 접기 기구 또는 손가공으로 180°꺾는 것
40) 비보행용 방수층 : 사람의 보행을 허용하지 않는 방수층으로서, 내구성이 강한 방수재료를 사용하여 대기 중에 노출시키는 노출형과 가볍게 모르타르층 등으로 방수층만을 보호하는 비노출형으로 구분
41) 성형기 : 스테인리스 스틸 시트를 골형으로 성형 및 가공하는 기계
42) 성형재 : 성형기로 스테인리스 스틸 시트의 양 끝을 꺾어 올려 골형으로 성형한 형재
43) 수압측 : 방수층이 지하수 또는 물과 접하는 면을 말하며, 건물의 외측 또는 수조의 내부를 가리킴
44) 스테인리스 스틸 시트 : 스테인리스 박판으로 방수층을 구성하는 주재료로 표면처리를 한 것도 있음
45) 슬라이드(slide) 고정철물 : 바탕에 고정한 부분과 방수층에 고정한 부분 사이에 방수층의 온도신축에 추종할 수 있도록 고안된 철물
46) 시멘트 혼입 폴리머계 방수재 : 폴리머 분산제와 수경성 무기분체(시멘트와 규사및 기타 첨가물)를 혼합하여 폴리머 분산제에 함유된 수분을 시멘트 경화반응에 공급하고,

급속히 응집·고화시켜 피막을 형성하는 방수재

47) 실링(sealing)재 : 건축물의 부재와 부재 접합부 줄눈에 충전하면 경화 후 양 부재에 접착하여 수밀성, 기밀성을 확보하는 재료로서, 여기서는 특히 부정형의 재료를 가리킴

48) 심(seam)용접 : 저항용접의 일종으로 세트로 된 원판형 전극 사이에 용접부를 삽입하여 국부적으로 하는 용접

49) 오목모서리 : 2개의 면이 만나 생기는 요(凹)형의 연속선

50) 용착제(溶着劑) : 염화비닐수지계 루핑에 사용하는 것으로 방수재의 표면을 녹여 접착시키는 액상(液狀)의 재료

51) 우레탄 포장재(鋪裝材) : 우레탄계 도막방수층을 보호하고 운동이나 보행(步行)이 가능하도록 방수층 위에 도포하는 재료. 일반적으로 우레탄수지를 사용함

52) 워킹 조인트(working joint) : 무브먼트가 큰 조인트

53) 응고제(凝固劑) : 고무 아스팔트계 지붕용 도막방수재와 함께 스프레이하여 에멀션의 응고를 촉진시키는 약제

54) 이음 : 실링재를 마감한 후, 어느 정도의 시간 간격을 두고 계속하여 실링재를 시공하는 것, 또는 이렇게 시공되는 접속 부분

55) 절연용 테이프 : 바탕면 거동(movement)의 영향을 피하기 위해 바탕(균열부, 신축줄눈 혹은 시공조인트, 구조물간 연결부 등)과 방수층 사이에 사용하는 테이프.

56) 비고(경)화형 도막재 : 공기 또는 화학반응형의 소재를 사용하지 않음으로써 상시 굳지 않은 상태를 유지하고, 고형분이 높고, 점도가 큰 점착유연성을 갖는 도막형 방수재

57) 점착유연형 도막재 : 상온상태에서 영구히 점성과 유연성을 유지하며 가벼운 압력(자중)에 의해서도 피착면에 쉽게 밀착되는 특성을 가진 겔타입의 도막형 방수재

58) 자착(自着)형 방수시트 : 방수층의 표면에 끈적거리는 점착층이 있는 고무아스팔트 방수시트, 부틸고무계 방수시트, 천연고무계 방수시트로 방수층 시공 시 별도의 가열기, 접착제 등을 사용하지 않고, 방수재 자체의 접착력으로 바탕체와 부착이 가능한 시트재

59) 복합형 방수층 : 시트계(금속시트 포함)와 도막계의 방수재를 상호 호환성을 갖도록 개선하여 2중 복합층으로 구성한 방수층

60) 조인트 캡(joint cap) : 성형재 꺾어 올림부를 심용접한 후, 그 상단에 씌우는 U자형의 성형재

61) 취약부 : 국부적으로 시멘트가 빈배합으로 되어 있거나 공극이 존재하는 등 강도 또는 수밀성이 극단적으로 낮은 부분

62) 탈기장치(脫氣裝置) : 바탕면의 습기를 배출시키는 장치

63) 토치(torch) : 개량 아스팔트 방수시트의 표면을 용융하기 위해 사용하는 버너
64) 통기성 : 수증기나 공기가 고체를 통과할 수 있는 성질
65) 폐쇄장소 : 피트 등과 같이 개구부가 작은 폐쇄된 공간
66) 폴리머 겔 : 합성고무를 용제로 용해하여 여과할 때 잔류하는 것 또는 아크릴계 수지를 주성분으로 가공된 겔 타입의 친수성 재료로써 점착형 도막방수재나 지수 및 배면 균열차수재 등으로 주로 사용되는 것
67) 폴리머 분산제 : 물속에 폴리머의 미립자가 분산되어 있는 것으로 주된 화학조성에 따라서 다음의 2종류로 구분
   ㉮ 시멘트 혼화용 고무 라텍스 : 합성고무계, 천연고무계 및 고무 아스팔트계 등의 고무 라텍스에 안정제 및 소포제 등을 가해서 잘 분산시켜 균질하게 한 것
   ㉯ 시멘트 혼화용 수지 에멀션 : 아세트산 비닐계, 아크릴계 및 합성고무계 등의 수지 에멀션에 안정제 및 소포제 등을 가해서 잘 분산시켜 균질하게 한 것
68) 폴리머 시멘트 모르타르 : 폴리머 분산제를 혼입한 모르타르
69) 프라이머(primer) : 방수층과 바탕을 견고하게 접착시키는 에폭시계 혹은 아스팔트계 재료(경질형 프라이머)와 구조체 거동에 방수층의 파손을 방지하고자 바탕층과 유연하게 밀착시킬 목적으로 바탕면에 도포하는 액상(液狀) 혹은 점착(粘着) 유연형의 재료(연질형 절연형 프라이머)
70) 합장맞춤 : 각각의 부재를 합장하는 손과 같은 형태로 맞추는 것
71) 화장재(化粧材) : 외벽 도막방수층 위에 주로 미관상의 목적으로 사용하는 재료. 일반적으로 모양내기용 재료는 방수층과 같은 주재(主材)를 사용하고, 그 위에 색조 또는 광택내기용 재료로 도료(塗料)를 사용
72) 흘려 붙임 : 용융된 아스팔트를 국자 등을 사용하여 바탕 면에 흘리면서 루핑류를 눌러 바르는 것
73) T 조인트 : 심 용접부가 T자형이 되는 조인트
74) 1성분형 실링재 : 미리 시공 가능한 상태로 배합되어 있어 현장에서 그대로 사용할 수 있는 실링재
75) 2면 접착 : 줄눈에 충전된 실링재가 구성재의 마주 보는 2면에 접착된 상태
76) 2성분형 실링재 : 시공 직전에 기제와 경화제를 배합하고, 비벼서 사용하는 실링재
77) 3면 접착 : 줄눈에 충전된 실링재가 구성재의 마주 보는 2면과 줄눈 바닥의 3면에 접착된 상태
78) 방수시공자 : 발주자가 제공하는 설계도서에 따라 방수공사를 수행하는 방수시공사(전문방수공사업자, 이하 시공자라 함)를 말함
79) 방수기술자 : 방수기능사, 방수산업기사 또는 이와 동등 이상 자격을 소지하고 방수현장 시공 경험 3년 이상 및 해당 방수공사 3개소 이상 경험을 가진 자로서 방수공

사(설계도서관리, 시공관리, 자재관리, 품질관리, 시험 및 검사관리, 유지관리등)를 직접 수행하거나 방수작업자를 지도·감독하는 자를 말함

80) 방수작업자 : 방수기술자의 지도를 받아 방수공사를 직접 수행하는 자를 말함

2. 방수공사의 일반사항

2.1 방수층의 보호 및 마감

평면부 방수층의 보호 및 마감은 표 2.1.1.1을 표준으로 하고, 치켜올림부 등 입면부 방수층의 보호 및 마감은 공사시방에 따른다.

☞ 표 2.1.1.1 방수층의 보호 및 마감

방수층의 종류	아스팔트 방수층		개량 아스팔트 시트 방수층		합성 고분자 시트 방수층		도막방수층		
방수층의 종별 / 보호 및 마감	PrF PrS InF	MiS AlS ThF	PrF PrS	MiF MiT	RuF	PlF PlM	UrF	AcF AcW	GuF GuU
현장타설 콘크리트	○	–	○	–	–	–	–	–	○
아스팔트 콘크리트	○	–	○	–	–	–	–	–	–
콘크리트 블록	○	–	○	–	–	–	–	–	○
둥근 자갈	○	–	○	–	–	–	–	–	–
시멘트 모르타르	○	–	○	–	–	–	–	–	○
우레탄 포장재	–	–	–	–	–	–	○	–	–
화 장 재	–	–	–	–	–	–	–	○	–
마감도료	–	–	–	○	○	–	○	○	–
패널 및 보드류	○	–	○	–	○	○	○	○	○

2.2 보호 및 마감과 부위 및 용도

☞ 표 2.2.1.1 보호 및 마감과 부위 및 용도

부위 및 용도 / 보호 및 마감	지붕					차양	개방복도	발코니	외벽	지하외벽	실내			수조류	수영장	인공연못	옥상정원
	통상의보행	약간의보행	비보행	주차장	운동장						A	B	C				
현장타설 콘크리트	○	–	–	○	○	–	–	–	–	○	○	○	○	–	○	○	○
아스팔트 콘크리트	–	–	–	○	○	–	–	–	–	–	–	○	–	–	–	–	–
콘크리트 블록	–	○	–	–	–	–	–	–	–	○	–	–	–	–	–	–	–
자갈깔기	–	–	○	–	–	–	–	–	–	–	–	–	–	–	–	–	–
시멘트 모르타르	–	–	–	–	–	–	–	–	–	○	○	–	–	–	–	–	–
우레탄 포장재	–	○	–	–	○	–	○	○	–	–	–	–	–	–	–	–	–
화장재	–	–	–	–	–	–	–	–	○	–	–	–	–	–	–	–	–
마감도료	–	–	○	–	–	○	–	–	–	–	–	–	–	–	–	–	–
패널 및 보드류	–	–	–	–	–	–	–	–	–	○	–	–	–	–	–	–	–

(주) 1) 범례 : ○ : 적용, – : 표준 외
2) 실내 A : 욕실 및 주방 등, B : 주차장, C : 화장실 및 기계실 등
3) 수조류 : 저수조, 피트, 수영장 등 : 건축물에 설치하는 옥상수영장 및 실내수영장 등
4) 인공 연못 및 정원 : 건축물의 내부 및 옥상에 설치한 경우로서 별도의 전문 설계 지침에 따름
5) 패널 및 보드류 : 배수용, 흙되메우기 보호 목적으로 사용되는 제품류

☞ [참고] 각종 표에서 표기되는 영문기호의 정의

1. 최초의 문자는 방수층의 종류에 따라서 달라지며
   [영문기호]
   A : 아스팔트 방수층(asphalt)
   M : 개량 아스팔트 방수층(modified asphalt)
   S : 합성고분자 시트 방수층(sheet)
   L : 도막 방수층(liquid)

2. : －로 이어진 중간 문자는 다음을 뜻함.
   ① 아스팔트 방수층
   Pr : 보행 등에 견딜 수 있는 보호층이 필요한 방수층(protected)
   Mi : 최상층에 모래가 붙은 루핑을 사용한 방수층(mineral surfaced)
   Al : 바탕이 ALC패널용의 방수층
   Th : 방수층 사이에 단열재를 삽입한 방수층(thermally insulated)
   In : 실내용 방수층(indoor)
   ② 개량 아스팔트 시트 방수층에서는 아스팔트 방수층에 준함.
   Pr : 보행 등에 견딜 수 있는 보호층이 필요한 방수층(protected)
   Mi : 최상층에 모래가 붙은 개량 아스팔트 루핑 시트를 사용한 방수층 (mineral surfaced)
   ③ 합성고분자 시트 방수층에서는 사용재료의 계통을 나타냄.
   Ru : 합성고무계의 방수층(rubber)
   Pl : 합성수지계의 방수층(plastic)
   ④ 도막 방수층에서 사용재료명.
   Ur : 우레탄고무(urethane rubber)
   Ac : 아크릴고무(acrylic rubber)
   Gu : 고무 아스팔트(gum)

3. 각 공법에서 최후의 문자는 각 방수층에 대하여 공통으로 바탕과의 고정상태, 단열재의 유무 및 적용 부위를 나타냄.
   F : 바탕에 전면 밀착시키는 공법(fully bonded)
   S : 바탕에 부분적으로 밀착시키는 공법(spot bonded)
   T : 바탕과의 사이에 단열재를 삽입한 방수층(thermally insulated)
   M : 바탕과 기계적으로 고정시키는 방수층(mechanically fastened)
   U : 지하에 적용하는 방수층(underground)
   W : 외벽에 적용하는 방수층(wall)

2.3 물매와 배수

1) 지붕 슬래브, 실내의 바닥 등에서 현장타설 철근콘크리트, 콘크리트 평판류, 아스팔트 콘크리트, 자갈 등으로 방수층을 보호할 경우, 바탕의 물매는 1/100~1/50로 하고, 방수층 마감을 보호도료(top coat) 도포로 하거나 또는 마감하지 않을 경우에는 바탕의 물매를 1/50~1/20로 한다.
2) 방수바탕은 물이 고이지 않고 빨리 배수될 수 있도록 한다.

2.4 방수 바탕의 종류

1) 옥상, 실내의 바닥 등
   ㉮ 평면부 바탕의 종류는 현장타설 철근콘크리트(reinforced concrete, 이하 RC라 함), 프리캐스트 콘크리트 부재(precast concrete, 이하 PC라 함) 및 ALC패널(autoclaved lightweight concrete, 이하 ALC라 함)로 한다.
   ㉯ 치켜올림 바탕의 종류는 RC를 원칙으로 하고, PC 및 ALC로 할 경우에는 슬래브와 일체가 되는 구조 또는 조립하는 것으로 한다.
2) 외벽
   외벽 바탕의 종류는 RC, PC 및 ALC로 한다.
3) 지하 외벽
   지하 외벽의 바탕은 RC로 한다.

2.5 바탕 형상

방수시공 직전의 바탕 형상은 물이 고이지 않고 빨리 배수될 수 있도록 다음의 사항을 표준으로 만들어져 있어야 한다.

1) RC 바탕의 표면은 그라인더 등의 연마기나 블라스터 클리닝 등을 사용하여 평활하고, 깨끗하게 마무리되어 있어야 한다.
2) 치켜올림부의 RC 바탕은 제물마감으로 하고, 거푸집 고정재 사용 또는 콘크리트 타설 중에 생긴 바탕 표면의 구멍은 폴리머 시멘트 모르타르 등으로 충전하여 메우고, 평탄하게 마무리되어 있어야 한다.
3) 치켜올림부는 방수층 끝 부분의 처리가 충분하게 되는 형상, 높이로 되어 있어야 한다.
4) 치켜올림부 상단 끝부분에 설치되는 빗물막이턱은 치켜올림부 RC와 일체로하여 만들고, 빗물막이턱의 물끊기 또는 처마 끝 부분의 물끊기는 물끊기 기능을 충분히 수반하여야 한다.

5) 오목모서리는 아스팔트 방수층의 경우에는 삼각형으로 아스팔트 외의 방수층은 직각으로 면처리되어 있어야 한다.
6) 볼록모서리는 각이 없이 완만하게 면처리되어 있어야 한다.

2.6 바탕의 상태

방수시공 직전의 바탕 상태는 다음의 사항을 표준으로 한다.

1) 건조를 전제로 하는 방수공법을 적용할 경우의 바탕표면 함수상태는 10% 이하로 충분히 건조되어 있어야 하고, 습윤상태에서도 사용 가능한 방수공법을 적용할 경우에는 바탕의 표면 함수상태가 30% 이하이어야 한다.
2) RC 또는 PC 바탕면은 평탄하고, 들뜸, 레이턴스, 취약부 및 현저한 돌기부 등의 결함이 없고, 방수층의 접착력을 저하시킬 우려가 있는 지나치게 치밀한 표면은 고압수세척기 등을 이용하여 거칠게 하는 등 접착력 확보를 위한 적절한 조치가 취해져 있어야 한다.
3) 치켜올림부 표면은 요철이 없도록 단차가 있는 곳은 연마기 등으로 평탄하게 조정되어 있어야 한다.
4) 바탕 표면에 돌출된 철선 등은 바탕면까지 절단하여 연마기 등으로 조정되어 있고, 녹슬지 않도록 처리되어 있어야 한다.
5) 바탕의 청소는 방수층의 접착력을 떨어뜨리는 먼지, 유지류, 오염, 녹 또는 거푸집 박리제 등이 없도록 세심하게 되어 있어야 한다.
6) "1)"~"5)"와 같은 바탕의 상태를 요하지 않는 방수공법을 적용할 경우에는 그 성능을 사전에 확인한다.

2.7 드레인, 관통파이프 등 돌출물 주변의 상태

1) 드레인은 RC 또는 PC의 콘크리트 타설 전에 거푸집에 고정시켜 콘크리트에 매립하는 것을 원칙으로 한다.
2) 드레인 설치 시에는 드레인 몸체의 높이를 주변 콘크리트 표면보다 약 30mm 정도 내리고, RC 또는 PC의 콘크리트 타설 시 반경 300mm를 전후하여 드레인을 향해 경사지게 물매를 두고 표면 고르기 한다.
3) 드레인은 기본 2개 이상을 설치한다. 지붕의 면적, 형상, 강우량(집중호우 등)에 따라 설계단계에서 적절한 설치 개수, 개소를 확인한다. 단, 설계도서 및 공사 시방서 등에 특별한 지시가 없는 경우에는 6m 간격으로 설치하는 것을 권장한다.
4) 배기구, 설비 보호피트 및 기타 돌출물과 바탕이 접하는 오목모서리는 아스팔트 방수층의 경우 삼각형 면 처리로 하고, 그 외의 방수층은 직각으로 면 처리하며, 볼록 모

서리는 각이 없는 완만한면 처리로 한다.
5) 관통파이프와 바탕이 접하는 부분은 폴리머 시멘트 모르타르나 실링재 등으로 수밀하게 처리되어 있어야 한다.
6) 관통파이프 또는 기타 돌출물이 방수층을 관통할 경우 동질의 방수재료(보수면적 100×100mm) 또는 실링재 또는 고점도 겔(gel)타입 도막재 등으로 수밀하게 처리하여야 한다.

2.8 기타 설비물의 기초 등

1) 타워크레인 설치를 위해 뚫어 놓은 구멍의 되메움 부분, 이음타설 콘크리트의 이음부 등 불연속 이음부는 나중에 누수 틈새가 될 위험이 있으므로 그 위치를 명확하게 알 수 있도록 해 둔다.
2) 설비물의 기초 등은 방수시공이 충분히 가능하고, 배수에 지장이 없는 위치에 설치한다.
3) 총질량이 큰 설비물의 기초는 구체와 일체형으로 한다.
4) 물을 담아 두는 각종 수조의 기초는 구체와 일체형으로 하고 보수 및 점검이 가능한 높이로 한다.

3. 방수공사의 시공계획

3.1 도면, 시방서 및 계약조건 검토

1) 도면 및 시방서를 상세히 검토, 분석하여 공사의 특성과 품질 및 시험기준을 정리, 작성한다.
2) 계약조건, 시방서 등을 정확히 검토한다.
3) 방수 종류 및 사양을 검토한다.
4) 공정표를 작성한다.

3.2 현장설명서 작성 및 현장설명회

1) 시공능력이 입증된 업체를 선정한다.
2) 현장설명회를 통한 업체를 선정한다.
3) 시공책임자는 반드시 참석한다.

3.3 방수시공사 공사 착수 전 협의

1) 업무범위 및 시공방법 등을 협의한다.
2) 공사Schedule을 협의한다.
3) 조직운영방안을 협의한다.

3.4 시공계획서 작성

1) 자재보관계획
   ㉮ 화기 작업으로부터 이격된 장소이어야 한다.
   ㉯ 원자재 및 폐기물 반출입이 용이한 곳을 선정한다.
2) 비계발판 설치계획
   안전계획서에 맞는 비계발판 설치로 작업자를 보호한다.
3) 바탕면 처리계획
   크랙 부위는 조치하고, 요철부위는 평탄 작업을 실시한다.
4) 품질/안전계획
   ㉮ 시방서에 맞는 시공으로 품질을 확보한다.
   ㉯ 고소작업에 대한 안전관리 방안을 마련한다.
5) 폐기물 처리계획
   폐기물은 일정장소에 보관하고 정식 인가된 폐기물 업체에 의해 외부로 반출토록 한다.

3.5 시공계획서의 검토

1) 시방서 및 도면기준, 현장 여건 등 공사 시 문제점여부를 검토한다.
2) 품질·안전, 공정 등의 연계성을 검토한다.

3.6 자재발주 및 반입

1) 공장제품은 공장에서 반출할 때의 포장, 용기가 파손되지 않은 상태로 품명, 품질, 제조자명, 수량, 종류, 형태를 확인 후 반입한다.
2) 방수층 보호용 골재 이외의 재료는 건조하고 청결한 장소에 보관한다.
3) 보관온도는 제조회사 시방에 따른다.
4) 사용재료는 현장반입 시에 파손이나 손상되지 않은 신 재료로서, 지면에 닿지 않도록 보관하고 우천으로부터 보호되도록 완전히 덮고, 환기가 원활하도록 한다.
5) 급격한 온도와 습도의 변화에 충분히 보호한다.

4. 방수공법의 분류

4.1 방수공법의 분류

☞ 표 4.1.1. 방수공법의 분류

분 류	특 성	종 류	재료 및 공법
시멘트 모르타르계 방수	방수제, 방수액 등을 혼합한 모르타르를 발라서 피막 방수층을 형성하는 방수 공법	시멘트 액체 방수	무기질계
			유기질계
			혼 합 계
멤브레인 방수	얇은 피막상의 방수층으로 전면을 덮는 방수	아스팔트 방수	열 공 법
			상온공법(냉공법)
			토치공법
		시트 방수	합성 고무
			합성 수지
		도막 방수	우레탄 고무계
			아크릴 고무계
			고무 아스팔트계
			클로로플랜계
			아크릴 수지계
			폴리머계
			무기질 탄성계
침투성 방수	액체로 된 방수 도료를 한번 또는 여러번 칠하여 상당한 두께의 방수막을 형성하는 방수 공법	무기질계	규산염화합물계
			규산불소화합물계
			시멘트 혼합계
		고분자계	실리콘계
			비실리콘계(유기질수지계)
			혼 합 계

4.2 각종 방수의 특성과 장·단점

☞ 표 4.2.1 각종 방수의 특성과 장·단점

종류별	공 법	장 점	단 점
아스팔트 방수	熱 공법	1. 오랜 시공 실적이 있다. 2. 비교적 값이 싸다. 3. 외상에 대하여 안전하다. 4. 시공면이 건조해도 우수한 접착성이 있다. 5. 여러층 시공으로 시공 실수가 적다. 6. 바탕면의 시공이 비교적 거칠어도 된다.	1. 고열처리를 요한다. 2. 연기와 악취가 발생하여 도심지에 부적당 3. 시공면이 건조해야 한다. 4. 방수층의 보호를 요한다. 5. 콘크리트의 균열을 추적하기 어렵다. 6. 급구배에서는 시공이 곤란하다. 7. 복잡한 마무리가 어렵다. 8. 공종이 많고 공기가 길다.
시트 방수	冷 공법	1. 냉공법으로 자재를 그대로 사용한다. 2. 작업이 용이하고 기계화가 가능하다. 3. 내구성·내후성·내약품성이 좋다. 4. 신장력이 크다.(바탕 균열에 대비하여) 5. 외압에 대해 강하다. 6. 공기가 짧다.	1. 비교적 고가이다. 2. 바탕면의 평활화를 요한다. 3. 습윤면에의 접착이 곤란하다. 4. 방수층의 보호를 요한다. 5. 시간경과에 따른 수축이 비교적 크다. 6. 접착제에 용제를 사용할 경우 작업자의 중독, 폭발의 위험이 있다. 7. 복잡한 마무리가 비교적 어렵다.
도막 방수	冷 공법	1. 냉공법으로 자재를 그대로 사용한다. 2. 연속방수가 가능하다. 3. 작업이 용이하고 기계화가 가능하다. 4. 내구성·내후성·내약품성이 좋다. 5. 신장성이 좋다. 6. 공기가 짧다. 7. 접착력이 있다.	1. 비교적 고가이다. 2. 방수층의 보호를 요한다. 3. 외상에 대해 약하다. 4. 두께관리가 어렵다. 5. 바탕면의 평활화를 요한다. 6. 시공 실적이 많지 않다.
시멘트 모르타르 방수	冷 공법	1. 경제적이다. 2. 시공이 용이하다. 3. 바탕면의 평활도를 필요로 하지 않는다. 4. 다소 습기에서도 시공이 가능하다. 5. 미세한 물질을 혼입하여 공극을 충진한다. 6. 시멘트와 반응해 발수성 물질을 생성한다.	1. 시공에 숙련을 요한다. 2. 방수층 자체에 균열이 생기기 쉽다. 3. 바닥면의 균열에 의한 방수 효과가 상실된다.

4.3 각종 방수의 부위별 최적 공법

☞ 표 4.3.1 각종 방수의 부위별 최적 공법

부위	공법의 종류 / 마감 / 바탕종류	아스팔트 방수		시트방수		도막방수		모르타르 방수
		비노출	노출	비노출	노출	비노출	노출	비노출
지 붕 차 양 발코니	콘크리트	○	△	○	○	○	△	△4)
	PC 부재	○	△	○	○	○	△	×
	ALC판넬	—	—	—	○	—	△	×
	합 판	—	—	—	○	—	×	×
	철 판	△	—	△	△	×	△	—
실 내	콘크리트	○	—	○2)	○2)	×	○	○
	PC 부재	○	—	○2)	○2)	—	○	×
	ALC판넬	—	—	—	○2)	—	—	—
수 조	콘크리트	△	—	○2)	○2)	—	×	△
지하외벽	콘크리트	△	×	○2)	×	○3)	×	△

(주) ○ : 적당 △ : 요주의 X : 부적당 — : 대상으로 하지 않음
1) : 무용재 타입의 접착재 사용 2) : 염화비닐수지계 시트에 한함
3) : 고무아스팔트계 도막방수 4) : 내부 발코니에 한정

5. 방수공사 전 바탕면의 처리

5.1 바탕면의 처리

1) 바탕면의 형상

㉮ 바닥의 평활도 : 3m 길이에 7mm 정도를 유지한다.

㉯ 바닥의 구배

① 바닥의 구배는 가능한 한 구체 Slab에서 확보한다.

② 구매는 2.3 물매와 배수를 참조한다.

③ 누름층으로 구배를 잡을 경우 방수층 위에 물고임이 발생하여 다음과 같은 이유로 하자 발생 요인이 된다.

㉠ 누름층이 두꺼워져 하중이 증가
㉡ 방수 시공 전 바닥에 물이 고이므로 바탕면의 건조 상태를 확보하기 어렵다.
㉢ 장기적으로 방수층의 내구성이 저하된다.

2) 돌출물의 제거

㉮ CON'C 타설시 쇠흙손 마감으로 돌출물을 예방한다.
㉯ 돌출물이 발견될 때에는 그림 5.1.2.1과 같이 파취 후 제거하고 모르타르로 보수한다.

☞ 그림 5.1.2.1 돌출물의 제거 및 보수

〈철근의 경우〉 〈철선의 경우〉 〈골재의 경우〉

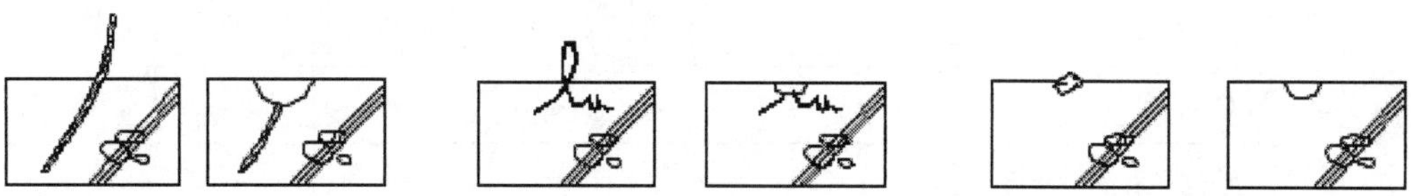

3) 바탕면의 균열

㉮ 균열의 취약 부위
① 이어 친 부위·SLAB 중앙·모서리, 개구부 주위
② 지붕 Slab에 전선배관 등이 집중 설치된 경우
㉯ 균열 폭이 큰 부위의 보수 기준
① 아스팔트, 시트, 도막방수 : 균열 폭 0.7mm 이상
② 시멘트 모르타르계 방수, 침투방수 : 균열 폭 0.3mm 이상
㉰ 균열 발생 억제 대책
① 콘크리트의 수축, 처짐 방지를 위한 배합, 타설 및 양생
② 발생 저감 및 분산

4) 바탕면 청소

레이턴스 및 이물질 제거

5) 코너 면잡기

☞ 그림 5.1.5.1 안쪽 코너 모르타르 시공

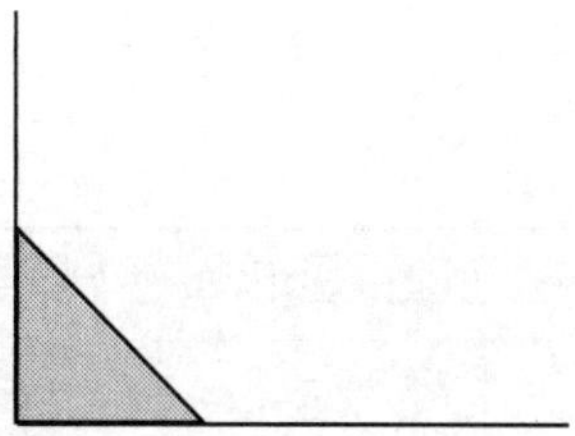

☞ 그림 5.1.5.2 내민 모서리 면따기

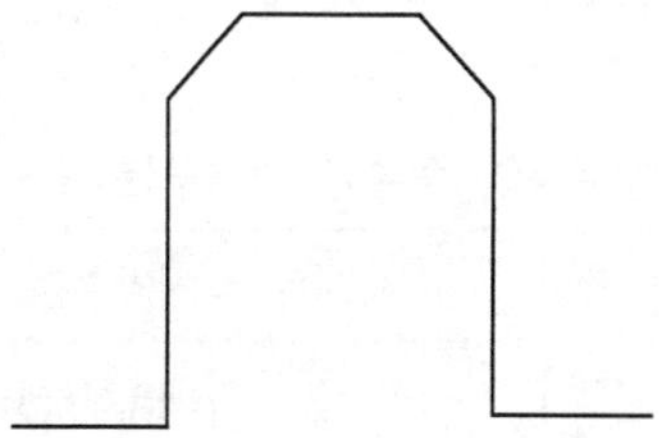

5.2 균열부위의 보강 부위

1) 온도 영향이 큰 옥상
2) 긴 Span의 복도, 발코니
3) 균열이 예상 되는 곳
4) 구체의 거동이 발생되는 PC판의 Joint
위와 같은 부위는 방수 시공 전 보강한다.

☞ 그림 5.2.1.1 균열 부위 보강

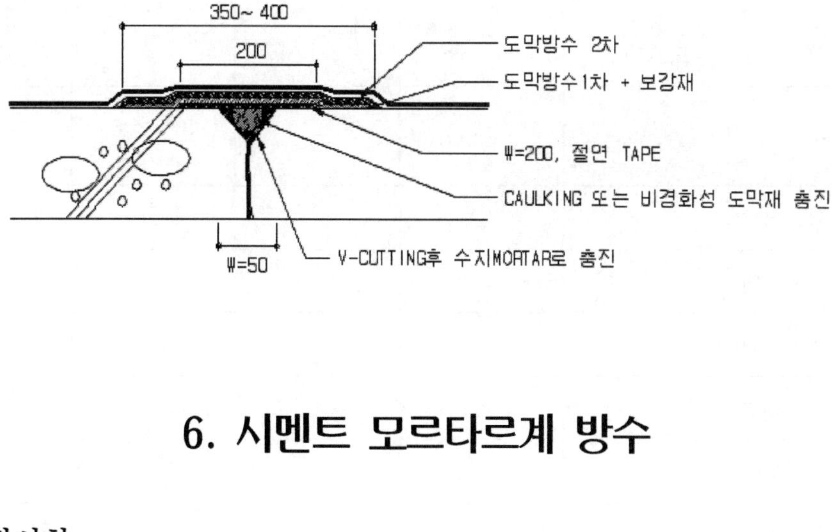

6. 시멘트 모르타르계 방수

6.1 일반사항

1) 적용 범위

건축물의 옥상, 실내 및 지하의 RC 표면에 시멘트 액체 방수층, 폴리머 시멘트 모르타르 방수층 또는 시멘트 혼입 폴리머계 방수층(이하 방수층이라함)을 시공할 경우에 적용한다.

2) 방수층의 종류와 적용

방수층의 종류와 적용은 표 6.1.2.1을 표준으로 하고, 각 방수층의 종류별 두께, 보호층 및 마감층은 공사시방에 의한다.

☞ 표 6.1.2.1 방수층의 종류와 적용구분

<table>
<tr><th colspan="3" rowspan="2">종 류 / 공 정</th><th colspan="2">시멘트 액체방수층</th><th colspan="2">폴리머 시멘트 모르타르방수층</th><th rowspan="2">시멘트 혼입 폴리머계 방수층</th></tr>
<tr><th>바닥용</th><th>벽체/천장용</th><th>1종</th><th>2종</th></tr>
<tr><td colspan="3">1 층</td><td>바탕면 정리 및 물청소</td><td>바탕면 정리 및 물청소</td><td>폴리머 시멘트 모르타르</td><td>폴리머 시멘트 모르타르</td><td>프라이머 (0.3 kg/m^2)</td></tr>
<tr><td colspan="3">2 층</td><td>방수시멘트 페이스트 1차</td><td>바탕접착재 도포</td><td>폴리머 시멘트 모르타르</td><td>폴리머 시멘트 모르타르</td><td>방수재 (0.7 kg/m^2)</td></tr>
<tr><td colspan="3">3 층</td><td>방수액 침투</td><td>방수시멘트 페이스트</td><td>폴리머 시멘트 모르타르</td><td>–</td><td>방수재 (1.0 kg/m^2)</td></tr>
<tr><td colspan="3">4 층</td><td>방수시멘트 페이스트 2차</td><td>방수 모르타르</td><td>–</td><td>–</td><td>보강포</td></tr>
<tr><td colspan="3">5 층</td><td>방수 모르타르</td><td>–</td><td>–</td><td>–</td><td>방수재 (1.0 kg/m^2)</td></tr>
<tr><td colspan="3">6 층</td><td>–</td><td>–</td><td>–</td><td>–</td><td>방수재 (0.7 kg/m^2)</td></tr>
<tr><td rowspan="6">적용부위</td><td colspan="2">실 내</td><td>○</td><td>○</td><td>○</td><td>○</td><td>○</td></tr>
<tr><td rowspan="2">지하</td><td>내면</td><td>△</td><td>△</td><td>○</td><td>△</td><td>○</td></tr>
<tr><td>외면</td><td>×</td><td>×</td><td>×</td><td>×</td><td>○[3)]</td></tr>
<tr><td rowspan="2">수조[1)]</td><td>내면</td><td>×</td><td>×</td><td>×</td><td>×</td><td>×</td></tr>
<tr><td>외면</td><td>×</td><td>×</td><td>×</td><td>×</td><td>△</td></tr>
<tr><td colspan="2">옥 상[2)]</td><td>×</td><td>×</td><td>△</td><td>×</td><td>△</td></tr>
</table>

(주) 1) ○ 적용 가능, △ 적용 가능하나 사용 환경(수압, 태양열, 진동, 대기 온도 등)에 따라 주의를 요함, × 비적용 특히 음료용 수조 내부에서의 사용은 피한다.
2) 차양 또는 옥상의 배수 홈 등의 소면적 부위 사용
3) 지하벽체 외면에 적용할 경우에는 다음의 공정에 의하여 실시한다.

6.2 시멘트 액체 방수공사

1) 자재

☞ 표 6.2.1.1 시멘트 액체 방수제의 화학조성 분류

종 류	주 성 분
무기질계	염화칼슘계, 규산소다계, 규산질분말(실리카)계
유기질계	지방산계, 파라핀계
폴리머계	합성고무 라텍스계, 에틸렌 아세트산 비닐 에멀션계, 아크릴 에멀션계

☞ 표 6.2.1.2 시멘트 액체 방수제의 성능 기준

항 목	성 능 기 준
응결 시간	초결이 1시간 이상, 종결은 10시간 이내에 일어날 것
안 정 성	팽창성 균열 또는 비틀림이 없을 것
압축강도(N/mm^2)	25.0 이상일 것
물흡수 계수비	방수제를 혼합하지 않은 경우의 0.70 이하일 것
투 수 비	방수제를 혼합하지 않은 경우의 0.70 이하일 것
부착강도(N/mm^2)	0.80 이상일 것

☞ 표 6.2.1.3 모래의 표준 입도

체의 호칭치수(mm) / 종 류	체를 통과하는 것의 질량 백분율(%)					
	5	2.5	1.2	0.6	0.3	0.15
페이스트용			100	45~90	20~60	5~15
모르타르용	100	80~100	50~90	25~65	10~35	2~10

2) 기타 보조재료

시멘트 액체 방수층의 시공 시 기상적 제약 대응, 공기단축, 바탕처리 및 친화, 지수작업 및 작업성능 개선 등을 목적으로 사용하는 기타 보조 재료에는 표 6.2.2.1과 같은 것이 있으며, 종류 및 품질은 방수제 제조자가 지정하는 것을 사용한다.

☞ 표 6.2.2.1 시멘트 액체 방수공사를 위한 보조 재료

보조재료	용 도
지 수 제	바탕 결함부로부터의 누수를 막기 위하여 사용한다. 시멘트에 혼화하는 액체형, 물과 혼련하는 분체형 및 가수분해하는 폴리머 등이 있다.
접 착 제	바탕과의 접착 효과 및 물적 시기 효과를 증진시키기 위하여 사용하며, 고형분 15% 이상의 재유화형 에멀션으로 한다.
방 동 제	한랭시의 시공 시, 방수층의 동해를 방지할 목적으로 사용한다.
보 수 제	보수성 향상과 작업성 향상을 목적으로 사용한다.
경화촉진제	공기단축을 위하여 경화를 촉진시킬 목적으로 사용한다.
실 링 재	바탕의 균열부 충전 및 접합철물 주위를 실링할 목적으로 사용. KS F 4910에 적합한 것을 사용한다.

3) 시공

㉮ 방수제의 배합 및 비빔

① 방수제는 방수제 제조자가 지정하는 비율로 혼입하고, 모르타르 믹서를 사용하여 충분히 비빈다. 이때, 방수 시멘트 페이스트의 경우에는 시멘트를 먼저 2분 이상 건비빔한 다음에 소정의 물로 희석시킨 방수제를 혼입하여 균질하게 될 때까지 5분 이상 비빈다. 방수 모르타르의 경우에는 모래, 시멘트의 순으로 믹서에 투입하고 2분 이상 건비빔한 다음에 소정의 물로 희석시킨 방수제를 혼입하여 균질하게 될 때까지 5분 이상 비빈다.

② 믹서의 회전을 멈춘 다음 모르타르 내의 수분이나 모래의 분리가 없어야 하며, 불순물 등이 포함되지 않아야 한다.

③ 방수시멘트 모르타르의 비빔 후 사용 가능한 시간은 20℃에서 45분 정도가 적정하며, 그 외에는 방수제 제조자의 지정에 따른다.

㉯ 방수층 바름

① 바탕의 상태는 평탄하고, 휨, 단차, 들뜸, 레이턴스, 취약부 및 현저한 돌기물 등의 결함이 없는 것을 표준으로 한다.

② 방수층 시공 전에 다음과 같은 부위는 실링재 또는 폴리머 시멘트 모르타르 등으로 바탕처리를 한다.

㉠ 곰보

㉡ 콜드 조인트, 이음타설부, 균열

㉢ 콘크리트를 관통하는 거푸집 고정재에 의한 구멍, 볼트, 철골, 배관 주위

㉣ 콘크리트 표면의 취약부

③ 바탕이 건조할 경우에는 시멘트 액체방수층 내부의 수분이 과도하게 흡수되지 않도록 바탕을 물로 적신다.

④ 방수층은 흙손 및 뿜칠기 등을 사용하여 소정의 두께(부착강도 측정이 가능하도록 최소 4mm 두께 이상을 표준으로 한다)가 될 때까지 균일하게 바른다.

⑤ 각 공정의 바름간격은 방수제 제조자의 지정에 따른다.

⑥ 치켜올림 부위에는 미리 방수 시멘트 페이스트를 바르고, 그 위를 100mm 이상의 겹침폭을 두고 평면부와 치켜올림부를 바른다.

⑦ 각 공정의 이어 바르기의 겹침폭은 100mm 정도로 하여 소정의 두께로 조정하고, 끝부분은 솔로 바탕과 잘 밀착시킨다.

⑧ 각 공정의 이어 바르기 또는 다음 공정이 미장공사일 경우에는 솔 또는 빗자루로 표면을 거칠게 마감한다.

㉰ 양생 및 점검

① 바름 완료 후 재료의 특성 및 시공 장소에 따라 적절한 양생을 한다.

② 직사일광이나 바람, 고온 등에 의한 급속한 건조가 예상되는 경우에는 살수 또는 시트 등으로 보호하여 양생한다.

③ 특히 재령의 초기에는 충격 및 진동 등의 영향을 받지 않도록 한다.

④ 저온에 의한 동결이 예상되는 경우에는 보온 또는 시트 등으로 보호하여 양생한다.

⑤ 양생이 끝난 방수층을 대상으로 부착강도를 측정하여 방수층의 성능을 확인한다.

☞ 사진 6.2.2.1 시멘트 액체방수

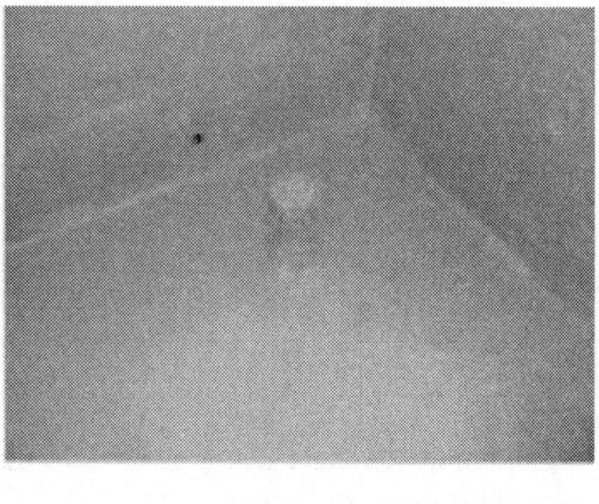

6.3 폴리머 시멘트 모르타르 방수공사

1) 자재

☞ 표 6.3.1.1 모래의 표준 입도

체의 호칭치수 (mm) / 종 류	체를 통과하는 것의 질량 백분율(%)					
	5	2.5	1.2	0.6	0.3	0.15
초벌 바름용			100	45~90	20~60	5~15
재벌 바름용	100	80~100	50~90	25~65	10~35	2~10
정벌 바름용		100	70~90	35~80	15~45	2~10

☞ 표 6.3.1.2 시멘트 혼화형 분산제 및 재유화형 분말 수지의 품질

시험의 종류	항 목	품 질
분산제 시험	겉 모 양	굵은 입자, 이물질, 응고물 등이 없을 것
	비휘발분	35.0% 이상
분말 수지 시험	겉 모 양	굵은 입자, 이물질, 응고물 등이 없을 것
	휘 발 분	5.0% 이하
폴리머 시멘트 모르타르 시험	굽힘 강도	500N/cm^2 이상
	압축 강도	1,500N/cm^2 이상
	부착 강도	100N/cm^2 이상
	흡 수 율	15.0% 이하
	투 수 량	20g 이하
	길이 변화율	0~0.150 %

2) 시공

㉮ 방수제의 배합 및 비빔

① 배합 및 바름두께

폴리머 시멘트 모르타르의 배합 및 도막두께는 표 6.3.2.1에 따른다.

☞ 표 6.3.2.1 배합 및 바름두께의 표준치

시공장소	1층(초벌바름)			2층(재벌 또는 정벌바름)			3층(정벌바름)		
	배 합		도막두께 (mm)	배 합		도막두께 (mm)	배 합		도막두께 (mm)
	시멘트	모래		시멘트	모래		시멘트	모래	
수직부위	1	0~1	1~3	1	2~2.5	7~9	–	–	–
	1	0~0.5	1~3	1	2~2.5	7~9	1	2~3	10
수평부위	1	0~1	1~3	1	2~2.5	20~25	–	–	–

(주) 1) 용적비는 다음의 상태를 표준으로 한다.
2) 시멘트 : 포틀랜드 시멘트의 단위용적 질량으로 1.2kg 정도
3) 모 래 : 표면건조 포수상태에서 가볍게 채워 넣은 상태
4) 사용하는 모래가 건조되어 있을 때에는 모래의 양을 줄이고, 젖어 있을 경우에는 증가하는 등의 조정을 한다.

② 폴리머 시멘트 모르타르의 폴리머 분산제의 혼입비율 및 물시멘트비 폴리머 시멘트 모르타르의 폴리머 분산제의 혼입비율은 10% 이상으로 정하고, 물시멘트비는 30~60%의 범위 내에서 용도에 따른 작업가능성을 고려하여 최저비의 시험비빔으로 결정한다.

③ 폴리머 시멘트 모르타르의 비빔 및 사용 가능 시간

㉠ 폴리머 시멘트 모르타르의 비빔은 배처 믹서에 의한 기계비빔을 원칙으로 한다.

㉡ 비빔 전에 소정량의 폴리머 분산제와 시험비빔에 의하여 결정한 물을 혼합한다. 이때 필요한 경우에는 보조재료를 첨가한다.

㉢ 모래, 시멘트, 필요에 따라 혼화재료의 순으로 믹서에 투입하고, 전체가 균질하게 되도록 건비빔한다. 다만, 이때의 모래는 함수율이 작은 것을 사용한다.

㉣ 상기의 건비빔한 혼합체에 소정량의 물로 희석한 폴리머 분산제를 첨가하여 폴리머 시멘트 모르타르의 색상이 균등하게 될 때까지 비빈다.

㉤ 폴리머 시멘트 모르타르는 비빔 후, 20℃의 경우에 45분 이내의 사용을 기준으로 한다.

㉯ 방수층 바름

① 바탕의 상태는 평탄하고 휨, 단차, 들뜸, 레이턴스, 취약부 및 현저한 돌기물 등의 결함이 없는 것을 표준으로 한다.

② 방수층 시공 전에 다음과 같은 부위는 실링재 또는 폴리머시멘트 모르타르 등으로 바탕처리를 하여 둔다.

㉠ 곰보
㉡ 콜드 조인트, 이음타설부, 균열
㉢ 콘크리트에 관통하는 거푸집 고정재에 의한 구멍, 볼트, 철골, 배관 주위

③ 표면의 취약층, 먼지, 기름기 및 거푸집 박리제 등과 같은 방수층의 접착을 저해하는 것은 미리 제거한다.

④ 바탕이 건조할 경우에는 폴리머 시멘트 모르타르의 수분이 과도하게 흡수되지 않도록 바탕을 물로 적신다.

⑤ 방수층은 흙손 및 뿜칠기 등을 사용하여 소정의 두께가 될 때까지 균일하게 바른다.

⑥ 각 층의 시공간격은 방수제 제조자의 지정에 따른다.

⑦ 각 층의 이어 바르기 겹침 폭은 100mm 정도로 하여 소정의 두께로 조정하고, 끝 부분은 솔로 바탕과 잘 밀착시킨다.

⑧ 솔 또는 빗자루로 표면을 거칠게 한 다음에 이어 바르기를 한다.

6.4 시멘트 혼입 폴리머계 방수공사

1) 방수재의 배합과 비빔

㉮ 방수제의 배합비율은 방수제 제조자의 지정에 따른다.

㉯ 에멀션 용액 중에 수경성 무기분체를 조금씩 넣어가면서 핸드믹서로 3~5분 정도 균질하게 될 때까지 비빈다. 이때 재료분리가 일어나지 않아야 한다.

㉰ 방수제는 방수재 제조자가 정하는 시간 내에 사용하며, 응결된 것은 사용하지 않는다.

2) 방수층 바름

㉮ 바탕의 상태는 평탄하고, 휨, 단차, 들뜸, 레이턴스, 취약부 및 현저한 돌기물 등의 결함이 없는 것을 표준으로 한다.

㉯ 방수층 시공 전에 다음과 같은 부위는 실링재 또는 폴리머 시멘트 모르타르 등으로 방수처리를 한다.
① 곰보
② 콜드 조인트, 이음타설부, 균열
③ 콘크리트를 관통하는 거푸집 고정재에 의한 구멍, 볼트, 철골, 배관 주위

㉰ 콘크리트 표면의 취약층, 먼지, 기름기 및 거푸집 박리제 등과 같은 방수층의 접착을 저해하는 것은 미리 제거한다.

㉱ 바탕이 건조할 경우에는 수화응고형 방수재의 수분이 과도하게 흡수되지 않도록 바탕을 물로 적신다.

㉲ 프라이머는 솔, 롤러 또는 뿜칠기로 규정량을 균일하게 도포하고, 흡수가 현저할 경우에는 추가 도포하여 조정한다.

㉳ 방수제는 흙손을 사용하여 핀홀의 발생 등에 주의하면서 규정량을 균일하게 바른다.

㉴ 각 층의 시공간격은 온도 20℃에서 5~6시간을 표준으로 한다.

㉵ 보강재는 1층 째의 방수층 시공이 끝난 직후, 주름 또는 변형이 생기지 않도록 주의하여 삽입한다.

7. 멤브레인(Membrane) 방수

7.1 아스팔트 방수

1) 일반사항

㉮ 방수층의 종류(건축공사 표준시방)

☞ 표 7.1.1.1 용도별 아스팔트 방수층의 종류

종별 방수층	보행용 전면접착(A-PrF)			보 행 용 부분접착 (A-PrS)	노 출 용 부분접착 (A-MiS)	ALC바탕 부분접착 (A-AlS)	단열재삽입 전면접착 (A-ThF)
	a	b	c				
1 층	아스팔트 프라이머 (0.4 kg/m²)	아스팔트 프라이머 (0.4 kg/m²)	아스팔트 프라이머 (0.4 kg/m²)	아스팔트 프라이머 (0.4 kg/m²)	아스팔트 프라이머 (0.4 kg/m²)	아스팔트 프라이머 (0.4 kg/m²)	아스팔트 프라이머 (0.4 kg/m²)
2 층	아스팔트 (2.0 kg/m²)	아스팔트 (2.0 kg/m²)	아스팔트 (2.0 kg/m²)	모래 붙은 구멍 뚫린 루핑	모래 붙은 구멍 뚫린 루핑	모래 붙은 구멍 뚫린 루핑	아스팔트 (2.0 kg/m²)
3 층	아스팔트 펠트	아스팔트 펠트	아스팔트 루핑	아스팔트 (2.0 kg/m²)	아스팔트 (2.0 kg/m²)	아스팔트 (2.0 kg/m²)	아스팔트 루핑
4 층	아스팔트 (1.5 kg/m²)	아스팔트 (1.5 kg/m²)	아스팔트 (1.5 kg/m²)	아스팔트 루핑	아스팔트 루핑	스트레치 루핑	아스팔트 (2.0 kg/m²)
5 층	아스팔트 루핑	아스팔트 루핑	스트레치 루핑	아스팔트 (1.5 kg/m²)	아스팔트 (1.5 kg/m²)	아스팔트 (1.5 kg/m²)	단열재
6 층	아스팔트 (1.5 kg/m²)	아스팔트 (1.5 kg/m²)	아스팔트 (1.5 kg/m²)	스트레치 루핑	스트레치 루핑	스트레치 루핑	아스팔트 (1.7 kg/m²)
7 층	아스팔트 루핑	아스팔트 루핑	스트레치 루핑	아스팔트 (1.5 kg/m²)	아스팔트 (1.7 kg/m²)	아스팔트 (1.7 kg/m²)	스트레치 루핑

종별 / 방수층	보행용 전면접착(A-PrF)			보 행 용 부분접착 (A-PrS)	노 출 용 부분접착 (A-MiS)	ALC바탕 부분접착 (A-AIS)	단열재삽입 전면접착 (A-ThF)
	a	b	c				
8 층	아스팔트 (1.5 kg/m^2)	아스팔트 (2.1 kg/m^2)	아스팔트 (2.1 kg/m^2)	스트레치 루핑	모래 붙은 스트레치 루핑	모래 붙은 스트레치 루핑	아스팔트 (1.7 kg/m^2)
9 층	아스팔트 루핑	–	–	아스팔트 (2.1 kg/m^2)	–	–	모래 붙은 스트레치 루핑
10 층	아스팔트 (2.1 kg/m^2)	–	–	–	–	–	–
보호 및 마감	현장타설 콘크리트 및 콘크리트 블록			자갈 및 아스팔트 콘크리트	마감도료 또는 없음		

(주) 1) 보행용 전면접착공법(A-PrF)의 경우, a, b, c의 3종류가 있으며 부위에 따라 선택하여 적용할 수 있다.

2) 배관, 설비물 등 복잡한 부위가 많은 바탕에서의 루핑류 사용량은 바탕면적에 대해 1.2kg/m^{2}로 한다.

3) 표 중, ( )의 수치는 사용량을 나타낸다.

☞ 표 7.1.1.2 실내적용 아스팔트 방수층의 종류

종 별 / 방수층	실내용 전면접착(A-InF)	
	a	b
1층	아스팔트 프라이머(0.4 kg/m^2)	아스팔트 프라이머(0.4 kg/m^2)
2층	아스팔트(2.0 kg/m^2)	아스팔트(2.0 kg/m^2)
3층	스트레치 루핑	아스팔트 루핑
4층	아스팔트(1.5 kg/m^2)	아스팔트(1.5 kg/m^2)
5층	스트레치 루핑	아스팔트 루핑
6층	아스팔트(2.1 kg/m^2)	아스팔트(2.1 kg/m^2)
보호 및 마감	현장타설 콘크리트, 시멘트 모르타르, 콘크리트 블록, 아스팔트 콘크리트	

(주) 1) 실내용 전면접착공법(A-InF)에는 a, b의 2종류가 있으며 부위에 따라 선택하여 적용할 수 있다.

2) 배관, 설비물 등 복잡한 부위가 많은 바탕에서의 루핑류 사용량은 바탕면적에 대하여 1.2kg/m^{2}로 한다.

☞ 표 7.1.1.3 치켜올림부의 아스팔트 방수층

종 별	치켜올림부의 공정
보행용 전면접착(A-PrF)	평면부 공정과 같은 공정으로 한다.
보행용 부분접착(A-PrS)	평면부의 2층을 생략한다. 4층의 아스팔트 루핑을 스트레치 루핑으로 바꾸고, 아스팔트를 1.5 kg/m^2으로 한다. 8층의 스트레치 루핑을 모래 붙은 스트레치 루핑으로 바꾸고, 아스팔트를 1.7 kg/m^2로 한다. 9층은 생략한다.
노출용 부분접착(A-MiS)	평면부 공정의 2층을 생략하고, 3층의 아스팔트를 1.5 kg/m^2으로 한다.
ALC바탕 부분접착(A-AlS)	평면부 공정의 2층을 생략하고, 3층의 아스팔트를 1.5 kg/m^2으로 한다.
단열재 삽입 전면접착(A-ThF)	평면부 공정의 2층~5층을 생략하고, 6층의 아스팔트를 1.5 kg/m^2으로 한다.
실내용 전면접착(A-InF)	평면부 공정과 같은 공정으로 한다.

(주) 1) 치켜올림부를 보호누름으로 할 경우에는 방수층 상단 끝 부분을 누름철물로 고정하여 고무 아 스팔트계 실링재로 실링처리한다. 또한 실내에서 방수층 치켜올림 높이가 낮을 경우에는 누름철물을 직조망 아스팔트 루핑으로 바꾸어 아스팔트를 치밀하게 바른다.

2) 감아내림부는 누름철물로 고정하여 고무 아스팔트계 실링재로 처리한다.

3) 평면부와 치켜올림부의 오목 및 볼록모서리에는 폭 300mm 정도의 스트레치 루핑을 사용하여 덧바름한다(아스팔트 사용량은 2.0kg/m^2). 다만, 보행용 부분접착(A-PrS), 노출용 부분접착(A-MiS), ALC바탕용 부분접착(A-AlS)에서의 평면부와 치켜올림 및 감아내림의 교차부에는 폭 700mm 정도의 스트레치 루핑으로 평면부를 500mm 걸치게 하여 덧바름한다.

4) ALC의 지지부는 2층을 시공하기 전에 폭 75mm 정도의 절연용 테이프를 붙인다.

5) 단열재 삽입 전면접착(A-ThF)공법에서 바탕이 ALC패널인 경우에는 아스팔트 프라이머를 0.6kg/m^2로 한다.

6) 보행용 전면접착(A-PrF)에서 바탕이 PC부재인 경우에는 2층 시공 전에 PC접합부를 스트레치 루핑으로 덧바름한다. 스트레치 루핑의 폭은 양측의 PC부재에 각각 100mm 정도 걸치게 하고, 아스팔트 사용량은 2.0kg/m^2로 한다.

7) 단열재 삽입 전면접착(A-ThF) 공법에서 단열재의 두께는 공사시방에 의한다.

8) 보행용 전면접착(A-PrF), 보행용 부분접착(A-PrS) 공법에서 단열재를 사용하는 경우에는 보호 및 마감층과 방수층 사이에 두고, 두께는 공사시방에 의한다.

9) 노출용 부분접착(A-MiS)에서는 탈기장치를 설치한다. 탈기장치의 종류 및 개수는 공사시방에 따른다.

㉯ 부위별 방수공법

☞ 표 7.1.1.4 부위별 방수공법

종 별			보행용 전면접착 (A-PrF)	보행용 부분접착 (A-PrS)	노출용 부분접착 (A-MiS)	ALC바탕용 부분접착 (A-AlS)	단열재 삽입 전면접착 (A-ThF)	실내용 전면접착 (A-InF)
바탕(평면부)물매			1/100~1/50	1/100~1/50	1/50~1/20	1/50~1/20	1/50~1/20	1/100~1/50
지 붕		RC	○	○	○	–	○	–
		PC	○[3]	○	○	–	○	–
		ALC	–	–	–	○	○	–
수영장, 인공연못, 정원		RC	○[4]	–	–	–	–	○[4]
지하지붕 (외부쪽)		RC	○	–	–	–	–	–
실내[2]	A	RC	○[4]	–	–	–	–	–
	B	RC	–	○[5]	–	–	–	○[6]
	C	RC	–	–	–	–	–	○

(주) 1) 범례 : ○ : 적용, – : 표준 외
2) A ; 욕실, 주방 B ; 주차장 C ; 화장실, 기계실
3) 보호 및 마감은 콘크리트블록으로 한정
4) 보호 및 마감은 현장 콘크리트 타설로 한정
5) 보호 및 마감은 아스팔트 콘크리트로 한정
6) 보호 및 마감은 현장 타설 콘크리트 및 아스팔트 콘크리트로 한정

2) 자재

㉮ 아스팔트 프라이머

아스팔트 프라이머는 솔 또는 롤러 등으로 도포하는데 지장이 없고, 표 7.1.2.1의 품질에 적합한 것을 표준으로 한다.

☞ 표 7.1.2.1 아스팔트 프라이머의 품질

항 목	품 질	비 고
건조시간	8시간 이내	KS M 5000에 따른다. 단, 시험온도는 20±2℃로 한다.
비 중	1.0 미만	KS M ISO 2811-1에 따른다.

(주) 1) 방수층과 바탕과의 접착방법을 유연하게 연질 형태로 접착시키는 공법(바탕체의 거동에 방수층의 파단을 방지하는 목적으로 사용)에 사용하는 프라이머(점착유연형)의 경우에는 방수재 생산자의 품질기준을 적용한다.

㉯ 고무 아스팔트계 실링재

방수층의 끝 부분 또는 방수층의 이음 부위에서 사용하는 고무아스팔트를 주원료로 하는 실링재는 압출식 건이나 주걱 등으로 도포하는데 지장이 없고, 표 7.1.2.2의 품질에 적합한 것을 표준으로 한다.

☞ 표 7.1.2.2 고무 아스팔트계 실링재의 품질

항 목	품 질	비 고
용기 내에서의 상태	덩어리나 침전이 없고 균질하여야 한다.	KS M 5000에 따른다.
가열잔분	70% 이상	KS M ISO 3251에 따른다.
내열시험	발포가 없고 6mm 이상으로 흘러내리지 않을 것	시험체를 수평으로 환기가 잘되는 장소에서 직사광선을 피해 60분 동안 23±2℃로 노출시킨 후 60±2℃의 챔버 안에서 수직으로 5시간 정치시켜 발포 및 흘러내림 거리를 측정한다.[1)]
굽힘시험	균열, 패널로부터의 박리가 없을 것	시험은 0℃에서 1시간 동안 수조에 담근 후, 꺼낸 즉시 지름 25mm 이상의 맨드릴로 180°로 2초간 구부리고, 건조시켜 육안으로 균열이나 탈락을 검사한다.

(주) 1) 60℃, 24시간 처리한 시료에 대하여 15℃에서 시험한다.

㉰ 방수공사용 아스팔트

① 품질검사 항목

☞ 표 7.1.2.3 방수공사용 아스팔트 재료의 품질검사 항목

침입도 (針入度)	아스팔트 양부를 판별하는 데 가장 중요한 아스팔트의 경도를 나타내는 것으로서, 25℃에서 100g 추를 5초 동안 바늘을 누를 때 0.1mm 들어가는 것을 침입도 1이라 한다.
감온비	아스팔트의 온도변화에 따른 침입도의 변화정도를 나타내는 수치
연화점	아스팔트를 가열하여 액상의 점도에 도달했을 때의 온도를 나타낸다.
인화점	아스팔트를 가열하여 불을 대는 순간 불이 붙을 때의 온도
신 도	아스팔트 신장(伸張)되는 늘임의 정도

② 방수공사용 아스팔트 재료의 표준

방수공사용 아스팔트는 통칭 아스팔트 컴파운드의 1종~4종에 적합한 것을 표준으로 한다. 또한 방수층 위에 단열재와 콘크리트 보호층이 있는 지붕의 경우, 온도변화가 거의 없음을 고려하여 지하 및 실내의 경우와 동일하게 1종을 표준으로 적용한다.

☞ 표 7.1.2.4 방수공사용 아스팔트의 구분

종 류	용 도
1 종	보통의 감온성[1)]을 갖고 있으며, 비교적 연질로서 공사 기간 중이나 그 후에도 알맞은 온도 조건에서 실내 및 지하 구조 부분에 사용한다.
2 종	비교적 낮은 감온성을 갖고 있으며, 일반 지역의 경사가 느린 보행용 지붕에 사용한다.
3 종	감온성이 낮은 것으로서 일반 지역의 노출 지붕 또는 기온이 비교적 높은 지역의 지붕에 사용한다.
4 종	감온성이 아주 낮으며 비교적 연질의 것으로, 일반 지역 외에 주로 한랭 지역의 지붕, 그 밖의 부분에 사용한다.

(주) 1) 감온성이란 아스팔트의 경도 또는 점도 등이 온도의 변화에 따라 변화하는 성질을 말한다. 감온성을 정확히 나타내는 수치로는 침입도 지수가 있다.

☞ 표 7.1.2.5 방수용 아스팔트의 품질

종 류	1 종	2 종	3 종	4 종
연화점(℃)	85 이상	90 이상	100 이상	95 이상
침입도 25℃, 100g, 5s	25~45	20~40	20~40	30~50
침입도 지수	3.0 이상	4.0 이상	5.0 이상	6.0 이상
증발 질량 변화율, 질량(%)	1 이하	1 이하	1 이하	1 이하
인화점(℃)	250 이상	270 이상	280 이상	280 이상
톨루엔 가용분(%)	98 이상	98 이상	95 이상	92 이상
취화점(℃)	-5 이하	-10 이하	-15 이하	-20 이하
흘러 내린 길이(mm)	-	-	8 이하	8 이하
가열 안정성(℃)	5 이하			

㉣ 아스팔트 루핑류

아스팔트 루핑류는 다음의 각 한국산업표준에 적합한 것을 표준으로 하고, 종류는 공사시방에 따른다.

① KS F 4901(아스팔트 펠트)

유기 천연 섬유를 주원료로 한 원지에 아스팔트를 침투시킨 것으로 겉모양과 치수 및 질량은 다음과 같아야 한다.

㉠ 극단적인 만곡, 우글쭈글함, 찢어진 곳, 꺾여진 주름 및 뚫어진 곳이 없어야 한다. 다만, 피복한 아스팔트에 미세한 우글쭈글함이 있는 것은 무관하다.

㉡ 상호 접착하는 부분이 없어야 한다.

㉢ 1두루마리의 길이가 8.0m 미만인 경우, 1두루마리의 도중에서 절단되어 있지 않아야 한다.

㉣ 1두루마리의 길이가 8.0m 이상인 경우, 1두루마리의 도중에서 2곳 이상 절단되어 있지 않아야 한다. 1곳이 절단되어 있는 경우, 한편의 길이가 2.0m 이상이 되어야 한다.

㉤ 제품의 치수 및 질량은 인수·인도 당사자 협의에 의하되 그 표시값에 있어서는 길이는 1m, 나비는 100mm의 증분값으로 한다. 이때 표시값에 대한 허용차는 표 7.1.2.6과 같이 한다.

☞ 표 7.1.2.6 치수 및 무게의 표시값에 대한 허용차

표시항목	치 수		질 량
	길 이	나 비	
허 용 차	+측은 규정하지 않는다. 0	+측은 규정하지 않는다. -1.0%	+측은 규정하지 않는다. 0

② KS F 4902(아스팔트 루핑)

유기 천연 섬유를 주원료로 한 원지에 아스팔트를 침투, 피복하여 앞뒤 양면에 광물질 분말을 부착시킨 것으로 겉모양과 치수 및 질량은 아스팔트 펠트에 준한다.

③ KS F 4904(스트레치 아스팔트 루핑)

유기 합성 섬유를 주 원료로 하는 부직포 원지에 아스팔트를 함침시킨 것으로 겉모양과 치수 및 질량은 다음과 같다.

㉠ 현저한 완곡, 기복, 갈라진 곳, 접힌 주름 및 구멍이 없을 것. 다만 피복되어 있는 아스팔트에 미세한 기복이 있어도 큰 지장이 없다.

㉡ 서로 점착하는 부분이 없이 피복되어 있는 아스팔트 또는 광물질 입자가 벗겨져 있지 않을 것

㉢ 1두루마리의 길이가 8.0m 미만인 경우, 1두루마리의 도중에서 절단되어 있지 않아야 한다.

㉣ 1두루마리의 길이가 8.0m 이상인 경우, 1두루마리의 도중에서 2곳 이상 절단되어 있지 않아야 한다. 1곳이 절단되어 있는 경우, 한편의 길이가 2.0m 이상이 되어야 한다.

㉤ 치수 및 질량은 아스팔트 펠트에 준한다.

④ KS F 4905(구멍 뚫린 아스팔트 루핑)

방수층의 들뜸 방지 및 내균열 성능을 보강하기 위하여 무기질 섬유를 주 원료로 하는 부직포 원지에 아스팔트를 침투시켜 일정한 크기 및 간격으로 구멍을 뚫어 절연 공법에 사용하는 것으로 제품의 종류 및 품질은 다음과 같다.

㉠ 현저한 완곡, 기복, 갈라진 곳, 접힌 주름 및 구멍이 없을 것. 다만 피복되어 있는 아스팔트에 미세한 기복이 있어도 큰 지장이 없다.

㉡ 서로 점착하는 부분이 없이 피복되어 있는 아스팔트 또는 광물질 입자가 벗겨져 있지 않을 것

㉢ 서로 점착하는 부분이 없이 피복되어 있는 아스팔트 또는 광물질 입자가 벗겨져 있지 않을 것

㉣ 1두루마리의 길이가 8.0m 미만인 경우, 1두루마리의 도중에서 절단되어 있지 않아야 한다.

㉤ 1두루마리의 길이가 8.0m 이상인 경우, 1두루마리의 도중에서 2곳 이상 절단되어 있지 않아야 한다. 1곳이 절단되어 있는 경우, 한편의 길이가 2.0m 이상이 되어야 한다.

㉥ 치수 및 질량은 아스팔트 펠트에 준한다.

㉦ 구멍 뚫린 루핑의 종류는 표 7.1.2.7과 같다.

☞ 표 7.1.2.7 구멍 뚫린 루핑의 종류 및 제품의 단위 면적 질량의 호칭

종 류	제품의 단위 면적 질량의 호칭	비 고
구멍 뚫린 루핑	1 100	무기질 섬유를 주 원료로 하는 부직포 원지에 아스팔트를 침투, 피복하고 앞·뒷면에 광물질 분말을 부착한 것
모래 붙은 구멍 뚫린 루핑	2 500	위의 원지에 아스팔트를 침투, 피복하고, 표면에 광물질 입자[1]를 밀착시키고, 나머지 앞·뒷면에 광물질 분말을 부착한 것

1) KS A 5101-1에 규정하는 시험용 체 2.0mm를 통과하고, 1.2~2.0mm 범위의 것을 40% 정도 포함하는 것.

⑤ KS F 4913(직조망 아스팔트 루핑). 다만, 직조망은 「합성섬유」로 한다.

㉠ 루핑의 종류는 원직물에 따라 면(綿) 루핑, 마(麻) 루핑, 합성 섬유[1] 루핑으로 구분한다.

주 1) 합성 섬유가 60% 이상인 혼합 방직품을 포함한다.

㉡ 극단적인 만곡, 우글쭈글함, 찢어진 곳, 꺽여진 주름 및 뚫어진 곳이 없어야 한다. 다만 피복한 아스팔트에 미세한 우글쭈글함이 있는 것은 무관하다.

㉢ 상호 접착하는 부분이 없어야 한다.

㉣ 1두루마리의 길이가 8.0m 미만인 경우, 1두루마리의 도중에서 절단되어 있지 않아야 한다.

㉤ 1두루마리의 길이가 8.0m 이상인 경우, 1두루마리의 도중에서 2곳 이상 절단되어 있지 않아야 한다. 1곳이 절단되어 있는 경우, 한편의 길이가 2.0m 이상이 되어야 한다.

㉥ 치수 및 질량은 아스팔트 펠트에 준한다.

㉱ 단열재

① 단열재 삽입 전면접착(AThF) 공법에 사용하는 단열재는 시공 시 용융 아스팔

트에 접해도 품질상 문제가 생기지 않는 내열성을 가져야 하고, 표 7.1.2.8의 단열판 2종 2호 또는 2종 3호에 규정하는 밀도에 적합한 것을 표준으로 한다.

② 보행용 전면접착(A-PrF), 보행용 부분접착(A-PrS) 공법에서 방수층과 보호 및 마감 사이에 삽입하는 단열재는 단열 및 방·내화공사에 따른다.

☞ 표 7.1.2.8 단열판 및 단열통의 종류

종 류			내 용	특 징
단열판	1종	1호	폴리이소시아네이트, 폴리올 및 발포제를 주제로 하여 발포 성형한 면재가 없는 판모양의 단열재	고밀도
		2호		중밀도
		3호		저밀도
	2종	1호	폴리이소시아네이트, 폴리올 및 발포제를 주제로 하여 면재 사이에서 발포시켜 자기 접착에 의해 샌드위치 모양으로 성형한 면재가 부착된 판모양의 단열재	고밀도
		2호		중밀도
		3호		저밀도
단 열 통		1호	폴리이소시아네이트, 폴리올 및 발포제를 주제로 하여 발포 성형한 원통 모양의 단열재. 또한, 단열통에서는 길이 방향으로 분할해도 좋다.	
		2호		
		3호		

㉵ 절연용 테이프

PC 또는 ALC 패널의 접합부 거동에 따른 방수층 파단 방지를 위하여 사용하는 절연용 테이프

㉶ 절연용 시트

① 방수층과 콘크리트 보호층 사이에 설치하는 절연용 시트는 폴리에틸렌 등의 필름(두께 0.10mm 이상)으로 한다.

② 폴리스티렌 단열재와 콘크리트 보호층 사이에 설치하는 절연용 시트는 폴리에틸렌 등의 필름(두께 0.10mm 이상)으로 한다.

㉷ 마감 도료

노출용 부분접착(A-MiS), ALC 바탕용 부분접착(A-AlS), 단열재 삽입 전면접착(A-ThF) 공법의 모래 붙은 스트레치 루핑의 미관과 보호를 목적으로 도포하는 마감도료는 솔 또는 롤러, 뿜칠기구 등으로 도포하는 데 지장이 없고, 방수층과 충분히 접착하며, 양호한 내구성을 가지고 방수층의 품질을 저하시키지 않는 것으로 한다.

㉸ 천연아스팔트와 석유 아스팔트의 구분

☞ 표 7.1.2.9 천연아스팔트와 석유 아스팔트의 구분

구분	종류	내용
천연 아스팔트	아스팔트 타이트 (Asphalt Tight)	방수, 포장, 절연재료의 원료로 사용
	로크 아스팔트 (Rock Asphalt)	역청분이 모래, 사암에 침투되어 있는 것
	레이크 아스팔트 (Lake Asphalt)	도로포장, 내산공사에 사용
석유 아스팔트	스트레이트 아스팔트 (Straight Asphalt)	신축이 좋고, 접착력도 우수하지만 연화점이 낮아 지하실, 아스팔트로 사용한다.
	브로운 아스팔트 (Blown Asphalt)	비교적 연화점이 높고 온도에 예민하지 않으므로 지붕방수에 주로 사용한다.
	아스팔트 컴파운드 (Asphalt Compound)	블로운, 아스팔트에 동식물성 기름과 광물성 분말을 혼입하여 성질을 개량한 최우량품의 아스팔트
	아스팔트 프라이머 (Asphalt Primer)	아스팔트를 휘발성 용제로 녹인 것으로 방수 시공시 밑바탕에 도포하여 모재와 방수층의 부착을 좋게 한다.
	콜타르 (Coal Tar)	① 비중 1.1~1.3, 인화점 : 아스팔트보다 낮다. ② 방수포장, 방수도료, 방부제로 사용

3) 시공

㉮ 아스팔트 Primer의 도포

① 목적 및 효과

방수층의 부풀어 오름, 박리 방지

② 방법

㉠ 바탕면에 따라 도포 요구량이 다르므로 건조 도중 강우에 유실되지 않도록 유의

㉡ 뿜칠의 경우는 반드시 2회 이상 실시

③ 검사

㉠ 표면상태 : 흰 잔줄이나 핀 홀이 없을 것

㉡ 건조정도 : 충분히 경화되어 손가락에 묻어나지 않을 것

④ 주의 사항

㉠ 휘발성 용제로 인한 폭발, 중독위험 : 환기 및 안전교육

㉡ PC판의 JOINT에 침투되지 않도록 : Joint에서 10cm 이내 도표 금지

☞ 사진 7.1.3.1 아스팔트 프라이머 도포

㉯ 아스팔트 용융 및 취급

① 아스팔트의 용융온도는 표 7.1.3.1의 용융온도를 표준으로 하며, 용융 중에는 최소한 30분에 1회 정도로 온도를 측정하고, 접착력 저하 방지를 위하여 200℃ 이하가 되지 않도록 한다.

② 용융한 아스팔트가 인화되지 않도록 주의함은 물론 미리 용융 솥 가까운 곳에 소화기 등을 준비해 둔다.

③ 아스팔트 용융 솥은 가능한 한 시공 장소와 근접한 곳에 설치한다. 특히, 방수층 위에 용융 솥을 두지 않으며, 용융 솥의 열이 주변에 영향을 주지 않도록 적절한 조치를 취하여야 한다.

④ 용융한 아스팔트 취급에 있어서는 작업원의 안전을 확보하고, 건물을 오염시키지 않도록 충분히 주의한다.

☞ 표 7.1.3.1 방수공사용 아스팔트의 종별 용융온도

종 류	온 도(℃)
1종	220~230
2종	240~250
3종	260~270
4종	260~270

☞ 그림 7.1.3.1 용융 솥 가마

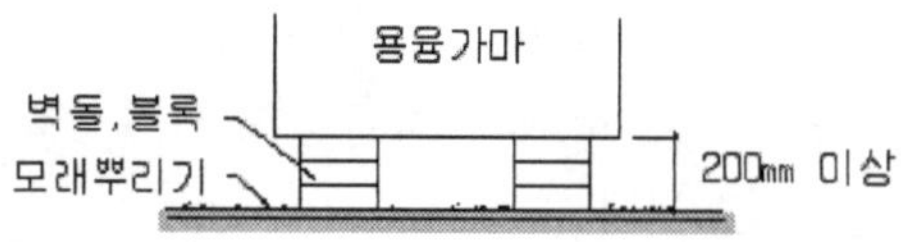

㉰ 루핑 붙이기

① 볼록, 오목모서리 부분은 일반 평면부 루핑을 붙이기 전에(단열재 삽입 전면접착공법 A-ThF에서는 6층 시공 전), 폭 300mm 정도의 스트레치 루핑을 사용하여 균등하게 덧붙임 한다. 다만, 보행용 부분접착(A-PrS), 노출용 부분접착

(A-MiS) 및 ALC 바탕용 부분접착(A-AlS) 공법에서의 평면부와 치켜올림 또는 감아내림부와의 교차부(볼록 및 오목모서리)에는 폭 700mm 정도의 스트레치 루핑을 평면부에 500mm정도 걸쳐서 덧붙임 한다.

② 보행용 전면접착(A-PrF), 단열재 삽입 전면접착(A-ThF) 및 실내용 전면접착(A-InF) 공법에서의 콘크리트 이음타설부는 일반 평면부 루핑을 붙이기 전에 폭 75mm 정도의 절연용 테이프를 붙인 후, 폭 300mm 정도의 스트레치 루핑으로 덧붙임한다.

③ 보행용 전면접착(A-PrF) 공법에서의 PC 패널 부재의 이음 줄눈부는 일반 평면부의 루핑을 붙이기 전에 PC 부재의 거동에 따른 파손방지를 위해 PC 패널 양측 부재에 각각 100mm 정도 걸친 폭으로 스트레치 루핑으로 절연 덧붙임한다.

④ ALC 패널 지지부는 모래 붙은 구멍 뚫린 아스팔트 루핑을 붙이기 전에 폭 75mm 정도의 절연용 테이프를 붙인다. 다만, 박공지붕의 용마루는 모래 붙은 아스팔트 루핑을 붙인 후, 폭 500mm 정도의 스트레치 루핑으로 덧붙임한다.

⑤ 일반 평면부의 루핑 붙임은 흘려 붙임으로 한다. 또한 루핑의 겹침폭은 길이 및 폭 방향 100mm 정도로 하고, 겹침부로부터 삐져나온 아스팔트는 솔 등으로 균등하게 바른다. 다만, 보행용 부분접착(A-PrS), 노출용 부분접착(A-MiS) 및 ALC 바탕 부분접착(A-AlS) 공법에 사용하는 모래 붙은 구멍 뚫린 루핑은 70mm 정도의 겹침 폭을 두거나 통기가 방해받지 않도록 귀맞춤하여 붙인다. 또한 모래 붙은 구멍 뚫린 루핑은 오목 및 볼록 모서리의 덧붙임 스트레치 루핑과 100mm 정도 겹쳐 붙인다.

⑥ 루핑은 원칙적으로 물 흐름을 고려하여 물매의 아래쪽에서부터 위쪽을 향해 붙이고, 또한 상·하층의 겹침 위치가 동일하지 않도록 붙인다. 어쩔 수 없이 물매의 위쪽에서 아래로 붙이는 경우에는 루핑의 겹침 폭을 150mm로 한다.

⑦ 치켜올림부의 루핑을 평면부와 별도로 하여 붙이는 경우에는 평면부 루핑을 붙인 후, 그 위에 150mm 정도의 겹침 폭을 두고 붙인다. 단, 모래 붙은 스트레치 루핑의 경우에는 치켜올림부를 먼저 붙이고, 평면부의 스트레치 루핑을 겹침 폭 150mm 정도로 하여 붙인다.

⑧ 치켜올림부의 루핑은 각층 루핑의 끝이 같은 위치에 오도록 하여 붙인 후, 방수층의 상단 끝 부분을 누름철물로 고정하여 고무 아스팔트계 실링재로 처리한다. 다만, 실내에서 방수층의 치켜올림 높이가 낮을 경우(500mm 이하)에는 누름철물을 직조망 아스팔트 루핑으로 바꿀 수도 있다. 이때 직조망 아스팔트 루핑의 틈새가 보이지 않도록 아스팔트를 바른다.

⑨ 루핑의 보강부위 처리 방법

☞ 표 7.1.3.2 루핑의 보강부위 처리 방법

들어간 모서리

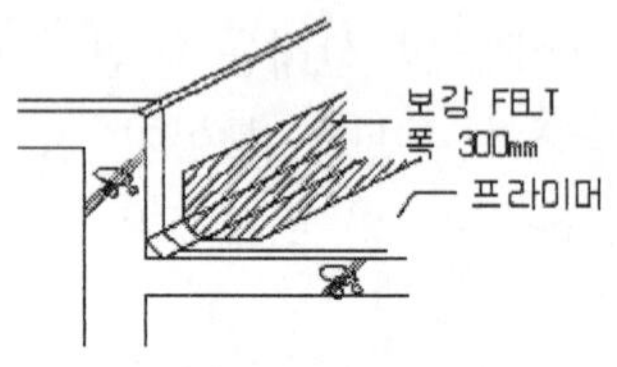

나온 모서리

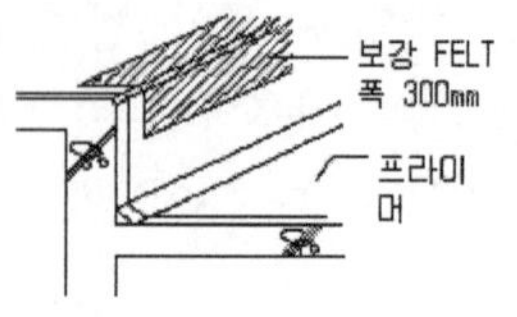

콘크리트 이어치기부위

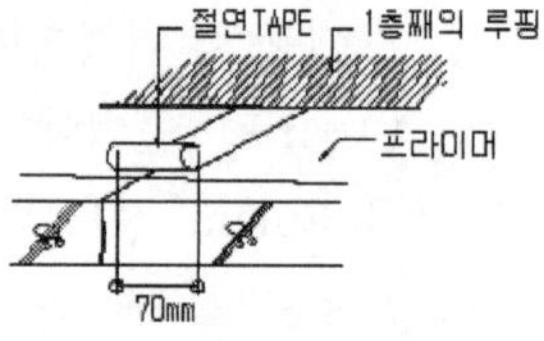

루핑류 이음부위

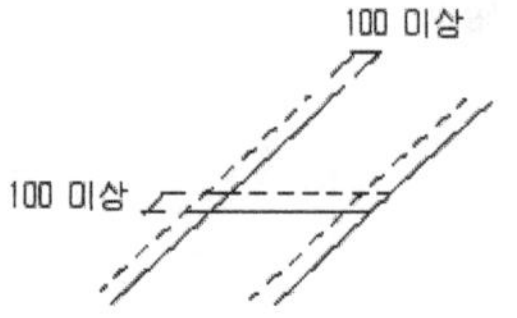

루핑류의 붙임

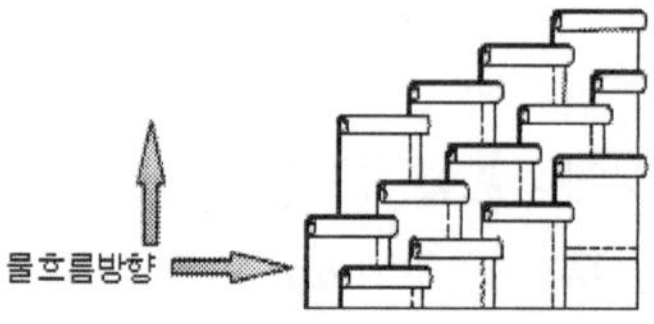

입상부 루핑붙임

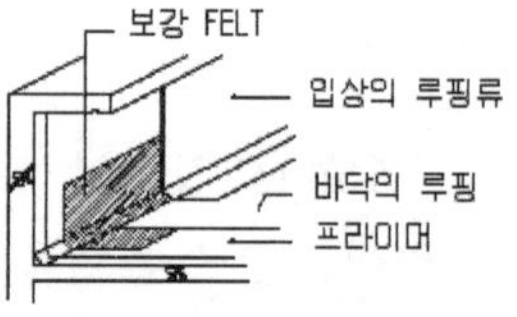

드레인 주위 보강

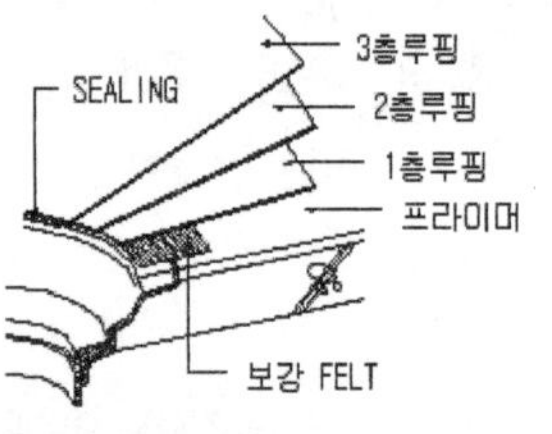

배관주위 보강

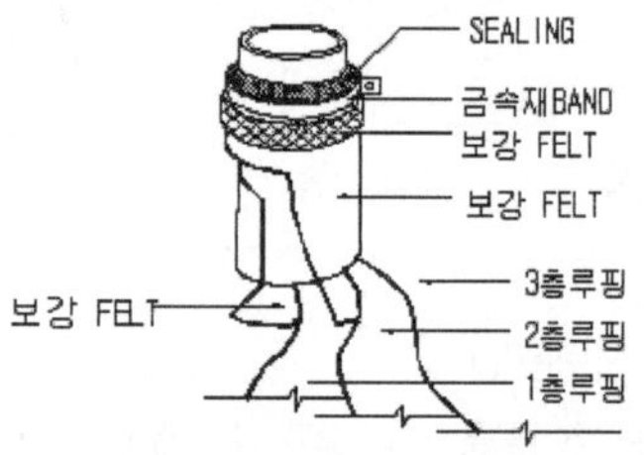

☞ 사진 7.1.3.1 아스팔트 방수공사

7.2 개량 아스팔트 시트방수

1) 방수층의 종류

☞ 표 7.2.1.1 개량 아스팔트 시트 방수층의 종류

<table>
<tr><th rowspan="2">종별
공정</th><th rowspan="2">보행용 전면접착
(M-PrF)</th><th colspan="2">노출용 전면접착(M-MiF1))</th><th rowspan="2">노출용 단열재 삽입
(M-MiT)</th></tr>
<tr><th>a</th><th>b</th></tr>
<tr><td>1</td><td>프라이머
(0.4kg/m²)</td><td>프라이머
(0.4kg/m²)</td><td>프라이머
(0.4kg/m²)</td><td>프라이머
(0.4kg/m²)</td></tr>
<tr><td>2</td><td>개량 아스팔트 방수시트(비노출 복층방수용) 2.5mm 이상</td><td>개량 아스팔트 방수시트(노출 단층방수용) 4.0mm 이상</td><td>개량 아스팔트 방수시트(비노출 복층방수용) 2.5mm 이상</td><td>접 착 제</td></tr>
<tr><td>3</td><td>개량 아스팔트 방수시트(비노출 복층방수용) 2.5mm 이상</td><td>–</td><td>개량 아스팔트 방수시트(노출 복층방수용) 3.0mm 이상</td><td>단 열 재</td></tr>
<tr><td>4</td><td>–</td><td>–</td><td>–</td><td>점착층 붙은 개량 아스팔트 방수시트 2.0mm 이상</td></tr>
<tr><td>5</td><td>–</td><td>–</td><td>–</td><td>개량 아스팔트 방수시트(노출 복층방수용) 3.0mm 이상</td></tr>
<tr><td>보호 및 마감</td><td>현장타설콘크리트,
아스팔트콘크리트,
콘크리트블록,
모르타르, 자갈</td><td colspan="3">마감도료 또는 없음</td></tr>
</table>

(주) 1) 최상층에 노출용의 개량 아스팔트 시트를 사용하여 전면밀착으로 하는 공법. a, b의 2종류가 있으며, 부위에 따라 선택하여 적용할 수 있다.

2) 치켜올림 및 감아내림부는 누름철물로 고정하고 실링재로 처리한다. 다만, 실내에서 방수층의 치켜올림 높이가 낮을 경우에는 누름철물을 제외할 수도 있다.

3) 오목모서리에는 미리 폭 200mm 정도의 덧붙임용 시트를 붙여둔다.

4) 보행용 전면접착(M-PrF)공법에서 치켜올림부의 보호 및 마감을 마감도료 또는 하지 않을 경우에는 평면의 공정 3의 개량 아스팔트 시트를 오목모서리 앞에서 바름을 멈추고, 두께 3mm 이상의 노출 복층방수용 개량 아스팔트 시트를 200mm 걸쳐 붙인 다음에 치켜올림부를 붙인다.

5) 드레인 주변에는 500mm 각 정도의 덧붙임용 시트를 사용한다.

6) 파이프 주변에는 덧붙임용 시트를 적절하게 혼합하여 사용한다.

7) ALC를 바탕으로 할 경우에는 표면을 미장마감하거나, 공정 1의 프라이머를 $0.6kg/m^2$로 한다.

8) 노출용 단열재 삽입(M-MiT) 공법의 공정 1의 프라이머, 공정 2의 접착제의 사용량은 접

착제의 종류에 따라달라진다.

9) PC 또는 ALC 패널의 이음줄눈부는 덧붙임용 시트로 양쪽으로 100mm 정도씩 걸쳐 붙인다.
10) 노출용 단열재 삽입(M-MiT) 공법에서의 단열재의 두께는 공사시방에 의한다.
11) 보행용 전면접착(M-PrF) 공법에서 단열재를 사용할 경우에는 방수층과 보호 및 마감 사이에 두고, 그 두께는 공사시방에 의한다.
12) 노출용 전면접착(M-MiF)과 노출용 단열재 삽입(M-MiT) 공법에는 필요에 따라 구멍 뚫린 아스팔트 루핑을 붙이고, 탈기장치를 설치한다.
13) 마감도료의 종류와 시방은 개량 아스팔트 시트 제조자의 지정에 따른다.
14) 배관류, 설비물 등 복잡한 부위가 많은 바탕에서의 루핑류 사용량은 바탕면적에 대해 1.2kg/m^2로 한다.
15) 표 중의 ( ) 안 수치는 사용량을 나타낸다.

2) 방수층의 적용

☞ 표 7.2.2.1 방수층의 적용

종 별			보행용 전면접착 (M-PrF)	노출용 전면접착 (M-MiF)		노출용 단열재 삽입 (M-MiT)
부 위		바 탕		a	b	
지 붕		RC	○	○	○	○
		PC	○	○	○	○
		ALC	-	○	○	○
차 양		RC	-	○	-	-
		RC	-	○	-	-
지하외벽(외부쪽)		RC	○	-	-	-
실내	욕실 등	RC	○	-	-	-
	주차장	RC	○	-	-	-
수 영 장		RC	○	-	-	-
인공연못 및 정원		RC	○	-	-	-
바탕(바닥)의 물매			1/100~1/50	1/50~1/20		

(주) 1) ○ : 적용, - : 표준 외
2) 아스팔트콘크리트, 콘크리트블록, 자갈에 의한 보호 및 마감에 한함.

3) 개량 아스팔트 방수시트 붙이기

㉮ 개량 아스팔트 방수시트는 토치로 개량 아스팔트 시트의 뒷면과 바탕을 균일하게 가열하여 개량 아스팔트를 용융시키고, 눌러서 붙이는 방법을 표준으로 한다.

㉯ 일반부의 개량 아스팔트 방수시트가 상호 겹쳐진 접합부는 개량 아스팔트가 삐져

나올 정도로 충분히 가열 및 용융시켜 눌러서 붙인다. 개량 아스팔트 방수시트의 상호 겹침폭은 길이방향으로 100mm 정도, 폭방향으로는 100mm 이상으로 하고, 물매의 아래쪽 시트가 아래로 가도록 접합시킨다.

㉰ 보행용 전면접착(M-PrF), 노출용 전면접착(M-MiF, b), 노출용 단열재 삽입(M-MiT) 공법의 경우에는 상층 개량 아스팔트 방수시트의 접합부와 하층 개량 아스팔트 방수시트의 접합부가 겹쳐지지 않도록 한다.

㉱ ALC패널 및 PC패널의 단변 접합부 등 큰 움직임이 예상되는 부위는 미리 폭 300mm 정도의 덧붙임용 시트로 처리한다.

㉲ 치켜올림의 개량 아스팔트 방수시트의 끝부분은 누름철물을 이용하여 고정하고, 실링재로 실링처리 한다.

㉳ 지하 외벽 및 수영장 등의 벽면에서 개량 아스팔트 방수시트 붙이기는 미리 개량 아스팔트 방수시트를 2m 정도로 재단하여 시공한다. 높이가 2m 이상인 벽은 같은 작업을 반복한다. 재단하지 않고 개량아스팔트 방수시트를 붙이는 경우에는 늘어뜨리는 장치를 이용하여 시공한다. 개량 아스팔트 방수시트의 겹침폭은 길이 및 폭 방향 모두 100mm 이상으로 하고 최상단부 및 높이가 10m를 넘는 벽에서는 10m마다 누름철물을 이용하여 고정한다.

7.3 합성 고분자계 시트방수

1) 합성 고분자계 방수시트의 종류

☞ 표 7.3.1.1 합성 고분자계 방수시트의 종류

종 류		약 칭	주 원 료
균질시트	가황고무계	균질 가황고무	부틸고무, 에틸렌 프로필렌 고무, 클로로술폰화 폴리에틸렌 등
	비가황고무계	균질 비가황고무	부틸고무, 에틸렌 프로필렌 고무, 클로로술폰화 폴리에틸렌 등
	염화비닐 수지계	균질 염화비닐 수지	염화비닐 수지, 염화비닐 공중합체 등
	열가소성 엘라스토머계	열가소성 엘라스토머	폴리에테르, 폴리에스테르, 폴리부틸렌 테레프 탈레이트, 폴리아미드 등
	에틸렌 아세트산 비닐수지	균질 에틸렌 아세트산 비닐수지	에틸렌 아세트산 비닐 공중합체 등

<table>
<tr><th colspan="3">종 류</th><th>약 칭</th><th>주 원 료</th></tr>
<tr><td rowspan="4">복합
시트</td><td rowspan="3">일반
복합형</td><td>가황고무계</td><td>일반복합 가황고무</td><td>부틸고무, 에틸렌프로필렌고무, 클로로술폰화 폴리에틸렌 등</td></tr>
<tr><td>비가황고무계</td><td>일반복합 비가황고무</td><td>부틸고무, 에틸렌프로필렌고무, 클로로술폰화 폴리에틸렌 등</td></tr>
<tr><td>염화비닐 수지계</td><td>일반복합 염화비닐 수지</td><td>염화비닐 수지, 염화비닐 공중합체 등</td></tr>
<tr><td>보강
복합형</td><td>–</td><td>보강 복합</td><td>염화비닐 수지, 염화비닐 공중합체, 클로로술폰화 폴리에틸렌, 염소화 폴리에틸렌 등</td></tr>
</table>

☞ 표 7.3.1.2 제품의 치수

<table>
<tr><th colspan="2">종 류</th><th>두께 (mm)</th><th>나비 및 길이</th></tr>
<tr><td rowspan="4">균질 시트</td><td>가황 고무계</td><td>1.0 이상</td><td rowspan="6">인수·인도 당사자 사이의 협의에 따른다. 다만, 길이는 1m, 나비는 100mm의 증분값으로 한다.</td></tr>
<tr><td>비가황 고무계</td><td>1.5 이상</td></tr>
<tr><td>염화비닐 수지계</td><td>1.0 이상</td></tr>
<tr><td>에틸렌 아세트산 비닐수지계</td><td>1.0 이상</td></tr>
<tr><td rowspan="2">복합 시트</td><td>일반 복합형</td><td>1.2 이상</td></tr>
<tr><td>보강 복합형</td><td>1.0 이상</td></tr>
</table>

2) 시트방수의 장·단점

☞ 표 7.3.2.1 시트방수의 장·단점

장 점	단 점
① 제품이 규격화 되어 있어 두께가 균일하다. ② 시공이 신속하여 공기가 단축된다. ③ 운반이 용이하다. ④ 상온공법으로 공해가 없다. ⑤ 다소 신축성을 지니고 있다	① 누수 시 국부적인 보수가 곤란하다. ② SHEET 상호간 이음부위 결함이 크다. ③ 외상에 약해 파손되기 쉽다. ④ 온도에 민감하여 동절기나 하절기 작업에 영향이 있다. ⑤ 복잡한 시공부위는 작업이 어렵다. ⑥ 벽체부위는 온도에 의해 박리, 처짐현상이 있다.

3) 시트방수의 접착방법

☞ 표 7.3.3.1 시트방수의 접착방법

접착 붙임	바탕면과 SHEET면에 접착제 도포 장점 : 접착력이 강하다 단점 : 주름이 생기기 쉽다
점착 붙임	SHEET 후면에 자체 접착성 장점 : 공사기간이 빠르다 단점 : 동절기나 기온이 낮을 때에는 점착성 저하
용착 붙임	버너, TORCH로 SHEET를 가열 장점 : 시공이 빠름 단점 : 고른 접착력을 기대하기 곤란하고 재질의 변화가 생기기 쉽다.

☞ 그림 7.3.3.1 점착 붙임

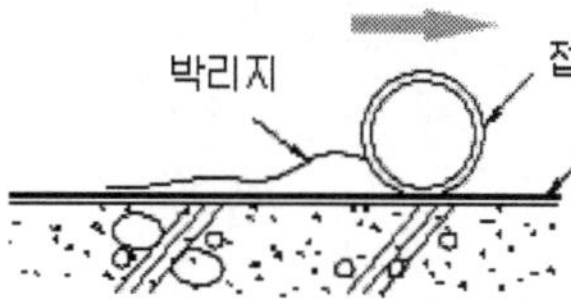

☞ 그림 7.3.3.2 용착 붙임

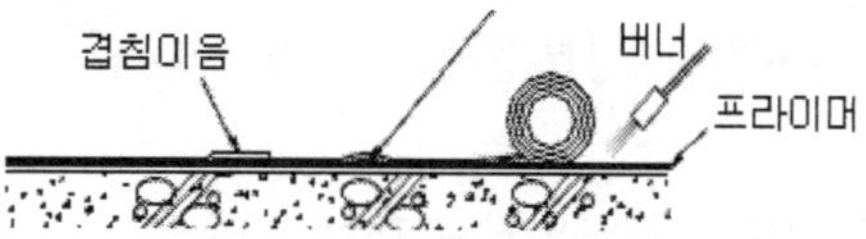

4) 부착시 주의점

㉮ Sheet에 인장력, 주름이 생기지 않도록 한다.

㉯ 첫번째 Sheet는 먹줄을 띄워 직선으로 귀퉁이나 모서리 1면을 Cutting하여 2면 접착이 되도록(3면 겹침 금지) 한다.

㉰ 수밀성을 위해 Sealing한 후 보강재를 붙인다.

㉱ Air Pocket이 생기지 않도록 밀착하고 발견될 경우 열십자(+)로 찢고 밀착하여 보강한다.

☞ 사진 7.3.3.1 시트방수의 시공

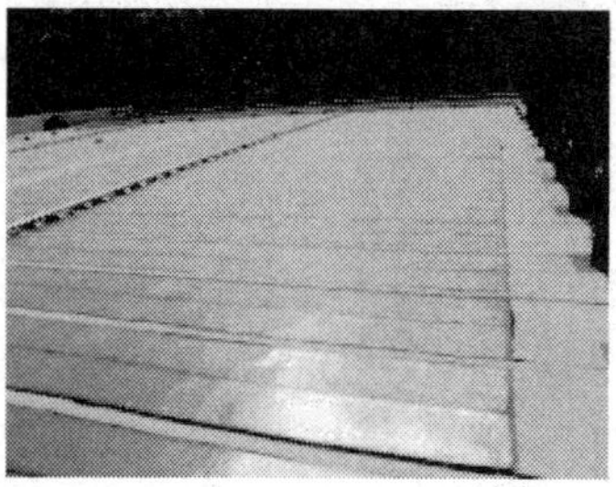

7.4 도막방수

1) 건설용 도막방수재의 주요 원료에 따른 구분

㉮ 우레탄 고무계 : 폴리이소시아네이트, 폴리올, 가교제를 주원료로 하는 우레탄 고무에 충전재 등을 배합한 우레탄 고무계 방수재. 그 성능에 따라 1류와 2류로 구분한다.

㉯ 아크릴 고무계 : 아크릴 고무를 주원료로 하여 충전재 등을 배합한 아크릴 고무계 방수재

㉰ 클로로프렌 고무계 : 클로로플렌 고무를 주원료로 하여 충전재 등을 배합한 클로로플렌 고무계 방수재

㉱ 실리콘 고무계 : 올가노 폴리실록산을 주원료로 하여 충전재 등을 배합한 실리콘 고무계 방수재

㉲ 고무 아스팔트계 : 아스팔트와 고무를 주원료로 하는 고무 아스팔트계 방수재

비고 : 방수재는 그대로 사용하는 1성분형과 사용할 때에 주제와 경화제를 혼합하는 2성분형이 있다.
또한, 1성분형에는 에멀션 타입과 용액 타입이 있다.

☞ 표 7.4.1.1 주요 도막방수 재료의 비교

구 분	우레탄고무계	아크릴고무계	고무아스팔트계
적용범위	지붕, 복도, 발코니, 실내	RC, PC등의 외벽	RC 지하외벽
공 정	프라이머 방수제(0.3kg/m^2) 보강포 방수제(1.5kg/m^2) 방수제(1.7kg/m^2)	프라이머 방수제(1.7kg/m^2) (경사면1.0+보강포2.0) (kg/m^2)	프라이머 방수제(3.5kg/m^2) 방수제(3.5kg/m^2)
보 호 층	도장마감, MORTAR	기타마감재	CON'C, MORTAR 블록류
두 께	3.0mm (온도영향이 적은곳 2.0mm)	1.0mm	2.0mm

2) 방수재의 도포

㉮ 방수재는 핀홀이 생기지 않도록 솔, 고무주걱 및 뿜칠기구 등으로 균일하게 치켜올림 부위와 평면부의 순서로 도포한다.

㉯ 치켜올림 부위를 도포한 다음, 평면 부위의 순서로 도포한다.

㉰ 보강포 위에 도포하는 경우, 침투하지 않은 부분이 생기지 않도록 주의하면서 도포한다.

㉱ 방수재의 겹쳐 바르기는 원칙적으로 앞 공정에서의 겹쳐 바르기 위치와 동일한 위치에서 하지 않으며, 도포방향은 앞 공정에서의 도포방향과 직교하여 실시하며, 겹쳐 바르기 또는 이어바르기의 폭은 100mm 내외로 한다.

㉲ 겹쳐 바르기 또는 이어 바르기의 시간간격은 방수재 제조자의 지정에따르른다. 또한, 겹쳐 바르기 또는 이어 바르기의 시간간격을 초과한 경우, 프라이머를 도포하고 건조를 기다려 겹쳐 바르기 또는 이어 바르기를 한다.

㉳ 방수재 도포 중, 강우나 강설로 인하여 작업이 중단될 경우에는 비닐시트나 폴리에틸렌 필름 등을 덮어 두는 등의 적절한 양생을 하고, 강우나 강설 후의 시공은 표면을 완전히 건조시킨 다음 이전 도포한 부분과 폭 100mm 내외로 프라이머를 도포하고 건조를 기다려 겹쳐 도포한다.

㉴ 우레탄-우레아고무계 또는 우레아수지계 도막방수재를 스프레이 시공할 경우, 최초 분사 도막재는 주제와 경화제의 분사비율이 다를 수있으므로 버린다.

㉵ 우레탄-우레아고무계 또는 우레아수지계 도막방수재를 스프레이 시공할 경우, 분사각도는 항상 바탕면과 수직이 되도록 하고, 바탕면과 300mm 이상 간격을 유지하도록 한다. 또한 소정 두께를 얻기 위해두 번으로 나누어 겹쳐 도포할 경우, 두 번째의 스프레이 방향은 첫 번째의 도포방향과 직교하여 스프레이 도포한다.

㉶ 우레탄-우레아고무계, 또는 우레아수지계 도막방수재를 스프레이 시공할 경우, 동일한 분사압력, 분사온도를 유지할 수 있도록 장치를 관리하여야 한다.

㉷ 고무 아스팔트계 도막방수재의 외벽에 대한 스프레이 시공은 아래에서부터 위의 순서로 실시한다.

3) 방수재의 두께 관리

도막두께는 원칙적으로 사용량을 중심으로 관리한다. 설계도서에 명시된 도막두께(설계두께)를 확보하기 위해서는 방수재 도포 전에 사용량을 정확히 산출하여 해당량을 전부 도포하여야 한다. 현장 시공 과정에서 두께 관리가 필요할 때에는 방수재 도포 직후 습윤막 상태의 도막 두께와 방수재가 경화한 건조막 상태의 도막두께를 측정하는 방법이 사용된다. 도막방수층의 설계두께는 건조막 두께를 기준으로 관리한다. 건조막 두께는 희석제의 사용량, 바탕 표면의 요철면, 굴곡면, 경사도, 누름보호층의 유·무, 도포 당시의 기후 조건 등에 따라 다르게 측정될 수 있다. 이러한 경우에는 담당원과 협의하여 품질 성능을 검토한 후 시공 적합성을 판단한다. 필요시 두께 부족 부분은 보완 시공을 하고, 방수 보호층이 있는 경우에는 반드시 두께 부족 부분을 보강 시공한 후 보호층을 시공한다.

☞ 사진 7.4.3.1 도막방수의 시공

8. 침투성 방수

8.1 침투성 방수의 바탕

1) 침투성방수를 적용하기 위해서는 근본적으로 밀실한 콘크리트 구조체가 필수이며 구조적 균열이 없어야 한다.
2) 방수 시공 전 모체의 결함부를 확실하게 보수한 후 실시한다.

8.2 침투성 도포방수의 종류별 특징

☞ 표 8.2.1.1 침투성 도포방수의 종류별 특징

구 분	방수층 형성방식	특 성
무기질계	시멘트와 화학적 수화작용으로 독특한 수화물을 형성	① 경년변화가 적다. ② 高 수압에 유리 ③ 도포에 의해 두께가 거의 없다. ④ 습윤면에 적용가능
유기질계	아크릴이나 실리콘수지를 주성분으로 콘크리트 내부의 모세관 조직에 침투 GEL층의 방수막 형성	① 백화현상 감소 ② 노출 외벽면에 적용가능 ③ 건조상태 유지필요 ④ 동결융해와 풍화방지 가능

구 분	방수층 형성방식	특 성
혼 합 계	① 무기질계의 분말에 유기질계의 폴리머나 고무 라텍스를 혼합한 재료 ② 직접도포로 콘크리트 표면에 발수성을 갖는 방수막 형성 ③ 모세관 조직 침투의 내부 방수 효과도 얻을 수 있음	① 고수압의 장소에 사용가능 ② 내·외부 방수가능 ③ 습윤면 시공가능 ④ 내산성이 약함 ⑤ 마무리 재료로 사용가능

8.3 방수층 형성의 원리

☞ 그림 8.3.1.1 방수층 형성의 원리

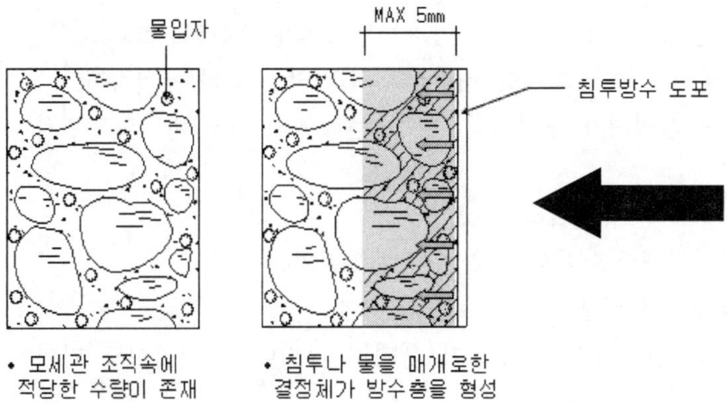

침투에 의해 콘크리트 조직을 치밀화하고 수화물의 결정체가 공극을 채운다.

☞ 사진 8.3.1.1 침투성 방수 시공

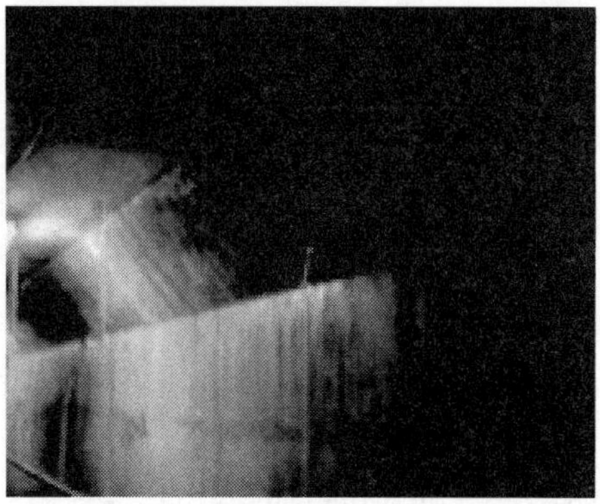

9. 실링(Sealing) 공사

9.1 적용 범위

방수를 목적으로 하여 건축물의 부재와 부재와의 접합부분에 설치되어진 줄눈에 건(gun) 등으로 실링재를 충전하는 공사

9.2 용어

1) 성분형 실링재 : 미리 시공 가능한 상태로 배합되어져 있어 현장에서 그대로 사용할 수 있는 실링재
2) 면접착 : 줄눈에 충전되어진 실링재가 구성재의 마주보는 2면에 접착된 상태
3) 성분형 실링재 : 시공직전에 기제와 경화제를 배합하고 비벼서 사용하는 실링재
4) 면접착 : 줄눈에 충전되어진 실링재가 구성재의 마주보는 2면과 줄눈 바닥의 3면과 접착된 상태
5) 경사이음 : 접속면을 경사지게 하여 접합하는 방법
6) 경화제(硬化劑) : 2성분형 실링재중 기제와 혼합하여 경화시키는 것.
7) 기제(基劑) : 2성분형 실링재중 주성분을 포함하고 있는 것
8) 논워킹 조인트(non-working joint) : 무브먼트가 생기지 않거나, 발생하여도 거의 무시할 수 있는 조인트
9) 매스킹 테이프(masking tape) : 시공중의 구성재의 오염방지와, 줄눈의 선을 깨끗하게 마감하기 위하여 사용하는 보호테이프
10) 무브먼트(movement) : 부재 접합부의 줄눈에 생기는 거동(擧動) 또는 거동의 양
11) 백업(back-up)재 : 실링재의 줄눈 깊이를 소정의 위치로 유지하기 위하여 줄눈에 충전하는 성형재료
12) 본드 브레이커(bond breaker) : 실링재를 접착시키지 않기 위하여 줄눈 바닥에 붙이는 테이프형의 재료
13) 실링(sealing)재 : 건축물의 부재와 부재의 접합부 줄눈에 충전하면 경화 후 양 부재에 접착하여 수밀성, 기밀성을 확보하는 재료로 여기서는 특히 부정형의 재료를 가리킨다.
14) 워킹 조인트(working joint) : 무브먼트가 큰 조인트
15) 이음 : 실링재를 마감한 후, 어느 정도의 시간 간격을 두고 계속하여 실링재를 시공하는 것. 또는 이렇게 시공되는 접속부분
16) 프라이머 : 피착면과 실링재와의 접착성을 높이기 위하여 미리 피착면에 도포하는 재료

9.3 주성분에 따른 실링재의 구분

☞ 표 9.3.1.1 주성분에 따른 구분

구 분	기 호	주 성 분
실리콘계	SR	실리콘(올가노 폴리실록산)
변성 실리콘계	MS	변성 실리콘(올가노 실록산을 갖는 유기 폴리머)
폴리설파이드계	PS	폴리설파이드
변성 폴리설파이드계	MP	변성 폴리설파이드(우레탄 결합을 갖는 폴리설파이드)
아크릴우레탄계	UA	아크릴우레탄
폴리우레탄계	PU	폴리우레탄
아크릴계	AC	아크릴수지
SBR계	SB	스틸렌부타디엔고무
부틸고무계	BU	부틸고무

9.4 줄눈의 형상 치수

1) 워킹 조인트

㉮ 줄눈폭은 실링재가 무브먼트에 대한 추종성을 확보할 수 있는 치수로 하며, 실링재를 충분히 충전할 수 있는 치수이어야 한다.

㉯ 줄눈깊이는 실링재의 접착성 내구성을 충분히 확보할 수 있고, 경화장애를 일으키지 않는 치수로 하며, 실링재를 충분히 충전할 수 있는 치수이어야 한다.

2) 논워킹 조인트

㉮ 줄눈폭은 실링재를 충분히 충전할 수 있는 치수이어야 한다.

㉯ 줄눈깊이는 실링재의 접착성 내구성을 충분히 확보할 수 있고, 경화장애를 일으키지 않는 치수로 하며, 실링재를 충분히 충전할 수 있는 치수이어야 한다.

☞ 표 9.4.1.1 실링재 줄눈의 최대 최소 표준

종 류	줄눈 치수 (mm)		비 고
	최대폭 × 깊이	최소폭 × 깊이	
실리콘계	40 × 20	10 × 7 (5 × 5)	( ) 내의 수치는 Glazing인 경우
변성 실리콘계		10 × 7 (5 × 5)	
폴리설파이드계		10 × 7 (5 × 5)	
폴리우레탄계		10 × 7	
아크릴계 및 기타	20 × 15	10 × 10	

9.5 줄눈의 구조

1) 줄눈깊이가 소정의 치수보다 깊을 경우에는 백업재 등으로 줄눈에 바닥을 만들어 소정의 깊이를 확보하여야 한다.

2) 줄눈바닥의 상태

㉮ 워킹 조인트의 경우에는 줄눈바닥에 접착시키지 않는 2면 접착의 줄눈구조로 한다.

㉯ 논워킹 조인트의 경우에는 3면접착의 줄눈구조를 표준으로 한다.

☞ 그림 9.5.2.1 접착 구조의 종류

3면 접착	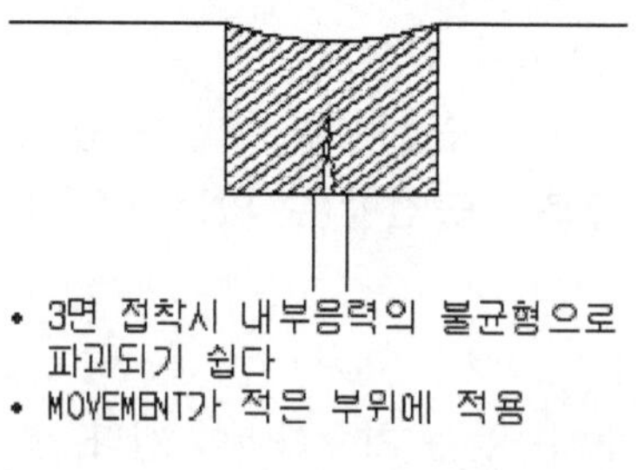	
2면 접착	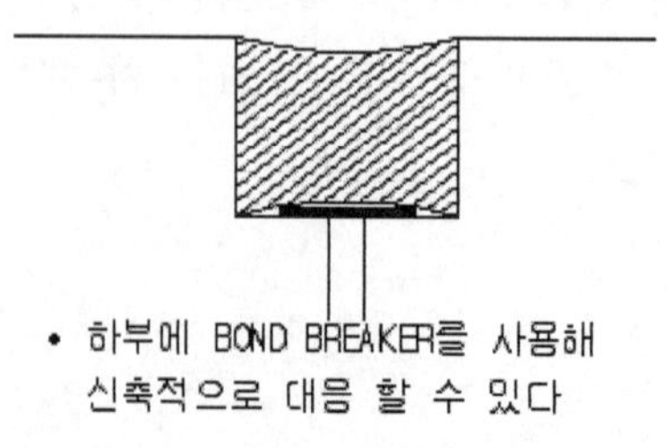	익스팬션 조인트, 외부 창호 등에 적용

9.6 줄눈의 상태

1) 줄눈에는 엇갈림 단차가 없을 것
2) 줄눈의 피착면은 결손이나 돌기면이 없이 평탄하고 취약부가 없을 것
3) 피착면에는 실링재의 접착성을 저해할 위험이 잇는 수분 유(油)분 녹 먼지 등이 부착되어 있지 않을 것

☞ 사진 9.6.1.1 실링재의 시공

10. 벤토나이트 방수

10.1 용어

1) 벤토나이트(bentonite)
   몬모릴로나이트(montmorillonite)계통의 팽창성 3층판(Si-Ai-Si)으로 이루어져 팽윤 특성을 지닌 가소성이 매우 높은 점토광물로 칼슘(Ca)계와 소디움(sodium)계가 있으며, 패널, 매트, 시트 또는 테이프 형태로 지하 구조물의 방수재로 사용된다.
2) 벤토나이트 패널
   파형의 단열 심관을 가진 골판지 패널로 심관에는 팽창성의 벤토나이트 점토 분말로 채워져 있다.
3) 벤토나이트 시트
   고밀도 합성고분자계 시트와 압밀 벤토나이트를 일체로 하여 압착 성형한 시트형상을 한 것으로, 물의 관통 가능성에 대한 2중 차단효과를 노리는 곳에 사용된다.
4) 벤토나이트 매트
   폴리프로필렌 직포 또는 부직포 사이에 벤토나이트를 충전하여 건조 또는 수화된 상태에서 사용하는 매트 형상을 한 것

5) 벤토나이트 채움재
벤토나이트 알갱이가 생물 분해성 크라프트지나 수용성 플라스틱에 담겨진 것으로 기초판과 외벽이 만나는 곳, 시공이음부의 틈 메우기에 사용된다.
6) 벤토나이트 실란트
빙점보다 낮은 온도에서는 물과 부동액으로, 빙점 이상의 온도에서는 물로 수화시킨 벤토나이트 겔(교화체)을 말하며, 조인트의 충전, 접착 또는 평면 코딩 등에 사용하기 위해 혼합 제조된 것
7) 보호층
하드 보드, 아스팔트 섬유가 혼합된 보호판 또는 섬유형의 방수성 보호판 등의 벤토나이트 방수층을 보호하기 위하여 구성되는 층

10.2 특징

1) 수팽창 시 형태의 변화
2) 무기재료로 이루어져 영구적인 효과
3) 수화 반응시 GEL화 되어 자체 SEALING 효과
4) CON'C에 묻히지 않는
5) 노출부위에 시공 불가

10.3 시공 시 주의사항

1) CON'C 타설시 지수재 설치부위는 흙손으로 고르게 해준다.
2) 30~50cm 간격으로 못고정하고 바탕면과의 접착력을 높이기 위해 전용 SEALER를 사용
3) CON'C 타설시 VIBRATOR가 지수재에 직접 닿지 않도록 주의
4) 조기팽창을 억제하는 지연형 제품이 시중에 있으므로 사용 권장

☞ 그림 10.3.1.1 외벽의 하부 벤토나이트 설치

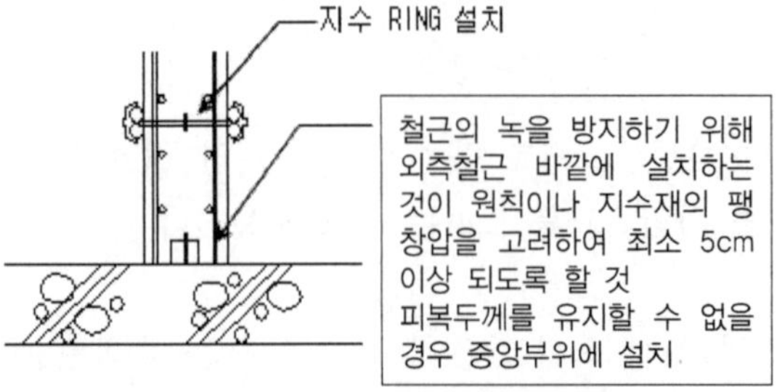

☞ 사진 10.3.1.1 외벽 하부 설치용 벤토나이트

11. 방수공사의 기타사항

11.1 지하실 외벽 방수

1) 개요

지하부분의 콘크리트 구조체는 지상부분과는 달리 직사광선이나 대기 오염물질 등의 영향을 받지 않으나. 대부분의 경우 지하수내에 설치되어 있으므로 특별한 방수대책이 필요하다.

지하부분의 방수방법에는 콘크리트 자체의 수밀성을 높이기 위해 콘크리트자체의 배합 및 거푸집 재료·콘크리트 타설방법 등을 연구·채택하거나 콘크리트의 방수성을 높이는 혼화제등을 혼입하는 “콘크리트구조체방수”, 지하외벽의 외측을 불투수성의 재료로 마감하는 “외방수”, 내측에 시공하는 “내방수”가 있다. 그밖에 옥내 인입용의 슬리브배관주위, 지하구조물 축조시에 가설된 흙막이 부재 등의 구조체 관통자국의 지수처리, 콘크리트 타설시기의 차이로 인해 생기는 시공이음면의 방수·기설치된 지하외벽의 지수 등 여러 조건에 따른 적절한 방수공법이 사용되고 있다.

방수공법의 선정에 있어서는 방수성능 뿐 아니라 공정·경제성·내구성 등의 검토도 필요하다.

2) 콘크리트 구조체 방수

특수한 거푸집이나 콘크리트 타설방법을 채택하거나 또는 방수용 혼화재료를 첨가하여 콘크리트 구조체만으로 방수를 하는 방수공법

㉮ 거푸집 진동기

콘크리트의 충전·다짐 작업은, 통상 바이브레터를 주체로 막대나 나무망치를 병용·실시하는 일이 많지만, 철근량이 많은 부재나 복잡한 형상의 부재에는 대응 할 수 없기 때문에 콜드 조인트, 허니콤 등의 결함이 발생하는 경우가 있다.

이 공법은 거푸집 외부에 복수의 거푸집 진동기를 장치하고, 콘크리트 타설과 병행하여 연속적으로 진동함으로써, 보다 밀실한 콘크리트를 만드는 방법이다. 사용전에 타설구획·타설순서·타설속도를 고려하여 상용대수·부착위치 변경 등을 계획하고, 재료의 분리가 생기지 않도록 사용기간을 조정할 필요가 있다.

㉯ 콘크리트 방수

콘크리트의 방수성을 높이기 위해 콘크리트에 혼입하는 방수혼화제에는 유지계나 고분자계의 재료와 같이 그 자체의 방수성에 의해 시멘트 경화체의 흡수성·투수성

을 개선하는 것과 활성 실리타와 같이 시멘트의 수화에 의해 생기는 알칼리 성분과 결합하여 경화체를 밀실한 조직으로 바꾸는 것이 있다.

유지계 가운데 지방산계를 주제로 하여 방수제는 시멘트의 수화반응에 의해 생기는 수산화석회의 칼슘과 결합하고 발수성이 있는 지방산칼슘이나 규산소다를 주제로 하는 방수제가 있는데, 전자는 철근을 현저하게 부식시키는 것도 있으므로 철근콘크리트에 혼입하는 일은 피해야 한다. 또, 후자에 대해서는 방수효과를 의문시하는 경향도 있다.

초산비닐·염화비닐 등의 고분자(폴리머디스퍼젼)를 콘크리트 내부의 틈에 충전시켜 방수성을 높이는 방법이 활발히 연구되고 있는데, 현재로는 그 성능과 가격을 고려하여 콘크리트보다 모르타르의 방수 혼화제로 보급되고 있다. 특히 고무라텍스를 섞은 콘크리트는 앞으로의 연구에 따라서는 종래의 콘크리트의 방수성을 획기적으로 향상시킬 가능성이 있다.

실리카 미분말을 혼입하여 수산화석회와 결합시킴으로써 콘크리트를 밀실하게 하는 방수방법은 수축균열 등에 의해 일시적으로 누수가 생기더라도 자연히 지수되는 특징이 있다.

3) 외(外)방수

지하외벽의 외방수는 굴착부분의 토질성상, 지상층 공사와 공정상의 문제, 공사 Area 등의 제약을 받기 때문에 신중한 검토가 필요하다.

㉮ 모르타르의 방수

모르타르 방수는 염화칼슘계, 수산소다계, 지방산계, 고분자에멀젼 등의 방수제를 모르타르에 혼입하여, 이것을 구조체 콘크리트에 발라 방수성능을 지닌 피막을 만드는 공법으로서 콘크리트 구조체의 방수나 지수에 관하여 전문적인 기술을 갖고 책임 시공을 해야 한다.

모르타르 방수는 되메우기할 때 파손이 적고 콘크리트 구조체와 일체화하면 쉽게 열화되지 않으므로 안정된 방수성능을 유지할 수 있으며, 바탕이 다소 불균일하거나 습윤하더라도 시공이 가능하다. 반면에 콘크리트의 수축에 의한 균열이나 박리 등으로 방수에 대한 신뢰성이 부족하다.

따라서 지하수가 없는 경우 등 그다지 방수가 요구되지 않는 곳에 사용된다.

방수효과를 높이기 위해서는 통상 모르타르바름에 있어서의 주의점 외에 다음과 같은 사전바탕처리를 확실히 행하여야 한다.

① 콜드 조인트에는 균열이 발생되는 경우가 많아 지하수의 침입로가 된다. 그러므로 시공에 앞서 이 부분을 V-Cut하고 방수제를 혼입한 모르타르로 충전한다. 또한 재료분리(곰보)는 표면적이 작더라도 속으로 확대되어 있는 경우도 있

으므로 파낸 후 처리한다.

② 세퍼레이터나 나무조각은 수로의 원인이 되므로 완전히 제거하고 재거부위를 메운 후 시공한다.

㉯ 시트방수

방수 시트는, 지붕용으로서도 많이 사용되고 있으며, 신뢰성이 높은 재료이다. 그러나 수압이 작용하는 경우에는 조인트부분이 취약하므로, 시공 시 접착 바탕면의 습윤 상태를 확인할 필요가 있다. 또 저온 시에는 시트의 탄력성이 저하되고 전면 접착이 어려운 경우가 있으므로 주의 요구되며, 되메우기 할 때에는 시트파손 방지대책이 필요하다. 또한, 지붕에 사용하는 경우와 달라, 지하외벽에서는 하자보수가 어려우므로 내구성에 대한 배려도 필요하다.

㉰ 벤토나이트 방수

벤토나이트는 지중의 수분과 수화, 팽창습윤하여 불투수성 GEL상의 방수층을 구성하는데 "자폐효과"를 가지고 있으므로 균열이 발생하더라도 그 움직임에 따라서 방수효과가 손상되지 않는다.

종류에는 붙이는 타입과 스프레이 타입이 있다.

붙이는 타입의 예로는 골판지를 이용하여 벤토나이트를 샌드위치모양의 판넬을 만들어 지하외벽에 붙인 후 흙을 되메우는 방법이 있다. 벽면에 붙인 골판지는 시간이 경과함에 따라 분해되고 벤토나이트가 노출하여 외벽면에 불투수층의 막을 형성함으로써 방수효과를 발휘한다.

이 공법은 모르타르 방수에 비해, 가공 및 시공이 용이하고 양생기간이 필요하지 않는 등의 특징을 갖고 있다. 시공시에 구조체에 단단히 고정해야 하며, 되메우기 전에 붙인 보드가 강우에 젖는 일이 없도록 시트 등으로 보호, 양생할 필요가 있다.

㉱ 면내배수제

주위 지반의 배수가 나쁜 경우, 배수가 좋은 와플상의 합성수지제에 필터를 붙여 만든 판넬을 지하 콘크리트 벽면에 설치하여 집수하고, 아래쪽 배수관으로 유도하여 토압, 수압을 저하시킨다.

4) 내(內)방수

방수층은 구조체의 외측에 설치하는 것이 효과적이지만, 작업공간이 협소하고 공정이 길어지며, 공사비가 많아지는 등의 이유로 내방수가 채택되는 경우가 많다. 내방수로서 가장 일반적인 공법은 지하외벽을 이중벽을 하는 방법이 가장 확실한 방법이다.

그 밖에 모르타르 방수나 침투방수제를 도포하는 경우가 있다.

㉮ 이중벽

일반적으로 지하층은 이중벽 구조로 설계되는 경우가 많다. 이것은 외벽에서 누수를 이중벽내의 측구에서 일단 받아서 통수관을 거쳐 용수조로 유도하고, 이 물이 어느정도 차면 펌프로 옥외로 배수하는 것으로 주의할 사항은 아래와 같다.

① 내측벽의 콘크리트 블록 등의 기초는 바닥 마감면보다 300mm이상 높인다.

② 내측벽 시공후 외측벽면에서 누수가 발생하면 외벽의 방수처리가 곤란하게 되므로 사전에 완전하게 처리한다.

③ 내측벽을 시공하는 경우 모르타르 등이 이중벽내의 배수구로 떨어져 배수관이 막히게 되므로 주의한다. 또 이중벽내의 물은 용수조만으로 배수한다.

④ 이중벽의 점검구를 1스팬당 1곳 이상 설치하고 점검구의 주위에는 지수고무 등으로 누수방지 처리를 한다.

☞ 그림 11.1.4.1 지하 2중벽 구조

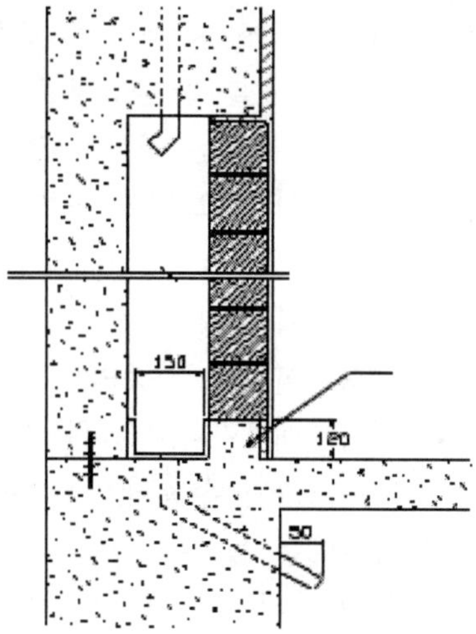

㉯ 모르타르 방수

지반의 배수가 좋고, 비교적 얕은 지하실이나 지하수의 영향이 적은 지하구조물은 간단한 모르타르 내수방수로도 충분하다.

㉰ 침투방수제

내방수의 경우 외벽에 수압이 증가하면 도막이나 시트 등의 방수층을 밀어 내려는 힘이 작용하므로 누름 등의 대책이 필요하다. 따라서, 박리의 염려가 없고 시공품도 들지 않는 침투방수제를 택하는 경우가 있다.

침투방수제의 재료는 지상 부분이 실리콘계의 발수타입이 주류임에 비해, 지하의 경우는 습윤 상태이므로 무기질계의 규산타입 혹은 여기에 폴리머를 첨가한 것을 많이 사용하고 있다. 이것은 콘크리트의 모관 공극 중에 확산 침투한 규산이온이 구멍내의 유리석회와 반응하여 안정된 규산칼슘으로 되어, 모관공을 좁혀 방수효과를 발휘하기 때문이다.

이외에도 여러가지의 활성물질이 복합사용 되는데, 그 작용기구가 복잡하므로 반드시 메이커의 기술자료를 확인한 뒤 사용할 필요가 있다.

5) 시공 이음면과 관통부의 방수

콘크리트 구조물을 구축하는 경우 구조물의 규모, 1일 콘크리트 타설량, 거푸집 면적 또는 작업인원의 제한 등으로 반드시 시공 이음면이 발생한다. 시공 이음면은 강도, 수밀성, 중화성등의 면에서 구조물의 취약부분이 되기 쉬우므로, 구조상 가장 영향이 적은 곳에 위치시키거나 가능한 한 개소를 적게 해야 하며, 시공 이음면에는 적절한 방수공법을 채택하지 않으면 안된다.

시공 이음에는 굳지 않는 콘크리트에 이어치는 경우와, 굳은 콘크리트에 신규로 콘크리트를 이어치는 경우가 있다.

㉮ 굳지 않은 콘크리트의 시공이음

콘크리트 타설을 종료하기 위해 보조판, 강판, 가시모양 철판, 라스철망 등을 사용하는데, 콘크리트가 허물어지지 않을 정도가 된 상태에서 제거한 후 면을 거칠게 하고, 흘러 넘친 콘크리트는 신속히 제거한다. 또, 후 콘크리트를 타설하기 직전에 이어 칠 면을 청소하고 시멘트 페이스트 또는 합성수지에멀젼 등으로 도포한다.

콘크리트의 시공이음면에 발생하는 콜드조인트를 방지하기 위해 먼저 친 콘크리트의 응결이 되기전에 후콘크리트를 이어치는 것이 좋다. 경화한 콘크리트와 후콘크리트가 일체가 되도록 타설하는 것은 매우 어렵고, 또한 시공이음면에 대하여 완전한 지수를 기대하는 것은 어려우므로 지수판을 사용하는 것이 좋다.

㉯ 지수판

이미 굳은 콘크리트에 후 콘크리트를 이어치는 경우에는, 그 부분의 수밀성을 거의 기대할 수 없으므로, 사전에 설치한 염화비닐수지제, 고무제, 강판제 등 각종의 지수판을 이용하여 방수하는 경우가 많다.

지수판의 재료는 사용목적에 따라 선정된다. 콘크리트 구조체의 조인트 부분중 구조체와 일체로 되는 부분에는 강제가 사용되는 경우가 많다. 건물에 붙어 있는 구조물과 서로 접한 부위는 부동침하를 고려하여 익스팬션 조인트를 설치하고, 지수성을 확보할 필요가 있는 장소에는 연질의 재료가 사용되고 있다.

이들 지수판은 사용방법이 적정하면 방수효과를 충분히 발휘하지만, 실제의 공사에서는 콘크리트 타설시 충격이나 압력에 의해 구부러지고, 이 부분에 공극이 생겨 누수의 원인이 되는 경우도 있으므로 충분한 검토와 신중한 시공이 요구된다.

최근에는 이와 같은 난점을 해결할 수 있는 지수판으로 소재에 수팽창성성의 고무를 사용한 것도 이용되고 있다.

㉰ 익스팬션 죠인트

지하구조물에서는 익스팬션 조인트 부분의 방수가 가장 어려울 뿐 아니라, 조인트의 폭이 커서 일단 누수가 시작되면 지수방법이 곤란하게 된다. 일반적으로 익스팬션 조인트 부분은 움직이는 경우가 많으므로 탄력성이 뛰어난 재료를 선택할 필요가 있다.

지수판은 콘크리트 타설에 앞서 거푸집에 임시로 붙이고, 위치가 어긋나거나 구부러지지 않도록 한다. 지수판의 주위에도 콘크리트를 충분히 다져 넣어야 하며, 특히 지수판 수평부분의 하측은 공극이 생기기 쉬우므로 주의 한다.

또한, 거푸집을 해체한 후, 콘크리트를 충분히 건조시키고 접착제를 사용하여 패킹재를 붙인 다음 콘크리트를 다져 넣는다. 구조체 또는 마감 모르타르의 건조 후에는 실링재를 충전하고 콘크리트 타설을 계속하지 않는 경우에는 지수판에 손상을 주지 않도록 보양한다.

㉱ 관통재 주위의 처리

배관, 배선용의 슬리브관 등이 콘크리트 구조체를 관통하는 경우에는 지수판을 붙이고 실링재로 지수처리를 한다.

흙막이재가 구조체를 관통하여 필요없는 구멍이 발생하는 경우, 나중에 콘크리트를 타설하여 충전시키는데, 콘크리트의 침하를 고려하여 여유있게 타설하고, 거푸집 제거 후에 그 부분을 Chipping 한다. 또, 이어치는 부분에 배기 파이프를 통해 시멘트계 그라우트재를 주입, 충전하는 방법도 지수에는 유효하다.

6) 기존 지하 외벽 방수

지하외벽에는 수압이 영구적으로 작용하므로, 콘크리트 구조체의 균열·곰보·공극·콜드 죠인트·시공이음면·세퍼레이터 주위 등의 방수처리가 불량한 경우, 누수가 발생하게 된다. 콘크리트 지하외벽의 누수는 실내 환경을 악화시킬 뿐만 아니라, 건물의 수명을 단축시킨다. 다음은 누수대책으로 사용되는 각종 방수공법의 특징과 공법선정의 검토에 대한 사항이다.

㉮ 방수공법의 종류

지하외벽의 누수대책은 누수의 정도나 누수개소의 환경에 따라 표 11.1.6.1과 같이 전면적인 보수와 국부적인 보수로 나눌수 있으며, 작업장소에 따라 건물외부 방수공법과 건물내부 방수공법으로 구분할 수 있다.

☞ 표 11.1.6.1 누수의 보수 방법 분류

수선범위	작업장소	방수공법 종류	재 질
전면적	건물외부	붙 임 공 법 (흙막이요)	합성수지계, 고무아스팔트계, 합성고무계
		뿜 칠 공 법 (흙막이요)	합성수지계, 고무아스팔트계, 아스팔트계, 시멘트계
		도 포 공 법 (흙막이요)	합성수지계, 고무아스팔트계, 아스팔트계, 합성고무계
		간접주입공법 (흙막이요)	시멘트계
국부적	건물내부	주 입 공 법	합성수지계(아크릴·우레탄), 시멘트계
		충 전 공 법	합성수지계
		주 입/충 전	시멘트계, 합성수지계
		병 용 공 법	시멘트계, 합성수지계
		도 포 공 법	
		주 입/충 전	시멘트계, 합성수지계
		병 용 공 법	

㉯ 방수공법의 특징과 선정

누수되는 기존의 지하외벽의 방수공사를 실시하기 전에 누수상황의 파악은 물론이고, 방수공법의 신뢰성·안전성·경제성 등을 충분히 검토하여 적절한 방수공법의 선정이 필요하다.

㉰ 건물외부에서의 방수공법

간접주입공법 : 누수되는 기존 지하외벽에 접하는 지반으로, 시멘트계 방수제(혼화제를 섞은 시멘트 밀크)를 고압분사·주입 하면, 방수제의 반응생성물(방수제에 포함된 활성 실리카가 물과 시멘트의 수화반응생성물과 반응함으로써 생성되는 불용성 규산칼슘겔)이 물과 함께 누수되는 콘크리트의 공극부 내로 침투하여, 그 공극부에 가라앉거나 달라붙어 공극부를 밀폐함으로써 방수가 된다. 이 Gel은 건조수축하는 성질이 있으므로, 일단 누수가 그치면 건조수축하기 때문에 공극이 생겨 다시 누수하는 경우가 있다. 그러나 후속의 수화반응생성물과 반응·성장하여 다시 공극을 밀폐함으로써 방수가 되는데, 이러한 반응이 수회 되풀이 되면 결국은 공

극부에 물이 통하지 않을 정도로 Gel이 성장하여 충분한 방수가 된다. 이 공법은 기존 지하외벽면 전체에 미치는 누수나 누수경로가 불명한 경우에도 적용할 수 있다.

㉣ 건물 내부에서의 방수공법

① 주입공법(직접주입)

콘크리트의 균열에 직접하는 재료로서 에폭시수지가 가장 일반적이지만 접착면에 물이 있으면 부착되지 않으므로 누수하고 있는 부위에는 사용할 수 없다. 누수개소에 사용할 수 있는 합성수지계 주입제로는 아크릴계 2성분 합성수지와 폴리우에탄계 수용성 수지가 있다.

아크릴계 2성분 합성수지를 사용하느 주입공법은 콘크리트의 균열부위를 드릴로 천공한 후, 주입용 노즐을 삽입하고 고압주입으로 시공하는 방법으로서, 수압이 작용하고 있는 누수부위라도 주입할 수 있다. 경과후에는 물에 불용성이며 분해되지 않으므로 방수가 가능하다.

폴리우레탄계 수용성수지를 사용하느 주입공법은 주입한 수지가 누수부위의 물과 급속히 결합하여 불용성의 발포고결제를 형성함으로써, 침입수의 유입을 저지하여 방수하는 공법으로서, 주입조작이 용이하고, 탄성률이 높이며, 추종성이 좋아 습윤면에 시공이 가능하다.

② 충전공법

충전공법은 누수부위를 U형 또는 V형으로 홈을 내고 물로 청소하거나 물을 축인후 충전제(시멘트계·합성수지계)를 빈틈없이 메우고 평평하게 마무리하여 방수하는 방법이다.

시멘트계 충전제를 사용하는 충전공법은 재료가 레디믹스형이므로 배합비율을 정확하게 할 수 있고, 충전면의 건습에 관계없이 시공이 가능하며, 작업성도 좋아 경제적이다. 그러나, 균열폭이 불균일하거나 바탕청소가 불충분한 상태에서 시공하면 잘 되지 않으므로 방수성이 불량하게 된다.

합성수지계를 사용하는 충전공법(병용형)은 시멘트계 충전재로 1차 시공후, 합성수지를 충전하여 방수하는 공법으로서 추종성·내구성이 양호하고 무수축성이므로 방수성이 좋다.

③ 충전·도포병용공법

누수부위를 U형 또는 V형으로 홈을 낸후, 충전공법과 동일한 방법으로 바탕처리를 하고, 그 부분에 시멘트계 도포제를 흙손이나 솔로 가압하면서 도포한다. 콘크리에 침투한 방수제(활성실리카계)는 콘크리트 내부의 수분이나 누수에 의해 생긴 수화반응생성물과 반응하여 불용성의 규산칼슘계의 결정체를 생성하는데, 기 결정체가 침입수를 저지하여 방수효과를 높인다.

11.2 안(內방)수와 바깥(外방)수의 비교

☞ 표 11.2.1.1 안(內)방수와 바깥(外)방수의 비교

구 분	안(內)방수	바깥(外)방수
적 용	방수층 시공이 간단하여 공사비는 저렴하지만 수압이 작은 곳에만 사용한다.	방수층 시공이 복잡하여 공사비는 고가이지만 수압이 큰 곳에 사용할 수 있다.
사용 환경	수압이 적고 얕은 지하실	수압이 크고 깊은 지하실
공사시기	자유롭다.	본공사에 선행하여야 한다.
내수압성	작다.	크다.
경 제 성	싸다.	고가이다.

☞ 그림 11.2.1.1 안(內)방수와 바깥(外)방수의 비교

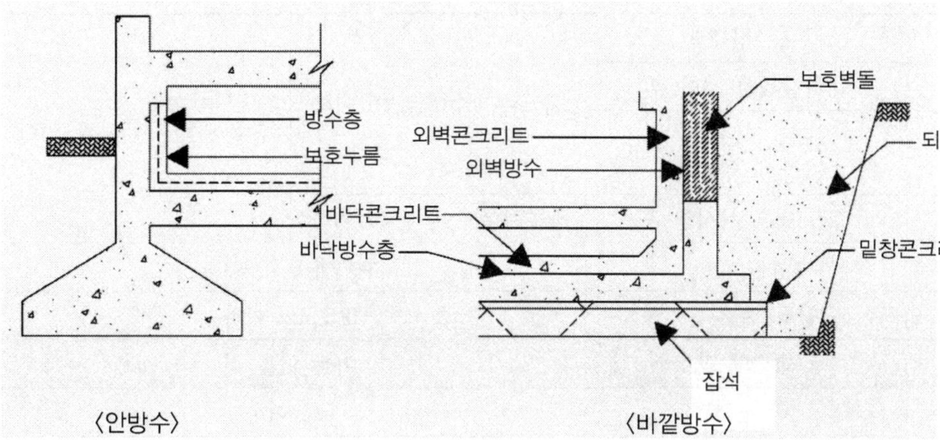

11.3 발수공사

1) 적용 범위

콘크리트, 자연석, 벽돌, 인조석, 점토벽돌, ALC블록 및 패널의 수직 외표면에 도포하여 건축물 및 토목 구조물의 내구성 증진을 목적으로 발수성을 부여하는 재료를 시공할 경우에 적용한다.

2) 용어

㉮ 발수성(water repellency) : 물을 튀기는 성질 또는 물에 대하여 친화성을 나타내지 않는 성질

㉯ 발수제(water repellent) : 대상 재료의 내부구조에 변화를 주지 않고, 포면에 발수

성 피막을 만들어 물의 침투를 막는 재료로, 표면에 물이 접촉하였을 경우에 접촉각을 크게 하여 물방울 상태로 고체표면과 분리되게 한다.

㉰ 백화현상 : 시멘트로 경화시킨 모르터나 콘크리트 및 그 2차 제품의 표면에 생기는 흰 솜모양의 침출물이나 반점이 생기는 현상

㉱ 통기성 : 수증기나 공기가 고체를 통과할 수 있는 성질

3) 발수제의 품질 기준

☞ 표 11.3.3.1 발수제의 품질

항 목		기 준 치	
		유기질계	무기질계
도포 후의 겉모양		변화가 없을 것	
침투깊이		2.0 mm 이상	–[2]
내흡수 성능	표준상태[1]	물흡수계수비 0.10 이하	물흡수계수비 0.50 이하
	내알칼리성 시험 후	물흡수계수비 0.10 이하	물흡수계수비 0.50 이하
	저온, 고온 반복 저항성 시험 후	물흡수계수비 0.10 이하	물흡수계수비 0.50 이하
	촉진 내후성 시험 후	물흡수계수비 0.20 이하	물흡수계수비 0.50 이하
내투수성능		투수비 0.10 이하	
염화이온 침투저항성능		3.0 mm 이하	
용출저항 성능	냄새와 맛	이상 없을 것	
	탁 도	2도 이하	
	색 도	5도 이하	
	중금속(Pb로서)	0.1 mg/L이하	
	과망간산칼륨 소비량	10 mg/L이하	
	pH	5.8~8.6	
	페 놀	0.005 mg/L이하	
	증발 잔류분	30 mg/L이하	
	잔류 염소의 감량	0.2 mg/L이하	

(주) 1) 흡수방지재를 도포하고 열화처리를 하지 않은 시험체

2) 무기질계인 경우에는 침투비성막형으로서 방수막을 형성하지 않고 모세관 공극에 시멘트 수화물과 동일한 형태의 생성물을 형성하여 조직을 치밀화시킴으로써 외부로부터의 물 또는 염화이온(Cl−)의 침투를 억제하는 메커니즘을 가지고 있기 때문에 침투깊이의 측정이 불가능하여 침투깊이에 대한 성능을 규정하지 않음.

4) 발수제의 도포

㉮ 발수제는 붓, 로울러, 뿜칠 등으로 시공부위에 균일하게 도포한다. 붓으로 바를 경우에는 바름방향이 일정하도록 겹쳐서 도포한다.

㉯ 앞 공정에서 도포한 발수제가 충분히 침투되어 손가락 끝에 묻어나지 않는 상태가 되도록 충분히 건조된 다음에 2차 도포를 한다.

㉰ 2차 도포가 끝난 후 충분히 발수시공이 되었는가를 확인하기 위해 물뿌리기로 물을 뿌려 물맺힘 상태를 확인하고, 물맺힘 상태가 좋지 않을 경우에는 완전히 건조된 다음 다시 도포한다.

㉱ 뿜칠기로 시공할 때도 같은 방법으로 시공한다.

㉲ 저온시의 시공(5℃ 이하)은 피한다.

☞ 사진 11.3.4.1 발수제 도포 후의 벽체 및 바닥

11.4 방습공사

1) 적용 범위

지면에 접하는 콘크리트, 블록벽돌 및 이와 유사한 재료로 축조된 벽체 또는 바닥판의 습기 상승을 방지하는 공사 또는 우로(雨露)에 노출되는 벽면의 흡수 등을 방지하기 위하여 박판 시트계, 아스팔트계, 시멘트모르터계 또는 신축성 시트계의 수밀 차단재를 사용하는 방습공사에 적용한다.

2) 박판시트계 방습재료

박판시트계 방습재료에는 다음과 같은 것이 있으며, 종류는 공사시방에 의한다.

㉮ 종이 적층 방습재료

아스팔트 또는 내습성 복합물로 적층된 무거운 크래프트지로, 주위가 유리섬유 또는 내구력이 있는 파이버(fiber)로 보강되어 있는 것

㉯ 적층된 플라스틱 또는 종이 방습재료

탄화 폴리에틸렌지와 크래프트지로 적층되고 글래스 파이버(glass fiber)로 보강된 것

㉰ 펠트, 아스팔트 필름 방습층

아스팔트를 침투시킨 펠트의 적층판이나 파이버로 보강된 방수 아스팔트 또는 두께 0.1mm 이상의 P.V.C 필름으로 보강된 방수 아스팔트

㉱ 플라스틱 금속박 방습재료

폴리에스터 플라스틱 두장 사이에 적층된 알루미늄박막. 금속박과 종이로 된 방습재료 글래스 파이버로 보강되고 유연하게 코팅된 크래프트지에 적층된 반사성 알루미늄박

㉲ 금속박과 비닐직물로 된 방습재료

글래스 파이버로 보강된 연회색의 비닐시트에 반사성 알루미늄박을 적층한 것

㉳ 금속과 크래프트지로 된 방습재료

전해질의 동 또는 납으로 코팅된 동을 아스팔트로 골판지에 부착한 것

㉴ 보강된 플라스틱 필름 형태의 방습재료

폴리에틸렌 필름 사이에 나일론, 유리섬유 혹은 폴리프로필렌 직물을 적층한 것

3) 신축성 시트계 방습재료

신축성 시트계 방습 재료에는 다음과 같은 것이 있으며, 종류는 공사시방에 의한다.

㉮ 비닐 필름 방습지

가소성 폴리비닐 염화물의 필름

㉯ 폴리에틸렌 방습층

두께가 0.10mm 이상의 단열 폴리에틸렌 필름

㉰ 교착성이 있는 플라스틱 아스팔트 방습층

교착성 고무질 아스팔트 코팅을 한 0.10mm 두께 1겹의 탄화 폴리에틸렌 필름

㉱ 방습층 테이프

한면이 압력에 민감한 교착제가 있는 폴리에스터 필름 두 장 사이에 적층된 알루미늄박

11.5 INJECTOR GROUTING

1) 개요

콘트리트 구조물은 준공후 세월이 지남에 따라 누수, 표면, 마감재의 낙하, 틈이 벌어지는 등 문제가 발생한다. 아무리 완벽 한 공사라해도 콘크리트는 인장강도가 낮아 수축 및 진동, 지반의 침하가 원인이 되어 균열이 발생한다.

그리하여 침수, 누수현상이 나타나 구조물로서의 기능이 저하되고 수명이 단축되며, 방치해두면 심각한 피해를 초래하기도 한다. 이에 따라 균열부위 보수에 있어서 결점을 보완, 표면장력과 모세관 현상을 이용하여 미세한 균열의 내부까지 약품을 주입, 작업능률을 향상시키고 확실한 주입효과를 얻을 수 있는 공법.

2) 특징

㉮ 주입성능

저압, 저속에 의한 확실한 주입이 가능하며, 가압스프링에 의해 일정한 압력으로 주입을 서서히 지속시켜 주기 때문에 균열의 내부 깊숙한 부위까지 주입된다.

㉯ 주입압력의 관리

주입압력을 조정할 수 있으며, 가압스프링의 길이 조절로 주입시 압력을 조정할 수 있다.

㉰ 주입량의 관리

인젝터는 투명하고 용량표시가 되어 있어 주입량의 조정이 용이하다.

㉱ 시공성

작업이 간단하며 전용 인젝터에 의한 작업이므로 시공기술을 간단히 숙지할 수 있다.

㉲ 경화의 확인

주입제의 경화상태를 쉽게 확인할 수 있으며, 인젝터 내에 남아있는 주입제의 경화상태를 육안으로 쉽게 확인할 수 있다.

㉳ 경제성

동시 주입이 가능하며 인젝터를 설치하는 것으로 작업이 순조롭게 진행되므로 적은 인원으로도 동시에 넓은 지역을 시공할 수 있다.

3) 용도

㉮ 토목

① 댐/옹벽(기초공사)등의 크랙보수 및 보강 방수공사
② 교량/교각 등의 크랙보수 및 보강 방수공사
③ 콘크리트/벽돌 등의 크랙보수 및 보강 방수공사
④ 수영장, 아파트, 목욕탕 크랙보수 및 보강 방수공사
⑤ 각종 물탱크의 크랙보수 및 보강 방수공사
⑥ 터널·지하철·수로·PVC제품·기타 토목구조물 등

㉯ 건축

① 외벽/내벽/천정 등에서 발생한 모르타르, 타일, 석재 등의 들뜸보수 및 보강공사

② 콘크리트 구조물의 크랙보수 및 보강 방수공사

③ 기계설비

기계설비의 콘크리트 대좌(받침틀)에 발생한 들뜸·크랙보수 및 보강공사

☞ 그림 11.5.3.1 인젝터의 구조

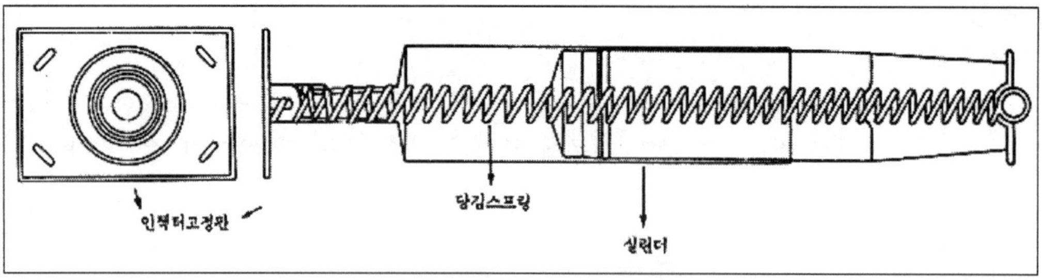

4) 시공 순서

㉮ 균열의 점검 및 조사

균열의 상태, 폭, 길이를 충분히 조사한 후 공정순서를 확인한다.

㉯ 면처리

와이어 부러쉬 등으로 실링 예정부위를 깨끗하게 청소한다. 기름이 있는 경우에는 신너로 청소한다.

㉰ 고정판 설치 부위 결정

균열의 상태를 보고 고정판의 설치 부위를 결정한다.

㉱ 고정판 설치

실링제로 고정판을 접착, 고정시킨다.

㉲ 실링

균열 부위를 실링제로 정확하게 실링한다.

㉳ 주입

인젝터를 스프링으로 고정판에 설치한다. 이때 균열의 크기에 따라 30cc이상 약품이 요할 경우에는 새로운 인젝터로 교환하여 계속 주입시킨다.

㉴ 주입제의 양성

주입용 수지가 경화된 후 인젝터 제거

㉵ 실링제 제거

고정판을 제거하고 핸드그라인더로 깨끗하게 면처리

11.6 담수 시험

1) 확인 방법

㉮ 소규모의 평지붕, 실내방수, 수조 : 담수 TEST

㉯ 박공지붕, 규모가 큰 평지붕, 지하 구조물 : 살수 TEST 또는 강우시 검사

2) 담수 테스트

㉮ DRAIN 또는 배수구를 밀봉하고 수심이 얕은 곳에서도 5cm 이상 되도록 물을 채운 뒤 24시간 방치 후 누수발생 여부를 확인

㉯ SHEET 방수의 경우 이음부위, 코너부위를 발로 밟아 기포발생 여부를 확인

☞ 그림 11.6.2.1 담수 테스트

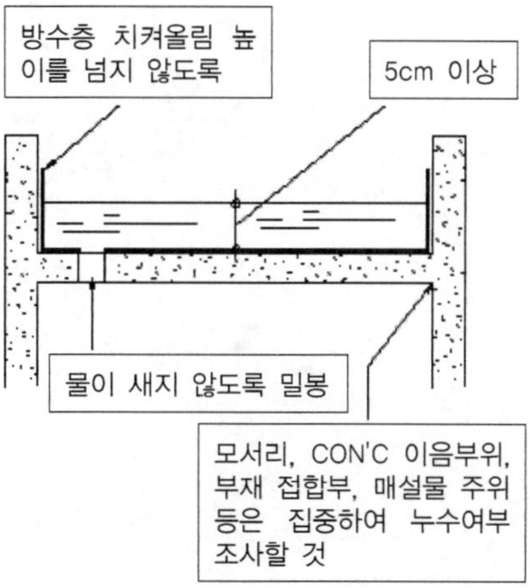

☞ 사진 11.6.2.1 담수 테스트

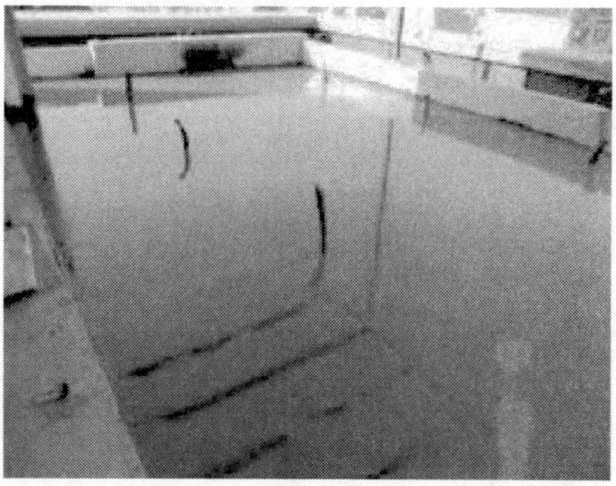

3) 살수 테스트

㉮ 검사용수의 공급, 배수처리 등을 사전에 고려

㉯ 살수는 해당 지역의 최대강우 강도 이상

㉰ 모서리, 돌출부 등 하자 다발 부위 위주로 실시

4) 강우 시 검사

㉮ 지하구조물은 강우시 외부 DEWATERING을 중단하고 누수여부 확인

㉯ 이때, 구조물에 작용하는 부력 검토

㉰ 자연 강우를 이용할 수 있으면 가장 간편하나 강우량은 조절할 수 없기 때문에 관리가 곤란

제 15장

지붕 및 홈통공사

1. 용어의 정리
2. 일반사항
3. 지붕의 종류 및 홈통공사

1. 용어의 정리

건축공사 표준시방서에서는 지붕공사에 사용하는 용어를 다음과 같이 정의하고 있다.

1) 기와가락 잇기(batten seam) : 너비 방향으로 일정한 간격마다 각재를 바닥에 고정한 후 규격에 맞춘 금속판으로 마감하여 각재 부위가 돌출되어 있는 방법
2) 금속패널 지붕 : 공장에서 미리 패널 타입으로 성형하여 현장에서 설치하는 지붕. 금속패널로 종류는 금속절판 지붕, 돌출 잇기 지붕, 기와가락 잇기 지붕 등이 있음
3) 금속제 절판 지붕(structural metal roofing) : 금속판을 V자, U자 또는 이에 가까운 모양으로 접어 제작한 지붕판을 사용하여 설치하는 지붕
4) 골(계곡)(valley) : 경사 지붕에서 지붕 면이 교차되는 낮은 부분
5) 굽도리 철판(base flashing) : 지붕면과 수직을 형성하는 면의 하단부에 비흘림 및 빗물막이를 위하여 설치하는 강판
6) 계단식 이음(horizontal seam) : 물 흐름 방향으로 일정한 간격마다 각재 또는 기타 고정재로 고정하여 계단식 모양으로 지붕을 만드는 이음 방법
7) 너비 방향(가로 방향) : 지붕에서 물이 흘러내리는 방향과 직각인 방향
8) 데크(deck) : 일반적으로 바닥판을 의미하지만 지붕공사에서는 Roof Deck를 말한다.
9) 돌출 잇기(standing seam) : 금속판 이음 부위가 바탕에 수직으로 돌출되게 설치하는 이음 방법
10) 레이크(rakes) : 지붕 경사에 수평으로 설치하는 부재 및 박공지붕에서 벽과 박공지붕 사이에 마감하는 부재
11) 바탕보드 : 지붕 마감 재료를 설치하기 위한 합판 등의 바탕 재료
12) 바탕 방수 재료(underlayment materials) : 금속판 지붕공사 등에 수밀성을 제공하거나 수밀성을 보강하기 위한 재료
13) 박공벽(측면 부분)(gable) : 박공지붕에서 지붕 경사면과 벽과 만나는 삼각형의 부분
14) 방습지(vapor barriers) : 실내 상대습도가 높은 공간(상대습도 45% 이상)의 지붕 등에 결로방지를 위해 사용하는 재료
15) 서까래(rafter) : 처마도리와 중도리 및 마룻대 위에 지붕 경사의 방향으로 걸쳐대고 산자나 지붕널을 받는 경사 부재
16) 아이스 댐(ice dam) : 1월 평균 기온이 −1℃ 이하인 지역의 지붕 등의 지붕재 하부에 방수 및 방로를 위해 설치하는 재료
17) 중도리(purlin) : 처마도리와 평행으로 배치하여 서까래 또는 지붕널 등을 받는 가로재
18) 지붕의 경사(물매) : 지붕 구조에서 수평 방향에 대한 높이의 비
    ㉮ 평지붕 : 지붕의 경사가 1/6 이하인 지붕

㉯ 완경사 지붕 : 지붕의 경사가 1/6에서 1/4 미만인 지붕
㉰ 일반 경사 지붕 : 지붕의 경사가 1/4에서 3/4 미만인 지붕
㉱ 급경사 지붕 : 지붕의 경사가 3/4 이상인 지붕

19) 지붕마루(용마루)(ridge) : 지붕 경사면이 교차되는 부분 중 상단 부분
20) 처마 거멀띠(drip edge) : 지붕의 처마 및 박공처마 모서리를 보호하기 위하여 ㄷ-자 띠 형태로 덧대는 철판
21) 처마(eave) : 경사 지붕에서 낮은 쪽 단부
22) 추녀 마루(hip) : 지붕 위에 있는 지붕마루로 지붕귀에 있는 추녀의 바로 위에 꾸민 귀마루
23) 착고(end closure) : 지붕의 상단 및 하단에 골 부분을 마무리한 재료
24) 카운터 후레싱(counter flashings) : 벽 또는 기타 표면에 기본 후레싱 또는 이와 관련된 고정철물(패스너) 등을 보호하기 위해 설치하는 후레싱
25) 크리켓(crickets) 또는 새들(saddles) : 굴뚝 등 작은 지붕 관통 부위에 설치하여 물의 흐름을 바꾸도록 하는 구조물
26) 클립(clips) 또는 거멀쪽 : 금속판 지붕의 금속판을 설치하기 위한 비연속적인 부재
27) 클릿(cleats) 또는 거멀띠 : 금속판, 후레싱, 마감재 등을 설치하기 전에 설치하는 연속적인 부재
28) 패스너(fastener) : 고정용 철물의 총칭
29) 평잇기(flat seam) : 금속판 이음 부위가 바탕과 수평하게 설치되는 이음 방법으로 평잇기는 일반적으로 급경사 지붕 및 외벽에 한하여 적용
30) 후레싱(flashing) : 지붕의 용마루, 처마, 벽체, 옆 마구리, 절곡 부위, 돌출 부위 등에 사용하여 물처리 및 미관을 위한 마감재
31) 흐름 방향(세로 방향) : 지붕에서 물이 흘러내리는 방향
32) 홈통 걸이(gutter brackets) : 홈통을 고정하거나 지지하는 부재

2. 일반사항

2.1 지붕공사의 성능 요구사항

1) 일반사항

지붕에 대한 일반적인 성능 요구사항은 다음과 같은 사항이 있으므로 관련 법규, 건물의 용도 등을 고려하여 이를 적절하게 반영하여 시공한다.

㉮ 수밀성 : 지붕은 넘치거나 흘러내리는 것을 고려하여 지붕재료를 겹치도록 하거나 후레싱을 설치하며 건물 내부로 물의 침투를 허용하지 않도록 한다.

㉯ 내풍압 성능 : 지붕은 국토교통부 고시 건축구조기준에 명시된 설계 풍하중 등 설계하중을 적용하였을 때 설계하중에 저항할 수 있도록 설계 및 시공되어야 한다.

㉰ 열변위 : 금속재료로 설계된 지붕(금속판 및 금속패널, 금속절판 지붕)은 주변 및 금속 표면에 최대 온도변화로부터 발생하는 열변위를 고려한다. 태양열 취득 및 밤의 열 손실에 따른 재료의 표면 온도에 관한 기본적인 설계 계산을 하여야 한다.

㉱ 단열 성능 : 지붕은 건축물 에너지절약설계기준에 명시된 단열성능을 갖도록 설계 및 시공되어야 한다.

㉲ 내화 성능 : 건축관련 법규에서 정하는 용도의 건물의 지붕 중 내화구조가 아닌 지붕은 내화 성능을 갖도록 설계 및 시공되어야 한다.

㉳ 방화에 지장이 없는 재료의 사용 : 건축관련 법규에서 정하는 용도의 건물의 지붕 마감 재료는 방화에 지장이 없는 준불연재 이상의 재료를 사용하여야 한다.

㉴ 차음 성능 : 지붕은 외부 발생 소음원과 실내허용 소음치를 고려하여 적절한 차음 성능을 갖도록 설계·시공되어야 한다.

2) 하부 구조의 처짐 제한

지붕의 하부 구조의 처짐은 별도로 지정하지 않는 한 1/240 이내이어야 한다.

3) 지붕의 경사(물매)

지붕의 경사는 설계도면에 지정한 바에 따르되 별도로 지정한 바가 없으면 1/50 이상으로 한다.

㉮ 기와 지붕 및 아스팔트 싱글 : 1/3 이상. 단, 강풍 지역인 경우에는 1/3 미만으로 할 수 있음

㉯ 금속 기와 : 1/4 이상

㉰ 금속판 지붕 : 일반적인 금속판 및 금속패널 지붕 : 1/4 이상

㉱ 금속 절판 : 1/4 이상. 단, 금속 지붕 제조업자가 보증하는 경우 : 1/50 이상

㉲ 평잇기 금속 지붕 : 1/2 이상

㉳ 합성고분자 시트 지붕 : 1/50 이상

㉴ 아스팔트 지붕 : 1/50 이상

㉵ 폼 스프레이 단열 지붕의 경사 : 1/50 이상

2.2 재료의 선정

1) 방습지 및 단열재 등의 지붕공사를 위한 부속재료는 환경마크, 탄소마크, 환경성적표지 등 공인된 친환경 재료를 우선 사용한다. 환경마크 인증을 받은 지속 가능한 자재의 사용을 우선적으로 고려한다.
2) 지붕 및 부속재료는 전 과정에 걸쳐 에너지 소비와 이산화탄소 배출량이 적은 것을 우선적으로 선정한다.
3) 지붕 및 부속재료는 현장 인근에서 생산되어 운송과 관련한 환경영향이 적은 것의 우선 선정을 고려한다.
4) 지붕 및 부속재료는 재사용·재활용이 용이한 제품을 우선적으로 사용할 수 있도록 고려한다.
5) 지붕 및 부속재료는 순환자원의 사용을 적극적으로 고려한다.
6) 적절한 구매계획을 수립하여 잉여 자재가 발생하지 않도록 하고, 폐기물 발생을 최소화할 수 있는 지붕 및 부속재료를 우선적으로 사용한다.
7) 현장에서 화학적 방부처리가 필요한 목재의 사용은 가능한 한 제한한다.
8) 지붕 부속자재인 선홈통 및 루프 드레인은 되도록 내구성이 우수한 재료를 선정하여 보수 및 유지관리의 필요성을 최소화하도록 한다.
9) 지붕공사 시 고도의 숙련성을 필요로 하여 사고나 재시공이 빈번할 수 있는 자재는 되도록 피한다.

3. 지붕의 종류 및 홈통공사

3.1 지붕의 구조

1) 처마 : 지붕이 걸쳐지는 낮은 부분
2) 용마루 : 지붕면들이 가장 높은곳에서 만나는 부분
3) 추녀마루 : 경사진 두면이 만나는 기울어진 선 부분
4) 박공벽 : 건물의 삼각 끝 부분
5) 경사각 : 박고면 뼈대의 경사진 부분
6) 지붕골 : 두 경사면이 만났을때 꺼지는 부분

☞ 그림 3.1.1.1 지붕의 구조

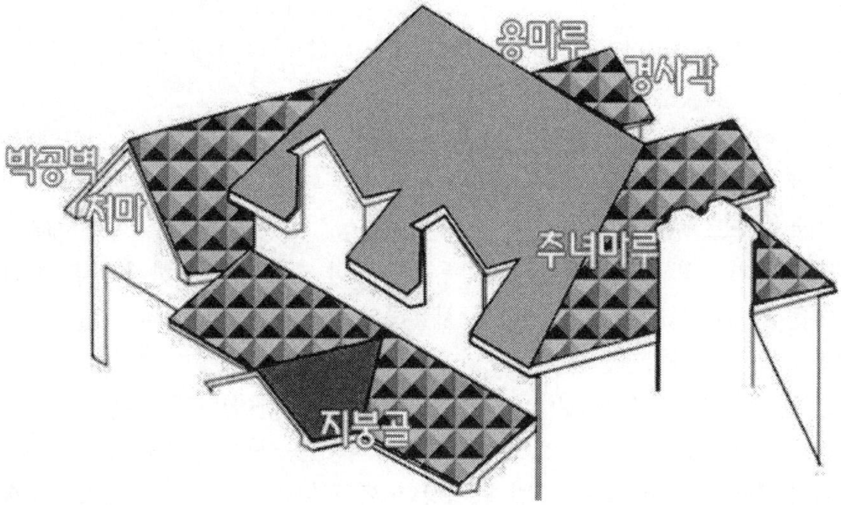

3.2 아스팔트 싱글

1) 아스팔트 싱글의 정의

유리섬유를 펠트 모양으로 짜서 건조시켜 만든 보강 심재의 앞뒷면에 피복용 아스팔트를 도포한 후, 표면에는 광물질 입자를 밀착시키고 뒷면에는 광물질 분말을 살포하여 냉각시키고 규정된 크기로 절단한 것으로서, 주택 등의 지붕 마감에 사용하는 것

☞ 그림 3.2.1.1 아스팔트 싱글의 구조

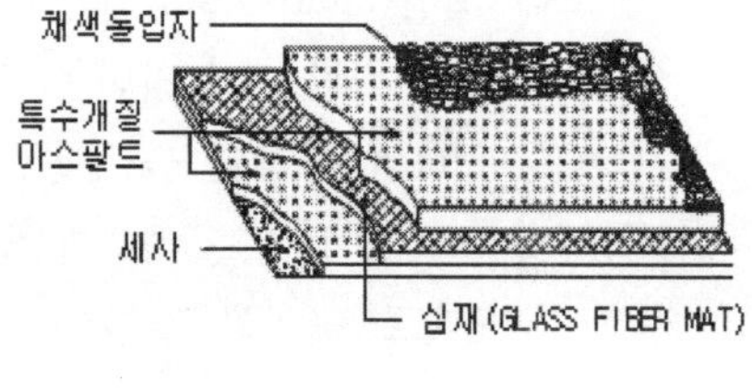

2) 싱글의 치수 및 허용차

☞ 표 3.2.2.1 아스팔트 싱글의 치수 및 허용차

단위 : mm

나비방향	허 용 차	길이방향	허 용 차	두 께	허용차(%)
600 900 1,000	±1.5	300 이상 400 이하	±1.5	3 이상	±5

3) 용어의 정리

㉮ 후레싱 : 지붕면에 돌출된 부위와 지붕면과의 연결 부위, 지붕 끝 부분 및 외벽과 만나는 부분 등에 댈 목적으로 용도나 부위의 형상에 맞도록 제작된 금속판

㉯ 일반 아스팔트 싱글 : 단위 중량이 10.3kg/m^2 이상 12.5kg/m^2 미만인 아스팔트 싱글 제품

㉰ 중량 아스팔트 싱글 : 단위 중량이 12.5kg/m^2 이상 14.2kg/m^2 미만인 아스팔트 싱글 제품

㉱ 초중량 아스팔트 싱글 : 단위 중량이 14.2kg/m^2 이상인 아스팔트 싱글 제품

㉲ 무기질 섬유 제품 싱글 : 밑면에 접착제가 도포된 제품으로 설계도면이나 공사시방서에서 별도로 명시되지 않은 경우에는 4kg/m^2 이상의 무게를 가진 제품
유리섬유 제품의 아스팔트 싱글은 풍압에 대한 고려가 필요하지 않은 일반적인 경우에는 9.27kg/m^2 이상인 제품을 사용하고 풍압에 대한 고려가 필요한 경우에는 12.5kg/m^2 이상의 제품을 사용

㉳ 상단 겹침 : 횡열 간에 서로 인접한 아스팔트 싱글 사이의 겹침 폭

㉴ 두겹 겹침(head lap) : 아스팔트 펠트 적층지붕 공사 또는 아스팔트 싱글 지붕 공사에서 처마 끝단에서부터 3번째 이상인 횡열부터 형성되는 겹침으로 2개단 아래쪽 횡열에 위치한 싱글의 상단부와 중간 횡열을 포함하여 최상단부의 아스팔트 싱글이 겹치면서 형성되는 삼중 겹침부의 최소폭

㉵ 마름 겹침 : 지붕골이나 지붕마루에서 아스팔트 싱글이 맞닿는 형태에 맞추어 절단 가공하여 밀실하게 겹침을 형성하는 이음 방법

㉶ 굽도리 철판(base flashing) : 지붕면과 수직을 형성하는 면의 하단부에 비흘림 및 빗물막이를 위하여 설치하는 강판. 별도의 명기가 없는 경우 지붕 바탕면에서 최소 200 mm의 일정한 높이를 갖도록 함

㉷ 처마 거멀띠(drip edge) : 지붕의 처마 및 박공처마 모서리를 보호하기 위하여 ㄷ-자 띠 형태로 덧대는 철판

4) 시공

㉮ 굽도리판 설치

① 비흘림 및 빗물막이 금속제 굽도리판의 설치는 이 시방서 12075(지붕 부속 자재)에 관한 규정에 의하여 시공한다. 철제 굽도리판은 지붕과 벽체 수직면이 만나는 부분, 굴뚝이나 배기구와 같이 지붕을 관통하는 구조물들의 돌출부에는 반드시 설치한다.

② 아스팔트 싱글 설치 시에 지붕골에서의 굽도리 설치 방법은 개방식 지붕골 이음, 마름겹침식 지붕골 이음 또는 직조식 겹침 지붕골 이음 등 세 방법 중에서 적합한 것을 택일하여 시공한다.

㉯ 금속제 처마 거멀띠의 설치

① 처마 거멀띠는 내부식성 재질로서 녹이 발생하지 않는 아연도 강판, 동판 또는

스테인리스 강판을 사용하여 처마와 박공처마의 모서리를 따라서 설치한다.

② 처마 거멀띠는 박공처마에서는 바탕펠트 상부에 설치하고 처마에서는 바탕펠트의 하부인 지붕 바닥널 위에 설치한다.

③ 처마 거멀띠는 처마 끝에서부터 지붕의 폭이 안쪽으로 최소 75mm 이상이 되도록 덧댄다.

④ 처마 거멀띠에는 적절한 형태와 길이의 고정못을 300mm 이하의 간격으로 철제 처마 거멀띠의 안쪽 모서리를 따라서 박는다.

㈐ 바탕펠트의 설치

① 아스팔트 싱글을 설치하기 이전에 1/3 이상의 경사를 가진 지붕에는 아스팔트 함침 펠트로 외겹 바탕펠트를, 그리고 경사가 1/6 내지 1/3 미만의 지붕에는 두 겹 바탕펠트를 지붕널 위에 설치한다. 또한 지붕에 물의 고임이나 흐름이 예상되는 장소로서 특별히 방수를 겸한 아스팔트 싱글을 설치해야 하는 경우에는 이 시방서에 의하여 두 겹 바탕펠트 깔기를 한다.

② 별도의 공사시방서가 없는 경우에는 KS F 4901의 650품, 폭 900mm 두루마리 펠트를 사용하여 지붕의 경사와 직교방향으로 설치하고 펠트작업은 처마에서부터 용마루쪽으로 진행한다. 외겹 바탕펠트와 두 겹 바탕펠트 작업은 다음과 같다.

㉠ 외겹 바탕펠트 : 아스팔트 바탕펠트의 측단 겹침은 최소 50mm, 끝단 이음은 최소 100mm로 한다. 박공처마의 끝 부분에 설치되는 바탕펠트의 길이는 최소 300mm 이상으로 하며 바탕펠트는 싱글을 설치할 때까지 못으로 고정한다.

㉡ 두 겹 바탕펠트 : 처마 끝에 설치되는 바탕펠트의 첫 단은 폭 500mm로 설치하고 그 위에 900mm의 상부층 펠트를 덮는다. 그 이후에 후속적으로 설치되는 펠트들은 500mm 폭으로 중첩하며 노출면은 400mm로 한다. 바탕펠트의 하단부에는 못을 사용하지 않는다.

㉢ 지붕골 이음 : 지붕골에서는 KS F 4902(아스팔트 루핑)를 두 겹 깔기로 지붕골 굽도리를 설치하는데 바탕펠트는 처마에서 용마루쪽으로 깔고 처마 이상으로 한다. 지붕골 바탕펠트는 처마와 평행하게 설치되는 지붕널의 바탕깔기 펠트 밑으로 겹치도록 설치한다. 바탕깔기는 폭이 450mm의 KS F 4901(아스팔트 펠트), 650품의 아스팔트 펠트를 사용하여 지붕골의 중심과 굽도리용 펠트의 중심선을 일치시키고 펠트의 이음이 필요한 경우에는 최소 300mm 이상 겹치도록 한다. 못은 최소한의 수량을 사용하여 펠트 모서리에서 30mm가 되는 지점에 박는다. 바탕펠트 위에 위치하는 굽도리용 아스팔트 루핑은 KS F 4902(아스팔트 루핑)의 1,500품 아스팔트 루핑을 사용하

고 폭은 900mm 이상으로 하며 바탕펠트와 동일한 방법으로 설치한다. 이때에 루핑의 옆모서리는 지붕널의 바탕펠트 위에 위치해야 하며 루핑 끝 부분에서의 300mm 폭의 겹침 이음부는 플라스틱 아스팔트 시멘트를 사용하여 점착한다.

㉣ 아스팔트 싱글 설치

① 아스팔트 싱글은 싱글용 못이나 거멀못으로 고정한다.

② 지붕널에서의 설치 : 아스팔트 싱글 작업은 지붕 경사면과 직교방향으로 설치하며 전체적인 작업의 진행은 대각선 방향으로 지붕의 상부쪽 방향으로 진행한다.

③ 처마띠

㉠ 처마띠는 처마 끝에 반드시 설치한다.

㉡ 처마띠는 약 200mm 폭의 모래붙인 루핑이나 아스팔트 싱글의 널 부분을 절단한 나머지 윗부분을 사용하여 처마의 단부에 연속적으로 설치한다.

㉢ 처마띠는 처마 끝에서부터 12mm가 돌출되도록 하고 최초에 설치하는 처마띠는 측단을 75mm 절단하여 설치한다.

㉣ 하부면에 접착제가 부착된 싱글 제품을 처마띠로 사용할 경우에는 접착제가 있는 하부면을 위로 향하게 하고 처마 끝에서부터 약 75mm 내지 100mm되는 지점에 못을 약 300mm 간격으로 박아서 고정한다. 또한 접착제가 없는 싱글의 경우에는 싱글의 널부분을 절단한 후 동일한 방법으로 고정한다.

㉤ 루핑을 처마띠로 사용하는 경우에는 처마 끝에서부터 약 75mm 내지 100mm되는 지점에 약 300mm 간격의 못으로 고정하는데 루핑의 이음부가 발생할 경우에는 최소폭 50mm 이상이 겹치도록 한다.

④ 첫째 단 및 후속단 설치 : 접착제가 없는 싱글이나 두루마리형 루핑을 처마 거멀띠로 사용할 경우에는 첫째 단 싱글의 모든 널 부분은 널면적의 1/4에 아스팔트 시멘트를 충분히 도포하여 처마띠 상부면에 견고하게 부착한다.

⑤ 용마루 및 추녀마루 이음

㉠ 용마루와 처마는 별도의 공사시방서가 없는 경우 설치업자와 상의하여 적절한 크기로 절단하여 사용한다.

㉡ 싱글의 중심선과 용마루 또는 처마의 상단이 일치되도록 하여 세로방향으로 아래쪽으로 눌러서 양쪽지붕의 용마루 및 처마 직하단 싱글의 노출면과 동일하도록 부착한다.

㉢ 이때에 용마루 싱글의 겹침은 아랫단 싱글의 상단부에서부터 최소 12mm 이상이 되도록 하며 아랫단의 싱글 상단부로부터 15mm가 되는 위치의 선상과 싱글의 옆모서리로부터 25mm되는 지점의 은폐되는 부분에 못을 박는다.

⑥ 지붕골의 아스팔트 싱글 설치 : 별도의 공사시방서가 없는 경우 지붕골의 아스팔트 싱글 설치는 지붕골에서 보다 원활한 배수를 위한 개방식 지붕골이음, 지붕골의 양측 지붕의 아스팔트 싱글을 매 단이 서로 엇갈려서 교차되도록 설치하는 직조식 지붕골 이음, 그리고 어느 한 쪽 지붕의 싱글을 지붕골에 일치되도록 절단하여 다른 쪽 지붕의 아스팔트 싱글 상부에 겹침이음을 하는 절단식 지붕골 이음, 이 세 가지 방법 중에서 가장 적합한 방법을 택일하여 시공한다.

㉠ 개방식 지붕골 이음

ⓐ 별도의 공사시방서가 없는 경우 : 지붕공의 바탕깔기용 펠트는 KS F 4906 (모래 붙인 루핑) 모래 붙인 아스팔트 루핑을 사용하여 지붕골 바탕펠트 깔기와 동일한 방법으로 시공한다. 이때 아스팔트 루핑의 모래 붙은 면이 바탕펠트는 아래를 향하도록 하고 상부의 펠트는 반대로 위를 향하도록 한다.

ⓑ 지붕골에서의 양측 아스팔트 싱글의 개방폭은 지붕골에서 최소 75mm 이상 떨어지도록 하고 처마쪽의 폭이 용마루쪽보다 1/200의 비율로 넓어지도록 한다. 개방식 지붕골 이음에서는 지붕골 굽도리와 아스팔트 싱글과의 겹침은 최소 75mm 이상으로 한다. 또한 지붕골 굽도리와 겹치는 모든 아스팔트 싱글의 상단부 지붕골쪽 귀모리는 45°로 최소 30mm를 절단하고 지붕골의 바탕펠트와 싱글 측단의 겹침은 최소폭 50mm를 아스팔트 시멘트로 점착한다.

㉡ 직조식 지붕골 이음

ⓐ 직조식 지붕골 이음은 맨 처음 지붕골을 가로지르는 처마쪽 맨 아랫단의 아스팔트 싱글이 지붕골의 중심선에서 반대쪽 지붕으로 최소 300mm 이상 겹쳐야 한다.

ⓑ 반대쪽 지붕널에 위치한 아스팔트 싱글의 끝은 지붕골에서 최소한 150mm 이상 지점에 위치해야 하며 두 개 이상의 못으로 고정한다.

ⓒ 후속하여 시공되는 아스팔트 싱글은 지붕골의 중심선에서 양쪽 지붕의 아스팔트 싱글이 교차하여 지붕골을 통과하도록 한다.

㉢ 절단식 지붕골 이음

ⓐ 지붕골을 중심으로 어느 한 쪽 지붕의 아스팔트 싱글의 단부가 일치되도록 설치한다. 이때에 하부에 위치하는 완료된 쪽 지붕의 아스팔트 싱글의 끝은 지붕골에서부터 최소한 300mm 이상이 되는 위치까지 다른 쪽 지붕에 겹치도록 설치한다.

ⓑ 다른 쪽 지붕널에 위치한 아스팔트 싱글의 끝은 최소한 두 개의 못으로

고정하는데 못의 위치는 지붕골에서부터 최소한 150mm 이상의 지점에 위치한다.

ⓒ 다른 한쪽 지붕의 아스팔트 싱글은 지붕골에서부터 최소한 50mm가 되는 위치에서 절단하며 절단작업은 처마쪽에서부터 용마루쪽으로 진행한다.

ⓓ 다른 쪽 지붕의 아스팔트 싱글과 겹치는 모든 아스팔트 싱글의 상단부 귀모서리를 45°가 되도록 하고 그 길이는 최소 30mm가 되도록 절단하며 아스팔트 싱글의 측단은 최소 75mm 이상의 폭을 아스팔트 시멘트로 충분히 점착한다.

⑦ 수직면과의 접합부

㉠ 수직면 또는 벽체와 접하는 부분은 최소 180mm×250mm 이상의 내 부식성 금속 굽도리널을 사용하여 "L" 자형의 굽도리널을 설치한 후 그 위에 아스팔트 싱글을 설치한다. 이때에 아스팔트 싱글을 설치한 후에 노출되는 금속판 굽도리널의 수평면은 최소 120mm 이상으로 한다.

㉡ 금속제 굽도리널은 아스팔트 싱글의 매단마다 설치하는데 같은 단의 아스팔트 싱글 하부에 위치하여야 하며 낮은 쪽의 모서리는 아랫단 아스팔트 싱글의 상단 모서리 위에 덮이는 비늘형태로 설치한다.

㉢ 금속제 굽도리널의 고정은 한 개의 못을 수직면의 상단 모서리에 박아서 고정한다. 인접한 지붕널 간의 겹침은 최소한 50 mm 이상으로 한다.

㉤ 못박기

① 아스팔트 싱글용 못이나 거멀못은 아연 제품 또는 아연도 제품을 사용하고 공장에서 접착제가 도포된 부분에는 못질을 하지 않는다. 못은 싱글의 모서리로부터 50mm 지점에 위치하도록 한다.

② 못의 사용량은 싱글 형태에 관계없이 싱글 한 장에 4개씩 사용하며 못의 위치는 널형 싱글의 경우 절단된 두 개의 개구부 직상부에서 16mm가 되는 지점과 이 두 개의 지점을 연결하는 선상에서 싱글 상부측의 양측단으로부터 25mm가 되는 곳에 각각 1개의 못을 설치한다.

③ 평판형 싱글은 하단부로부터 150mm가 되는 평행선상에서 하단부의 양측단으로부터 25mm 되는 지점과 이 두 개의 지점으로부터 각각 280mm가 되는 지점에 2개의 못을 설치한다.

④ 거멀못을 사용하는 경우에는 지붕과 거멀못의 상부가 평행이 되도록 거멀못을 박아야 한다.

☞ 그림 3.2.4.1 일반면의 시공 상세

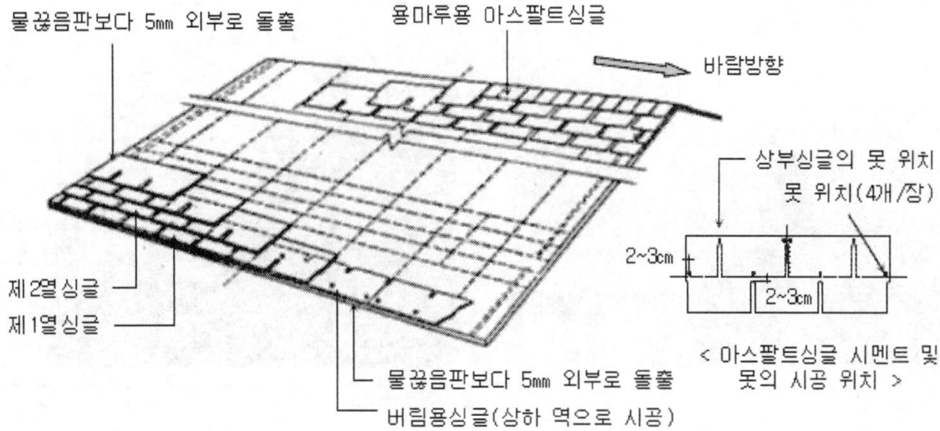

☞ 그림 3.2.4.2 골부위 시공 상세

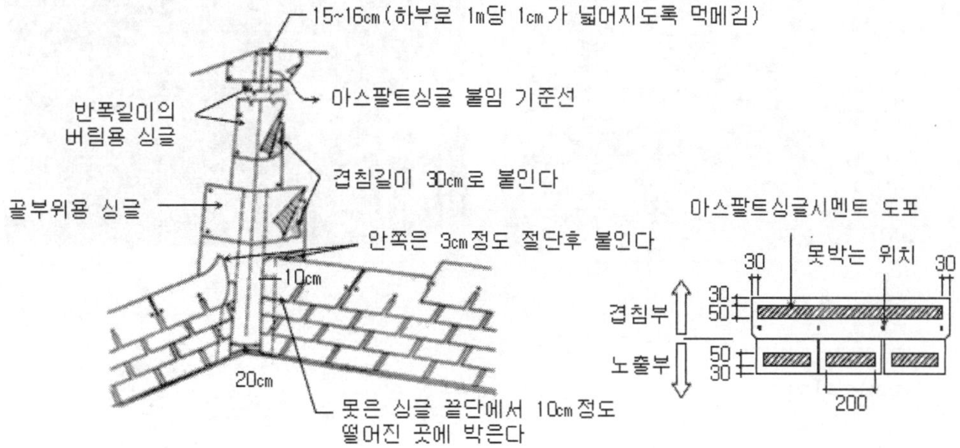

☞ 그림 3.2.4.3 용마루 부위 시공 상세

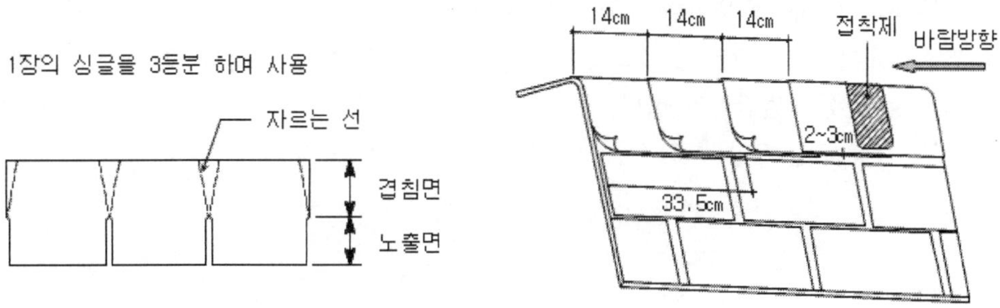

☞ 사진 3.2.4.1 아스팔트 싱글로 시공된 지붕

3.3 금속판 잇기

1) 일반사항

㉮ 금속판은 함석판, 동판 및 알루미늄판 등이 주로 쓰인다.

㉯ 빗물 아물림이 좋고, 경량이며, 시공이 용이하다.

㉰ 지붕물매 2.5cm 이상이면 비가 스며들 우려가 없다.

㉱ 열전도율이 커서 재료의 신축성이 있는 것이 결함이며, 그래서 그림 3.3.1.1과 같이 판이음을 거멀접기로 한다.

☞ 그림 3.3.1.1 거멀접기

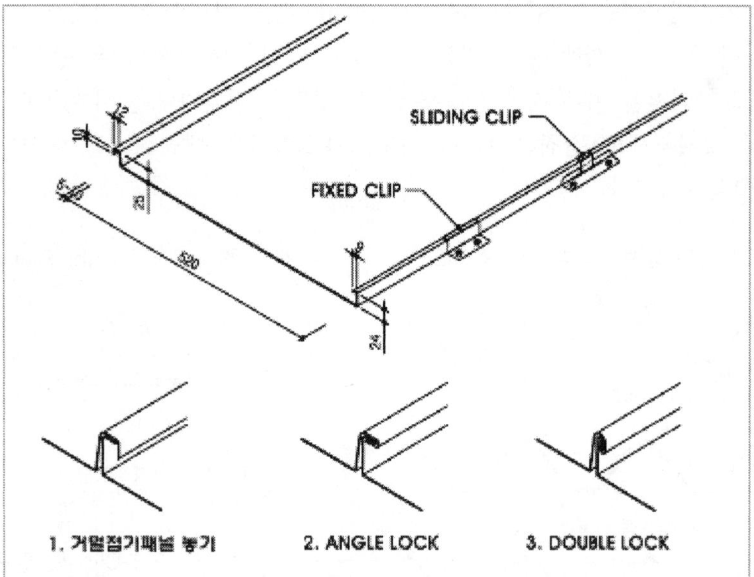

2) 재료

☞ 표 3.3.2.1 금속판 재료의 종류

함 석 판	철판에 아연도금한 것으로 무연탄가스에 약하다.
동(구리)판	암모니아 가스에 약하다.
알루미늄판	해변 바닷가 건물에 사용해서는 안 된다.
납(연)판	목재나 회반죽에 닿으면 부식되기 쉽다.
아 연 판	산과 알칼리에 약하다.

☞ 사진 3.3.2.1 함석판 지붕

☞ 사진 3.3.2.2 동판 지붕

☞ 사진 3.3.2.3 알루미늄판 지붕

3) 금속판 잇기

㉮ 평판잇기 : 일자이음, 마름모 이음 60×90cm 판을 거멀쪽, 고정못으로 고정함.

㉯ 기와가락 잇기 : 서까래 위에 지붕널을 대고 다시 서까래와 같은 방향으로 기와가락을 대고 함석판을 이은 것으로 3~6cm 각 정도의 기와가락을 서까래에 고정시킨다.

㉰ 골함석 잇기 : 세로 겹침은 15cm 정도, 가로겹침은 대골 1.5골 이상, 소골 2.5골 이상이다.

☞ 그림 3.3.2.1 볼트 없는 이음 판넬 전개도

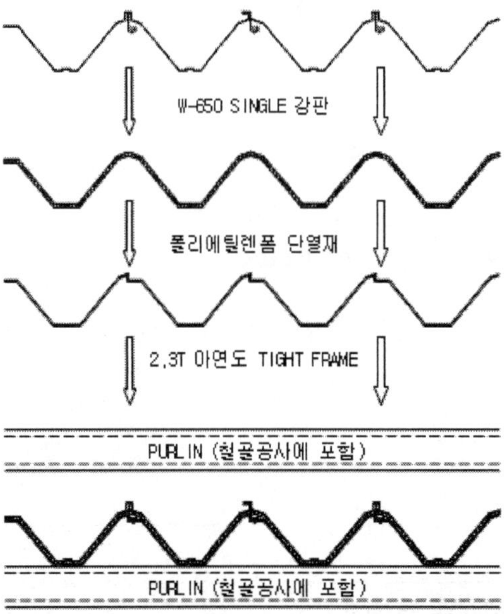

☞ 그림 3.3.2.2 Tight Frame 설치

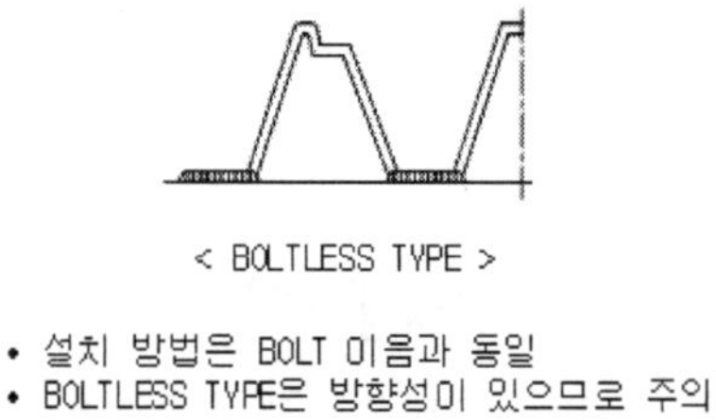

☞ 그림 3.3.2.3 Clip 및 절판 설치

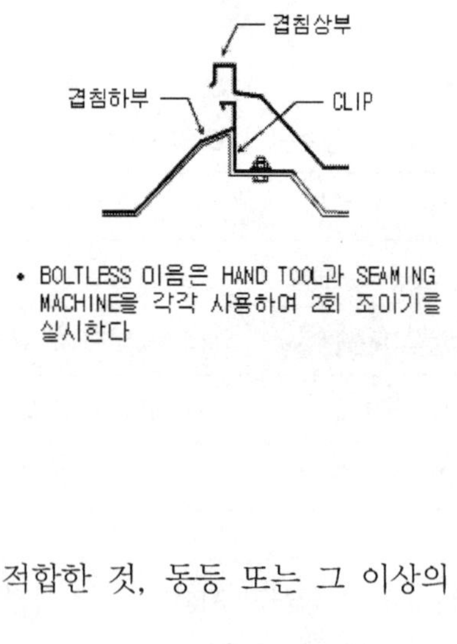

3.4 금속 기와

1) 자재

㉮ 기와는 표 3.4.1.1 및 3.4.1.2의 품질기준에 적합한 것, 동등 또는 그 이상의 것을 사용한다.

㉯ 기와의 금속 원판은 KS D 3770(용융 55% 알루미늄 아연 합금 도금 강판 및 강대) 갈바륨 강판 품질기준에 적합한 두께 0.4mm 이상의 KS 인증제품 또는 동등 이상의 제품을 사용하고 부식 방지를 위한 보호용 피막을 하여야 한다.

㉰ 금속 기와 형태 선정 : 금속 기와의 형태는 휨변형과 외부 색상계획을 고려하여 결정한다.

㉱ 알루미늄 기와, 구리 기와 및 아연판 기와 등 기타 금속 기와는 설계도서 지정에 따른다.

☞ 표 3.4.1.1 절판 기와의 성능

항 목	성 능 기 준
촉진, 내후성	변색, 균열, 부풂이 없을 것
내열 성능	광물질이 반지름 5mm 이상 떨어지지 않고 부풂이 없을 것
표면 광물질 손실량(g)	1 이하
내 산 성	광물질 및 금속판의 변색과 박리가 없을 것
내알칼리성	광물질 및 금속판의 변색과 박리가 없을 것
내 습 성	광물질이 반지름 5mm 이상 떨어지지 않고 부풂이 없을 것

☞ 표 3.4.1.2 치수 및 치수의 허용차

구 분	치 수	허 용 차
길 이	1,800 미만	±5
	1,800 이상	±10
나 비	180 이상	±1
	180 이상 600 미만	±2
	600 이상	±3

2) 시공

㉮ 제조업자의 지침에 따라 금속 기와를 설치하며 수직 및 수평, 줄 바르게 설치한다.

㉯ 금속 기와가 지붕 전체에 균일한 모양이 되도록 한다.

㉰ 금속 기와, 후레싱 및 마무리재(장식재, trim)와 노출 고정철물(패스너) 사이에 수밀성을 유지하기 위해 실란트를 적용한다.

㉱ 처마에서 용마루 방향으로 맞물림 및 겹침방식으로 설치한다.

㉲ 이질 재료가 서로 접촉할 경우 갈바닉 작용으로부터 보호하기 위하여 아스팔트 코팅으로 표면을 바르거나 접촉면에 고무화 아스팔트 시트를 붙이거나 제조업자가 추천하는 영구 절연재를 붙인다.

㉳ 금속 기와의 표면에는 연필을 사용하여 표시하지 않는다.

㉴ 목재 기와걸이(기왓살) : 40×40mm 각재로 가로 방향으로 설치하며 기와걸이와 기와걸이 사이는 12mm 정도의 틈을 두어야 한다. 목재용 못을 사용하여 바탕에 고정한다.

㉵ 금속재 기와걸이(기왓살) : 40×40mm 금속재로 가로 방향으로 설치하며 기와걸이와 기와걸이 사이는 12mm 정도의 틈을 두어야 한다. 고정철물을 사용하여 바탕에 고정한다.

㉶ 중간 기와걸이(기왓살) : 30×30mm 정도의 중간 기와걸이를 가로 방향으로 설치하

며 기와걸이와 기와걸이 사이는 12mm 정도의 틈을 두어야 한다. 기와걸이와 기와걸이 사이의 금속 기와 하부에 균일하게 설치하며 못 또는 고정철물로 바탕에 고정한다.

㉫ 심 및 금속 지붕의 선은 지정된 선과 위치에서 6,000mm에 6mm 이내이어야 하며 인접하는 면과 서로 맞닿는 곳의 단차는 3mm 이내이어야 한다.

☞ 그림 3.4.2.1 금속기와 단면상세

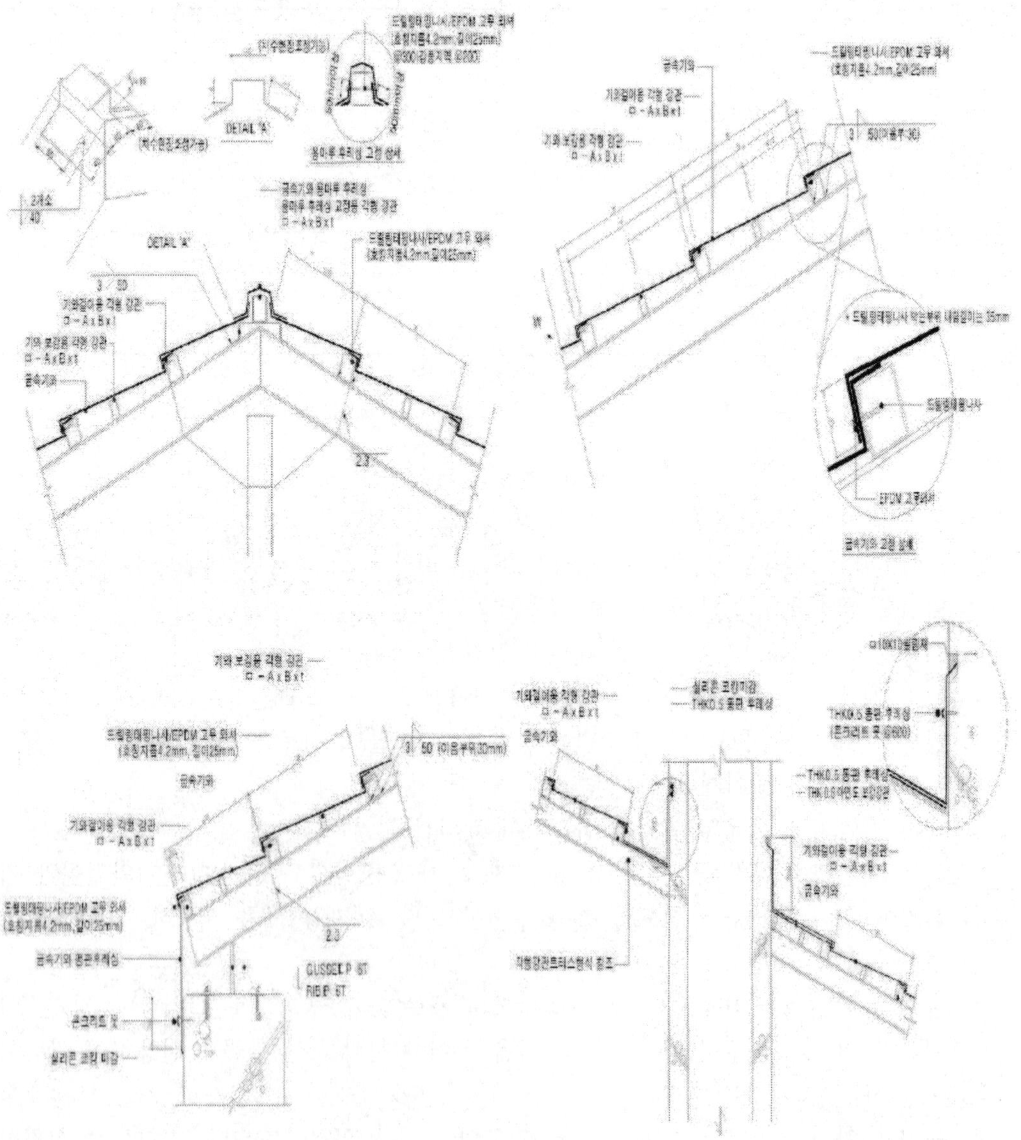

☞ 사진 3.4.2.1 금속기와 설치 전경

3.5 홈통공사

1) 홈통의 재료

동판(0.3~0.5mm), 함석판(#25~#29), 플라스틱 제품(PVC : 에스론 파이프) 등이 쓰인다.

2) 홈통의 종류

☞ 표 3.5.2.1 홈통의 종류

구분	내용
처마홈통	① 물매 : 1/200~1/500 처마 끝에 설치한 홈통으로 안, 밖 홈통이 있다. ② 홈걸이 간격은 90cm ③ 보통 바깥홈통으로 하고 원형, 상자형, 쇠시리형 등이 있음.
깔대기 홈통 (끝홈통)	처마홈통에서 선홈통까지 연결, 기울기 15°정도
장식홈통	① 우수의 넘쳐흐름 방지 ② 우수의 방향 전환 ③ 장식 역할 ④ 깔대기와 선홈통의 연결 역할
선 홈 통	① 처마길이 10m 이내마다 설치 ② 홈걸이 간격은 90~120cm ③ 선홈통 하부 1.5m는 철관으로 보호관을 댐
누인홈통	2층에서 1층 처마홈통까지 연결한 홈통(1층 지붕면 따라 설치)

3) 우수 처리 순서

㉮ 처마홈통 ㉯ 깔대기 홈통
㉰ 장식홈통 ㉱ 선홈통
㉲ 보호관 ㉳ 낙수받이돌

☞ 사진 3.5.3.1 홈통 및 걸이쇠

☞ 그림 3.5.3.1 처마홈통 설치기준

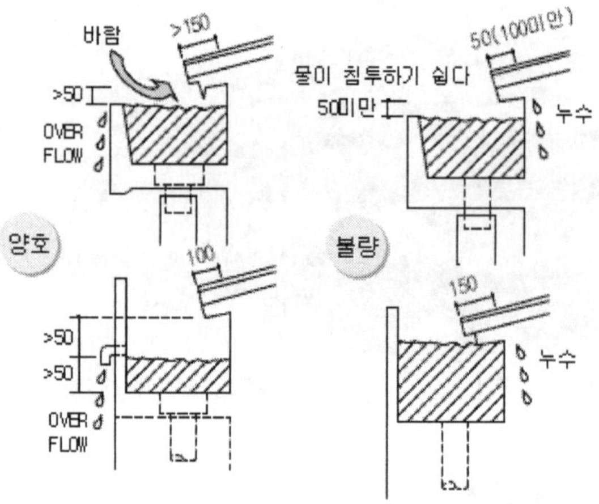

제 16 장

금속공사

1. 용어의 정리
2. 일반사항
3. 각종 금속 철물

1. 용어의 정리

건축공사 표준시방서에서는 금속공사에 사용하는 용어를 다음과 같이 정의하고 있다.

1) 논슬립 : 계단 디딤판 끝에 금속재 판을 대어 계단을 오르내릴 때 미끄러지는 것을 저감시키기 위해 설치하는 철물
2) 드라이브 핀 : 타정 방식으로 고정시키는 핀
3) 레지스터 : 공기환기구에 사용되는 기성제 통풍 금속물
4) 롤 플러그 : 벽에 못을 박을 때 사용하는 플라스틱 못집
5) 맨홀 : 하수관 내의 점검이나 청소 등을 위한 출입구에 사용되는 기성제 철물
6) 앵커볼트 : 닻과 같이 생긴 것으로, 기계류를 콘크리트 바닥이나 그 밖의 기초에 고정시키기 위하여 사용하는 볼트로서 기초 볼트의 일종
7) 앵커 스크루 : 콘크리트에 드릴로 구멍을 뚫고 거기에 꽂아서 앵커로 사용하는 철물
8) 익스팬션 볼트 : 콘크리트용 볼트 등에 사용하는 타입(打入) 볼트로, 끝이 쪼개져서 벌어지게 되어 있는 볼트
9) 조이너 : 팽창 줄눈 보호물 공사에 사용하는 기성제 철물
10) 줄눈대 : 테라조 등의 현장갈기에 사용하거나, 바닥용, 천장 및 벽에 사용하는 철물
11) 코너비드 : 기둥과 벽 등의 모서리에 설치하여 미장면을 보호하기 위해 설치하는 보호철물
12) 펀칭메탈 : 얇은 금속판에 다양한 모양으로 도려낸 장식철물

2. 일반사항

2.1 재료의 성질을 나타내는 용어

☞ 표 2.1.1.1 재료의 성질을 나타내는 용어

경도(硬度)(Hardness)	국부적 전단력, 마모등에 대한 저항성으로 강재의 기본적 성질의 하나이다. 브레넬 경도로 보통표시(인장강도 값의 약 2.0배이다.)
인성(靭性)(Toughness)	충격에 대한 재료의 저항성, 하중을 받아 파괴시까지의 에너지 흡수능력으로 나타냄. 높은 응력에 견디고 또한 큰 변형을 나타내는 성질(재료가 가진 질긴 성질) : 샤르피 충격시험기, 아이조드 충격시험기로 시험

취성(脆性)(Brittleness)	작은 변형에도 파괴되는 성질
강성(剛性)(Rigidity)	변형에 저항하는 성질. 변형이 작은 재료가 강성이 크다.
연성(延性)(Ductility)	가늘고 길게 늘어나는 성질 금<은<알미늄<철<니켈<구리<아연<주석<납
전성(展性)(Malleability)	금속을 가늘고 넓게 판상으로 소성변형 시킬수 있는 성질. 납이 가장 전성이 좋다.
소성(塑性)(Plasticity)	고체가 외부에서 탄성 한계 이상의 힘을 받아 형태가 바뀐 뒤 그 힘이 없어져도 본래의 모양으로 돌아가지 않는 성질
탄성(彈性)(Elasticity)	물체에 외부에서 힘을 가하면 부피와 모양이 바뀌었다가, 그 힘을 제거하면 본디의 모양으로 되돌아가려고 하는 성질
점성(粘性)(Viscosity)	유체(流體)가 형태를 바꾸려고 할 때에, 유체 내부에 마찰이 생기는 성질

☞ 브리넬 경도

강구압자(鋼球壓子)로 시료 표면에 정하중을 가하여 하중을 제거한 후에 남는 압입 자국의 표면적으로 하중을 나눈 값

☞ 사진 2.1.1.1 샤르피 충격시험기

☞ 사진 2.1.1.2 아이조드 충격시험기

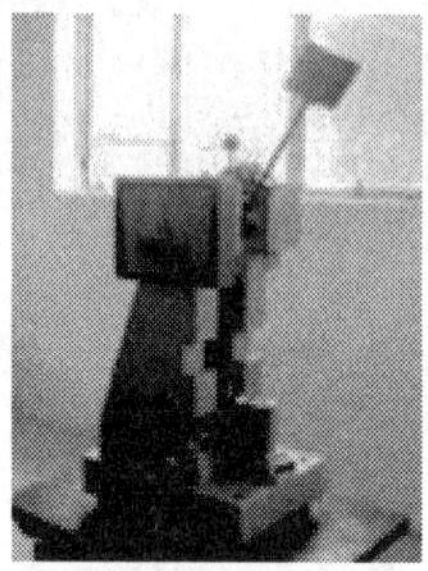

2.2 금속의 부식

1) 서로 다른 금속을 전해질 용액 중에 넣으면 전위차가 생겨 전기가 생기며, 그 중 전용압이 큰 것. 즉, 이온화 경향이 큰 것이 용해되어 부식된다.
2) 이온화 경향이 큰 금속 순서

K 〉 Ca 〉 Na 〉 Mg 〉 Al 〉 Mn 〉 Zn 〉 Fe 〉 Ni 〉 Sn 〉 Pb 〉 Cu

2.3 철의 열처리 방법

☞ 표 2.3.1.1 철의 열처리 방법

구 분		방법 및 특징
풀 림	소둔(燒鈍) (Annealing)	① 800~1000℃로 가열하여 노(爐) 중에서 서서히 냉각하여 처리 ② 강의 조직이 표준화, 균질화되어 내부 변형이 제거 됨 ③ 인장강도가 저하되고 신율과 점성이 증가된다.
불 림	소준(燒準) (Normalizing)	① 변태점 이상 가열 후 공기중에서 냉각 시킨다. ② 합금원소의 절삭 가공을 위한 연질화, 항복점 강도 증가
담금질	소입(燒入) (Quenching) (Hardening)	① 보통 800~900℃ 고온 강열 후(오스테나이트 상태) 물이나 기름에 급랭시켜, 마르텐사이트라는 단단한 조직을 얻는다. ② 경도, 내마모성 증가, 신장율, 단면 수축율은 감소한다. ③강재를 용접할 때 일종의 담금질 처리한 것과 같다.
뜨임질	소려(燒戾) (Tempaering)	① 금질한 강의 취성 개선 목적으로 행한다. ② 변형점 이하(600℃)로 가열후 서서히 냉각시켜 강조직을 안정상태가 되게 한다. ③ 경도와 강도감소. 신장률, 단면수축율, 충격값은 증가

3. 각종 금속 철물

☞ 표 3.1.1.1 각종 금속 철물

구 분		특 징
기성재철물	미끄럼 막이 (Non Slip)	① 계단, 디딤판 끝에 대어 미끄러지지 않게 하는 철물 ② 황동재, 타일제품, 석재, 접착 Sheet등 다양하다.
	계단 난간 (Hand Rail)	황동제, 철제, 스텐레스, 각관 등을 용접 또는 소켓 접합한다.
	Corner Bead	기둥, 벽 등의 모서리에 대어 미장 바름을 보호하는 철물
	재료 분리대	각각 다른 마감재와의 접촉부에 설치하는 줄눈대
	바닥용 줄눈대 (황동 줄눈대)	① 인조석 테리죠갈기에 쓰이는 황동압출재로 I 자형이다. ② 두께 4~5mm, 높이12mm, 길이 90cm가 표준
	벽, 천장, 바닥용 줄눈대(Joiner)	아연도금 철판제, 경금속재, 황동제의 얇은 판을 프레스한 길이 1.8m 정도의 줄눈 가림재로, 이질재와의 접촉부에 사용
	철망(Wire Lath)	원형, 마름모, 갑형 등 3종류가 있다. 철선을 꼬아서 만든 것으로 벽, 천정의 미장공사에 쓰인다.
	Metal Lath (익스펜디드 메탈)	얇은 철판(#28)에 자름금을 내어서 당겨 만든 것으로 벽, 천장의 미장바름에 사용된다.
	Block Mesh	블록보강 와이어 메쉬로, 1.5cm 간격으로 전기 용접한 것

구 분		특 징
고정철물	인서트(Insert)	달대를 매달기 위한 수장 철물로 Concrete 바닥판에 미리 묻어 놓는 철물.(철근, 철물, Pin, Bolt 등도 사용)
	익스팬션 볼트	삽입된 연결 플러그에 나사못을 채운 것
	스크류 앵커	익스팬션 볼트와 같은 원리이다.
	Drivit Gun	소량의 화약의 폭발력을 이용하여 콘크리트, 벽돌벽, 강재 등에 Drivit Pin(특수 가공한 못)을 순간적으로 쳐박는 기계이다.
	펀칭 메탈	① 판두께 1.2mm 이하의 얇은 판에 각종 무늬의 구멍을 천공한 것 ② 장식용, 라지에터 커버 등에 쓰인다.
	메탈 실링	박강판의 천정판으로 여러무늬가 박혀지거나 펀칭된 것
	법랑 철판	0.6~2.0mm 두께의 저탄소 강판에 법랑(유기질 유약)을 소성한 것으로 주방용품, 욕조 등에 쓰인다.
	타일 가공철판	타일면의 감각을 나타낸 철판

☞ 사진 3.1.1.1 계단 논스립

☞ 사진 3.1.1.2 계단 핸드레일

☞ 사진 3.1.1.3 코너비드

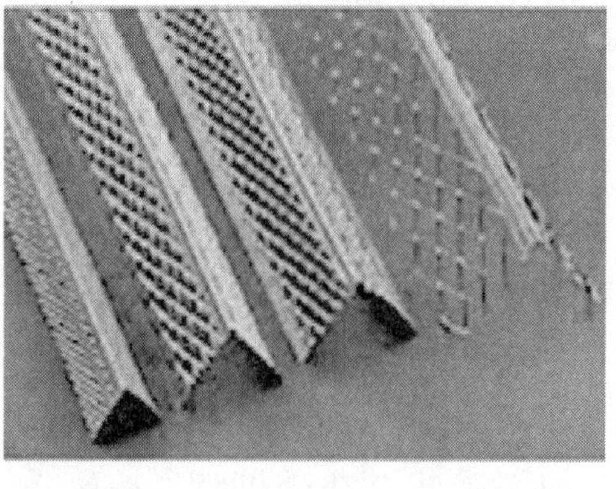

☞ 사진 3.1.1.4 재료 분리대

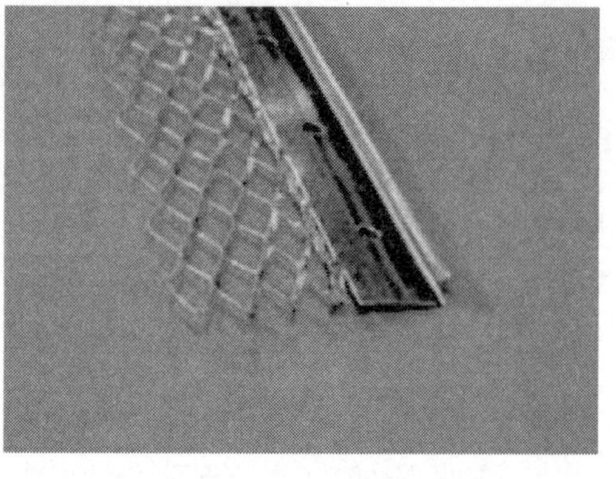

☞ 사진 3.1.1.5 와이어라스

☞ 사진 3.1.1.4 메탈라스

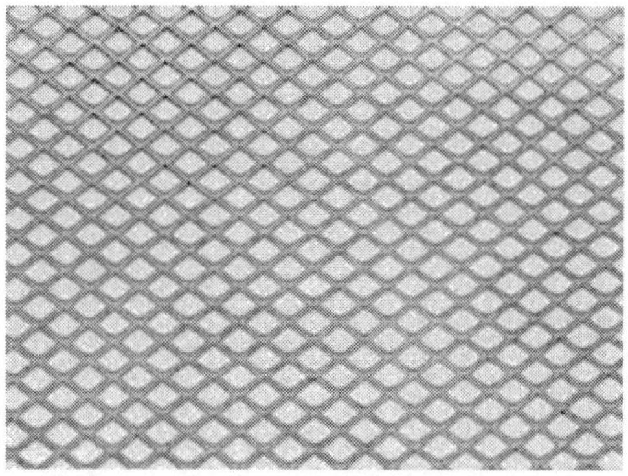

☞ 사진 3.1.1.7 인서트

☞ 사진 3.1.1.8 익스팬션볼트

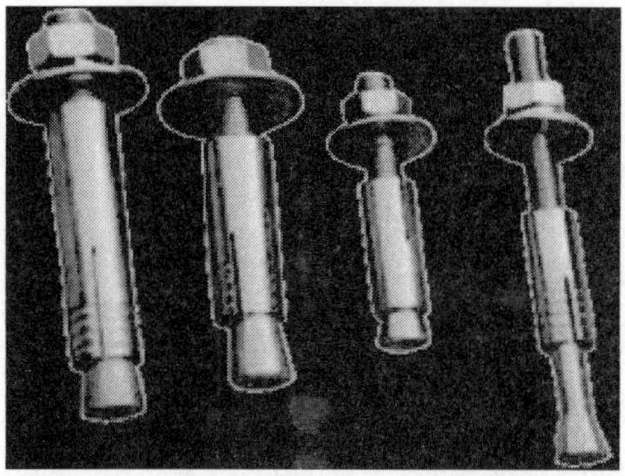

☞ 사진 3.1.1.9 스크류 앵커

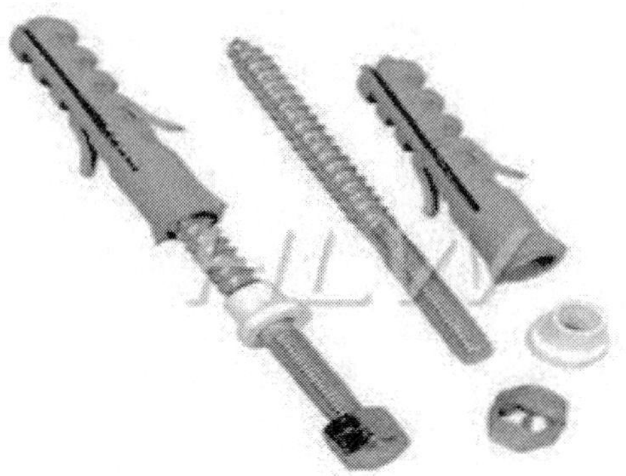

☞ 사진 3.1.1.10 펀칭메탈

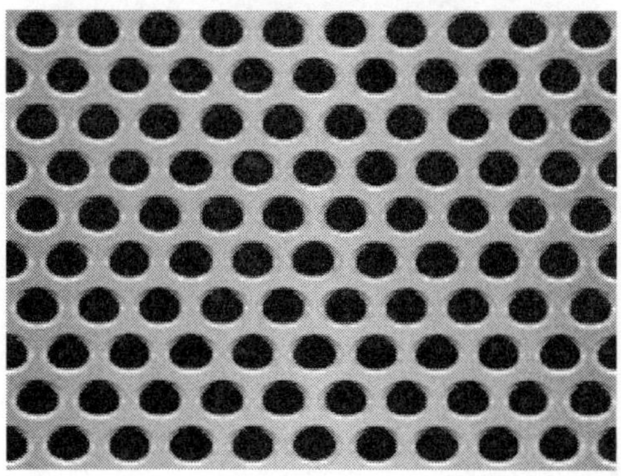

제 17 장

외벽공사

1. 용어의 정리
2. 커튼월공사
3. 커튼월의 시공
4. 커튼월의 누수처리 대책

1. 용어의 정리

건축공사 표준시방서에서는 외벽공사에 사용하는 용어를 다음과 같이 정의하고 있다.

1) 감압공간 : 커튼월 부재간의 접합부에 기압의 차에 의해 빗물이 건물 내부에 침입하는 것을 방지하기 위해 설치하는 공간
2) 가스켓 : 커튼월 부재의 지지 접합부의 실링재로 사용하는 고무탄성을 가진 성형 재료
3) 경량기포 콘크리트 패널 : 고온 고압에서 증기양생을 한 경량 기포콘크리트로서 규석, 시멘트, 생석회를 주원료로 하여 생산된 패널
4) 고름 모르타르 : 블록의 첫단 작업 시 수평을 맞추기 위해 사용되는 모르타르
5) 내화줄눈재 : 내화성능 확보를 위해 패널 사이의 틈새에 충전하는 재료
6) 단변 : 패널 주근에 직각인 방향의 변 또는 측면
7) 담당원 : 건설현장의 전체공사 수행이나 시공에 대한 책임을 맡고 있는 자
8) 마감도재 : 패널 표면에 칠하거나 도포하는 마감재의 총칭
9) 면 구성재 : 커튼월면을 구성하는 각 부재
10) 면(面) 클리어런스 : 유리와 같은 판상재의 내·외면과 이것을 고정하는 틀이나 충전재 내측과의 사이거리로서, 부재의 표면에서 수직으로 측정하는 값
11) 모서리 : 유리판이나 패널 단부와 그것을 끼운 프레임과의 사이거리
12) 미장 모르타르 : 도장 마감용 및 표면경도의 강화를 위하여 사용되는 모르타르
13) 매입 재료 : 새시, 곤돌라용 가이드 레일, 타일, 마감재 등 프리캐스트 콘크리트 타설 전에 콘크리트에 매입하는 재료
14) 매입 철물 : 인서트, 볼트, 플레이트 등 프리캐스트 콘크리트 부재의 콘크리트 타설시 미리 매설하여 두고, 콘크리트에 매입하여 고정하는 부재
15) 바탕철물 : 패널 설치를 위하여 골조에 매입 또는 용접하여 바탕을 만드는 철물
16) 백업재 : 실링재의 시공 시에 줄눈깊이 조정이나 줄눈바탕에서의 부착방지 목적으로 사용되는 재료
17) 복합 커튼월 : 금속을 사용한 부재 및 프리캐스트 콘크리트를 사용한 부재를 조합하여 구성하는 커튼월
18) 베이스 채널 : 바닥과 외벽 연결부위에 설치하는 재료
19) 보강철근 : 패널과 패널을 서로 연결시키기 위해 조인트 부위에 삽입하는 철근
20) 보강철물 : 블록 및 패널의 교차 부위 또는 모서리 부위, 블록 및 패널과 문틀, 창호의 접합부 위에 보강용으로 사용되는 철물의 총칭
21) 보수 모르타르 : 블록 및 패널의 파손 부위의 보수용으로 사용되는 모르타르
22) 볼트조임 공법 : 패널 장변 방향의 양단에 구멍을 뚫고, 이를 관통하는 볼트로 고정시

키는 수직 또는 수평벽 패널 및 지붕패널 설치방법

23) 부대공사 부재 : 커튼박스, 라이프 볼트, 난간, 간판, 항공표식 등(燈) 등 주로 현장 부착 후의 커튼월 부재에 부착되는 부속적인 재료 또는 부품

24) 부재부착철물 : 커튼월 부재에 미리 부착해 두는 부착용 철물

25) 비드 : 유리나 패널을 새시나 형틀에 고정하기 위해 이 주위전체에 사용하는 금속이나 목재의 세재, 또는 가는 형상의 탄성성형 실링재

26) 비전 부분 : 외부를 전망할 수 있는 부분

27) 상대변위 : 어떤 부재를 기준으로서 측정한 다른 부재의 변위

28) 선부착 재료 : 새시, 곤돌라용 가이드 레일, 타일, 마감재 등 커튼월 주부재에 미리 부착하여 반입, 설치하는 부재

29) 설계기준강도 : 구조계산상 기준이 되는 콘크리트의 28일 재령 압축강도

30) 수직벽 : 패널의 장변을 수직방향으로 설치한 벽

31) 수직철근 공법 : 패널간의 접합부에 접합철물을 통해 수직보강 철근을 배근하고 틈새는 모르타르를 충전함으로써 패널의 상부 및 하부를 고정시키는 수직벽 패널 설치방법

32) 수평벽 : 패널의 장변을 수평방향으로 설치한 벽

33) 스틱월, 녹다운(분해조립공법) 시스템 : 구성부재를 현장에서 조립하여 창틀을 만드는 공법

34) 스토퍼 : 해빙기나 적설기에 지붕의 얼음이나 눈이 일시에 낙하하는 것을 방지하는 턱

35) 스팬드럴 부분 : 외벽의 상단 비전 부분과 하단 비전 부분과의 사이 부분

36) 슬라이드 공법 : 패널간의 수직줄눈 공동부 중 패널 하부는 보강철근을 배근한 후

37) 모르타르를 충전하여 고정시키며, 상부는 접합철물을 설치하여 패널 상단면 내 수평방향으로 슬라이드되도록 하는 수직벽 패널 설치방법

38) 시공도 : 패널의 종류, 수량, 설치위치와 방법 등이 포함된 블록과 패널 시공에 필요한 도면

39) 쌓기 모르타르 : 블록과 블록이 맞닿는 면에 쌓기용으로 사용되는 전용 모르타르

40) 실링재 : 침수를 방지하기 위하여 패널과 패널 및 다른 마감재료와의 연결 부위에 충전하는 재료

41) 연결용 철물 : 커튼월 부재에 부착한 철물과 구체에 부착한 철물과의 연결에 사용되는 철물

42) 오 볼트(이하 O-bolt라 함)공법 : 패널의 장변 방향 또는 단변 방향으로 강봉을 삽입하여 이를 관통하는 O-bolt를 제트플레이트(Z-plate)에 긴결하여 구조체에 고정시키는 수직 또는 수평벽 패널 설치방법

43) 유닛 시스템 : 커튼월 구성부재를 공장에서 완전히 유닛화하여 현장에 반입 취부하는 방법

44) 유효단면 : 유효하다고 간주하는 구조계산에 적용되는 단면
45) 장변 : 패널 주근에 평행인 방향의 변 또는 측면
46) 접착 모르타르 : 패널과 패널의 맞닿는 면의 접합을 위해 사용하는 모르타르
47) 접촉부식 : 금속이 우수나 다른 원인에 의해 생기는 부식성 용액에 접하거나 침식된 상태에서 일으키는 화학적 부식 또는 부식이 일어날 때 접하는 2종의 금속 중에서 전위가 낮은 쪽의 금속에서 생기는 전기화학적 부식
48) 접합철물 : 패널 또는 블록 상호간 또는 블록 및 패널과 타부재를 긴결하기 위해 사용되는 철물의 총칭
49) 제조업자 : 패널 또는 블록을 생산, 공급하는 자
50) 조정용 철물 : 커튼월의 부착강도를 확보하기 위해 사용하는 부착 위치 조정용의 철물
51) 조합방식 시스템(units & stick wall method) : 유닛월방식과 스틱월방식의 조합방식
52) 직결볼트 : 패널을 목구조체나 철골 구조체에 부착하는 볼트
53) 처마캡 : 물홈통이 없는 처마 부분을 마감하는 금속판 가공재료
54) 충전 모르타르 : 블록조적조의 보강용 홈에 충전을 목적으로 사용되는 모르타르
55) 충전재 : 블록과 블록, 패널부재 상호간 또는 블록 및 패널과 타 부재와의 틈새에 충전용으로 사용되는 재료
56) 층간변위 : 풍압력 및 지진력 등에 의해 생기는 건물 구조체의 서로 인접하는 상부 및 하부 2층간의 상대변위
57) 캡 : 직결볼트 체결 후 침수를 방지하고 볼트의 방청을 위하여 설치하는 부품
58) 커버플레이트 공법 : 패널의 양단부를 커버플레이트와 볼트를 이용하여 설치하는 수평벽 패널 설치방법
59) 커튼월 : 공장생산 부재로 구성되는 건물의 비내력 외벽
60) 클로저 : 패널과 용마루 후레싱과의 연결 부분을 마감하는 재료
61) 클리어런스 : 유리판이나 패널의 평면 내에 있어서 모서리에 대해 수직으로 측정된 값
62) 타이플레이트 공법 : 패널의 양단부를 타이플레이트와 못을 이용하여 구조체에 고정시키는 수직 또는 수평벽 패널의 설치방법
63) 탈형 시 강도 : 프리캐스트 콘크리트 부재의 탈형 시 콘크리트 압축강도
64) 패널(panel) : 샌드위치 형태로 결합된 조립식 복합자재
65) 후레싱(flashing) : 처마, 벽체모서리, 개구부 등 패널과 패널, 패널과 다른 부재와의 연결부위에 사용되는 금속판(컬러강판) 마감재료(예 : 용마루)
66) 현장대리인 : 시공업자가 지정하는 책임 시공 기술자로서 현장의 공사관리 및 기술관리와 기타 공사업무를 시행하는 현장원
67) 1차 실링재 : 건물 외측에 시공하는 실링재
68) 2차 실링재 : 1차 실링재의 보조로서 커튼월 구성부재의 건물 내측에 시공하는 실링재

2. 커튼월공사

2.1 커튼월의 정의

1) 커튼월은 공장생산 부재로 구성되는 비내력벽이며, 구조체의 외벽에 고정 철물(fastener)을 사용하여 부착시킨 것으로 초고층 건물에 많이 사용한다.
2) 커튼월은 재료별, 외관 형태별, 구조방법별로 분류할 수 있으며, 입지조건이나 주변환경을 고려하여 적정한 공법을 선택한다.

☞ 사진 2.1.1.1 커튼월의 내외부 전경

2.2 커튼월의 요구 성능

1) 구조적 요구 성능

㉮ 커튼월 부재의 구조적 요구 성능은 설계 풍압 및 기타 하중들에 대해서 각 주요 부재의 응력은 재질의 허용응력 내에 만족되어야 하며, 구조적 처짐은 아래의 사항을 만족시켜 부재의 파손이나 유해한 균열의 발생 등을 방지하여야 한다.

㉯ 금속 커튼월 부재의 처짐 허용치

① 지점에 대해 수직방향으로의 처짐 : 부재의 길이가 4,113mm 이하의 경우에는 L/175(L은 지점에서 지점까지의 거리를 말함), 4,113mm를 넘을 경우에는 L/240+6.35mm

② 지점에 대해 수직방향으로의 처짐 중 캔틸레버 형태의 부재 : 2L/175

③ 중력 방향에 대한 처짐 : 금속 및 기타 구조 부재 : 3.2mm 이하, 개폐창 부위 : 1.6mm 이하

금속 커튼월 부재에 고정된 유리의 물림 치수는 설계도서상에 표시된 치수의 75% 미만으로 감소되어서는 안 되며 위의 값을 만족하더라도 실링재의 파괴나

커튼월 시스템의 기능에 손상을 입으면 안된다.

④ 잔류 변형의 허용치

구조적 성능 중 잔류 변형의 경우는 1.5배의 설계 풍하중을 정압 및 부압으로 가하고 압력 제거의 후 구조 부재의 잔류 변형이 L/500 이하이어야 한다.

㉰ 금속 패널의 처짐 허용치

금속패널 단변 길이는 L/60을 초과해서는 안 되며 작은 수치에 결정된 허용 처짐은 수직과 수평지지 부재와 비교하여 측정되어야 한다. 풍하중/적설하중 등 적용하중에 견주어 평활도를 유지할 수 있어야 한다.

㉱ 유리의 처짐 허용치

① 유리의 처짐은 설계 풍하중에 대해서 25.4mm 이하이어야 한다.

② 유리의 응력은 재질의 허용응력 내에 만족되어야 한다.

㉲ 실링재의 물림 치수 및 두께

① 구조용 실링재의 물림 치수 및 두께 : 구조용 실링재의 물림 치수 및 두께는 반드시 구조계산을 통한 안정성을 확인한 후 적용하여 풍압에 대응할 수 있어야 한다.

② 실링재의 팽창률 : 주요 구조부재와 인접한 부재 사이의 실링재 줄눈에서의 팽창률은 설계상 치수에서 25%를 초과해서는 안 되며, 사용되는 실링재의 기술자료에 근거한 특정 치수가 요구될 경우는 이에 따라야 한다.

㉳ 긴결류 및 고정철물

스크류 볼트 등의 긴결류 및 앵커, 브래킷 등의 고정 철물에 대해서는 설계하중을 견딜 수 있도록 설계되어야 하며, 요구 시 조건 부합 여부가 수치적으로 증명되어야 한다.

㉴ 열에 의한 수축팽창

공사 시방서의 지정이 없는 경우 외부온도에 따른 +82℃~-18℃의 커튼월 금속표면온도에 대하여 발생되는 수축팽창을 흡수할 수 있도록 설계되어야 하며, 이로 인한 좌굴, 접합부 실링재의 파손, 기타 구조상의 응력 발생, 유해한 균열 등이 발생하지 않아야 한다.

㉵ 구조체의 변형 및 오차

슬래브 자중에 대한 처짐을 기둥과 기둥 사이에서 구조 확인하며 최종 구조 확정 시 처짐량을 재명시하여 이를 설계에 반영하도록 한다. 층간 변위량은 구조계산 결과치에 의하여 판단되며, 특별한 보수 없이 계속 사용 가능한 성능을 가져야 한다.

㉶ 내충격 성능

금속 커튼월 및 창호 등 외장에 관련된 모든 주요 부재는 인체, 기타의 물체, 청소용 장치의 동하중 및 충격에 대하여 안전하여야 한다.

2) 기밀, 수밀 및 단열 요구 성능

㉮ 기밀성능 : 기밀성능의 기준은 공사시방서를 따르지만 정한 바가 없을 경우 다음의 사항을 따른다.

① 기밀성능은 압력차에 대한 단위 벽면적, 단위시간당의 통기량으로 표시하고, 그 단위는 L/m^2·min 혹은 L/m·min으로 한다.

② 기밀성능 및 시험방법은 공사시방에 따르나 정한 바가 없을 때에는 75Pa부터 최대 299Pa 압력차에서 시행하며, 공기유출량은 고정창의 경우 18.3 L/m^2·min 이하이어야 하고, 개폐창의 경우에는 23.2 L/m·min 이하가 되도록 설계한다.

㉯ 수밀성능 : 수밀성능의 기준은 공사시방서를 따르나 정한 바가 없을 경우 다음의 사항을 따른다.

① 커튼월 부분의 수밀성능은 커튼월 부재 또는 면적을 근거해 실내측에 누수가 생기지 않는 한계의 압력차로 표시하고 그 단위는 Pa로 한다.

② 누수량에 대한 허용치
누수가 발생하지 않거나 통제가 불가능한 유입수가 없어야 하고, 15㎖ (1/2온스) 이하의 유입수의 경우 누수로 생각하지 않는다.

③ 설계 풍압 중 정압의 20% 또는 299Pa 중 큰 값의 압력 차에서 수행하며 최대 720Pa를 넘지 않도록 한다. 살수는 3.4 L/m^3·min의 분량으로 15분 동안 시행한다.

㉰ 단열성능 : 단열성능의 기준은 공사시방서를 따르나 정한 바가 없을 경우 다음의 사항을 따른다.

① 단열 성능은 국토교통부 고시 건축물의 에너지절약 설계기준 해설서 및 건축물의 설비기준 등에 관한 규칙의 기준을 따른다.

② 단열성능은 열관류 저항에 의해 표시하며, 그 단위는 W/m^2·K로 한다.

③ 단열성능 시험방법은 공사시방에 따른다.

④ 단열 성능값 R는 표준적인 시험에 의해 산정하나, 공사시방에 정한 바가 없을 때에는 아래의 식에 의해 산정할 수 있다.

$$R = R_o + R_i + \left\{ R_a + \Sigma\left(\frac{d}{\lambda}\right) i \right\}$$

R_o : 외기측 열전달 저항(m^2·K/W)
R_i : 실내측 열전달 저항(m^2·K/W)
R_a : 공기층의 열저항(m^2·K/W)
d : 층 구성재의 두께(m)
λ : 층 구성재의 열전도율(W/m·K)

⑤ 유리면의 열관류율 제한치는 국토교통부 고시 건축물의 에너지절약 설계기 준 해설서 창 및 문의 단열성능 기준을 따른다.

⑥ 스팬드럴 부분의 단열재 적용의 제한치는 국토교통부 고시 건축물의 에너지절약 설계기준 해설서의 단열재의 두께 기준을 따른다. 스팬드럴 부분의 단열성능은「건축물의 설비기준 등에 관한 규칙」제21조 제 ①항 건축물의 열손실방지와 관련된 지역별 건축물 부위의 열관류율의 기준을 따른다.

⑦ 공사시방서에서 지정하지 않은 경우 창호의 열관류율 계산은 국토교통부 고시 건축물의 에너지절약 설계기준 해설서의 창호의 열관류율 계산방법에 따라 판단할 수 있다.

㉣ 결로 방지

① 금속 커튼월은 지정된 실내·외의 온도차, 습도에 의해 커튼월의 실내측 및 벽체 내에 손상을 줄 수 있는 결로가 생기지 않도록 설계한다. 또한 결로가 생길 염려가 있는 경우는 이를 자연 증발이나 적극적인 배수방식 등 처리 방식을 적용하여 설계한다.

② 금속 커튼월은 결로에 의해 발생하는 녹이나 동결 등에 의해 성능 저하나 하자가 발생하지 않도록 설계한다.

㉤ 복사열

스팬드럴 부분은 열파손을 고려하여 설계해야 하며, 공사시방서의 지정이 없는 경우 한 유리면과 내부 백패널과의 간격을 50mm 이상 유지해야 한다.

3) 기타 내화, 소음, 부식, 내구성능은 정해진 규정에 적합하여야 한다.

2.3 커튼월의 시험

1) 시험소 실물 모형 시험(Mock Up Test)

실물 모형 시험을 통한 성능 시험 시행 여부, 규모, 시험 종목 및 판정 기준은 공사시방서에 정한 바를 따르고, 공사 시방서에 정한 바가 없을 때에는 다음의 사항을 따른다.

시험종목 : 시험종목 중 하기 ㉮, ㉯, ㉰, ㉴ 항의 시험을 제외한 나머지 시험은 시험 여부의 선택이 가능한 시험 종목이다.

㉮ 예비시험 : 설계 풍압의 +50%를 최소 10초간 가압하여 시험 장치에 설치된 시료의 상태를 일차적으로 점검하고, 시험실시 가능 여부를 판단한다.

㉯ 기밀시험 : 정압 하에서 내외의 압력차를 75Pa부터 최대 299Pa로 하여 시험체에서 발생하는 공기 누출량을 측정하고, 설계기준의 기밀성능을 만족하여야 한다. 누기량에 대한 허용치는 고정창 부분은 0.0183m^3/min·m^2, 단위 면적당의 누기량으로 평가되고, 개폐창 부분은 0.0232m^3/min·m, 단위 길이당의 누기량으로 평가된다.

㉰ 정압수밀시험 : 설계 풍압 중 정압의 20% 또는 30.4kg/m^{2}중 큰 값의 압력차에서 수행하며 최대 73.4 kg/m^{2}를 넘지 않도록 한다. 살수는 3.4 L/m^2·min의 분량으로 15분 동안 시행한다. 누수상태를 관찰하여 누수가 발생하지 않거나 통제가 불가능한 유입수가 없어야 하고, 15㎖ 이하의 유입수의 경우 누수로 생각하지 않는다.

㉱ 동압수밀시험 : 정압수밀시험과 유사하나, 가압의 방식에 차이가 있으며, 설계 풍압 중 정압의 20% 또는 30.4kg/m^2 중 큰 값의 압력으로 수행하며 최대 73.4kg/m^{2}를 넘지 않도록 한다. 가압 시에는 비행기 프로펠러나 팬 혹은 이에 상응하는 장치를 사용하여 시험한다. 살수는 3.4 L/m^2·min의 분량으로 15분 동안 시행한다. 누수상태를 관찰하여 누수가 발생하지 않거나, 통제가 불가능한 유입수가 없어야 하고, 15㎖ 이하의 유입수의 경우 누수로 생각하지 않는다.

㉲ 구조시험 : 설계 풍압의 100%까지 단계별로 증감(대개 50%, 100%, −50%, −100%의 4단계로 구분)하여 설계 풍압의 ±100% 아래에서 구조재의 변위와 측정 유리의 파손 여부를 확인하고, 설계 기준 만족 여부를 확인한다.
그 이후, 설계 풍압의 ±150%에 대해 실시하며, 잔류 변형량을 측정하기 위해 0kg/m^{2}로 압력제거 시 변위를 측정하며 허용치는 2L/1000 이하이어야 한다. 여기에서 L은 지점 간의 거리이다.

2) 현장, 비주얼 및 기타 시험

공사시방서 지정에 따라 현장 시험, 비주얼 시험, 앵커의 인발시험 등을 수행 할 수 있다.

3) Mock Up Test 시험 순서

㉮ 수밀 시험　　　　㉯ 내풍압 시험
㉰ 층간변위 추종 시험　　　　㉱ 기밀 시험

☞ 그림 2.3.3.1 Mock Up Test 시험 장치

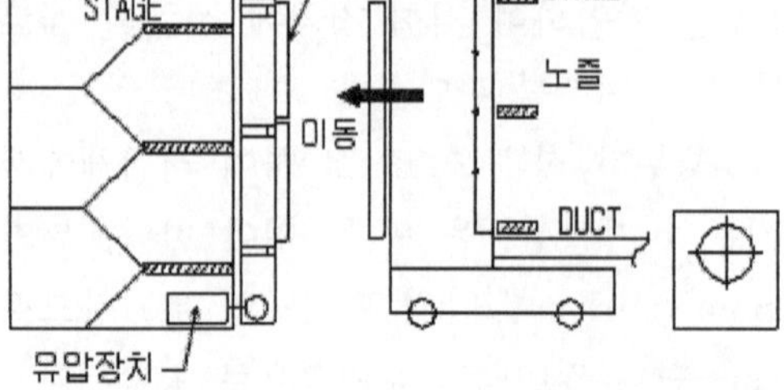

☞ 그림 2.3.3.2 내풍압시험 상태도

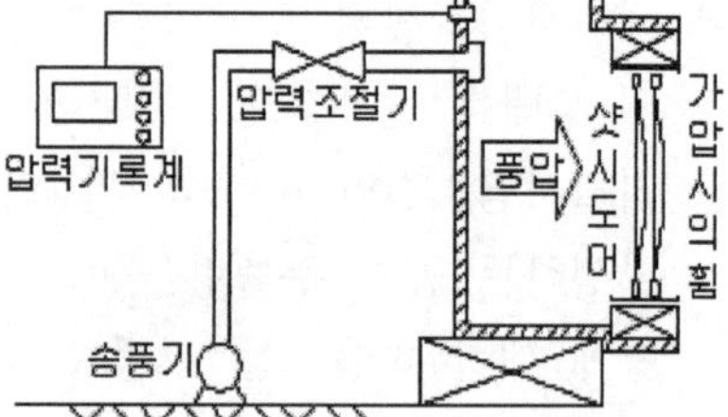

☞ 그림 2.3.3.3 수밀성능시험 상태도

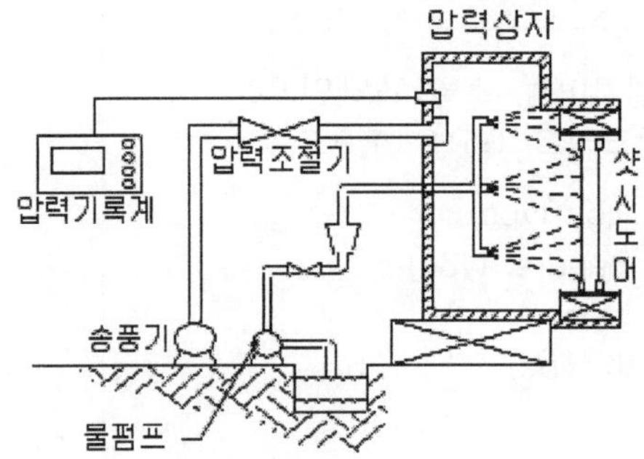

☞ 그림 2.3.3.4 기밀성능시험 상태도

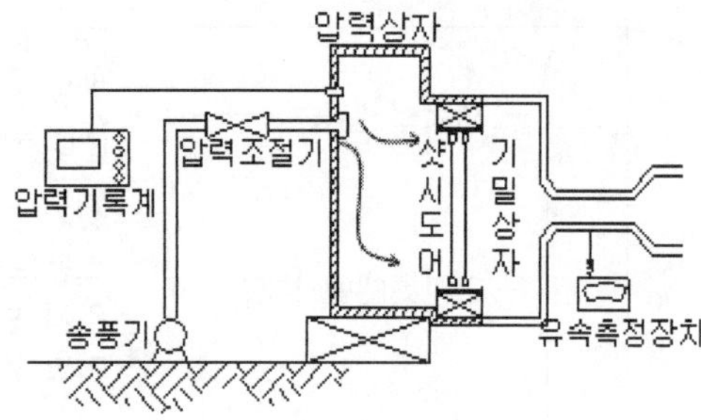

☞ 표 2.3.3.1 커튼월 시험의 종류

<table>
<tr><td rowspan="2">풍동시험
(wind tunnel test)</td><td colspan="2">건축물 준공 후에 나타날지도 모를 문제점을 파악하고 설계에 반영할 목적으로 실시하며, 건물 주변의 기류를 파악하여 풍해의 예측 및 그에 따른 대책을 수립하는 시험</td></tr>
<tr><td>시험 방법</td><td>① 외벽풍압시험 ② 구조하중시험
③ 고주파 응력시험 ④ 보행자 풍압영향시험</td></tr>
<tr><td rowspan="2">실물대시험
(mock-up test ;
외벽성능시험)</td><td colspan="2">커튼월의 변위측정, 온도변화에 따른 변형, 누수, 접합부 검사, 창문의 열손실을 시험하기 위하여, 풍동시험을 근거로 설계한 실물 모형을 만들어 건축예정지에서 최악의 외기조건으로 시험하는 것을 말한다.</td></tr>
<tr><td>시험종목</td><td>① 예비시험 ② 기밀시험
③ 정압수밀시험 ④ 동압수밀시험
⑤ 층간변위</td></tr>
</table>

☞ 사진 2.3.3.1 Mock Up Test

☞ 사진 2.3.3.2 풍동 시험

2.4 커튼월의 분류

- 재료별 분류
  - 메탈 커튼월 : 알루미늄, 스틸, 스테인리스
  - P.C 커튼월 : 콘크리트, G.P.C, T.P.C
- 외관형태별 분류
  - 샛기둥 방식(mullion type)
  - 스팬드럴 방식(spandrel type)
  - 격자 방식(grid type)
  - 피복 방식(sheath type)
- 구조방법별 분류
  - mullion system
  - panel system
  - cover system
- 조립공법별 분류
  - unit method
  - knock down method(분해조립증법)

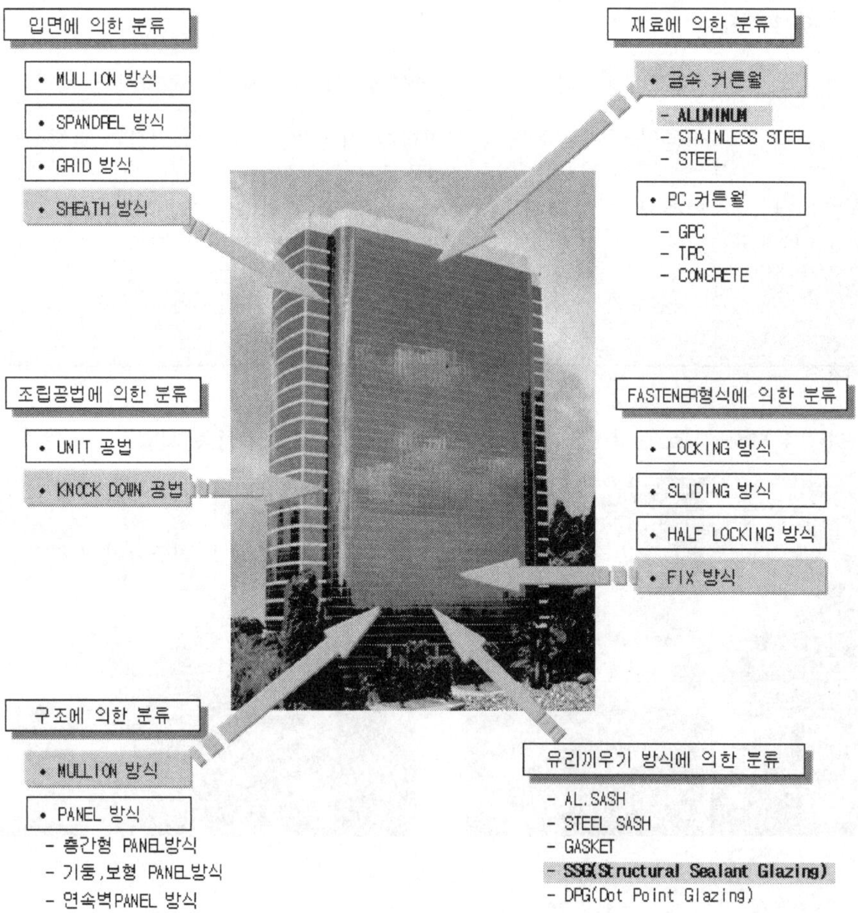

1) 재료별 분류

☞ 표 2.4.1.1 커튼월의 재료별 분류

종 류		특 징
금속재 커튼월 (metal)	알루미늄	경량으로 가공이 용이하고, 조립시공이 쉬우며, 부식이 적다.
	철	재료비가 염가이지만 소재의 정밀도, 방청 등 문제점이 발생한다.
	스테인리스	재료비가 고가이지만 부식이 없고, 변형이 적다.
PC 커튼월	콘크리트	수축, 팽창이 적으며, 열전도율이 낮다.
	G.P.C	석재와 콘크리트를 일체화시킨 P.C를 공장제작하여 현장에서 접합한다.
	T.P.C	타일과 콘크리트를 일체화시킨 P.C를 공장제작하여 현장에서 접합한다.

☞ 사진 2.4.1.1 금속재 커튼월

☞ 사진 2.4.1.2 PC 커튼월

2) 외관 형태별 분류

☞ 표 2.4.2.1 커튼월의 외관 형태별 분류

종 류	특 징
샛기둥 방식 (mullion type)	① 수직기둥을 노출시키고, 그 사이에 유리창이나 스팬드럴 패널을 끼우는 방식 ② 외관에 있어 수직 강조
스팬드럴 방식 (spandrel type)	① 수평선을 강조하는 창과 스팬드럴의 조합으로 이루어지는 방식 ② 외관에 있어 수평을 강조
격자 방식 (grid type)	① 수직·수평의 격자형 외관을 노출시키는 방식 ② 외관에 있어 수직·수평 강조
피복 방식 (sheath type)	구조체가 외부에서 나타나지 않게 패널로 은폐시키고, 새시가 패널 안에서 끼워지는 방식

☞ 사진 2.4.2.1 샛기둥 방식

☞ 사진 2.4.2.2 스팬드럴 방식

☞ 사진 2.4.2.3 격자 방식

☞ 사진 2.4.2.4 피복 방식

3) 패스너 긴결 방식

패스너는 커튼월을 구조체에 긴결시키는 부품을 말하며, 외력에 대응할 수 있는 강도를 가져야 하며 설치가 용이하고 내구성, 내화성 및 층간변위에 대한 추종성이 있어야 한다.

☞ 표 2.4.3.1 패스너 긴결 방식의 종류

설 치 방 식	내 용
슬라이드 방식(slide type)	커튼월 상부가 슬라이딩되도록 하는 방식
회전방식(locking type)	커튼월 하부 중앙부를 핀으로 지지하는 방식
고정방식(fixed type)	커튼월 상하부를 용접으로 고정하는 방식

☞ 그림 2.4.3.1 패스너 긴결 방식의 종류

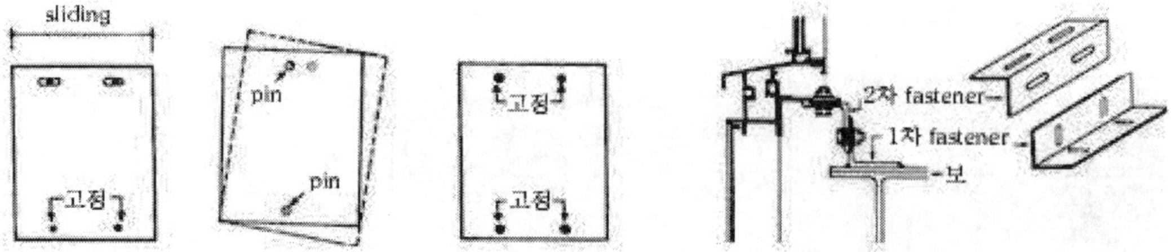

〈sliding 방식〉 〈locking 방식〉 〈fixed 방식〉 〈fastener 방식〉

☞ 그림 2.4.3.2 고정방식의 패스너 표준상세

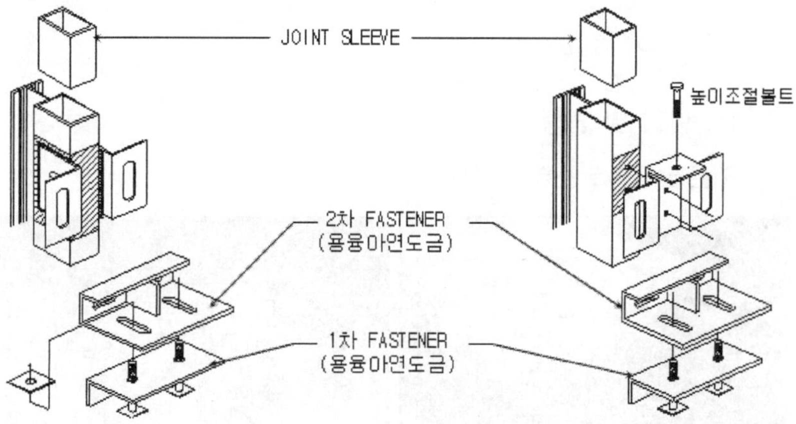

3. 커튼월의 시공

3.1 시공 순서

1) 바닥 슬래브 콘크리트타설 시 앵커 플레이트설치

☞ 사진 3.1.1.1 바닥 슬래브 콘크리트타설 시 앵커 플레이트설치

앵커 설치(plate type)

앵커 설치(empeded type)

앵커설치

2) 현장측량

☞ 사진 3.1.2.1 현장 측량

먹메김 작업

먹메김 위치

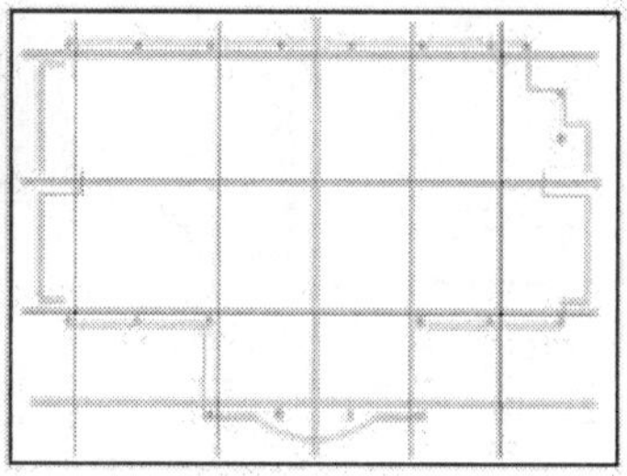

먹메김 도면

3) 커튼월 유니트 반입 및 양중

☞ 사진 3.1.3.1 커튼월 유니트 반입 및 양중

유니트 반입(하차)

품질검사(반입검사)

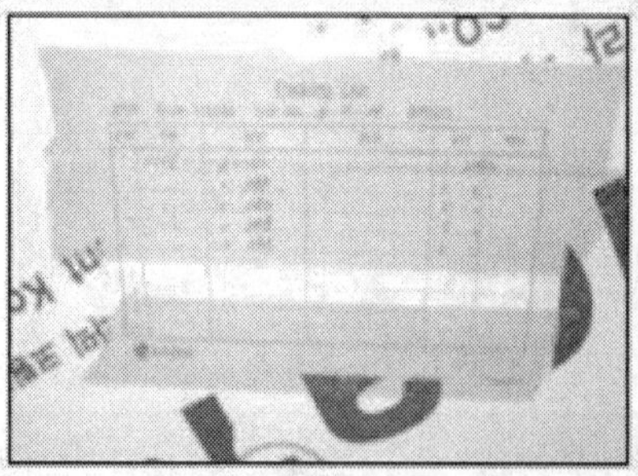

Packing List

해당층 양중

4) 시작철물(Start Sill Bar) 설치

☞ 사진 3.1.4.1 시작철물(Start Sill Bar) 설치

Start sill bar 설치

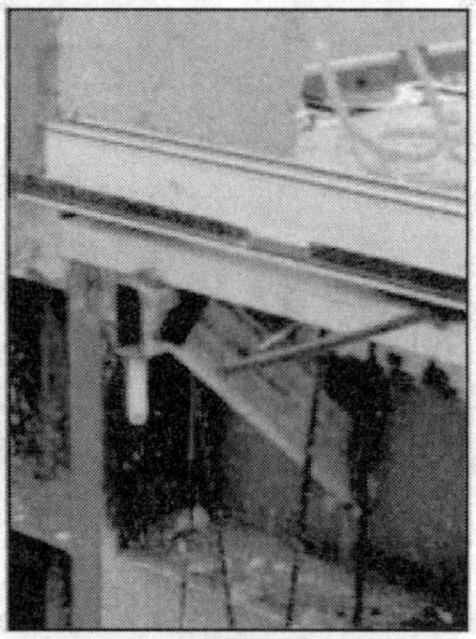

Sill bar용 truss

Start sill bar 설치

Unit Start

5) 커튼월 유니트 설치

☞ 사진 3.1.5.1 커튼월 유니트 설치

Winch 제작

Winch 이동

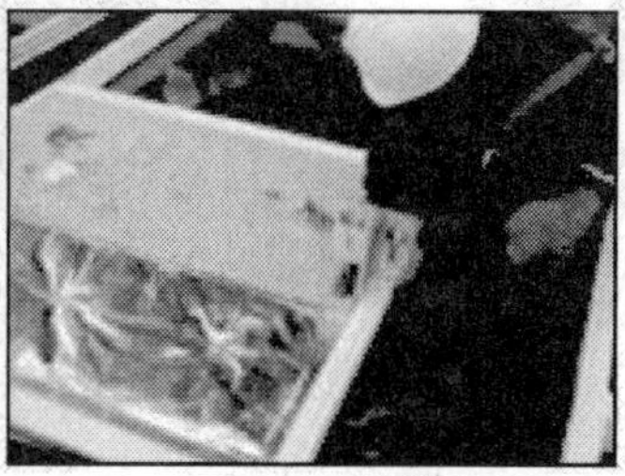

Fastener 취부

Unit 설치

Level 검측 및 미세조정

Unit start

Unit 설치 미세조정

6) 핀월 부분판넬 설치

☞ 사진 3.1.6.1 핀월 부분판넬 설치

Truss 제작(핀월부위)

Truss 제작(피난발코니부위)

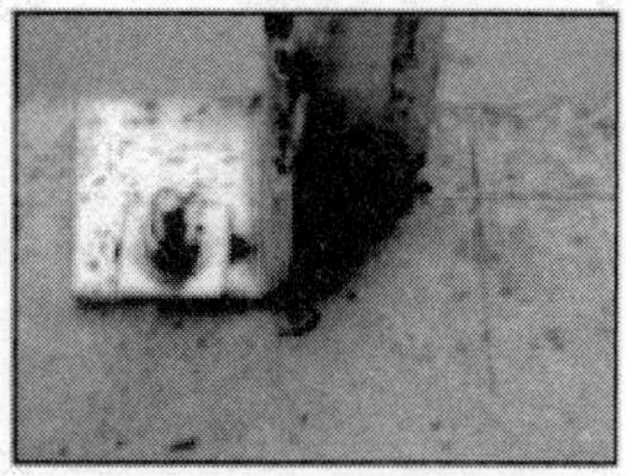

Truss anchor & fastener

Panel 구간 truss 설치

Truss fastener 조립

핀월 truss 설치

핀월부위 panel 취부

곤돌라(flat형)

곤돌라(corner형)

3.2 시공 공통사항

1) 현장 가공

㉮ 원칙적으로 외벽에 사용되는 패널의 현장절단은 하지 않는다. 단, 부득이 절단할 경우에는 패널제조업자 또는 담당원의 승인을 득한 후 현장에서 절단할 수 있다.

㉯ 외벽 패널의 홈파기는 패널 1매당 1개소에 한하고, 폭 30mm 이내, 깊이 10mm 이내로 한다.

㉰ 설비배관을 위한 패널의 구멍뚫기는 보강철근을 절단하지 않는 범위에서 패널 1매당 1개소로 하고, 직경은 외벽에서 폭의 1/6 이하로 한다.

㉱ 위의 범위를 넘어 절단, 홈파기, 구멍뚫기를 하는 경우에는 부재의 강도 등을 확인

하고 담당원의 승인을 받는다.

㉤ 패널의 절단, 홈파기, 구멍뚫기 등으로 노출된 철근은 방청재를 사용하여 방청처리를 한다.

2) 용접부의 방청처리

바탕철물 및 설치철물의 용접부는 녹막이 도료로 방청처리를 한다. 단, 용접부가 모르타르 등으로 보호되고 모르타르에 의한 충분한 방청효과가 있다고 인정되는 경우에는 방청처리를 하지 않을 수 있다.

3) 신축줄눈의 내화처리

㉮ 외력에 의한 변형을 흡수하기 위하여 패널 상호간 또는 패널과 타부재와의 접합부에 10~20mm 폭으로 설치되는 신축줄눈에 내화성능이 요구될 경우에는 암면 등의 내화줄눈재를 실링재로 방수처리 한다.

㉯ 10mm의 신축줄눈에는 두께 12.5mm의 내화줄눈재를, 20mm의 신축줄눈에는 두께 25mm의 내화줄눈재를 각각 20% 정도 압축시켜 사용한다.

㉰ 내화줄눈재의 두께는 최소 50mm 이상으로 하며, 패널두께와 같게 하는 것이 바람직하다.

4) 충전재 모르타르의 양생

㉮ 충전 모르타르를 충전한 후 24시간(동절기 48시간) 동안은 양생에 유해한 진동 및 충격이 가해지지 않도록 한다.

㉯ 전용 모르타르의 충전 및 경화 도중에 모르타르의 온도가 2℃ 이하로 저하될 우려가 있는 기상 조건일 경우에는 보온 양생 등의 적절한 조치를 취하도록 한다.

4. 커튼월의 누수처리 대책

4.1 Closed Joint System

1) 정의

커튼월 유닛의 접합부를 실링재로 완전히 밀폐시켜 틈을 없이 해서 처리하는 방식

2) 특징

㉮ 누수의 원인 중의 하나인 틈새를 없애는 것을 목적으로 하는 방식

㉯ 누수를 외측면에서 차단하여 소재의 수명 연장

㉰ 부재 내측면 내후성 증가

㉱ 중·고층 건물에 적합하며 국내에서 주로 채택하는 방식

㉲ 외부 누수에 대비하여 내부에 배수구 설치

☞ 그림 4.1.2.1 이중 Seal 방식 설치 예

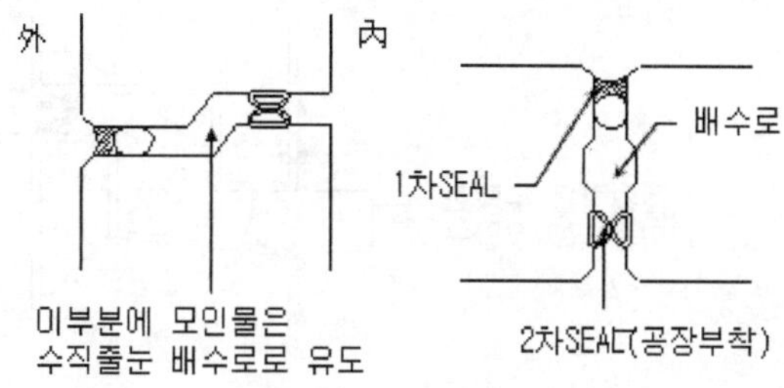

☞ 그림 4.1.2.2 배수로 설치 예

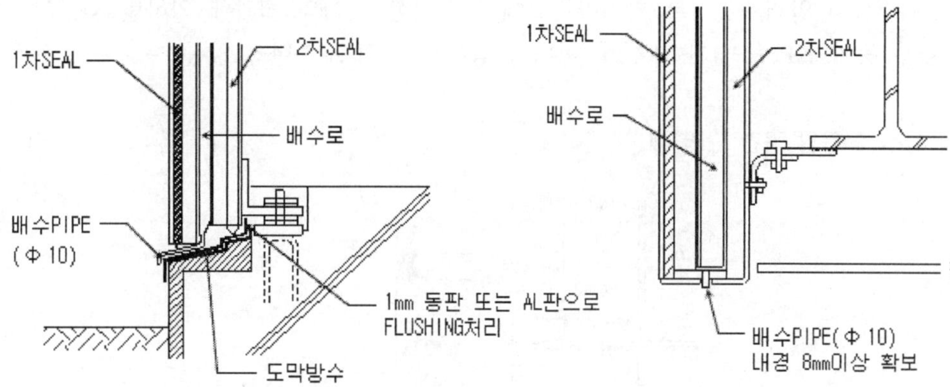

〈외부〉 〈내부〉

4.2 Open Joint System

1) 정의

벽의 외측면과 내측면 사이에 공간을 두어 옥외의 기압과 같은 기압을 유지하게 하여 배수하는 방식

2) 특징

㉮ 틈을 통해서 물을 이동시키는 압력차를 없애는 등압이론 이용

㉯ 기밀층(공기층)은 풍압에 충분히 견딜 수 있는 구조

㉰ 표면재의 내측에 기압을 생기게 하기 위해 내벽은 기밀 유지

㉱ 외벽에 물끊기를 설치하면 더욱 효과적

㉲ 초고층 건물에 채택

☞ 그림 4.2.2.1 Open Joint System의 원리

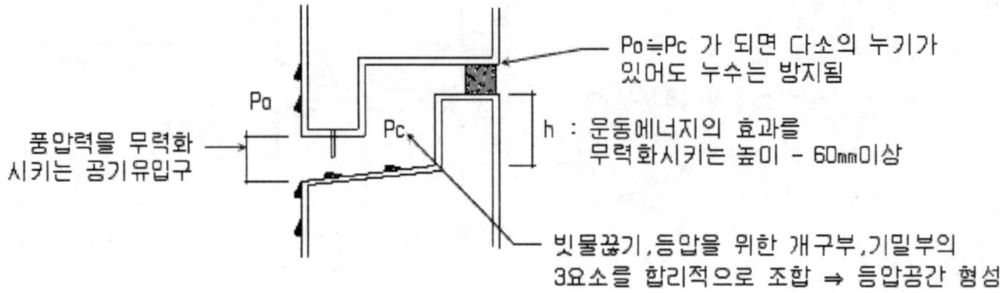

☞ 누수 한계 압력차 : 일본 가지마건설에서 실시한 실험의 결과에 의하면 외부와 접합부 공기차(Po-Pc)가 7kg/m^2 이내일 경우는 거의 누수현상 없음.

☞ 그림 4.2.2.2 등압 공간 단면 예

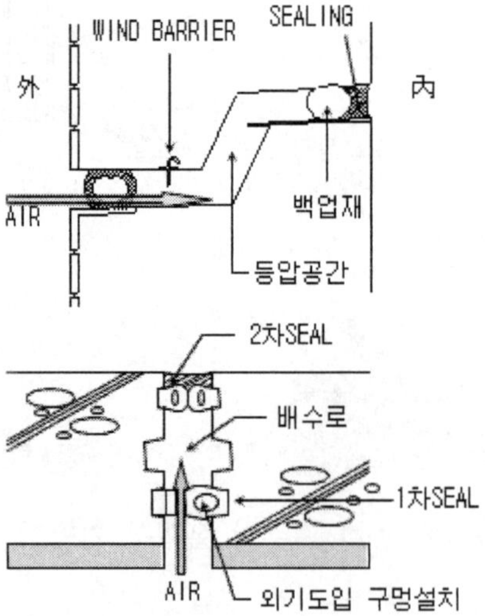

제 18장

미장공사

1. 용어의 정리
2. 미장용 재료
3. 미장공사의 일반시공
4. 시멘트 모르타르 바름
5. 석고 플라스터 바름
6. 돌로마이트 플라스터 바름
7. 회반죽 바름
8. 합성수지 플라스터 바름(수지 미장)
9. 인조석 바름 및 테라조 바름
10. 셀프 레벨링(Self Leveling)재 바름
11. 바닥 강화재(Hardner) 바름
12. 단열 모르타르 바름
13. 내화학 바름
14. 공동주택의 바닥 미장

1. 용어의 정리

건축공사 표준시방서에서는 미장공사에 사용하는 용어를 다음과 같이 정의하고 있다.

1) 건비빔 : 혼합한 미장재료에 아직 반죽용 물을 섞지 않은 상태
2) 결합재 : 시멘트, 플라스터, 소석회, 벽토, 합성수지 등으로서, 잔골재, 종석, 흙, 섬유 등 다른 미장재료를 결합하여 경화시키는 재료
3) 경과시간 : 동일 공정내, 공정과 공정 또는 최종 공정과 사용 가능시간 사이의 경과시간은 다음과 같이 구분한다.
   ㉮ 공정내 경과시간 : 동일 공정 내에서 동일 재료를 여러 번 반복하여 바르는 경우에 바름과 바름 사이에 필요한 시간
   ㉯ 공정간 경과시간 : 한 공정이 완료되고, 다음 공정이 시작될 때까지 필요한 시간
   ㉰ 최종양생 경과시간 : 최종 공정이 완료된 후 마감면이 사용 가능한 상태가 될 때까지의 필요한 시간
4) 고름질 : 바름두께 또는 마감두께가 두꺼울 때 혹은 요철이 심할 때 초벌바름 위에 발라 붙여주는 것 또는 그 바름층
5) 규준대 고르기 : 평탄한 바름면을 만들기 위하여 규준대로 밀어 고르거나 미리 붙여둔 규준대면을 따라 발라서 요철이 없는 바름면을 형성하는 작업
6) 규준바름 : 미장바름시 바름면의 규준이 되기도 하고, 규준대 고르기에 닿는 면이 되기 위해 기준선에 맞춰 미리 둑모양 혹은 덩어리 모양으로 발라 놓은 것 또는 바르는 작업
7) 규준설치 : 미장바름시 바름면의 규준이 되기도 하고, 규준대 고르기에 닿는 면이 되기 위해 코너비드 등 각종 비드 또는 규준대를 설치하는 것 또는 설치작업
8) 눈먹임 : 인조석 갈기 또는 테라조 현장갈기의 갈아내기 공정에 있어서 작업면의 종석이 빠져나간 구멍 부분 및 기포를 메우기 위해 그 배합에서 종석을 제외하고 반죽한 것을 작업면에 발라 밀어 넣어 채우는 것
9) 덧먹임 : 바르기의 접합부 또는 균열의 틈새, 구멍 등에 반죽된 재료를 밀어 넣어 때워주는 것
10) 라스 먹임 : 메탈 라스, 와이어 라스 등의 바탕에 모르타르 등을 최초로 발라 붙이는 것
11) 마감두께 : 바름층 전체의 두께를 말함. 라스 또는 졸대 바탕일 때는 바탕 먹임의 두께를 제외
12) 물걷힘 정도 : 발라 붙인 바름층의 수분이 바람, 온도 등 외기 영향에 의해 증발되거나 바탕에서 흡수하여 상실되는 정도
13) 물비빔 : 건비빔된 미장재료에 물을 부어 바를 수 있도록 반죽된 상태
14) 물축이기 : 모르타르, 플라스터 등의 응결경화에 필요한 비빔시의 물이 바탕면으로 과

도하게 흡수되지 않도록 바탕면에 미리 물을 뿌리는 것

15) 미장두께 : 각 미장층별 발라 붙인 면적의 평균 바름두께

16) 미장용 경량 발포골재 : 합성수지계, 탄산칼슘 등 유무기질계 재료를 발포시켜 미장용 잔골재로 입도 등을 조정한 것

17) 바탕 : 모르타르, 플라스터, 회반죽 등 미장재료를 바르기 위한 구조체 표면 또는 미장바름을 위하여 라스, 졸대, 기타의 것 등을 처리한 면

18) 바탕처리 : 요철 또는 변형이 심한 개소를 고르게 손질바름하여 마감 두께가 균등하게 되도록 조정하고 균열 등을 보수하는 것. 또는 바탕면이 지나치게 평활할 때에는 거칠게 처리하고, 바탕면의 이물질을 제거하여 미장바름의 부착이 양호하도록 표면을 처리하는 것

19) 배합비 : 반죽된 재료를 구성하는 미장 원재료의 혼합비율

20) 벽쌤홈 : 심벽의 주위 또는 출입문틀, 문선, 창선 등과 벽의 접합부에 틈이 나지 않도록 하기 위하여 재벌바름, 마감바름을 물려 바를 수 있도록 만든 홈

21) 손질바름 : 콘크리트, 콘크리트 블록 바탕에서 초벌바름하기 전에 마감두께를 균등하게 할 목적으로 모르타르 등으로 미리 요철을 조정하는 것

22) 실러 바름 : 바탕의 흡수 조정, 바름재와 바탕과의 접착력 증진 등을 위하여 합성수지 에멀션 희석액 등을 바탕에 바르는 것

23) 열관류 : 고체 벽을 사이에 둔 양측 유체 온도가 다를 때 고온측에서 저온측으로 열이 통과하는 현상

24) 열관류율 : 열관류에 의한 관류열량의 계수로써 고체벽 양쪽 유체가 단위온도차일때 단위표면적을 통해 단위시간당 전달되는 열량을 뜻함

25) 외엮음 : 흙을 발라 벽을 만들기 위하여 벽 속에 가는 나뭇가지 등을 종·횡으로 엮어 대어 외(椳)벽의 바탕이 되게 하는 것. 외는 대나무를 쪼갠 것, 수숫대, 싸리, 갈대 등을 사용하는데, 세로로 설치하는 외를 '설외'라고 하고 가로로 설치하는 외를 '눌외'라고 함

26) 이어 바르기 : 동일 바름층을 2회의 공정으로 나누어 바를 경우 먼저 바름공정의 물걷기를 보아 적절한 시간 간격을 두고 겹쳐 바르는 것

27) 초벌, 재벌, 정벌바름 : 바름벽은 여러 층으로 나뉘어 바름이 이루어진다. 이 바름층을 바탕에 가까운 것부터 초벌바름, 재벌바름, 정벌바름이라 한다.

28) 회사벽 : 석회죽에 모래, 회백토 등을 섞어 반죽한 것을 외바탕 등 흙벽의 마감 바름이나, 회반죽 마무리 바름 이전 고름질이나 재벌 바름으로 사용하기 위해 바르는 벽

29) 혼화재료 : 주재료 이외의 재료로서 반죽할 때 필요에 따라 미장재료의 성분으로서 첨가하는 재료. 혼화재료에는 혼화제(劑)와 혼화재(材)가 있다.

30) 혼화재 : 광물질계로 비교적 다량을 사용하는 플라이애시, 고로슬래그 미분말, 메타카

올린 등의 혼화재료

31) 흡수조정제 바름 : 바탕의 흡수 조정이나 기포발생 방지 등의 목적으로 합성수지 에멀션 희석액 등을 바탕에 바르는 것

2. 미장용 재료

2.1 미장 재료의 구분

1) 수경성(水硬性) 재료 : 시멘트 모르타르, 석고 플라스터 등 물과 화학변화하여 굳어지는 재료
2) 기경성(氣硬性) 재료 : 소석회, 돌로마이트 플라스터, 진흙, 회반죽 등 공기속에서 완전히 경화하는 재료

☞ 표 2.1.1.1 미장 재료의 구분

구 분		종 류	구성재료 및 특징
수경성 (팽창성)	석고질	순석고 플라스터	[순석고+모래+여물+물] 중성으로 경화속도가 빠르다.
		혼합(배합)석고 플라스터	[배합석고+모래+여물+물] 약알칼리성으로 경화속도는 보통이다.
		경석고 플라스터 (keen's cement)	[무수석고+모래+여물+물] 강도가 크고 수축균열이 거의 없다.
	시멘트	모르타르	[시멘트+모래+물]
기경성 (수축성)	진흙질	진 흙	[진흙+모래+짚여물+물] 외바탕 흙벽으로 초벽, 재벽 바름 용
		새 벽 흙	[새벽흙+모래+여물+해초풀] 흙벽의 재벌, 정벌 바름에 쓰인다.
	석회질	회 반 죽	[소석회+모래+여물+해초풀] 물은 사용안함(해초풀 : 접착력 증대, 여물 : 균열방지)
		회 사 벽	[석회죽+모래 (시멘트, 여물 등도 섞는다.)] 흙벽의 정벌바름, 회반죽 고름, 재벌바름
		돌로마이트 플라스터 (마그네시아 석회)	[마그네시아 석회+모래+여물] 건조수축이 커서 균열발생, 지하실 사용 안함.
용액성 간수 ($MgCl_2$)	고토질	마그네시아시멘트	① 착색이 용이하고 물을 가해도 경화되지 않는다. ② 염화마그네슘($MgCl_2$)을 물 대신 사용하고 철재를 녹슬게 하며, 리그노이드의 주원료

☞ 리그노이드(Lignoid)

마그네시아 시멘트 모르타르에 탄성재료인 콜크분말, 안료 등을 혼합한 미장 재료로써 바닥포장재에 주로 쓰인다.

2.2 포틀랜드시멘트(Portland Cement)

1) 종류

포틀랜드 시멘트의 종류는 표 2.2.1.1과 같이 5종류가 있다.

☞ 표 2.2.1.1 포틀랜드 시멘트의 종류

1 종	보통 포틀랜드 시멘트
2 종	중용열 포틀랜드 시멘트
3 종	조강 포틀랜드 시멘트
4 종	저열 포틀랜드 시멘트
5 종	내황산염 포틀랜드 시멘트

2) 제조방법 및 원재료

포틀랜드 시멘트는 포틀랜드 시멘트 클링커(Clinker)에 적당량의 석고 및 분쇄조제를 가하여 분말로 한 것이다. 다만, 고로 슬래그, 포조란, 플라이애시 중 한 종류를 시멘트의 5% 이내 그리고 석회석을 시멘트의 5% 이내에서 혼합분쇄 또는 단독분쇄 후 혼합할 수 있다.

3) 포틀랜드 시멘트의 화학 성분

☞ 표 2.2.3.1 포틀랜드 시멘트의 화학 성분

항목 \ 종류		1종	2종	3종	4종	5종
산화마그네슘(MgO)	%	5.0 이하	5.0 이하	5.0 이하	5.0 이하	5.0 이하
삼산화황(SO_3)	%	3.5 이하	3.0 이하	4.5 이하	3.5 이하	3.0 이하
강열 감량	%	3.0 이하	3.0 이하	3.0 이하	3.0 이하	3.0 이하
C_3S	%	–	50 이하	–	–	–
C_2S	%	–	–	–	40 이상	–
C_3A	%	–	8 이하	–	6.0 이하	4.0 이하

(주) 화학성분을 기호로 표시할 때, C=CaO, S=SiO_2, A=Al_2O_3, F=Fe_2O_3로 한다.
보기를 들면 C_3A=3Cao, Al_2O_3

4) 포틀랜드 시멘트의 물리 성능

☞ 표 2.2.4.1 포틀랜드 시멘트의 물리 성능

항목 \ 종류			1 종	2 종	3 종	4 종	5 종
분말도	비 표면적(blaine) cm^2/g		2,800 이상	2,800 이상	3,300 이상	2,800 이상	2,800 이상
안정도	오토클레이브 팽창도 %		0.8 이하	0.8 이하	0.8 이하	0.8 이하	0.8 이하
	르샤틀리에(Lechatelier) mm		10 이하	10 이하	10 이하	10 이하	10 이하
응결시간	비카 시험	초결(분)	60 이상	60 이상	45 이상	60 이상	60 이상
		종결(시간)	10 이하	10 이하	10 이하	10 이하	10 이하
수화열 J/g	7일		–	290 이하	–	250 이하	–
	28일		–	340 이하		290 이하	–
압축강도 MPa (N/mm^2)	1일		–	–		–	–
	3일		12.5 이상	7.5 이상	10.0 이상	–	10.0 이상
	7일		22.5 이상	15.0 이상	20.0 이상	7.5 이상	20.0 이상
	28일		42.5 이상	32.5 이상	32.5 이상	22.5 이상	40.0 이상
	91일				47.5 이상	42.5 이상	

(주) 1. 안정도 시험 방법은 수요자의 요구에 따라 오토클레이브 시험과 르샤틀리에 시험 중 택일하여 실시한다.
2. 중용열 시멘트의 28일 수화열은 수요자의 요구가 있을 때만 적용한다.
3. 3일 압축강도는 1일 강도보다, 7일 강도는 3일 강도보다, 28일 강도는 7일 강도보다 커야 한다.
4. 압축강도 중 포장 시멘트의 28일 강도, 비포장 시멘트의 7일, 28일 강도는 수요자가 요구하지 않을 때는 생략할 수 있다.

5) 저 알칼리형 포틀랜드 시멘트의 전 알칼리 함량은 1~5종 전부 0.6% 이하 이어야 한다.

2.3 고로 슬래그 시멘트(Portland blast-furnace slag Cement)

1) 종류

고로 슬래그 시멘트의 종류는 고로 슬래그의 함유량에 따라 표 2.3.1.1과 같이 3종류가 있다.

☞ 표 2.3.1.1 고로 슬래그 시멘트의 종류

종 류	고로 슬래그의 함유량 (%)
1 종	5 초과 30 이하
2 종	30 초과 60 이하
3 종	60 초과 70 이하

2) 원료 및 제조 방법

포틀랜드 고로 시멘트는 포틀랜드 시멘트 클링커(Clinker)와 고로 슬래그에 적당량의 석고를 가하여 분말로 하거나 포틀랜드 시멘트, 포틀랜드 시멘트 클링커, 고로 슬래그 또는 석고를 각각 또는 조합하여 분말로 한 것을 충분히 혼합한 것이다.

3) 포틀랜드 고로 슬래그 시멘트의 화학 성분

☞ 표 2.3.3.1 포틀랜드 고로 슬래그 시멘트의 화학 성분

항 목 \ 종 류		1 종	2 종	3 종
삼산화황(SO_3)	%	3.5 이하	4.0 이하	4.5 이하
산화마그네슘(MgO)	%	5.0 이하	6.0 이하	6.0 이하
강열 감량	%	3.0 이하	3.0 이하	3.0 이하

4) 포틀랜드 고로 슬래그 시멘트의 물리 성능

☞ 표 2.3.4.1 포틀랜드 고로 슬래그 시멘트의 물리 성능

항 목 \ 종 류			1 종	2 종	3 종
분 말 도	비 표면적(blaine) cm^2/g		3,000 이상	3,000 이상	3,300 이상
안 정 도	오토클레이브 팽창도 %		0.2 이하	0.2 이하	0.2 이하
	르샤틀리에(Lechatelier) mm		10 이하	10 이하	10 이하
응결시간	비카 시험	초결 (분)	45 이상	60 이상	60 이상
		종결 (시간)	7 이하	10 이하	10 이하
압축강도 MPa(N/mm^2)	3일		12.5 이상	10 이상	7.5 이상
	7일		22.5 이상	17.5 이상	15.0 이상
	28일		42.5 이상	42.5 이상	40 이상

(주) 안정도 시험 방법은 수요자의 요구에 따라 오토클레이브 시험과 르샤틀리에 시험 중 택일하여 실시한다.

2.4 플라이 애시 시멘트(Portland fly-ash Cement)

1) 종류

플라이 애시 시멘트는 플라이 애시 시멘트에 포함된 플라이 애시의 함유량에 따라 표 2.4.1.1과 같이 3종류로 구분한다.

☞ 표 2.4.1.1 플라이 애시 시멘트의 종류

종 류	플라이 애시의 함유량 (%)
1 종	5 초과 10 이하
2 종	10 초과 20 이하
3 종	20 초과 30 이하

2) 원료 및 제조 방법

㉮ 플라이 애시 시멘트는 클링커와 플라이 애시에 적당량의 석고를 가하여 혼합 분쇄시켜 만들거나 제조 또는 시멘트와 플라이 애시를 균일하게 충분히 혼합하여 만든다.

㉯ 분쇄할 때 분쇄 조제(助劑)를 사용하는 경우에는 그 품질 및 사용 방법에 대하여 충분한 시험을 하고 시멘트의 품질에 악영향을 미치지 않는 것을 확인하여야 한다. 그 사용량은 시멘트의 1% 이하로 한다.

3) 포틀랜드 플라이 애시 시멘트의 화학 성분

☞ 표 2.4.3.1 포틀랜드 프라이 애시 시멘트의 화학 성분

항 목 \ 종 류		1 종	2 종	3 종
삼산화황(SO_3)	%	3.0 이하	3.0 이하	3.0 이하
산화마그네슘(MgO)	%	5.0 이하	5.0 이하	5.0 이하
강열 감량	%	3.0 이하	–	–

4) 포틀랜드 플라이 애시 시멘트의 물리 성능

☞ 표 2.4.4.1 포틀랜드 플라이 애시 시멘트의 물리 성능

항 목 \ 종 류			1 종	2 종	3 종
분 말 도	비 표면적(blaine) cm^2/g		2,500 이상	2,500 이상	2,500 이상
안 정 도	오토클레이브 팽창 또는 수축도 %		±0.5 이하	±0.5 이하	±0.5 이하
	르샤틀리에(Lechatelier) mm		10 이하	10 이하	10 이하
응결시간	비카 시험	초결 (분)	60 이상	60 이상	60 이상
		종결 (시간)	10 이하	10 이하	10 이하
압축강도 MPa(N/mm^2)	3일		12.5 이상	10 이상	7.5 이상
	7일		22.5 이상	17.5 이상	15.0 이상
	28일		42.5 이상	37.5 이상	32.5 이상

(주) 안정도 시험 방법은 수요자의 요구에 따라 오토클레이브 시험과 르샤틀리에 시험 중 택일하여 실시한다.

2.5 석고 플라스터(Gypsum Plaster)

1) 종류

석고 플라스터의 종류는 표 2.5.1.1과 같이 구분한다.

☞ 표 2.51.1 석고 플라스터의 종류

종 류		설 명
혼합 석고 플라스터	정벌용	물만 혼합하여 즉시 사용하는 것
	초벌용	물 및 골재를 혼합하여 즉시 사용하는 것
보드용 석고 플라스터		물 및 골재를 혼합하여 즉시 사용하는 것으로 부착력이 강한 초벌용의 것

2) 원료

석고 플라스터는 소석고를 주원료로 하며, 필요에 따라 여기에 혼화재 및 증점제, 응결 지연제 등을 혼합한 것으로 한다.

3) 석고 플라스터의 품질

☞ 표 2.5.3.1 석고 플라스터의 품질

종 류		소석고의 양 (%)	분말도(%)		응결시간		휨강도 N/mm^2	경도 계수 mm	균열 시험	보수율(%)	
			1410㎛체 통과량	149㎛체 통과량	시발 시간	종결 시간				2분	10분
혼합 석고 플라스터	정벌용	25 이상	100	60 이상	1 이상	8 이내	0.6 이상	2.0 이상	균열이 생기지 않는 것	80 이상	75 이상
	초벌용	65 이상	–	–	1 이상	8 이내	1.4 이상	–	균열이 생기지 않는 것	80 이상	75 이상
보드용 석고 플라스터		85 이상	–	–	1 이상	16 이내	1.6 이상	–	–	80 이상	75 이상

(주) 소석고량의 규정은 β형 석고를 주성분으로 하는 경우에 적용하는 것으로 한다.

4) 제조 후 4개월 이상 경과한 것은 사용할 수 없다.

2.6 돌로마이트 플라스터(Dolomite Plaster)

1) 돌로마이트 플라스터의 종류 및 품질

☞ 표 2.6.1.1 돌로마이트 플라스터의 종류 및 품질

종류	산화칼슘 (CaO) (%)	산화 마그네슘 (MgO) (%)	탄산가스 (CO_2) (%)	분말도 잔량 (%)		점도 계수 (15℃)	경도 계수		안정성 시험	포대 (kg)
				590㎛	88㎛		1주	4주		
정벌용	42 이상	20 이상	15 이하	1 이하	15 이하	20 이상	2.3 이상	2.3 이상	합격	10, 20 이상
초벌용	37 이상	15 이상	20 이하	2 이하	15 이하	15 이상	2.1 이상	2.1 이상	합격	10, 20 이상

2) 정벌용은 그 분말의 색이 흰색이어야 하고, 회색이 눈에 띄지 않아야 한다.

3) 원료 및 제조 방법

플라스터는 고회석(苦灰石) 그 밖의 산화마그네슘(MgO)을 함유하는 것을 구워 산화칼슘(CaO)과 산화마그네슘(MgO)으로 한 후, 그것에 물을 부어 수산화칼슘[$Ca(OH)_2$]과 수산화마그네슘[$Mg(OH_2$] 으로 될 때까지 충분히 소화한 것을 폴밀 등으로 분쇄하고, 에어 세퍼레이터 등으로 분말을 조정한 것이다.

2.7 미장용 소석회(Decorated Quicklime and Hydrated Lime)

1) 미장용 소석회의 종류 및 품질

☞ 표 2.7.1.1 미장용 소석회의 종류 및 품질

종별	(CaO+ MgO) (%)	CO_2 (%)		분말도 잔량 (%)		점도 계수 (N·sec) (15℃)	경도 계수 (mm)		안정성 시험
		공장 내	공장 외	590㎛	88㎛		1주	4주	
위 바름용	65 이상	10 이하	15 이하	1 이하	15 이하	64.6 이상	2.0 이상	2.0 이상	합격
바탕 바름용	50 이상	15 이하	20 이하	2 이하	15 이하	49.0 이상	1.5 이상	1.5 이상	합격

(주) 공장 외란 공장 외의 모든 장소를 말한다.

2) 위바름용은 그 분말의 색이 흰색이어야 하고, 회색이 눈에 띄게 나타나서는 안 된다.

3) 원료 및 제조 방법

소석회는 석회석을 소성하여 산화칼슘으로 한 다음, 여기에 물을 주입하거나 또는 습한 공기 중에서 자연적으로 소화하여 수산화칼슘으로 될 때까지 충분히 소화하여 만든다.

2.8 모래

1) 모래는 유해한 양의 먼지, 흙, 유기불순물, 염화물 등을 포함하지 않아야 하며, 내화성 및 내구성에 악영향을 미치지 않는 것으로 한다.
2) 모래의 입도는 표 2.8.2.1을 표준으로 한다. 단, 최대 크기는 바름두께에 지장이 없는 한 큰 것으로서, 바름두께의 반 이하로 한다.

☞ 표 2.8.2.1 모래의 표준 입도

체의 공칭치수 (mm) / 입도의 종별	체를 통한 것의 질량백분율(%)					
	5	2.5	1.2	0.6	0.3	0.15
A 종	100	80~100	50~90	25~65	10~35	2~10
B 종	–	100	70~100	35~80	15~45	2~10
C 종	–	–	100	45~90	20~60	5~15
D 종	100	80~100	65~90	40~70	15~35	5~15

(주) 가. 0.15mm 이하의 입자가 표의 값보다 작은 것은 그 입자 대신에 포졸란, 기타 무기질 분말을 적량 혼합하여도 좋다.
나. 입도에 따른 모래의 용도는 다음에 따른다.
A종 : 바닥 모르타르 바름용, 시멘트 모르타르 초벌바름용, 돌로마이트 플라스터 바름의 초벌용, 재벌바름용, 회반죽바름의 초벌바름용, 고름질용, 재벌바름용 등

☞ 표 2.8.2.1 미장재료의 비교

구 분	회반죽	돌로마이트 플라스터	석고 플라스터
주 체	소석회	마그네시아 석회	순·혼합(배합)·경석고
강 도	적다.	회반죽보다 크다.	가장 크다.
경화속도	늦다.	회반죽보다 빠르다.	가장 빠르다.
건조수축	보통	크다.	적다.
점 성	적다.	크다.	보통이다.

3. 미장공사의 일반시공

3.1 바탕

1) 일반 조건

㉮ 미장바름을 지지하는데 필요한 강도와 강성이 있어야 한다.

㉯ 통상시 및 진동 등의 환경조건에서 미장바름을 지지하는데 필요한 접착강도를 유지할 수 있는 재질 및 형상이어야 한다.

㉰ 미장바름의 종류 및 마감두께에 알맞은 표면상태로서 유해한 요철, 접합부의 어긋남, 균열 등이 없어야 한다.

㉱ 미장바름의 종류에 화학적으로 적합한 재질로서 녹물에 의한 오염과 손상, 화학반응, 흡수 등에 의한 바름층의 약화가 생기지 않아야 한다.

㉲ 미장바름에 적합한 바탕은 내·외벽 등의 부위조건 및 사용조건을 고려하여 선택한다.

2) 콘크리트 바탕

㉮ 거푸집을 완전히 제거한 상태로서, 부착상 유해한 잔류물이 없도록 한다.

㉯ 콘크리트는 타설 후 28일 이상 경과한 다음 균열, 재료분리, 과도한 요철 등이 없어야 하고, 적절히 보수되어 있는 상태로 한다. 단, 양생기간의 경우 콘크리트의 특성에 따라 그 기간을 변경할 수 있으며, 이에 대해서는 담당원의 승인을 받아야 한다.

㉰ 설계변경, 기타의 요인으로 바름두께가 커져서 손질바름의 두께가 25mm를 초과할 때는 철망 등을 긴결시켜 콘크리트를 덧붙여 친다.

㉱ 미장바름에 지장을 주는 철근, 간격재 또는 나무부스러기 등은 제거하고, 구멍 등은 모르타르 등으로 채워 메운다.

㉲ 콘크리트의 이어치기 또는 타설 시간의 차이로 이어친 부분에서 누수의 원인이 될 우려가 있는 곳은 적절한 방법으로 미리 방수처리를 한다.

3) 프리캐스트 콘크리트 바탕

㉮ 조립 시에 손상 및 파손된 부분은 미장 바름에 지장이 없도록 보수해야 한다.

㉯ 바탕 표면의 레이턴스, 거푸집 박리제, 박리 시트 등 미장 바름에 지장이 되는 부착물은 완전히 제거된 상태이어야 한다.

㉰ 패널의 접합부는 특별한 경우를 제외하고, 콘크리트 또는 모르타르로 채워져 있어야 한다.

4) 콘크리트 벽돌 및 블록 바탕

㉮ 콘크리트 벽돌 및 블록 쌓기의 줄눈형상은 적용된 미장 바름의 종류 및 바름 두께에 적합한 것으로 한다.

㉯ 콘크리트 블록은 적용된 미장바름과 비교하여 강도·강성이 우수한 것으로, 줄눈나누기 등에 의한 균열을 방지하기 위해 건습에 따른 신축이 작은 것으로 한다.

㉰ 물뿌리기는 미장재료의 경화 과정, 보수성, 흡수율 등을 고려하여 적절히 한다.

㉱ 콘크리트 벽돌 및 블록 바탕은 쌓기 후 2주 이상 경과하여 침하 및 건조수축 등 조적 바탕이 안정화되도록 한다.

5) 고압증기양생 경량 기포콘크리트(Autoclaved Light Weight Concrete, ALC)

㉮ 고압증기양생 경량 기포콘크리트 패널 접합부의 물매, 턱솔 및 주입 모르타르의 흘러내림 등은 패널을 손상시키지 않도록 적절한 방법으로 제거하고, 미장바름에 지장을 주지 않도록 한다.

㉯ 고압증기양생 경량 기포콘크리트 패널을 내화피복재로서 철골에 설치할 때는 갈고리 볼트 또는 기타 붙임 철물을 사용하거나 설치 철물과 내화 접착제를 병용하여 턱솔 및 줄눈 차이 등이 없도록 설치한다.

㉰ 외벽 접착부의 줄눈, 새시 둘레 등은 미장바름을 시작하기 전에 지정 실링재를 충전해 둔다.

6) 메탈 라스(강재금망) 바탕

㉮ 방수지를 붙일 때의 이음은 가로, 세로 90mm 이상 겹친다. 또한 약 300mm 간격으로 기타 부분에서는 적절한 간격으로 갈고리 못치기 등으로 고정하고, 우글거리거나 주름이 생기지 않도록 한다. 방수지에 손상된 곳이나 찢김이 생긴 곳이 있을 때는 물이 새지 않도록 잘 겹쳐댄다.

㉯ 메탈 라스는 가로, 세로 300mm 이내, 특히 천장은 150mm 이내로 갈고리 못치기 등으로 하고, 접합부는 300mm 이상 겹치도록 한다.

㉰ 힘살을 사용할 때 세로 끝단은 기둥 또는 샛기둥 맞이에 닿게 하고, 가로는 간격 300mm 이내로 겹쳐대어 교차하는 부분과 중간의 1개소씩에 갈고리못 등을 치고, 힘살에 둘러싸인 라스 부분 중앙의 1개소에 갈고리 못치기 등으로 고정한다.

㉱ 리브 라스는 리브를 바탕쪽으로 하여 직경 1.2mm 이상의 철선으로 얽어매거나 갈고리못으로 고정하되, 리브에 교차하는 받이재마다 끝은 리브를 따라 간격 300mm 이내로 연결·고정한다.

접합부는 세로 45mm 이상 겹치고, 가로는 리브와 리브를 겹친다. 4장이 겹치는 곳에는 2장을 모서리 자르기로 한다.

㉮ 메탈 라스 고정용 부속품의 깊이, 치수는 마감재의 두께와 바름 횟수에 따라 조정한다.

7) 와이어 라스 바탕

㉮ 방수지의 설치방법은 메탈 라스(강재금망) 바탕에 따른다.

㉯ 와이어 라스는 특별한 경우를 제외하고는 세로치기로 하고, 가로 이음은 가로눈 꿰매기로 하며, 세로이음은 철망 1코 겹치기로 하여 힘살을 넣는다.

㉰ 라스를 치는 방법은 간격 300mm 이내로 갈고리못으로 친다. 나온 모서리는 돌려 치고, 들어간 구석은 메탈 라스를 너비 150mm 이내로 자른 것을 양단의 바탕재에 갈고리 못치기를 한 위에 와이어 라스를 치고, 힘살을 구석에서 꿰매는 식으로 삽입한다.

㉱ 힘살을 사용하는 경우에 세로는 기둥 및 샛기둥에 닿게 하고, 가로는 간격 450mm 이내의 꿰매는 식으로 누벼 넣거나 덧대고, 교차하는 부분 및 그 중간에 1개씩, 힘살에 둘러싸인 라스 부분의 중앙에 갈고리 못치기로 한다.

㉲ 천장 및 추녀 천장에 와이어 라스를 치는 경우에는 미리 밑에 메탈 라스를 갈고리 못치기로 하고, 그 위에 와이어 라스를 일반 벽에 준하여 친다. 다만, 힘살은 한쪽은 반자틀마다 넣고, 다른 쪽은 360mm 이내로 한다.

㉳ 와이어 라스의 고정용 부속품 깊이 및 치수는 마감재의 두께와 바름 횟수에 따라 조정한다.

8) 석고보드 바탕

㉮ 목조바탕의 띠장간격은 450mm 이내로 하고, 기둥 및 샛기둥에 따 넣고, 못치기로 한다. 보드붙임은 보드 받음재 위에서 하고, 주위는 100mm 이내로, 기타 받음재마다 간격 150mm 이내로 보드용 평머리못을 쳐서 고정시킨다.

㉯ 목조 천장바탕은 목공사에 따르며 다만, 반자틀 간격은 300mm 이내로 한다. 보드의 붙임은 반자틀 면내에서 잇고 주위는 100mm이내로, 기타 받음재마다 간격 150mm 이내로 보드용 평머리못으로 고정시킨다.

㉰ 경량철골바탕의 칸막이벽 등에서는 기둥, 샛기둥의 간격을 450mm 이내로 한다. 보드의 설치는 가로로 엇빗잇기로 하고, 주위는 기둥 샛기둥마다 100mm 이내로 나사 못박기로 하며, 보드의 상, 하 접속은 간격 150mm 이내로 이음철물로 고정시킨다. 또한 기둥·샛기둥마다 150mm 이내로 보드용 평머리 나사못 고정으로 시킨다.

㉱ 경량철골 천장바탕에 있어서는 반자틀받이의 간격은 900mm 이내, 반자틀의 간격은 300mm 이내로 하며, 보드의 이음부 받이를 한다. 보드의 설치는 목조 천장바

탕에 준하여 보드용 평머리 나사못 및 밑판을 사용하여 설치한다.

㉮ 접착공법 또는 바탕치기공법에 따라 보드를 설치하는 경우는 도면 또는 공사시방서에 따른다.

9) 목모 시멘트판 및 목편 시멘트판 바탕

㉮ 목모 시멘트판 및 목편 시멘트판은 주위를 150mm 이내로 띄우고, 받음재마다 못 간격 150mm 이내로 밑판을 댄 못치기로 한다. 들어간 구석의 한쪽은 기둥, 기타의 받음재에 못치기를 하고, 받침목을 대어 그 뒤에 다른 쪽의 것을 고정시킨다.

㉯ 목모 시멘트판 및 목편 시멘트판을 철골바탕에 설치할 때는 띠장 및 중도리마다 간격 300mm 이내로 갈고리 볼트로 조인다.

☞ 표 3.1.9.1 미장공사 균열 및 박리의 원인

구조체의 균형	설계미숙에 의한 구조적 결함. 구조재의 수축, 변형
재료의 원인	배합재료 불량, 모르타르 배합비 불량, 재료수축
바탕면의 원인	바탕면 처리 불량, 모서리, 이음부, 이질재와 접촉부 등
시 공 불 량	불균질한 바름두께, 1회 바름두께량 초과, 혼합재의 불균 등, 양생불량으로 인한 건조, 수축

3.2 시공

1) 바탕의 점검 및 조정

㉮ 바름작업에 선행하여 바탕의 균열, 요철 등 미장공사에 지장이 없는지 점검한다. 지장이 있는 경우는 담당원과 협의하여 적절한 조치를 강구한다.

㉯ 콘크리트바탕 등의 표면 경화 불량은 두께가 2mm 이하의 경우 와이어 브러시 등으로 불량부분을 제거한다. 2mm를 넘거나 그 범위가 넓은 경우는 담당원의 지시에 따른다. 기타 바름면에 이상이 확인된 경우는 담당원과 협의한다.

㉰ 바탕은 바름하기 직전에 잘 청소한다. 외벽의 콘크리트 바탕 등 날짜가 오래되어 먼지가 붙어 있는 경우는 초벌바름작업 전날 물로 청소한다. 콘크리트, 콘크리트 블록 등의 바탕 및 시멘트 모르타르, 플라스터 등의 초벌바름이 건조한 것은 미리 적당히 물축임한 후 바름작업을 시작한다.

㉱ 물기가 많은 바탕면은 통풍, 기계적 건조 등에 의해 물기를 조정한 후 바름작업을 시작한다.

㉲ 합판거푸집을 사용한 콘크리트 바탕, 프리캐스트 콘크리트 바탕이 지나치게 미끈하여 미장바름시 접착이 확실치 않은 경우는 합성수지 에멀션을 먼저 도포한 후

합성수지계 혼화재료를 주입한 시멘트 페이스트를 바르고, 초벌바름 작업을 시작한다.

㉥ 다른 종류의 바탕층의 조합인 경우 바탕층의 상부에 다른 종류의 재료로 바르고 또 다른 층을 겹쳐 바르는 경우에 바탕층간의 경화 불량 및 강도, 수축 등이 불균일하게 발생하여 탈락이나 들뜸이 발생할 때에는 담당원과 협의하에 바탕층 계면간에 흡수조정재를 바르는 등의 시공을 적절히 하도록 한다.

㉦ 타공사의 미장바탕을 만드는 경우, 즉 타일공사, 도장공사 및 벽지바름 등의 공사에서 미장에 의하여 바탕을 마무리하는 경우 바름층과 마무리의 정도는 공사시방서에 따른다.

2) 흙손 바름

㉮ 초벌바름은 바탕의 강성과 부착성을 고려하여 적합한 흙손을 선택하며, 흙손으로 충분히 누르고, 눈에 띌 정도의 틈이 생기지 않도록 한다.

㉯ 재료를 바름하는 경우 흙손의 조작은 각 방향으로 균등하게 한다.

㉰ 바름면의 흙손작업은 갈라지거나 들뜨는 것을 방지하기 위해 바름층이 굳기 전에 끝낸다.

㉱ 바름표면의 흙손바름 및 흙손누름작업은 물기가 걷힌 상태를 보아가며 한다. 백색 혹은 유색의 치장 바름층 표면에 흙손바름을 하는 경우는 물기 얼룩에 주의하여 색얼룩이나 흙손에 의한 변색얼룩 등이 생기지 않도록 한다.

3) 뿜칠

㉮ 뿜칠은 얼룩, 흘러내림, 공기방울 등의 결함이 없도록 작업한다. 노즐의 구경, 분사거리 등 뿜칠의 조건은 재료 혹은 무늬에 따라 다르므로 제조업자의 지정에 따른다.

㉯ 압송뿜칠기계로 바름하는 두께가 20mm를 넘는 경우는 초벌, 재벌, 정벌 3회로 나누어 뿜칠 바름을 하고, 바름두께 20mm 이하에서는 재벌 뿜칠을 생략한 2회 뿜칠 바름을 하며, 두께 10mm 정도의 부위는 정벌뿜칠만을 밑바름, 윗바름으로 나누어 계속해서 바른다.

4. 시멘트 모르타르 바름

4.1 바름 두께

1) 바름두께 표준은 표 4.1.3.1에 따른다. 다만, 바름횟수는 필요에 따라서 공사시방서에 따른다.
2) 마무리두께는 공사시방서에 따른다. 다만, 천장, 차양은 15mm 이하, 기타는 15mm 이상으로 한다. 바름두께는 바탕의 표면부터 측정하는 것으로서, 라스먹임의 바름두께를 포함하지 않는다.
3) 1회의 바름두께는 표 4.1.3.1에 따른다. 다만, 메탈 라스 및 와이어 라스의 라스 먹임의 경우는 제외한다.

☞ 표 4.1.3.1 바름 두께의 표준

단위 : mm

바 탕	바름 부분	바 름 두 께				
		초벌 및 라스먹임	고름질	재 벌	정 벌	합 계
콘크리트, 콘크리트블록 및 벽돌면	바 닥	–	–	–	24	24
	내 벽	7	–	7	4	18
	천 장	6	–	6	3	15
	차 양	6	–	6	3	15
	바깥벽	9	–	9	6	24
	기 타	9	–	9	6	24
각종 라스바탕	내 벽	라스두께보다 2mm 내외 두껍게 바른다.	7	7	4	18
	천 장		6	6	3	15
	차 양		6	6	3	15
	바깥벽		0~9	0~9	6	24
	기 타		0~9	0~9	6	24

(주) 1) 바름두께 설계 시에는 작업 여건이나 바탕, 부위, 사용용도에 따라서 재벌두께를 정벌로 하여 재벌을 생략하는 등 바름두께를 변경할 수 있다. 단, 바닥은 정벌두께를 기준으로 하고, 각종 라스바탕의 바깥벽 및 기타 부위는 재벌 최대 두께인 9mm를 기준으로 한다.
2) 바탕면의 상태에 따라 ±10%의 오차를 둘 수 있다.

4.2 공법

1) 재료의 비빔 및 운반

㉮ 시멘트와 모래를 혼합하고, 물을 부어서 잘 섞는다. 혼화재료로서 분말모양의 것은 섞을 때에 그대로 혼입하고 합성수지계 혼화제, 방수제 등 액상의 것은 미리 물과 섞는다. 비빔은 기계로 하는 것을 원칙으로 한다.

㉯ 1회 비빔량은 2시간 이내 사용할 수 있는 양으로 한다.

2) 초벌바름 및 라스먹임

㉮ 합판 거푸집을 사용한 콘크리트 바탕 등으로 지나치게 평활한 것 또는 경량콘크리트 블록 등으로 흡수가 지나친 것은 시멘트 페이스트에 혼화제를 혼입하거나, 접착제를 사용하여 바르는 방법 등 접착력을 확보하기 위한 대책을 강구한다.

㉯ 흙손으로 충분히 누르고 눈에 뜨일 만한 빈틈이 없도록 한다. 바른 후에는 쇠갈퀴 등으로 전면을 거칠게 긁어 놓는다.

㉰ 초벌바름 또는 라스먹임은 2주일 이상 방치하여 바름면 또는 라스의 겹침 부분에서 생길 수 있는 균열이나 처짐 등 흠을 충분히 발생시키고 심한 틈새가 생기면 다음 층바름 전 덧먹임을 한다. 다만, 온도변화에 따른 기상조건이나 바탕 종류 등에 따라서는 담당원의 확인 후 전술한 방치기간을 조정할 수 있다.

☞ 사진 4.2.2.1 라스 먹임

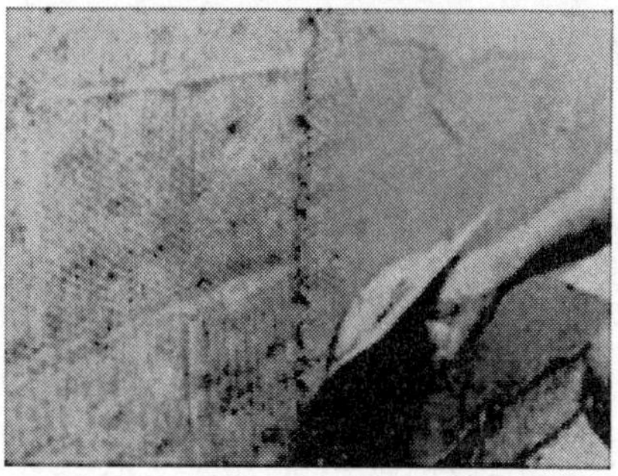

3) 고름질

바름두께가 너무 두껍거나 얼룩이 심할 때는 고름질을 한다. 초벌바름에 이어서 고름질을 한 다음에는 초벌바름과 같은 방치기간을 둔다. 고름질 후에는 쇠갈퀴 등으로 전면을 거칠게 긁어 놓는다.

4) 재벌바름

재벌바름에 앞서 구석, 모퉁이, 개탕 주위 등은 규준대를 대고 평탄한 면으로 바르고, 다시 규준대 고르기를 한다. 단, 재벌바름을 한 다음에는 쇠갈퀴 등으로 전면을 거칠게 긁어 놓은 후 초벌바름과 같은 방치기간을 둔다.

☞ 사진 4.2.4.1 정벌 바르기 전 표면 긁기

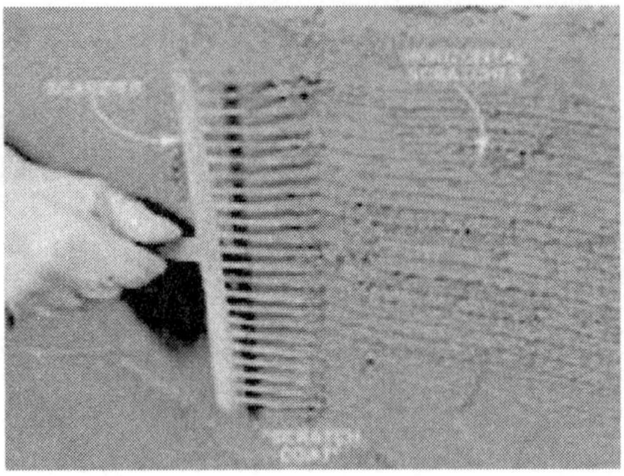

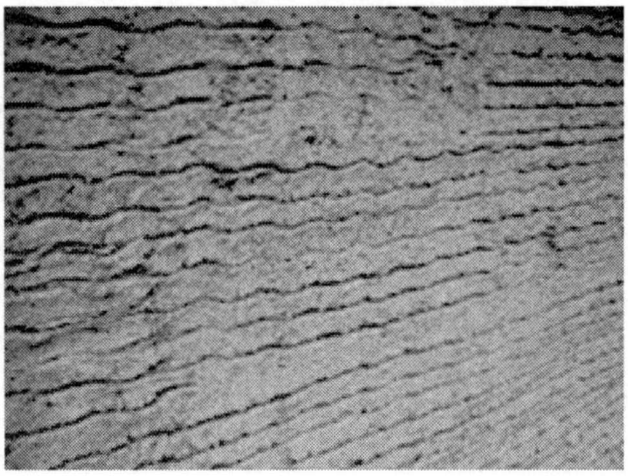

5) 정벌바름

재벌바름의 경화 정도를 보아 정벌바름은 면 개탕 주위에 주의하고 얼룩, 처짐, 돌기, 들뜸 등이 생기지 않도록 바른다.

6) 2회 바름 공법

바탕에 심한 요철이 없고 마무리 두께가 15mm 이하의 천장, 벽, 기타(바닥 제외)는 초벌바름 후 재벌바름을 하지 않고 정벌바름을 하는 경우가 있다. 이 경우는 초벌바름 위에 정벌 밑바름을 하여 수분이 빠지는 정도를 보아서 윗바름을 하고, 규준대 고름질로 마무리한다.

7) 1회 바름 공법

평탄한 바탕면으로 마무리 두께 10mm 정도의 천장, 벽, 기타(바닥 제외)는 1회로 마무리하는 경우가 있다. 이 경우에는 바탕면에 시멘트 페이스트를 바르고 거기에 정벌바름의 배합으로 밑바름하며 수분이 빠지는 정도를 보아 윗바름하고 규준대 고름질로 마무리한다.

5. 석고 플라스터 바름

5.1 석고 플라스터 배합 및 바름두께

혼합석고 플라스터, 보드용 석고 플라스터의 배합(용적비) 및 각층의 바름두께는 표 5.1.1.1~3에 따른다. 질석, 펄라이트 등의 경량골재를 사용할 때는 공사시방서에 따른다.

☞ 표 5.1.1.1 초벌바름의 배합 및 바름두께

바 탕	시공 개소	배 합 비		바름두께 (mm)
		플라스터 (초벌바름용)	모 래	
콘크리트, 콘크리트블록, 프리캐스트 패널, 메탈 라스 철망, 목모 시멘트판, 목편 시멘트판, 석고 라스 보드, 석고보드, 고압증기양생 경량 기포콘크리트 패널	벽	1	1.5	6~9
	천 장	1	1	6

(주) 1) 용적비는 가볍게 채운 상태의 용적을 표준으로 한다. 플라스터의 단위질량은 혼합 석고 플라스터 0.75kg/L, 보드용 석고 플라스터 0.9kg/L정도로 한다.
2) 방청처리하지 않은 메탈 라스 또는 철망바탕에는 라스 먹임으로 모르타르 바름(1:5)을 한다.
3) 초벌바름용으로 시멘트 모르타르를 쓸 때는 표 4.1.3.1에 따른다.
4) 고압증기양생 경량 기포콘크리트 패널 바탕은 바탕의 흡수를 조정하기 위하여 합성수지 에멀션 바름 외에 수용성 고분자 등을 혼화제로 쓴다.
5) 석고보드 및 석고 라스 보드의 초벌바름은 보드용 플라스터만을 사용한다.
6) 작업상 플라스터 25kg에 대하여 250g 정도의 백모 여물을 가하여도 좋다.

☞ 표 5.1.1.2 고름질, 재벌바름의 배합(용적비) 및 바름두께

바 름 층	시공 개소	배 합 비		바름두께 (mm)
		플라스터 (초벌바름)	모 래	
고 름 질	벽	1	2	5~7
재벌바름	천 장	1	1.5	5~7

☞ 표 5.1.1.3 정벌바름의 배합(용적비) 및 바름두께

바 름 층	배 합 비			바름두께 (mm)
	혼합석고 플라스터 (정벌바름용)	보드용 석고 플라스터	석회석분(1 mm 입경) 또는 깨끗한 잔모래	
정벌바름	1	–	–	1.5
페인트도장, 벽지 바르기의 바탕 이외 정벌바름	–	1	0.1~0.5	3~4

5.2 공법

1) 재료의 반죽

㉮ 초벌바름 및 재벌바름용 반죽

① 기계비빔

계량된 모래를 믹서에 넣고 소정량의 플라스터를 가하여 잘 섞은 다음, 물을 가하여 고르게 섞일 때까지 충분히 반죽한다.

② 손비빔

계량된 모래, 플라스터를 잘 섞은 다음 물을 가하여 기계비빔과 같이 잘 반죽한다.

㉯ 정벌바름용 반죽

정벌바름용 석고 플라스터에 물을 가하여 균일하게 될 때까지 충분히 비벼 섞는다. 페인트도장, 벽지 바르기 바탕용 반죽은 초벌바름, 재벌바름과 같이 한다.

㉰ 반죽의 가용 시간

혼합석고 플라스터, 보드용 플라스터는 물을 가한 후 초벌바름, 재벌바름은 2시간 이상, 정벌바름은 1시간 30분 이상 경과한 것은 사용할 수 없다.

㉱ 반죽상의 주의

① 반죽용 물은 직접 공급되거나 전용 용기에 저장한 것을 쓰고, 다른 용도에 쓰인 것은 사용하지 않는다.

② 반죽된 재료는 모래에 수분이 있으므로 섞은 후 2시간 이내에 사용한다.

③ 믹서, 반죽통에 남은 모르타르, 돌로마이트 플라스터 등이 부착된 것은 제거하지 않은 채 그대로 사용할 수 없다. 또한, 혼합할 때마다 청소한 다음 사용하도록 한다.

2) 초벌바름 및 라스 먹임

㉮ 콘크리트, 콘크리트 블록 바탕의 경우는 바탕의 건조 정도를 보아 필요에 따라서 물을 뿌리고, 초벌바름 및 라스 먹임은 흙손으로 눌러 충분히 바탕에 스며들게 하면서 바르고 표면을 긁어 놓는다. 초벌바름이 시멘트 모르타르 바름인 경우에는 2주 이상 양생한다.

㉯ 개구부 주변, 보드의 이음새, 기타 균열이 생길 우려가 있는 곳에는 종려털, 종려잎 또는 방청처리한 메탈 라스 등을 초벌바름 속에 넣고 바르거나 또는 초벌바름면에 뿌려 바른다.

초벌바름의 수분이 빠지는 정도를 보아 긁어 놓는다.

3) 고름질 및 재벌바름

고름질은 초벌바름의 수분이 빠지는 정도를 보아 뒤따라서 발라도 좋다. 재벌바름은 초벌바름면에 접착을 충분히 하고, 표면은 정벌바름하기 위하여 평탄하게 해야 하며, 적당한 거친면이 되도록 해야 한다. 바를 때는 얼룩이 없게 바르며, 나온 모서리, 들어간 구석, 개탕 주위는 규준대를 대고 정확하게 바른 다음, 굳기의 정도를 보아 나무 흙손으로 문질러 평탄하게 한다.

4) 정벌바름

정벌바름은 재벌바름이 반쯤 건조된 후, 밑바르기, 위바르기 2공정으로 하여 쇠흙손으로 눌러서 충분하게 바르고, 수분이 빠지는 정도를 보아 마무리 흙손으로 흙손자국이 없도록 평활하게 마무리 한다.

5) 얇게 바르기 공법

㉮ 평탄한 바탕면에서 마무리 두께를 10mm 이하로 하여 초벌바름 후에 정벌바름을 할 경우에 초벌바름은 정벌바름 예정두께 1.5~3mm를 띄우고 바탕면에 흙손으로 충분히 눌러 바르며 나온 모서리, 들어간 구석, 개탕 주위 등은 규준대를 대고 정확히 바른다. 초벌바름의 수분이 빠지는 정도를 보아 쇠흙손으로 평활하게 마무리 한다.

㉯ 골재 및 수용성 고분자수지 에멀션 등을 배합한 특수 석고 플라스터를 써서 두께 10mm 이하로 마무리하는 경우에는 미리 담당원의 승인을 받아 그 제조업자의 시방에 의하여 사용한다. 특히 흡수가 큰 고압증기양생 경량 기포콘크리트면의 콘크리트 패널 또는 평활한 바탕 등은 바탕을 청소한 다음 콘크리트 바탕에 따라 바탕처리 한다.

㉰ 평탄한 바탕면에서 특히 흡수가 심한 바탕이나 평활한 면의 콘크리트 바탕 등에 마무리 두께를 5mm 정도로 할 경우에는 바탕의 성질에 적합한 골재 및 수용성 고분자수지 에멀션 등을 배합한 특수한 석고 플라스터를 사용한다. 이 경우에는 미리 담당원의 승인을 받은 제조업자의 시방에 따른다. 바르기에 앞서 바탕 청소를 하여 전면에 얇게 바탕 문지르기를 하고 뒤따라서 소정의 마무리는 시방에 따라 들어간 구석, 나온 모서리, 개탕 주위에 규준대를 정확히 설치하고 표면의 굳기 정도를 보아 마무리 흙손으로 평활하게 마무리 한다.

㉱ 공사시방서가 있을 때에는 석고 플라스터 바름은 나무흙손마감으로 할 수 있다.

6) 주의사항

㉮ 바름작업 중에는 될 수 있는 한 통풍을 방지하고 작업 후에도 석고가 굳어질 때까지는 심한 통풍을 피하도록 한다. 그 후는 적당한 통풍으로 바름면을 건조시킨다.

㉯ 실내온도가 5℃ 이하일 때는 공사를 중단하거나 난방하여 5℃ 이상으로 유지한다. 정벌바름 후 난방할 때는 바름면이 오염되지 않도록 주의한다. 또한 실내를 밀폐하지 않고 가열과 동시에 환기하여 바름면이 서서히 건조되도록 한다.

☞ 사진 5.2.6.1 석고 플라스터 바름

6. 돌로마이트 플라스터 바름

6.1 배합 및 바름 두께

배합(용적비) 및 각 바름두께의 표준은 표 6.1.1.1~3에 따른다.

☞ 표 6.1.1.1 초벌바름 배합(용적비) 및 바름두께

바 탕	시공개수	배 합 비				바름두께(mm)
		돌로마이트 플라스터(초벌바름용)	시멘트	모래	백모짐여물(g)(플라스터 25 kg에 대하여)	
콘크리트 콘크리트블록 프리캐스트 콘크리트 부재 강제 철망 목모 시멘트판 목편 시멘트판	벽 천장 차양	1	0.2	2	600	6
고압증기양생 경량 기포콘크리트 패널	벽	1	0.2	1.5~2.0	600	5

☞ 표 6.1.1.2 고름질, 재벌바름의 배합(용적비) 및 바름두께

바름층	배합비				바름두께 (mm)	
	돌로마이트 플라스터 (초벌바름용)	시멘트	모래	백모짚여물(g) (플라스터 25 kg에 대하여)	천장	벽
고름질, 재벌바름	1	0.1	2	600	5	7.5

☞ 표 6.1.1.3 정벌바름 배합(용적비) 및 바름두께

바 름 층	배합비		바름두께 (mm)
	돌로마이트 플라스터 (정벌바름용)	삼여물(g) (플라스터 25 kg에 대하여)	
정벌바름	1	600	1.5

6.2 공법

1) 수염 붙이기

㉮ 벽은 초벌바름 직후, 천장 및 차양은 초벌바름 전에 수염 간격을 300mm 이하 마름모로 배열하여 붙여대고, 초벌바름과 고름질 또는 재벌바름면에 각각 반씩 부채형으로 벌려서 눌러 붙인다.

㉯ 창문 주위 등의 벽쌤 갓둘레에는 벽쌤용 수염을 간격 150mm 이하 한 줄로 배열하여 천장, 벽 등의 공법에 준하여 시공한다. 그리고 남은 돌로마이트 플라스터와 소정량의 시멘트, 모래 및 물을 넣어 고르게 될 때까지 충분히 반죽한다.

2) 재료의 반죽

㉮ 초벌바름 및 재벌바름용 반죽

① 기계비빔

소량의 돌로마이트 플라스터와 물을 믹서에 넣고 소정량의 여물을 넣어 반죽한다. 그리고 남은 돌로마이트 플라스터와 소정량의 시멘트, 모래 및 물을 넣어 고르게 될 때까지 충분히 반죽한다.

② 손비빔

여물을 잘 비벼서 소량의 물과 돌로마이트 플라스터와 함께 잘 섞어서 고른 여물액을 만든다. 남은 돌로마이트 플라스터와 소정량의 시멘트 및 모래를 그대로 섞은 다음 물을 넣어 기계비빔과 같은 정도로 될 때까지 고르게 반죽한다.

㉯ 정벌바름 반죽

① 소량의 정벌바름용 돌로마이트 플라스터에 물을 넣고, 소정량의 여물을 넣어 고르게 섞은 다음, 다시 정벌바름용 돌로마이트 플라스터와 물을 조금씩 넣으며, 고르게 반죽한다.

② 정벌바름용 반죽은 물과 혼합한 후 12시간 정도 지난 다음 사용하는 것이 바람직하다.

㉰ 기타

시멘트와 혼합하여 2시간 이상 경과한 것은 사용할 수 없다.

3) 초벌바름 및 라스먹임

콘크리트 및 콘크리트 블록 바탕의 경우는 물뿌리기를 한다. 초벌바름 또는 라스 먹임은 흙손으로 충분히 눌러 바탕 사이에 밀어 넣으면서 바르고, 표면은 긁어 놓는다.

4) 고름질

고름질은 초벌바름면의 물건기를 보고 면에 얼룩이 없도록 고르게 바른다. 졸대 바탕의 고름질은 초벌바름의 물건기를 살펴 시공하고 고름질이 충분히 건조되어 졸대의 진물이 배어 나오고 건조·수축된 다음 재벌바름한다.

5) 재벌바름

㉮ 초벌바름에 균열이 없을 때에는 고름질한 후 7일 이상, 균열이 생겼을 때에는 고름질한 후 14일 이상 두어 고름질면의 건조를 기다려 균열이 발생하지 아니함을 확인한 다음 재벌바름한다.

㉯ 재벌바름할 때에는 모서리, 구석, 개구부, 갓둘레, 기타 요소에 규준대를 정확히 대고, 벽쌤 갓둘레는 줄바르고 면이 일정하게 바른다. 재벌바름은 나무흙손으로 흙손자국 또는 얼룩이 없게 바르고, 규준대 고르기를 한 후에 적당한 건조시기를 살펴 나무흙손으로 가볍게 눌러 바른다.

6) 정벌바름

㉮ 재벌바름이 어느 정도 건조된 다음에 정벌바름 한다. 지나치게 건조한 때는 적당히 물을 뿌리고 정벌바름 한다.

㉯ 정벌바름은 흙손자국이 생기지 않도록 잘 마무리하고, 표면이 상하지 않을 정도로 굳어진 다음 솔에 맑은 물을 적셔서 직선으로 운행하여 표면의 흙손 광택을 지운다.

7) 주의사항

㉮ 바름작업 중에는 될 수 있는 대로 통풍을 피하는 것이 좋으나 초벌바름 후, 고름질 후, 특히 정벌바름 후 적당히 환기하여 바름면이 서서히 건조되도록 한다.

㉯ 실내온도가 5℃ 이하일 때는 공사를 중단하거나 난방하여 5℃ 이상으로 유지한다. 정벌바름 후 난방할 때는 바름면이 오염되지 않도록 주의한다. 또한, 실내를 밀폐하지 않고 가열과 동시에 환기하여 바름면이 서서히 건조되도록 한다.

7. 회반죽 바름

7.1 배합 및 바름두께

배합(용적비) 및 각 바름두께의 표준은 표 표 7.1.1.1~3에 따른다. 공사시방서에 정한 바가 없는 경우의 마감두께는 벽에서는 15mm, 천장과 차양에서는 12mm로 한다.

☞ 표 7.1.1.1 콘크리트 및 콘크리트 블록 바탕

마감두께 (mm)	시공개소	바름층	배합비						바름두께 (m)
			소석회		모래	해초(g) (소석회 20 kg에 대하여)	짚(g) (소석회 20 kg에 대하여)		
			초벌	재벌			백모여물	건조여물	
18	벽	초 벌	1	−	0.1	1,000	900	−	2.5
		고름질	1	−	1	900	800	−	7.0
		덧먹임	−	1	0.2	800	700	−	2.5
		재 벌	−	1	0.7	700	700	−	4.5
		정 벌	−	1	−	500	−	400	1.5
15	벽	초 벌	1	−	0.1	900	800	−	2.0
		고름질	1	−	1	900	800	−	5.0
		덧먹임	−	1	0.2	800	700	−	1.5
		재 벌	−	1	0.7	700	700	−	5.0
		정 벌	−	1	−	500	−	400	1.5
	천장 차양	초 벌	1	−	0.1	1,000	900	−	2.0
		고름질	1	−	0.6	900	800	−	7.0
		재 벌	−	1	0.5	700	700	−	4.5
		정 벌	−	1	−	500	−	400	1.5

마감 두께 (mm)	시공개소		바름층	배합비						바름 두께 (m)
				소석회		모래	해초(g) (소석회 20 kg에 대하여)	짚(g) (소석회 20 kg에 대하여)		
				초벌	재벌			백모여물	건조여물	
12	벽		초 벌	1	–	0.3	900	800	–	3.0
			덧먹임	–	1	0.2	800	700	–	1.5
			재 벌	–	1	1	700	700	–	6.0
			정 벌	–	1	–	500	–	400	1.5
	천장 차양	A	초 벌	1	–	0.1	1,000	900	–	2.0
			고름질	1	–	0.6	900	800	–	5.5
			재 벌	–	1	0.5	700	700	–	3.0
			정 벌	–	1	–	500	–	400	1.5
	천장 차양	B	초 벌	1	–	0.1	900	900	–	3.0
			재 벌	–	1	0.6	800	700	–	7.5
			정 벌	–	1	–	500	–	400	1.5

☞ 표 7.1.1.2 졸대 바탕

마감 두께 (mm)	시공개소		바름층	배합비						바름 두께 (m)
				소석회		모래	해초(g) (소석회 20 kg에 대하여)	여물(g) (소석회 20 kg에 대하여)		
				초벌	재벌			백모여물	건조여물	
12	벽		초 벌	1	–	0.3	900	800	–	3.0
			덧먹임	–	1	0.2	800	700	–	1.5
			재 벌	–	1	1	700	700	–	6.0
			정 벌	–	1	–	500	–	400	1.5
	천장 차양	A	초 벌	1	–	0.1	1,000	900	–	2.0
			고름질	1	–	0.6	900	800	–	5.5
			재 벌	–	1	0.5	700	700	–	3.0
			정 벌	–	1	–	500	–	400	1.5
	천장 차양	B	초 벌	1	–	0.1	900	900	–	3.0
			재 벌	–	1	0.6	800	700	–	7.5
			정 벌	–	1	–	500	–	400	1.5

☞ 표 7.1.1.3 흙벽 바탕의 정벌 바름

시공개소	바름층	배 합 비				바름두께 (mm)
		소석회 정벌용	모래	은행초(g) (소석회 20 kg 대하여)	건조여물(g) (소석회 20 kg에 대하여)	
내 벽	밑바름	1	0.2	600	500	2
	위바름	1	–	500	400	1
외 벽	밑바름	1	0.2	600	500	2
	위바름	1	–	–	400	1

(주) 1) 용적비는 가볍게 채운 상태의 용적을 표준으로 하고 있다. 초벌바름용 소석회의 단위용적질량은 0.55kg/L 정도로 한다.
2) 듬북, 은행초 대신에 분말 듬북이나 기타 해초풀을 쓸 때는 제조업자의 시방에 따른다.
3) 외벽 바름용 소석회는 돌로마이트 플라스터라도 좋다. 소석회의 경우는 된 비빔으로 섞어서 24시간 이상 둔 것을 사용할 때 적당히 물을 가한 다음 잘 반죽하여 사용한다.
4) 조개석회를 사용하는 경우에는 소석회 : 조개석회는 6 : 4(용적비)를 표준으로 한다.
5) 여물로서 종이여물을 사용하는 경우에는 건조여물 중량의 75%로 한다.
6) 정벌바름에 착색하는 경우의 안료 혼합량은 소석회의 5%(질량비) 이하로 한다.

7.2 공법

1) 바탕처리

㉮ 콘크리트, 벽돌, 콘크리트 블록 등의 바탕은 충분히 청소하고, 심하게 건조하거나 흡수성이 심한 경량 콘크리트면은 미리 물축이기를 하고 바른다.

㉯ 바름면이 심하게 매끈하여 모르타르 및 회반죽 등의 부착이 곤란할 때는 주걱으로 긁거나 정으로 쪼아 거친면으로 만들거나 시멘트 모르타르를 두께 약 6mm로 바탕 전면에 문질러 바르고 흙손자국 또는 솔자국을 내둔다.

㉰ 바탕에 생긴 흠이나 균열은 완전히 보수하고 심하게 두드러진 곳은 평탄하게 고르고, 우묵한 곳은 시멘트 모르타르로 내살려 바르기를 하고, 2주 이상 방치한 다음 바른다.

2) 재료의 조정 및 반죽

㉮ 듬북 또는 은행초를 사용할 때는 건조된 다음에 소요량을 질량으로 달아, 1회 비빔분을 한 솥에 끓인다. 이때 작업성을 고려하여 물의 소요량을 계량해서 부어 넣는다. 끓이는 동안은 너무 휘젓지 않도록 한다.

해초풀을 끓인 다음 1일 이상 방치하게 될 때에는 표면에 소량의 석회를 뿌려서 부패를 방지하며, 사용 시는 표층 부분을 제거한 후 사용한다. 단, 석회를 뿌리더라도 2일 이상 두어서는 안된다.

해초풀의 초벌바름 및 재벌바름용은 2.5mm 체 거르기를 2회 한다. 물로 묽게 할 필요가 있을 때는 다시 끓이도록 하고 함께 섞어서 같은 해초풀로 한다.

여물은 건조된 다음 소요량을 계량하여 한 솥분을 준비하여 막대로 두들겨서 부드럽게 하고, 물을 갈아가며 잘 씻은 것을 위의 체가름한 해초풀에 뜨거울때 넣어 나무 막대로 잘 젓는다.

석회와 모래를 섞은 것에 여물을 풀어 넣은 해초풀을 부어 괭이로 잘 섞는다. 이 때는 물을 넣지 않는다.

㈏ 분말 듬북 또는 수용성 고분자를 풀재로서 사용할 때에는 각 바름층마다 소정량을 계량하고 소석회, 풀 및 모래를 섞으며, 그 일부에 물을 넣어서 액체와 같이 만든다. 여기에 소정량의 여물을 가하여 고른 여물액으로 하며, 위의 재료와 남은 풀을 가하면서 균일하게 반죽한다.

3) 수염 붙이기

졸대바탕에는 수염 붙이기를 한다. 수염 간격은 벽에서 300mm 이하, 천장 및 차양에서는 250mm 이하로 하고 마름모형으로 배열하여 벽의 경우는 초벌바름 직후, 천장, 차양의 경우는 초벌바름 전에 달아매어 초벌바름과 고름질 또는 재벌바름면에 각각 한 가닥씩 부채꼴로 벌려 바른다.

4) 초벌바름

초벌바름은 바탕면에 충분히 부착되도록 바르고, 표면에 거친면을 만든다. 졸대바탕의 경우에는 흙손을 종횡으로 움직여 졸대 사이에 충분히 먹여 바른다.

5) 고름질, 덧먹임 및 재벌바름

㈎ 고름질, 재벌바름은 초벌바름 후 10일 이상 두고, 초벌바름면이 건조한 후에 평탄하게 바른다. 재벌바름 시 나온 모서리, 들어간 구석, 개구부 주변, 기타의 요소는 규준대를 대고 개탕 주위에 정확히 바른다. 또한 덧먹임 및 재벌바름 시에는 개구부, 모서리, 기타 틈새의 갈라지기 쉬운 곳에는 종려털 또는 종려잎 등을 묻어 바른다.

㈏ 초벌바름에 균열이 생긴 경우에는 고름질을 한 다음 다시 10일 이상 두고 덧먹임을 하여 재벌바름한다. 마감두께가 12mm 이하의 경우는 고름질을 생략한다.

㈐ 위의 기간은 통풍, 기온에 따라 담당원의 승인을 받아 경감할 수 있다.

6) 정벌바름

재벌바름이 반건조하여 물이 빠지는 정도를 보아서 정벌바름 한다. 정벌바름은 반드시 밑바르기를 하고 나서 바르기를 하며 흙손자국이 생기지 않도록 마무리한다.

7) 주의사항

㉮ 바름작업 중에는 가능한 한 통풍을 피하는 것이 좋지만 초벌바름 및 고름질 후 특히, 정벌바름 후 적당히 환기하여 바름면이 서서히 건조되도록 한다.

㉯ 실내온도가 5℃ 이하일 때는 공사를 중단하거나 난방하여 5℃ 이상으로 유지한다. 정벌바름 후 난방할 때는 바름면이 오염되지 않도록 주의한다. 또한 실내를 밀폐하지 않고 가열과 동시에 환기하여 바름면이 서서히 건조되도록 한다.

☞ 사진 7.2.7.1 회반죽 바름

☞ 사진 7.2.7.2 졸대 바탕 회반죽 바름

8. 합성수지 플라스터 바름(수지 미장)

8.1 수지미장의 개요

시멘트 페이스트를 현장배합하여 칠하는 기존 견출미장의 단점을 보완한 공법으로, 콘크리트 등의 실내외 벽체 바탕면을 정리한 후 대리석 분말 또는 세라믹 분말제에 특수 혼화제를 첨가한 Ready Mixed 모르타르를 현장에서 물과 혼합하여 바탕면 전체 표면을 1~3mm 두께로 얇게 미장하는 것.

8.2 특징 및 적용 부위

☞ 표 8.2.1.1 수지미장의 특징 및 적용 부위

특　　징	적용 부위
1. 바탕면 전체면을 시공하므로 평활성 확보에 유리 2. Ready Mixed 모르타르를 사용하므로 균일한 품질 확보 3. 균열 발생율이 현저히 낮고 바탕면과의 부착성이 높아 박리현상 등의 하자발생 감소 4. 도배공사시 초배지 시공을 반드시 할 필요가 없고, 부직포 시공 범위도 현저히 줄일 수 있어 경제적 5. 일반 미장보다 두께가 얇아 공간 확보에 유리	1. 벽지 및 도장 바탕면 2. ALC 블록 및 패널 내외부 미장 3. 아코텍 패널 및 경량 패널면 미장 4. 계단실 벽체 미장 대체용

8.3 시공 순서

1) 바탕면의 콘크리트 알갱이, 먼지, 기름 등의 이물질을 제거
2) 타이핀, 거푸집 이음부위에 대한 그라인딩 작업 후 모르타르 보수
3) 필요시 모서리 보양을 위한 코너 테이프 작업 실시
4) 흡수율이 높은 바탕면은 적당량의 물을 뿌려 주어 Dry Out을 방지
5) 수지 미장용 모르타르를 혼합 비율에 따라 물과 혼합하여 최소 20분 이상 교반
6) 혼합된 모르타르는 1시간내에 사용
7) 바름 시공
   ㉮ 쇠흙손을 사용하여 1차 미장 실시
   ㉯ 표면이 굳기 전에 2차 미장 실시
8) 뿜칠 시공
   ㉮ 기계 장비의 분사 노즐과 공기압을 조정
   ㉯ 1차 분사 후 쇠흙손으로 평활도 조정
   ㉰ 표면이 건조되기 전에 2차 분사
   ㉱ 코너 및 문틀 사춤 부위, 기포 발생 부위 등의 보수

8.4 시공 시 유의 사항

1) 미장 바름 주변의 온도가 3℃ 이하일 때에는 시공 금지
2) 벽체에 뿌려진 자재가 흘러 내리지 않도록 밑에서 위로 쇠흙손질 한다.
3) 매입 Box류 내부에 모르타르가 흘러 들어가지 않도록 조치
4) 자체 기포가 발생되는 부분은 반드시 눌러서 시공

5) 시멘트 재료에 의하여 Spray 노즐 부분이 막힐 수 있으므로 특히 하절기 기계 관리에 유의

9. 인조석 바름 및 테라조 바름

9.1 개요

테라조는 일반의 인조석(모조석 : 종석을 화강석 사용)과는 달리, 고품질의 좋은 재료(종석을 대리석 사용)와 우수한 시공 및 양생방법(수중양생·증기양생)으로 시공한 인조석의 일종이다.

☞ 표 9.1.1.1 인조석과 테라조의 비교

구분 \ 종류	인 조 석	테 라 조
시 공	주로 현장시공	공장제작 → 현장설치
용 도	바 닥	창대 및 내부벽
종 석	화강석 부스러기	대리석 부스러기
배 합 비	시멘트 : 종석 = 1 : 2	시멘트 : 종석 = 1 : 2
보 양	현장시공 → 습윤보양	공장제작시 → 수중 및 증기 보양 현장설치 후 → 진동 및 충격 방지

9.2 인조석 바름

1) 바름벽일 때는 정벌바름은 재벌바름의 경화 정도를 살펴서 미리 시멘트풀 또는 비합비 1 : 1인 모르타르를 3mm 정도 바르고 실시한다.
2) 바닥일 때는 시멘트풀을 문질러 칠한 후 이어서 배합비 1 : 3 모르타르로 두께 약 15mm의 초벌바름하고 정벌바름 한다.
3) 표면 마무리법에는 인조석물갈기, 씻어내기, 잔다듬의 3가지가 있는데, 특히 정벌바름하여 경화한 후 석재 다듬용 공구로 잔다듬하여 마무리한 것을 인조석 잔다듬(cast stone)이라 한다.

9.3 테라조 바름

1) 초벌 바름의 종류 : 접착공법, 절연공법
2) 줄눈나누기는 $1.2m^2$ 이내로 하며, 최대 줄눈간격은 2m 이하로 한다.

3) 테라초를 바른 후, 시공시기, 배합에 따라 손갈기일 때는 2일 이상, 기계갈기일 때는 5~7일 이상 경과한 후 한다.
4) 최근에는 현장 물갈기 시 발생되는 슬러지(Sludge) 처리 문제로 거의 시공에 반영을 하지 않는 실정이다.

9.4 테라조 현장갈기 순서

① 바탕처리 → ② 황동줄눈대 설치
→ ③ 테라초 종석바름 → ④ 양생 및 경화
→ ⑤ 초벌갈기 → ⑥ 시멘트풀 먹임
→ ⑦ 정벌갈기 → ⑧ 왁스칠(광내기)

☞ 그림 9.5.1.1 줄눈대 설치 단면

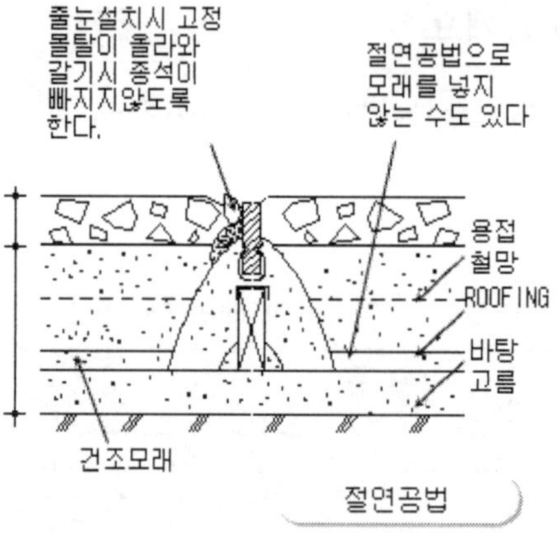

9.5 줄눈대의 설치 이유

1) 바름구획을 구분하기 위해서 설치한다.
2) 균열방지를 위해서 설치한다.
3) 보수의 용이를 위해서 설치한다.

☞ 사진 9.5.1.1 인조석 물갈기 및 광내기

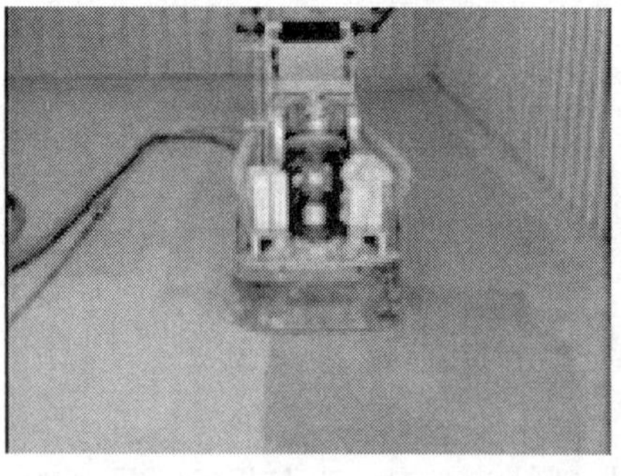

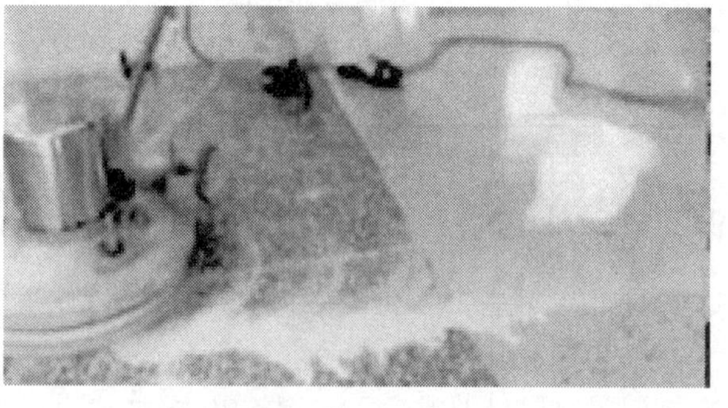

10. 셀프 레벨링(Self Leveling)재 바름

10.1 개요

1) 옥내의 PVC타일, 비닐 시트재, 카페트 등의 바닥깔기 마감재의 바탕에 사용한다.
2) 자체 유동성을 갖고 있는 석고계 및 시멘트계 Self Leveling재에 의한 평탄한 바닥면을 형성한다.

10.2 재료

☞ 표 10.2.1.1 셀프 레벨링재의 종류

<table>
<tr><td rowspan="2">재 료</td><td>석 고 계</td><td>석고 + 모래 + 경화지연제 + 유동화제</td></tr>
<tr><td>시멘트계</td><td>포틀랜드 시멘트 + 모래 + 분산제 + 유동화제</td></tr>
<tr><td colspan="2">참 고</td><td>1. 석고계 셀프레벨링재는 물이 닿지 않는 실내에서만 사용
2. 재료는 밀봉 상태로 건조하게 보관해야 하며 직사광선을 피할 것</td></tr>
</table>

10.3 유의 사항

1) 바닥 돌출부의 사전 제거
2) 바닥 콘크리트의 레이턴스, 유지류 등은 완전히 제거하고 깨끗이 청소
3) 지정된 수량으로 소요의 표준연도가 되도록 기계를 사용하여 균일하게 반죽
4) 필요에 따라 고름 도구 등을 이용하여 마무리
5) 시공 중이거나 시공 완료 후 기온이 5℃ 이하가 되지 않도록 한다.
6) 합성수지 에멀젼 실러 바르기 후 건조
7) 실러 바름은 Self Leveling재 바르기 2시간 전에 완료
8) 창문 등을 밀폐하여 통풍과 기류를 차단(Self Leveling재 표면의 물결무늬 발생 방지)

☞ 사진 10.3.1.1 셀프 레벨링재 시공 장면

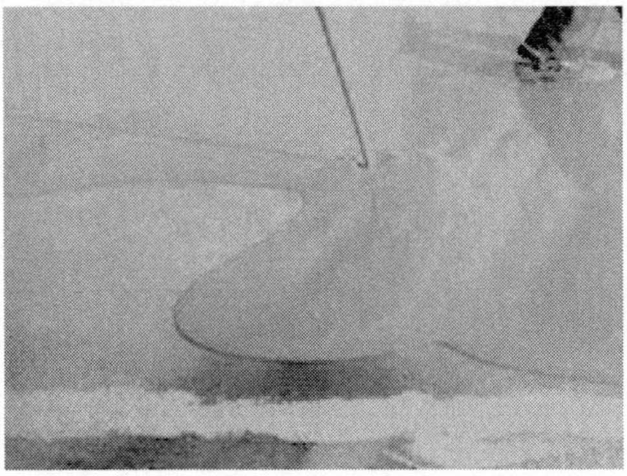

11. 바닥 강화재(Hardner) 바름

11.1 공사 개요

1) Cement계 바닥바탕의 내마모성, 내화학성 및 분진방지성을 증진시켜주는 역할을 한다.
2) 주재료는 금강사, 규사, 철분, 광물성 골재, 규불화 마그네슘 등이며, 소요비중, 경도를 가진 것으로서 품질관리 하에 배합, 생산된 제품.
3) Primer는 바탕의 구멍을 메우고, 마감재와 잘 접촉해서 바탕과 바닥강화재 사이를 영구적으로 결합시킬 수 있는 제품을 사용.

11.2 바탕 정리

액상 바닥 강화 바탕

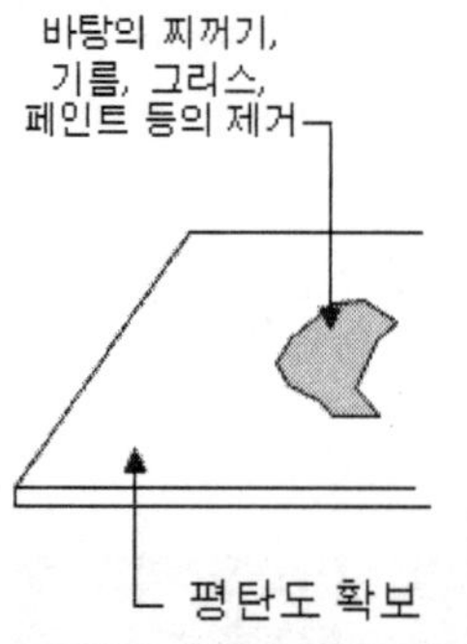

1) 새로 타설한 콘크리트 바탕은 최소 21일 이상 양생하여 완전히 건조
2) 액상 바닥 강화재를 물로 희석하여 사용하는 경우에는 초벌바름 전에 바탕 표면을 물로 깨끗이 청소

분말 바닥 강화 바탕

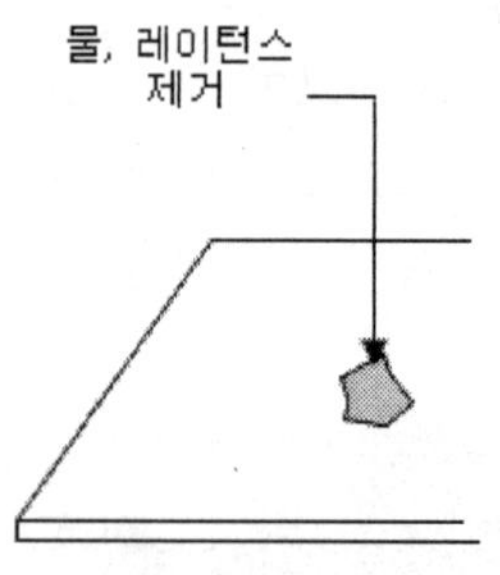

1) 미경화 콘크리트 바탕은 물기가 완전히 표면에 올라올 때까지 시공금지
2) 물과 레이턴스의 제거

11.3 배합 및 바름 두께

☞ 표 11.3.1.1 배합 및 바름 두께

구 분	배 합	바름두께
분말형 Hardner	3~7.5kg/m^2	3mm 이상
액상형 Hardner	0.3~1.0kg/m^2	액상 침투식

11.4 시공 시 주의 사항

1) 분말형 Hardner

㉮ 콘크리트 타설후 Bleeding이 멈추고 초기응결이 시작될 때 손이나 뿜기 기계를 이용하여 균일하게 살포

㉯ Hardner 살포면이 안정된 후 쇠흙손이나 기계흙손으로 마감

㉰ 기존 콘크리트 바닥 또는 완전히 경화된 상태에서 시공할 경우, 모르타르 배합비는 1 : 2 이상, 두께는 최소한 30mm 이상 바름

㉱ 마무리 작업후 24시간이 지나면 타설표면을 물로 양생하여 주거나 수분증발을 방지하는 양생포나 비닐시트로 보양하여 7일 이상 충분히 양생

㉲ 수축, 팽창에 의한 마무리면의 균열방지를 위한 Control Joint 설치(4~5m 간격)

2) 침투식 액상 Hardner

㉮ 적당량의 물로 희석하여 2회 이상 나누어 도포

㉯ 도포대상 표면이 완전히 건조된 후 최대한 골고루 침투되도록 도포(솔, 롤러, 뿜기기계)

㉰ 1차 도포분이 콘크리트에 완전히 흡수·건조된 후(상온에서 1일정도) 2차 도포 시행

☞ 사진 11.4.2.1 주차장 바닥의 콘트롤 조인트

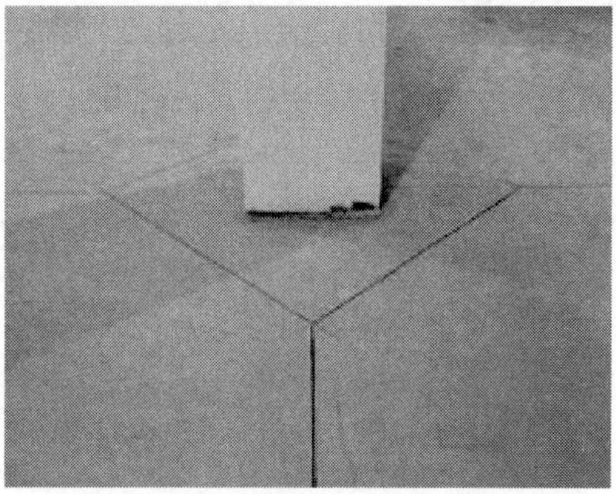

☞ 사진 11.4.2.2 바닥 강화재 시공 완료

12. 단열 모르타르 바름

12.1 단열 모르타르의 재료

1) 종류 및 품질

단열 모르타르는 열 전도율에 따라 표 12.1.1.1과 같이 구분한다.

☞ 표 12.1.1.1 단열 모르타르의 종류 및 품질

종 류	열 전 도 율	부 착 강 도	길이 변화율
1 종	0.071 W/m·K 이하	0.10 N/mm^2 이상	0.5% 이하
2 종	0.095 W/m·K 이하		
3 종	0.149 W/m·K 이하		

2) 구성 재료 및 원료

㉮ 결합재

① 시멘트는 포틀랜드 시멘트계를 사용한다.

② 시멘트의 보조 결합재로서 돌로마이트 플라스터, 소석회, 석고 플라스터 등을 사용할 경우에는 규정된 품질에 적합한 것으로 한다.

③ 재유화형 분말 수지는 합성 수지 에멀션을 분무 건조시킨 것으로, 물을 가했을 때 재유화되는 아크릴계, 에틸렌아세트산계 등의 합성 수지로서 굽힘 강도, 압축 강도, 부착 강도, 흡수율, 투수량 및 길이 변화율의 규정에 적합한 것이어야 한다.

㉯ 경량 골재

① 펄라이트

② 질석

③ 발포 폴리스틸렌 : 지름 5mm 이내의 것을 사용

㉰ 무기질계 분체

탄산칼슘, 클레이, 탤크, 운모, 규조토, 규석분 등으로 결합재와 사용했을 때, 경화 불량 및 그밖의 품질에 나쁜 영향을 주어서는 안 된다.

㉱ 혼화제

혼화제로서 방수제, 분산제, 안정제, 부착 보강제, 조습제 등을 사용할 때는 품질이 시간 경과에 따른 변화가 적은 것이어야 한다.

㉲ 섬유 재료

섬유 재료는 무기질 및 유기질의 재료로 결합재, 골재 등과 혼합 사용했을 때 섬유의 뭉침 등으로 인하여 시공성이나 경화 불량 등의 나쁜 영향을 주지 않아야 한다.

3) 박리 팽창 질석을 사용한 단열 시멘트의 성능 요구사항

☞ 표 12.1.3.1 박리 팽창 질석을 사용한 단열 시멘트의 성능 요구사항

주 도 (%)		35에서 45
건조 피복 능력(m^2, 10mm 두께/100kg 건조 시멘트)		26 이상
건조 부피 수축(%)		20 이하
5% 변형시 압축 강도(MPa)		0.0345 이하
1,000℃에서 24시간 후의 선 수축률(%)		5.0 이하
열 전도율(W/m·K)	95℃에서	0.137
	260℃에서	0.159
	370℃에서	0.173
철판과의 건조 접착 강도(MPa)		0.0242

12.2 시공

1) 배합 및 바름 두께

㉮ 배 합

모르타르의 구성재료 및 배합비는 소요 열관류율을 만족시키는 비율로서, 공사시방서에 따른다.

㉯ 바름두께

바름두께는 별도의 시방이 없는 한 1회에 10mm 이하로 하고, 총 바름두께는 소요 열관류율을 만족하는 두께로서 공사시방서에 따른다.

2) 공법

㉮ 바탕처리

굴곡과 요철상태를 정리하고 유해한 부착물을 제거한 후 충분히 건조시킨다. 바르는 표면은 견고하고 깨끗하여야 한다. 접합부, 홈 등은 접착성이 양호한 재료를 사용하여 평탄하게 하고 바름하지 않는 부위는 비닐 테이프로 보양한다.

㉯ 프라이머 도포 또는 접착모르타르 바름

단열 모르타르의 부착력을 증진시키기 위한 흡수조정제는 필요에 따라 솔, 롤러, 뿜칠기 등으로 균일하게 도포한다.

㉰ 재료의 비빔

재료는 충분히 숙성되도록 손비빔 또는 기계비빔하고, 그 후 1시간 이상 또는 제조업자의 시방에 규정된 가사용 시간 이상이 경과된 재료는 사용할 수 없다.

㉣ 보강재 설치

보강재를 설치하는 경우는 바탕에 들뜸이 생기지 않도록 밀착하여 부착하고, 접착재에 완전히 함침되도록 한다. 이 경우 접착재는 내화용 접착재를 사용한다.

단열판을 설치하는 경우는 바탕면의 먼지와 이물질을 제거하고, 지정된 접착재를 충분하게 바르고 바탕과 밀착되게 부착한다. 이때 인접한 단열재와 틈이 벌어지지 않도록 대각선으로 밀면서 부착시키고, 틈이 발생한 경우는 단열재를 재단하여 메운다.

㉤ 초벌바름

단열 모르타르는 재료와 바름 부위에 따라 흙손, 뿜칠 또는 펌프압송 등으로 시공할 수 있으며, 제조업자의 시방에 적합한 공법을 사용한다. 초벌바름은 10mm 이하의 두께로 천천히 압력을 주어 기포가 생기지 않도록 바른다.

지붕에 바탕단열층으로 바름할 경우는 신축줄눈을 설치한다.

㉥ 정벌바름

단열 모르타르 바름이 마감바름면이 될 경우는 수평면 작업과 질감을 내는 작업은 한 번에 연속으로 이루어져 질감에 차이가 나거나 얼룩이 생기지 않아야 한다.

㉦ 보강 모르타르 바름

단열 모르타르의 표면정리 및 강도보정이 요구되는 경우는 강화 모르타르를 바를 수 있으며 재료 및 시공법은 공사시방서에 의한다.

㉧ 보 양

① 보양기간은 별도의 지정이 없는 경우는 7일 이상으로 자연건조 되도록 하며, 바름층별 양생시간은 지정된 경과시간을 준수한다.

② 바름이 완료된 후는 급격한 건조, 진동, 충격, 동결 등을 방지한다.

③ 외장마감의 경우는 정벌바름재가 완전히 건조될 때까지 먼지, 매연 또는 기상에 의한 손상으로부터 보호한다.

㉨ 주의 사항

① 재료의 저장은 바닥과 벽에서 150mm 이상 띄워서 흙 또는 불순물에 오염되지 않도록 해야 하며, 특히 수분에 젖지 않도록 한다.

② 외기온이 5℃ 이하인 경우는 작업을 중지하고 필요시에는 난방 보정 등에 대한 것을 담당원의 승인을 얻은 후에 작업한다.

☞ 사진 12.2.2.1 단열 몰탈 바름 장면

③ 단열 모르타르를 위부 마감용으로 사용하는 경우는 우천 시 흡수, 흡습 등을 방지하기 위하여 방수성이 있는 마감재(도장재, 타일 등)를 사용해야 한다.

13. 내화학 바름

13.1 개요

1) 구조체의 벽·바닥 등에 시공하여 내산·내알칼리·내식·내약품성 등의 내화학적 성능을 발휘하여 구조체를 보호하기 위한 목적으로 사용되는 것을 내화학 바름이라 한다.
2) 재료는 합성수지계의 결합재를 주원료로 하여 탄소질 또는 규토질의 보강재와 경화제 등을 혼합하여 제조한다.

13.2 내화학 바름의 장단점

☞ 표 13.2.1.1 내화학 바름의 장단점

장 점	단 점
① 내구성이 뛰어나다. ② 방수성능이 향상된다. ③ 실용적인 마무리 재료로 사용이 가능하다. ④ 중성화의 영향을 적게 한다.	① 바닥에 먼지·얼룩 등의 이물질이 생기기 쉽다. ② 시공시 유해한 냄새가 발생될 수 있다.

13.3 화학적 침식의 피해

1) 구조체의 열화
2) 균열 및 누수의 원인
3) 구조체의 강도 및 내구성 저하
4) 백화 발생의 원인

14. 공동주택의 바닥 미장

14.1 바닥 미장의 상세도(공동주택 30세대 이상)

☞ 그림 14.1.1.1 바닥 미장의 상세도(각 칫수는 최소 두께임)

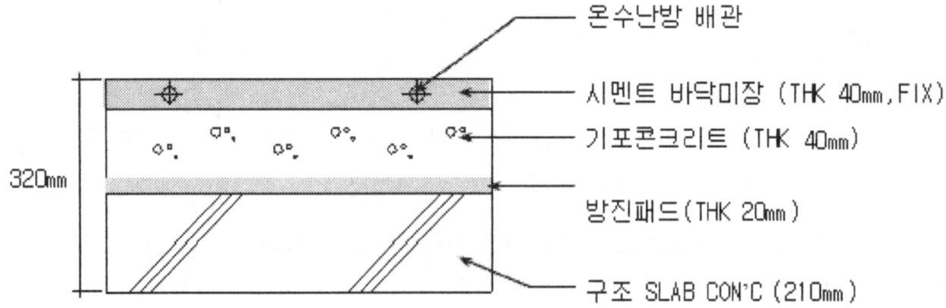

14.2 품질관리의 유의 사항

1) 압축강도 : 몰탈의 28일 압축강도 ≥ 210 kg/cm^2 이상
2) 타설온도 : 45℃이하(동절기시의 온도차가 20 ℃이하), 0℃이상
3) 미 분 량 : 미분량이 많으면 소성CRACK 증가 (모래의 조립률 2.7-3.2가 바람직)
4) 가 수 량 : 물-시멘트비 80% 이하 유지, FLOW치는 18-23cm
5) 바탕처리 : 기포콘크리트에는 하루전에 물뿌림 (DRY OUT 억제)
6) 외기에 의한 급격한 건조방지
7) 최소 7일간 충격 및 보행을 억제하고 몰탈표면이나 양생포 위 살수양생

☞ 사진 14.2.2.1 방바닥 미장용 레미탈 사이로 및 레미탈 벌크

☞ 사진 14.2.2.2 방바닥 온수 파이프 배관 및 모르타르 타설 장면

제 19장

유리 및 창호공사

1. 용어의 정리
2. 유리공사
3. 창호공사

1. 용어의 정리

건축공사 표준시방서에서는 유리 및 창호공사에 사용하는 용어를 다음과 같이 정의하고 있다.

1) 강화 유리문 고정법 : 강화 유리문을 플로어 힌지 등의 철물을 사용하여 고정하는 방법
2) 경사단면 : 유리절단시 발생하는 결함으로 일반적으로는 깎임이라 함.
3) 구멍흠집 : 유리면에 경도가 높은 재질이 국부적으로 접촉할 때 생기는 흠집으로 특히 절단면에 발생하기 쉽다.
4) 구조 가스켓 : 클로로프렌 고무 등으로 압출성형에 의해 제조되어 유리의 보호 및 지지기능과 수밀기능을 지닌 가스켓으로서 지퍼 가스켓이라고도 불린다. 일반적으로 PC 콘크리트에 사용되는 Y형 가스켓과 금속프레임에 사용되는 H형 가스켓이 있다.
5) 구조 가스켓 고정법 : 구조 가스켓 고정법에는 Y형 가스켓 고정법, H형 가스켓 고정법이 있다. Y형 가스켓 고정법은 콘크리트, 돌 등의 U형 홈에 Y형 구조 가스켓을 설치하여 유리를 끼우는 고정법이다. H형 가스켓 고정법은 금속프레임 등에 H형 가스켓을 사용해서 유리를 설치하는 방법이다.
6) 그레이징 가스켓 : 염화비닐 등으로 압출성형에 의해 제조된 유리끼움용 부자재로서 U형 그레이징 채널과 J형 그레이징 비드가 있다.
7) 그레이징 가스켓 고정법 : 그레이징 가스켓 고정법에는 그레이징 채널 고정법과 그레이징 비드 고정법이 있다.
8) 그레이징 채널 고정법 : 금속 또는 플라스틱의 U형 홈에 유리를 끼우는 경우에 U형 그레이징 채널을 사용하는 고정법이다.
9) 그레이징 비드 고정법 : 금속 또는 플라스틱의 누름고정용 홈에 유리를 끼우는 경우에 J형 그레이징 비드를 사용하는 고정법이다. 이밖에 금속 또는 플라스틱의 끼우기 홈에 유리를 끼우는 경우에 가스켓을 사용하는 고정법이 있다.
10) 끼우기 : 유리를 새시 등의 끼우기 홈에 규정대로 끼우는 것
11) 끼우기 홈 : 유리를 지지하기 위한 창틀에 설치하는 홈으로서 그 홈의 단면치수는 끼우기 판유리의 두께에 따라 내풍압성능, 내진성능, 열깨짐 방지성능 등을 고려하여 정한다.
12) 나사고정법 : 거울, 장식유리 등의 모서리에 구멍을 뚫어 장식나사로 고정하는 방법이다.
13) 단면결손 : 절단면에 집중적으로 힘이 가해진 경우에 유리면이 움푹 패는 현상
14) 단부 클리어런스 : 그림 1.14.1.1의 b를 단부 클리어런스라 한다.

☞ 그림 1.14.1.1 유리의 클리어런스 및 지지깊이

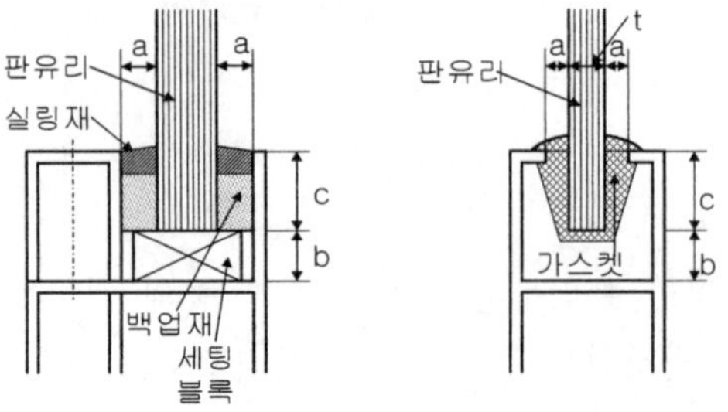

(a) 실링재에 의한 커튼월 공법 (b) 가스켓 사용시의 경우

15) 대형 판유리 고정법 : 대형 판유리 고정법에는 현수 그레이징 시스템과 리브 보강그레이징 시스템 및 이들을 복합한 시공방법이 있다. 리브 보강 그레이징 시스템 공법은 금속 멀리언 대신에 리브유리를 측부 보강재료로 사용하는 시공법이다. 현수 그레이징 시스템 공법은 금속 클램프를 이용하여 보나 슬래브에 매다는 고정법이다.
16) 단열간봉(warm-edge spacer) : 복층 유리의 간격을 유지하며 열 전달을 차단하는 자재로, 기존의 열전도율이 높은 알루미늄 간봉의 취약한 단열문제를 해결하기 위한 방법으로 warm-edge technology를 적용한 간봉이다. 고단열 및 창호에서의 결로방지를 위한 목적으로 적용된다.
17) 레진접합(CIP, cast-in-place resin) : 두 장의 유리 사이에 레진을 부어 넣은 후 굳혀 접합 함
18) 로이유리(low-e glass) : 열적외선(infrared)을 반사하는 은소재 도막으로 코팅하여 방사율과 열관류율을 낮추고 가시광선 투과율을 높인 유리로서 일반적으로 복층유리로 제조하여 사용한다.
19) 면 클리어런스 : 유리를 프레임에 고정할 때 유리와 프레임 사이에 여유를 주는 것. 그림 1.14.1.1의 a를 면 클리어런스라 한다.
20) 배강도 유리 : 플로트판유리를 연화점 부근(약 700℃)까지 가열 후 양 표면에 냉각공기를 흡착시켜 유리의 표면에 20 이상 60 이하 (N/mm^2)의 압축응력층을 갖도록 한 가공유리. 내풍압 강도, 열깨짐 강도 등은 동일한 두께의 플로트판 유리의 2배 이상의 성능을 가진다. 그러나 제품의 절단은 불가능하다.
21) 백업재 : 실링 시공인 경우에 부재의 측면과 유리면 사이의 면 클리어런스 부위에 연속적으로 충전하여 유리를 고정하고 시일 타설시 시일 받침 역할을 하는 부자재로서 일반적으로 폴리에틸렌 폼, 발포고무, 중공솔리드고무 등이 사용된다.
22) 부정형 실링재 고정법 : 부정형 실링재 고정법에는 탄성 실링재 고정법이 있다. 탄성 실링재 고정법은 금속, 플라스틱, 나무 등의 U형 홈 또는 누름고정용 홈에 유리를 끼우는 경우에 탄성 실링재를 사용하는 고정법이다.

23) 샌드 블라스트 가공 : 유리면에 기계적으로 모래를 뿌려 미세한 흠집을 만들어 빛을 산란시키기 위한 목적의 가공
24) 세팅 블록 : 새시 하단부의 유리끼움용 부자재로서 유리의 자중을 지지하는 고임재
25) 스페이서 : 유리 끼우기 홈의 측면과 유리면 사이의 면 클리어런스를 주며, 유리의 위치를 고정하는 블록
26) 에틸렌비닐아세테이트(EVA, ethylene vinylacetate) : 접합 유리 소재로 사용함
27) 에칭 : 화학약품에 의한 부식현상을 응용한 가공으로서 유리에는 주로 산을 사용하는 경우가 많다.
28) 열깨짐 : 태양의 복사열 작용에 의해 열을 받는 부분과 받지 않는 부분(끼우기홈내)의 팽창성 차이 때문에 발생하는 응력으로 인하여 유리가 파손되는 현상
29) 열선 반사 유리 : 판유리의 한쪽 면에 열선반사막을 코팅하여 일사열의 차폐성능을 높인 유리
30) 완충재 : 충격시 유리 절단면과 새시의 직접적인 접촉을 방지하기 위해서 새시의 좌우 측면에 끼우는 고무블록으로서 주로 개폐창호에 사용된다.
31) 유리 단부 : 판유리를 절단했을 때 절단된 단면의 절단각, 절단면, 절단부위의 총칭
32) 유리 일람표 : 해당 건물에 사용되는 유리의 전체 사양이 표시된 것으로 일반적으로는 종류, 두께, 형태, 치수, 가공방법 등으로 분류하여 각각의 수량을 기입한 형태이다.
33) 유리펜스 고정법 : 계단의 측판 또는 바닥에 매입된 철물을 사용하여 강화 유리, 접합 유리 등을 세워 난간, 실내 칸막이, 요벽 등을 구성하는 고정법이다.
34) 절단면 연마 : 유리 절단 후에 각진 절단부위를 적절히 연마하는 방법으로 사람이 손으로 만져도 상처를 입지 않게 한다.
35) 접착 고정법 : 거울, 장식유리 등을 양면 접착테이프 및 접착제를 이용하여 부착시키는 고정 방법이다.
36) 접착, 지지철물 병용 고정법 : 거울, 장식유리 등의 뒷면을 바탕면에 접착하고 유리단부를 지지철물로 고정하는 방법이다.
37) 제연경계벽 고정법 : 망입 또는 선입 판유리를 천장 바탕면에 실리콘계 실링재와 받침철물을 사용하여 방연벽으로 하는 고정법이다.
38) 조면 연마 : 가장 기초적인 절단면 처리로서 연마재는 #120~#200 정도를 사용한다.
39) 지지깊이 : 그림 1.14.11의 c를 지지깊이라 한다.
40) 철물 고정법 : 거울, 장식유리 등의 상하에 철물을 부착하여 하부의 받침 철물로서 그 중량을 지지하는 고정법이다.
41) 측면 블록 : 새시 내에서 유리가 일정한 면 클리어런스를 유지토록 하며, 새시의 양측면에 대해 중심에 위치하도록 하는 재료로 품질관리를 위해 새시 공장생산시 부착하

여 출고하는 것을 원칙으로 한다.

42) 치솟음 : 휨가공에서 발생하는 현상으로 유리의 단부가 형틀과는 다르게 소정의 곡률로 되지 않는 부분을 말한다.

43) 클린 컷 : 유리를 절단한 후 그 절단면에 구멍 흠집, 단면결손, 경사단면 등의 결함이 없이 깨끗이 절단된 상태를 말한다.

44) 태피스트리 가공 : 샌드 블라스트 가공을 시행한 것에 화학물질 코팅 가공 폴리비닐부티랄(PVB, polyvinylbutyral) : 필름(PVB, polyvinylbutyral) 재질의 접합 유리용 필름

45) 핀 홀(pin hole) : 바탕 유리까지 도달하는 윤곽이 뚜렷한 얇은 막의 구멍을 말한다.

46) 흡습제 : 작은 기공을 수억 개 가진 입자로 기체분자를 흡착하는 성질에 의해 밀폐공간에 건조상태를 유지하는 재료

2. 유리공사

2.1 일반 사항

1) 내하중 성능

끼우기 유리의 내하중 성능값은 유리에 적용하는 하중과 사용 조건에 따라서 아래의 기준을 충족하는 유리 두께와 강성을 가져야 한다.

㉮ 수직에서 15도 미만의 기울기로 시공된 수직 유리는 풍하중에 의한 파손 확률이 1,000장당 8장을 초과하지 않아야 한다.

㉯ 수직에서 15도 이상 기울기로 시공된 경사 유리는 풍하중에 의한 파손 확률이 1,000장당 1장을 초과하지 않아야 한다.

2) 유리설치 부위의 차수성, 배수성

㉮ 유리 주위의 차수, 배수특성은 유리끼움재의 차수특성 및 끼우기 홈 내의 침입수의 배수특성으로 하고, 다음에 나타낸 3종류로 구분한다. 표 2.1.2.1에 차수 및 배수특성의 종류에 대응하는 끼우기 유리고정법의 종류를 나타낸다.

A종 : 끼우기 홈 내로의 누수를 허용하지 않는 것

B종 : 홈 내에서의 물의 체류를 허용하지 않는 것

C종 : 홈 내에서의 물의 체류를 허용하는 것

㉯ A종 또는 B종에 있어서 특히 성능확인이 필요한 경우는 공사시방서에 따른다.

☞ 표 2.1.2.1 차수 및 배수특성의 종류에 대응하는 끼우기 유리고정법의 종류

끼우기 유리 고정법		차수·배수 특성에 따른 종류		
		A 종	B 종	C 종
부정형 실링재 고정법		◎	◎	
글레이징 가스켓 고정법	채 널			◎
	비 드		◎	◎
	기 타		◎	◎
구조 가스켓 고정법				◎

3) 내진성

㉮ 끼우기 유리의 내진성은 면내 변형을 받을 때 파괴에 대한 저항성으로 유리상변과 하변 지지재의 수평방향 변위차 Δ의 값으로 나타낸다.

㉯ 끼우기 유리의 면내 변형에 의한 파괴 특성은 유리 및 끼움재의 파괴 및 유리 파편의 탈락에 대한 것으로 하고 이러한 파괴의 정도는 표 2.1.3.1에 나타낸 종류로 한다.

㉰ 유리 또는 끼움재의 파괴 방지에 관해서, 특히 성능 확인이 필요한 경우, 허용 수평방향 변위차 Δa를 구하기 위한 시험 방법, 계산 방법 또는 단부 클리어런스, 면 클리어런스 등의 내진에 관한 유리의 마감 상세 등은 공사시방서에 따른다.

☞ 표 2.1.3.1 끼우기 유리의 파괴정도의 구분

구 분	유 리	끼움재(시일, 가스켓 등)
A 종	○	○
B 종	○	△
C 종	○	×
D 종	△	×

(주) 표의 ○, △, × 의미는 다음과 같다.

유리	끼움재
○ : 파괴하지 않는 것	○ : 파괴하지 않는 것
△ : 파괴해도 탈락하지 않는 것	△ : 피해는 있어도 보수가 필요하지 않는 정도의 것
× : 파괴 및 탈락하는 것	× : 보수를 요하는 것

4) 내충격성

㉮ 인체에 의해 가해지는 충격에 대한 끼우기 유리의 내충격 특성은 쇼트백 시험에 의한 45kg 쇼트백의 낙하고 H 값으로 표시한 설계충돌력 300mm, 750mm 또는 1,200mm에 대하여 "유리가 금이 가지 않는것"과 "유리가 금이 가도 중대한 손상이 생기지 않는 것"으로 구분한다.

㉯ "유리가 금이 가지 않는 것"에 적합한 유리의 종류, 두께 및 치수의 결정은 공사시방서에 따른다.

㉰ 출입구의 유리문 등에 있어서 "유리가 금이 가도 중대한 손상이 생기지 않는 것"에 적합한 접합 유리 또는 강화 유리를 사용할 때는 KS L 규정에 적합한 유리를 사용한다.

5) 유리 단부의 파괴에 대한 허용응력

유리 단부의 파괴에 대한 허용응력 값는 표 2.1.5.1에 나타낸 값으로 한다.
특수한 형상 및 특수한 단부가공의 유리는 공사시방서에 따른다.

☞ 표 2.1.5.1 유리 단부의 허용응력값

종 류	두께(mm)	허용응력(N/mm^2)
플로트판유리 열선흡수판유리 열선반사판유리	3~12 15, 19	18 15
배강도 유리	6, 8, 10	36
강화 유리	4~15	50
망 판유리, 선 판유리	6, 8, 10	10
접합 유리, 복층 유리		구성단판의 강도 중 가장 낮은 값으로 한다.

6) 단열성

☞ 표 2.1.6.1 유리 구성 종류별 유리 중심부 열관류율($W/m^2 \cdot K$)

구 분	공기층/아르곤층	투명 무코팅	Low-e[1)] e = 0.05	Low-e[1)] e = 0.10	Low-e[1)] e = 0.20
단판유리		5.91	n/a	n/a	3.86
복층유리	6 mm 공기층	3.12	2.27	2.38	2.50
	6 mm 아르곤층[2)]	2.84	1.87	1.99	2.16
	12 mm 공기층	2.73	1.70	1.76	1.99
	12 mm 아르곤층[2)]	2.61	1.42	1.53	1.76

구 분	공기층/아르곤층	투명 무코팅	Low-e[1)] e = 0.05	Low-e[1)] e = 0.10	Low-e[1)] e = 0.20
삼중유리 (Low-e 일면)	6 mm 공기층	2.10	1.70	1.76	1.82
	6 mm 아르곤층[2)]	1.93	1.42	1.48	1.59
	12 mm 공기층	1.76	1.25	1.31	1.42
	12 mm 아르곤층[2)]	1.65	1.08	1.14	1.25
삼중유리 (Low-e 양면)	6 mm 공기층		1.42	1.48	1.59
	6 mm 아르곤층[2)]		1.14	1.19	1.31
	12 mm 공기층		0.91	1.02	1.14
	12 mm 아르곤층[2)]		0.74	0.79	0.97

(주) 1) [1)] e = emissivity
2) [2)] 90% 아르곤충진
3) GANA Glazing manual TABLE 8, Center of Glass U-Value

2.2 유리의 종류

1) 보통 판유리

㉮ 공사시방서에 따르며, 치수 및 형상은 도면에 명시한 것으로 한다.

㉯ 종류

① 박판유리 : 6mm미만 판유리(창유리용 2mm, 3mm, 5mm, 6mm 등)

② 후판유리 : 6mm이상, 실내차단용 칸막이벽, 통문, 기구 등

③ 정일품유리 : 3mm, $9.29m^2$($100ft^2$) 1상자 단위로 판매

㉰ 강도 : 압축 90MPa, 인장 50MPa, 휨 45~70MPa

2) 플로트판유리 및 마판유리

㉮ 제조 방법에 따른 종류

① 플로트 방식

② 연마 방식

㉯ 두께에 따른 종류

① 2mm, 3mm, 4mm, 5mm, 6mm, 8mm, 10mm, 12mm, 15mm, 19mm

② 단, 2mm는 플로트 방법에만 한다.

㉰ 최대 규정치수는 표 2.2.2.1과 같다.

㉱ 두께 및 허용차는 표 2.2.2.2와 같다.

☞ 표 2.2.2.1 최대 규정 치수

두께에 따른 종류	최대 규정 치수(mm)
2mm	3,100 × 2,500
3mm	
4mm	
5mm	3,100 × 6,100
6mm	
8mm	
10mm	
12mm	
15mm	
19mm	

☞ 표 2.2.2.2 두께 및 허용차

두께에 따른 종류	허용차(mm)
2mm	±0.2
3mm	±0.3
4mm	
5mm	
6mm	
8mm	±0.6
10mm	
12mm	±0.8
15mm	
19mm	±1.2

㉤ 길이 및 너비의 허용차는 표 2.2.2.3과 같다.

☞ 표 2.2.2.3 길이 및 너비 허용차

두께에 따른 종류	허 용 차 (mm)		
	3,000 이하	3,000 초과5,000 이하	5,000 초과
2mm	+1 −2	+2 −3	−
3mm			
4mm			
5mm	±2	±3	±4
6mm			
8mm	+2 −3	+3 −4	+4 −5
10mm			
12mm	±3	±4	±5
15mm			
19mm	±5	±6	±7

3) 강화유리

㉮ 정의

① 강화유리란 판유리를 열처리하여 유리 표면에 강한 압축 응력층을 만들어 파괴 강도를 증가시키고, 또 깨어질 때에는 작은 조각이 되도록 처리한 것이다.

② 주로 건축, 철도 차량 및 선박(선박용 둥근 창문 강화유리는 제외)의 창문, 가구 등에 사용한다.

㉯ 종류 및 기호

① 모양에 따른 종류 및 사용하는 재료 판유리의 종류에 따른 명칭은 표 2.2.3.1과 같다.

☞ 표 2.2.3.1 모양에 따른 종류 및 사용하는 재료 판유리의 종류에 따른 명칭

<table>
<tr><th>모양에 따른 종류</th><th colspan="2">재료 판유리의 종류에 따른 명칭</th><th>기호</th></tr>
<tr><td rowspan="16">평면 강화 유리</td><td rowspan="3">무늬 강화 유리</td><td>4mm</td><td rowspan="3">TP</td></tr>
<tr><td>5mm</td></tr>
<tr><td>6mm</td></tr>
<tr><td rowspan="9">플로트 강화 유리</td><td>4mm</td><td rowspan="9">TF</td></tr>
<tr><td>5mm</td></tr>
<tr><td>6mm</td></tr>
<tr><td>8mm</td></tr>
<tr><td>10mm</td></tr>
<tr><td>12mm</td></tr>
<tr><td>15mm</td></tr>
<tr><td>19mm</td></tr>
<tr><td>6mm</td></tr>
<tr><td rowspan="4">열선 반사 강화 유리</td><td>6mm</td><td rowspan="4">TR</td></tr>
<tr><td>8mm</td></tr>
<tr><td>10mm</td></tr>
<tr><td>12mm</td></tr>
<tr><td rowspan="3">곡면 강화 유리</td><td rowspan="3">플로트 강화 유리</td><td>5mm</td><td rowspan="3">TC</td></tr>
<tr><td>6mm</td></tr>
<tr><td>8mm</td></tr>
</table>

② 파편의 상태 및 쇼트백 충격 특성에 따른 종류 및 기호는 표 2.2.3.2와 같다.

☞ 표 2.2.3.2 특성에 따른 종류 및 기호

종 류	기 호	특 성
Ⅰ류	Ⅰ	평면 강화 유리 및 곡면 강화 유리로 품질 ②항 규정에 적합한 것
Ⅲ류	Ⅲ	평면 강화 유리로 품질 ②항 및 ③항 규정에 적합한 것

㉰ 품질

① 겉모양은 표 2.2.3.3에 적합 하여야 한다.

☞ 표 2.2.3.3 겉모양

항 목	겉 모 양
잔 금	없을 것
이 빠 짐	너비 또는 길이가 재료 판유리의 두께 이상인 것이 없을 것
긁 힌 흠	사용상 지장이 없을 것

② 파편의 상태는 두께가 4mm인 경우는 최대 파편 1개의 무게가 15g 이하이어야 한다. 두께가 5mm 이상인 경우는 파편 수가 40개 이상 이어야 한다.

③ 평면 강화유리의 쇼트백 충격 특성은 다음 ㉠, ㉡ 중 어느 쪽에 합격 하여야 한다.

㉠ 낙하 높이 120cm에서 유리가 파괴되지 않을 것

㉡ 유리가 파괴된 경우 가장 큰 10개 파편의 무게 합계가 시료의 65cm^2 면적에 상당하는 무게를 넘지 않을 것

☞ 사진 2.2.3.1 강화유리 파괴 시 파편 모습

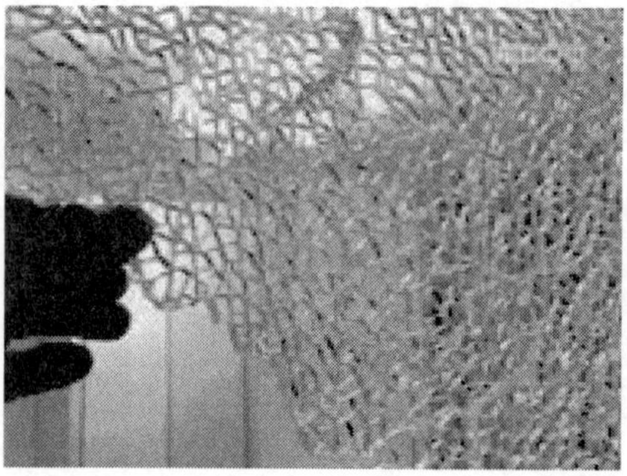

4) 배강도 유리

㉮ 정의

① 판유리를 열처리하여 유리 표면에 적절한 크기의 압축 응력층을 만들어 파괴 강도를 증대시키고, 또한 파손 되었을 때 재료인 판유리와 유사하게 깨지도록 만든 유리이다.

② 주로 산업용 또는 건축물의 외벽, 개구부 등에 사용한다.

㉯ 종류 및 기호

배강도 유리의 종류 및 기호는 두께에 따라 표 2.2.4.1과 같이 한다.

☞ 표 2.2.4.1 배강도 유리의 종류 및 그 기호

두께에 따른 종류	기 호
3mm	HS-3
4mm	HS-4
5mm	HS-5
6mm	HS-6
8mm	HS-8
10mm	HS-10
12mm	HS-12

㉰ 겉모양

겉모양은 표 2.2.4.2에 적합하여야 한다.

☞ 표 2.2.4.2 겉모양

항 목	겉 모 양
잔 금	없을 것
이 빠 짐	너비 또는 길이가 재료 판유리의 두께 이상인 것이 없을 것
긁 힌 흠	사용상 지장이 없을 것

5) 무늬 유리

㉮ 정의

① 롤 아웃 방식에 의해 롤에 조각된 무늬 모양을 유리면에 열간 전사하여 제조된, 한 면 또는 양면에 무늬가 찍혀 있는 판유리를 말한다.

② 주로 건축물 및 차량의 창 등에 사용

㉯ 두께의 종류

① 두께의 종류는 2mm, 3mm, 4mm, 5mm, 6mm, 8mm, 10mm, 12mm 가 있다.

② 위 외의 태양에너지산업용 무늬 유리(두께 2.8, 3.2mm 등) 경우는 수요자와 공급자 간의 협정에 따른다.

6) 열선 흡수 판유리

㉮ 판유리에 따른 종류

① 열선 흡수 플로트 판유리 및 열선 흡수 마판 유리

② 열선 흡수 망 판유리 및 열선 흡수 선 판유리

㉠ 열선 흡수 망 마판 유리

㉡ 열선 흡수 선 마판 유리

㉢ 열선 흡수 망 무늬 유리

㉯ 두께에 따른 종류

① 열선 흡수 플로트 판유리 및 열선 흡수 마판 유리

3mm, 4mm, 5mm, 6mm, 8mm, 10mm, 12mm, 15mm

② 열선 흡수 망 판유리 및 열선 흡수 선 판유리 7mm

㉰ 성능에 따른 종류

열선 흡수 판유리의 성능은 태양열 취득률로 나타내고, 그 종류는 기준 두께 5mm의 태양열 취득률에 대한 환산 값 η_5에 따라 표 2.2.6.1과 같이 한다.

☞ 표 2.2.6.1 성능에 따른 종류

종 류	5mm 태양열 취득률 η_5
1 종	0.80 이하
2 종	0.70 이하

(주) 태양열 취득률은 유리면에 수직으로 입사한 태양 에너지 중에서 실내 쪽으로 투과한 부분의 비율로, 실내 쪽으로 투과한 에너지는 직접 유리판을 투과한 에너지와 일단 유리판에 흡수된 후 실내 쪽으로 전달된 에너지의 합이다.

7) 망 판유리 및 선 판유리

㉮ 정의

① 압축 롤에 의한 성형 시에 금속제의 망 또는 선을 유리 내부에 삽입한 것이다.

② 주로 곤축물 및 차량의 창 등에 사용한다.

㉯ 종류 및 두께는 표 2.2.7.1과 같다.

☞ 표 2.2.7.1 종류 및 두께

망 또는 선의 모양 및 판의 표면 상태에 따른 종류			두께에 따른 종류
망 판유리	망무늬 판유리	마름모망 무늬 판유리	7mm
		각망 무늬 판유리	7mm
	망 마판유리	마름모망 마판유리	7mm, 10mm
		각망 마판유리	7mm
선 판유리	선무늬 판유리		7mm
	선 마판유리		7mm, 10mm

㉰ 겉모양

겉모양은 표 2.2.7.2에 적합하여야 한다.

☞ 표 2.2.7.2 겉모양

결점의 종류	품 질
망·선의 노출	금속의 망 또는 선이 판유리의 내부에 삽입되어 표면으로 노출되어 있지 않을 것
무늬 불량	망·선무늬 판유리에서는 현저한 무늬 불량이 없을 것
이 물 질	사용상 지장이 있는 것이 없을 것
잔 금	육안으로 식별할 수 있는 것이 없을 것
이빠짐·돌기 결함	나비 및 길이가 모두 제품의 두께 치수를 넘는 것이 없을 것

㉱ 방화성

① 가열 시험을 하여 가열 시작 이후 60분간의 시간 경과 중에 유리판면 안 또는 유리판과 틀 사이에 틈 등이 생겨서는 안 된다.

② 가열 후 충격 시험에서 방화상 유해한 파괴, 탈락 등을 일으켜서는 안 된다.

③ 가열 시험 중에 유리에 갈라짐이 생기는 것 및 유리판에 보통 정도의 열만곡, 열변형 등이 생기는 것은 허용된다.

④ 가열 시험 중 방화상 유해한 틈새가 없으면 부분적으로 금속선이 절단되는 것은 상관없다.

8) 접합 유리

㉮ 정의

① 2장 이상의 재료 판유리를 중간막으로 전면 접착한 것으로서, 외력의 작용으로 파손되어도 중간막에 의해 파편이 대부분 떨어지지 않도록 한 것이다. 중간막이란 재료 판유리 사이에 양자를 접착할 목적으로 끼우는 합성 수지의 층을 말한다.

② 주로 내부칸 막이(샤워부스 등) 및 주 출입문, 쇼윈도우, 전시장, 승강기, 난간대, 천장, 계단, 바닥, 캐노피, 교육시설의 창 등 건축물내 안전을 요하는 주요부와 선박의 창, 가구, 방음판 등에 사용된다.

㉯ 종류 및 기호

① 모양에 따른 종류

㉠ 평면 접합 유리

㉡ 곡면 접합 유리(다만, 재료 판유리로 무늬 접합 유리, 강화 접합 유리 및 배강도 유리는 사용하지 않는다.)

② 낙구 충격 박리 특성 및 쇼트백 충격 특성에 따른 종류 및 기호는 표 2.2.8.1과 같다.

☞ 표 2.2.8.1 특성에 따른 종류 및 기호

종류	기호	특　성
Ⅰ류	LⅠ	평면 접합 유리 및 곡면 접합 유리로 (주) 1)에 적합한 것
Ⅱ-1류	LⅡ-1	평면 접합 유리 중 (주) 1) 및 낙하 높이 120cm에서 (주) 2) ①에 적합한 것
Ⅱ-2류	LⅡ-2	평면 접합 유리 중 (주) 1) 및 낙하 높이 75cm에서 (주) 2) ①에 적합한 것
Ⅲ류	LⅢ	재료 판유리 2장으로 구성되며, 재료 판유리의 합계 두께[1)]가 16mm 이하인 평면 접합 유리로 (주) 1) 및 (주) 2) ②에 적합한 것

[1)] 재료 판유리의 합계 두께는 재료 판유리의 두께에 따른 종류와 명칭의 숫자의 합계값(mm)으로 한다.

(주) 1) 낙구 충격 박리 특성은 시험 규정에 따라 시료 6매에 대하여 시험하고, 5매 이상의 시료의 중간막에 절단 또는 유리의 결락에 따른 노출 부분이 없는 경우를 합격으로 한다. 다만, 재료 판유리의 합계 두께가 16mm를 초과하는 것 및 재료 판유리로서 강화유리 또는 배강도 유리를 사용하는 것은 이 규정을 적용하지 않는다.

2) 쇼트백 충격 특성은 시험 규정에 따라

① Ⅱ-1류 및 Ⅱ-2류는 시료 4매에 대하여 시험하고 모두 다음 a), b)의 어느 것에 적합하여야 한다.

a) 유리가 파괴된 경우, 파괴 부분에 지름 75mm의 공이 자유로이 통과하는 구멍이 생기지 않을 것

b) 유리가 파괴되지 않을 것

② Ⅲ류는 시료 4매에 대하여 시험하고 접합유리를 구성하는 유리판을 2장 모두 파괴한 다음, 파괴 부분에 75mm의 공이 자유로이 통과하는 구멍이 생겨서는 안 된다.

㉰ 겉모양

겉모양은 표 2.2.8.2에 적합하여야 한다.

☞ 표 2.2.8.2 겉모양

항 목	겉 모 양
기 포	중간막의 기포는 식별할 수 있는 것이 없을 것. 다만, 사용상 지장이 없는 부분
이 물 질	중간막의 이물질은 사용상 지장이 있는 것이 없을 것
판 어긋남	사용상 지장이 있는 것이 없을 것
잔 금	없을 것
이 빠 짐	너비 또는 길이가 재료 판유리의 두께 이상인 것이 없을 것
흐림 및 긁힘	사용상 지장이 있는 것이 없을 것

㉣ 만곡

① 측정 방법

시료를 수직으로 세워 이것에 자를 수평으로 대고 측정하여, 활 모양인 경우는 현의 길이에 대한 호의 높이비의 백분율로, 파형인 경우는 산에서 산까지(또는 골에서 골까지)의 거리에 대한 골의 밑에서 산의 꼭대기까지의 높이비의 백분율로 나타낸다.

② 허용치

플로트 판유리 및 마판유리, 열선 흡수 플로트 판유리 및 열선 흡수 마판유리, 열선 반사 유리(강화 유리 또는 배강도 유리를 재료 판유리로 하는 것은 제외), 또는 그것들의 조합만을 재료로 하는 접합유리의 경우는 0.3%, 그리고 재료 판유리로서 무늬 유리를 가한 접합 유리에서는 0.5%를 각각 초과하여서는 안된다.

㉤ 그 외 내광성, 내열성 및 내습성은 KS L 2004에 따른다.

☞ 그림 2.2.8.1 접합유리의 단면

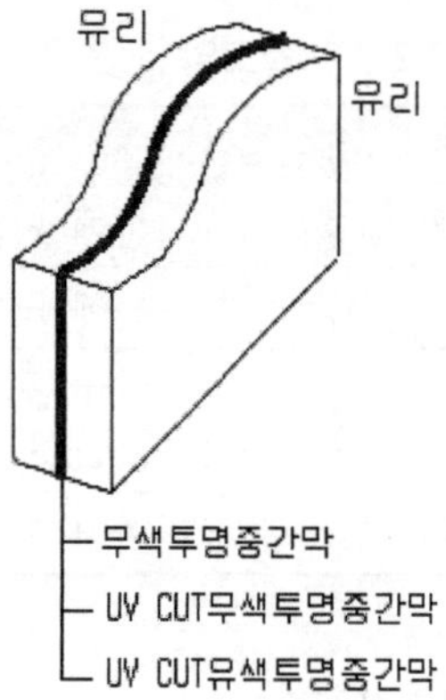

9) 열선 반사 유리

㉮ 정의

태양열의 차폐를 주목적으로 하여, 유리 표면에 얇은 막을 형성시킨 반사성 유리이다. 그러나 반사성 합성 수지 필름을 유리에 접착시킨 것은 제외한다.

㉯ 종류

☞ 표 2.2.9.1 특성 및 두께에 따른 종류

태양열 차폐성에 따른 구분	1종		2종		3종	
내구성에 따른 구분 / 두께에 따른 구분	A류	B류	A류	B류	A류	B류
6mm	○	-	○	○	-	○
8mm	○	-	○	○	-	○
10mm	○	-	○	○	-	○
12mm	○	-	○	○	-	○

㉰ 품질

① 1.8m 떨어져서 90°에서 45°로 이동하며 관찰 시 현저한 반점이나 줄무늬가 없어야 한다.

② 2.0mm 이상의 핀 홀이나 견고한 미립자는 허용될 수 없으며, 300mm 각 이내에 2mm 이하, 1mm 이상의 것이 5개 이하는 허용된다.

③ 1.8m에서 육안으로 판단될 수 있는 핀 홀 집단들이 없어야 한다.

④ 중앙부는 75mm 이상의 스크래치 혹은 이보다 작은 스크래치 집단이 없어야 한다.

㉱ 겉모양

☞ 표 2.2.9.2 겉모양

항 목	겉 모 양
색 얼 룩	눈에 띄는 것이 없을 것
막 손 상	눈에 띄는 것이 없을 것
핀 홀	2mm를 초과하는 것이 없을 것 30cm×30cm 이내에 2mm 이하, 1mm 이상인 것이 5개 이상 없을 것
핀홀이란 바탕 유리까지 도달하는 윤곽이 뚜렷한 얇은 막의 구멍을 말한다.	

10) 복층 유리

㉮ 정의

① 2장 이상의 판유리, 가공 유리, 또는 그것들의 표면에 광학 박막을 가공한 것을 똑같은 틈새를 두고 나란히 넣고, 그 틈새에 대기압에 가까운 압력의 건조 공기를 채우고(중공층이라 한다.) 그 주변을 밀봉 봉착한 것이다.

② 건축물, 냉동·냉장 쇼케이스 등에 쓰인다.

㉯ 단열성, 차폐성에 의한 종류

☞ 표 2.2.10.1 단열성, 차폐성에 의한 종류

종 류		기호	열관류 저항 $\frac{1}{U}$[1] $K \cdot m^2/W$	태양열 제거율 $(1-\eta)$	비 고
단열 복층 유리	A종[2]	U1	0.25 이상		강화 및 배강도 유리를 사용하여 복층 유리 제조 시 강화 및 배강도 유리명칭 또는 기호를 복층 유리에 표시하여야 한다.
		U2	0.31 이상		
	B종[2]	U3-1	0.37 이상		
		U3-2	0.43 이상		
태양열 차폐 복층 유리	C종[2]	E4	0.25 이상	0.35 이상	
		E5		0.50 이상	

(주) 1) 열관류 저항 $\frac{1}{U}$은 수직 사용의 값으로 한다.

2) A종은 판유리, 열처리 유리를 재료 판유리로 한 복층 유리에 해당한다.
B종은 저방사 유리를 재료 판유리로 한 복층 유리에 해당한다.
C종은 열선반사 유리를 재료 판유리로 한 복층 유리에 해당한다.

㉰ 이슬점

복층 유리의 봉입 공기의 이슬점은 -35℃ 이하이어야 한다.

☞ 그림 2.2.10.1 복층 유리의 단면

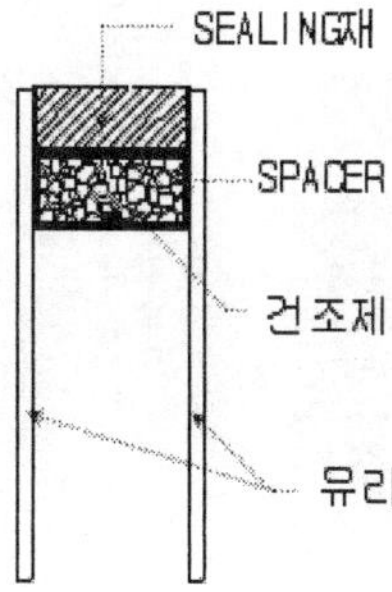

11) 로이(Low Emissivity Glass) 유리

㉮ 정의

일반유리의 표면에 장파장 적외선 반사율이 높은 금속(일반적으로 은)을 코팅 시킨 것으로 어느 계절이나 실내·외 열의 이동을 극소화 시켜주는 에너지 절약형 유리이다.

㉯ 효과

① 냉방 효과

여름에는 태양 복사열 중의 적외선 및 지표면으로부터 방사되는 장파장 적외선을 실외로 반사시켜 실내로 유입되는 열기를 차단

② 난방 효과

겨울에는 실내의 난방 기구에서 나오는 적외선을 다시 실내측으로 재 반사시켜 실내의 온기가 빠져 나가지 않도록 차단

㉰ 종류 및 특징

☞ 표 2.2.11.1 로이 유리의 종류 및 특징

특징 \ 종류	소프트 로이(Soft Low – E) 유리	하드 로이(Hard Low – E) 유리
코팅방법	스퍼터링 공법(Sputtering Process) 기 재단된 판유리 위에 금속을 다층 박막으로 코팅	파이롤리틱 공법(Pyrolytic Process) 유리제조 공정시 금속용액 또는 분말을 유리표면 위에 분사시켜 열적으로 코팅
장 점	① 코팅면 전체에 걸쳐 막두께가 일정하여 색상이 균일하다. ② 다중코팅이 가능하고 색상, 투과율, 반사율 조절이 가능	① 코팅면의 내마모성이 우수하여 후 처리 가공이 용이 ② 단판으로도 사용 가능 ③ On Line System으로 생산
단 점	① 공기 및 유해가스 접촉시 코팅막의 금속이 산화되어 기능이 상실되므로 반드시 복층 유리로만 사용 ② 곡 가공이 어려움	① 코팅막이 두껍게 형성되므로 반사율이 높음 ② 제조공정 특성상 Pin Hole, Scratch 등 제품 결함 우려 ③ 생산 Lot 마다 색상의 재현이 어려움
주의 사항 : 현장 반입 유리에 대한 코팅 두께등 성능의 검측 및 확인		

㉣ 복층 유리 로이 유리의 적용성

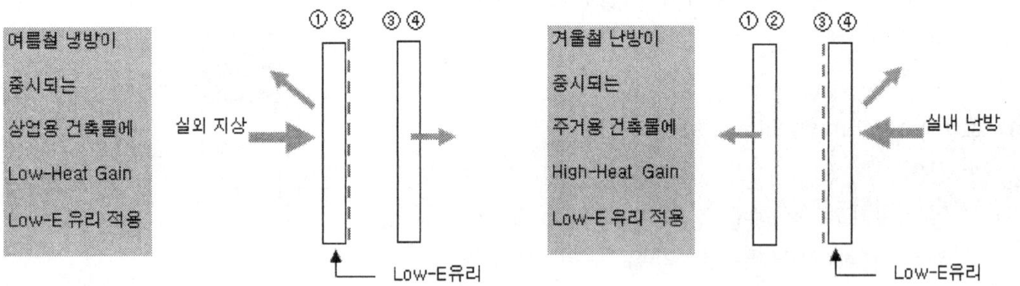

2면 Low-E 유리　　3면 Low-E 유리

2.3 시공

1) 시공 일반

㉮ 항상 4℃ 이상의 기온에서 시공하여야 하며, 더 낮은 온도에서 시공해야 할 경우, 실란트 시공 시 피접착 표면은 반드시 용제로 닦은 후 마른걸레로 닦아내고 담당원의 승인을 받은 후 시공해야 한다.

㉯ 시공 도중 김이 서리지 않도록 환기를 잘 해야 하며, 습도가 높은 날이나 우천시에는 담당원의 승인을 받은 후 시공해야 한다. 실란트 작업의 경우 상대습도 90% 이상이면 작업을 하여서는 안된다.

㉰ 유리면에 습기, 먼지, 기름 등의 해로운 물질이 묻지 않도록 한다.

㉱ 시공 전에 유리와 부자재 제조업자의 제품사양에 대한 검토가 있어야 한다.

㉲ 계획, 시방 및 도면의 요구에 대해 프레임 시공자의 작업을 검토하고 프레임의 수직, 수평, 직각, 규격, 코너접합 등의 허용오차를 검사한다.

㉳ 나사, 볼트, 리벳, 용접시의 요철 등으로 유리의 면 클리어런스 및 단부 클리어런스는 최소값 이하가 되지 않도록 한다.

㉴ 모든 접합, 연결철물, 나사와 볼트, 리벳 등이 효과적으로 밀폐되도록 한다.

㉵ 유리의 규격이 허용오차 내에 있는지 정확히 검사한다.

㉶ 유리를 끼우는 새시 내에 부스러기나 기타 장애물을 제거한다.

㉷ 창호의 배수 구멍이 막히지 않도록 하며, 창호 내부로 침투된 물 또는 결로수는 신속히 배수 구멍으로 배출되어야 한다. 배수구멍은 일반적으로 5mm 이상의 직경으로 2개 이상이어야 하며 복층 유리, 접합 유리, 망입유리 등의 경우 단부가 습기 및 침투구에 장기간 노출되지 않도록 한다.

㉸ 세팅 블록은 유리폭의 1/4 지점에 각각 1개씩 설치하여 유리의 하단부가 하부 프레임에 닿지 않도록 해야 한다.

㉹ 실란트 시공 부위는 청소를 깨끗이 한 후 건조시켜 접착에 지장이 없도록 한다. 이때 청소를 위해 톨루엔, 아세톤 등의 용제를 사용할 수 있다.

㉺ 접착제의 충전 시 줄눈의 치수와 공작도면이 일치되는가를 확인하고 적당한 규격인가 검토한다.

㉻ 커튼월 공사에서는 요구 시 풍동시험을 실시한 후 담당원의 승인을 받는다.

2) 유리의 설치공법

㉮ 일반 시공법

① 절단

㉠ 판유리의 절단은 창호의 유리홈 안치수보다 상부 및 한쪽 측면은 1.5~2.0mm 짧은 치수로 하고, 정확한 모양이 되게 절단한다.

㉡ 판유리의 내리 끼우기시는 웃막이 홈의 안치수를 15mm 내외로 하고, 유리 양측면은 1.5~2.0mm 짧게 절단한다.

㉢ 판유리를 절단하기 전에 유리면에 부착된 종이, 기름, 먼지 등을 제거한 뒤 깨끗이 닦고 창호의 유리홈은 마른헝겊으로 청소한다.

② 설치

㉠ 창호의 뒤틀림 및 유리홈의 엇턱 등으로 유리 끼우기가 어려울 때는 담당원과 협의하여 설치한다.

㉡ 유리 취급 시 단부에 흠이 생기거나 프레임에 부딪치지 않도록 항상 주의하

며, 유리를 회전시킬 때는 단부의 손상방지를 위해 보호조치를 해야 한다.

㉢ 유리 이동 시 압착기를 사용하여야 하며, 단부 손상방지를 위해 지렛대로 유리를 들어 올리거나 옮기지 않는다.

㉣ 시공 중 세팅 블록이나 측면 블록 등의 위치가 바뀌지 않도록 주의한다.

㉤ 외관상 균일성이 유지되도록 유리를 끼운다.

㉥ 백업재는 줄눈폭에 비해 약간 큰 것을 사용하고 뒤틀리지 않도록 하여야 한다.

㉦ 현장작업 중에 생기는 부스러기, 먼지, 코킹 잔재물 등에 의해 배수, 환기구멍 등이 막히지 않도록 주의한다.

③ 실란트 충전

㉠ 충전하기 전 유리면 보호를 위해 테이프를 부착할 경우에는 줄눈 양측의 가장자리선과 일치하게 붙이고 줄눈 내부까지 침범하지 않도록 주의한다. 단, 도장면에 테이프를 붙일 경우 도료의 경화가 불충분하면 테이프 제거 시 박리의 우려가 있으므로 주의해야 한다.

㉡ 실란트의 충전은 줄눈폭에 맞는 노즐을 선정, 실란트가 심층부까지 충전되도록 가압하며, 공기가 들어가 기포가 발생하지 않도록 주의한다.

㉢ 충전은 가능한 한 짧은 시간에 이루어지도록 한다.

㉣ 충전 후 넘치는 실란트는 작업용 칼을 사용하여 깨끗이 제거하고 넘쳐흐른 자국을 없애 표면을 매끄럽게 정리한다.

㉤ 작업 후 즉시 테이프를 제거한다.

④ 보양

㉠ 주위에서 용접, 샌드 블라스트 등의 작업자는 작업 시 유리의 손상 방지를 위해 두꺼운 방수포나 합판 등으로 유리를 보호하여야 하며, 용제에 의한 세척 시에는 세척 후 즉시 깨끗한 물로 유리를 닦도록 한다.

㉡ 유리끼우기용 부속재료가 얼룩지거나 재료의 질이 저하되지 않도록 시공 중에도 청결상태를 항상 유지하도록 한다.

㈏ 끼우기 시공법

① 부정형 실링재 시공법

㉠ 부재 치수

요구성능 확보에 필요한 치수를 표준으로 한다. 다만, 공사시방서에 정한 바가 없는 경우는 다음을 표준으로 한다.

☞ 그림 2.3.2.1 부정형 실링재 공법

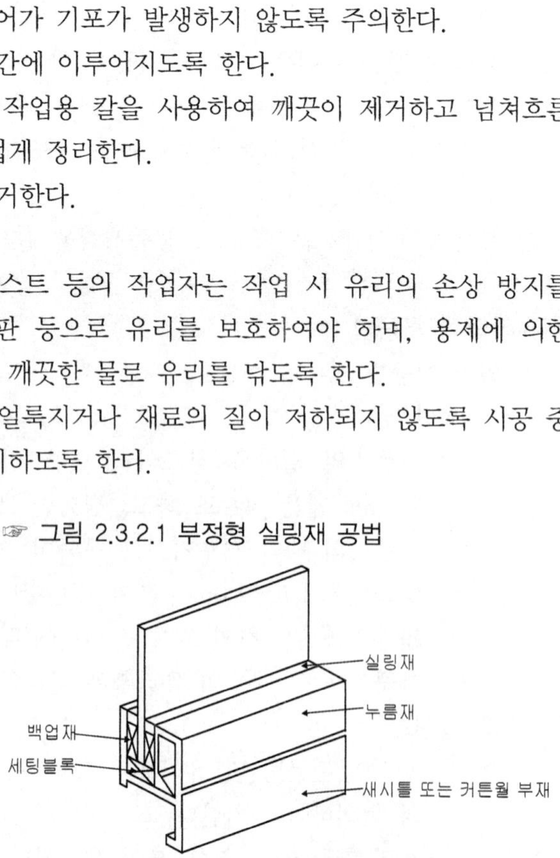

ⓐ 면 클리어런스 : 판두께 10mm 이하에서는 5mm, 판두께 12mm 이상에서는 6mm를 최소치로 하며, 최소치 미만이 될 때는 담당원과 협의한다.

ⓑ 단부 클리어런스 : 판두께를 최소치로 한다. 단, 바닥에 지지되는 면은 배수성을 고려하여 7mm를 최소치로 한다.

ⓒ 지지 깊이 : 판두께의 1.2배(최소 10mm 이상) 이상으로 한다. 단, 복층 유리의지지 깊이는 외부측 유리 두께에 6mm 더한 값(최소 10mm 이상) 이상, 열선흡수판유리 및 열선반사 판유리는 판두께의 1.0 배 이상으로 한다.

㉡ 세팅 블록 및 단부 스페이서의 설치

ⓐ 세팅 블록 설치

세팅 블록의 설치 위치는 그림 2.3.2.2에서와 같이 유리의 양단부에서 유리폭의 1/4에 설치한다. 세팅블록 재료는 네오프렌, 이피디엠(EPDM) 또는 실리콘 등을 사용하며, 고무계 세팅 블록을 사용하는 경우에 실링재의 변색을 막기 위해 절연재로서 불소계 수지 또는 발포 폴리에틸렌 등을 사용한다. 세팅 블록 설치 치수는 유리 단위 면적(m^2)당 28mm, 유리 폭이 1,200mm를 초과하는 경우는 최소 100mm 길이로 한다.

☞ 그림 2.3.2.2 세팅 블록의 위치

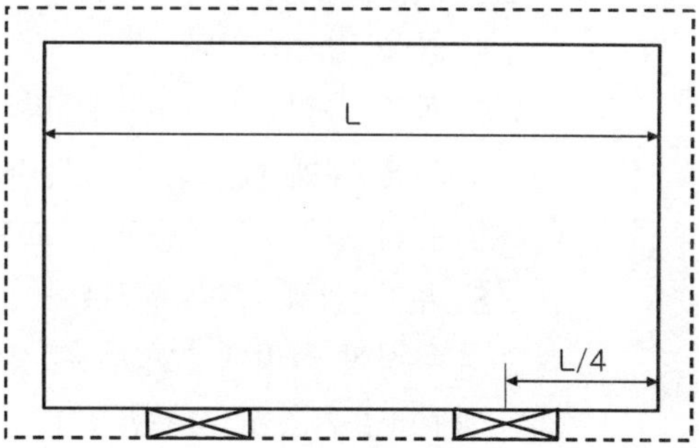

ⓑ 단부 스페이서의 설치

고정창 이외의 개폐창에서는 개폐시의 충격에 의한 유리의 파손을 방지하기위해 개폐방식에 따라 적절한 단부 스페이서를 설치한다.

㉢ 누름대 측면에 백업재 설치 및 유리의 고정

반사막을 가진 유리의 누름대 내측에 백업재를 삽입하는 경우 대나무주걱 등을 사용하고 가능한 한 유리 표면의 막에 접촉시키지 않도록 주의한다.

㉣ 프라이머처리

열선반사 유리의 경우 막면의 실링 충전부 이외의 부분에 프라이머가 부착된 경우는 프라이머가 건조하기 전에 청소한다.

㉤ 실링재의 충전

복층 유리, 접합 유리, 망 판유리에 사용되는 실링재로는 초산계 실리콘 실링재를 사용하지 않는다.

ⓗ 주걱마감

유리표면에 반사막이 있는 경우 실링재의 주걱마감은 작업도구에 의해 유리표면에 손상을 주지 않도록 한다.

ⓢ 유리 및 울거미의 청소

유리면, 새시면에 부착된 여분의 실링재는 톨루엔, 아세톤 등의 용제를 사용해서 닦아낸다. 이 경우 실링재 표면에 용제가 묻지 않도록 주의한다.

② 가스켓 시공법

㉠ 일반사항

ⓐ 보통 유리의 한 면은 부드러운 가스켓을 다른 면은 견고하고 밀도 높은 가스켓을 사용한다.

ⓑ 가스켓은 유리의 각 변길이보다 약간 길게 하며, 중앙에서 모서리 쪽으로 비드홈에 정확히 물리도록 일정한 힘으로 끼워야 한다.

ⓒ 가스켓을 끼운 상태는 외관상 균일성이 유지되도록 하며 절대 모서리로부터 끼워 나가서는 안 된다.

ⓓ 시공성을 위해 유리의 한 면은 실란트로 시공하고 다른 면은 가스켓 시공을 할 수 있다.

ⓔ 복층 유리, 접합 유리, 망 판유리의 경우 가스켓을 설치하기 이전에 유리홈 내에 배수구가 있는지를 확인한다.

ⓕ 유리 설치 후 시공하는 고정 가스켓이 하부로 처지지 않도록 유의한다.

ⓖ 유리 설치 후 시공하는 고정 가스켓 대신 실링재를 사용하는 경우에는 부정형 실링재 고정법 규정에 따른다.

㉡ 그레이징 가스켓 시공법

☞ 그림 2.3.2.3 그레이징 채널 고정법

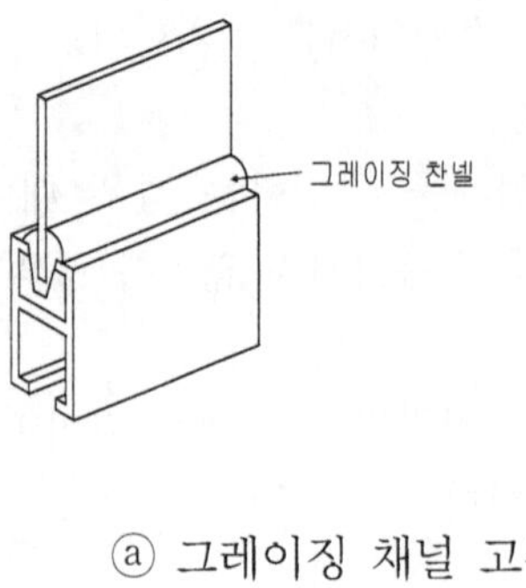

☞ 그림 2.3.2.4 그레이징 비드 고정법

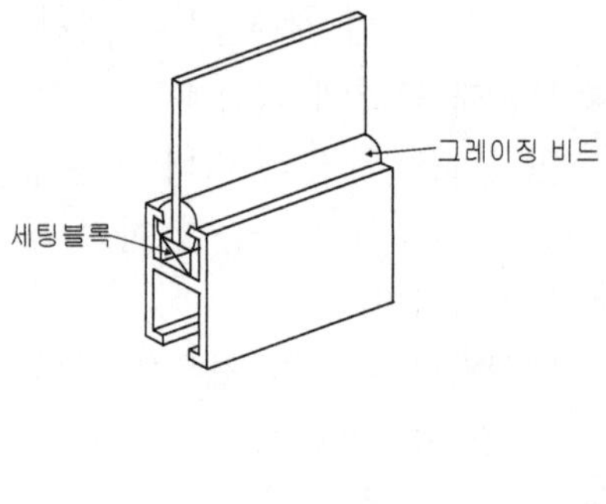

ⓐ 그레이징 채널 고정법

ㄱ. 망 판유리를 그레이징 채널로 시공하는 경우에는 망 판유리의 단부를 방청처리 한다.

ㄴ. 복층 유리의 시공에는 그레이징 채널을 사용하지 않는다.

ㄷ. 8mm 이상의 접합 유리에는 그레이징 채널을 사용하지 않는다.

ㄹ. 그레이징 채널의 이음은 방수성을 고려하여 유리 상단 중앙에서 한다.

ㅁ. 그레이징 채널에 무리한 인장·압축·비틀림이 생기지 않도록 유리 및 새시틀에 밀착시킨다.

ⓑ 그레이징 비드 고정법

ㄱ. 그레이징 비드의 중량에 의한 수직 처짐의 방지에 유의한다.

ㄴ. 개폐 새시인 경우는 충격에 의해 하부로 처짐이 발생하기 쉬우므로 주의한다.

ㄷ. 8mm 이상의 접합 유리 및 이를 사용한 복층 유리에는 그레이징 비드를 사용하지 않는다.

ㄹ. 그레이징 비드의 이음은 방수성을 고려하여 유리 상단 중앙에서 한다.

③ 구조 가스켓 시공법

☞ 그림 2.3.2.5 구조 가스켓 공법

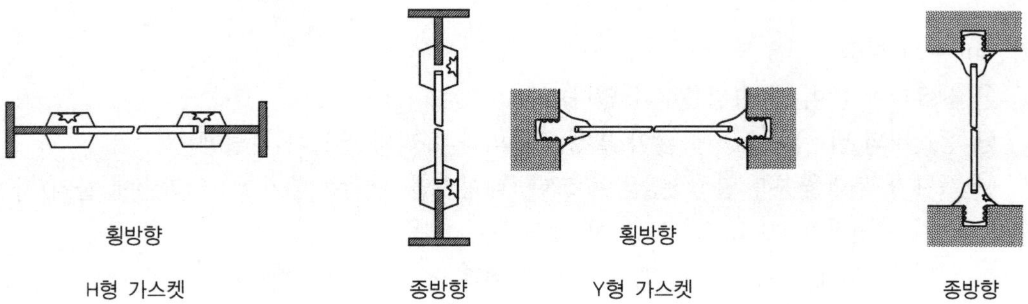

㉠ 복층 유리의 시공에는 구조 가스켓 고정법을 채용하지 않는다.

㉡ Y형 가스켓을 PC에 고정할 경우 외부측에 부틸계 등의 비경화성 실링재를 충전한다.

㉢ 가스켓 길이는 개구 치수보다 길게 한다. 개구 1변의 길이가 4.0m 미만일 경우 할증률은 1.5%, 4m 이상인 경우는 1.0%를 표준으로 한다.

☞ 그림 2.3.2.6 비경화성 실링재의 충전

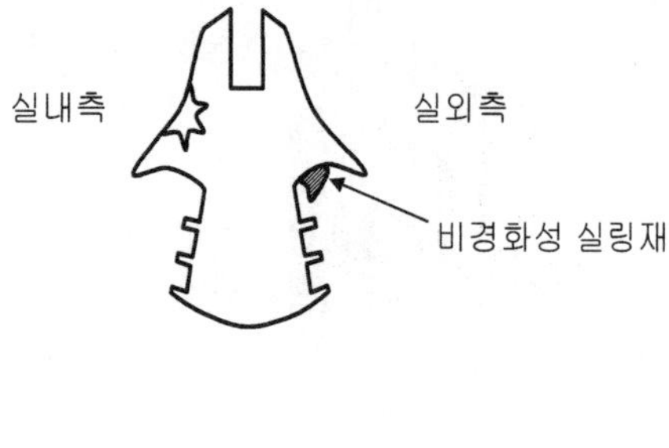

④ 병용 시공법

유리를 끼워 넣는 부위에 따라 위의 부정형 실링재 시공법과 그레이징 가스켓 시공법을 병용하는 경우는 각각의 사양을 준수한다.

⑤ 기타 시공법

부정형 실링재 시공법과 그레이징 가스켓 시공법 이외의 끼우기 시공법을 채용하는 경우에는 공사시방서에 따른다.

2.4 유리의 열 파손 대책

1) 열 파손의 의미

㉮ 유리의 중앙부와 주변부(프레임에 면하는 부위)와의 온도차이로 인한 팽창성 차이가 응력을 발생시켜 유리가 파손되는 현상

㉯ 유리가 두꺼운 경우 열축적이 크고 가공으로 인해 국부적 결함이 있는 경우 파손의 우려가 커진다.

☞ 그림 2.4.1.1 판유리의 응력 분포

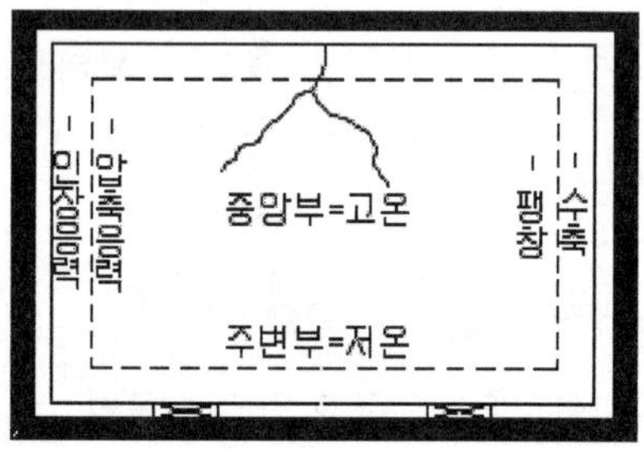

2) 열파손의 특징

㉮ 색유리에 많이 발생(열흡수가 많다)

㉯ 동절기의 맑은날 오전에 많이 발생(프레임과 유리의 온도차가 클때)

㉰ 두께가 두꺼울수록 열팽창응력이 크다.(대형판넬 → 두께증가 → 열파손에 불리/가장자리 면적이 200inch^2 이상 시 강화 유리 사용)

㉱ 균열프레임에 직각으로 시작, 경사지게 진행

☞ 그림 2.4.2.1 복사열의 흡열 기구

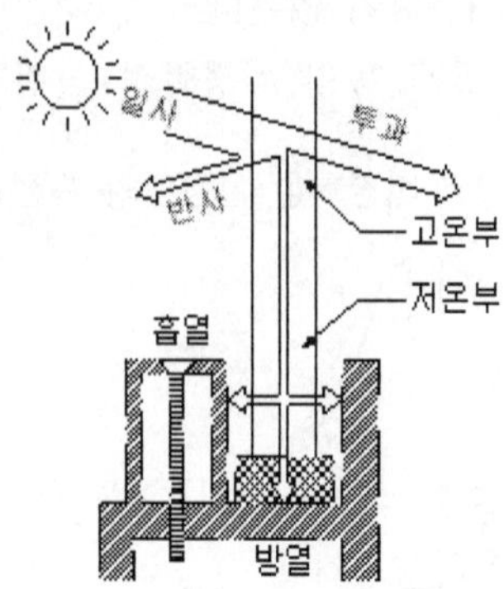

☞ 그림 2.4.2.2 판유리와 차양막의 설치 구조

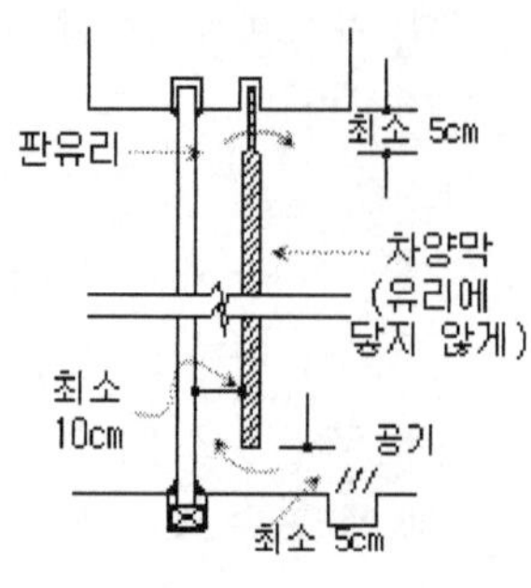

3) 열파손의 방지 대책

㉮ 판유리와 차양막 사이 간격유지 (최소 10cm)

㉯ 냉난방된 공기가 직접 닿지 않도록 한다.

㉰ 유리에 필름, 페인트칠 등을 부착하지 않는다.

㉱ 절단면을 매끄럽게 한다.(#120 연마이상)

☞ 그림 2.4.3.1 열파손 방지 대책

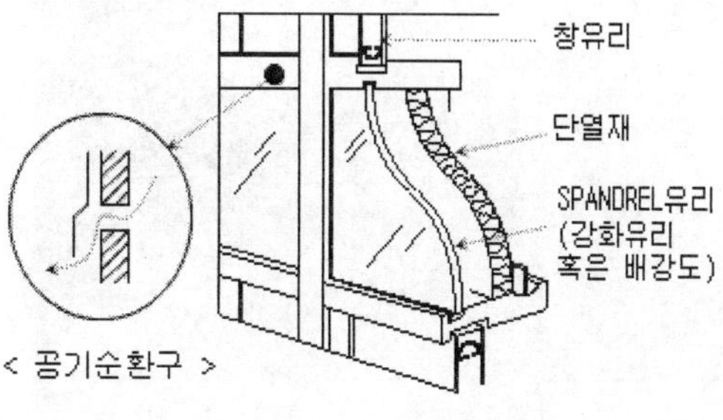

㉲ 유리와 프레임은 확실히 단열

㉳ 판유리와 차양막사이의 내부공기가 Vent될 수 있도록 한다.

㉴ Spandrel부의 내부공기가 밖으로 유출될 수 있도록 한다.

㉵ 배강도 혹은 강화유리 사용

2.5 유리의 2차 제품

☞ 표 2.5.1.1 유리의 2차 제품의 종류 및 특징

종 류	특 징
유리블록 (Glass Block)	① 사각형, 원형 모양을 잘 맞추어 600℃에서 용착시켜서 일체로 한다. ② 의장용, 방음, 단열용, 열전도율이 벽돌의 1/4 정도이고 실내 냉·난방 효과가 있다. 접착제는 물유리를 사용한다.
유리벽돌 (Glass Brick)	① 벽돌모양의 유리 성형품으로 형상, 치수, 색채가 다양하다. ② 채광용이 아니라 장식용으로 쓰인다.
유리타일 (Glass Tile)	① 색유리를 작은 조각으로 잘라 타일형으로 만든 것으로 색채가 다양하고 불흡수성이며 절단, 가공이 자유롭다. ② 외부장식용으로 쓰인다.(모자이크 글라스)
프리즘타일 (Prism Tile)	① 지하실, 지붕등의 채광용으로 쓰인다. 투과광선의 방향을 변화시키거나 집중확산시킬 목적으로 프리즘 이론을 응용해서 만든 각형, 원형, 특수형의 유리이다. ② 3~15mm두께, Deck Glass, Top Light, 포도유리라고도 한다.
발포유리 (Foam Glass)	① 유리를 가는 분말로 하여 카본, 발포제를 섞어서 제조, Foam Glass라고도 한다. ② 단열, 보온, 방음재료로 벽, 반자 등에 붙인다.
유리섬유 (Glass Wool)	① 암면과 같은 단열, 흡음재로 사용되며 불연성 직물로도 사용된다. ② 흡음율은 광물섬유 중 최고인 약 85%이다.

☞ 사진 2.5.1.1 유리블록

☞ 사진 2.5.1.2 유리벽돌

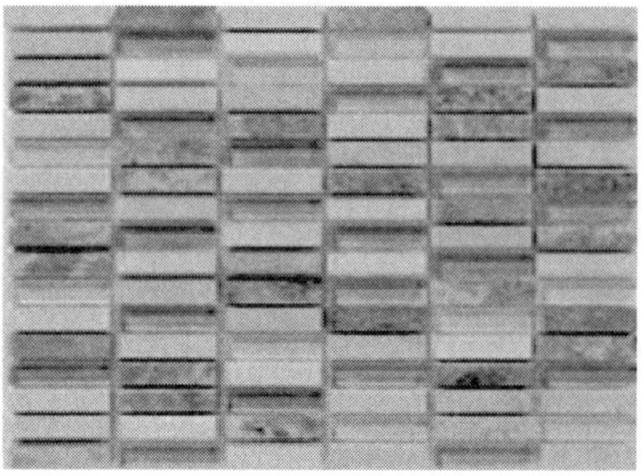

3. 창호공사

3.1 일반 사항

1) 창호의 종류

㉮ 기능에 의한 분류

① 출입구용 창호
주로 사람의 출입을 위해 쓰이는 개구부의 창호

② 창용 창호
채광, 통풍 등을 위하여 설치되며, 보통은 사람의 출입에는 쓰이는 않는 개구부의 창호

③ 구획용 창호
성능이나 기능상 구획을 구성할 수 있는 창호

④ 기타 창호
①~③ 이외의 창호

㉯ 재질에 의한 분류

① 목재 창호
주요 부재가 목재인 창호

② 강제 창호
주요 부재가 강재인 창호

③ 알루미늄 합금제 창호
주요 부재가 알루미늄 합금제인 창호

④ 합성수지 창호

주요 부재가 합성수지인 창호

⑤ 스테인레스 창호

주요부재가 스테인레스인 창호

⑥ 기타 창호

①~⑤ 이외의 창호

㉰ 개폐방식에 의한 분류

① 창호의 주요 개폐방식의 분류는 표 3.1.1.1에 따른다.

② 표 3.1.1.1에서와 같은 개폐방식 중에서 외여닫이, 쌍여닫이를 내외의 구별이 있는 개구부에 쓰는 경우에는 표 3.1.1.2와 같이 분류한다.

③ 외여닫이에는 개폐방향에 따라 좌측과 우측이 있으며, 그 적용은 구체적으로 공사시방에 명기한다.

㉱ 성능에 의한 분류

① 보통 창호

②~③에 표기한 창호를 제외한 것

② 방음 창호

방음성을 중요시하는 창호

③ 단열 창호

단열성을 중요시하는 창호

④ 방화 창호

건축법에 규정된 방화구획을 구성할 수 있는 창호

☞ 표 3.1.1.1 창호의 주요 개폐방식

<table>
<tr><th>개폐방식의 명칭</th><th>레일 또는 회전축</th><th>이동 방향</th><th>이동 방법</th></tr>
<tr><td>외 미닫이</td><td rowspan="2">레일 1개</td><td rowspan="3">수평</td><td rowspan="5">면내 평행 이동</td></tr>
<tr><td>미 닫 이</td></tr>
<tr><td>양 미닫이</td><td>레일 2개</td></tr>
<tr><td>반 오르내리기</td><td>레일 1개</td><td rowspan="2">상하</td></tr>
<tr><td>오르내리기</td><td>레일 2개</td></tr>
<tr><td>밀어내기</td><td rowspan="2">축이 단부에 고정</td><td rowspan="2">수평축</td><td rowspan="6">회전 또는 회전을 포함한 이동</td></tr>
<tr><td>젖 히 기</td></tr>
<tr><td>외여닫이</td><td rowspan="2">축이 단부에 고정</td><td rowspan="4">연직축</td></tr>
<tr><td>쌍여닫이</td></tr>
<tr><td>회 전</td><td>축이 단부 이외에 고정</td></tr>
<tr><td>접 이</td><td>축이 이동한다.</td></tr>
<tr><td>고 정</td><td>움직이지 않는다.</td><td colspan="2"></td></tr>
</table>

☞ 표 3.1.1.2 내외의 구별이 있는 개구부에 쓰이는 여닫이의 명칭

개폐 방식의 명칭	작 동 방 향
내 여닫이	문을 내측으로 여는 것
외 여닫이	문을 외측으로 여는 것
자유 여닫이	문을 내외 양측으로 여는 것

☞ 사진 3.1.1.1 미닫이 문

☞ 사진 3.1.1.2 여닫이 문

2) 창호의 기호

㉮ 시공도서 등에 사용하는 창호 유형별 기호는 표 3.1.2.1과 같이 표기한다.

㉯ 창호 기호는 다음의 4종류를 조합하여 ㉱와 같은 방법으로 표시한다.

① 울거미(문틀과 같이, 뼈대를 짜서 맞춘 것을 통틀어 이르는 말) 재료의 종류별 기호

② 창호별 기호

③ 개폐 방법별 기호

④ 면 구성의 종류별 기호

㉰ 울거미 재료의 종류별 기호는 창호의 주된 울거미 구성재의 종류를 알파벳 문자로 표시한다.

☞ 표 3.1.2.1 창호 유형별 기호

용도별 기호 / 재질별 기호		창	문	방화문	셔터	방화셔터	그릴	공틀
		W	D	FD	S	FS	G	F
알루미늄 합금	A	AW	AD		AS		AG	AF
합성 수지	P	PW	PD					PF
강 철	S	SW	SD	FSD	SS	FSS	SG	SF
스테인리스 스틸	SS	SSW	SSD	FSSD	SSS		SSG	SSF
목 재	W	WW	WD				WG	WF

㉣ 창호 기호의 표시 방법은 그림 3.1.2.1과 같이 원내를 수평으로 2등분 하고, 그 위 반원 내에는 창호 번호[(1)] 또는 창호의 모듈 호칭 치수[(2)]를, 아래 반원 내에는 표 3.1.2.1에 나타낸 창호 유형별 기호를 표시한다.

☞ 그림 3.1.2.1 창호 기호의 표시 방법

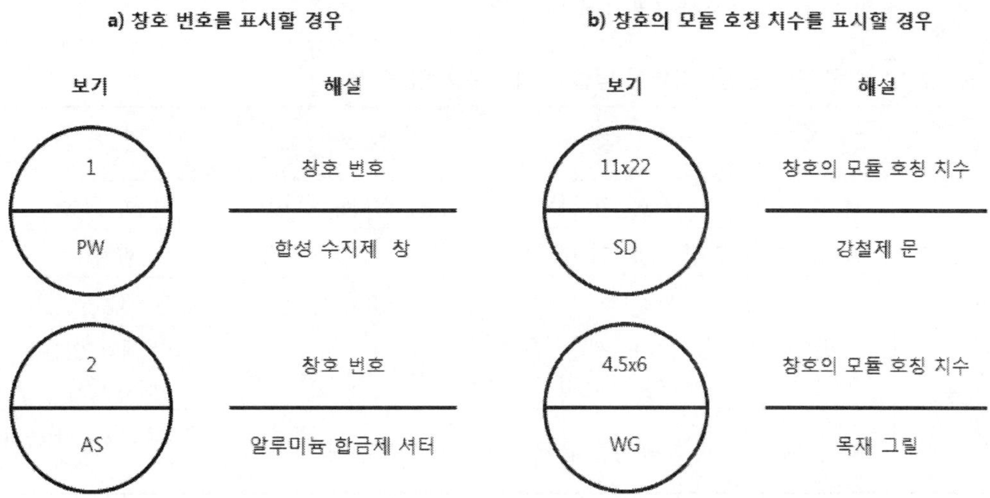

(주) (1) 창호 번호란 창호의 모양, 크기 및 적용 부위 등에 따라 설정하는 번호를 의미하며, 설계와 시공간의 유기적인 연계성 확보를 위하여 사용한다.

(2) 창호의 모듈 호칭 치수는 '나비×높이'로 기입하며, 치수의 단위는 1m(=1,000mm)으로 한다. 다만 1m(=1,000mm)보다 작은 보조 모듈 증분 치수를 적용할 경우는 소수점을 사용하여 소수점 1자리까지만 기입한다.

3) 창호의 용어

☞ 표 3.1.3.1 창호의 용어

용어	설명
박배(朴排)	창문틀에 창문을 다는 일
마 중 대	미닫이, 여닫이 문짝이 서로 맞닿는 선대
여 밈 대	미서기, 오르내리기창이 서로 여며지는 선대
풍 서 란	창호에서 서로 맞닿는 부분의 틈새에 댄 바람막이
문선(Door Stud)	문꼴을 보기 좋게 만드는 동시에 주위 벽의 마무리를 잘 하기 위해 문틀에 가는 홈을 파넣고 숨은 못치기로 한다.
문선굽(Pedestal)	문선보다 두꺼운 재를 걸레받이보다 약 2~3cm 높게 대서 걸레받이와 같은 의미로 구분한다.
마 름 질	목재를 소요의 형과 치수로 먹줄넣기에 따라 자르거나 오려내는 것
바 심 질	마름질한 부재를 구멍내기, 장부내기, 홈파기, 면접기 등의 다듬는 일

3.2 목재 창호공사

1) 자재

㉮ 목재

① 목재의 수종, 품질등급, 마름질 방법에 의한 종별은 표 3.2.1.1을 따르고, 그 종별의 지정은 공사시방서에 따른다.

☞ 표 3.2.1.1 수종, 품질등급, 마름질 방법에 따른 목재의 종별

종별 \ 종류		A 종	B 종	C 종
수 종	침 엽 수	홍송, 회나무	삼송, 삼나무, 미송	미송, 적송
	활 엽 수	공사시방서에 따른다.	삼나무, 추목, 라왕	라왕
품 질	등 급	1등	2등	3등
마름질 방 법	울거미재 띠장재	4방 또는 3방 곧은결	2방 곧은 결	백변재가 있는 2방 곧은결
	판 재	곧은결재	널결재	백변재가 있는 곧은결 또는 널결재

② 목재는 수심이 없어야 한다.

③ 목재의 건조 정도에 따른 함수율은 공사시방서에 정한 바가 없는 경우에는 함수율 18% 이하로 한다.

④ 플러시문(앞뒤에 합판을 대어 만든 문)의 울거미재(문틀)는 라왕류, 소나무류, 삼나무류, 낙엽송류 및 잣나무류 등으로 한다.

⑤ 공사시방서에 정한 바가 없는 경우의 창문목재는 KS F 3108에 합격한 것으로 하고, 플러시 문틀재는 KS F 3109에 적합한 제품으로 한다.

☞ 사진 3.2.1.1 플러시 문

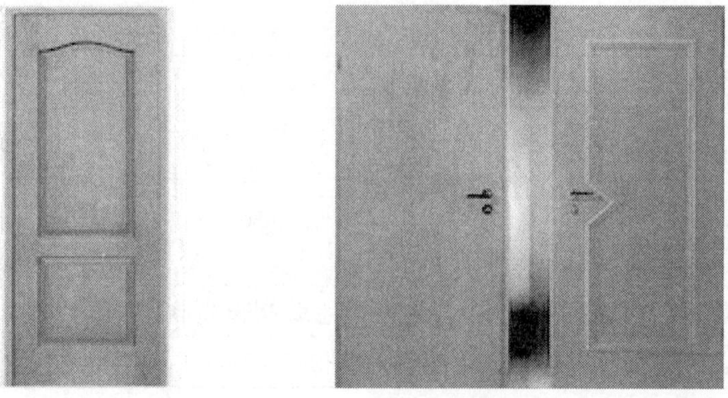

㉯ 합 판

① 합판은 KS F 3101의 규격에 적합한 것으로 하고, 제조방법, 접착성, 판면의 품질 및 겉모양, 합판의 구성 수종에 따라 다음과 같이 구분한다.

㉠ 제조방법에 따른 구분 : 일반, 무취, 방충, 난연

㉡ 접착성에 따른 구분 : 내수, 준내수, 비내수

㉢ 판면의 품질 및 겉모양에 따른 구분 : 1급, 2급

㉣ 구성 수종에 따른 구분 : 침엽수 합판, 활엽수 합판, 침·활엽수 혼용 합판

② 모양 및 치수

보통 합판의 모양 및 치수는 표 3.2.1.2에 따른다.

☞ 표 3.2.1.2 보통 합판의 모양 및 치수

단위 : mm

두 께	단판 켜 수 (켜)	너 비	길 이	허 용 오 차			대각선의 길 이 차
				두 께	너 비	길 이	
2.7	3	900 910 1200 1220	1800 1820 2400 2440	±4.0%	±2.0	±2.0	3.0
3.0	3						
3.6	3						
4.8	3						
7.5	3, 5						
8.0	3, 5						
9.0	5						
12.0	5, 7, 9						
15.0	7, 9						
18.0	7, 9, 11						
21.0	7, 9, 11, 13						
24.0	9, 11, 13, 15						
28.0	9, 11, 13, 15						

㉰ 집성재

① 종류

집성재의 종류는 용도별, 표면치장 가공의 유무, 재면의 품질 및 외관에 따라서 다음과 같이 구분한다.

㉠ 용도에 따른 구분

수장용 : 구조물 등의 내부 수장에 사용되는 것

구조용 : 강도를 필요로 하는 구조물의 부재로 사용되는 것

㉡ 표면치장 가공의 유무에 따른 구분

보통 : 치장가공을 하지 않은 것

치장 : 치장재의 도포 등 치장가공을 한 것

㉢ 재면의 품질 및 외관에 따른 구분

1급

2급

② 치수의 허용치

치수의 허용치는 표 3.2.1.3과 같다.

☞ 표 3.2.1.3 치수의 허용치

단위 : mm

구 분	허 용 치	
	수 장 용	구 조 용
두 께	±1.0 이하	±1.5 이하
너 비	±1.0 이하	±1.5 이하
길 이	∞ 0	∞ 0

③ 품질

집성재의 접착강도, 함수율, 휨, 홈가공, 모서리 가공 및 절삭가공, 재면 및 외관의 품질기준은 표 3.2.1.4에 따른다.

☞ 표 3.2.1.4 수장용 집성재의 품질 기준

구 분	품 질 기 준
접착 강도	침지박리 시험에서 횡단면의 박리율이 10% 이하이고, 동시에 접착층의 박리길이가 각 길이의 1/3 이하일 것
함 수 율	동일 시료 집성재로부터 채취한 시험편의 함수율 평균치가 15% 이하일 것
굽음(통직재에 한함) 뒤말림 및 비틀림	0.1% 이하일 것
홈가공, 모서리가공 및 절삭가공	가공 정도가 극히 양호하게 마무리 가공되어 결점이 눈에 띄지 않을 것
표면균열에 대한 저항성	표면 균열에 대한 저항성 시험에서 표면 균열이 생기지 않을 것
치장 단판의 두께	문턱, 마룻귀틀 및 계단판 윗면 : 1.5 mm 이상

㉣ 래핑문틀의 사용부재 기준

① 내틀

내틀은 품질기준을 만족하는 적층목(LVB)또는 동등 이상의 적층재(LVL)를 사용한다. 다만, 여닫이 문틀용 내틀은 스토퍼 부착 부분에 깊이 3mm의 홈을 가공하여 제작한다.

② 표면판 : 재질은 PVC 또는 목재, 중비중섬유판(MDF), 합판으로 한다. 단, 욕실은 PVC 재질로 한다.

③ 스토퍼 : 품질기준을 만족하는 18mm 중질섬유판(MDF)으로 제작한다. 다만, 욕실문의 스토퍼는 표면판과 동일한 발포 PVC재질을 사용한다.

㉤ 문틀 표면 마감재 품질

① 도장도료

문짝 표면 마감용도료는 폴리우레탄 수지와 안료를 조합한 2액형 도료를 사용한다.

② 비닐래핑

문틀 표면 마감용 비닐쉬트(이하 "래핑"이라 한다.)는 자외선 상온에서의 변색 찢김 등의 결함이 없는 것으로 두께 0.20mm(±)0.02mm 이상으로 한다.(래핑 마감공법 : 각재류 몰딩류 등에 비닐쉬트를 상온 압착하는 공법)

2) 설치

㉮ 여닫이

창호는 위치가 바르고, 여닫음이 좋게 문틀과 틈서리가 나지 않도록 달고, 뒤틀림, 처짐 등이 없도록 시공한다.

㉯ 미닫이, 미세기

뒤틀림이 생기지 않고, 여닫음이 잘 되도록 정확하게 설치한다. 또한, 미닫이는 문 끝쪽의 벽에 창문받이 철물 또는 주축을 댄다.

㉰ 오르내리기창

안팎 창짝의 여밈이 정확하고, 여닫음이 잘 되며, 뒤틀림이 생기지 않도록 설치한다. 끈은 그 끝을 못으로 완전히 고정시키고, 추는 풀리지 않게 맨다. 끈과 도르래는 질기고 손상되지 않은 것으로 한다.

㉱ 회전 및 내밀이 창호

회전의 축대가 되는 선대에 뒤틀림이 생기지 않도록 위치 바르게 달고, 철물은 살며시 닫을 수 있도록 단다. 특히 고창은 창선틀에 소란을 대고, 그 상반은 바깥에 하반은 안에 댄다.

㉲ 붙박이 창호위에 올려 끼우고, 내리맞추어 달고, 옆 또는 밑에 선을 댄다.

㉶ 매달은 창호 또는 접문
먼저 괴임 등을 사용하여 창호의 위치를 바르게 정하여 달고, 여닫음을 살펴 창호철물의 위치를 정하여 달아 여닫음이 좋게 한다.

☞ 사진 3.2.1.2 래핑 도어

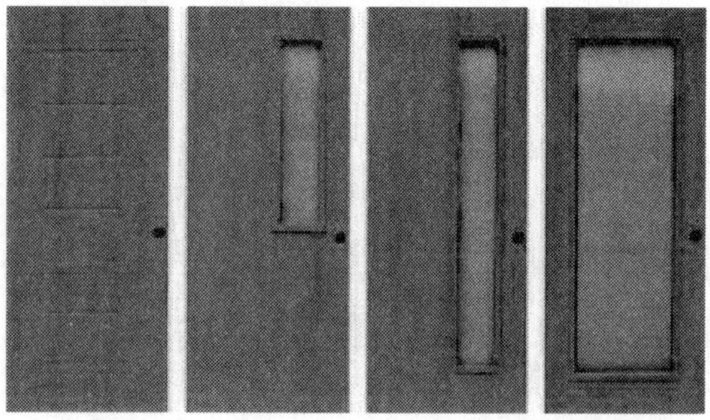

3.3 철제 창호공사

1) 일반 사항

☞ 표 3.3.1.1 철제 창호 일반 사항

개 요	① 공장에서 제작하여 현장에서는 조립 설치 ② 설치공법은 나중세우기와 먼저세우기가 있으나, 나중세우기를 많이 이용 (목재창호는 보통 먼저세우기)
설치 정밀도	① 틀의 대칭치수 차 : 3mm 이내 ② 틀, 문의 뒤틀림, 휨, 부풀음 : 2mm 이내 ③ 틀의 기울기 : 2mm 이내
설치시 유의사항	① 강제창호의 설치는 공정표 및 시공요령서 순서에 따른다. ② 부품 취급에 주의하여 손상이 생기지 않게 한다. ③ 설치시 정밀도 허용오차의 범위를 넘지 않게 한다.

2) Door 공사 Flow

☞ 그림 3.3.1.1 Door 공사 Flow

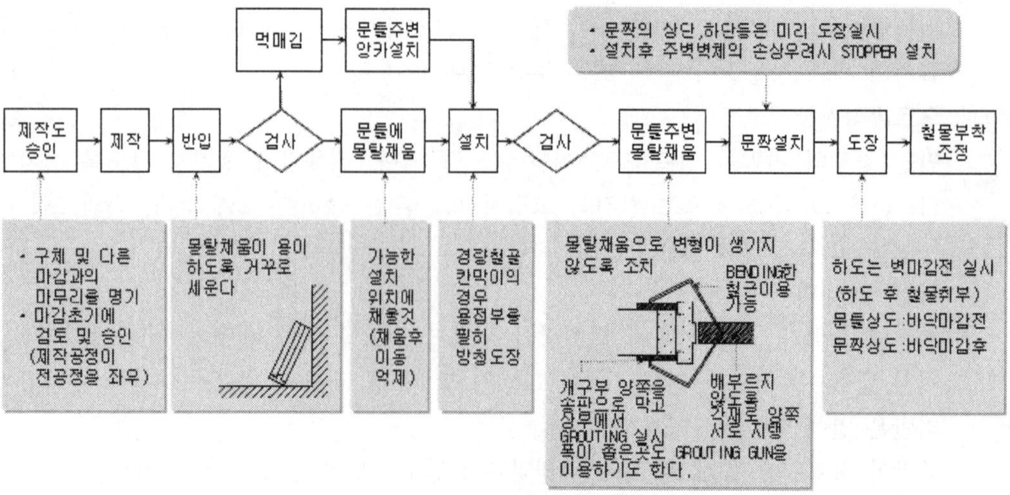

3) 공동주택 세대 현관문

가공 및 제작은 도면에 의하되, 문을 여닫는 충격에 견딜 수 있도록 부재의 접합을 견고히 하고 틈새가 없어야 하며, 턱지지 않도록 하여야 한다.

㉮ 문틀

① 문틀은 밑틀을 포함하여 일체로 제작하되, 4면 모서리 접합부위는 아크용접 또는 점용접으로 견고하게 접합하여야 한다.

② 복도형 세대현관문의 문틀은 가스켓 홈에 폭 3mm의 열차단 홈을 2열 가공하되 홈 사이의 연결부가 서로 교차되도록 하며 가스켓 홈의 4면이 끊기지 않고 연결 되도록 제작한다.

㉯ 문짝

① 문짝과 허니컴, 보강강판과의 접합은 용접은 하지 않고, 접착제를 사용하여 접착한다. 접착제 소요량은 문짝당 1,800g 이상을 사용하여 문짝강판에 전면 도포하여야 하며, 허니콤 양면에 강판을 접착한 후 80~90℃의 열압착기(HotPress)로 5분 정도 압착하여야 한다. 폴리에스테르 단열재의 접착제 소요량은 문짝당 600g을 사용하여 문짝철판에 전면 도포하여야 하며 상온(15~25℃)에서 4시간 정도 압착 양생하여야 한다.

② 도어클로저 및 도어스토퍼가 설치되는 부위에는 보강강판을 도면에 표시한 위치에 부착하여 도어클로저 및 도어스토퍼가 작동시 탈락되지 않도록 한다. 도어로크가 부착되는 문짝의 내·외부 양면에는 보강강판을 부착하여야 한다.

③ 문짝의 마구리 골구와 전후면 철판은 접착제를 사용하거나 아크용접, 점용접, 나사결합 또는 리벳결합으로 부착하며, 골구 모서리 이음부위는 직접 또는 보강강판을 사용하여 아크용접, 점용접, 나사결합 또는 리벳결합으로 견고하게 부착하여야 한다.

④ 문짝의 마구리 골구와 철판간 또는 철판 상호간 솔기접기(seamingjoint)부위는 견고하게 압착시키고 필요시 아크용접, 점용접 또는 나사결합을 실시하여 거동이 발생치 않도록 한다.

⑤ 피봇힌지와 문짝의 마구리 골구 사이에는 THK 1.6mm의 아연도금 강판으로 가공한 보강재를 덧댄후 문짝부위는 STS제 나사못으로 문틀부위는 아크용접으로 피봇힌지를 부착하되, 보강핀을 부착하는 경우 문틀의 설계위치에 보강핀 구멍을 타공하여 제작한다.

⑥ 복도형 아파트 세대현관문은 플래그힌지를 부착하며 문짝 및 문틀에 두께 3.2mm 이상의 힌지고정 브라켓을 아크용접, 점용접 또는 나사결합으로 견고하게 고정하고, 문짝과 문틀의 설계위치에 나사 구멍을 고정 브라켓까지 관통되도록 타공하여 제작한다.

⑦ 철문 제작시 수취함, 도어로크 등의 설치에 필요한 구멍을 뚫어 반입하되 세부 사항은 제작도면에 따른다.

⑧ 기타 제작방법 및 제작오차는 KS F 3109(문세트)에 따른다.

4) 방화문

㉮ 갑종방화문 및 을종방화문은 국토교통부장관이 정하여 고시하는 시험기준에 따라 시험한 결과 각각 비차열(내화) 1시간 이상 및 비차열(내화) 30분 이상의 성능이 확보되어야 한다.

㉯ 특별피난계단 설치되는 방화문은 제작·설치 전에 자동폐쇄장치 설치업체와 협의하여 자동폐쇄 장치가 부착 될 수 있도록 충분한 크기의 보강강판을 내부에 부착하여야 한다.

㉰ 대피공간 방화문이 실내에 면하는 경우 문짝 일면에는 인접한 실내문과 유사한 표면 문양과 색상을 가진 인테리어시트로 공장에서 래핑 마감하여 제작하며, 문틀(밑틀은 제외) 일면에는 공장에서 래핑 마감한 커버철판을 부착하거나, 직접 인테리어시트로 래핑 마감한다.

☞ 사진 3.3.4.1 방화문

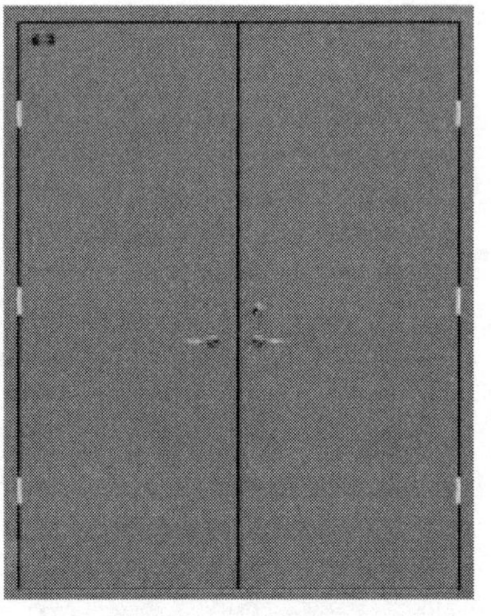

☞ 표 3.3.4.1 갑종방화문과 을종방화문의 비교

구　분	갑종방화문	을종방화문
비차열(내화) 시간	60분 이상	30분 이상
장　소	주로 방화 구획	주로 외주부
목　적	내부 화재 확대 방지	화재 번짐 방지
구　조	① 철판 두께 1.5mm 이상의 것 ② 철골조 양면에 0.5mm 이상의 철판을 붙인 것	① 철판 두께 0.8~1.5mm ② 철판 및 망입 유리를 사용한 것

☞ 그림 3.3.4.1 상시 개방형 방화문의 설치 예

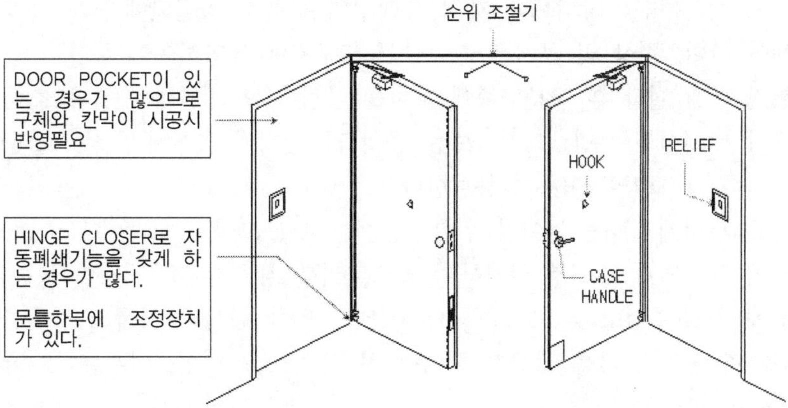

3.4 알루미늄 합금제 창호공사

1) 일반 사항

㉮ 장·단점

☞ 표 3.4.1.1 알루미늄 합금제 창호의 장·단점

장 점	단 점
① 비중이 철의 약 1/3 정도로 가볍다. ② 녹슬지 않고, 사용연한이 길다. ③ 내식성이 강하고 착색이 가능하다. ④ 공작이 자유롭다. ⑤ 여닫음이 경쾌하다.	① 철재에 비해 강도가 약하다. ② 콘크리트, 모르타르, 회반죽 등 알칼리에 약하다. ③ 내화성 및 염분에 약하다. ④ 이질금속과 접하면 부식된다.

㉯ 성능 요구 항목

① 내풍압강도 - 7단계로 구분 ② 차음성 - 4단계로 구분
③ 기밀성 - 4단계로 구분 ④ 방화성
⑤ 수밀성 - 5단계로 구분 ⑥ 단열성 - 4단계로 구분

2) 제작 및 허용차

㉮ 일반조건

① 외부창호의 레일에는 물이 고이지 않도록 창폭에 따라(창폭 1.5m 이하 2개소 이상, 1.5m 초과 3개소 이상)물흘림 구멍을 설치한다.

② 알루미늄 창틀 또는 문틀이 목재와 결합될 때에는 서로 일체가 되도록 연결테

두리(Architrave)를 설치하여야 한다.

③ 개폐 시 충격을 방지토록 창 문틀레일의 상하부 양끝단에 PVC 스토퍼를 부착해야 하며, 형상 및 규격은 기능상 창호구조에 적합하여야 한다.

④ 창의 부재 절단 후 밑틀양측에 호차를 삽입한 후 선틀과 윗틀을 조립한다.

⑤ 공장 내에서의 운반, 가공, 보관 등의 각 단계에 있어서 손상, 오염 등을 방지하기 위한 보양이 이루어져야 한다.

⑥ 창호의 밀폐효과를 높이기 위한 뒷면이 비닐 코팅된 모헤어(Mohair)를 창틀과 창에 탈락되지 않도록 설치하며 발코니외부 창호인 경우, 창틀폭 중앙의 상·하부에 기밀재(Filling piece)를 부착한다. 또한 창짝과 창틀의 탈락을 방지하기 위하여 창짝과 창틀의 겹침 길이를 하부는 8mm 이상, 상부는 12mm 이상으로 하여야 한다.

㈏ 녹막이 처리

① 알루미늄 표면에 부식을 일으키는 다른 금속과 직접 접촉되지 않도록 한다.

② 강재의 골조, 보강재, 앵커 등은 아연도금 처리한 것을 사용한다. 특히, 빗물 또는 결로수 등의 물기와 접할 위험이 있는 경우에는 녹막이칠을 한다. 다만, 앵커류는 칠을 하지 않는다.

③ 새시의 보이는 부분의 마무리는 바탕을 전처리(화학처리 및 연마)한 후 KS D 8301(알루미늄 및 알류미늄 합금의 양극 산화 피막)에 따라 처리한 다음 투명한 내알칼리성의 합성수지도료(락카)를 보이는 부분과 시멘트모르타르면이나 콘크리트면에 접촉하는 부위(샷시후면)에 1회 이상 칠한다.

㈐ 허용차

☞ 표 3.4.2.1 창호 치수의 허용차

창호의 치수 부위	치수(mm)	허용차(mm)
문틀 안쪽의 높이 및 폭	2.0 미만	±1.5
	2.0 이상 3.5 미만	±2.0
	3.5 이상	±2.5
대칭변 안쪽 치수의 차	2.0 미만	2.0 이하
	2.0 이상 3.5 미만	3.0 이하
	3.5 이상 4.0 이하	4.0 이하
문의 높이 및 폭		±1.5
문의 대칭변 치수의 차		2.0
문의 대각 치수의 차		3.0

3.5 강제 셔터(Shutter)공사

1) 조작 방식에 따른 종류

☞ 표 3.5.1.1 셔터의 조작 방식에 따른 종류

구 분		구 조
수동식	상부 수동 체인식	체인휠(chain wheel)에 감겨진 체인을 끌어당겨 열고 닫을시에는 브레이크 풀림축을 당기는 방식
	상부 수동 후크식	감아올린 후크의 반복 견인으로 열고, 닫을시에는 내림용 후크를 당기는 방식
	하부 수동식	손잡이로 감아올려 열고, 닫을시에는 손잡이를 역회전시키는 방식
전동식	개별조작식	각 셔터마다 1개씩 버튼 스위치를 구비하는 방식
	양면 조작식	셔터 양측의 어느 하나로부터 개폐가 될 수 있도록 버튼 스위치를 설치하는 방식
	일체 조작식	1개소의 버튼 스위치에 의하여 2개소 이상의 셔터를 동시에 개폐하는 방식
	원격 조작식	셔터로부터 멀리 떨어진 곳의 버튼 스위치로 개폐하는 방식

2) 사용 목적에 따른 종류

㉮ 방화 셔터

건축법 시행령에 따른 방화구획에 사용하는 것.

㉯ 방연 셔터

건축법 시행령에 따라 방연(방화를 보함)구획에 사용하는 것.

㉰ 내풍 셔터

외부벽의 개구부 등 특히 내풍압성이 요구되는 장소에 사용하는 것.

㉱ 차음 셔터

차음을 필요로 하는 구획에 사용하는 것.

㉲ 방범 셔터

건축물 내부에 도난을 방지하기 위하여 사용하는 것.

㉳ 방폭 셔터

위험물 수납장소에 폭발을 막을 필요가 있는 구획에 사용하는 것로서 내압방폭 구조와 안전 증방폭 구조가 있다.

① 내압방폭구조

전폐구조의 용기 내부에서 폭발성 가스의 폭발이 일어나도 그 압력을 견디고, 외부의 폭발성 가스에 인화되지 않도록 하는 구조

② 안전 중 방폭구조

상시 운전 중에 불꽃, 아크 또는 과열이 생겨서는 안되는 부분에서 이러한 발생을 방지하기위해 구조상 또는 온도 상승에 따라 특별히 안전도를 증가시킨 구조

3) 전동식 셔터의 구성

☞ 그림 3.5.3.1 전동식 셔터의 구성

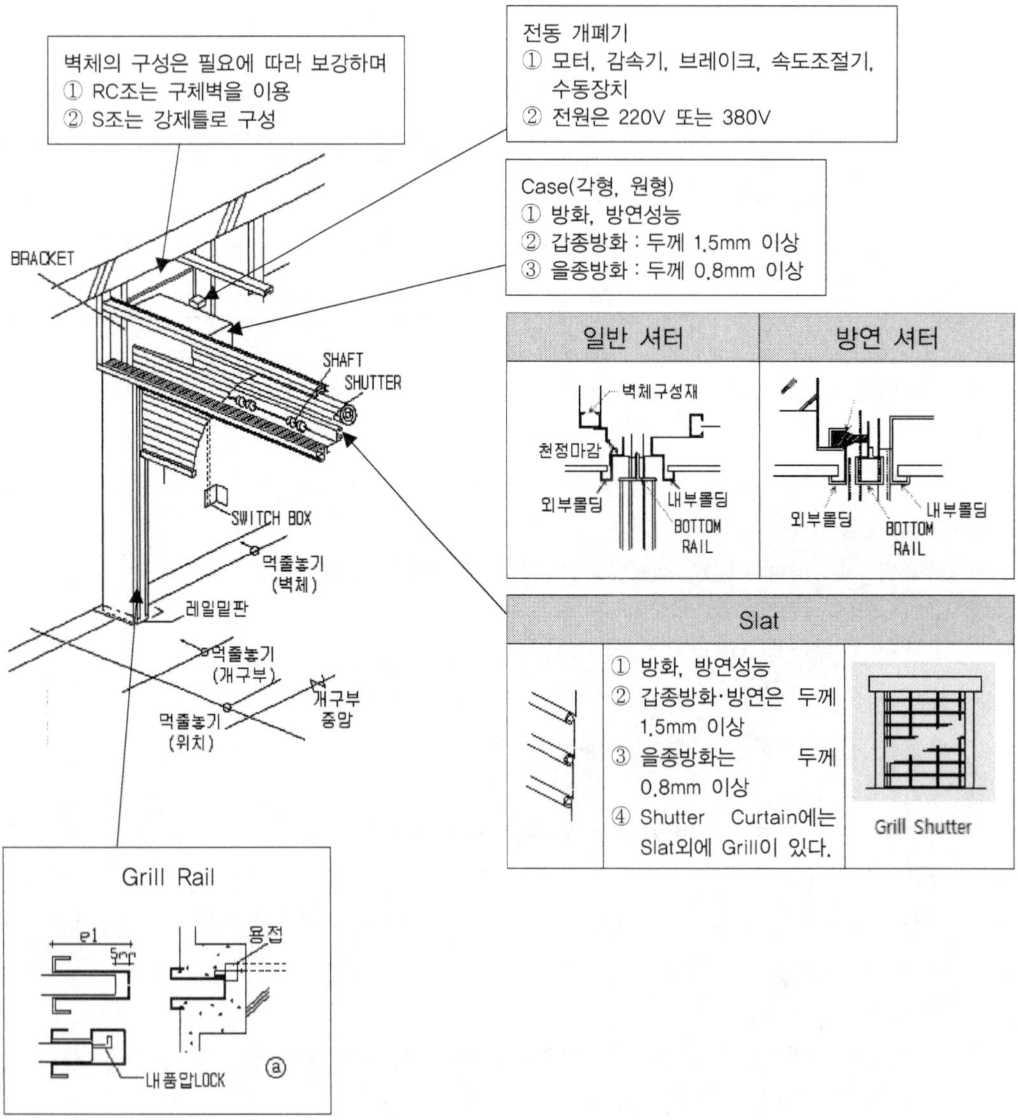

☞ 사진 3.5.3.1 방화 셔터

3.6 창호의 종류와 용도

☞ 표 3.6.1.1 창호의 종류와 용도

종 류	창호철물 및 특징	용 도
행거 도어	대형호차를 레일 위와 문 양옆에 부착	창고, 격납고, 차고 등 대형문
주름문 (holding door)	문을 닫았을 때 창살처럼 되는 문	방도(防盜)용
무 테 문	강화유리(12mm), 아크릴판(20mm), 울거미 없이 설치한다.	현관용(자동개폐장치)
아코디언 도어	상부 행거 롤러, 하부는 중앙 지도리가 쓰인다.	칸막이용
회 전 문	회전 지도리 사용	방풍용(온도조절)
셔 터	홈대, 셔터 케이스, 로프 홈통, 핸들 상자로 구성	방화(防火)용

☞ 사진 3.6.1.1 행거 도어

☞ 사진 3.6.1.2 주름문

☞ 사진 3.6.1.3 무테문

☞ 사진 3.6.1.4 회전문

3.7 창호 철물의 종류

☞ 표 3.7.1.1 창호 철물의 종류

자유정첩	스프링 힌지, 안팎으로 개폐할 수 있는 정첩, 자재문에 사용
Lavatory Hinge	공중전화 박스, 공중화장실에 사용, 15cm 정도 열려진 것.
Floor Hinge	정첩으로 지탱할 수 없는 무거운 자재 여닫이문에 사용.(현관문에 사용)
Pivot Hinge	용수철을 쓰지 않고 문장부식으로 된 힌지. 가장 중량문에 사용.(방화문)
Door Closer = Door Check	문 위틀과 문짝에 설치하여 자동으로 문을 닫는 장치
창개폐 조절기	창 수위조절기라고도 한다. 여닫이창, 젖힘창의 개폐 조절
도어홀더(Door Stay)	도어스톱에 고리쇠나 꽂이쇠가 달려서 문열림이나 닫힘 방지
Door Stop	문이 벽에 충돌하여 파손되는 것을 방지하는 것으로 바닥 매립형과 벽 매립형이 있다.
오르내리 꽂이쇠	쌍여닫이문(주로 현관문)에 상하고정용으로 달아서 개폐방지
크레센트	오르내리창이나 미세기창의 잠금장치(자물쇠)
멀리온(Mullion)	창면적의 클 때 기존 창 Frame을 보강하는 중간선대. 커튼월 구조에서는 버팀대, 수직지지대로 불리운다.

☞ 사진 3.7.1.1 창호 철물의 종류

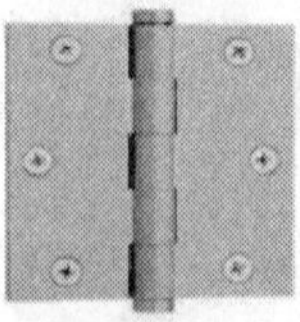

Butt hinge

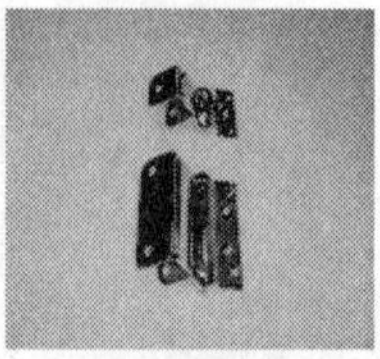

Lavatory hinge

Floor hinge

Pivot hinge

Door closer

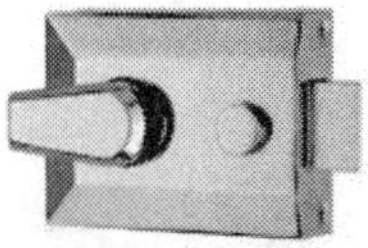
Latch lock

Pin tumbler lock

Night latch

Door holder

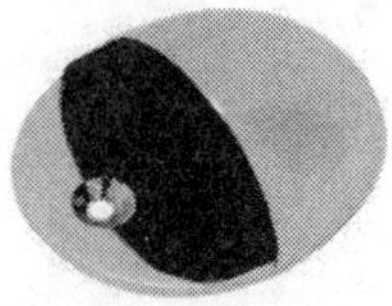
Door stop

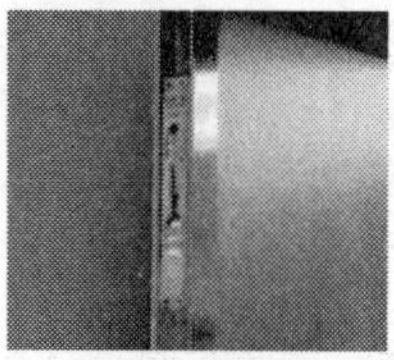
Flush bolt

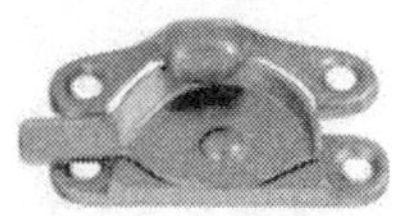
Crescent

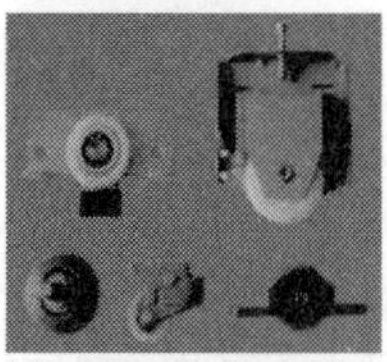
호차

지도리

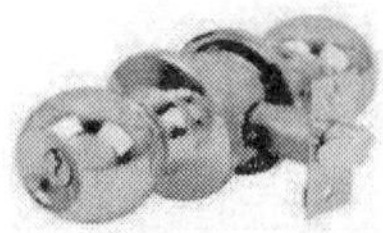
실린더형 도어록

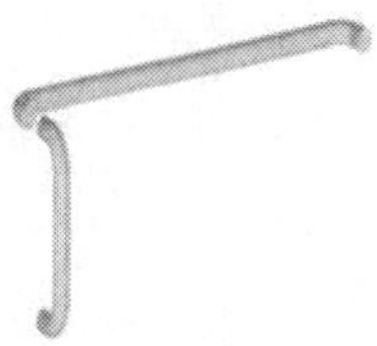
Push pull bar

디지털 도어록

지문인식 도어록

☞ 그림 3.7.1.1 Master Key System

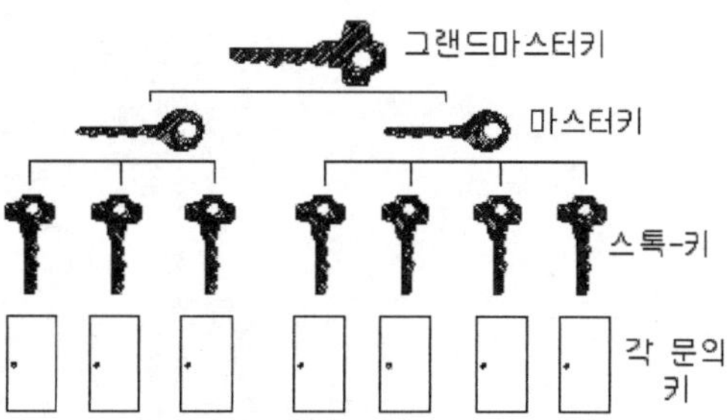

각방의 자물쇠는 각자의 스톡-키로 열 수 있고,
관리자가 1개의 KEY로 모든 자물쇠를 여는
KEY SYSTEM

제 20 장

도장공사

1. 용어의 정리

건축공사 표준시방서에서는 도장공사에 사용하는 용어를 다음과 같이 정의하고 있다.

1) 가사시간 : 다액형 이상의 도료에서 사용하기 위해 혼합했을 때 겔화, 경화 등이 일어나지 않고 작업이 가능한 시간
2) 눈먹임 : 목부 바탕재의 도관 등을 메우는 작업
3) 도막 : 칠한 도료가 건조해서 생긴 고체 피막
4) 도막두께 : 건조 경화한 후의 도막의 두께
5) 도포량 : 피도장면에 대한 단위면적당 도장재료(희석하기 전)의 부착질량. 일반적으로 kg/m^2으로 나타낸다.
6) 바탕(피도물) : 목재, 콘크리트, 강재 등 도장할 재료의 표면
7) 바탕처리 : 바탕에 대해서 도장에 적절하도록 행하는 처리. 즉 하도를 칠하기 전 바탕에 묻어 있는 기름, 녹, 흠을 제거하는 처리 작업
8) 배합비율 : 도장재료를 도장작업에 적합한 점도로 희석하는 희석제나 물 등의 도장 재료에 대한 질량비
9) 상도 : 마무리로서 도장하는 작업 또는 그 작업에 의해 생긴 도장 면
10) 연마지 : 도막 등을 갈기 위한 연마재료. 연마 입자를 종이에 부착시킨 것. 공 연마용의 연마지와 물 연마용의 내수 연마지가 있다.
11) 연마 : 도막 또는 도막층을 연마재로 연마해서 정해진 상태까지 깎아 내는 작업
12) 연마 마무리 : 래커 도장 등의 최종 공정에서 도막을 연마하는 것. 연마할 때에 폴리싱 콤파운드, 폴리싱 왁스 등을 사용한다.
13) 중도(under coat, ground coat, surfacer, texture coat) : 하도와 상도의 중간층으로서 중도용의 도료를 칠하는 것. 하도 도막과 상도 도막 사이의 부착성의 증강, 조합 도막층 두께의 증가, 평면 또는 입체성의 개선 등을 위해서 한다.
14) 조색 : 몇 가지 색의 도료를 혼합해서 얻어지는 도막의 색이 희망하는 색이 되도록 하는 작업
15) 침투방지 : 바탕재에 도료의 침투를 줄이기 위한 작업
16) 착색 : 바탕면을 각종 착색제로 착색하는 작업
17) 착색력 : 어떤 색의 도료 또는 안료에 있어서 섞어서 색을 바꾸기 위한 도료 또는 안료의 성질. 주로 안료에 대해서 말한다.
18) 퍼티 : 바탕의 파임·균열·구멍 등의 결함을 메워 바탕의 평편함을 향상시키기 위해 사용하는 살붙임용의 도료. 안료분을 많이 함유하고 대부분은 페이스트상이다.
19) 하도(프라이머) : 물체의 바탕에 직접 칠하는 것. 바탕의 빠른 흡수나 녹의 발생을 방

지하고, 바탕에 대한 도막 층의 부착성을 증가시키기 위해서 사용하는 도료

20) 희석제 : 도료의 유동성을 증가시키기 위해서 사용하는 휘발성의 액체

2. 일반사항

☞ 표 2.1.1.1 도장공사의 일반사항

칠(도장)의 목적	① 건물의 보호 ② 미적 효과 ③ 성능의 부여 : 방부성, 내수성, 내열성, 방음성, 내화학성능
도료 선택상 고려사항	① 도장하고자 하는 물체의 사용목적 ② 표면의 재료 ③ 도장시의 기후적 조건 및 경제성
도료 보관상 주의사항	① 직사광선이 들지 않게 보관 ② 밀폐된 용기에 보관 ③ 환기가 잘 되는 곳에 보관 ④ 화기로부터 먼 곳에 보관
도장공사시 주의사항	① 눈, 비가 내릴 때, 바람이 강하게 부는 날은 작업하지 않는다. ② 기온이 5℃ 미만이거나 상대습도가 85%를 초과할 때는 작업하지 않는다. ③ 바름두께는 얇게 여러 번 칠하고, 급격한 건조를 피한다. ④ 칠하는 횟수(초벌, 재벌, 정벌)를 구분하기 위해 색을 바꾸는 것이 좋다.

3. 자 재

3.1 도료의 종류

☞ 표 2.1.1.1 도료의 종류

	도장명칭	도료의 품질에 관한 규정 및 합격해야 할 규격			희석제	용 도
		규격번호	품질내용	규격 종별		
1	수성도료	KS M 6010	합성수지 에멀션 도료 (외부용)	1종 (1, 2급)	물	모르타르, 콘크리트
			합성수지 에멀션 도료 (내부용)	2종 (1, 2급)		
			합성수지 에멀션 퍼티	3종 내수형, 일반형	물	바탕면 누름용 (흡수막이용)

	도장명칭	도료의 품질에 관한 규정 및 합격해야 할 규격			희석제	용 도
		규격번호	품질내용	규격 종별		
2	유성도료	KS M 6020	조합 도료	1종 (1급, 2급)	도료 희석제	목재, 철재, 아연도금면
			자연건조형 도료	2종 유광(1, 2급), 반광, 무광	도료 희석제	목재, 철재, 아연도금면 상도용
			알루미늄 도료	3종	도료 희석제	철재류
			아크릴 도료	4종	도료 희석제	시멘트 모르타르면
3	방청 도료	KS M 6030	광명단 조합 페인트	1종 (1, 2, 3, 4류)	도료 희석제	철재면 방청용
			크롬산아연 방청 페인트	2종 (1, 2류)	도료 희석제	철재면 방청용
			아연분말 프라이머	3종 (1, 2, 3류)	도료 희석제	철재면 아연도 강판 방청용
			에칭 프라이머 (워시 프라이머)	4종 (1, 2류)	도료 희석제	금속바탕처리용 프라이머
			광명단 크롬산아연 방청 프라이머	5종	도료 희석제	철재면 방청용
			타르 에폭시 수지 도료	6종	지정 희석제	내유성을 필요로 하지 않는 하도·중도, 상도용
4	래커 도료	KS M 6040	래커 프라이머	1종	래커 희석제	목재, 금속
			래커 퍼티 (하도 수정도장용)	2종	래커 희석제	하도수정 도장용
			래커 서페이서 (하도, 중도용)	3종	래커 희석제	하도, 중도용
			목재용 우드 실러	4종	래커 희석제	흡수방지용
			목재용 샌딩 실러	5종	래커 희석제	눈메움용 면조정용
			상도 마감용 투명 래커	6종	래커 희석제	상도마감용
			상도 마감용 래커 에나멜	7종	래커 희석제	목재, 철재, 아연도금면

	도장명칭	도료의 품질에 관한 규정 및 합격해야 할 규격			희석제	용 도
		규격번호	품질내용	규격 종별		
5	바니시	KS M 6050	페놀수지와 건성유를 주원료로 한 스파바니시	1종	도료 희석제	목재, 철재용
			우레탄 변성유를 주원료로 한 우레탄 변성바니시	2종	도료 희석제	하도, 중도, 상도 목재용
			산화형 알키드수지를 주원료로 한 알키드 바니시	3종	도료 희석제	목재, 철재용
6	도료용 희석제	KS M 6060	알키드 또는 페놀 에나멜 및 바니시용	1종		도료 희석용
			조합페인트용	2종		도료 희석용
			니트로셀룰로오스 래커용	3종		도료 희석용
			아크릴 에나멜용	4종		도료 희석용
7	염화비닐수지 바니시	KS M 5304	염화비닐수지 바니시		지정 희석제	바탕면 누름용 흡수막이
8	염화비닐수지 도료	KS M 5305	염화비닐수지 에나멜 옥내용	1종	지정 희석제	목재, 철재, 모르타르면
			염화비닐수지 에나멜 옥외용	2종	지정 희석제	목재, 철재, 모르타르면
9	아크릴수지 니시	KS M 5605	아크릴수지 바니시		지정 희석제	하도용 흡수방지
10	아크릴수지 도료	KS M 5710	아크릴수지 에나멜		지정 희석제	모르타르, 콘크리트, 철재, 목재용
11	불포화 폴리에스테르 퍼티	KS M 5713	불포화 폴리에스테르 수지 퍼티		지정 희석제	구멍땜용
12	조합 도료 목재용 프라이머	KS M 5318	조합 페인트 목재 프라이머 백색 및 담색(외부용)		도료 희석제	목재하도용
13	광택 수성 도료	특수 아크릴계 수지를 사용한 수성 도료로 공해, 인화성이 없는 광택 합성수지 에멀션 도료			물	중도, 상도용, 철재, 모르타르용
14	특수 수성 도료	특수 실리콘 수지 또는 실리케이트를 사용한 수계 도료			물	시멘트 모르타르면

<table>
<tr><th rowspan="2"></th><th rowspan="2">도장명칭</th><th colspan="3">도료의 품질에 관한 규정 및 합격해야 할 규격</th><th rowspan="2">희석제</th><th rowspan="2">용 도</th></tr>
<tr><th>규격번호</th><th>품질내용</th><th>규격 종별</th></tr>
<tr><td>15</td><td>셀락
바니시</td><td colspan="3">셀락 바니시 혹은 래커 바니시</td><td>공업용
변성
알코올</td><td>옹이땜
송진막이
흡수막이</td></tr>
<tr><td>16</td><td>오일퍼티</td><td colspan="3">합성수지를 이용한 규격에 합격하는 것으로서 필요에 따라 적당량의 체질안료를 섞어 쓴다.</td><td>도료
희석제</td><td>구멍땜용</td></tr>
<tr><td>17</td><td>에폭시
퍼티</td><td colspan="3">2액형 에폭시 퍼티</td><td>지정
희석제</td><td>콘크리트
모르타르용</td></tr>
<tr><td>18</td><td>리무버</td><td colspan="3">설계도서에 지정하는 제조자의 제품</td><td></td><td>도막 제거</td></tr>
<tr><td>19</td><td>착색 겸용
눈먹임제</td><td colspan="4">유성 스테인 또는 수성 스테인과 체질안료를 섞어서 만든 제조자의 제품</td><td>착색 및
눈메움제</td></tr>
<tr><td>20</td><td>착색제</td><td colspan="4">유성 스테인 또는 수성 스테인으로 하고, 변색이 안되고 도료에 유해한 작용을 아니하며, 또 밀착을 방해하지 않는 것으로서 담당원의 지정으로 선정한다.</td><td>약품처리에 따른
착색은 공사
시방서에 따름</td></tr>
<tr><td>21</td><td>흡수방지제
(바니시도
장용)</td><td colspan="4">투명 래커 니스를 그 농도가 10% 내외가 되게 변성알코올로 묽게 한 것으로 하고 담당원의 승인을 받아 사용한다.</td><td>흡수방지용</td></tr>
<tr><td>22</td><td>리타다
희석제</td><td colspan="4">리타다 희석제</td><td>건조지연제</td></tr>
<tr><td>23</td><td>2액형
우레탄
실러</td><td colspan="3">설계도서에 지정된 제조회사의 제품 또는 담당원의 승인을 받는다.</td><td>지정
희석제</td><td>눈먹임
살오름용</td></tr>
<tr><td>24</td><td>2액형
우레탄
바니시</td><td colspan="3">설계도서에 지정된 제조회사의 제품 또는 담당원의 승인을 받는다.</td><td>지정
희석제</td><td>하도, 중도, 상도
목재용</td></tr>
<tr><td>25</td><td>무늬도장
금속용
프라이머</td><td colspan="3">사용하는 무늬도장의 제조자가 지정하는 제품</td><td>지정
희석제</td><td>하도용
(금속면 방청용)</td></tr>
<tr><td>26</td><td>무늬코트</td><td colspan="3">두 색 이상의 안료색상을 가진 입체감이 있는 다색채 무늬도장</td><td></td><td>상도용 무늬</td></tr>
<tr><td rowspan="3">27</td><td>2액형
에폭시
프라이머</td><td colspan="3">사용하는 2액형 에폭시 에나멜의 제조자가 지정하는 제품</td><td rowspan="3">지정
희석제</td><td>콘크리트
모르타르면,
금속면 방청</td></tr>
<tr><td>2액형
에폭시
도료</td><td colspan="3">설계도서에 지정한 제조회사의 제품 또는 담당원의 승인을 받는다.</td><td>철재,
콘크리트면</td></tr>
<tr><td>2액형
후도막
에폭시 도료</td><td colspan="3">설계도서에 지정한 제조회사의 제품 또는 담당원의 승인을 받는다.</td><td>중도, 상도용
콘크리트금속</td></tr>
</table>

	도장명칭	도료의 품질에 관한 규정 및 합격해야 할 규격			희석제	용 도
		규격번호	품질내용	규격 종별		
28	염화고무 도료	내알칼리성, 내수성이 우수한 수지로서 수영장에 적합한 도료			지정 희석제	내수성 수영장용
29	우레탄 프라이머	1액형(흡수방지) 또는 2액형(방청용)으로 공사시방서에 지정한 제조회사의 제품 또는 담당원의 승인을 받는다.			지정 희석제	시멘트 모르타르면 흡수방지, 금속면 방청용
	폴리우레탄 수지 도료	폴리에스테르 또는 아크릴 수지와 이소시아네이트를 주체로 한 내화학성, 고광택, 내마모성이 우수한 도료			지정 희석제	중도, 상도용 콘크리트면
30	불소수지 도료	초내후성, 산, 알칼리성이 강하고 시멘트, 콘크리트 건축물의 외장용으로 사용되는 도료			지정 희석제	콘크리트, 모르타르 철재류
31	실록산 수지도료	설계도서에 지정한 제조회사의 제품 또는 담당원의 승인을 받는다.			지정 희석제	철재, 콘크리트면
32	스프레이용 도재	합성수지와 체질안료를 혼합한 입체무늬 모양 도료			지정 희석제	중도, 상도 치장용
33	방균(항균) 도료	건축물 내외 콘크리트, 시멘트 모르타르, 목재 등 곰팡이균이 발생하지 못하도록 만든 페인트			지정 희석제	하도, 중도, 상도용
34	바닥재 도료	특수에폭시, 폴리우레아, 우레탄, 시멘트 혼합 수지 모르타르, 합성고분자 수지를 이용하여 내마모성, 부착, 내오염성이 요구되는 바닥재 도료			지정 희석제	콘크리트, 모르타르면
35	특수도료	내화도료, 발광도료, 방오도료				콘크리트, 철재면

3.2 수성 페인트 칠

☞ 표 3.2.1.1 수성 페인트의 특징

특 징 (장 점)	① 건조가 빠르다. ② 물을 용제로 사용하므로 공해가 없고, 경제적이다. ③ 알칼리성 재료에 도포가 가능하다. ④ 도포방법이 간단하여 보관의 제약이 간소하다.	
종 류	① 유기질 수성페인트	도장하기 전에 물을 가하여 체로 걸러 사용(습기가 없는 곳에서만 사용)
	② 무기질 수성페인트	마그네시아 시멘트, 백시멘트를 수성페인트의 고착재로 사용(실내외 모두 사용)
	③ 에멀젼 페인트	수성페인트에 합성수지와 유화제를 섞은 것

☞ 사진 3.2.1.1 수성 페인트 시공

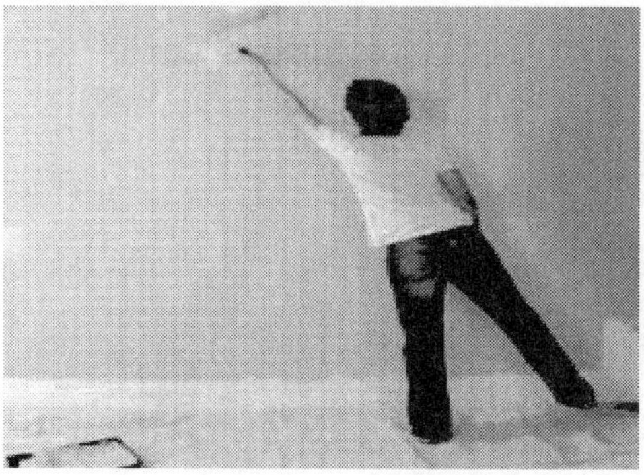

3.3 유성 페인트 칠

1) 재료

☞ 표 3.3.1.1 유성 페인트의 종류

재 료	종 류
기름(용제, 油)	㉮ 아마유(亞麻油) - 아마(flax)의 씨 ㉯ 오동유(梧桐油) - 오동실 ㉰ 들기름(perilla oil) - 들깨씨 ㉱ 삼씨기름(hemp oil) - 삼씨 ㉲ 콩기름(大豆油)
희석제 (=신전제, 휘발성 용제)	㉮ 송진 건류품 - 테레핀유(oil of terepinth) ㉯ 석유 건류품 - 휘발유, 벤진(benzin), 석유 ㉰ 콜타르 증류품 - 벤졸(benzol), 솔벤트 ㉱ 알코올 - 에틸알코올, 메틸알코올 ㉲ 에스테르 - 초산아밀, 초산부틸 ㉳ 송근 건류품 - 송근유
건조제(乾燥劑)	리사지(litharge), 연단, 수산화망간, 붕산 망간, 염화코발트
안료(顔料)	㉮ 백색 - 아연화 ㉯ 빨강 - 연단, 산화제이철 ㉰ 노랑 - 아연노랑 ㉱ 파랑 - 코발트청(cobalt blue)

2) 종류(반죽 정도에 따른)

㉮ 된반죽 페인트(stiff pasted paint)

㉯ 중반죽 페인트(semipasted paint)

㉰ 조합 페인트(ready mixed paint)

☞ 사진 3.3.1.1 유성 페인트 시공

3.4 바니시(Varnish) 칠

1) 개요

㉮ 바니시란 천연수지, 합성수지 또는 역청질 등을 건성유와 같이 열반응시켜 건조제를 넣고 용제에 녹인 것 말한다.

㉯ 바니시는 천연수지와 휘발성 용제를 섞어 투명 담백한 막으로 되고, 기름이 산화되어 휘발성 바니시, 기름 바니시, 래커 바니시로 나눈다.

2) 종류 및 특징

☞ 표 3.4.1.1 바니시의 종류 및 특징

종 류	특 징
스파 바니시(Spar Varnish)	내수성, 내마모성이 우수하여 목부 외부용으로 많이 사용
코팔 바니시(Copal Varnish)	건조가 빠르고, 목부 내부용으로 사용
골드 사이즈 바니시 (Gold Size Varnish)	건조가 빠르고, 연마성이 좋음
흑바니시(Black Varnish)	미관상 관계없는 곳의 방청·내수·내약품용 등으로 쓰임

☞ 사진 3.4.1.1 바니시 칠 시공

3.5 방청도료(녹막이)칠의 종류

1) 광명단 : 철재 녹막이용
2) 징크로메이트 도료 : 알루미늄, 아연철판의 녹막이 초벌용
3) 아연 분말 도료
4) 알루미늄 도료
5) 역청질(瀝靑質) 도료
6) 산화철(酸化鐵) 녹막이 도료 : 마무리용

☞ 사진 3.5.1.1 방청 도료 시공

4. 시 공

4.1 공법의 종류

☞ 표 4.1.1.1 도장공법의 종류

종 류	도 구	특 징	
솔 칠	솔	가장 일반적인 공법이며, 건조가 빠른 래커 등에는 부적당하다.	
롤 러 칠	롤 러	천장이나 벽면처럼 평활하고 넓은 면을 칠할 때 유리하며, 작업시간이 타공법에 비해 간소하다.	
문지름칠	솜, 헝겊	면이 고르고 광택을 낼 때 사용	
뿜 칠	스프레이건	주의사항	① 스프레이건의 위치는 면에 직각이 되도록 평행이동시켜 운행 ② 뿜칠 거리는 약 30cm로 한다. ③ 운행시 약 1/3씩 겹쳐서 바르도록 한다.

☞ 사진 4.1.1.1 뿜칠 시공

4.2 각종 바탕 만들기

1) 개요

도료가 바탕에 부착을 저해하거나 부풀음, 터짐, 벗겨지는 원인이 될 수 있는 요소는 유분, 수분, 진, 금속 녹 등이 있다.

2) 바탕 만들기 순서

☞ 표 4.2.2.1 바탕 만들기 순서

바 탕 면	순 서
목부바탕 처리방법	① 오염, 부착물의 제거 ② 송진처리(긁어내기, 휘발유 닦기) ③ 연마지 닦기 ④ 옹이땜(셀락니스칠) ⑤ 구멍땜(퍼티먹임)
철부 바탕 처리방법	① 오염 부착물 제거 ② 유류제거(휘발유, 비눗물 닦기) ③ 녹제거(샌드블라스트, 와이어 브러시) ④ 화학처리 ⑤ 피막마무리(연마지)
플라스터 회반죽, 모르타르, 콘크리트면 처리방법	① 건조 ② 오염 부착물 제거 ③ 구멍땜(석고) ④ 연마지 닦기

4.3 도장(칠) 시공 순서

1) 수성 페인트

☞ 표 4.3.1.1 수성 페인트 시공 순서

3 공 정	① 바탕만들기 → ② 초벌 → ③ 정벌
5 공 정	① 바탕만들기 → ② 바탕누름 → ③ 초벌 → ④ 연마 → ⑤ 정벌

2) 유성 페인트

☞ 표 4.3.2.1 유성 페인트 시공 순서

목부 바탕	① 바탕만들기 → ② 연마 → ③ 초벌칠 → ④ 퍼티먹임 → ⑤ 연마 → ⑥ 재벌칠 1회 → ⑦연마 → ⑧ 재벌칠 2회 → ⑨ 연마 → ⑩ 정벌칠
철부 바탕	① 바탕처리 → ② 녹막이칠 → ③ 연마지 닦기 → ④ 구멍땜 및 퍼티먹임 → ⑤ 재벌 → ⑥ 정벌칠

3) 바니시(니스) 칠 순서

☞ 표 4.3.3.1 바니시 칠 시공 순서

일반적 공정	① 바탕처리 → ② 눈먹임 → ③ 색올림 → ④ 왁스 문지름
목재면 외부 공정	① 바탕처리 → ② 눈먹임 → ③ 초벌착색 → ④ 연마지 닦기 → ⑤ 정벌착색 → ⑥ 왁스 문지름

제21장

수장공사

1. 석고 보드 및 시멘트판
2. 경량 철골 천장
3. 벽지 및 바닥
4. 단열 및 결로

1. 석고 보드 및 시멘트판

1.1 석고 보드(Gypsum Boards)

1) 석고 보드 제품의 정의

주원료인 석고를 심재로 하여, 그 양면 및 길이 방향(성형 시 흐름 방향)의 측면을 석고 보드용 원지로 피복한 판을 말한다.

2) 석고 보드 제품의 종류 및 기호

☞ 1.1.2.1 석고 보드 제품의 종류 및 기호

종 류	기 호	비 고	용 도
석고 보드	GB-R	석고 보드 제품의 표준적인 것	벽 및 천장의 기초재
방수 석고 보드	GB-S	양면 보드용 원지 및 심재 석고에 방수 처리를 한 것	부엌, 욕실 등 실내의 다습한 장소의 벽, 천장 및 외벽의 기초재
방화 석고 보드	GB-F	석고 보드의 심재에 무기질 섬유 등을 혼입 한 것	벽 및 천장의 기초재, 방화·내화 구조 등의 구성재
석고 라스 보드	GB-L	석고 보드 표면에 직사각형의 오목부를 붙인 것	석고 플라스터의 내부 기초재
치장 석고 보드	GB-D	석고 보드의 표면을 치장 가공한 것	벽 및 천장의 마감재

비고 1. 석고 라스 보드의 오목부는 나비 7mm, 길이 20mm, 깊이 5mm를 표준으로 하고, 면적은 약 90cm^{2}에 대하여 1개 이상으로, 전체 판에 대체로 균등하게 분포하여야 한다.
2. 치장 석고 보드의 치장 가공은 면 표지에 인쇄 또는 오버레이, 형 눌림, 도장 등을 한 것으로 한다.

☞ 사진 1.1.2.1 석고 보드

☞ 사진 1.1.2.2 방수 석고 보드 시공

1.2 섬유강화 시멘트판(Fiber Reinforced Cement Boards)

1) 섬유강화 시멘트판의 정의

석면 이외의 섬유로 강화 성형한 슬레이트(골판 및 보드), 규산 칼슘판 및 슬래그 석고판을 말한다.

2) 섬유강화 시멘트판의 종류 및 기호

☞ 표 1.2.2.1 섬유강화 시멘트판의 종류 및 기호

<table>
<tr><th colspan="3">종 류</th><th>기호</th><th>원 료</th><th>주용도</th></tr>
<tr><td rowspan="6">슬레이트</td><td rowspan="2">골판</td><td>소골(작은골)</td><td>SC</td><td rowspan="6">시멘트, 석면 이외의 섬유, 혼화 재료</td><td>외벽용</td></tr>
<tr><td>대골(큰골)</td><td>LC</td><td>지붕, 외벽용</td></tr>
<tr><td rowspan="4">보드</td><td>플랙시블판</td><td>F</td><td>내장, 외장용</td></tr>
<tr><td>연질플랙시블판</td><td>NF</td><td>내장, 외장용</td></tr>
<tr><td>평판</td><td>S</td><td>내장, 외장용</td></tr>
<tr><td>연질판</td><td>N</td><td>내장, 외장용</td></tr>
<tr><td rowspan="6">규산칼슘판</td><td rowspan="2">형식 1</td><td>0.8 규산칼슘판</td><td>0.8FK</td><td rowspan="2">석회질 원료, 규산질 원료
석면 이외의 섬유, 혼화 재료</td><td>내장용</td></tr>
<tr><td>1.0 규산칼슘판</td><td>1.0FK</td><td>내장용</td></tr>
<tr><td rowspan="2">형식 2</td><td>1.3 규산칼슘판</td><td>1.3FC</td><td rowspan="2">석회질 원료, 규산질 원료
시멘트, 석면 이외의 섬유, 혼화 재료</td><td>내장용</td></tr>
<tr><td>1.6 규산칼슘판</td><td>1.6FC</td><td>내장, 외장용</td></tr>
<tr><td rowspan="2">형식 3</td><td>0.2 규산칼슘판</td><td>0.2FK</td><td rowspan="2">석회질 원료, 규산질 원료
석면 이외의 섬유, 혼화 재료</td><td>내화 피복용</td></tr>
<tr><td>0.5 규산칼슘판</td><td>0.5FK</td><td>내화 피복용</td></tr>
<tr><td rowspan="5">슬래그
석고판</td><td colspan="2">0.8 슬래그 석고판</td><td>0.8SGI</td><td rowspan="5">시멘트, 슬래그, 석고, 석면 이외의 섬유, 혼화 재료</td><td>내장용</td></tr>
<tr><td colspan="2" rowspan="2">1.0 슬래그 석고판</td><td>1.0SGE</td><td>외장용</td></tr>
<tr><td>1.0SGI</td><td>내장용</td></tr>
<tr><td colspan="2" rowspan="2">1.4 슬래그 석고판</td><td>1.4SGE</td><td>외장용</td></tr>
<tr><td>1.4SGI</td><td>내장용</td></tr>
</table>

비고 1. 슬레이트의 원료는 규산질 원료를 함유한 것이 좋으며 규산칼슘판(형식1, 형식2)의 원료는 시멘트를 함유하는 것이 좋다.

3) 겉모양

섬유강화 시멘트판의 겉모양은 눈으로 검사하여 표 1.2.3.1에 적합하여야 한다.

☞ 표 1.2.3.1 겉보기 결점의 종류 및 판정 기준

결점의 종류	판 정
깨어짐, 관통 균열	없어야 한다.
뒤틀림, 비틀림 꺾임, 이물질의 혼입, 오염 및 박리[1)]	사용상 지장이 없어야 한다.

주 1) 떨어짐 포함

☞ 사진 1.2.3.1 섬유강화 시멘트판

☞ 사진 1.2.3.2 섬유강화 시멘트판 시공

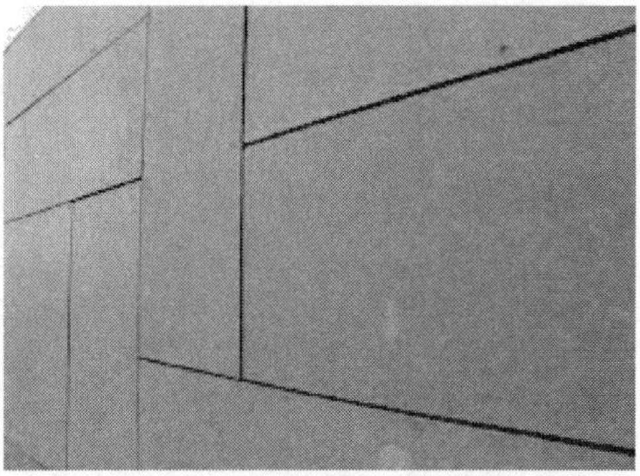

1.3 시공

1) 바탕 준비

㉮ 접착제의 바탕면인 조적, 콘크리트 및 미장면은 잘 건조된 상태로 먼지, 기름, 박리제 등이 깨끗이 제거되어 있어야 하고 요철이나 빈틈이 없어야 한다.

㉯ 석고보드가 부착되는 벽돌면은 수평, 수직쌓기용 모르타르가 밀실하게 채워진 상태를 확인 후 공사를 시작해야 하며, 벽돌면이 설비배관 매입으로 수평, 수직쌓기용 모르타르가 밀실하게 채워지기 어려운 부위는 배관 후 모르타르로 충진하고 충진면을 평활하게 한다.

㉰ 창호주위의 결로방지용 단열재가 빈틈없이 설치되어 있는지를 확인해야 한다.

2) 벽틀 설치

㉮ 철제 보온 벽틀 설치

철제벽틀은 도면과 시공상세도면에 따라 견고하게 부착하고 배관용 부재가 설치되

는 경우에는 지정위치에 정확히 설치되도록 보강한다.

㉯ 단열재 지지핀공법 벽틀설치

① 지지핀 공법의 시공순서는 다음과 같다.
바탕정리 → 먹매김(핀부착 위치표시) → 지지핀용 본드바르기 → 하부핀 부착 → 단열재 시공 → PE필름부착 → 지지핀 고정 → 석고본드 시공 → 석고보드 시공

② 설계도면에 따라 핀 부착위치를 명확하게 표시한다.

③ 지지핀용 본드는 사용하기 직전에 잘 저어서 사용하고, 핀의 구멍을 통해 본드가 새어 나오도록 핀의 뒷면 전체에 본드를 적당히 발라 시공하되 탈락하지 않도록 충분히 압착한다.

④ 지지핀고정용 본드가 완전히 경화한 후 단열재를 시공하되, 나누기도에 따라 칼 또는 절단기구를 사용하여 일직선이 되게 절단하고 단열재의 접합부는 약간 밀어붙여 틈새가 생기지 않도록 시공한다.

⑤ PE필름은 단열층이 방습층 기준 (투습도가 24시간당 $30g/m^2$ 이하 또는 투습계수 $0.28g/m^2 \cdot h \cdot mmHg$ 이하)에 미달하는 경우에 한하여 설치한다.

⑥ 단열재 시공 후 PE필름을 주름지지 않게 설치하고 핀 덮개로 고정하되, 파이프나 특수망치를 이용하여 핀 덮개가 빠지지 않도록 시공한다. 이때 단열재 상부 끝단은 주걱칼 등을 이용하여 PE필름이 단열재를 감싸도록 시공한다.

⑦ 전기박스주변은 지지핀을 전기박스 좌우 1개씩 시공 후 석고본드로 보강한다.

⑧ 측벽 및 코아벽이 외벽과 만나는 부위는 마감을 고려하여 시공하되, 외벽을 먼저 시공함을 원칙으로 한다.

㉰ 단열재 프리캡 공법 벽틀설치 및 압출법 보온판 프리캡 공법 벽틀 설치

① 단열재 프리캡공법 벽틀설치.

㉠ 프리캡 공법의 시공순서는 다음과 같다.
바탕정리 → 먹매김(프리캡핀 부착위치 표시) → 타공 → 핀고정 → 단열재 시공(PE필름 부착) → 프리캡 설치 및 수평조절 → 석고보드 시공

㉡ 설계도면에 따라 핀 부착위치를 명확하게 표시한다.

㉢ 콘크리트 벽체를 지름 6.5±0.3mm, 깊이 17±3mm로 타공한 후 프리캡을 함마드릴 또는 망치를 이용하여 벽체와 수직이 유지되도록 고정한다.

㉣ 전기박스 주변은 석고보드의 들뜸이 생기지 않도록 보강하여야 한다.

㉤ 기타 지지핀공법을 준용하여 시공하여야 한다.

② 압출법 보온판 프리캡공법 벽틀설치

㉠ 프리캡 공법의 시공순서는 다음과 같다.
바탕정리 → 먹매김(프리캡핀 부착위치 표시) → 타공 → 핀고정 → 단열재

시공 → 프리캡 설치 및 수평조절 → 석고보드 시공

㉡ 설계도면에 따라 핀 부착위치를 명확하게 표시한다.

㉢ 콘크리트 벽체를 지름 6.5±0.3mm, 깊이 17±3mm로 타공한 후 프리캡을 함마드릴 또는 망치를 이용하여 벽체와 수직이 유지되도록 고정한다.

㉣ 단열재간 접합면은 틈새가 생기지 않도록 밀착하여 시공하며, 단열재간 또는 이질재와 만나는 접합면의 틈새가 발생할 경우는 우레탄폼으로 밀실하게 충진시킨다.

㉤ 전기박스 위치는 전기공사 수급인과 협의하여 필요한 크기만큼 정밀하게 타공을 할수 있도록 하며, 주변 4면을 석고본드로 보강한다.

㉣ 목제 보온벽틀 설치

목제벽틀은 도면과 시공 상세도면에 따라 견고하게 부착하고 배관용 부재가 설치되는 경우에는 지정위치에 정확히 설치되도록 보강한다.

㉤ 압출법 보온판 플레이트공법 벽틀설치

① 플레이트공법의 시공순서는 다음과 같다.
바탕정리 → 단열재면위 모래띠장 시공 → 석고본드 시공 → 플레이트를 부착한 단열재 벽면 시공 → 플레이트위 석고보드 나사못 시공

② 단열재 뒷면은 석고본드와의 부착이 용이하도록 전면 플레이트와 동일한 방향으로 폭 100mm 이상의 모래띠장(또는 G3본드)을 시공한다.

③ 단열재 뒷면의 모래 띠장 위에 석고본드를 가로, 세로 400×300mm 간격으로 소요 두께 2배 정도 되게 직경 5cm 정도(눌렀을 경우 7cm 정도)되도록 붙이고, 석고본드 두께를 이용하여 단열재가 수직, 수평이 되게 붙인 다음 본드가 경화될 때까지 충격이나 힘을 가하지 않도록 한다.

④ 단열재 간 접합면은 틈새가 생기지 않도록 밀착하여 시공하며, 단열재 간 또는 이질재와 만나는 접합면의 틈새가 발생할 경우는 우레탄폼으로 밀실하게 충진시킨다.

⑤ 전기박스 위치는 필요한 크기만큼 정밀하게 타공을 할 수 있도록 하며, 주변 4면을 석고본드로 보강한다.

⑥ 플레이트의 현장 시공시는 초산비닐수지 용액형 접착제(메틸알콜계)로서 단열재에 접착시키며, 접착제가 완전히 굳은 후 단열재 시공을 한다.

㉥ 석고보드 고정 앵커설치

① 시공순서는 다음과 같다.
바탕정리 → 먹메김 → 앵커볼트매립 → 단열재시공 → PE필름 부착 → 석고보드 고정틀 연결 → 석고본드시공 → 석고보드 부착

② 전기박스주변은 석고보드의 들뜸이 생기지 않도록 보강하여야 한다.

③ 기타 지지핀공법을 준용하여 시공하여야 한다.

㉳ 압출법 보온판 본드접착공법 벽틀설치

① 본드접착공법의 시공순서는 다음과 같다.
바탕정리 → 본드 시공 → 단열재 부착 → 고정 못 시공 → 틈새부위 우레탄폼 충진 → 단열재
위 프라이머※ 시공 → 모래띠장 시공 → 석고본드 시공 → 석고보드 부착
(※ 모래가 섞인 프라이머일 경우 모래띠장 미시공)

② 본드를 콘크리트 옹벽면에 @350×250mm, 직경 5cm 정도로 점찍어 바른 후 접착본드의 표면이 건조되기 전 압출법 단열재를 압착하여 부착한다.

③ 압출법 단열재의 처짐 및 탈락이 발생하지 않도록 눌러 붙인 다음 녹막이 처리가 된 콘크리트 못(아연도금 처리된 못)으로 고정하고 48시간 이상 양생한다.

④ 옹벽과 단열재가 만나는 부위 및 단열재간 맞닿는 틈새 부위에는 우레탄폼을 충진한다.

⑤ 72시간이 경과한 후 단열재 표면에 폭 100mm 이상의 프라이머(모래포함)를 수직으로 바르고 24시간 이상 양생한다.

⑥ 프라이머에 모래가 미 포함시 프라이머가 마르기전 별도로 모래 띠장이 형성될 수 있도록 모래코팅을 한다.

⑦ 단열재 앞면의 모래띠장 위에 @350×250mm 간격으로 석고본드를 직경 5cm 정도(눌렀을 경우 7m 정도)로 붙인 다음 석고보드의 평활도를 유지하도록 시공하고 2주 동안 석고 본드가 완전히 굳을 동안 충격이나 힘을 가하지 않도록 한다.(※ 석고보드 시공전 바닥에 안목치수선을 표시하고 안목치수가 확보될 수 있도록 석고보드를 설치한다)

3) 석고보드 설치

㉮ 일반조건

① 석고보드 및 방수석고보드(이하 석고보드라 한다)벽 마감은 석고보드를 부착하기 전에 석고보드 하부를 뒷면 50mm, 전면 450mm 높이로 폴리에틸렌 필름으로 감싸거나 또는 기타 자재를 사용하여 습기침투 방지 및 시공중 오염방지를 위한 조치를 하여야 한다.

② 외부창틀이나 분합문틀과 접하는 석고보드는 폴리에틸렌 필름 등으로 감싸 습기 침투가 없도록 하여야 한다.

③ 석고보드 이음새와 코너부분은 두드러짐이 없도록 본드로 매운 후 샌드 페이퍼 등으로 평활하게 면처리를 한다.

④ 석고보드의 옆면이 노출되는 경우는 모서리 보강철물로 보강하되 수직으로 줄

바르게 시공한다.

⑤ 전기 스위치박스 위치를 정확하게 석고보드 위에 표시하여 필요한 크기만큼 정밀하게 개공할 수 있도록 하여야 한다. 또한 석고보드 천정인 경우, 조명기구 보강재를 설치하고 그 위치를 석고보드 위에 표시하여야 한다.

⑥ 이중창의 창짝 개폐시 창틀의 흔들림을 최소화하기 위해서 이중창의 창틀에 형성된 석고보드 홈까지 석고보드가 밀착되게 시공되어야 한다.

㉯ 벽면 석고본드붙이기

① 먼저 실을 띄어 벽면의 수평을 맞춘 후 본드두께 조절용 합판(4cm×5cm×9mm)에 본드를 발라 60×90cm 간격으로 벽면에 부착하여 본드두께를 유지할 수 있도록 한 다음 2시간 경과하여 도면과 같이 석고본드를 바르고 석고보드를 눌러 붙인다. 전기 스위치박스 주변은 4면을 본드로 보강한다.

② 석고보드의 혼합은 반죽통에 넣고 석고본드 25kg당 12~14L의 깨끗한 물을 넣고 충분히 반죽되도록 전동식 반죽기로 최소 5~10분간 교반한다. 한 번에 반죽하는 분량은 1시간 이내에 사용하여야 한다. 단, 옹벽 및 스티로폼 같이 매끄러운 표면 등에 석고본드를 사용할 경우에는 모래띠장 또는 석고본드용 전용 프라이머로 처리한 후 시공한다.

③ 벽면에 본드를 30×40cm 간격으로 직경 5cm 정도(눌렀을 경우 7cm 정도)로 점찍어 석고보드를 수평이 되게 붙인 다음 3시간 이내에는 충격이나 힘을 가하지 않도록 한다.

④ 벽면의 도어록이 닿는 부위에는 석고본드를 전면 바름하여 부착하거나, 도어스토퍼를 설치한다.

⑤ 석고보드 부착 시 수분흡수를 방지하고 본드의 양생촉진을 위하여 마감처리에 문제가 없는 경우 석고보드를 천정과 바닥으로부터 10mm 정도를 띄어 부착할 수 있다.

㉰ 못 및 나사못 붙이기

① 목제 띠장 바탕에는 못 등으로, 철제 띠장 바탕에는 나사못으로 설치하되, 그 간격은 15cm 이내로 한다. 못 및 나사못 시공주위는 요철이 없도록 평활하게 마무리한다.

② 석고보드 이음은 바탕 띠장 위에서 이루어지도록 한다.

㉱ 단열재 지지핀공법 벽틀 위 석고보드 붙이기

핀 위에 석고본드를 소요두께의 2배 정도 되게 직경 5cm 정도, 눌렀을 경우는 8cm 정도 되도록 붙이고, 석고보드를 석고본드 두께를 이용하여 수직, 수평이 되게 붙인다.

㉲ 단열재 프리캡 공법 벽틀 및 압출법 보온판 프리캡 공법 벽틀 위 석고보드 붙이기

① 수평자를 이용하여 프리캡의 수평을 조절한 후 프리캡을 90°돌려 고정시킨 후 Φ6×25mm 나사못을 사용하여 석고보드를 설치한다.

② 각각의 프리캡에는 1개 이상의 나사못을 고정하며, 석고보드의 이음부위에는 각 석고보드에 1개씩의 나사못을 고정한다. 나사못 시공주위는 요철이 없도록 평활하게 마무리 한다.

㉶ 압출법 보온판 플레이트공법 벽틀 위 석고보드 붙이기

석고보드 부착은 단열재 접합면과 엇갈리게 하여 플레이트가 부착된 위치에 지정 나사못을 이용하여 석고본드와 동일한 위치와 간격으로 고정한다. 나사못 시공주위는 요철이 없도록 평활하게 마무리한다.

㉷ 압출법 보온판 본드접착공법 벽틀 위 석고보드 붙이기

단열재 표면에 프라이머가 충분히 양생이 되면 프라이머 위에 일정 간격으로 석고본드를 붙인 다음 석고보드를 부착한다. 석고보드 부착시 안목치수 유지를 위하여 바닥에 안목치수선을 먼저 표시한 후 석고보드를 시공하며 평활도 검사 후 마무리 한다.

㉸ 시공허용오차

시공이 완료된 석고보드면의 평활도는 3m당 3mm 이내의 오차 범위 내에 들도록 한다.

☞ 그림 1.3.3.1 코너 부위 시공(바깥쪽)

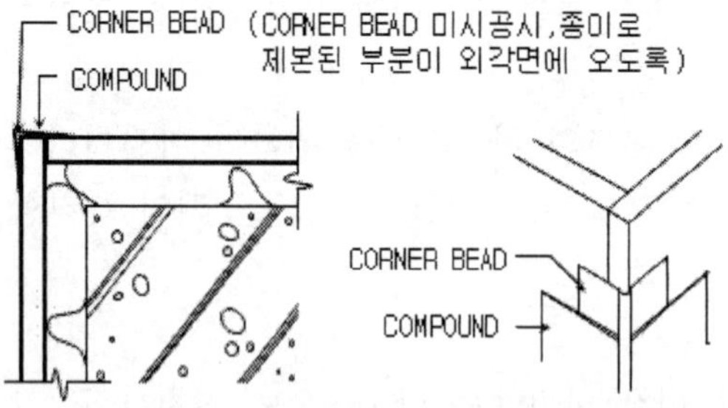

☞ 그림 1.3.3.2 코너 부위 시공(안쪽)

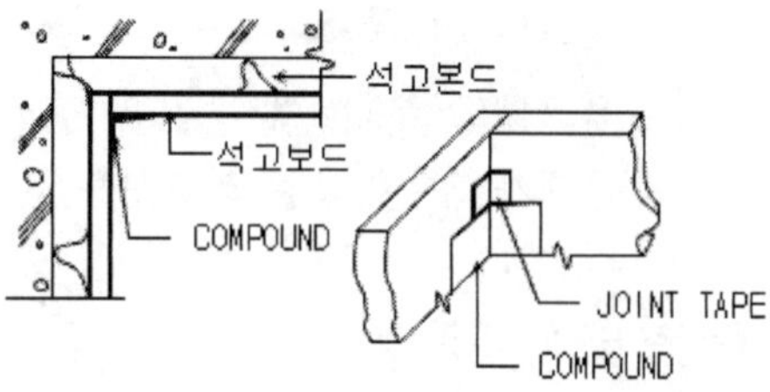

☞ 그림 1.3.3.3 이음 면 시공

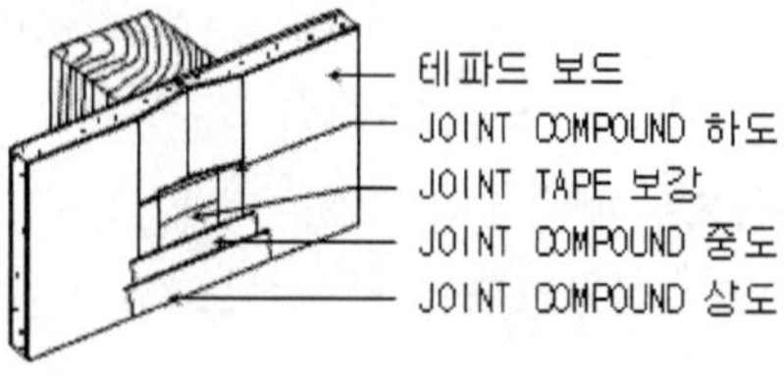

4) 시멘트판 설치

㉮ 시멘트 판의 설치는 특기가 없는 경우 "3) 석고보드 설치"에 명시된 "㉰ 못 및 나사못 붙이기"에 따르며, 압출법 발포 폴리스티렌 보온재 위 시멘트판 설치는 "3)석고보드 설치"에 명시된 "㉳ 압출법 발포 폴리스티렌 보온재 위 석고보드 붙이기"에 준한다.

㉯ 스위치 박스가 있는 경우는 그 위치를 시멘트판에 정확히 표시하여 필요한 규격만큼 정밀하게 개공할 수 있도록 한다.

5) 보양

석고보드를 본드 붙이기한 경우는 석고본드가 완전히 굳을 수 있도록 2주간 동안은 변형이 생길 정도의 충격이나 힘을 가하지 않도록 한다.

2. 경량 철골 천장

2.1 재료 및 시공

1) 재료의 종류(M-Bar)

☞ 표 2.1.1.1 경량 철골 재료(M-Bar)의 종류

구분	Single Bar (mm)	Double Bar (mm)	Channel (mm)	규 정	사용 장소
19형	25×19×0.5	50×19×0.5	50×19×0.5	적재하중 294.2N(30kgf)에 Bar가 견딜 수 있는 것	일반 실내 천장
25형	25×25×0.5	50×25×0.5	50×25×0.5	적재하중 490.31N(50kgf)에 Bar가 견딜 수 있는 것	옥외 천장 및 중량이 큰 경우

2) 시공 시 주의 사항

☞ 그림 2.1.2.1 시공 시 주의 사항

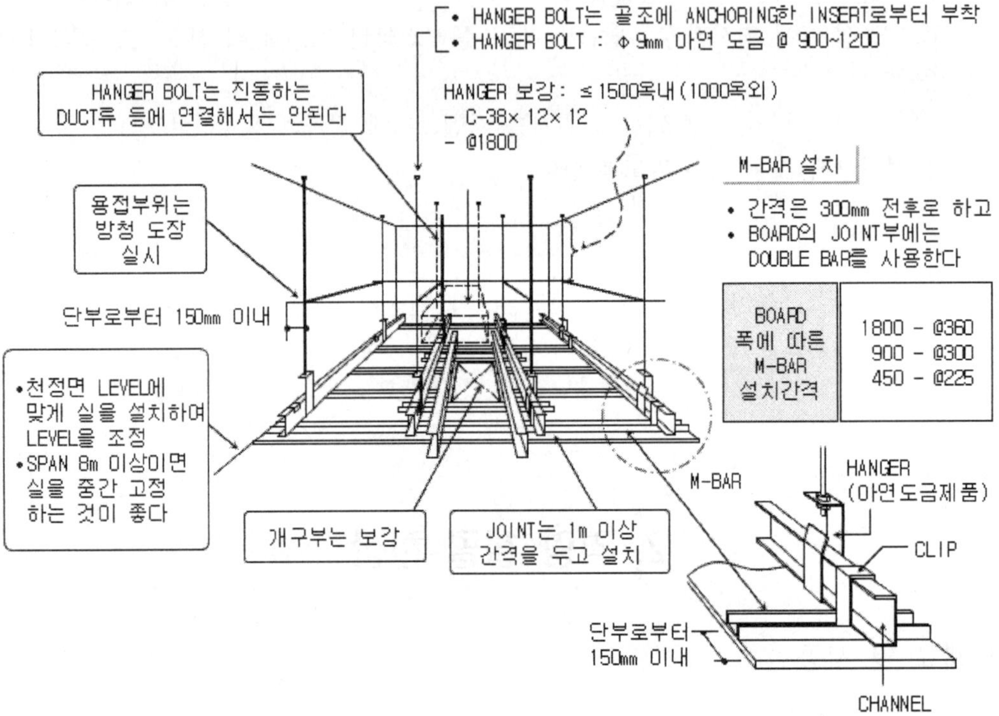

3) 보강 공사

☞ 표 2.1.3.1 보강 공사

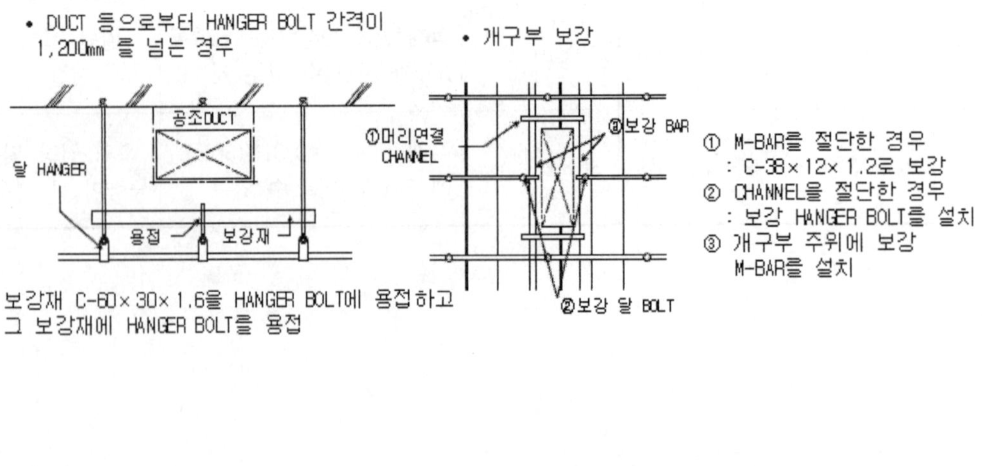

보강재 C-60×30×1.6을 HANGER BOLT에 용접하고 그 보강재에 HANGER BOLT를 용접

☞ 사진 2.1.3.1 경량 천장 틀

2.2 마감재 붙이기

1) 천장과 벽 연결 부위

☞ 그림 2.2.1.1 천장과 벽 연결 부위 마감

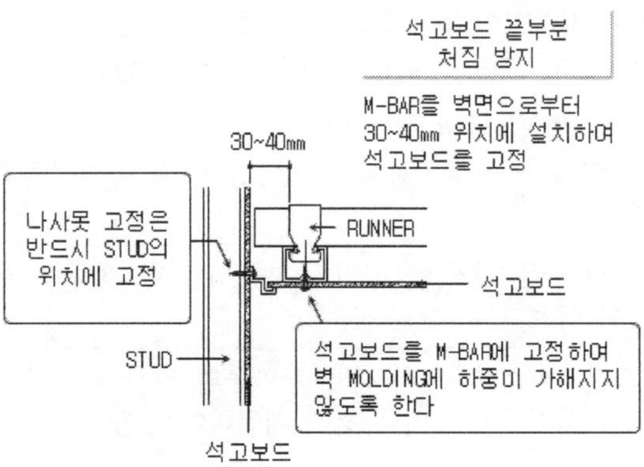

2) 벽면이 고르지 않을 경우

☞ 그림 2.2.2.1 벽면이 고르지 않을 경우의 마감

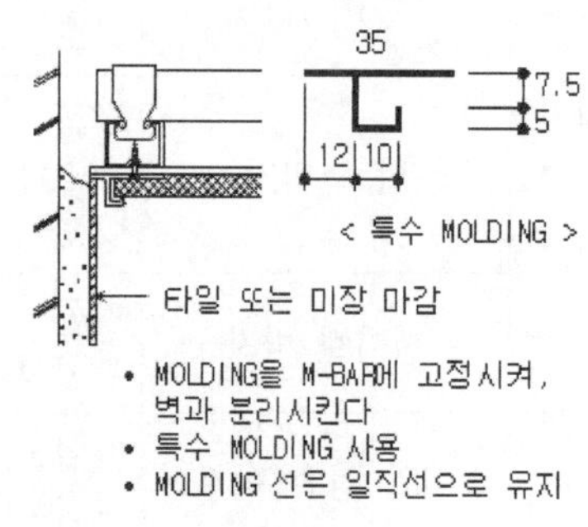

3) 천장 마감재 설치

☞ 표 2.2.3.1 천장 마감재 설치

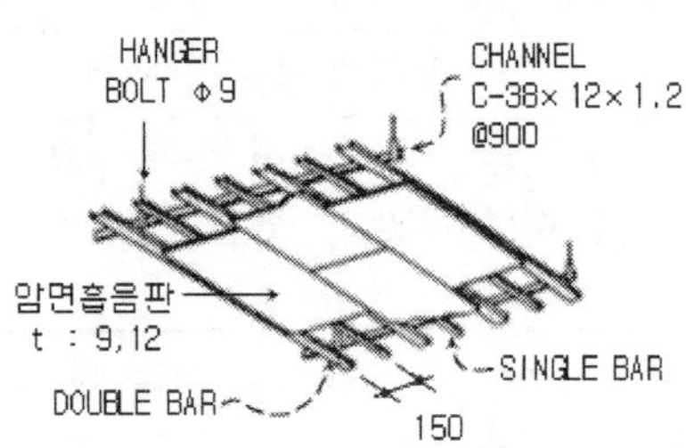

4) 석고 보드 붙이기

☞ 표 2.2.4.1 석고 보드 붙이기

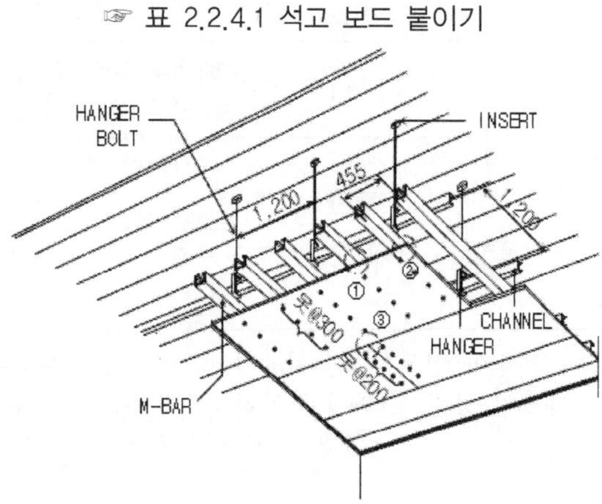

3. 벽지 및 바닥

3.1 도배

1) 벽지의 종류

☞ 표 3.1.1.1 벽지의 종류

구 분	종 류	특 징
종이벽지	코팅 벽지	벽지표면을 코팅처리하여 표면오염을 방지
	엠보싱 벽지	일정한 패턴으로 벽지 표면에 요철무늬로 입체감을 형성
	그라비아 벽지	그라비아 인쇄법을 사용, 옵셋 인쇄보다 대량생산 가능하나 불량품이 다량으로 생길 우려가 있음(보통 4도인쇄).
비닐벽지	일반 비닐 벽지 (비닐 실크 벽지)	그라비아 인쇄된 종이위에 비닐을 덧붙임, 색상효과가 다양하고, 실크처럼 보여주는 효과가 있어 비닐실크 벽지라고도 한다. 동조실크 : 무늬와 PVC 코팅 엠보싱 처리가 일치하는 것. 다도실크 : 무늬와 PVC 코팅 엠보싱 처리가 일치하지 않는 것.
	발포 벽지	발포 물질에 따라 고발포, 중발포, 저발포로 구분. 캐스팅 공법으로 인쇄, 쿠션감, 온화감, 방음, 방온, 통기성이 양호.
	케미컬 벽지	가공 처리중 통기성 약품 첨가 → 공기 소통을 유도한 제품. 통기성과 방음성이 양호.
섬유벽지	일반 섬유 벽지	나일론, 폴리에스터, 비스코스, 아크릴, 황마등의 원사를 자카드직이나 평직으로 제직하여 종이나 천에 배접하여 만듬.
	실크 벽지	실크 고유의 특징을 살림. 촉감이 좋으나 고가임.
	String 벽지 (스트라이트 벽지)	제직하지 않고 섬유를 줄에 맞추어 만든 것.
	나염 벽지	배접후 나염 과정을 거침. 나일론, 폴리에스터, 비스코스, 아크릴, 황마등이 사용됨.
	Floaking 벽지	원사없이 종이가 원료가 되며 섬유 조직화하여 종이에 배접
갈포 벽지		갈포벽지는 그 원료(완심포, 완포, 갈포, 저마포)에 따라 구분. 천연의 자연스러운 멋이 있으나 수명이 짧고, 탈색 가능성이 있음.

(주) 그라비아 인쇄법 : 판 자체가 평판이 아닌 오목판으로 원통형의 ROLL이 돌아가면서 인쇄
캐스팅 공법 : 그라비아 인쇄 → 레진(RESIN:접착제) 화학 섬유제품을 반죽하여 도포 → 오븐 속에서 발포 → 엠보싱 인쇄

2) 벽지의 시공

㉮ 시공 순서

설계도 검토
공정표 작성
시공계획서 작성 → • 벽지디자인 선정
• 견적 조정 → 재료수배

시공도 작성
• 설계도, 시공계획서 조합
• 시공방법 결정
• 시공구획도

→ 현장점검 · 바탕조정
• 작업환경 점검 (건식바탕)
• 어긋남, 요철, 치수 정밀도 조정 (습식바탕)
• 균열의 보수, 건조도

→ 현장구획 · 가공
• 시공구획
• 먹메김
• 벽지재단
• 자르기, 구멍내기
• 풀 준비

→ 위붙임
• 풀바르기와 OPEN TIME
• 붙이기와 무늬맞추기
• 이음매 처리

→ 양생
• 벽지바름면, 구석 등의 양생

㉯ 시공 시 주의사항

☞ 그림 3.1.2.1 시공 시 주의사항

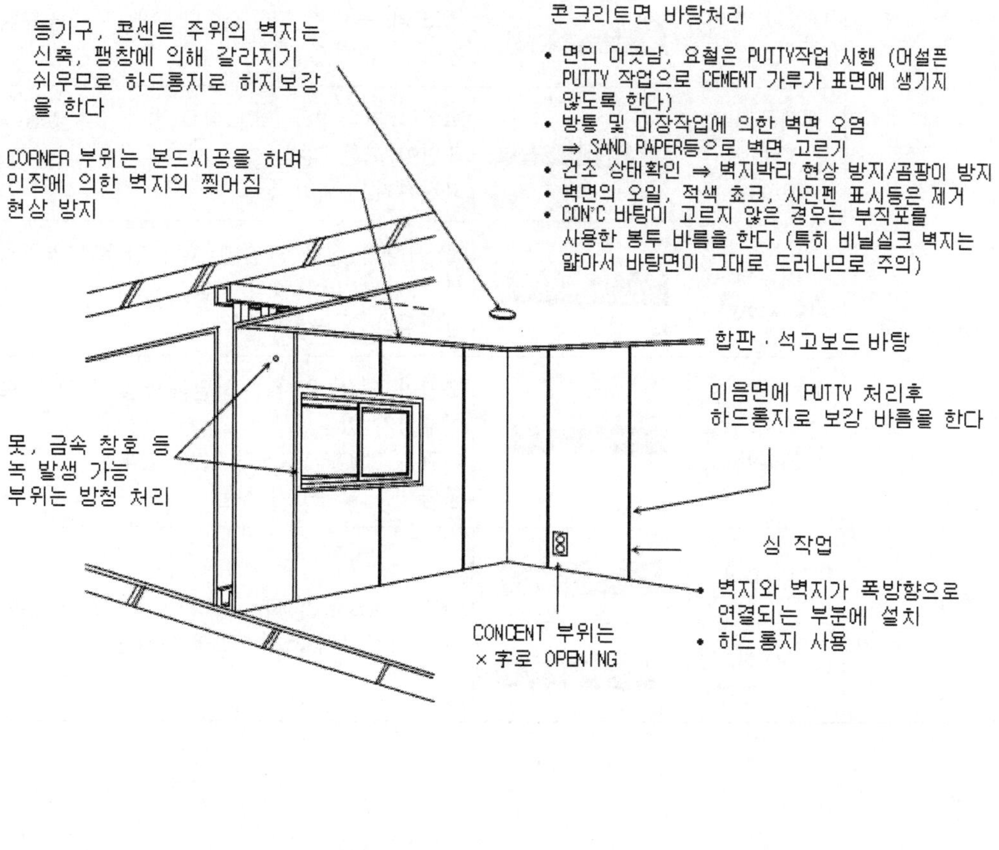

3.2 타일 카페트

1) 타일 카페트의 구조

☞ 그림 3.2.1.1 타일 카페트의 구조

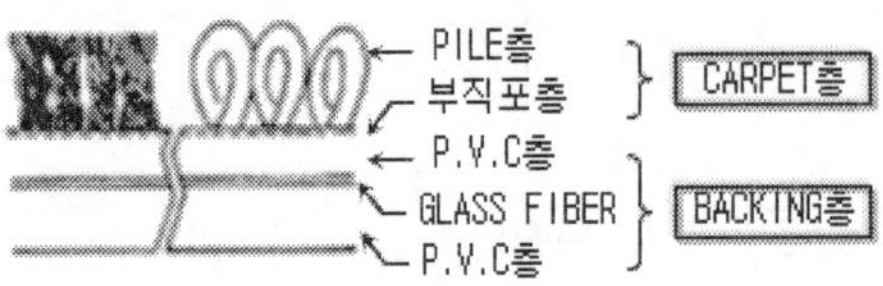

- 소재 : 나일론, 폴리프로필렌, 폴리에스터, 아크릴, 울
- 내마모성, 탄성회복력, 염색성, 세탁성이 우수한 나일론이 많이 사용됨
- 소재 : PVC, 합성고무, BITUMEN(아스팔트계 혼합물)
- PVC : 외관효과, 내구성, 유지관리성, 시공성, 제품의 안착성, 중량성이 우수하여 널리 보급됨

2) 파일 모양에 따른 종류 및 특성

☞ 표 3.2.1.1 파일 모양에 따른 종류 및 특성

파일모양	종 류	단 면	특 징
고리 모양 (Loop Type)	수평 고리 형태		표면의 원사가 고리 모양. PILE이 절단되지 않고 균일한 높이를 유지. 부드럽고 균일한 느낌을 주며 내마모성이 우수.
	다양한 층의 고리		PILE의 높이가 조금씩 다르며, 2~3종류의 높이가 섞여 있음
컷 모양 (Cut Type)	벨벳플러쉬 (Velvet Plush)		꼬임이 거의 안들어간 실로 만들어져 있음. 표면이 고른 외관. 고전적인 분위기 창조.
	색스니 (Saxony)		둘 이상의 실들을 함께 꼬아 만든뒤 열처리를 하여 꼬임이 풀리지 않도록 함. 안전성과 연속성이 있음.
	프리즈 (Frieze)		꼬임이 많은 원사로 치밀하고 낮은 PILE로 이루어져 있음. 외관은 LOOP PILE과 같은 효과. 통행량이 많은곳에 적합.
컷 & 고리 (Cut & Loop)	컷, 고리		CUT PILE과 LOOP PILE이 섞여서 이루어진 카페트로서 조각효과를 나타냄
	수평컷, 고리 형태		

3) 시공

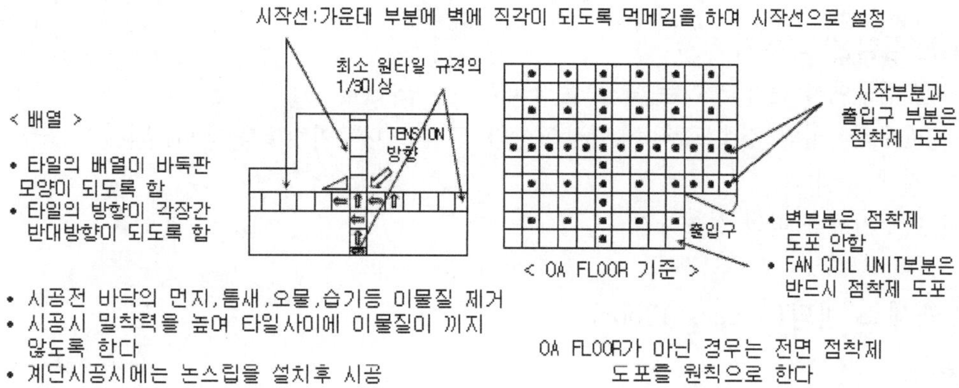

3.3 PVC 바닥 타일

1) 시공 환경 조건

㉮ 실내온도 10~20℃(5℃ 이하시는 열풍기로 난방, 시공전후 최소 12시간 이상 유지)

㉯ 습도 75%유지, 결로 빗물 등의 누수주의 직사일광을 받지 않도록 한다.

㉰ 출입금지 철저(문으로부터의 먼지, 모래입자 휩쓸림 주의)

㉱ 적절한 환기 및 통풍은 유지

㉲ MAKER가 지정한 OPEN TIME및 가사시간 준수

2) 바탕 조건

㉮ 바탕건조 8% 이하(몰탈바름 14일이상, 콘크리트 타설후 28일 이상)

㉯ 바탕 정도는 3m 규준대로 경사시 단차 2-3mm 이내

㉰ 사전 톱밥 청소

㉱ 건조정도 테스트(현장간이실시) : 비닐타일의 4면을 고무테이프로 고정후 1일 방치 후에도 타일 뒷면에 결로가 발생하지 않는 정도

☞ 그림 3.3.2.1 땅에 접하는 바닥 단면

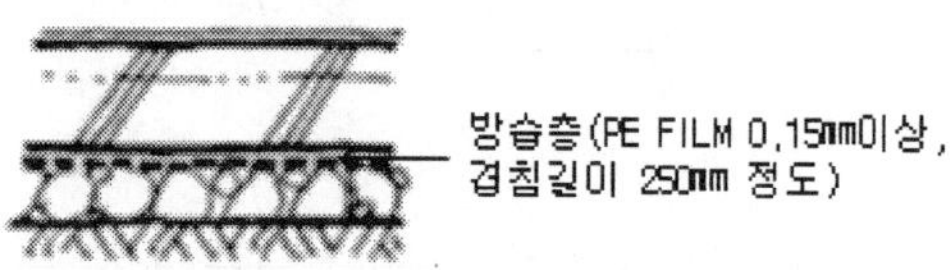

㉲ 땅에 접하는 바닥

3) 구석 부위 시공

㉮ 바탕 LEVEL수정철저(일반적으로 많이 틀림)

㉯ 끝부분의접착제바름을 철저히 하고, OPEN TIME 유지(OPEN TIME이 한계를 구석진 곳에서도 꼭 지킨다)

㉰ 정확한 재단과 맞춤(바닥품질을 좌우함)

㉣ 핸드ROLLER압착굴림에 더욱 유의(들뜰 확률이 많으므로)

4) 줄눈(중심선) 나누기

㉮ 출입구에서 눈에 보이는 면을 온장처리

㉯ 마무리타일의 경우도 최소 반장이상의 크기로 나누어지도록 한다.(벽체와 평행 유지에 주의)

㉰ 나누기선을 따라 붙여나감

3.4 액세스 바닥(Access Floor)

1) 정의

정방형의 바닥 패널을 받침대로 지지시켜 만든 이중바닥구조로서 공조설비, 배관설비, 전기, 컴퓨터 설비 등의 설치와 유지관리, 보수의 편리성과 용량조정 등을 위하여 사용된다.

2) 특징

㉮ 쾌적한 사무환경 조성

㉯ 보수용이 및 유지관리 유리

㉰ 선로의 소음을 차단하는 효과

㉱ 제품의 표준화, 규격화, 단일화

㉲ 정전기에 대한 효과

3) Support Type에 따른 구분

☞ 표 3.4.3.1 Support Type에 따른 구분

Panel 공통 조정 Type	Panel 공통 조정 Type (A)	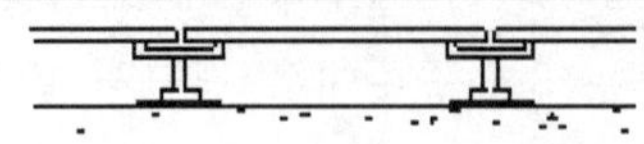	
	Panel 공통 조정 Type (B)	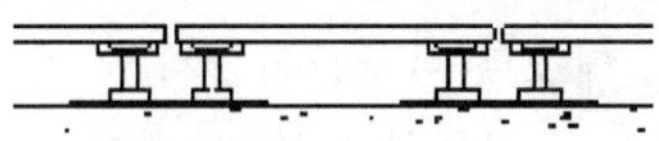	
Pedestal 일체 Type	Base 일체 Type (C)	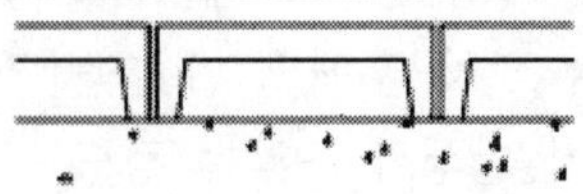	
	Base 분리 Type (D)	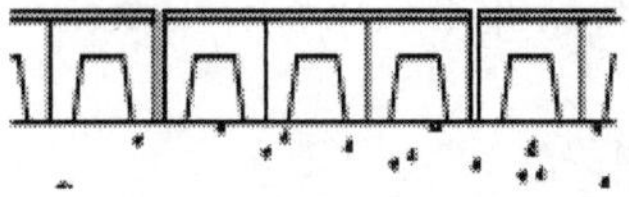	
Support Bolt Type (E)		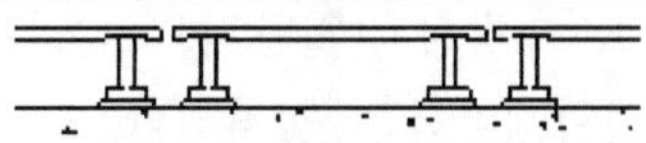	일반 오피스
Trench 방식 Type (F)		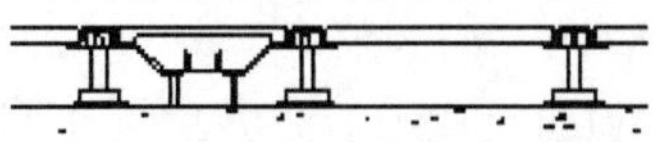	전산실 등

☞ 사진 3.4.3.1 액세스 바닥 시공

3.5 목질계 바닥

1) 자재

㉮ 목재류의 수종, 종류, 형상, 등급 및 치수 등은 공사시방서에 따르며 견본을 미리 제출하여 담당원의 승인을 받고 함수율은 제13장 목공사 표 2.2.2.1에 따른다.

㉯ 플로어링류 하부에 설치하는 절연재는 공사시방서에 따르며, 공사시방서에 없는 경우는 합성수지발포시트 등으로 한다.

① 보통 플로어링 보드

표면 가공, 홈·혀쪽매 이음 및 기타 필요한 가공을 하고 마루귀틀 위에 단독으로 시공하는 마루널을 말한다.

② 방부 처리 플로어링 보드

목재 내부에 방부 효력이 있는 성분의 방부제를 주입하여 건조하고, 재면을 대패질하여 양 옆을 홈·혀쪽매로 가공하거나 또는 건조된 목재 재면을 대패질하고 양 옆을 홈·혀쪽매 가공한 후 방부처리한 마루널을 말한다.

㉰ 플로어링 블록(KS F 3123)의 이면에 방습층을 설치하고 받이철물을 설치하는 경우, 받이철물은 두께 0.7mm 이상의 아연도금 강판으로 한다.

㉱ 걸레받이는 도면에 따라 시공한다.

㉲ 쪽매널, 플로어링보드의 고정에 사용되는 철물은 공사시방서에 의한다. 단, 공사시방서가 없는 경우 판두께의 3배 정도로 한다.

㉳ 고정철물의 재질은 녹막이 처리한 강재로 한다.

㉴ 접착제는 플로어링류 제조업자가 지정하는 것을 이용하며 그 종류는 공사시방서에 따른다.

2) 시공

㉮ 플로어링류

① 공법

㉠ 못박기

ⓐ 판의 이음을 엇갈리게 하고 옆 및 마구리의 가공부분에 손상을 주지 않도록 줄바르게 충분히 밀착시키고 장선에 숨은 못치기로 한다.

ⓑ 걸레받이 및 문지방 아래의 판장부는 판의 신축을 고려하여 틈새를 설치한다.

㉡ 접착제 붙임

ⓐ 바탕면의 오염을 제거하고 청소한다.

ⓑ 2성분형 접착제를 이용하는 경우는 소정의 배합비에 의해 계량하고 교반한다.

ⓒ 접착제는 소정의 주걱을 이용하여 균일하게 도포한다.

ⓓ 벽 가장자리 등의 단부에는 도포 자국이 남지 않도록 주의한다.

ⓔ 접착제의 가용시간 안에 플로어링류를 잘 압착하여 붙인다.

ⓕ 플로어링류의 표면에 부착된 접착제는 경화하기 전에 제거한다.

㉢ 모르타르 붙임

ⓐ 나누기도에 기초하여 수평을 잡고 바닥 중앙부분에서 사방으로 붙여 깐다.

ⓑ 붙임에 이용되는 모르타르는 시멘트 : 모래 = 1 : 3으로 하고 요철이 없도록 두께 35mm 정도로 펼친다.

ⓒ 모르타르 면에 물을 적량 살포하고, 그 위에 시멘트 페이스트를 사용하여 플로어링류를 붙인다.

② 보양 및 표면도장

시공 완료 부분의 플로어링류는 흡습 및 오염을 방지하고, 일사광선을 피하며, 물이 닿지 않도록 보양재를 사용한다.

㉯ 합판

① 공법

㉠ 걸레받이, 두겁대, 문꼴선, 돌림선, 기타와의 접합은 도면에 따라 시공한다. 판 옆을 맞출 때에는 틈서리, 턱솔 등이 없도록 하고 조이너를 붙여댈 때에는 위치 바르게 고정한다.

㉡ 합판류의 치장널깔기의 경우에는 숨은 못박기로 하고, 두드러짐, 턱솔 등이 없도록 마무리한다.

㉢ 못박기는 판면에 처짐이나 우그러짐 등이 생기지 않도록 담당원의 지시에 따라 그 간격을 정한다.

㉣ 접착제 붙임 공법은 접착제가 경화할 때까지 적당한 방법으로 보양한다.

㉤ 종이, 천류의 붙임 바탕이 되는 합판을 못박기하는 경우에는 녹막이 도장한 못을 사용하고, 기타 바탕붙임용은 보통 못으로 한다. 이음은 맞댐으로 하고, 턱지지 않게 한다.

② 보양 및 표면도장

시공 완료 부분의 합판류는 흡습 및 오염을 방지하고, 일사광선을 피하며, 물이 닿지 않도록 보양재를 사용한다.

㈐ 쪽매널

① 바탕

쪽매널 바닥깔기의 바탕은 이중 바닥깔기를 원칙으로 하고, 밑창 깔기 바닥널은 두께 18mm 이상의 것으로 하고, 위 깔기 바닥널은 두께 6mm 이상의 소나무, 낙엽송, 삼송, 미송, 라왕 및 보통합판 등으로 하고, 장선에 못을 박아대고 턱진 곳 없이 평활한 바닥으로 한다.

② 공법

㉠ 도면에 따라 바탕널에 정확하게 나누기를 하여 쪽매널을 바심질한다.

㉡ 작업공간은 상온상태로 적당한 습도가 유지되도록 밀폐되어야 하고, 바탕깔기 작업 시작 5일 전부터 쪽매널을 깔기 장소에 보관하되, 깔기 작업을 전후로 상당기간 18℃~21℃의 온도를 유지한다.

㉢ 쪽매널의 쪽매자리 및 이음자리의 붙여대기는 난연성의 접착제를 사용하며, 요소마다 숨은 못박기를 한다. 각 쪽매의 끝은 800mm 간격 이내로 접시머리 나사못으로 고정한다. 걸레받이와의 접합부는 13mm 이상의 신축줄눈을 두어야 하며, 신축줄눈 부분이 문선으로 감추어지지 않을 때는 적절한 충전재료로 신축줄눈을 채운다.

㉣ 쪽매널을 붙여댄 후, 턱진 곳은 대패질하여 평탄하게 하고 연마지 닦기로 마무리한다.

㉤ 구석진 곳 등 연마지 닦기가 곤란한 경우에는 적당한 방법으로 평활하게 마무리한다. 연마지 닦기 마무리의 종별 및 연마지는 표 3.5.2.1을 표준으로 하고, 그 종별의 지정은 공사시방서에 따른다.

☞ 표 3.5.2.1 연마지 닦기 마무리의 종별 횟수 및 연마지

종 별	A 종	B 종	C 종
1 회 째	–	#20~#24	–
2 회 째	–	#36~#50	–
3 회 째	#80~#100	#60~#80	–

③ 보양

쪽매널 깔기 후에는 물과의 접촉에 주의하고, 일사광선을 막기 위하여 보양재를 사용한다.

④ 표면도장

담당원의 지시에 따라 보양재를 제거하고, 두드러지거나 턱진 곳, 뒤틀림 등을 보수한 후, 공사시방서에 정한 바가 없으면 왁스도장 2회 및 닦기 마무리를 한다.

☞ 쪽매널 : 밑창널 위에 까는 마룻널에 여러 종류의 널조각을 무늬를 놓아 붙이는 데 사용되는 널

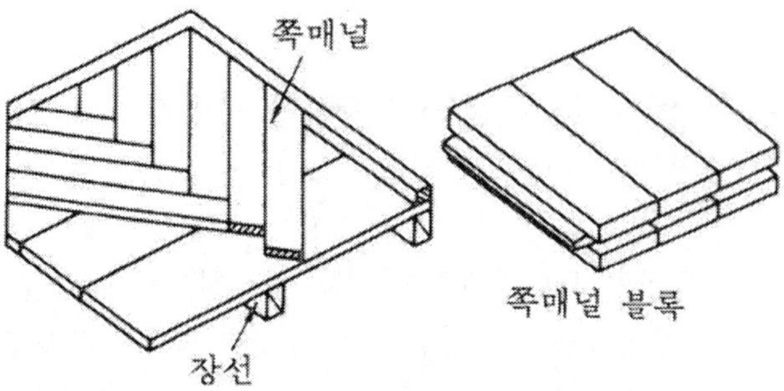

☞ 표 3.5.2.2 각종 마루종류의 장단점

구분	특 징	장 점	단 점
강화마루	미세하게 분쇄한 목재분쇄물을 접착제와 혼합하여 합판으로 제작한 후 윗면에 멜라민 수지를 입혀 만든 마루	① 합판의 밀도가 상대적으로 높으므로 생활 긁힘이나 찍힘 등 외부 충격에 강하다. ② 가격이 비교적 저렴하다. ③ 시공성이 좋아 부분 보수나 철거가 용이하다. ④ 온돌마루나 원목마루에 비해 패턴이 다양하다. ⑤ 클릭시스템 시공법으로 접착제에서 누출되는 포름알데히드 수치가 미미하다.	① 바닥면과 이격된 시공으로 열전도율이 낮다. ② 층간소음의 발생 우려가 있다. ③ 표면이 인공 필름으로 질감성이 떨어진다.
온돌마루	얇은 합판을 가로 세로로 엇갈리게 겹쳐 부착하고 표면에는 얇은 천연 무늬목을 입힌 마루	① 표면층이 원목으로 처리되어 있어 원목의 질감이 난다. ② 접착시공으로 열전도율이 우수하다. ③ 습기에 의한 뒤틀림 현상이 강화마루에 비해 적다.	① 생활 긁힘이나 찍힘 등에 약하다. ② 보수작업이 어렵고 철거비용이 많이 든다.

구분	특 징	장 점	단 점
원목 마루	온돌마루와 같은 합판 구조에 3mm 이상의 천연 원목을 입힌 마루	① 천연목의 질감이 난다. ② 접착시공으로 열전도율이 우수하다. ③ 표면 손상시 샌딩 작업 후 코팅하여 재사용이 가능하다.	① 수분, 습기에 취약하다. ② 가격이 비교적 고가이다. ③ 긁힘, 찍힘에 약하다.

4. 단열 및 결로

4.1 단열 공사

1) 단열 공법의 종류

☞ 표 4.1.1.1 단열 공법의 종류

종	류	특 징
벽 설치 위치	① 외단열	단열재를 구조체 외측, 외벽에 시공 설치하는 공법
	② 내단열	단열재를 구조체 내부에 설치 시공
	③ 중단열	단열재를 구조체 중간에 설치
시공공법	① 성형판 단열재 붙임공법	구조체 동시 타설 가능, 접합부의 수가 적으므로 습기투과 방지 가능
	② 현장발포공법	발포수지(우레아폼)가 대표적이다. 복잡한 형상의 공간에도 골고루 압입주입이 가능
	③ 뿜칠공법	어떤 복잡한 형상의 단면에도 골고루 시공이 가능하다.

2) 단열재의 구비 조건

㉮ 열전도율이 낮을 것
㉯ 흡수성이 낮을 것
㉰ 투습성이 적고, 내화성이 있을 것
㉱ 비중이 작고 상온에서 가공성이 좋을 것
㉲ 내후성, 내산성, 내알칼리성 재료로 부패되지 않을 것
㉳ 균질한 품질과 가격이 저렴할 것
㉴ 유독가스 발생이 적고 인체에 유해하지 않을 것

☞ 사진 4.1.2.1 단열재 시공

4.2 결로의 발생 원인과 대책

1) 개요

㉮ 현대 건축물의 냉난방 기술의 발달, 밀폐된 상태에서의 건축물 사용등의 요인에 의거 결로 발생이 상승

㉯ 공기중에는 반드시 수증기가 포함되어 있고, 포함될 수 있는 최대량은 기온에 따라 정해져 있다. 이것을 포화 수증기량이라고 한다.

㉰ 이 포화 수증기량을 초과하는 수증기가 존재하면 그것은 물방울이 된다. 이와 같이 수증기를 포함한 공기의 온도가 서서히 떨어지면 수증기를 더 이상 포함할 수 없게 되어 물방울로 되는데 이 현상을 결로라고 한다. 이때의 온도를 노점온도라고 한다.

㉱ 건축물은 주위의 환경과 사용 방법에 따라 수명이 다르지만 노후화를 가속시키는 요인중에서 가장 중요한것 중의 하나가 구조체에 침투하는 습기이다. 특히, 건축물 설비등의 표면 온도가 대기의 노점온도 이하로 강하될 경우에는 결로 현상이 발생하며 공조설비적인 측면에서 볼 때 실내의 결로 발생은 결코 간과될 수 없는 일이다.

2) 발생 원인

㉮ 기후조건(온도, 일사, 바람 등)에 따라 결로 발생

㉯ 건축물이 밀집되어 일조량, 통풍이 나쁠 때 결로 발생

㉰ 건축물의 단열 불량 및 방습층 부족과 열화

㉱ 내장재의 방습성능 부족 및 건조 불량

㉲ 생활습관에 의한 실내 수증기 배출

㉳ 콘크리트, 새시, 방습층 등의 기밀성 부족

3) 방지대책

㉮ 열관류율 및 투습성이 적은 단열재 사용
㉯ 냉교 발생 부위 및 단열재 관통부 주변의 단열보강
㉰ 우각부 및 벽 내부 코너의 이중단열
㉱ 실내의 온도변화를 적게 하고 각 실의 온도를 균일화할 것
㉲ 겨울에는 실내온도를 낮게, 여름에는 실내온도를 높게 유지할 것
㉳ 방습층 설치 및 이음부의 철저한 시공

☞ 사진 4.2.3.1 결로로 인한 피해

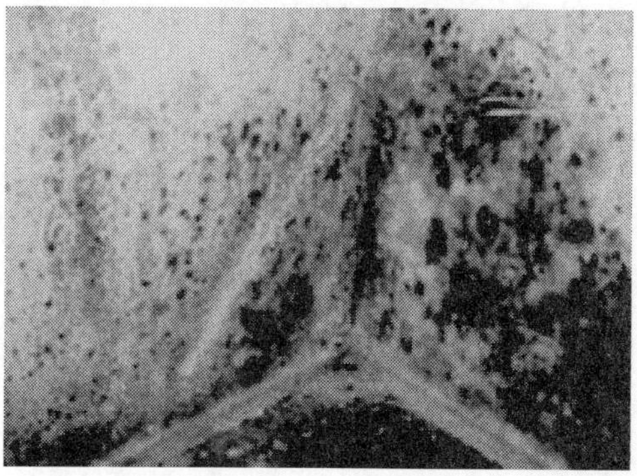

제 22 장

합성수지(플라스틱)공사

1. 플라스틱의 정의 및 장·단점
2. 합성수지(플라스틱)의 분류
3. 플라스틱의 접착제

1. 플라스틱의 정의 및 장·단점

1.1 플라스틱의 정의

1) 어떤 온도 범위에서는 가소성을 유지하는 물질
2) 가소성을 가진 고분자 화합물을 총칭(보통 분자량 10,000이상 물질)
3) 석탄, 석유, 천연가스 등의 원료를 인공적으로 합성시킨 물질
4) 가소성이 풍부하다.

☞ 사진 1.1.1.1 플라스틱 거푸집

☞ 사진 1.1.1.2 플라스틱 지붕재

1.2 플라스틱의 장·단점

☞ 표 1.2.1.1 플라스틱의 장·단점

장 점	단 점
1) 우수한 가공성으로 성형·가공이 쉽다. 2) 경량·착색용이·비강도 값이 크다. 3) 내구·내수·내식·내충격성이 강하다. 4) 접착성이 강하고 전기 절연성이 있다.	1) 내마모성·표면강도가 약하다. 2) 열에 의한 신장(팽창·수축)이 크다. 3) 내열성·내후성은 약하다. 4) 압축강도 이외의 강도·탄성계수가 작다.

☞ 비강도(比强度 Specific Strength) : 재료의 강도를 비중량(比重量)으로 나눈 값으로 가벼우면서 튼튼한 재료가 요구되는 분야에서 그 척도를 나타내기 위한 값

2. 합성수지(플라스틱)의 분류

☞ 표 2.1.1.1 합성수지(플라스틱)의 분류

열가소성수지(중합형)	열경화성수지(축합형)
1) 중합반응을 하여 고분자로 된 것이며 일반적으로 무색 투명하여 열에 의해 연화하고 냉각하면 원래의 모양으로 굳어진다. 2) 유기용제에 녹고 2차 성형이 가능하다. 3) 연화온도 : 60~80℃	1) 축합반응을 되풀이하여 고분자로 된 것이며 최후에는 용제에도 녹지 않고 열을 가해도 연화하지 않는다. 2) 성형품은 용제에 안녹고 2차성형이 불가능하다. 3) 연화온도 : 130~200℃

☞ 사진 2.1.1.1 열가소성 수지

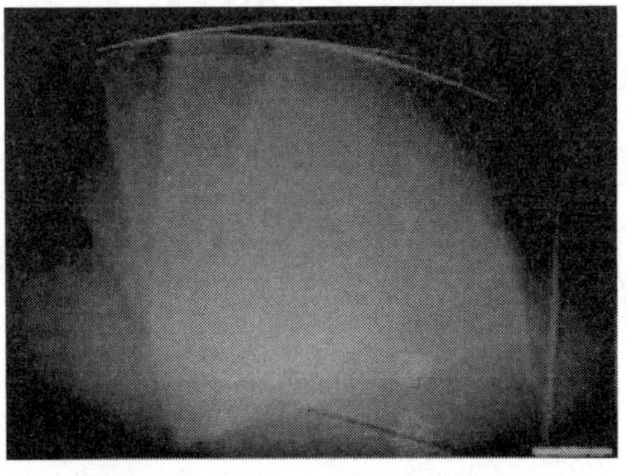

☞ 사진 2.1.1.2 열경화성 수지

☞ 표 2.1.1.2 합성수지 종류의 특징 및 용도

수지종류		특 징	용 도
열가소성수지	염화 비닐 수지	1) 약품에 침식되지 않고 성형이 용이하고 착색이 자유롭다. 2) 내열성이 낮고(약 70℃) 온도에 의한 신축이 크다. 3) 채광 지붕 재료는 변색한다.	수지시멘트로 사용
	초산 비닐 수지	에멀션 또는 염화비닐수지의 중합체로 사용한다.	도료, 접착제
	폴리스틸렌 수지	1) 내수성과 내약품성이 크다. 2) 발포 스티로폴은 단열 및 완충재로 사용한다.	천장재 블라인드
	폴리에틸렌 수지	1) 저온에서 탄성이 풍부하고 내약품성이 크다. 2) 노화(老化)가 비교적 되지 않는다.	벽체발포 보온판 건축용 성형품

수 지 종 류		특 징	용 도
	폴리아미드 수지	인조 섬유재로서 인장강도와 내마모성이 우수하며 나일론의 재료로 쓰인다.	내장재
	메탈아크릴 수지	1) 투명도나 착색성이 우수하나 표면에 상처가 생기기 쉽고 열에 약하다.(약 70℃) 2) 판유리 대용으로 사용된다.	채광재료, 도료
열경화성수지	페놀 수지	1) 베이클라이트를 만든다. 2) 내열성이 있고 단단하고 강도가 크다. 3) 전기 절연성, 내약품성, 내수성이 좋으며 흑색과 갈색이 있다.	전기절연재료 접착제, 도료
	폴리에스테르 수지	1) 강도가 크고 투명하다. 2) 유리섬유와 혼합하여 FRP를 만든다. FRP(Glass Fiber Reinforced Plastic)	항공기 차량 구조재 건축 창호재
	멜라민 수지	1) 투명하고 표면 경도가 크다. 2) 내약품성과 내열성이 좋고 표면 치장재로 쓰인다.	가구의 표면 치장판, 접착제
	폴리우레탄 수지	발포시킨 것은 강하고 내노화성, 내약품성이 좋다.	단열 방음재 쿠션, 줄눈재
	요소(尿素) 수지	1) 강도와 단열성이 있고 내약품성이 크고 투명하다. 2) 착색이 가능	합판 접착제
	에폭시 수지	1) 내열성과 내한성(耐寒性)이 좋다.(−60~260℃) 2) 물을 튀기는 성질이 있다.	구조용 접착제 도료

☞ 베이클라이트(bakelite) : 페놀과 포름알데히드(실제는 그 수용액인 포르말린을 사용한다)와의 반응으로 생기는 열경화성 수지(熱硬化性樹脂)로 헥시온(Hexion)사(社)의 상표이다.

3. 플라스틱의 접착제

3.1 단백질 및 전분계통 접착제의 종류 및 특징

☞ 표 3.1.1.1 단백질 및 전분계통 접착제의 종류 및 특징

종 류	특 징
카세인	1) 우유중의 카세인을 작산, 황산 등을 사용하여 제조한다. 2) 카세인에 소석회, 소다염을 가해 물에 혼합해서 사용한다.
콩 풀	1) 카세인보다 내수성이 좋으나 접착력이 떨어진다. 2) 값이 싸서 카페인, 요소, 수지의 증량재(增量材)로 쓰인다.
알부민	1) 알부민을 물에 용해 후 암모니아수나 석회수를 가하여 혼합. 2) 합성수지 재료 이후 사용이 급격히 감소. 3) 목재. 창호, 가구 접합시 사용한다.

3.2 합성수지계 접착제의 종류 및 특성

1) 에폭시 수지(Epoxy Resin Paste)

㉮ 내수성. 내습성. 전기절연성이 우수하고 접착력이 강함.

㉯ 피막이 단단하고 유연성이 부족하고 고가이다.

㉰ 금속, 항공기 접착에도 쓰인다.

㉱ 현재까지의 접착제 중 가장 우수하다.

2) 페놀 수지(Phenol Resin Paste)

㉮ 합판, 목재 제품 등에 사용된다.

㉯ 접착력, 내열, 내수성이 우수하다.

㉰ 유리나 금속의 접합에는 적당하지 않다.

3) 초산 비닐 수지(Vinyl Resin Paste)

㉮ 값이 싸고 작업성이 좋고 다양한 종류의 접착에 알맞다.

㉯ 일반적으로 많이 사용한다.

㉰ 목재가구 및 창호, 종이도배, 천도배, 논슬립 등의 접착에 사용한다.

4) 요소 수지(Urea-Formaldehyde Resin Paste)

㉮ 목재 접합, 합판 제조 등에 사용.

㉯ 가장 값이 싸고 접착력이 우수하다.

㉰ 집성목재, 파티클보드에 많이 쓰인다.

5) 멜라민 수지(Melamine Resin Paste)

㉮ 내수성, 내열성이 좋고 목재와의 접착성이 우수하다.

㉯ 내수합판 등에 쓰이며 고가이다.

㉰ 단독으로 사용하는 경우는 적다.

㉱ 금속, 고무, 유리 접착은 부적당하다.

6) 실리콘 수지(Silicon Resin Paste)

㉮ 특히 내수성이 우수하며 내열성(200℃), 내연성, 전기절연성이 우수하다.

㉯ 유리섬유판, 텍스, 피혁류 등 모든 접착이 가능하다.

㉰ 방수제로도 사용한다.

7) 푸란 수지(Furan Resin Paste)

㉮ 내산, 내알칼리, 접착력이 좋다.

㉯ 화학공장의 벽돌, 타일 붙이기의 유일한 접착제(180℃까지 고온에 견딤)이다.

참고문헌

건축시공학	장기인	1994	보성각
건축시공학	김정현	1998	기문당
건축시공학	정상진 외	1998	기문당
건축적산	최준오	2009	도서출판 서우
건축품질관리	최준오, 이후광, 윤봉기, 김용식	2005	도서출판 서우
건설사업관리의이해	최준오, 이후광	2005	도서출판 서우
건축공정관리	최준오, 윤봉기	2005	도서출판 서우
네트워크 공정관리	최준오, 윤봉기	2012	도서출판 서우
건축설비	최준오, 윤봉기	2013	도서출판 서우
석공사 입문	최준오	2013	도서출판 서우
건축재료학	최준오, 임병훈	2002	도서출판 서우
건축구조학	이석하, 최준오	1999	도서출판 서우
실내건축적산견적	최준오	2007	기문당
건축공사 표준시방서	국토교통부	2013	
콘크리트 표준시방서	국토교통부	2009	
가설공사 표준시방서	국토교통부	2014	
시공 기술 표준	대우건설		
건설 시공 계획	GS 건설		
한국 산업 표준			

■ 저자 약력 ■

▸ **최 준 오**

- 경동고등학교 졸업(31회)
- 한양대학교 공과대학 건축공학과졸업(28회)
- 국민대학교 대학원 건축학과 박사과정 졸업(건축학 박사)
- Kazakh State National University (명예 철학박사)
- (주)공간종합건축사사무소, 진흥기업(주)근무
- (주)준석건축 대표이사
- 경민대학 건축과 겸임교수, 인덕대학, 국민대학교 건축학과 강사
- 모스크바 국립대학 객원교수(한국학 국제 학술 센터)
- 경원대 대학원, 홍익대 건축도시대학원 실내설계전공 강사
- 현재 : 신안산대학교 건축과 교수

▸ **윤 봉 기**

- 경기대학교 건축공학과 졸업(1회)
- 진흥기업(주) 근무
- GS 건설(주) 근무
- (주)다인씨앤씨 이사
- 경기대학교 건축과 강사
- 인천전문대 건축과 특강
- 현재 : 신안산대학교 건축과 겸임교수

건 축 시 공

2025 년 3월 10일 인쇄
2025 년 3월 20일 발행

공 저 : 최 준 오 · 윤 봉 기
펴낸이 : 이 석 환
펴낸곳 : 도서출판 서우
등 록 : 제8-159호
주 소 : 서울시 은평구 통일로73길 11-1
전 화 : (02) 383-1696, 1697
팩 스 : (02) 387-9578
ISBN 978-89-97153-69-5 93540

값 30,000원